计算机类专业
系统能力培养系列教材

AI COMPUTING SYSTEMS

2nd Edition

智能计算系统

从深度学习到大模型

第2版

陈云霁 李玲 赵永威 李威 郭崎 文渊博 张蕊 编著

机械工业出版社

CHINA MACHINE PRESS

本书由中国科学院计算技术研究所、软件研究所的专家学者倾心写就，以"图像风格迁移"应用为例，全面介绍智能计算系统的软硬件技术栈。相较于本书第1版，第2版以大模型为牵引进行更新。第1章回顾人工智能、智能计算系统的发展历程，第2、3章在介绍深度学习算法知识的基础上增加了大模型算法的相关知识，第4章介绍深度学习编程框架PyTorch的发展历程、基本概念、编程模型和使用方法，第5章介绍编程框架的工作原理，第6章回顾深度学习所用的处理器结构从通用逐步走向专用的过程，第7章介绍深度学习处理器的体系结构应当如何应对大模型处理中的计算、访存、通信瓶颈，第8章介绍基于BCL语言的高性能算子开发优化实践，第9章介绍面向大模型的计算系统并以BLOOM作为驱动范例。

本书适合作为高等院校相关专业的教材，也适合人工智能领域的科研人员参考。

图书在版编目（CIP）数据

智能计算系统：从深度学习到大模型/ 陈云霁等编著. — 2 版. —北京：机械工业出版社，2024.3
计算机类专业系统能力培养系列教材
ISBN 978-7-111-75595-1

Ⅰ. ①智⋯　Ⅱ. ①陈⋯　Ⅲ. ①人工智能–计算–高等学校–教材
Ⅳ. ①TP183

中国国家版本馆 CIP 数据核字（2024）第 072759 号

机械工业出版社（北京市百万庄大街 22 号　邮政编码 100037）
策划编辑：曲　熠　　　　　　　责任编辑：曲　熠　陈佳媛
责任校对：龚思文　张　征　　　责任印制：常天培
北京宝隆世纪印刷有限公司印刷
2024 年 7 月第 2 版第 1 次印刷
186mm×240mm · 37 印张 · 781 千字
标准书号：ISBN 978-7-111-75595-1
定价：169.00 元

电话服务　　　　　　　　　　网络服务
客服电话：010-88361066　　机　工　官　网：www.cmpbook.com
　　　　　010-88379833　　机　工　官　博：weibo.com/cmp1952
　　　　　010-68326294　　金　书　网：www.golden-book.com
封底无防伪标均为盗版　　　　机工教育服务网：www.cmpedu.com

编委会名单

丛 书 序 言

人工智能、大数据、云计算、物联网、移动互联网以及区块链等新一代信息技术及其融合发展是当代智能科技的主要体现,并形成智能时代在当前以及未来一个时期的鲜明技术特征。智能时代来临之际,面对全球范围内以智能科技为代表的新技术革命,高等教育正处于重要的变革时期。目前,全世界高等教育的改革正呈现出结构的多样化、课程内容的综合化、教育模式的学研产一体化、教育协作的国际化以及教育的终身化等趋势。在这些背景下,计算机专业教育面临着重要的挑战与变化,以新型计算技术为核心并快速发展的智能科技正在引发我国计算机专业教育的变革。

计算机专业教育既要凝练计算技术发展中的"不变要素",也要更好地体现时代变化引发的教育内容的更新;既要突出计算机科学与技术专业的核心地位与基础作用,也需兼顾新设专业对专业知识结构所带来的影响。适应智能时代需求的计算机类高素质人才,除了应具备科学思维、创新素养、敏锐感知、协同意识、终身学习和持续发展等综合素养与能力外,还应具有深厚的数理理论基础、扎实的计算思维与系统思维、新型计算系统创新设计以及智能应用系统综合研发等专业素养和能力。

智能时代计算机类专业教育计算机类专业系统能力培养 2.0 研究组在分析计算机科学技术及其应用发展特征、创新人才素养与能力需求的基础上,重构和优化了计算机类专业在数理基础、计算平台、算法与软件以及应用共性各层面的知识结构,形成了计算与系统思维、新型系统设计创新实践等能力体系,并将所提出的智能时代计算机类人才专业素养及综合能力培养融于专业教育的各个环节之中,构建了适应时代的计算机类专业教育主流模式。

自 2008 年开始,教育部计算机类专业教学指导委员会就组织专家组开展计算机系统能力培养的研究、实践和推广,以注重计算系统硬件与软件有机融合、强化系统设计与优化能力为主体,取得了很好的成效。2018 年以来,为了适应智能时代计算机教育的重要变化，计算机类专业教学指导委员会及时扩充了专家组成员，继续实施和深化智能时代计算机类专业教育的研究与实践工作，并基于这些工作形成计算机类专业系统能力培养 2.0。

本系列教材就是依据智能时代计算机类专业教育研究结果而组织编写并出版的。其中的教材在智能时代计算机专业教育研究组起草的指导大纲框架下，形成不同风格，各有重点与侧重。其中多数将在已有优秀教材的基础上，依据智能时代计算机类专业教育改革与发展需求，优化结构、重组知识，既注重不变要素凝练，又体现内容适时更新；有的对现有计算机专业知识结构依据智能时代发展需求进行有机组合与重新构建；有的打破已有教材内容格局，支持更为科学合理的知识单元与知识点群，方便在有效教学时间范围内实施高效的教学；有的依据新型计算理论与技术或新型领域应用发展而新编，注重新型计算模型的变化，体现新型系统结构，强化新型软件开发方法，反映新型应用形态。

本系列教材在编写与出版过程中，十分关注计算机专业教育与新一代信息技术应用的深度融合，将实施教材出版与 MOOC 模式的深度结合、教学内容与新型试验平台的有机结合，以及教学效果评价与智能教育发展的紧密结合。

本系列教材的出版，将支撑和服务智能时代我国计算机类专业教育，期望得到广大计算机教育界同人的关注与支持，恳请提出建议与意见。期望我国广大计算机教育界同人同心协力，努力培养适应智能时代的高素质创新人才，以推动我国智能科技的发展以及相关领域的综合应用，为实现教育强国和国家发展目标做出贡献。

智能时代计算机类专业教育计算机类专业系统能力培养 2.0

系列教材编委会

2020 年 1 月

序 言 一

未来 20 年或更长的时期内，人工智能将是科学技术和经济发展的重要方向，智能化技术有可能触发新一轮经济长波甚至第四次产业革命。世界各国都制定了发展人工智能技术和产业的长期规划，在这些规划中，适应智能化社会需求的人才培养都已被列为一项艰巨而紧迫的任务。

由于巨大的市场潜力和国家高技术研究发展计划（863 计划）等国家科技计划形成的长期科研积累，我国的人工智能应用和算法研究走在世界前列。但是，我国人工智能基础层、技术层和应用层的人才数量占比分别为 3.3%、34.9% 和 61.8%，基础层人才比例严重偏低。这种现状是我国计算机领域长期不重视系统教育造成的。

我国近千所大学设立了计算机专业，近年来有上百所高校创办了人工智能专业。由于缺乏师资力量和合适的教材，目前一些学校的人工智能课程重点教授流行的机器学习算法和图像处理等应用，培养出来的学士、硕士和博士只会用算法调参数，并不真正理解人工智能应用到底是怎样运转起来的。对于人工智能算法究竟如何调用编程框架、编程框架如何与操作系统打交道、编程框架中的算子在芯片中如何运行，很多学生并没有清晰且全面的理解。缺乏系统知识和系统思维，学到的知识点就是零碎的，没有打通"任督二脉"。学生毕业后参加实际工作，懂不懂系统知识带来的工作成效差别巨大。同样一个程序，一个普通的程序员来写和一个懂体系结构的程序员来写，性能可能差几万倍。

中国科学院计算技术研究所从 1956 年成立起就一直从事计算机系统研究。1990 年依托中科院计算所成立的国家智能计算机研究开发中心继承了计算所的学术传统，既做系统结构研究，又做人工智能理论、算法和应用研究。陈云霁、陈天石研究员领导的团队研制的"寒武纪"智能芯片就是在这样的环境中孕育出来的。看到国内人工智能系统人才十分短缺的现状，陈云霁研究员主动请缨，2018 年在中国科学院大学率先主讲了"智能计算系统"课程，后来又在北京大学、北京航空航天大学、天津大学、中国科学技术大学、南开大学、北京理工大学、华中科技大学等高校独立或联合开设了同样的课程。2019 年 8 月他办了一次导教班，全国 40 多所高校的 60 多位老师参加了这次导教班。他的"智能计算系统"课程受到老师和学生的普遍欢迎。经过两年的打磨，这门课的内容已基本成熟。中科院计算所智能处理器研究中心多位同人努力将讲课的录音整理成文字，形成了这本书。

一个完整的智能计算系统涉及芯片、系统结构、编程环境、软件等诸多方面，内容十分庞杂，要在一个学期讲完所有的内容十分困难。这本书采用"应用驱动，全栈贯通"的原则，以"图像风格迁移"这一具体的智能应用为牵引，对智能计算系统各层软硬件技术栈的奥妙和联系进行精确、扼要的介绍，使学生对系统全貌有深刻印象，达到举一反三、触类旁通的效果。

人工智能过去不是大学教育的必修课，培养人工智能专业的人才需要本科教育再加 3~6 年时间的硕士或博士教育。目前阻碍人工智能在各个行业落地的因素之一是人员成本太高，加速培养研究生只是解决困难的路径之一，但不能从根本上解决问题。对任何行业而言，技术人才的构成都是金字塔结构，而构成金字塔底层的技术人员主力应该是大学毕业生。因此，如何让大学毕业生在推广智能应用中发挥重要作用是本科教育应该考虑的问题。中国科学院大学启动了一个计划，让本科生在全开源的 EDA 工具链上设计出开源处理器芯片并完成流片，实现带着自己设计的芯片毕业的梦想。这本书的初衷也是希望能培养更多懂智能计算系统的本科生，加速弥补人工智能的人才缺口。由于我国系统结构方向的师资力量较薄弱，也许很多学校一开始会将这本书作为研究生教材。希望通过大规模教学实践的检验，这本书能进一步修改完善，成为一本广泛采用的高年级本科生教材。

互联网服务业的发展得益于开源软件和公共开发平台，丰富的网络软件开发工具使得开发互联网 App 成为一件轻松的事情。同样，提供容易掌握的成套抽象化工具，可以大幅度降低人工智能的应用人才门槛。这本书除了讲述深度学习等智能算法和加速处理器外，特别用了两章篇幅详细阐述编程框架的使用和机理。所谓编程框架可以从两方面来理解：一方面将算法中的常用操作（如卷积、池化等）封装成"算子"，方便程序员直接调用；另一方面像操作系统一样，作为软硬件的界面，起到承上启下的作用。目前，我国的技术人员使用的编程框架基本上都是外国公司提供的开源软件，使用最多的是 Google 公司开发的 TensorFlow。从长远来讲，如果中国的技术人员离不开外国公司的编程框架等开发平台，智能产业的发展一定不平衡、不协调。会用编程框架和会自己写编程框架是差别悬殊的两种本领。希望通过本课程的教学，中国能培养出可以自己创立编程框架的研发队伍，为技术领先、有市场竞争力的人工智能开源平台贡献中国力量。

陈云霁研究员不但善于做基础研究，写了不少引领世界潮流的高水平论文，而且长期从事芯片设计工作，有丰富的工程实践经验。他主持编写的这本书具有理论与实践相结合

VIII

的特点。这本书不但每一章都有从实践中总结出来的习题，而且专门安排了一个大实验，要学完本课程的学生实际动手开发一个能完成图像风格迁移（如把一幅风景照片转换成梵高风格的画）的简单智能计算系统。国外一流大学的计算机系统课程都有较多的课程实验，中国科学院大学开设的操作系统等课程也配有大量的实验内容，学生反映做实验的收获很大。"纸上得来终觉浅，绝知此事要躬行。"计算机系统方面的课程如果停留在"纸上谈兵"，学生学到的知识往往是空洞的名词术语，毕业后仍然会"眼高手低"。希望采用这本书作为教材的学校尽量创造条件，让学生有动手做实验的机会。

李国杰　中国工程院院士

2019 年 12 月

序 言 二

在 20 世纪，我就曾指导学生开展神经网络计算系统的研究。几十年过去了，进入 21 世纪后，人工智能、神经网络、计算机系统结构等方向的研究和产业已经发生了翻天覆地的变化。但是有一点没有变化，那就是系统思维对于人工智能的重要性。

系统思维是指从整体的角度，对技术栈各个环节进行全局考虑的思维方式。人工智能的技术栈涉及不少技术环节，不仅仅包括智能算法，还包括智能编程框架、智能编程语言、智能芯片等。如果没有系统思维，只考虑智能算法这一个环节或者把技术栈的各个环节割裂来考虑，不可能开发出准确、高效、节能的人工智能应用，也就难以使人工智能落地。

培养具有系统思维的人工智能人才必须要有好的教材。然而，在中国乃至国际上，对当代人工智能计算系统进行全局、系统介绍的教材十分稀少。因此，中国科学院计算技术研究所陈云霁研究员及其同事编写的这本书，就显得尤为及时和重要。

这本书采用了一种比较独特的组织方式，以一个典型的深度学习应用（图像风格迁移）作为驱动范例，将上层的算法、中间的编程、底层的芯片串联起来，帮助读者对人工智能的完整软硬件技术栈形成系统的理解。更重要的是，这本书不是孤立地介绍技术栈的各个环节，而是强调技术栈各个环节之间的结合部，例如一个算法怎样拆分成算子，算子在编程框架中怎样调度，芯片体系结构又如何支持算子，并且上述知识在最后的实验中都有所体现。因此，这种组织方式在读者对知识体系的融会贯通和系统思维的形成上非常有帮助。

这本书兼具广度与深度，不仅介绍智能计算系统的使用，更强调内在的原理。例如在算法部分，依次介绍了线性回归、感知机模型、多层感知机和深度学习，一步步地把神经网络计算背后的机理讲透。在体系结构部分，本书先从算法特征分析出发，介绍深度学习处理器的基本设计思想和简单模型，然后再讲具体优化技术，最后介绍工业级深度学习处理器结构。这样不仅仅能授人以"鱼"，也能授人以"渔"。

这本书之所以能对人工智能软硬件技术栈做出清晰的梳理，与陈云霁研究员独特的研究背景有一定关系。他从事人工智能和计算机系统结构的交叉研究十多年，曾经研制了国际上首个深度学习处理器芯片"寒武纪 1 号",在国际学术界有较大的影响。*Science* 杂志刊文评价他为智能芯片研究的"先驱"和"领导者"。同时,陈云霁还有在多个高校讲授智能计算系统课程的丰富教学经验。这使得本书既体现了学术上的前沿性,又充分考虑了高校实际教学的需求。从某种意义上说,这也是对中国科学院几十年来"科教融合"理念的传承。

陈国良　中国科学院院士

2019 年 12 月

第2版前言

2020 年 3 月，"智能计算系统"课程的同名教材《智能计算系统》第 1 版正式出版。之后，我们又出版了课程实验教材《智能计算系统实验教程》和英文教材 *AI Computing Systems*。得益于各位读者对智能计算系统课程理念和内容的认同，第 1 版教材已重印 7 次，被国内超过百所高校使用。在此，我们衷心感谢各位读者对这本教材的大力支持。

本书第 1 版出版至今已有四年之久，智能计算系统领域的发展日新月异，其中影响最深远的就是以 GPT 系列为代表的大型语言模型（Large Language Model，LLM）的出现。GPT-4 已拥有接近人类水平的语言理解和生成能力，并在知识储备上远超人类水平，因而在大量智能任务上有着优异的表现。例如 GPT-4 能够像文字工作者一样完成各类文档的写作任务，像软件工程师一样完成程序编码任务，像翻译人员一样实现自然语言文本间的转换。

如果说四年前，业界都认为通用人工智能还是一件很遥远的事情，那么到了今天，GPT 的进展让我们不得不正视这场由大模型引发的通用人工智能革命。图灵奖获得者、深度学习之父杰弗里·辛顿 (G. Hinton) 也说："这些东西（大模型）与我们完全不同。有时我认为这就像外星人登陆了，而人们还没有意识到。"

大模型取得巨大进步的一个关键因素是智能计算系统所提供的巨大算力。例如 GPT-3 的模型参数量达 1750 亿，其训练使用了 1 万颗英伟达 V100 GPU 组成的高性能智能计算系统，单次训练用时 14.8 天，单次训练成本约为 1000 万美元。GPT-4 有 1.76 万亿个参数，其训练更是使用 2.5 万颗 A100 GPU 运行了近 100 天，对智能计算系统算力的需求达到了 GPT-3 的 67 倍。未来如果还要训练出人脑规模的大模型（100 万亿个参数），我们对智能计算系统算力的需求还将进一步提升。因此，大模型的发展使我们必须重新审视智能计算系统课程的知识体系。

第 2 版保留了原有深度学习计算系统的精髓，以大模型为牵引，大幅度调整了各个章节的内容，希望能够从各个层面系统讲解如何使智能计算系统获取持续增长的计算能力，为未来更大、更通用的模型提供支撑。其中包括如何构建大模型算法（第 2、3 章），如何让编程框架支撑海量处理器分布式训练大模型（第 4、5 章），如何在单个处理器层面实现算力提升（第 6、7 章），如何面向大模型进行智能计算系统的编程（第 8 章）。我们还专门增加了第 9 章，将前面各个章节串联起来，介绍完整的面向大模型的智能计算系统。⊖

具体而言，在第 1 章中，我们整体回顾了人工智能、智能计算系统的发展历程，并介绍了大模型对智能计算系统的需求。

在第 2、3 章中，我们在第 1 版介绍深度学习算法知识的基础上增加了大模型算法的相关知识，包括大模型算法基础、自然语言处理大模型、图像处理和多模态大模型。同时新增了应用于图像生成的神经网络相关知识，包括扩散模型和相关应用，使读者能够全面了解深度学习算法基础与新兴的大模型算法。

在第 4 章中，我们不再以 TensorFlow 为重点来介绍编程框架的使用，而是改为介绍目前业界影响力更大的深度学习编程框架 PyTorch 的发展历程、基本概念、编程模型和使用方法。然后在第 5 章中，我们跳出具体的编程框架，介绍编程框架的工作原理，尤其是如何通过分布式训练机制来高效地处理大模型任务。

此次改版我们完全重写了第 6、7 章。在第 6 章中，我们回顾了深度学习所用的处理器结构从通用逐步走向专用的过程，使读者能够更直观地理解深度学习处理器的基本原理、掌握智能计算系统的设计准则。在第 7 章中，我们展开介绍了深度学习处理器的体系结构应当如何应对大模型处理中的计算、访存、通信瓶颈。

在第 8 章中，我们介绍了基于 BCL 语言（BANG C Language）的高性能算子开发优化实践，使读者能够学习如何高效编写面向大模型的智能算法。

第 9 章在前几章的基础上全面介绍当代面向大模型的智能计算系统，并以开源大模型 BLOOM 作为驱动范例，介绍大模型在智能计算系统上的运行实例，以及系统软件、基础硬件层面的优化技术。

本书凝聚着中国科学院计算技术研究所处理器芯片全国重点实验室以及中国科学院软件研究所智能软件研究中心很多老师和学生的心血。其中，我负责整理第 1 章，李玲研究员和张蕊副研究员负责整理第 2、3 章，李威副研究员负责整理第 4 章，文渊博负责整理第 5 章，赵永威副研究员负责编写第 6、7 章，郭崎、周晓勇和李宝亮负责整理第 8 章。张振兴、文渊博和张蕊负责编写第 9 章。我和李玲研究员负责全书的统稿。此外，刘畅、李昊宸、李文毅、阮庭峰、毕钧、刘子康、樊哲、刘晰鸣、陈亦、杨志浩、刘天博、张洪翔、岳志飞、刘洋、李夏青等也参与了本书的编写。王麒丞、陈文瑞、余悉越、张炀、陈惠来、

⊖ 由于《智能计算系统实验教程》已经出版，我们去掉了第 1 版原有的第 9 章（实验）和附录。

韩沛轶、王昱昊、吕涵祺等负责本书多幅图的绘制。张欣、张振兴、严彦阳、黄迪、彭少辉、何同辉、万海南、吕涵祺等参与了本书的校对。张曦珊副研究员对教材内容提出了宝贵意见。由于我们学识水平有限，书中一定还有错漏之处，恳请读者多多批评指正。如有任何意见和建议，欢迎发邮件至 aics@ict.ac.cn。

本书的写作受到了处理器芯片全国重点实验室、中国科学院战略性先导计划、科技部重点研发计划、国家自然科学基金、腾讯科学探索奖和中国科学院大学教材出版中心的支持。

大模型的发展预示着通用人工智能快要到来。这个"快要到来"可以用毛主席的一段名言来描述："决不是如有些人所谓'有到来之可能'那样完全没有行动意义的、可望而不可即的一种空的东西。它是站在海岸遥望海中已经看得见桅杆尖头了的一只航船，它是立于高山之巅远看东方已见光芒四射喷薄欲出的一轮朝日，它是躁动于母腹中的快要成熟了的一个婴儿。"因此，我期盼本书能为通用人工智能的真正到来贡献一份微小的力量。或许未来实现通用人工智能的科学家和工程师，曾经是本书的读者，那将会是我人生的无上光荣。

中国科学院计算技术研究所

陈云霁

2024 年 1 月

第1版前言

为什么会有这本书

随着智能产业的飞速发展,社会迫切需要大量高水平的人工智能人才。因此,我国近千所高校的计算机学院和信息学院都在培养人工智能方向的人才,而且我国已经有上百所高校开始设立专门的人工智能专业。可以说,我国人工智能高等教育的大幕正在徐徐拉开。今天,教育界对人工智能人才培养的决策,将会对历史产生深远的影响。因此,我们应当慎重思考一个关键问题:人工智能专业的高等教育需要培养什么样的人才?

有一种看法认为:人工智能专业只需要教学生如何开发智能应用和编写智能算法,至于运行这些应用和算法的计算系统,则不是教育的重点。这种看法,类似于汽车专业只需要教学生如何组装车辆,而不需要让学生理解发动机的机理;又类似于计算机专业只需要教学生如何写 App,而不需要让学生理解 CPU 和操作系统的机理。重应用、轻系统的风气,有可能使我国人工智能基础研究和产业发展处于"头重脚轻"的失衡状态。

与此形成鲜明对比的是,我们的国际同行对于智能计算系统的重视程度远远超过普通人的想象。仅以谷歌公司为例。众所周知,谷歌拥有全世界最大规模、最高水平、最全产品的智能应用和算法研究团队。仅谷歌一个公司就发表了 2019 年国际机器学习会议(ICML)近 20% 的论文,和整个中国相当。然而,当我们真正认真审视谷歌时就会发现,谷歌并不只是一个算法公司,它更是一个系统公司。谷歌的董事长 J. Hennessy 是国际最知名的计算机系统结构研究者,图灵奖得主;谷歌人工智能研究的总领导者 J. Dean(每次谷歌 I/O 大会都是他代表谷歌介绍全公司的智能研究进展)是计算机系统研究者,著名的 MapReduce 分布式计算系统就出自他之手。谷歌在人工智能领域最令人瞩目的三个贡献——机器学习编程框架 TensorFlow,战胜人类围棋世界冠军李世石的 AlphaGo,以及谷歌自研的智能芯片 TPU——也和系统有关,而非单纯的算法。

因此，人工智能专业的高等教育，应当培养人工智能系统或者子系统的研究者、设计者和制造者。只有实现这个目标，高校培养的人才才能源源不断地全面支撑我国人工智能的产业和研究。为了实现这个目标，人工智能专业的课程体系，不仅仅应当包括机器学习算法、视听觉应用等课程，还应当包括一定的硬件和系统类的课程。

事实上，国内有很多前辈和专家也意识到了这个问题。很多国内高校并不是主观上不想给学生开设面向人工智能专业的系统类课程，而是开设这样的课程有一些客观困难不容易克服。毕竟智能计算系统是一个新兴的交叉方向，所涉及的知识非常新，找不到现成的课程可以参考。事实上，即便是国际顶尖高校，过去也没有太多这方面的教学经验（例如，斯坦福大学 2015 年曾请我去讲授这个方向的短期课程）。另外，讲授智能计算系统课程所需要的背景知识也非常广泛，涉及算法、结构、芯片、编程等方方面面，能对这些知识都有全面涉猎的老师确实不多。

但是，在所有的困难中，大家一致认为，最关键的困难就在于没有现成的教材。教材是课程的基础，要上好一门课，没有合适的教材是不可能的。据我们了解，目前国际上也没有一本能全面覆盖人工智能计算系统（尤其是当代机器学习计算系统）新进展的教材。因为我们实验室在研究上涉及智能计算系统的各个方面，又在中国科学院大学、北京大学、北京航空航天大学等院校有讲授智能计算系统课程的经验，所以很多老师问我们，是否能编写一本内容较新、较全面的教材。于是，我们参考过去讲课的录音录像，整理形成了这本《智能计算系统》。希望本书能抛砖引玉，为高校开设面向人工智能专业的系统类课程提供微小的助力，为我国培养人工智能人才起到一点推动作用。

智能计算系统课程的价值

个人认为，智能计算系统课程对于学生、教师、高校都具有重要的价值，能产生深远的影响。

对于学生来说，学习智能计算系统课程有助于形成系统能力和系统思维。系统能力可以帮助学生在就业市场中拥有更强的竞争力。在不久的将来，全国上百所开设人工智能专业的高校每年将培养出上万名学过智能算法的学生。到那时，如果一个学生只会算法调参，而对整个系统的耗时、耗电毫无感觉，不具备在实际系统上部署算法的能力，那他找到好工作的难度会较大。而智能计算系统课程的学习，就能让学生真正理解人工智能到底是怎样运转的（包括一个人工智能算法到底如何调用编程框架，编程框架怎么和操作系统打交道，编程框架里的算子又是怎样在芯片上运行起来），就能使学生拥有亲手构建出复杂的系统或者子系统的能力。很自然地，学生就更容易在就业的竞争中脱颖而出。我曾经在网上看到一个段子："会用 TensorFlow 每年挣 20 万元人民币，会写 TensorFlow 每年挣 20 万美元。"这个段子其实还是有一定的现实依据的。

而系统思维，则对于提高学生的科研能力有帮助。缺乏系统思维的学生很容易陷入精度的牛角尖中，把科学研究当成体育比赛来搞（别人做了 97% 的精度，我就要做 98%；别人做了 98%，我就要做 99%），最后研究道路越走越窄。事实上，从系统角度看，评价智能的标准远不止精度一个维度。速度、能效、成本等都是很重要的维度，无论在哪一个维度上做出突破，都是非常有价值的研究。因此，近年来深度学习领域一些非常有影响力的工作如稀疏化、低位宽等，都是在提升整个智能计算系统的速度和能效上做文章，而不是只盯着精度不放。所以说，学习智能计算系统课程，能让学生形成系统思维，在科研道路上拥有更宽广的舞台。

对于教学科研人员来说，讲授智能计算系统课程，对于自己的科研能力也可能有很大的帮助。我自己担任任课教师时就发现，科研人员把一门课教好，自己的收获可能比学生还大。这也就是《礼记·学记》所说的"教学相长"。因为做科研只能让人对一个方向中的某些具体知识点很熟，而教学则在某种意义上逼着教师要对整个方向有全面的理解，这样反过来又能让科研的思路更开阔。智能计算系统课程覆盖面比较广，教好这门课受益尤其大，能使教师的知识面从软到硬更加全面。

对于高校管理人员来讲，系统研究已经成为人工智能发展的热点，在学科布局中应予以充分重视。2019 年，一些国际顶尖高校和企业（如斯坦福大学、卡内基·梅隆大学、加州大学伯克利分校、麻省理工学院、谷歌、脸书、英特尔、微软等）的数十位知名研究者（包括图灵奖得主 Y. LeCun、美国科学院院士 M. Jordan、美国工程院院士 B. Dally、美国工程院院士 J. Dean 等）联合发布了一份白皮书——"SysML: The New Frontier of Machine Learning Systems"，展望了机器学习计算系统软硬件技术的未来发展。这充分体现出，在国际上无论是学术界还是工业界，都对智能计算系统高度关注。在这样的新兴热门方向尽早布局并培育一批教师，无疑对提升高校乃至我国在国际学术界的影响力有巨大帮助。

智能计算系统课程的内容

对于教学比较熟悉的教师可能会问："智能计算系统这门课程涉及面太广，知识点太多，在一门课内学完是否难度太大？"是的，智能计算系统课程涉及算法、芯片、编程等方方面面，每个方面展开来都可以是自成体系的一门课。所有枝枝蔓蔓要在一门课、一个学期里学完是不可能的。因此，我们在设计智能计算系统这门课程时采用了两个原则：应用驱动，全栈贯通。课程以一个应用为牵引，在软硬件技术栈的各个层次，聚焦于完成这个应用所需要的知识。这样不仅能使教师在一个学期内把智能计算系统课程教完，还有以下两个好处。

第一，一门好的工程学科的课程应当是学以致用的。尤其是智能计算系统这样的课程，如果上完之后只学会了一些理论知识，那教学效果一定不理想。应用驱动让学生学完了课程，就能把课程知识在实践中用起来。第二，帮助学生形成系统性理解。过去计算机专业课程设计有个问题，就是条块分割明显，比如操作系统和计算机体系结构是割裂的，操作系统对计算机体系结构提出了什么要求，计算机体系结构对操作系统有哪些支持，没有一门课把这些串起来，打通学生知识的"任督二脉"。智能计算系统作为高年级本科生（或研究生）课程，通过应用的牵引，能帮助学生把过去所有的人工智能软硬件知识都串起来，形成整体理解。

具体来说，智能计算系统课程以图像风格迁移（例如，把一张实景照片转换成梵高风格的画）这一具体应用为牵引，对整个智能计算系统软硬件技术栈进行介绍。为此，本书的第 1 章将对人工智能、智能计算系统进行概述，同时介绍风格迁移这一贯穿全书的驱动范例。

接下来，课程讲述完成这个应用所必需的神经网络和深度学习算法知识。对于图像风格迁移不涉及的算法知识，课程就不做过度展开。这样最多用 6 学时就能够把算法部分讲完。上述内容将在本书的第 2、3 章做介绍。

智能算法要在智能芯片上运行起来，还需要编程框架这一系统软件的支持。对上，编程框架可降低程序员编写具体智能应用的难度；对下，编程框架将智能算法拆分成一些具体算子，并将算子分配到智能芯片（或者 CPU）上运行。编程框架是很复杂的系统软件。但是实现图像风格迁移所需要的编程框架知识相对有限（比如说，TensorFlow 编程框架中有上千个算子，但是风格迁移只涉及其中不到十分之一）。这样教师用约 6 学时就可以教授学生如何使用主流的编程框架，以及编程框架内在的运行机理。上述内容将在本书的第4、5 章做介绍。

编程框架再往下是智能芯片。由于传统 CPU 远远不能满足智能计算飞速增长的速度和能效需求，智能计算系统的算力需要由专门的深度学习处理器提供。开发一款能处理各种视频识别、语音识别、广告推荐、自然语言理解任务的工业级深度学习处理器，需要成百上千名有经验的工程师数十个月的努力。但是，在这门课里，我们只需要考虑有限目标，即如何针对图像风格迁移这一具体应用来设计深度学习处理器，包括设计思想、设计方法、具体结构等。当然，为了让学生能了解业界前沿动态，本书也会介绍真正的工业级深度学习处理器的大致结构。这样，教师用约 6 学时就可以让学生比较系统地掌握深度学习处理器的基础知识。上述内容将在本书的第 6、7 章做介绍。

深度学习处理器的指令集和结构与传统的通用 CPU 有较大区别。为了方便程序员充分发挥深度学习处理器的计算能力，需要有新的高级智能编程语言。因此，本书的第 8 章将介绍一种智能编程语言（BCL 语言）。这种编程语言考虑了如何提升程序员编写智能算法的生产效率，也考虑了如何利用深度学习处理器的结构特点。本书在这一章除了介绍如何用 BCL 语言开发出图像风格迁移所需的基本算子，还提供了系统级开发和优化实践。这一部分内容大约需要 3 学时。

智能计算系统课程的最终目标是让学生融会贯通地理解智能计算系统的完整软硬件技术栈。如果只是单纯学习上述章节的内容，可能学生掌握的还是一些割裂的知识点，必须要有一个实验，把这些知识点串起来，打通"任督二脉"。因此，本书的第 9 章具体介绍了一个实验，即如何开发一个能完成图像风格迁移任务的简单智能计算系统。理论上说，学生把这个实验做好，就应该能对整个课程的知识体系有一定的全局理解。完成这个实验所需的学时数和学生的基础有较大的关系，可能要根据各个高校的实际情况来决定。此外，如果课程体系允许，我们建议专门开设一门智能计算系统实验课。我们专门编写的《智能计算系统实验教程》将于 2020 年出版，这本书提供更全面、丰富的实验，为专门的智能计算系统实验课提供支撑。

在设计上述课程内容时，我们主要考虑的是中国科学院大学的学生情况。我们在其他兄弟院校讲授这门课程时发现，各个学校的前置课程和学生基础不太一样，教师可以根据自身情况对各个部分的学时做灵活调整。比如，如果学生之前学过人工智能或者机器学习基础课，第 2、3 章算法部分的课时数可缩短。再比如，如果学生没有学过计算机体系结构或者计算机组成原理，那么第 6、7 章深度学习处理器部分可以讲慢一点，增加一些课时。详细的课程大纲、讲义、录像等参见智能计算系统课程主页 http://novel.ict.ac.cn/aics/。

书中标 * 的章节或习题，供有志于从事智能计算系统研究的读者选读或选做。

本书的写作

这本书的出版，凝聚着中国科学院计算技术研究所智能处理器研究中心以及中国科学院软件研究所智能软件研究中心很多老师和学生的心血。其中，我负责整理第 1 章，李玲研究员负责整理第 2、3 章，李威副研究员负责整理第 4、9 章，郭崎研究员负责整理第 5、

8 章，杜子东副研究员负责整理第 6 章，周徐达助理研究员负责整理第 7 章。我和李玲研究员负责全书的统稿。杜子东副研究员负责本书的习题。此外，李震助理研究员、韩栋助理研究员，以及韦洁、潘朝凤、曾惜、于涌、王秉睿、张磊、郝一帆、刘恩赫、何皓源、高钰峰、宋新开、杜伟健等也参与了本书的部分工作。杜伟健、张振兴和宋新开对本书习题做出了贡献。方舟、曾惜、张振兴、李普泽和陈斌昌等负责本书多幅图的绘制。张曦珊副研究员、张蕊助理研究员，以及吴逍雨、承书尧、汪瑜、谭懿峻等参与了本书的校对。同时，我们特别感谢西北工业大学的周兴社教授和南开大学的李涛教授对智能计算系统的课程建设和教材编写提供的宝贵意见。由于我们学识水平有限，书中一定还有错漏之处，恳请读者多多批评指正。如有任何意见和建议，欢迎发邮件至 aics@ict.ac.cn。

本书的写作受到了国家重点研发计划、国家自然科学基金、"核高基"科技重大专项、中科院先导专项、中科院弘光专项、中科院前沿科学重点项目、中科院标准化研究项目、北京市自然科学基金、北京智源人工智能研究院和腾讯科学探索奖的支持。此外，机械工业出版社的编辑给予了我们大量的帮助。在此一并表示诚挚的谢意。

中国科学院计算技术研究所

陈云霁

CONTENTS

目　录

第 1 章

概　述

以深度学习为代表的人工智能技术在飞速发展，在图像识别、语音识别、自然语言处理、博弈游戏等应用上，已经接近甚至超过了人类的水平。可以说，整个人类社会走到了智能时代的门槛边，即将迎来一次巨大的变革。如同人类历史上之前的各个时代必须要有核心物质载体作为支撑（如工业时代的发动机，信息时代的通用处理器），智能时代也必须要有核心物质载体作为支撑。而智能时代的核心物质载体正是智能计算系统。

本章首先介绍人工智能的发展历史以及三类主要研究方法，其次介绍智能计算系统的发展历程并展望未来智能计算系统的发展，最后以一个驱动范例（图像风格迁移）简单介绍智能应用从智能算法设计到编程实现再到芯片上运行的过程。

1.1　人工智能

1.1.1　什么是人工智能

通俗地讲，人制造出来的机器所表现出来的智能，就是人工智能（Artificial Intelligence，AI）。人工智能大致分为两大类：弱人工智能和强人工智能。弱人工智能是能够完成某种特定任务的人工智能，换个角度看，就是一种计算机科学的非平凡的应用。强人工智能或通用人工智能（Artificial General Intelligence，AGI），能表现正常人类所具有的各种智能行为。弱人工智能在翻译、下棋等具体任务上超越人类已不罕见，因此已在工业中广泛应用。强人工智能的实现难度较大，但近年来大语言模型（Large Language Models，LLM）的发展给强人工智能带来了一线曙光。本书重点关注面向弱人工智能的计算系统，也兼顾强人工智能所需的计算系统的研究。

1.1.2　人工智能的主要方法

人工智能按研究学派主要分为三类，包括行为主义（behaviorism）、符号主义（symbolism）、连接主义（connectionism）。

1.1.2.1　行为主义

行为主义的核心思想是基于控制论构建感知–动作型控制系统。1943 年，A. Rosenblueth、J. Bigelow、N. Wiener 提出所有有目的的行为都需要负反馈[1]。1948 年，N. Wiener 在《控制论》(*Cybernetics*)[2] 中提出控制论是研究动物和机器的控制与通信的科学，并讨论了用机器实现国际象棋的可能性。同时期的 W. Ashby 也探讨过人工智能机器的可能性，并在《大脑设计》(*Design for a Brain*)[3] 中阐述了利用包含适当反馈环路以获取稳定适应行为的自平衡设备来创造智能。通过控制论实现人工智能的可能性，在 20 世纪 50 年代引起人工智能研究者的关注。在 C. Shannon 和 J. McCarthy 征集出版的《自动机研究》(*Automata Studies*)[4] 中有很多控制论方面的研究工作，涉及有限自动机、图灵机、合成自动机，希望基于控制论构建一些感知动作的反应性控制系统。同样在 20 世纪 50 年代，R. Bellman 发表了论文 "A Markovian Decision Process"（一种马尔可夫决策过程）[5]，奠定了强化学习的理论基础。在强化学习中，智能体对环境的状态进行观察，并根据观察和自身的策略做出相应的动作，而环境则根据智能体的动作所产生的影响给予智能体一定的奖励或者惩罚，以此来影响智能体的动作决策。比如在围棋比赛中，比赛胜利就会得到奖励，而比赛失败则会得到惩罚。从比较直观的角度看，行为主义方法可以模拟出类似于小脑这样的人工智能，通过反馈来实现机器人的行走、抓取、平衡，因此有很大的实用价值。但是，这类方法似乎并不是通向强人工智能的终极道路。

1.1.2.2　符号主义

符号主义是基于符号逻辑的方法，用逻辑表示知识和求解问题。其基本思想是：用一种逻辑把各种知识都表示出来；当求解一个问题时，就将该问题转变为一个逻辑表达式，然后用已有知识的逻辑表达式的库进行推理来解决该问题。

在各种符号逻辑中，最常见或许也是最简单的是命题逻辑（propositional logic）。在具体演算过程中，命题逻辑只需要考虑与、或、非三种操作，以及 0、1 两种变量取值。命题逻辑的表达能力很弱，连"不是所有的鸟都会飞"这样的知识都无法表示[6]。因此，逻辑学家们引入了谓词和量词，形成了谓词逻辑（predicate logic）来加强表达能力。量词包括"存在"（∃）和"任取"（∀）两种；谓词则是一个函数，它以其定义域中的实体作为输入，以 0、1 作为输出。例如，可以用 $\forall x$ 表示"任意一只鸟"，用谓词 $B(x)$ 表示"x 是一只鸟"，用谓词 $P(x)$ 表示"x 会飞"。"不是所有的鸟都会飞"可以表示为 $\neg(\forall x(B(x) \rightarrow P(x)))$。谓词逻辑还可以进一步分为一阶逻辑和高阶逻辑。一阶逻辑的量词不能作用在谓词之上，高阶逻辑的量词还可以作用于谓词之上。

符号主义是人工智能研究发展之初最受关注的方法。在 20 世纪，学术界普遍认为符号主义是通向强人工智能的一条终极道路。但通过 60 多年的探索，符号主义展现出一些本质性的问题：

（1）逻辑问题。从逻辑的角度，难以找到一种简洁的符号逻辑体系来表述出世间所有的知识。例如，普通的谓词逻辑无法方便地表示时间、空间、概率等信息。A. Pnueli 提出了时态逻辑（Temporal Logic，TL），即在一阶逻辑上加入时间，并因此获得了 1996 年的图灵奖。但是 TL 还不能方便地表述对不确定的未来的判断，因此 E. Clarke 等人进一步提出了计算树逻辑（Computation Tree Logic，CTL），即把时间建模成一个树状结构，而树的每条路径都是历史发展的一种可能性。Clarke 等人也因此获得了 2007 年图灵奖。可以看出，仅仅表述时间相关的信息就已经很不容易。迄今为止，学术界为了表述知识，已经发明了成百上千种逻辑。但今天我们依然还没有一种公认的大一统逻辑来表述所有的知识。

（2）常识问题。人类在做判断决策时，往往基于大量的常识。例如，当有人说他在家里阳台上欣赏落日时，我们根据常识能判断出他一定是在西边的阳台上。而世间的常识数不胜数。20 世纪七八十年代广泛研究的专家系统，希望在特定领域把领域内的常识都用逻辑表达式记录下来。但即便是一个领域，其中的常识也太多了。迄今为止，研究者还没能把一个实用领域中的所有常识都用逻辑表达式记录下来。

（3）求解器问题。在符号主义中，解决问题的关键环节是逻辑求解器。它负责根据已有的知识来判断问题对应的逻辑表达式是否成立。但是，逻辑求解器的时间复杂度非常高。即便是最简单的命题逻辑，它的求解也依然是 NP 完全的（事实上，命题逻辑的可满足性判断问题是第一个被证明为 NP 完全的问题）。而各种谓词逻辑一般都是不可判定的，也就是理论上不存在一种机械方法能在有限时间内判定任意一个谓词逻辑表达式是否成立。

由于上述原因，符号主义在工业上实用的成功案例很少。如果从国际人工智能联合会议（IJCAI）收录的论文数量看，现在在整个人工智能学术界，研究符号主义的学者的数量远少于 10%[⊖]。

我们认为，符号主义最本质的问题是只考虑了理性认识的智能。人类的智能包括感性认识（感知）和理性认识（认知）两个方面。即便人类自己，也是一步步从底层的感知智能开始，像动物一样识别各种物体、气味、声音，产生本能反应，然后才在此基础上产生了生物界中独一无二的复杂语言，进而产生文字，再进而产生数学和逻辑，最终形成认知智能。符号主义跳过前面这些阶段，直奔逻辑，难免遇到巨大的阻碍。但我们依然相信，在未来通往强人工智能的道路上，符号主义方法会和其他方法融合，发挥重要作用。

1.1.2.3　连接主义

人类大脑是我们迄今已知最具智能的物体。它基于上千亿个神经元细胞连接组成的网络，赋予人类思考的能力。连接主义方法的基本出发点是借鉴大脑中神经元细胞连接的计算模型，用人工神经网络来拟合智能行为。

⊖　2017 年 IJCAI 共收录 710 篇论文，而符号主义相关论文仅 44 篇（Knowledge Representation and Reasoning Session）。事实上，IJCAI 已经是所有人工智能顶级会议中最乐于接收符号主义论文的一个。

事实上，连接主义方法并不是完全照抄人类的大脑，因为生物的大脑非常复杂，即便是一个神经元细胞也很复杂。如图 1.1 所示，一个神经元细胞包括细胞体和突起两部分，其中细胞体由细胞膜、细胞核、细胞质组成，突起有轴突（axon）和树突（dendrite）两种。轴突是神经元长出的一个长而且分支少的突起，树突是神经元长出的很多短而且分支多的突起。一个神经元的轴突和另外一个神经元的树突相接触，形成突触○。

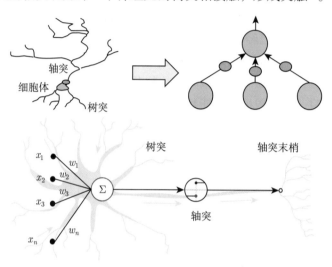

图 1.1　生物神经元细胞（上）和人工神经元（下）

人工神经网络则对生物的神经元细胞网络进行了大幅度的抽象简化，把每个细胞体的输出、每个突触强度都抽象成一个数字。具体来说，图 1.1 中的一个人工神经元可以从外界得到输入 $x_1, \cdots, x_n$，每个输入有一个突触的权重 $w_1, \cdots, w_n$，对神经元的输入进行加权汇总之后，通过一个非线性函数得到该神经元的输出。

连接主义方法肇始于 1943 年。心理学家 W. McCulloch 和数理逻辑学家 W. Pitts 通过模拟人类神经元细胞结构，建立了 M-P 神经元模型（McCulloch-Pitts neuron model）[7]，这是最早的人工神经网络。此后 60 余年里，通过 F. Rosenblatt（感知机模型）、D. Rumelhart（反向传播训练方法）、Y. LeCun（卷积神经网络）、Y. Bengio（深度学习）、G. Hinton（深度学习和反向传播训练方法）等学者的不懈努力，连接主义逐渐成为整个人工智能领域的主流研究方向。

目前，深度学习等方法已广泛应用于图像识别、语音识别、自然语言处理等领域，产生了换头换脸、图像风格迁移等有意思的应用，甚至在围棋和《星际争霸》游戏中战胜了人类顶尖高手。此外，大模型在问答、搜索、多模态等领域表现出色，彻底改变了当前的人机交互模式，并且伴随着插件、记忆、反思、制造和使用工具等功能的提出，在各种规

○　少数情况下，也会出现轴突–轴突突触。

划推理任务上的表现也迅速提升，能在虚拟小镇中通过智能体之间的对话涌现有意思的现象，以及在《我的世界》游戏中不断地自动学习新的技能。目前围绕深度学习技术，已经逐渐形成了万亿级别的智能产业，包括智能安防、智能教育、智能手机、智能家电、智慧医疗、智慧城市、智慧工厂等。本书重点介绍的也是面向深度学习的智能计算系统。

但是，我们必须清醒地认识到，深度学习不一定是通向强人工智能的终极道路。它更像是一个能帮助我们快速爬到二楼、三楼的梯子，但顺着梯子我们很难爬到月球上。深度学习已知的局限包括：

（1）泛化能力有限。深度学习训练需要依靠大量的样本，与人类的学习机理不同。人类在幼儿时期会依据大量外在数据学习，但是成年人类的迁移学习能力和泛化能力远高于现在的深度学习。

（2）缺乏逻辑推理能力。缺乏逻辑推理能力使得深度学习不擅长解决认知类的问题。如何将擅长逻辑推理的符号逻辑与深度学习结合起来，是未来非常有潜力的发展方向。即便是最新的 GPT-4 这样的大模型，在很多逻辑推理问题上依然存在幻觉等问题，表现欠佳。

（3）缺乏可解释性。在比较重视安全的领域，缺乏可解释性会带来一些问题。比如，某个决策是如何做出来的？深度学习为什么识别错了？

（4）鲁棒性欠佳。在一张图像上加一些人眼很难注意到的点，就可以让深度学习算法产生错误判断，例如把猪识别成猫，把牛识别成狗。

1.1.3　人工智能的发展历史

人工智能的萌芽至少可以上溯到 20 世纪 40 年代。例如，1943 年 W. McCulloch 和 W. Pitts 提出了首个人工神经元模型[7]，1949 年 D. Hebb 提出了赫布规则[8] 来对神经元之间的连接强度进行更新。但人工智能概念的正式诞生则要等到 1956 年的达特茅斯会议[9]。自那以后，人工智能 60 多年的发展历史几起几落，经历了三次热潮，但也遇到了两次寒冬（如图 1.2 所示）。

1.1.3.1　第一次热潮，1956 年至 20 世纪 60 年代

1956 年夏天，J. McCarthy、M. Minsky、N. Rochester 和 C. Shannon 等发起了为期 2 个月的 10 人参与的达特茅斯人工智能研讨会。该会议认为，如果学习或智能的各种特征可以被精确描述，就可以用一台机器来模拟智能，并尝试让机器使用语言、形成抽象概念、解决人类才能解决的各种问题，甚至自我完善[10]。这次会议的参会者有多人后来获得了图灵奖（包括 J. McCarthy、M. Minsky 和 H. Simon 等）。

由于参会者大多有着深厚的逻辑研究背景，达特茅斯会议驱动的第一次人工智能热潮是以符号逻辑为主要出发点的，也就是后来所谓的符号主义。理论上说，如果我们能用某种符号逻辑表示已有知识和要解决的问题，那么通过逻辑问题求解器就可以解决各种智能任务。秉承这个思路，A. Newell 和 H. Simon 在达特茅斯会议上展示了推理计算机程序

——逻辑理论家，该程序后来证明了很多数学定理。除此之外，第一次热潮还涌现出了几何定理证明者、国际象棋程序、跳棋程序、问答和规划系统等有一定影响力的成果。除了符号主义之外，连接主义在第一次人工智能热潮中也有所发展。该时期 F. Rosenblatt 提出了感知机模型[11-12]，这一神经网络模型受到了当时很多研究者的关注。

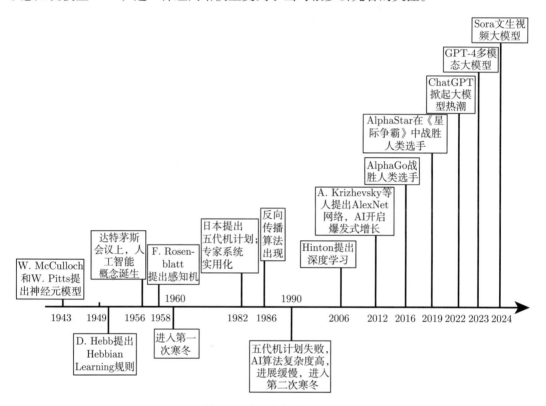

图 1.2   人工智能发展历史

在第一次热潮的初期，人工智能研究者对未来非常乐观。1957 年 H. Simon 就提出："现在世界上已经有机器可以思考、可以学习、可以创造。它们的能力将迅速提高，处理的问题范围在可见的未来就能延伸到人类思维应用的范围。"他还预测计算机将在 10 年内成为国际象棋冠军，而 40 年后 IBM 的深蓝系统才成为国际象棋冠军[13]。由于研究者发现人工智能发展的难度远远超过了当初的想象，很快人工智能的第一次热潮就退去，进入了长达 10 余年之久的第一次寒冬。

1.1.3.2   第二次热潮，1975 年至 1991 年

人工智能第二次热潮到来的标志性事件是 1982 年日本启动了雄心勃勃的五代机计划，计划在 10 年内建立可高效地进行符号推理的智能计算系统。国际上还出现了一批基于领域知识和符号规则进行推理的系统，并有了一些较为成功的案例，包括医学领域的 MYCIN

和 CADUCEUS。有的专家系统甚至在商业中发挥了实际作用。例如，DEC 的专家系统 R1 可以按照用户的需求，为 VAX 型计算机系统自动选购软硬件组件。20 世纪 80 年代中期，连接主义的神经网络方法也迎来了一次革命。反向传播学习算法[14] 的提出，使得神经网络重新成为研究的焦点，成为与符号主义并驾齐驱的连接主义方法。

20 世纪 80 年代末，人工智能开始结合数学理论，形成更实际的应用。隐马尔可夫模型（Hidden Markov Model，HMM）开始用于语音识别，提供了理解问题的数学框架，有效应对实际应用；信息论用于机器翻译；贝叶斯网络（Bayesian network）用于非确定的推理和专家系统，对非确定性知识提供了有效的表示和严格的推理。

应该说，在第二次热潮中，符号主义依然是旗手。无论是日本五代机使用的 Prolog，还是专家系统 MYCIN 使用的 LISP，其核心还都是符号逻辑的推理。但是，研究者逐渐发现，符号主义方法存在很多难以克服的困难，例如缺乏有足够表示能力同时又比较简练的逻辑，以及逻辑问题求解器的时间复杂度极高等。另一方面，连接主义方法（如神经网络）也没有找到真正落地的杀手级应用。随着 1991 年日本五代机计划的失败，第二次热潮退去，人工智能跌入了长达近 20 年的第二次寒冬。

1.1.3.3　第三次热潮，2006 年至今

2006 年，G. Hinton⊖和 R. Salakhutdinov 在 *Science* 上撰文指出，多隐层的神经网络可以刻画数据的本质属性，借助无监督的逐层初始化方法可以克服深度神经网络训练困难的问题[15]。业界广泛认为，这篇论文吹响了深度学习（多层大规模神经网络）走向繁荣的号角⊖，开启了人工智能第三次热潮。2012 年，A. Krizhevsky、I. Sutskever 和 G. Hinton 提出了一种新颖的深度学习神经网络——AlexNet[16]，成为 2012 年 ImageNet 大规模视觉识别比赛（ImageNet Large Scale Visual Recognition Competition，ILSVRC）的冠军，从此深度学习得到了业界的广泛关注。随着数据集和模型规模的增长，深度学习神经网络的识别准确率越来越高，在语音识别、人脸识别、机器翻译等领域应用越来越广泛。2016 年，谷歌 DeepMind 团队研制的基于深度学习的围棋程序 AlphaGo 战胜了人类围棋世界冠军李世石，进一步推动了第三次热潮的发展，使得人工智能、机器学习、深度学习、神经网络这些词成为大众的关注焦点。2022 年 11 月，OpenAI 的研究人员提出了 ChatGPT，该模型的参数量约为 1750 亿，训练语料超过 45 TB，具有可以回答各种开放性问题的能力，并且回答风格非常像人，在文本生成、信息提取、多语种翻译、自动写代码等任务上表现非常惊艳，使深度学习大模型受到各行各业的广泛关注。OpenAI 于 2023 年 3 月发布了

⊖　笔者写本书时无意中发现，图灵奖得主、深度学习开创者 G. Hinton 和诺贝尔物理学奖得主、希格斯玻色子的预言者 P. Higgs 是同门师兄弟。更有意思的是，这两位计算机和物理学泰斗共同的博士导师 C. Longuet-Higgins 并不研究计算机或者物理。他是一位化学和认知科学专家，甚至一度有望获得诺贝尔化学奖。

⊖　当然，Y. LeCun 和 Y. Bengio 同期的一些工作对于推动深度学习发展也起到了关键作用。因此，他们两人和 G. Hinton 被并称为深度学习的三位开创者，共同获得了 2018 年图灵奖。

GPT-4，其表现更优于 ChatGPT，并且是一个多模态模型，能同时接收图像输入和文本输入。微软的研究人员在对 GPT-4 进行详尽的实验后表示，它或许是强人工智能的雏形。

第三次热潮中的人工智能与达特茅斯会议时已经有显著的区别，连接主义成为压倒性的主流。而 60 多年前达特茅斯会议上最核心的符号主义方法，却已经少有研究者关注。

1.2　智能计算系统

1.2.1　什么是智能计算系统

一个完整的智能体需要从外界获取输入，并且能够解决现实中的某种特定问题（例如弱人工智能）或者能够解决各种各样的问题（强人工智能）。而人工智能算法或代码本身并不能构成一个完整的智能体，必须要在一个具体的物质载体上运行起来才能展现出智能。因此，智能计算系统就是智能的物质载体。

现阶段的智能计算系统，硬件上通常是集成通用处理器和智能处理器的异构系统，软件上通常包括一套面向开发者的智能计算编程环境（包括编程框架和编程语言）。

采用异构系统的原因在于，近十年来通用处理器的计算能力增长近乎停滞，而智能计算能力的需求在不断以指数增长，二者形成了剪刀差。为了弥补这个剪刀差，智能计算系统必须要集成智能芯片来获得强大的计算能力。例如，寒武纪深度学习处理器能够以比通用处理器低一个数量级的能耗，达到 100 倍以上的智能处理的速度。

异构系统在提高性能的同时，也带来了编程上的困难。程序员需要给系统中的两类芯片编写指令、调度任务，如果没有系统软件的支持会非常困难。因此，智能计算系统一般会集成一套编程环境，方便程序员快速便捷地开发高能效的智能应用程序。这套编程环境主要包括编程框架和编程语言两部分。常用的深度学习编程框架包括 TensorFlow 和 PyTorch 等，深度学习编程语言包括 CUDA 语言和 BCL 语言等。

1.2.2　为什么需要智能计算系统

以通用处理器为中心的传统计算系统的速度和能效远远达不到智能应用的需求。例如 2012 年，谷歌大脑用 1.6 万个通用处理器核跑了 3 天的深度学习训练来识别猫脸[17]。这充分说明传统计算系统的速度难以满足应用需求。2016 年，AlphaGo 与李世石下棋时，用了 1202 个 CPU 和 176 个 GPU[18]，每盘棋电费就要数千美元，与之对比，李世石的功耗仅为 20 W。这充分说明传统计算系统的能效难以满足应用需求。2020 年，完整地训练一次 GPT-3 总共耗费 3.14×10^{23} 浮点运算次数，在一台 8 卡 V100 GPU 服务器上需要约 3640 天（约 9.97 年）。这充分说明传统计算系统的单节点模式难以满足应用需求。因此，人工智能不可能依赖于传统计算系统，必须有自己的核心物质载体——智能计算系统。

1.2.3 智能计算系统的发展

从发展历史上看，已有的智能计算系统可以大致分为两代：第一代智能计算系统，出现于 1980 年前后，主要是面向符号主义的专用计算系统；第二代智能计算系统，出现于 2010 年左右，主要是面向连接主义的专用计算系统。同时，我们预期未来会出现一类新的智能计算系统，成为强人工智能/通用人工智能的物质载体。这或许会是第三代智能计算系统。

1.2.3.1 第一代智能计算系统

20 世纪 80 年代是人工智能发展的第二次热潮。第一代智能计算系统主要是在这一次热潮中发展起来的面向符号逻辑处理的计算系统。它们的功能主要是运行当时非常热门的智能编程语言 Prolog 或 LISP 编写的程序。

1975 年，麻省理工学院（MIT）AI 实验室的 R. Geenblatt 研制了一台专门面向 LISP 编程语言的计算机——CONS，它是最早的智能计算系统之一。1978 年，该实验室又发布了 CONS 的后继 CADR。1981 年日本提出了五代机计划。该计划认为过去的第一代、第二代、第三代、第四代计算机分别是真空管计算机、晶体管计算机、集成电路计算机和超大规模集成电路计算机，而第五代计算机是人工智能计算机，人们只需要把要解决的问题交给它，而不需要告诉它如何去解，它就能自动求解出该问题。本质上讲，日本五代机也是一个 Prolog 机。整个 20 世纪 80 年代，美日高校、研究所、企业研制了各种各样的 Prolog 机和 LISP 机。

20 世纪 80 年代末到 90 年代初，人工智能进入冬天。第一代智能计算系统找不到实际的应用场景，市场坍塌，政府项目停止资助，创业公司纷纷倒闭。图 1.3[⊖]是 MIT 博物馆保存的自己研制的 LISP 机。

从技术上看，第一代智能计算系统是一种面向高层次语言的计算机体系结构，其编程语言和硬件是高度统一化的，比如 LISP 和 Prolog。这种计算系统被淘汰的原因主要有两方面：一方面，不同于现在人工智能有大量语音识别、图像识别、自动翻译等实际应用需求，当时的 Prolog 和 LISP 等符号智能语言并没有太多的实际应用需求；另一方面，当时的通用处理器发展速度非常快，专用计算系统的迭代速度跟不上通用处理器。在 20 世纪摩尔定律的黄金时期，每一年半通用处理器的性能就能提升一倍，10 年下来通用处理器的处理速度能取得 100 倍的提升。而专用的智能计算系统没有通用处理器那么广泛的应用，往往需要数年才有资金进行迭代更新。几年下来，专用的智能计算系统的速度可能不比通用处理器快多少。因此第一代智能计算系统逐渐退出了历史舞台。

1.2.3.2 第二代智能计算系统

第二代智能计算系统主要研究面向连接主义（深度学习）处理的计算机或处理器。中科院计算所从 2008 年开始做人工智能和芯片设计的交叉研究，2013 年和法国国家信息与

⊖ 图片来源：https://en.wikipedia.org/wiki/File:LISP_machine.jpg。

自动化研究所（Inria）共同设计了国际上首个深度学习处理器架构——DianNao。随后，中科院计算所又研制了国际上首个深度学习处理器芯片"寒武纪 1 号"。在此基础上，全球五大洲 30 个国家/地区的 200 个机构（包括哈佛大学、斯坦福大学、麻省理工学院、谷歌、英伟达等），以及两位图灵奖得主、10 余位中美院士、30 位 ACM 会士、100 位 IEEE 会士在广泛跟踪引用中科院计算所的论文，开展相关方向研究。因此，*Science* 杂志刊文评价寒武纪为深度学习处理器的"开创性进展"，并评价寒武纪团队在深度学习处理器研究中"居于公认的领导者行列"。表 1.1 列出了一些第二代智能计算系统的代表性工作。

图 1.3   MIT 博物馆保存的第一代智能计算系统（LISP 机）

与第一代智能计算系统相比，第二代智能计算系统有两方面的优势：第一，深度学习有大量实际的工业应用，已经形成了产业体系，因此相关研究能得到政府和企业的长期资助；第二，摩尔定律在 21 世纪发展放缓，通用处理器性能增长停滞，专用智能计算系统的性能优势越来越大。因此，在可预见的将来，第二代智能计算系统还将长期健壮发展，持续迭代优化。

事实上，今天的超级计算机、数据中心计算机、手机、汽车电子、智能终端都要处理大量深度学习类应用，因此都在朝智能计算系统方向演进。例如，IBM 将其研制的 2018 年世界上最快的超级计算机 SUMMIT 称为智能超算机。在 SUMMIT 上利用深度学习方法做天气分析的工作甚至获得了 2018 年超算应用最高奖——戈登·贝尔奖。手机更是因其要用深度学习处理大量图像识别、语音识别、自动翻译等任务，被广泛看作一种典型的小型智能计算系统。仅集成寒武纪深度学习处理器的手机就已有近亿台。因此，未来如果人类社会真的进入智能时代，可能绝大部分计算机都可以被看作智能计算系统。因此，本书主要介绍第二代智能计算系统。

表 1.1　代表性深度学习处理器/计算机

时间	深度学习处理器/计算机	研制单位	特点
2013 年	DianNao[19]	中国科学院计算所	国际上首个深度学习处理器架构
2014 年	DaDianNao[20]	中国科学院计算所	国际上首个多核深度学习处理器架构
	cuDNN（深度学习库）	英伟达	升级 GPU 用于深度学习
2015 年	PuDianNao[21]	中国科学院计算所	国际上首个通用机器学习处理器
	ShiDianNao[22]	中国科学院计算所	端侧视频图像处理
2016 年	Cambricon[23]	中国科学院计算所	国际上首个深度学习指令集
	Cambricon-X[24]	中国科学院计算所	国际上首个稀疏神经网络处理器
2017 年	TPU[25]	谷歌	基于脉动阵列架构
	FlexFlow[26]	中国科学院计算所	动态数据流结构
2018 年	TPUv3 cloud	谷歌	基于 TPUv3 芯片的云计算
	DGX-2 服务器	英伟达	16 块 NVIDIA V100 显卡
	Summit 超级计算机	IBM	27684 块 NVIDIA V100 显卡
	MLU100	寒武纪	基于寒武纪云端智能芯片
2019 年	E-RNN[27]	锡拉丘兹大学	循环神经网络加速器
	Cambricon-F[28]	中国科学院计算所	分形冯·诺依曼架构
	Float-PIM[29]	加利福尼亚大学圣迭戈分校	支持训练的存内计算架构
2020 年	Azure	微软	10 000 块 NVIDIA 显卡，用于 GPT 系列研发
	DGX A100 Superpod	英伟达	140 个节点，1120 块 NVIDIA A100 显卡
2021 年	Frontier	美国橡树岭国家实验室	8472 个节点，37 888 块 AMD MI250X 加速器
2022 年	DGX H100 服务器	英伟达	8 块 NVIDIA H100 显卡
2023 年	DGX GH200	英伟达	256 块 NVIDIA Grace Hopper 超级芯片，900 GB/s 卡间互联

1.2.3.3　第三代智能计算系统展望

第一代和第二代智能计算系统均是面向弱人工智能的定制化设计的智能计算系统，目标是让智能算法跑得更快更省电。它们之间的区别仅在于，第一代智能计算系统面向符号主义智能（Prolog 和 LISP），而第二代面向连接主义智能（深度学习）。一个非常有意思的问题是，未来的第三代智能计算系统会是什么样子？

大模型的发展给这个问题带来了一种可能的答案。随着智能计算系统计算能力的逐步增强，深度学习大模型可以变得越来越大，甚至在规模上超过人脑，这将不仅仅是把个别弱人工智能问题做得更好，而是能逐步逼近强人工智能，从而像人一样在各种简单问题上表现得更好。如果我们能使大模型进一步拥有逻辑推理和涌现等高级认知智能，或许强人工智能有可能成为现实。因此第三代智能计算系统应当具有超强计算能力，从而能涌现出强人工智能的系统。

1.3　驱动范例

如前言所述，本书的教学理念是应用驱动，全栈贯通。因此，我们通过一个具体的图像风格迁移深度学习任务，介绍在面向深度学习的智能计算系统中从算法到编程再到芯片是如何工作的。图 1.4a 是一张星空的图片，图 1.4b 是通过深度学习转换出来的梵高风格的星空图片。在智能计算系统中，图 1.4a 转换为图 1.4b 的处理过程包含以下几步。

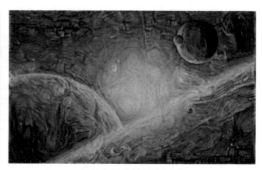

a）星空原始图片　　　　　　　　　　　　　b）梵高风格的星空图片

图 1.4　图像风格迁移

首先，建立能进行图像风格迁移的深度学习模型。这主要涉及神经网络和深度学习的算法等工作，包括如何抽取输入图像和模式图像特征，如何进行模型的训练等。具体神经网络和深度学习的算法基础会在第 2、3 章进行介绍。

其次，在智能计算系统上实现神经网络算法。第一步要用到深度学习编程框架，常见编程框架包括 PyTorch 和 TensorFlow 等。编程框架将深度学习算法中的基本操作封装成一系列算子或组件，帮助用户更简单地实现已有算法或设计新的算法。以 PyTorch 为例，矩阵乘计算过程的描述如图 1.5 所示。第 4、5 章将详细介绍深度学习编程框架的使用及工作机理。第二步，要有专门的深度学习处理器来高效地支撑深度学习编程框架，进而高效地支持深度学习算法及应用。第 6 章介绍深度学习处理器的基本原理。第 7 章具体介绍深度学习处理器的体系结构。在深度学习处理器上编程需要用智能编程语言（示例见图 1.6），第 8 章介绍智能计算系统的抽象架构、智能编程语言的编程模型、语言基础、编程接口、功能调试、性能调优，以及如何基于智能编程语言 BCL 进行高性能算子的开发优化。第 9

章在前几章的基础上，以开源大语言模型 BLOOM 作为驱动范例，介绍当代面向大模型的智能计算系统。

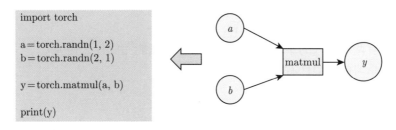

图 1.5 PyTorch 示例

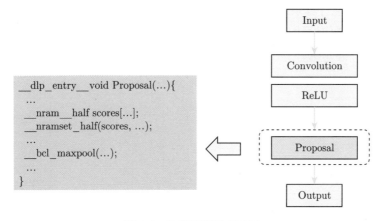

图 1.6 智能编程语言示例

上述章节对应相应的实验，这些实验的具体内容在《智能计算系统实验教程》一书中有详细介绍。建议读者参考该教程实际动手实践各个实验，从而真正掌握从算法设计到编写程序再到硬件实现的完整智能计算系统知识体系。

1.4 本章小结

智能计算系统是人工智能的物质载体。本章介绍了人工智能的发展历史，以及智能计算系统的发展历程。本书主要介绍面向深度学习的智能计算系统（也就是第二代智能计算系统）。为了帮助读者完整地理解整个智能计算系统的工作运行原理，本书选择了一个图像风格迁移的例子作为牵引，从算法、编程、芯片等多个角度系统性地介绍智能计算系统的软硬件技术栈，希望最终能帮助读者拥有实际开发一个简单智能计算系统的能力。本书的最后介绍了面向大模型的智能计算系统，供感兴趣的读者了解。

习题

1.1　简述强人工智能和弱人工智能的区别。

1.2　简述人工智能研究的三个学派。

1.3　由具有两个输入的单个神经元构成的感知机能完成什么任务？

1.4　深度学习的局限性有哪些？

1.5　什么是智能计算系统？

1.6　为什么需要智能计算系统？

1.7　第一代智能计算系统有什么特点？

1.8　第二代智能计算系统有什么特点？

1.9　第三代智能计算系统有什么特点？

*1.10[⊖]　假如请你设计一个智能计算系统，你打算如何设计？在你的设计里，用户将如何使用该智能计算系统？

⊖　标有星号的习题为选做习题。

深度学习基础

深度学习是利用深度神经网络实现的。神经网络是一种机器学习算法,经过 70 多年的发展,逐渐成为人工智能的主流。例如,本书的驱动范例——图像风格迁移,一般就是基于神经网络实现的。本章首先从线性回归开始介绍机器学习的基本思想,然后介绍神经网络的基本原理,之后介绍神经网络的训练过程,以及提升神经网络训练准确率的一些手段,最后介绍神经网络的交叉验证方法。

2.1 机器学习

本节首先介绍几个易混淆的概念:人工智能、机器学习、神经网络、深度学习。然后通过线性回归来介绍机器学习的基本思想。

2.1.1 基本概念

我们在媒体、论文和小说中经常看到人工智能、机器学习、神经网络、深度学习这些热门词汇。很多时候,这些词汇被非专业人士错误地混用了。因此,有必要搞清楚它们之间的准确关系。图 2.1 中给出了人工智能、机器学习、神经网络、深度学习之间的包含关系。人工智能是最大的范畴,包括机器学习、计算机视觉、符号逻辑等不同分支。机器学习里面又有许多子分支,比如人工神经网络、贝叶斯网络、决策树、线性回归等。目前最主流的机器学习方法是人工神经网络。而人工神经网络中最先进的技术是深度学习。

机器学习有很多定义,T. Mitchell 认为机器学习是对能通过经验自动改进的计算机算法的研究[30],E. Alpaydin 认为机器学习是利用数据或以往的经验来提升计算机程序的能力的方法[31],周志华认为机器学习是研究如何通过计算的手段以及经验来改善系统自身性能的一门学科[32]。这些定义中的共性之处是,计算机通过不断地从经验或数据中学习来逐步提升智能处理能力。

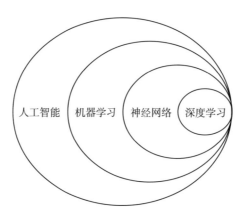

图 2.1　人工智能、机器学习、神经网络、深度学习之间的关系

机器学习根据训练数据有无标签可以大致分为监督学习和无监督学习两大类。监督学习通过对有标签的训练数据的学习，建立一个模型函数来预测新数据的标签。无监督学习通过对无标签的训练数据的学习，揭示数据的内在性质及规律。

图 2.2 展示了一种常见的监督学习的流程。其训练（学习）过程为：首先，要有训练数据 x 及其标签 y；其次，针对训练数据选择机器学习方法，包括贝叶斯网络、神经网络等；最后，经过训练建立模型函数 $H(x)$。监督学习的预测过程（测试，也称为推理）是将新的数据送到模型 $H(x)$ 中得到一个预测值 $\hat{y}$。通常用损失函数 $\mathcal{L}(x)$ 来衡量预测值与真实值之间的差，损失函数值越小表示预测越准。

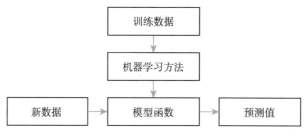

图 2.2　典型的机器学习过程

为了便于读者理解，表 2.1 列出了本书常用的符号。

2.1.2　线性回归

线性回归是一种最简单的机器学习方法。在本节，我们尝试以线性回归为例，帮助读者理解机器学习的原理[⊖]。线性回归的目标是找到一些点的集合背后的规律。例如，一个点

　　⊖　注意，线性回归不属于神经网络。

集可以用一条直线来拟合，这条拟合出来的直线的参数特征，就是线性回归找到的点集背后的规律。

表 2.1 常用符号说明

定义	符号	说明
输入数据	x	—
真实值（实际值）	y	—
预测值（模型输出值）	$\hat{y}$	机器学习预测出来的值，目标是与真实值一致
模型函数	$H(x)$	模型函数 H 的输入是 x，输出是 $\hat{y}$
激活函数	$G(x)$	
损失函数	$\mathcal{L}(x)$	衡量模型输出值 $\hat{y}$ 与真实值 y 之间的误差
标量	a, b, c	斜体小写字母表示
向量	$\boldsymbol{a}, \boldsymbol{b}, \boldsymbol{c}$	黑斜体小写字母表示
矩阵	$\boldsymbol{A}, \boldsymbol{B}, \boldsymbol{C}$	黑斜体大写字母表示

下面以表 2.2 为例，介绍如何用线性回归解决房屋定价问题。假设开发商有一个房屋销售中心，房屋售价 y 与房屋面积 x_1 相关。已有一组数据，50m² 的房屋售价 50 万元，47m² 的房屋售价 42 万元，60m² 的房屋售价 80 万元，55m² 的房屋售价 52 万元等。那么，65m² 的房屋售价应为多少？可以将已有数据以房屋面积 x_1 为横轴、房屋售价 y 为纵轴画到坐标系中，如图 2.3 所示。再分析 x_1 和 y 的关系，找到一条拟合直线，使所有数据点到该直线的距离之和最小。这条拟合直线表示 x_1 和 y 之间的规律，也就是线性回归模型。由于在这个例子里房屋售价 y 只考虑房屋面积 x_1 一个变量（特征），因此它是一个一元线性回归模型。

表 2.2 线性回归示例。y 表示房屋售价（万元），x_1 表示房屋面积（m²）

x_1	50	47	60	55	$\cdots$	65
y	50	42	80	52	$\cdots$	?

一元线性回归模型 $H_w(x_1)$ 可以表示为：

$$H_w(x_1) = w_0 + w_1 x_1 \tag{2.1}$$

其中，$H_w(x_1)$ 是根据已有数据拟合出来的函数，该函数是一条直线且仅有一个变量。回归系数 w_0 和 w_1 可以通过已知点计算出来，w_1 代表斜率，w_0 代表纵截距，即拟合出的直线与 y 轴的交点。w_0 和 w_1 计算出来后，就可以预测一个新房屋的售价。

事实上，房屋售价不仅与面积相关，还与楼层 x_2、朝向 x_3、学区 x_4 等因素相关。假设已有一组数据，如表 2.3 所示，面积 x_1 为 50m²、楼层 x_2 为 2 楼的房屋售价为 50 万元，面积 x_1 为 47m²、楼层 x_2 为 1 楼的房屋售价为 42 万元，面积 x_1 为 60m²、楼层 x_2 为 4 楼的房屋售价为 80 万元等。那么，一个在 10 楼、面积为 65m² 的房屋应该如何定价？

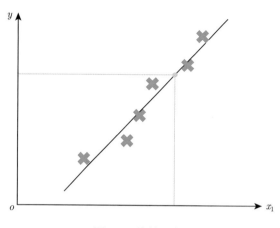

图 2.3　线性回归

表 2.3　线性回归示例。 y 表示房屋售价（万元），x_1 表示房屋面积（$\mathbf{m}^2$），x_2 表示房屋所在楼层

x_1	50	47	60	55	$\cdots$	65
x_2	2	1	4	3	$\cdots$	10
y	50	42	80	52	$\cdots$	?

上述问题有 2 个变量（特征），可以用二元线性回归模型表示为：

$$H_W(x_1, x_2) = w_0 + w_1 x_1 + w_2 x_2 \tag{2.2}$$

如果待解决的问题有 n 个变量（特征）（记为 n 维的向量 $\boldsymbol{x}$），可以用多元线性回归模型表示为：

$$H_W(\boldsymbol{x}) = \sum_{i=0}^{n} w_i x_i = \hat{\boldsymbol{w}}^{\top} \boldsymbol{x}, \qquad x_0 = 1 \tag{2.3}$$

其中，参数向量 $\hat{\boldsymbol{w}} = [w_0; w_1; \cdots; w_n]$，$\hat{\boldsymbol{w}}^{\top}$ 表示 $\hat{\boldsymbol{w}}$ 的转置，输入向量 $\boldsymbol{x} = [x_0; x_1; \cdots; x_n]$。

如何评价线性回归模型预测结果的正确性呢？模型预测结果 $\hat{y}$ 与真实值 y 之间通常存在误差 ε：

$$\varepsilon = y - \hat{y} = y - \hat{\boldsymbol{w}}^{\top} \boldsymbol{x} \tag{2.4}$$

当样本量足够大时，误差 ε 将会服从均值为 0、方差为 σ^2 的高斯分布：

$$p(\varepsilon) = \frac{1}{\sqrt{2\pi}\sigma} \mathrm{e}^{-\frac{\varepsilon^2}{2\sigma^2}} \tag{2.5}$$

通过求解最大似然函数：

$$p(y|\boldsymbol{x}; \hat{\boldsymbol{w}}) = \frac{1}{\sqrt{2\pi}\sigma} \mathrm{e}^{-\frac{(y - \hat{\boldsymbol{w}}^{\top} \boldsymbol{x})^2}{2\sigma^2}} \tag{2.6}$$

得到预测值与真实值之间误差尽量小的目标函数（损失函数）：

$$\mathcal{L}(\hat{\boldsymbol{w}}) = \frac{1}{2} \sum_{j=1}^{m} (y_j - H_W(\boldsymbol{x}_j))^2 \tag{2.7}$$

损失函数计算等同于 m 次预测的结果和真实的结果之间的差的平方和。线性回归的目的是寻找最佳的 w_0，w_1，$\cdots$，w_n，使得损失函数 $\mathcal{L}(\hat{\boldsymbol{w}})$ 的值最小。寻找最优参数通常采用梯度下降法，该方法计算损失函数在当前点的梯度，然后沿负梯度方向（即损失函数值下降最快的方向）调整参数，通过多次迭代就可以找到使 $\mathcal{L}(\hat{\boldsymbol{w}})$ 的值最小的参数。具体过程为，首先给定初始参数向量 $\hat{\boldsymbol{w}}$，如随机向量，计算损失函数对 $\hat{\boldsymbol{w}}$ 的偏导（即梯度），然后沿负梯度方向按照一定的步长（学习率）η 调整参数的值，如式 (2.8)，并进行迭代，使更新后的 $\mathcal{L}(\hat{\boldsymbol{w}})$ 不断变小，直至找到使 $\mathcal{L}(\hat{\boldsymbol{w}})$ 最小的 $\hat{\boldsymbol{w}}$ 值，从而得到合适的回归模型的参数。

$$\hat{\boldsymbol{w}} = \hat{\boldsymbol{w}} - \eta \frac{\partial \mathcal{L}(\hat{\boldsymbol{w}})}{\partial \hat{\boldsymbol{w}}} \tag{2.8}$$

人工神经网络的训练和使用过程与线性回归基本上是一致的。例如，要训练一个识别动物的神经网络，首先要找到大量不同类型的动物样本并打上标签，然后调整神经网络模型的参数，以使神经网络的输出和标签之间的误差（损失函数）尽可能小；在使用神经网络做预测时，给神经网络一张未标记的动物图像，神经网络根据训练拟合好的模型，可以给出它对图中动物类型的判断。

2.2 神经网络

神经网络是目前最主流的机器学习方法。本节将对神经网络的基本原理进行逐步介绍，从最基本的神经网络——感知机，到多层感知机，再到深度学习（深层神经网络），并对神经网络发展历程进行简要概述。

2.2.1 感知机

我们首先介绍最简单的人工神经网络：只有一个神经元的单层神经网络，即感知机。它可以完成简单的线性分类任务。图 2.4 是一个两输入的感知机模型，其神经元的输入是 $\boldsymbol{x} = [x_1; x_2]$，输出是 $y = 1$ 和 $y = -1$ 两类，w_1 和 w_2 是突触的权重（也称为神经网络的参数），该感知机可以完成对输入样本的分类。该感知机模型的形式化表示为：

$$H(\boldsymbol{x}) = \text{sign}(w_1 x_1 + w_2 x_2 + b) = \text{sign}(\boldsymbol{w}^\top \boldsymbol{x} + b)$$

$$\text{sign}(x) = \begin{cases} +1 & x \geqslant 0 \\ -1 & x < 0 \end{cases} \tag{2.9}$$

其中，$(\boldsymbol{w}, b)$ 是模型参数。

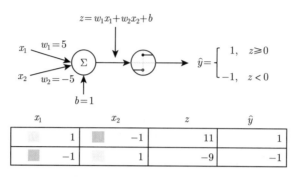

x_1		x_2		z	$\hat{y}$
	1		-1	11	1
	-1		1	-9	-1

图 2.4   一个神经元的单层感知机

感知机模型训练的目标是找到一个超平面 $S\,(\boldsymbol{w}^\top\boldsymbol{x}+b=0)$，将线性可分的数据集 T 中的所有样本点正确地分为两类。超平面是 N 维线性空间中维度为 $N-1$ 的子空间。二维空间的超平面是一条直线，三维空间的超平面是一个二维平面，四维空间的超平面是一个三维体。对于图 2.5 中的两类点，感知机模型训练时要在二维空间中找到一个超平面（即一条直线）将这两类点分开。为了找到超平面，需要找出模型参数 $\boldsymbol{w}$ 和 b。相对线性回归，感知机模型中增加了 $\text{sign}(x)$ 计算，即激活函数，激活函数的输出也称为激活值。该计算增加了求解参数的复杂性。

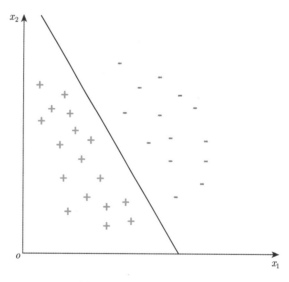

图 2.5   分类区域 x 空间

感知机模型训练首先要找到一个合适的损失函数，然后通过最小化损失函数来找到最优的超平面，即找到最优的超平面的参数。考虑一个训练集 $D = \{(\boldsymbol{x}_1,y_1),(\boldsymbol{x}_2,y_2),\cdots,(\boldsymbol{x}_m,y_m)\}$，其中样本 $\boldsymbol{x}_j \in \mathbf{R}^n$，样本的标签 $y_j \in \{+1,-1\}$。超平面 S 要将两类点区分开来，即使分不开，也要与分错的点比较接近。因此，损失函数定义为误分类的点到超平面 S（$\boldsymbol{w}^\top \boldsymbol{x} + b = 0$）的总距离。

样本空间中任意点 $\boldsymbol{x}_j$ 到超平面 S 的距离为

$$d_j = \frac{1}{\|\boldsymbol{w}\|_2} |\boldsymbol{w}^\top \boldsymbol{x}_j + b| \tag{2.10}$$

其中，$\|\boldsymbol{w}\|_2$ 是 $\boldsymbol{w}$ 的 L^2 范数，简记为 $\|\boldsymbol{w}\|$，其计算为 $\|\boldsymbol{w}\| = \sqrt{\sum\limits_{i=1}^{n} w_i^2}$。

假设超平面 S 可以将训练集 D 中的样本正确地分类，当 $y_j = +1$ 时，$\boldsymbol{w}^\top \boldsymbol{x}_j + b \geqslant 0$；当 $y_j = -1$ 时，$\boldsymbol{w}^\top \boldsymbol{x}_j + b < 0$。对于误分类的点，预测出来的值可能在超平面的上方，但实际位置在下方，因此 y_j 和预测出来的值的乘积应该是小于 0 的。即训练集 D 中的误分类点满足条件 $-y_j(\boldsymbol{w}^\top \boldsymbol{x}_j + b) > 0$。

去掉误分类点 $\boldsymbol{x}_j$ 到超平面 S 的距离表达式 (2.10) 中的绝对值符号，得到

$$d_j = -\frac{1}{\|\boldsymbol{w}\|} y_j(\boldsymbol{w}^\top \boldsymbol{x}_j + b) \tag{2.11}$$

设误分类点的集合为 M，所有误分类点到超平面的总距离为

$$d = -\frac{1}{\|\boldsymbol{w}\|} \sum_{\boldsymbol{x}_j \in M} y_j(\boldsymbol{w}^\top \boldsymbol{x}_j + b) \tag{2.12}$$

由于 $\|\boldsymbol{w}\|$ 是一个常数，损失函数可定义为

$$\mathcal{L}(\boldsymbol{w}, b) = -\sum_{\boldsymbol{x}_j \in M} y_j(\boldsymbol{w}^\top \boldsymbol{x}_j + b) \tag{2.13}$$

感知机模型训练的目标是最小化损失函数。当损失函数足够小时，所有误分类点要么没有，要么离超平面足够近。损失函数中的变量只有 $\boldsymbol{w}$ 和 b，类似于线性回归中的变量 w_1 和 w_2。可以用梯度下降法来最小化损失函数，损失函数 $\mathcal{L}(\boldsymbol{w}, b)$ 对 $\boldsymbol{w}$ 和 b 分别求偏导可以得到

$$\nabla_{\boldsymbol{w}} \mathcal{L}(\boldsymbol{w}, b) = -\sum_{\boldsymbol{x}_j \in M} y_j \boldsymbol{x}_j \tag{2.14}$$

$$\nabla_b \mathcal{L}(\boldsymbol{w}, b) = -\sum_{\boldsymbol{x}_j \in M} y_j \tag{2.15}$$

如果用随机梯度下降法，可以随机选取误分类样本 $(\boldsymbol{x}_j, y_j)$，以 η 为步长对 $\boldsymbol{w}$ 和 b 进行更新

$$\begin{aligned} &\boldsymbol{w} \leftarrow \boldsymbol{w} + \eta y_j \boldsymbol{x}_j, \quad 0 < \eta \leqslant 1 \\ &b \leftarrow b + \eta y_j \end{aligned} \tag{2.16}$$

通过迭代可以使损失函数 $\mathcal{L}(\boldsymbol{w}, b)$ 不断减小直至为 0，即使最终不为 0，也会逼近于 0。通过上述过程可以把只包含参数 $(\boldsymbol{w}, b)$ 的感知机模型训练出来。

2.2.2 多层感知机

20 世纪八九十年代，常用的是一种两层的神经网络，也称为多层感知机（Multi-Layer Perceptron，MLP）。图 2.6 中的多层感知机由一组输入、一个隐层和一个输出层组成[⊖]。由于该多层感知机包含两层神经网络，其参数比上一节的感知机增加了很多。

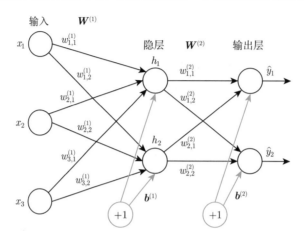

图 2.6   两层神经网络——多层感知机

我们以图 2.6 中的多层感知机为例介绍其工作原理。该感知机的输入有 3 个神经元，用向量表示为 $\boldsymbol{x} = [x_1; x_2; x_3]$；隐层有 2 个神经元，用向量表示为 $\boldsymbol{h} = [h_1; h_2]$；输出层有 2 个神经元，用向量表示为 $\hat{\boldsymbol{y}} = [\hat{y}_1; \hat{y}_2]$。每个输入神经元到每个隐层神经元之间的连接对应一个权重，因此输入向量对应 6 个权重，用矩阵表示为

$$\boldsymbol{W}^{(1)} = \begin{bmatrix} w_{1,1}^{(1)} & w_{1,2}^{(1)} \\ w_{2,1}^{(1)} & w_{2,2}^{(1)} \\ w_{3,1}^{(1)} & w_{3,2}^{(1)} \end{bmatrix} \tag{2.17}$$

从输入计算隐层的过程为，权重矩阵 $\boldsymbol{W}^{(1)}$ 的转置乘以输入向量 $\boldsymbol{x}$ 得到两个数（即隐层没有进行非线性激活之前的值），再加上偏置（bias）向量 $\boldsymbol{b}^{(1)}$，然后由非线性激活函数 G 进行计算，得到隐层的输出 $\boldsymbol{h} = G(\boldsymbol{W}^{(1)\top}\boldsymbol{x} + \boldsymbol{b}^{(1)})$。从隐层计算输出层的过程与计算隐层的过程基本类似，权重矩阵为

$$\boldsymbol{W}^{(2)} = \begin{bmatrix} w_{1,1}^{(2)} & w_{1,2}^{(2)} \\ w_{2,1}^{(2)} & w_{2,2}^{(2)} \end{bmatrix} \tag{2.18}$$

权重矩阵的转置乘以隐层的输出 $\boldsymbol{h}$，再加上偏置 $\boldsymbol{b}^{(2)}$，然后通过非线性激活函数，得到输出 $\hat{\boldsymbol{y}} = G(\boldsymbol{W}^{(2)\top}\boldsymbol{h} + \boldsymbol{b}^{(2)})$。

⊖ 目前统计神经网络层数时，采用的一种方式是不把输入作为单独一层，另一种方式是把输入作为单独的输入层。本书采用前者。

图 2.6 中多层感知机的模型参数包括 2 个权重矩阵和 2 个偏置向量：权重矩阵 $\boldsymbol{W}^{(1)}$ 有 6 个变量，偏置 $\boldsymbol{b}^{(1)}$ 有 2 个变量，第一层共有 8 个变量；权重矩阵 $\boldsymbol{W}^{(2)}$ 有 4 个变量，偏置 $\boldsymbol{b}^{(2)}$ 有 2 个变量，第二层共有 6 个变量，该多层感知机总共只有 14 个变量需要训练，因此训练所需的样本量不太多，训练速度非常快。

只有一个隐层的多层感知机是最经典的浅层神经网络。浅层神经网络的问题是结构太简单，对复杂函数的表示能力非常有限。例如，用浅层神经网络去识别上千类物体是不现实的。但是，20 世纪八九十年代的研究者都在做浅层神经网络，而不做深层神经网络。其主要原因包括两方面。一方面，K. Hornik 证明了理论上只有一个隐层的浅层神经网络足以拟合出任意的函数[33]。这是一个很强的论断，但在实践中有一定的误导性。因为，只有一个隐层的神经网络拟合出的任意函数可能会有很大的误差，且每一层需要的神经元的数量可能非常多。另一方面，当时没有足够多的数据和足够强的计算能力来训练深层神经网络。现在常用的深度学习可能是几十层、几百层的神经网络，里面的参数数量可能有几十亿个，需要大量的样本和强大的机器来训练。而 20 世纪八九十年代的计算机的算力是远远达不到需求的，当时一台服务器的性能可能远不如现在的一部手机⊖。受限于算力，20 世纪八九十年代的研究者很难推动深层神经网络的发展。

2.2.3　深度学习

相对于浅层神经网络，深度学习（深层神经网络）的隐层可以超过 1 层。图 2.7 的多层神经网络有 2 个隐层。该神经网络的计算包括从输入算出第 1 个隐层，从第 1 个隐层算出第 2 个隐层，从第 2 个隐层算出输出层。随着层数的增加，神经网络的参数也显著增多。该三层神经网络共有 29 个参数，包括第一层的 6 个权重和 2 个偏置，第二层的 6 个权重和 3 个偏置，第三层的 9 个权重和 3 个偏置。

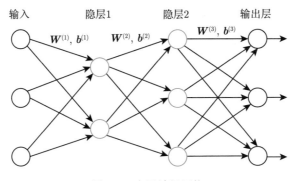

图 2.7　多层神经网络

⊖ 1995 年，英特尔设计的服务器 CPU——奔腾 Pro（Pentium Pro），主频只有 200MHz；2017 年，华为发布的用于手机终端的处理器——麒麟 970，主频就已经高达 2.36GHz。

早期深度学习借鉴了灵长类大脑皮层的 6 层结构。为了提高图像识别、语音识别等应用的准确率，深度学习不再拘泥于生物神经网络的结构，现在的深层神经网络已有上百层甚至上千层，与生物神经网络有显著的差异。随着神经网络层数的增多，神经网络参数的数量也大幅增长，2012 年的 AlexNet[16] 中有 6000 万个参数，现在的大模型中参数数量可以达到上千亿个[34] 甚至万亿个[35]。

深度学习的工作原理是，通过对信息的多层抽取和加工来完成复杂的功能。图 2.8 展示了深度学习在不同层上抽取出的特征[36]。在第一层，深度学习通过卷积提取出局部比较简单的特征，如对角线；在第二层，可以提取到一些稍大范围稍复杂的特征，如条纹状的结构；在第三层，可以提取到更大范围更复杂的特征，如蜂窝网格的结构；最后，通过逐层细化的抽取和加工，可以完成很多复杂的功能。深度学习的具体内容将在第 3 章详细介绍。

应该说，从浅层神经网络向深层神经网络发展，并不是很难想象的事情。但是，深度学习（深层神经网络）的真正兴起到 2006 年才开始。除了 G. Hinton、Y. LeCun 和 Y. Bengio 等人的推动外，深度学习之所以能成熟壮大，得益于 ABC 三方面的影响：A 是 Algorithm（算法），B 是 Big data（大数据），C 是 Computing（算力）。算法方面，深层神经网络训练算法日趋成熟，其识别准确率越来越高；大数据方面，互联网企业有足够多的大数据来做深层神经网络的训练；算力方面，现在的一个深度学习处理器芯片的计算能力比当初 100 个 CPU 的还要强。

2.2.4　神经网络的发展历程

神经网络的发展历程可以分成三个阶段（基本和整个人工智能发展所经历的三次热潮相对应）。

1943 年，心理学家 W. McCulloch 和数理逻辑学家 W. Pitts 通过模拟人类神经元细胞结构，建立了 M-P 神经元模型（McCulloch-Pitts neuron model）[7]，这是最早的人工神经网络数学模型。1957 年，心理学家 F. Rosenblatt 提出了感知机模型（Perceptron）[11-12]，这是一种基于 M-P 神经元模型的单层神经网络，可以解决输入数据线性可分的问题。自感知机模型提出后，神经网络成为研究热点，但到 20 世纪 60 年代末时神经网络研究开始进入停滞状态。1969 年，M. Minsky 和 S. Papert 研究指出当时的感知机无法解决非线性可分的问题[37]，使得神经网络研究一下子跌入谷底。

1986 年，D. Rumelhart、G. Hinton 和 R. Williams 在 *Nature* 杂志上提出通过反向传播（back-propagation）算法来训练神经网络[14]。反向传播算法通过不断调整网络连接的权值来最小化实际输出向量和预期输出向量间的差值，改变了以往感知机收敛过程中内部隐藏单元不能表示任务域特征的局限性，提高了神经网络的学习表达能力以及神经网络的训练速度。到今天，反向传播算法依然是神经网络训练的基本算法。1998 年，Y. LeCun[38] 提出了用于手写数字识别的卷积神经网络 LeNet，其定义的卷积神经网络的基本框架和基本组件（卷积、激活、池化、全连接）沿用至今，可谓是深度学习的序曲。

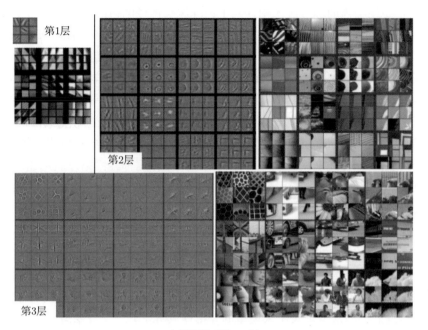

a）深度学习第1~3层

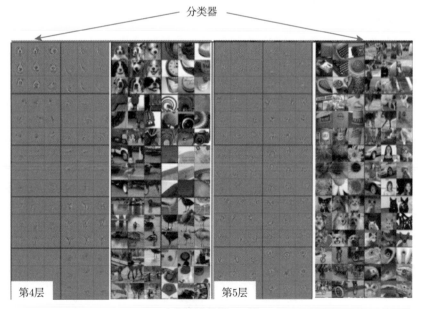

b）深度学习第4、5层

图 2.8 深度学习工作原理[36]

2006 年，G. Hinton 基于受限玻尔兹曼机构建了深度置信网络（Deep Belief Network, DBN），使用贪婪逐层预训练方法大幅提高了训练深层神经网络的效率[39]。同年，G. Hinton 和 R. Salakhutdinov 在 *Science* 杂志上发表了一篇题为 "Reducing the Dimensionality of Data with Neural Networks" 的论文[15]，推动了深度学习的普及。随着计算机性能的提升以及数据规模的增加，2012 年，A. Krizhevsky 等人提出的深度学习网络 AlexNet[16] 获得了 ImageNet 比赛的冠军，其 Top-5 错误率比第二名低 10.9%，引起了业界的轰动。此后深度学习在学术界和工业界蓬勃发展，学术界提出了一系列更先进、更高准确度的深度学习算法，工业界则不断将最新的深度学习算法应用于实际生活的各种应用场景中。在 2012 年到 2017 年间，卷积神经网络和循环神经网络两大类深度神经网络发展迅速，人们根据具体任务特点设计了多种多样的专用卷积神经网络或循环神经网络。卷积神经网络主要被应用于图像处理领域，如 VGG[40]、GoogLeNet[41]、ResNet[42] 等，对卷积神经网络的介绍详见 3.1 节。循环神经网络则被广泛应用于自然语言处理和语音识别等领域，如 LSTM[43]、GRU[44] 等，对循环神经网络的介绍详见 3.2节。2017 年后，以 Transformer[45] 为基础的大模型不断发展，并向着可以处理多种任务、更加通用的方向发展，在多种不同任务上展现出更通用的智能，例如 GPT-4[46] 在自然语言处理、图像处理、编写代码等多种任务上展现出非常接近人类的水平。关于大模型的介绍详见 3.3节。

2.3　神经网络的训练方法

神经网络的训练是通过调整隐层和输出层的参数，使得神经网络计算出来的结果 $\hat{y}$ 与真实结果 y 尽量接近。神经网络的训练主要包括正向传播和反向传播两个过程。正向传播的基本原理是，基于训练好的神经网络模型，输入数据通过权重和激活函数计算出隐层，隐层通过下一级的权重和激活函数得到下一个隐层，经过逐层迭代，将输入的特征向量从低级特征逐步提取为抽象特征，最终输出分类结果。反向传播的基本原理是，首先根据正向传播结果和真实值计算出损失函数 $\mathcal{L}(\boldsymbol{W})$，然后采用梯度下降法，通过链式法则计算出损失函数对每个权重和偏置的偏导，即权重或偏置对损失的影响，最后更新权重和偏置。本节将以图 2.9 中的神经网络为例，介绍神经网络训练的正向传播和反向传播过程。

2.3.1　正向传播

每个神经网络层的正向传播过程是，权重矩阵的转置乘以输入向量，再通过非线性激活函数得到输出。

图 2.9 中的神经网络的输入为 3 个神经元，记为 $\boldsymbol{x} = [x_1; x_2; x_3]$；隐层包含 3 个神经元，记为 $\boldsymbol{h} = [h_1; h_2; h_3]$；输出层包含 2 个输出神经元，记为 $\hat{\boldsymbol{y}} = [\hat{y}_1; \hat{y}_2]$。输入和隐层之间的连接对应的偏置为 $\boldsymbol{b}^{(1)}$，权重矩阵为

$$\boldsymbol{W}^{(1)} = \begin{bmatrix} w_{1,1}^{(1)} & w_{1,2}^{(1)} & w_{1,3}^{(1)} \\ w_{2,1}^{(1)} & w_{2,2}^{(1)} & w_{2,3}^{(1)} \\ w_{3,1}^{(1)} & w_{3,2}^{(1)} & w_{3,3}^{(1)} \end{bmatrix} \tag{2.19}$$

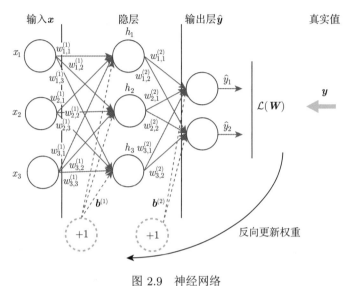

图 2.9　神经网络

隐层和输出层之间的连接对应的偏置为 $\boldsymbol{b}^{(2)}$，权重矩阵为

$$\boldsymbol{W}^{(2)} = \begin{bmatrix} w_{1,1}^{(2)} & w_{1,2}^{(2)} \\ w_{2,1}^{(2)} & w_{2,2}^{(2)} \\ w_{3,1}^{(2)} & w_{3,2}^{(2)} \end{bmatrix} \tag{2.20}$$

该神经网络采用 sigmoid 函数作为激活函数

$$\sigma(x) = \frac{1}{1 + \mathrm{e}^{-x}} \tag{2.21}$$

　　输入到隐层的正向传播过程为，首先权重矩阵 $\boldsymbol{W}^{(1)}$ 的转置乘以输入向量 $\boldsymbol{x}$，再加上偏置 $\boldsymbol{b}^{(1)}$，得到

$$\boldsymbol{v} = \boldsymbol{W}^{(1)^\top}\boldsymbol{x} + \boldsymbol{b}^{(1)} = \begin{bmatrix} w_{1,1}^{(1)} & w_{2,1}^{(1)} & w_{3,1}^{(1)} \\ w_{1,2}^{(1)} & w_{2,2}^{(1)} & w_{3,2}^{(1)} \\ w_{1,3}^{(1)} & w_{2,3}^{(1)} & w_{3,3}^{(1)} \end{bmatrix} \begin{bmatrix} x_1 \\ x_2 \\ x_3 \end{bmatrix} + \begin{bmatrix} b_1^{(1)} \\ b_2^{(1)} \\ b_3^{(1)} \end{bmatrix} \tag{2.22}$$

然后经过 sigmoid 激活函数，得到隐层的输出

$$\boldsymbol{h} = \frac{1}{1 + \mathrm{e}^{-\boldsymbol{v}}} \tag{2.23}$$

隐层到输出层的正向传播过程与上述过程类似。

示例

假设该神经网络的输入数据为 $\boldsymbol{x} = [x_1; x_2; x_3] = [0.02; 0.04; 0.01]$，偏置向量为 $\boldsymbol{b}^{(1)} = [0.4; 0.4; 0.4]$，$\boldsymbol{b}^{(2)} = [0.7; 0.7]$，期望输出为 $\hat{\boldsymbol{y}} = [\hat{y}_1; \hat{y}_2] = [0.9; 0.5]$。在神经网络训练之前，首先对两个权重矩阵进行随机初始化：

$$\boldsymbol{W}^{(1)} = \begin{bmatrix} w_{1,1}^{(1)} & w_{1,2}^{(1)} & w_{1,3}^{(1)} \\ w_{2,1}^{(1)} & w_{2,2}^{(1)} & w_{2,3}^{(1)} \\ w_{3,1}^{(1)} & w_{3,2}^{(1)} & w_{3,3}^{(1)} \end{bmatrix} = \begin{bmatrix} 0.25 & 0.15 & 0.30 \\ 0.25 & 0.20 & 0.35 \\ 0.10 & 0.25 & 0.15 \end{bmatrix} \tag{2.24}$$

$$\boldsymbol{W}^{(2)} = \begin{bmatrix} w_{1,1}^{(2)} & w_{1,2}^{(2)} \\ w_{2,1}^{(2)} & w_{2,2}^{(2)} \\ w_{3,1}^{(2)} & w_{3,2}^{(2)} \end{bmatrix} = \begin{bmatrix} 0.40 & 0.25 \\ 0.35 & 0.30 \\ 0.01 & 0.35 \end{bmatrix} \tag{2.25}$$

其次计算隐层在激活函数之前的输出

$$\boldsymbol{v} = \begin{bmatrix} v_1 \\ v_2 \\ v_3 \end{bmatrix} = \boldsymbol{W}^{(1)^\top} \boldsymbol{x} + \boldsymbol{b}^{(1)} = \begin{bmatrix} 0.25 & 0.25 & 0.10 \\ 0.15 & 0.20 & 0.25 \\ 0.30 & 0.35 & 0.15 \end{bmatrix} \begin{bmatrix} 0.02 \\ 0.04 \\ 0.01 \end{bmatrix} + \begin{bmatrix} 0.4 \\ 0.4 \\ 0.4 \end{bmatrix} = \begin{bmatrix} 0.4160 \\ 0.4135 \\ 0.4215 \end{bmatrix} \tag{2.26}$$

对上面得到的三个数分别做 sigmoid 计算，得到隐层的输出

$$\boldsymbol{h} = \begin{bmatrix} h_1 \\ h_2 \\ h_3 \end{bmatrix} = \frac{1}{1 + \mathrm{e}^{-\boldsymbol{v}}} = \begin{bmatrix} \dfrac{1}{1 + \mathrm{e}^{-0.4160}} \\ \dfrac{1}{1 + \mathrm{e}^{-0.4135}} \\ \dfrac{1}{1 + \mathrm{e}^{-0.4215}} \end{bmatrix} = \begin{bmatrix} 0.6025 \\ 0.6019 \\ 0.6038 \end{bmatrix} \tag{2.27}$$

然后计算输出层在激活函数之前的输出

$$\boldsymbol{z} = \begin{bmatrix} z_1 \\ z_2 \end{bmatrix} = \boldsymbol{W}^{(2)^\top} \boldsymbol{h} + \boldsymbol{b}^{(2)} = \begin{bmatrix} 0.40 & 0.35 & 0.01 \\ 0.25 & 0.30 & 0.35 \end{bmatrix} \begin{bmatrix} 0.6025 \\ 0.6019 \\ 0.6038 \end{bmatrix} + \begin{bmatrix} 0.7 \\ 0.7 \end{bmatrix} = \begin{bmatrix} 1.1577 \\ 1.2425 \end{bmatrix} \tag{2.28}$$

对上面的两个数分别做 sigmoid 运算，得到最终输出

$$\hat{\boldsymbol{y}} = \begin{bmatrix} \hat{y}_1 \\ \hat{y}_2 \end{bmatrix} = \frac{1}{1 + \mathrm{e}^{-\boldsymbol{z}}} = \begin{bmatrix} \dfrac{1}{1 + \mathrm{e}^{-1.1577}} \\ \dfrac{1}{1 + \mathrm{e}^{-1.2425}} \end{bmatrix} = \begin{bmatrix} 0.7609 \\ 0.7760 \end{bmatrix} \tag{2.29}$$

2.3.2 反向传播

对于反向传播来说，首先要根据神经网络计算出的值和期望值计算损失函数的值，然后再计算损失函数对每个权重或偏置的偏导，最后进行参数更新。

上节示例给出的神经网络采用均方误差作为损失函数，则损失函数在样本 $(\boldsymbol{x}, \boldsymbol{y})$ 上的误差为

$$\mathcal{L}(\boldsymbol{W}) = \mathcal{L}_1 + \mathcal{L}_2 = \frac{1}{2}(y_1 - \hat{y}_1)^2 + \frac{1}{2}(y_2 - \hat{y}_2)^2 = \frac{1}{2}(0.9 - 0.7609)^2 + \frac{1}{2}(0.5 - 0.7760)^2 = 0.0478 \tag{2.30}$$

由于权重参数 $\boldsymbol{W}$ 是随机初始化的，因此损失函数值比较大。

为了衡量 $\boldsymbol{W}$ 对损失函数的影响，下面以隐层的第 2 个节点到输出层的第 1 个节点的权重 $w_{2,1}^{(2)}$（简记为 ω）为例，采用链式法则计算损失函数 $\mathcal{L}(\boldsymbol{W})$ 对 ω 的偏导。首先计算损失函数 $\mathcal{L}(\boldsymbol{W})$ 对 $\hat{y}_1$ 的偏导，再计算 $\hat{y}_1$ 对 z_1 的偏导，然后计算 z_1 对 ω 的偏导，最后将三者相乘

$$\frac{\partial \mathcal{L}(\boldsymbol{W})}{\partial \omega} = \frac{\partial \mathcal{L}(\boldsymbol{W})}{\partial \hat{y}_1} \frac{\partial \hat{y}_1}{\partial z_1} \frac{\partial z_1}{\partial \omega} \tag{2.31}$$

结合上一节的示例，计算损失函数对 ω 的偏导。总的损失函数为

$$\mathcal{L}(\boldsymbol{W}) = \frac{1}{2}(y_1 - \hat{y}_1)^2 + \frac{1}{2}(y_2 - \hat{y}_2)^2 \tag{2.32}$$

其对 $\hat{y}_1$ 的偏导为

$$\frac{\partial \mathcal{L}(\boldsymbol{W})}{\partial \hat{y}_1} = -(y_1 - \hat{y}_1) = -(0.9 - 0.7609) = -0.1391 \tag{2.33}$$

神经网络输出 $\hat{y}_1$ 是 z_1 通过 sigmoid 激活函数得到的，即 $\hat{y}_1 = \dfrac{1}{1 + e^{-z_1}}$。其对 z_1 的偏导为

$$\frac{\partial \hat{y}_1}{\partial z_1} = \hat{y}_1(1 - \hat{y}_1) = 0.7609 \times (1 - 0.7609) = 0.1819 \tag{2.34}$$

z_1 是通过隐层的输出 h_1, h_2, h_3 与对应权重 $w_{1,1}^{(2)}, \omega, w_{3,1}^{(2)}$ 分别相乘后求和，再加上偏置 $b_1^{(2)}$ 得到的

$$z_1 = w_{1,1}^{(2)} \times h_1 + \omega \times h_2 + w_{3,1}^{(2)} \times h_3 + b_1^{(2)} \tag{2.35}$$

因此，z_1 对 ω 的偏导为

$$\frac{\partial z_1}{\partial \omega} = h_2 = 0.6019 \tag{2.36}$$

最后可以得到损失函数对 ω 的偏导为

$$\frac{\partial \mathcal{L}(\boldsymbol{W})}{\partial \omega} = -(y_1 - \hat{y}_1) \times \hat{y}_1(1 - \hat{y}_1) \times h_2 = -0.1391 \times 0.1819 \times 0.6019 = -0.0152 \tag{2.37}$$

下一步可以更新 ω 的值。假设步长 η 为 1，由初始化的权重矩阵(2.25)得到 ω 的初始值为 0.35，更新后的 ω 为

$$\omega = \omega - \eta \times \frac{\partial \mathcal{L}(\boldsymbol{W})}{\partial \omega} = 0.35 - (-0.0152) = 0.3652 \tag{2.38}$$

同理，可以更新 $\boldsymbol{W}^{(2)}$ 上的其他元素的权重值。

上面是反向传播的第一步，从输入到隐层、从隐层到输出层的 $\boldsymbol{W}$ 都可以用同样的链式法则进行计算和更新。

反向传播就是要将神经网络的输出误差一级一级地传播到神经网络的输入。在该过程中，需要计算每一个 w 对总的损失函数的影响，即损失函数对每个 w 的偏导。根据 w 对误差的影响，再乘以步长，就可以更新整个神经网络的权重。当一次反向传播完成之后，网络的参数模型就得到更新。更新一轮之后，接着输入下一个样本进行正向传播，算出误差后又可以更新一轮，再输入一个样本，又来更新一轮，通过不断地输入新的样本迭代地更新模型参数，就可以缩小计算值与真实值之间的误差，最终完成神经网络的训练。

训练好神经网络模型之后，就可以用该模型对新的数据进行预测（即正向传播过程），完成推理（inference）任务。

2.4 神经网络的设计基础

通过不断迭代更新模型参数来减少神经网络的训练误差，使得神经网络的输出与预期输出一致，这在理论上是可行的。但在实践中，难免出现设计出来的神经网络经过长时间训练，准确率依然很低，甚至不收敛的情况。为了提高神经网络的训练准确率，常用方法包括调整网络的拓扑结构、选择合适的激活函数、选择合适的损失函数。

2.4.1 网络的拓扑结构

神经网络的结构包括输入、隐层和输出层。给定训练样本后，神经网络的输入和输出层的节点数就确定了，但隐层神经元的个数及隐层的层数（属于超参数）是可以调整的。以最简单的只有 1 个隐层的 MLP 为例，该隐层应该包含多少神经元是可以根据需要调节的。

神经网络中的隐层是用来提取输入特征中的隐藏规律的，因此隐层的节点数非常关键。如果隐层的节点数太少，神经网络从样本中提取信息的能力很差，则反映不出数据的规律；如果隐层的节点数太多，网络的拟合能力过强，则可能会把数据中的噪声部分拟合出来，导致模型泛化能力变差。泛化是指，机器学习不仅要求模型在训练集上的误差较小，在测试集上也要表现良好，因为模型最终要部署到没有见过训练数据的真实场景中。

理论上，隐层的数量、神经元节点的数量应该和真正隐藏的规律的数量相当，但隐藏的规律是很难描述清楚的。在实践中，工程师常常是通过反复尝试来寻找隐层神经元的个

数及隐层的层数。为了尽量不人为地设定隐层的层数及神经元的个数（也就是所谓的超参数），现在有很多研究者在探索自动机器学习（Automated Machine Learning，AutoML），即直接用机器自动化调节神经网络的超参数，比如用演化算法或其他机器学习方法来对超参数进行建模和预测。

2.4.2　激活函数

激活函数可以为神经网络提供非线性特征，对神经网络的功能影响很大。20 世纪 70 年代，神经网络研究一度陷入低谷的主要原因是，M. Minsky 证明了当时的神经网络由于没有 sigmoid 这类非线性的激活函数，无法解决非线性可分问题，例如异或问题。因此，从某种意义上讲，非线性激活函数拯救了神经网络。

实际选择激活函数时，通常要求激活函数是可微的、输出值的范围是有限的。由于基于反向传播的神经网络训练算法使用梯度下降法来做优化训练，所以激活函数必须是可微的。激活函数的输出决定了下一层神经网络的输入。如果激活函数的输出范围是有限的，特征表示受到有限权重的影响会更显著，基于梯度的优化方法就会更稳定；如果激活函数的输出范围是无限的，例如一个激活函数的输出域是 $[0, +\infty)$，神经网络的训练速度可能会很快，但必须选择合适的学习率（learning rate）。

如果设计的神经网络达不到预期目标，可以尝试不同的激活函数。常见的激活函数包括 sigmoid 函数、tanh 函数、ReLU 函数、PReLU/Leaky ReLU 函数、ELU 函数等。

2.4.2.1　sigmoid 函数

sigmoid 函数是过去最常用的激活函数。它的数学表示为：

$$\sigma(x) = \frac{1}{1 + \mathrm{e}^{-x}} \tag{2.39}$$

sigmoid 函数的几何图像如图 2.10 所示。当 x 非常小时，sigmoid 的值接近 0；当 x 非常大时，sigmoid 的值接近 1。sigmoid 函数将输入的连续实值变换到 $(0,1)$ 范围内，从而可以使神经网络中的每一层权重对应的输入都是一个固定范围内的值，所以权重的取值也会更加稳定。

sigmoid 函数也有一些缺点：

（1）输出的均值不是 0。sigmoid 的均值不是 0，会导致下一层的输入的均值产生偏移，可能会影响神经网络的收敛性。

（2）计算复杂度高。sigmoid 函数中有指数运算，通用 CPU 需要用数百条加减乘除指令才能支持 e^{-x} 运算，计算效率很低。

（3）饱和性问题。sigmoid 函数的左右两边是趋近平缓的。当输入值 x 是比较大的正数或者比较小的负数时，sigmoid 函数提供的梯度会接近 0，导致参数更新变得非常缓慢，这一现象被称为 sigmoid 的饱和性问题。此外，sigmoid 函数的导数的取值范围是 $(0, 0.25]$。当深度学习网络层数较多时，通过链式法则计算偏导，相当于很多小于 0.25 的值相乘，由于初始化的权重的绝对值通常小于 1，就会导致梯度趋于 0，进而导致梯度消失现象。

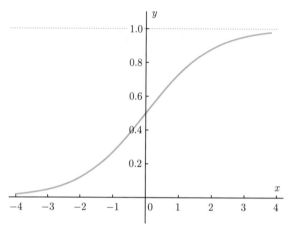

图 2.10   sigmoid 函数

2.4.2.2   tanh 函数

为了避免 sigmoid 函数的缺陷，研究者设计了很多种激活函数。tanh 函数就是其中一种，它曾经短暂地流行过一段时间。tanh 函数的定义为：

$$\tanh(x) = \frac{\sinh(x)}{\cosh(x)} = \frac{e^x - e^{-x}}{e^x + e^{-x}} = 2\sigma(2x) - 1 \tag{2.40}$$

tanh 函数的几何图像如图 2.11 所示。相对于 sigmoid 函数，tanh 函数是中心对称的。sigmoid 函数把输入变换到 $(0, 1)$ 范围内，而 tanh 函数把输入变换到 $(-1, 1)$ 的对称范围内，所以该函数是零均值的。因此 tanh 解决了 sigmoid 函数的非零均值问题。但是当输入很大或很小时，tanh 函数的输出是非常平滑的，梯度很小，不利于权重更新，因此 tanh 函数仍然没有解决梯度消失的问题。

2.4.2.3   ReLU 函数

ReLU（Rectified Linear Unit，修正线性单元）函数首次用于受限玻尔兹曼机[47]，是现在比较常用的激活函数。当输入是负数时，ReLU 函数的输出为 0；否则输出等于输入。其形式化定义为：

$$f(x) = \max(0, x) \tag{2.41}$$

ReLU 函数的计算特别简单，没有 tanh 函数和 sigmoid 函数中的指数运算，只需要对 0 和 x 取最大值，可以用一条计算机指令实现。而且，当 $x > 0$ 时，ReLU 函数可以保持梯度不衰减, 如图 2.12 所示, 从而缓解梯度消失问题。因此, 现在深度学习里, 尤其是 ResNet 等上百层的神经网络里, 常用类似于 ReLU 的激活函数。

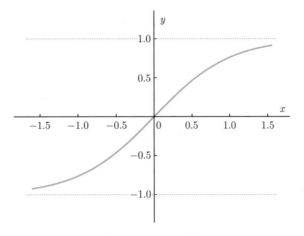

图 2.11　tanh 函数

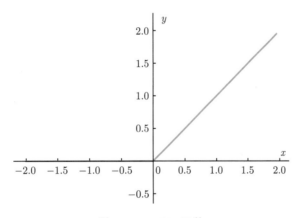

图 2.12　ReLU 函数

　　但是 ReLU 函数也存在一些问题:

　　(1) ReLU 函数的输出不是零均值的。

　　(2) 对于有些样本, 会出现 ReLU "死掉"的现象。在反向传播过程中, 如果学习率比较大, 一个很大的梯度值经过 ReLU 函数, 可能会导致 ReLU 函数更新后的偏置和权重是很小的负数, 进而导致下一轮正向传播过程中 ReLU 函数的输入是负数, 输出为 0。由于 ReLU 函数的输出为 0, 在后续迭代的反向传播过程中, 该处的梯度一直为 0, 相关参数的值不再变化, 从而导致 ReLU 函数的输入始终是负数, 输出始终为 0, 即 ReLU "死掉"。

　　(3) ReLU 函数的输出范围是无限的。这可能导致神经网络的输出的幅值随着网络层数的增加不断变大。

2.4.2.4　PReLU/Leaky ReLU 函数

由于 ReLU 函数在 $x < 0$ 时可能会死掉，后来又出现了很多 ReLU 的改进版本，包括 Leaky ReLU[48] 和 PReLU（Parametric ReLU）[49]。

Leaky ReLU 函数的定义为：

$$f(x) = \max(\alpha x, x) \tag{2.42}$$

其中，参数 α 是一个很小的常量，其取值区间为 $(0, 1)$[50]。当 $x < 0$ 时，Leaky ReLU 函数有一个非常小的斜率 α，如图 2.13 所示，可以避免 ReLU 死掉。

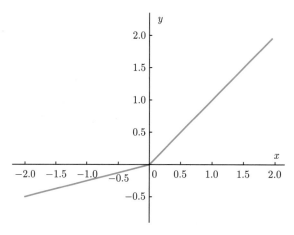

图 2.13　Leaky ReLU 函数

PReLU 函数的定义与 Leaky ReLU 类似，唯一的区别是 α 是可调参数。每个通道有一个参数 α，该参数通过反向传播训练得到。

2.4.2.5　ELU 函数

ELU（Exponential Linear Unit，指数线性单元）函数[51] 融合了 sigmoid 和 ReLU 函数，其定义为

$$f(x) = \begin{cases} x & x > 0 \\ \alpha(\mathrm{e}^x - 1) & x \leqslant 0 \end{cases} \tag{2.43}$$

其中 α 为可调参数，可以控制 ELU 在负值区间的饱和位置。

ELU 的输出均值接近 0，可以加快收敛速度。当 $x > 0$ 时，ELU 取值为 $y = x$，从而避免梯度消失。当 $x \leqslant 0$ 时，ELU 为左软饱和，如图 2.14 所示，可以避免神经元死掉。ELU 的缺点是涉及指数运算，计算复杂度比较高。

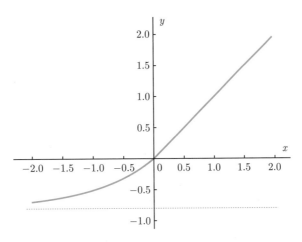

图 2.14 ELU 函数

2.4.2.6 GELU 函数

高斯误差线性单元[⊖](Gaussian Error Linear Units, GELU) 是一种在 BERT 和 GPT-2 等模型中广泛使用的激活函数。数学上，它可以表示为：

$$f(x) = xP(X \leqslant x) = x\Phi(x) = x \cdot \frac{1}{2}[1 + \mathrm{erf}(x/\sqrt{2})]$$

其中，x 是输入值，$\Phi(x)$ 是标准正态分布 $\mathcal{N}(0,1)$ 的累积分布函数，可以用误差函数 $\mathrm{erf}(\cdot)$ 进行表示。GELU 函数在实际使用中的近似表示为：

$$f(x) = 0.5x \left(1 + \tanh \left[\sqrt{2/\pi} \left(x + 0.044715x^3 \right) \right] \right)$$

如图 2.15 所示，GELU 函数在输入接近零时保持近似线性，在远离零时则表现出非线性的饱和特性。GELU 函数的优点之一是它的光滑性质，在保持非线性特性的同时，允许模型输出的概率分布更加平滑。这种光滑性与 ReLU 等激活函数相比，在处理语言模型中预测下一个词的概率时非常有用。因此，虽然 GELU 函数相比 ReLU 函数的计算复杂度高，但它可以提供更好的梯度传播和模型收敛性能，因而被广泛应用在基于 Transformer 的大语言模型中。还有很多其他的激活函数，本节不再一一介绍。

2.4.3 损失函数

基于梯度下降法的神经网络反向传播过程首先需要定义损失函数（loss function），然后计算损失函数对梯度的偏导，最后沿梯度下降方向更新权重及偏置参数。因此，损失函数的设定对梯度计算有重要的影响。

⊖ HENDRYCKS D, GIMPEL K. Gaussian error linear units (gelus) [J]. arXiv preprint arXiv: 1606.08415, 2016.

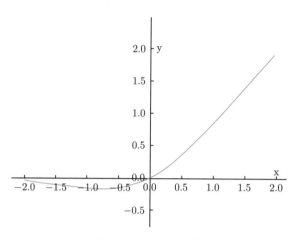

图 2.15　GELU 函数

损失函数 $\mathcal{L} = f(\hat{y}, y)$ 用以衡量模型预测值 $\hat{y}$ 与真实值 y 之间的差。神经网络的预测值是参数 $\boldsymbol{w}$ 的函数，可记为 $\hat{y} = H_W(x)$。$\hat{y}$ 和 y 总是不完全一致的，如图 2.16 所示。二者的误差可以用损失函数表示为 $\mathcal{L}(\boldsymbol{w}) = f(H_W(x), y)$。

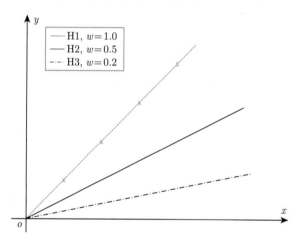

图 2.16　不同参数 w 下的拟合情况。训练样本 (x, y) 为 $(1, 1), (2, 2), (3, 3), (4, 4)$，真实值是 $y = x$ 这条直线上的点

常用的损失函数包括均方差和交叉熵损失函数。

2.4.3.1　均方差损失函数

均方差损失函数是最常用的损失函数。以一个神经元为例，计算结果是 $\hat{y}$，实际结果是 y，则均方差损失函数为

$$\mathcal{L} = \frac{1}{2}(y - \hat{y})^2 \tag{2.44}$$

假设激活函数是 sigmoid 函数，则 $\hat{y} = \sigma(z)$，其中 $z = wx + b$。均方差损失函数对 w 和 b 的梯度为

$$\frac{\partial \mathcal{L}}{\partial w} = (\hat{y} - y)\sigma'(z)x, \qquad \sigma'(z) = (1 - \sigma(z))\sigma(z) \tag{2.45}$$

$$\frac{\partial \mathcal{L}}{\partial b} = (\hat{y} - y)\sigma'(z) \tag{2.46}$$

从上面的计算结果可以看出，两个梯度的共性之处是，当神经元的输出接近 1 或 0 时，梯度将会趋近 0，这是因为二者都包含 $\sigma'(z)$。该式子说明当神经元的输出接近 1 时，神经元的输出的梯度接近 0，梯度会消失，进而导致神经网络在反向传播时参数更新缓慢。

训练集 D 上的均方差损失函数为

$$\mathcal{L} = \frac{1}{m} \sum_{\boldsymbol{x} \in D} \sum_i \frac{1}{2}(y_i - \hat{y}_i)^2 \tag{2.47}$$

其中 m 为训练样本的总数量，i 为分类类别。

2.4.3.2　交叉熵损失函数

由于均方差损失函数和 sigmoid 函数的组合会出现梯度消失，因此可以用别的损失函数（例如交叉熵损失函数）与 sigmoid 激活函数组合以避免这一现象。交叉熵损失函数的定义为：

$$\mathcal{L} = -\frac{1}{m} \sum_{\boldsymbol{x} \in D} \sum_i y_i \ln(\hat{y}_i) \tag{2.48}$$

其中，m 为训练集 D 中样本的总数量，i 为分类类别。交叉熵的定义类似于信息论中熵的定义。对于单标签多分类问题，即每个图像样本只能有一个类别，交叉熵可以简化为 $\mathcal{L} = -\frac{1}{m} \sum_{\boldsymbol{x} \in D} y \ln(\hat{y})$。而对于多标签多分类问题，即每个图像样本可以有多个类别，一般转化为二分类问题。

对于二分类问题，使用 sigmoid 激活函数时的交叉熵损失函数为

$$\mathcal{L} = -\frac{1}{m} \sum_{\boldsymbol{x} \in D} (y \ln(\hat{y}) + (1 - y) \ln(1 - \hat{y})) \tag{2.49}$$

神经网络计算的结果为

$$\hat{y} = \sigma(z) = \frac{1}{1 + e^{-z}} = \frac{1}{1 + e^{-(\boldsymbol{w}^\top \boldsymbol{x} + b)}} \tag{2.50}$$

交叉熵损失函数对权重 $\boldsymbol{w}$ 的梯度为

$$\frac{\partial \mathcal{L}}{\partial \boldsymbol{w}} = -\frac{1}{m} \sum_{\boldsymbol{x} \in D} \left[\frac{y}{\sigma(z)} - \frac{1 - y}{1 - \sigma(z)} \right] \frac{\partial \sigma(z)}{\partial \boldsymbol{w}}$$

$$= -\frac{1}{m} \sum_{\boldsymbol{x} \in D} \left[\frac{y}{\sigma(z)} - \frac{1-y}{1-\sigma(z)} \right] \sigma'(z) \boldsymbol{x} \tag{2.51}$$

$$= \frac{1}{m} \sum_{\boldsymbol{x} \in D} \frac{\sigma'(z)\boldsymbol{x}}{\sigma(z)(1-\sigma(z))} (\sigma(z) - y)$$

将 sigmoid 激活函数的导数 $\sigma'(z) = (1 - \sigma(z))\sigma(z)$ 代入上式可得

$$\frac{\partial \mathcal{L}}{\partial \boldsymbol{w}} = \frac{1}{m} \sum_{\boldsymbol{x} \in D} (\sigma(z) - y)\boldsymbol{x} \tag{2.52}$$

同理可以得到交叉熵损失函数对偏置 $\boldsymbol{b}$ 的偏导为

$$\frac{\partial \mathcal{L}}{\partial \boldsymbol{b}} = \frac{1}{m} \sum_{\boldsymbol{x} \in D} (\sigma(z) - y) \tag{2.53}$$

从式(2.51)和式(2.53)可以看出，使用 sigmoid 激活函数的交叉熵的损失函数对 $\boldsymbol{w}$ 和 $\boldsymbol{b}$ 的梯度中没有 sigmoid 的导数 $\sigma'(z)$，可以缓解梯度消失。

总结一下，损失函数是权重参数 $\boldsymbol{w}$ 和偏置参数 $\boldsymbol{b}$ 的函数，是一个标量，可以用来评价网络模型的好坏，损失函数的值越小说明模型和参数越符合训练样本 $(\boldsymbol{x}, y)$。对于同一个算法，损失函数不是固定唯一的。除了交叉熵损失函数，还有很多其他的损失函数。特别需要说明的是，必须选择对参数 $(\boldsymbol{w}, \boldsymbol{b})$ 可微的损失函数，否则无法应用链式法则。

2.5 过拟合与正则化

在神经网络中，完全可能试了 1 个隐层、2 个隐层、5 个隐层甚至 10 个隐层，试了各种各样的网络拓扑、激活函数、损失函数，准确率仍然很低。这是神经网络训练中经常出现的问题。此时需要检查神经网络是不是过拟合（overfitting）了。关于过拟合，冯·诺依曼有一个形象的说法，"给我 4 个参数，我能拟合出一头大象；给我 5 个参数，我能让大象的鼻子动起来"。当网络层数很多时，神经网络可能会学到一些并不重要甚至错误的特征。例如，训练时用一个拿着黑板擦的人的照片作为人的样本，过拟合时可能会认为人一定是拿黑板擦的，但这不是人的真正特征。

过拟合时，神经网络的泛化能力比较差。深层神经网络具有很强的表示能力，但经常遭遇过拟合。为了提高神经网络的泛化能力，可以使用许多不同形式的正则化方法，包括参数范数惩罚、稀疏化、Bagging 集成、Dropout、提前终止等。

2.5.1 过拟合

过拟合指模型过度逼近训练数据，影响了模型的泛化能力。具体表现为在训练数据集上的误差很小，但在测试数据集上的误差很大。尤其是神经网络层数多、参数多时，很容易出现过拟合的情况。除了过拟合，还有欠拟合。欠拟合主要是训练的特征少，拟合函数无法有效逼近训练集，导致误差较大。欠拟合一般可以通过增加训练样本或增加模型复杂度等方法来解决。图 2.17a 至图 2.17c 分别是合适的拟合、欠拟合、过拟合的示例。对于这个比较复杂的分类问题，合适的拟合可能是一条弧线，虽然会有一点误差；欠拟合会学出一条很简单的直线，误差比较大；而过拟合会学出奇怪的形状。当深度学习中训练的特征维度很多时，比如有上亿个参数，过拟合的函数可以非常接近数据集，函数形状很奇怪，但泛化能力差，对新数据的预测能力不足。

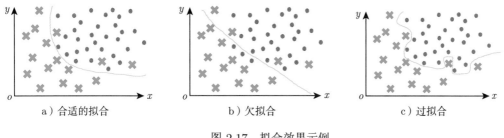

图 2.17　拟合效果示例

再看看图 2.18 中的例子。如果只有三个变量，可以用二次曲线 $y = w_0 + w_1 x + w_2 x^2$ 把样本点拟合出来。如果用四次曲线去拟合，可能会拟合出一个奇怪的形状，该曲线在训练集上的误差可能会比二次曲线小一些，但在真实场景中，将其应用到没有见过的测试集上，效果是不会好的。为了减小三次项、四次项对模型的影响，可以采用正则化方法。

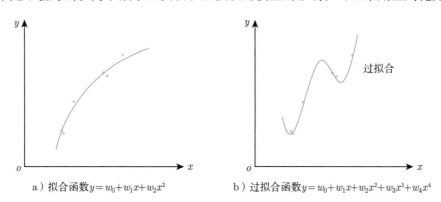

a）拟合函数 $y = w_0 + w_1 x + w_2 x^2$　　　　b）过拟合函数 $y = w_0 + w_1 x + w_2 x^2 + w_3 x^3 + w_4 x^4$

图 2.18　不同拟合函数的效果

2.5.2　正则化

2.5.2.1　参数范数惩罚

对于图 2.18 中的例子，在损失函数中增加对高次项的惩罚可以避免过拟合。具体来说，对于有 m 个样本的训练集 D，在原损失函数 $\mathcal{L}(\boldsymbol{w}; \boldsymbol{x}, \boldsymbol{y})$ 中，加上惩罚项 $C_1 w_3^2 + C_2 w_4^2$，其

中 C_1 和 C_2 为常数：

$$\tilde{\mathcal{L}}(\boldsymbol{w}; \boldsymbol{x}, \boldsymbol{y}) = \mathcal{L}(\boldsymbol{w}; \boldsymbol{x}, \boldsymbol{y}) + C_1 w_3^2 + C_2 w_4^2 \tag{2.54}$$

损失函数中增加高次项的惩罚后，不仅可以最小化误差，还可以最小化 w_3 和 w_4。例如 C_1 和 C_2 设为 1000 时，用损失函数训练出来的结果是 w_3 和 w_4 都约等于 0，拟合曲线为图 2.19 中的虚线。如果没有惩罚项，训练出来的结果可能是图中实线对应的过拟合曲线。

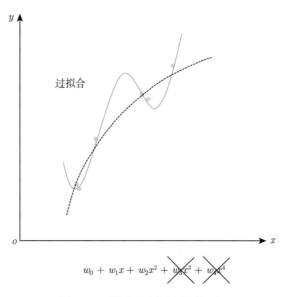

图 2.19　利用正则化解决过拟合

正则化就是在损失函数中对不想要的部分加入惩罚项

$$\tilde{\mathcal{L}}(\boldsymbol{w}; \boldsymbol{x}, \boldsymbol{y}) = \mathcal{L}(\boldsymbol{w}; \boldsymbol{x}, \boldsymbol{y}) + \theta \sum_{j=1}^{k} w_j^2 \tag{2.55}$$

其中，θ 为正则化参数。对神经网络来说，模型参数包括权重 $\boldsymbol{w}$ 和偏置 $\boldsymbol{b}$，正则化过程一般仅对权重 $\boldsymbol{w}$ 进行惩罚，因此正则化项可记为 $\theta \Omega(\boldsymbol{w})$。正则化后的目标函数记为

$$\tilde{\mathcal{L}}(\boldsymbol{w}; \boldsymbol{x}, \boldsymbol{y}) = \mathcal{L}(\boldsymbol{w}; \boldsymbol{x}, \boldsymbol{y}) + \theta \Omega(\boldsymbol{w}) \tag{2.56}$$

在工程实践中，惩罚项有多种形式，对应不同的作用，包括 L^2 正则化、L^1 正则化。

1. L^2 正则化

L^2 正则化项的数学表示为：$\Omega(\boldsymbol{w}) = \frac{1}{2}\|\boldsymbol{w}\|_2^2 = \frac{1}{2}\sum_i w_i^2$。

L^2 正则化可以避免过拟合时某些区间里的导数值非常大、曲线特别不平滑的情况，如图 2.20 所示。下面分析 L^2 正则化是如何避免过拟合的。

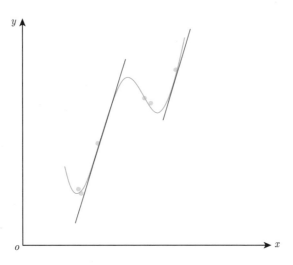

图 2.20　过拟合时某些区间里的导数值非常大

L^2 正则化后的目标函数为

$$\tilde{\mathcal{L}}(\boldsymbol{w}; \boldsymbol{x}, \boldsymbol{y}) = \mathcal{L}(\boldsymbol{w}; \boldsymbol{x}, \boldsymbol{y}) + \frac{\theta}{2}\|\boldsymbol{w}\|^2 \tag{2.57}$$

目标函数对 $\boldsymbol{w}$ 求偏导得到

$$\nabla_{\boldsymbol{w}}\tilde{\mathcal{L}}(\boldsymbol{w}; \boldsymbol{x}, \boldsymbol{y}) = \nabla_{\boldsymbol{w}}\mathcal{L}(\boldsymbol{w}; \boldsymbol{x}, \boldsymbol{y}) + \theta\boldsymbol{w} \tag{2.58}$$

以 η 为步长，单步梯度更新权重为

$$\boldsymbol{w} \leftarrow \boldsymbol{w} - \eta(\nabla_{\boldsymbol{w}}\mathcal{L}(\boldsymbol{w}; \boldsymbol{x}, \boldsymbol{y}) + \theta\boldsymbol{w}) = (1 - \eta\theta)\boldsymbol{w} - \eta\nabla_{\boldsymbol{w}}\mathcal{L}(\boldsymbol{w}; \boldsymbol{x}, \boldsymbol{y}) \tag{2.59}$$

梯度更新中增加了权重衰减项 θ。通过 L^2 正则化后，权重 $\boldsymbol{w}$ 会成为梯度的一部分。权重 $\boldsymbol{w}$ 的绝对值会变小，拟合的曲线就会平滑，数据拟合得更好。

2. L^1 正则化

除了 L^2 正则化之外，还有 L^1 正则化。L^2 正则化项是所有权重 w_i 的平方和，L^1 正则化项是所有权重 w_i 的绝对值的和：$\varOmega(\boldsymbol{w}) = \|\boldsymbol{w}\|_1 = \sum_i |w_i|$。

L^1 正则化后的目标函数为

$$\tilde{\mathcal{L}}(\boldsymbol{w}; \boldsymbol{x}, \boldsymbol{y}) = \mathcal{L}(\boldsymbol{w}; \boldsymbol{x}, \boldsymbol{y}) + \theta\|\boldsymbol{w}\|_1 \tag{2.60}$$

目标函数对 $\boldsymbol{w}$ 求偏导得到

$$\nabla_{\boldsymbol{w}}\tilde{\mathcal{L}}(\boldsymbol{w}; \boldsymbol{x}, \boldsymbol{y}) = \nabla_{\boldsymbol{w}}\mathcal{L}(\boldsymbol{w}; \boldsymbol{x}, \boldsymbol{y}) + \theta\mathrm{sign}(\boldsymbol{w}) \tag{2.61}$$

以 η 为步长，单步梯度更新权重为

$$\boldsymbol{w} \leftarrow \boldsymbol{w} - \eta(\nabla_{\boldsymbol{w}}\mathcal{L}(\boldsymbol{w};\boldsymbol{x},\boldsymbol{y}) + \theta\mathrm{sign}(\boldsymbol{w})) = \boldsymbol{w} - \eta\theta\mathrm{sign}(\boldsymbol{w}) - \eta\nabla_{\boldsymbol{w}}\mathcal{L}(\boldsymbol{w};\boldsymbol{x},\boldsymbol{y}) \quad (2.62)$$

L^1 正则化在梯度中加入一个符号函数，当 w_i 为正数时，更新后的 w_i 会变小，当 w_i 为负数时，更新后的 w_i 会变大。因此正则化的效果是使 w_i 更接近 0，即神经网络中的权重接近 0，从而减少过拟合。

2.5.2.2　稀疏化

稀疏化是在训练时让神经网络中的很多权重或神经元为 0。有些稀疏化技术甚至可以让神经网络中 90% 的权重或神经元为 0。稀疏化的好处是，在使用该神经网络时，如果神经网络的权重或神经元为 0，则可以跳过不做计算，从而降低神经网络正向传播中 90% 的计算量。稀疏化很多时候是通过加惩罚项来实现的。

2.5.2.3　Bagging 集成学习

Bagging（Bootstrap aggregating）集成学习的基本思想是：三个臭皮匠顶一个诸葛亮，训练不同的模型来共同决策测试样例的输出。Bagging 的数据集是从原始数据集中重复采样获取的，数据集大小与原始数据集保持一致，可以多次重复使用同一个模型、训练算法和目标函数进行训练，也可以采用不同的模型进行训练。例如，图 2.21 中以前建的一个识别猫的神经网络效果不够好，可以再建两个神经网络模型来识别猫。这三个模型训练的时候可能是用不同的参数、不同的网络拓扑，也可能是一个用支持向量机、一个用决策树、一个用神经网络。具体识别的时候，可以取三个模型的均值作为输出，也可以再训练一个分类器去选择什么情况下该用三个模型中的哪一个。通过 Bagging 集成学习可以减少神经网络的识别误差。

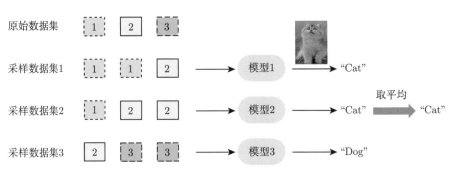

图 2.21　Bagging 集成方法

2.5.2.4 Dropout

L^2 和 L^1 正则化是在目标函数中增加一些惩罚项，而 Dropout 正则化[52] 则是在训练阶段随机删掉一些隐层的节点，在计算的时候无视这些连接。Dropout 正则化也可以避免过拟合，因为过拟合通常是由于神经网络模型太复杂了。Dropout 丢掉一些隐层节点可能会带来意想不到的效果，降低神经网络模型的复杂度，还能避免拟合。如图 2.22 所示，基础的神经网络模型可以丢掉部分节点子集形成子网络。例如，可以丢掉 h_2 和 x_2，也可以丢掉一些边或者丢掉一些神经元。

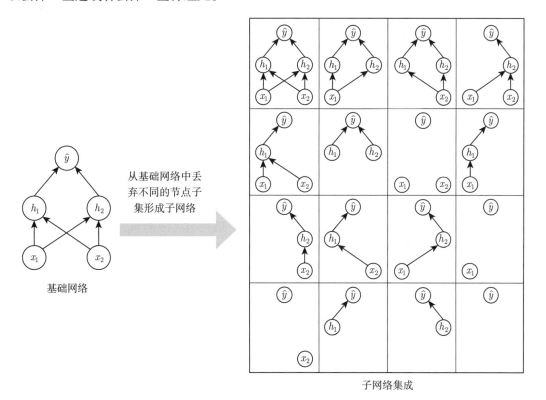

图 2.22 Dropout 示例[53]

具体来讲，首先设置一个掩码向量 μ，μ 的每一项分别对应网络的一个输入或隐层的一个节点，然后随机对掩码 μ 进行采样，如图 2.23 所示。网络中的每个节点乘以相应的掩码后，沿着网络的其余部分继续向前传播。通常，输入节点的采样概率为 0.8；隐层节点的采样概率为 0.5，即可能有一半的隐层节点没有采样就丢掉了。在训练的过程中丢掉一些东西，可能反而会为训练带来更好的效果。而在测试阶段，Dropout 会使用所有的节点，但对节点的输出乘以采样概率。

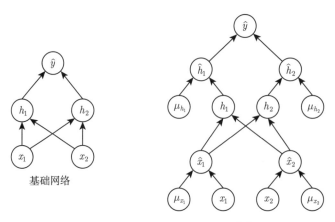

基础网络

图 2.23　Dropout 的掩码示例[53]

2.5.2.5　小结

除本节介绍的方法外，正则化相关的方法还有很多，每年人工智能领域的顶级国际会议上都有很多相关的文章，比如提前终止、多任务学习、数据增强、参数共享等。提前终止是指，当训练较大的网络模型时，能够观察到训练误差会随着时间的推移降低而在验证集上的误差却再次上升，因此在训练过程中一旦验证误差不再降低且达到预定的迭代次数，就可以提前终止训练。多任务学习通过多个相关任务的同时学习来减少神经网络的泛化误差。数据增强使用更多的数据进行训练，可对原数据集进行变换以形成新数据集并将其添加到训练数据中。参数共享是强迫两个模型（例如，监督模式下的训练模型和无监督模式下的训练模型）的某些参数相等，使其共享唯一的一组参数。

总体上讲，当一个神经网络的训练结果不好时，其实有很多正则化技术可以尝试。具体如何使用这些正则化技术，需要结合习题深入地细化学习。

2.6　交叉验证

为了评估机器学习算法的真实效果，避免出现"打哪指哪"，机器学习领域通常使用交叉验证（cross-validation）。即将数据集分成训练集和测试集，机器学习算法仅利用训练集中的数据进行训练，利用测试集评估算法的效果，不能把所有数据都用于训练。这种划分，一方面可以避免过拟合，另一方面能够真正判断出模型是不是建得好。例如，如果一位老师把考试题和作业题都给学生讲过，期末考试是不能考出学生的真实水平的。应该是老师只给学生讲作业题，期末考试用的题目和平时的作业题不一样，这样考试才能考出学生的水平。所以训练集对应的是平时的作业题，会提供正确答案，而测试集对应的是期末用来判定学生水平的考试题。

　　而在神经网络的设计过程中，除了需要用训练集通过训练确定神经网络的权重和偏置等参数，还需要确定一些与神经网络结构和训练相关的超参数（hyperparameter），例如神经网络的隐层层数、每个隐层的神经元个数、学习率的大小、神经网络训练的迭代次数等。如果使用测试集确定超参数是不合理的，可能会有过拟合测试数据的风险。因此常见的方法是将数据集划分为三个部分：训练集、验证集和测试集。利用训练集训练神经网络后，在验证集上评估网络的准确率，并用验证集选择合适的神经网络超参数。当数据集规模较大、数据划分后三部分的数据分布较为接近时，同一个神经网络在验证集和测试集上的评估结果较为相近，使用验证集可以在选择合适的神经网络超参数的同时避免在测试集上出现过拟合的问题。

　　做交叉验证时，划分训练集和测试集的最简单方法是随机分。如图 2.24 所示，浅色的是训练集，深色的是测试集。该方法的缺点是最终模型和参数很大程度上依赖于训练集和测试集的具体划分方式。如果数据集的规模较大，训练集和测试集基本可以满足样本间独立同分布，划分方式不会对神经网络的准确率造成较大的影响。但是当数据集规模较小时，划分方式不同可能会导致测出来的神经网络模型准确率波动很大。

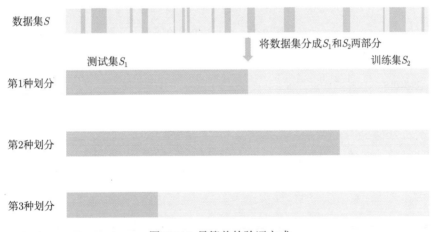

图 2.24　最简单的验证方式

　　为了减少准确率的波动，研究者提出了留一法（leave-one-out）交叉验证。如图 2.25 所示，对于一个包含 n 个数据的数据集 S，每次取出一个数据作为测试集的唯一元素，剩下的 $n-1$ 个数据全部用于训练模型和调参。最后训练出 n 个模型，每个模型得到一个均方误差 MSE_i，然后将这 n 个 MSE_i 取平均得到最终的测试结果。该方法的缺点是计算量过大，耗费时间长。

　　现在实际中常用的方法是 k–折（k-fold）交叉验证。例如，可以将整个数据集分成 $k=10$ 份，如图 2.26 所示，取第 1 份数据做测试集，取剩下的 9 份数据做训练集训练模型，之后计算该模型在测试集上的均方误差 MSE_1。接下来，取第 2 份数据做测试集，取剩下的

9 份数据做训练集训练模型，之后计算该模型在测试集上的均方误差 MSE_2。重复上述过程，可以测出 10 个均方误差，将 10 个均方误差取平均值得到最后的均方误差。k-折交叉验证方法可以评估神经网络算法或者模型的泛化能力，看其是否在各种不同的应用上、各种不同的数据上都有比较稳定且可靠的效果。由于 k-折交叉验证方法只需要训练 k 个模型，相比留一法交叉验证，其计算量小，耗费时间短。

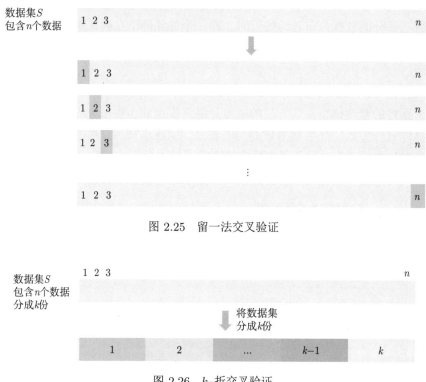

图 2.25　留一法交叉验证

图 2.26　k-折交叉验证

在目前的神经网络应用中，在图像分类、目标检测、机器翻译等大部分应用领域通常可以收集到较大规模的数据集，因此无须使用 k-折交叉验证。但在某些领域，如医学图像处理、遥感图像处理等，数据收集较为困难，依然需要使用 k-折交叉验证来评估模型的泛化能力，避免神经网络过拟合。

2.7　本章小结

2.1 节首先介绍了人工智能、机器学习、神经网络和深度学习这几个易混淆的概念；然后介绍了机器学习中最基本的线性回归及其训练和使用。在此基础上，2.2 节介绍了最简单的神经网络——感知机的工作原理；随后扩展到两层和深层的神经网络；最后介绍了神经网络的发展历程。2.3 节介绍了神经网络训练中正向传播和反向传播的计算过程。2.4 节介绍了神经网络的设计原则。2.5 节介绍了神经网络实验中常常出现的过拟合现象和应对过拟合的正则化手段，2.6 节介绍了测试神经网络准确率时常用的交叉验证方法。了解了这些技术之后，读者可以动手做一些神经网络实验。第一次做实验往往效果不好，这时可以尝试不同的网络拓扑、激活函数、损失函数。如果神经网络效果仍然不好，出现了过拟合，可以用正则化方法来解决。

本章只是提纲挈领地介绍了神经网络相关的基础内容，感兴趣的读者可以阅读相关方向的论文来了解更具体的相关知识，包括正则化、损失函数等。

习题

2.1 多层感知机和感知机的区别是什么？为什么会有这样的区别？

2.2 假设有一个只有 1 个隐层的多层感知机，其输入、隐层、输出层的神经元个数分别为 33、512、10，那么这个多层感知机中总共有多少个参数是可以被训练的？

2.3 反向传播中，神经元的梯度是如何计算的？权值是如何更新的？

2.4 请在同一个坐标系内画出五种不同的激活函数图像，并比较它们的取值范围。

2.5 请简述三种避免过拟合问题的方法。

2.6 sigmoid 激活函数的极限是 0 和 1，请给出它的导数形式并求出其在原点的导数值。

2.7 假设激活函数的表达式为

$$\phi(v) = \frac{v}{\sqrt{(1+v^2)}}$$

请给出它的导数表达式并求出其在原点的取值。

2.8 假设基本采用表 2.1 中的符号，一个经过训练的只有 1 个隐层的 MLP 如何决定各个输出神经元的标签？在测试阶段，当前输入的样本的标签如何决定？

2.9 一种更新权重的方法是引入动量项，即

$$\Delta\omega(n) = \alpha\Delta\omega(n-1) + \alpha^2\Delta\omega(n-2) + \cdots$$

动量项 α 的取值范围通常为 $[0,1]$，这样取值对于权重更新有什么影响？如果取值范围为 $[-1,0]$ 呢？

*2.10 反向传播中，采用不同的激活函数对于梯度的计算有什么不同？请设计一个新的激活函数并给出神经元的梯度计算公式。

*2.11 请设计一个多层感知机实现 4 位全加器的功能，即两个 4 比特输入得到一个 4 比特输出及一个 1 比特进位。请自行构建训练集、测试集，完成训练及测试。

*2.12 请在不使用任何编程框架的前提下，重新实现解决习题 2.11 的代码。

第 3 章

深度学习应用

研制智能计算系统的目的是让机器更好地理解和服务人类。人类主要靠视觉、听觉、触觉、嗅觉、味觉的感知来理解世界（其中视觉和听觉尤为重要）。而对于机器来说，完成视听觉的理解，主要是靠深度学习技术。本书的驱动范例——图像风格迁移使用的也是深度学习技术。

本章首先介绍最基本的适合图像处理的卷积神经网络，在此基础上，介绍应用于图像分类和目标检测的代表性卷积神经网络。之后，本章将介绍如何利用神经网络自动生成新的图像，包括生成对抗网络和扩散模型，这些新算法也带来了许多有趣的应用。图像处理主要用卷积神经网络，而语音、文字、视频等序列信息主要用循环神经网络及其改进版本——长短期记忆模型，这些内容将在 3.2 节介绍。随后，本章会介绍近年来比较热门的大模型技术，包括大模型的核心技术，以及将大模型应用于自然语言处理和图像处理的代表性新算法。在此基础上，本章将介绍用于训练深度神经网络的优化方法和降低深度神经网络计算复杂度和存储开销的量化技术。最后，本章将具体介绍如何用深度学习实现图像风格迁移这一驱动范例。

3.1 适合图像处理的卷积神经网络

卷积神经网络（Convolutional Neural Network，CNN）是常用的处理图像数据的神经网络。本节首先对卷积神经网络的总体结构进行介绍，包括卷积层、池化层、全连接层、softmax 层等。在此基础上，介绍如何利用卷积神经网络做图像分类，例如判断一张图片上的动物是牛、羊、猪，还是狗。图像分类是推动机器学习发展非常重要的基础任务，但实际应用中，一张图片上往往不止一个动物/人/物体。本节随后介绍基于卷积神经网络的图像目标检测算法（包括算法是如何发展起来的），这有助于读者遵循相关脉络设计新的算法。最后，本节将介绍如何利用卷积神经网络自动生成新的图像。

3.1.1 卷积神经网络的总体结构

在计算机视觉中，识别一张图片，需要考虑很多输入。比如识别图 3.1 中的一只狗，一张分辨率为 32×32 的 RGB 图像，其输入数据量为 $32 \times 32 \times 3$ 字节。如果用第 2 章介绍过的传统的浅层神经网络来做图像识别，这个网络的结构如图 3.1 所示，需要包括一组输入、一个隐层和一个输出层。如果隐层有 100 个神经元，则输入和隐层之间的突触的权重有 307 200 个。

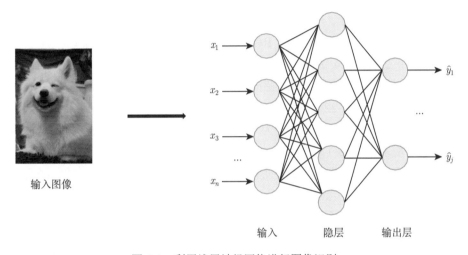

图 3.1 利用浅层神经网络进行图像识别

训练有 30 万个突触权重的神经网络层，很容易出现过拟合。如 2.5.1 节所介绍的，过拟合会把图像中对于分类不重要的信息当成重要的信息，抓不住问题的本质，导致模型在训练数据上表现好，在更广泛的测试数据上表现差，即模型的泛化能力差。实际应用中神经网络的权重远多于 30 万个。深度学习的神经网络中，通常有很多个隐层，每一层的神经元的数量可能远不止 100 个。如果采用简单粗暴的全连接的方式，当输入是 224×224 大小的 RGB 图像、第一个隐层有 1000 个神经元时，仅输入和隐层之间的权重就有 1.5 亿个。有如此多参数的神经网络是很难训练的，即使训练出来也往往会过拟合。

为解决上述问题，卷积神经网络进行了以下两点设计：

（1）局部连接。视觉理解的关键在于建立联系。相邻的数个像素点很可能属于同一个物体，它们之间具有紧密的联系；距离较远的两个点很可能不属于同一物体，它们的联系也相对松散。因此，视觉联系具有很强的局部性，卷积神经网络也放弃使用全局全连接，而使用更高效的局部稠密连接。

（2）权重共享。卷积神经网络使用卷积核（也称为滤波器或卷积模板）做卷积处理，一张图片中不同的位置可以用同样的卷积系数（即突触权重）。例如一张图片的左上角和右下角，神经网络的突触权重可以是同一组值。其原理是，每一组权重抽取图像的一种特征。例如，抽取形状特征时，在图像的不同位置都可以用同一组权重。

基于局部连接和权重共享两种技术，卷积神经网络可以大幅减少处理图像时所需的权重的数量，从而避免过拟合。

本节以近年来常用的卷积神经网络 VGG16[40] 为例介绍卷积神经网络的总体结构。如图 3.2 所示，卷积神经网络中最重要的层是卷积层（convolutional layer），每个卷积层有一组卷积核来抽取特定的特征。卷积层的输入、输出的特征图（feature map）尺寸一般变化不大。为了缩小特征图尺寸，一个卷积层之后，一般会有一个池化层（pooling layer）。例如，图 3.2 中的一张 224×224 大小的 RGB 图片，其输入为 $224 \times 224 \times 3$；通过第 1 组卷积层后变成 64 个 224×224 大小的特征图，这 64 个特征图代表 64 个不同的卷积核抽取出的图像中的 64 种不同的特征，同时特征图尺寸保持不变；卷积层后面是池化层，通过池化把特征图的尺寸从 224×224 变为 112×112；然后交替地出现卷积层和池化层，特征图的尺寸随之不断变小，从 112×112 变为 56×56，最后变成 7×7。与此同时，抽取出来的特征数量在不断增多，从第 1 组卷积层抽取出 64 种特征，从第 2 组卷积层抽取出 128 种特征，从最后一组卷积层抽取出 512 种特征。然后用全连接层，将输入的神经元和输出的神经元全部一一连接起来。当然，在每一个卷积层和每一个全连接层内部，除了向量内积，还需要有激活函数。最后，还会用到 softmax 函数进行分类概率的凸显、抑制以及归一化。

以下将详细介绍卷积神经网络中的每一层具体是如何工作的。

3.1.1.1　卷积层

卷积层是卷积神经网络中的主要组成部分。卷积层通过卷积可以抽取出图像中一些比较复杂的特征。由于卷积层的局部连接和权重共享的特点，对一张图片做卷积时，不相邻的区域不会放在一起计算，如图 3.3 所示。

浅层神经网络采用全连接方式，计算一个输出需要用到所有输入。而卷积神经网络计算卷积层的一个输出只需要用到 $k_w \times k_h$ 个输入，其中 $k_w \times k_h$ 是卷积核的大小，k_w 和 k_h 可以是 1、3、5、7、9、11 等。此外，浅层神经网络中所有神经元之间的连接都采用不同的权重，因此具有 N_i 个输入、N_o 个输出的全连接的权重为 $N_i \times N_o$ 个。而卷积神经网络中卷积层的一对输入特征图和输出特征图共用同一组权重，权重仅为 $k_w \times k_h$ 个，大幅减少了权重的数量。

1. 卷积运算

卷积神经网络的卷积运算是对输入子矩阵和卷积核做矩阵内积。假设图 3.4 是一张图片或输入的特征矩阵 $\boldsymbol{X}$，矩阵大小为 6×6；卷积核 $\boldsymbol{W}$ 是 3×3 的矩阵；卷积步长为 1，$*$ 表示卷积计算。为了计算输出矩阵 $\boldsymbol{Y}$ 的第一个值 $y_{0,0}$，将卷积核的中心放在矩阵 $\boldsymbol{X}$ 的 $(1,1)$ 位置，将对应位置的矩阵 $\boldsymbol{X}$ 的元素 $x_{i,j}$ 和卷积核 $\boldsymbol{W}$ 的元素 $w_{i,j}$ 一一相乘后加和，得到

输入图像

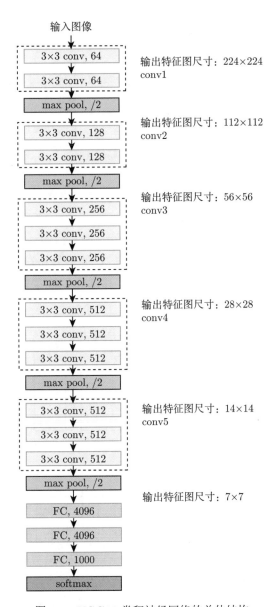

输出特征图尺寸：224×224
conv1

输出特征图尺寸：112×112
conv2

输出特征图尺寸：56×56
conv3

输出特征图尺寸：28×28
conv4

输出特征图尺寸：14×14
conv5

输出特征图尺寸：7×7

图 3.2 VGG16 卷积神经网络的总体结构

$$y_{0,0} = x_{0,0} \times w_{0,0} + x_{0,1} \times w_{0,1} + x_{0,2} \times w_{0,2} + x_{1,0} \times w_{1,0} + x_{1,1} \times w_{1,1} + x_{1,2} \times w_{1,2} +$$
$$x_{2,0} \times w_{2,0} + x_{2,1} \times w_{2,1} + x_{2,2} \times w_{2,2}$$
$$= 2 \times 1 + 3 \times 0 + 1 \times 1 + 7 \times 4 + 4 \times (-3) + 5 \times 2 + 3 \times 3 + 9 \times 0 + 6 \times (-1)$$
$$= 32$$

$$(3.1)$$

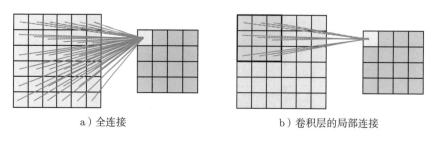

a）全连接   b）卷积层的局部连接

图 3.3　全连接与局部连接

随后，将卷积核的中心在矩阵 $\boldsymbol{X}$ 上右移一格，再将对应位置的矩阵 $\boldsymbol{X}$ 的系数和卷积核的系数一一相乘后加和，得到输出矩阵的第二个值 $y_{0,1} = 40$；将卷积核在矩阵 $\boldsymbol{X}$ 上每次移动一格，再做乘加计算可以得到输出矩阵 $\boldsymbol{Y}$ 的第一行的所有值。然后，将卷积核的中心移动到矩阵 $\boldsymbol{X}$ 的 $(2,1)$ 位置，再将对应位置的矩阵 $\boldsymbol{X}$ 的系数和卷积核的系数一一相乘后加和，得到输出矩阵的第二行的第一个值 $y_{1,0} = 5$。移动卷积核在矩阵 $\boldsymbol{X}$ 上的位置，可以得到所有其他输出值。

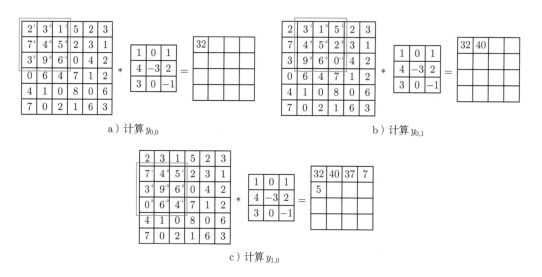

图 3.4　卷积计算。该示例将输出的位置限制在卷积核全部在输入图片内，也称为有效卷积

以上就是卷积运算的过程。该运算过程中，只用了一个卷积核，因此只能提取出一种特征。

2. 多输入/输出特征图的卷积运算

图像中可能有很多种边缘特征，包括对角线特征、三角形特征、圈特征，甚至麻花形特征等。为了提取出图像中不同的特征，神经网络需要有多个不同的卷积核。提取出不同的特征之后，每一个神经网络层会输出多个特征图（或者说有多个输出通道），每一个特征图代表一种特征。如果一个网络层的输入是多个特征图（或者说有多个输入通道），这种情况下怎么做卷积呢？

以图 3.5 中的卷积为例。该神经网络卷积层的输入是 3 个 6×6 大小的特征图（即 $6 \times 6 \times 3$ 的三维矩阵），分别表示对角线特征、圈特征、三角形特征；卷积核是 3 个不同的 3×3 卷积核（即 $3 \times 3 \times 3$ 的三维矩阵），对应输入的 3 个不同的特征图；二者卷积输出一个 4×4 大小的特征图。在卷积运算中，输入特征图的通道数和卷积核的通道数必须一致。如果输入有 3 个特征图（也称为 3 个特征通道），就需要有 3 个卷积核来共同计算出最终的输出特征图。

为了计算输出特征图上 $(0,0)$ 位置的值，每个输入特征图的左上角的 3×3 子矩阵和对应卷积核做二维卷积运算得到 3 个值，再加和。例如，第 1 个输入特征图中取出的子矩阵为 $[0,0,0;0,2,2;0,1,2]$，对应的卷积核为 $[-1,1,1;-1,1,-1;1,-1,1]$，二者做二维卷积运算得到 1；第 2 个输入特征图中取出的子矩阵为 $[0,0,0;0,0,2;0,1,2]$，对应的卷积核为 $[1,-1,-1;-1,0,-1;-1,0,1]$，二者做二维卷积运算得到 0；第 3 个输入特征图中取出的子矩阵为 $[0,0,0;0,1,1;0,0,2]$，对应的卷积核为 $[1,-1,-1;-1,-1,0;-1,1,1]$，二者做二维卷积运算得到 1；3 个结果加起来得到 2，即输出特征 $(0,0)$ 位置的值。与二维卷积运算类似，为了得到其他位置的输出，可以在输入特征图上移动卷积核的位置，例如向右移一格或向下移一格后做卷积运算，可以分别得到输出特征图 $(0,1)$ 或 $(1,0)$ 位置的值。

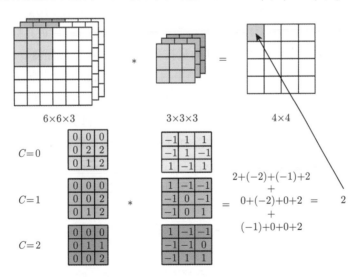

图 3.5 3 个输入特征图、1 个输出特征图的卷积计算示例

上面介绍了由 3 个输入特征图计算出 1 个输出特征图的过程。更进一步，如果输入还是 3 个特征图，而输出是 2 个特征图，则卷积核的数量要翻倍，如图 3.6 所示。输入特征图和第 1 组卷积核做卷积运算得到第 1 个输出特征图，输入特征图和第 2 组卷积核做卷

积运算得到第 2 个输出特征图。通过这种方式，可以完成所有的卷积运算。在这个例子中，共有 2×3 个 3×3 的卷积核，即 54 个卷积系数。

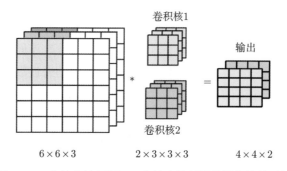

图 3.6　3 个输入特征图、2 个输出特征图的卷积计算示例

3. 卷积运算可转换为矩阵相乘

原始的卷积运算是将卷积核以滑动窗口的方式在输入特征图上滑动，当前窗口内的元素与卷积核中元素对应相乘，然后求和得到当前位置的结果，因此滑动一个位置获得一个结果。元素对应相乘再求和的计算过程恰好与向量内积的计算过程相同，因此可以将每个窗口滑动时对应的元素拉成行向量，同时将卷积核拉成列向量，通过向量内积计算卷积当前位置的结果。这个将特征图拉成向量的过程称为 im2col（image to column）。原始卷积运算过程中，窗口滑动后多个窗口对应的行向量排列在一起，就形成矩阵。每个卷积核分别拉成一个列向量，多个卷积核对应的列向量排列在一起，也形成矩阵。通过这个过程，卷积运算就可以转化成矩阵运算。矩阵运算结束后，输出矩阵的每个列向量对应一个输出特征图的结果，可以再将列向量恢复成特征图，这个过程称为 col2im（column to image）。图 3.6 所示的多输入/输出特征图的卷积运算转换为矩阵运算的过程如图 3.7 所示。

将卷积运算转换为矩阵相乘，运算过程中的乘法和加法运算次数不变。但转换成矩阵运算形式后，一方面运算时需要的数据将被存放在连续的存储空间上，从而显著提升访存速度。本质上这是一种用空间换时间的方法，因为在 im2col 的过程中，两个窗口重叠的数据被冗余存储，占用了更多的存储空间。另一方面，大部分编程框架中都可以调用高效的矩阵乘法库，如 BLAS、MKL 等。将卷积运算转换成矩阵运算形式后，可以通过这些库进行加速。

4. 卷积层如何检测特征

下面以图 3.8a 为例介绍卷积层如何检测垂直边缘特征。输入特征图或图片是 6×6 大小的矩阵，矩阵中的 10 代表白色，0 代表黑色。该图片中间有一条线，把黑白区域分开，这是其边缘特征。为了抽取该边缘特征，应该设计什么样的卷积核？以 3×3 大小的卷积核为例，用 $[1, 0, -1; 1, 0, -1; 1, 0, -1]$ 做卷积核与输入进行卷积，可以得到图 3.8a 右侧的输出。在该输出中，0 在两侧，30 在中间，即输入图片中两侧没有明显变化的区域变成了 0，相当于找到了输入图片中最中间的一条竖线把左右两边区分开来，从而把垂直边缘特征准确地提取出来。

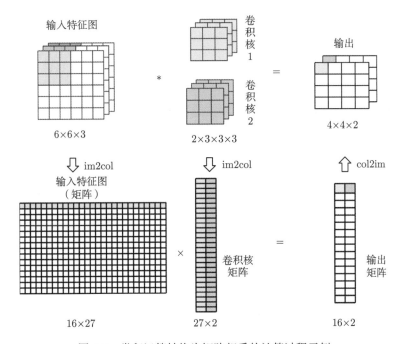

图 3.7　卷积运算转换为矩阵相乘的计算过程示例

如果要检测图 3.8b 左侧图片中的对角线边缘特征，可以用图 3.8b 中的卷积核 [1,1,0; 1,0,−1;0,−1,−1]。该卷积核对角线上的系数是 0，右下的 3 个系数是 −1，左上的 3 个系数是 1。用该卷积核和输入做卷积，可以得到右侧的输出。在该输出中，对角线上的值为 30，右下角和左上角的值为 0，因为输入图片中左上角和右下角没有变化。

通过上述过程，可以用卷积核把垂直边缘或对角线边缘找出来。

5. 边界扩充

做卷积运算时，如果不做边界扩充（padding），卷积之后的输出尺寸会被动地略微变小。假设输入图片或特征图的大小为 $W_i \times H_i$，卷积核的大小为 $k_w \times k_h$，则卷积输出的特征图的大小为 $(W_i - k_w + 1) \times (H_i - k_h + 1)$。这是因为计算每个点的输出时，卷积核需要完全在输入特征图内。例如，输入是 32×32 大小的图像，用一个 4×4 大小的卷积核进行卷积，如果不做边界扩充，输出特征图的大小为 29×29；如果用同样大小的卷积核再做一层卷积，输出特征图的大小就变成 26×26；如果用同样大小的卷积核再做一层卷积，输出特征图的大小就变成 23×23；经过几层卷积之后，就没有输出了。对于一个上百层的神经网络，如果不做边界扩充，将计算不出最后的特征图，因此一定要做边界扩充。

边界扩充的主要目的是保证神经网络层的输入特征图和输出特征图的尺寸相同。具体手段是在图像四周补上一圈 0。如图 3.9b 中，神经网络的输入特征图或图片的大小为 4×4，卷积核大小为 3×3。如果希望卷积输出的特征图的大小还是 4×4，就需要在输入图片的四周加一圈 0 扩充为 6×6 大小的图片，对扩充后的图片进行卷积运算得到的输出特征图是 4×4 大小的。通过边界扩充，图片在经过多个卷积层后也不会被动地持续减小。此外，边界扩充可以强化图像的边缘信息，因为扩充的点都是 0，在卷积中会发挥出比较强的特征提取的作用，而且图像的边缘通常会有比较重要的特征。

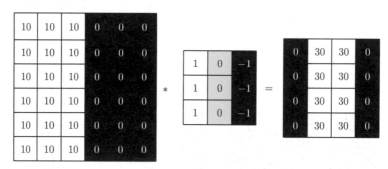

a）检测垂直边缘

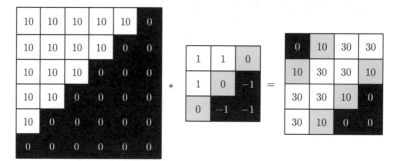

b）检测对角线边缘

图 3.8   特征检测

6. 卷积步长

如果希望输出特征图的尺寸有显著变化，可以调整卷积步长（stride）。前面介绍的例子中卷积步长都是 1，卷积核在输入特征图内每次向右或向下滑动一步再卷积，结合边界扩充得到的输出特征图的大小和输入特征图的大小是相同的。有些神经网络算法使用了大于 1 的卷积步长，在输入特征图上滑动卷积核时，可以一次跳 2 步或格，如图 3.9c 所示。一次跳 2 步，会加快每一层的运算速度，同时缩小输出特征图。采用大于 1 的卷积步长对特征图进行降采样，可以利用局部特征，获得平移不变性等。

选择何种卷积步长，可以根据实际应用需求来调整。如果要保持特征图大小不变，可以做边界扩充。如果要将输出特征图的长宽都减半，可以做边界扩充，同时将卷积步长设为 2。

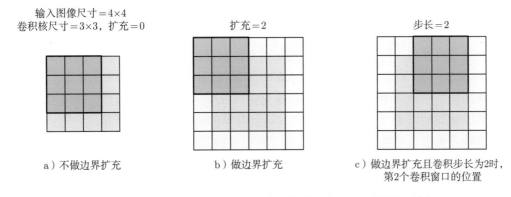

图 3.9　原始图像大小为 4×4、卷积核大小为 3×3 的卷积示例

a）不做边界扩充　　　　b）做边界扩充　　　　c）做边界扩充且卷积步长为2时，第2个卷积窗口的位置

7. 小结

总结一下卷积运算过程。在一个卷积层中，有一组输入特征图，共包含 $W_i \times H_i \times C_i$ 个信息，其中 W_i 和 H_i 分别是输入特征图的宽度和高度，C_i 是输入特征图的个数，也称为输入通道数。

卷积层有 $C_i \times C_o$ 个 $k_w \times k_h$ 大小的卷积核，其中 C_o 是输出特征图的个数（也称为输出通道数），k_w 和 k_h 分别是卷积核的宽度和高度。卷积核一般是正方形的，即 $k_w = k_h$，例如 3×3、5×5，也有长方形的卷积核（可以作为神经网络训练时调优的备选手段）。长方形的卷积核可以减少参数的数量，例如将在 3.1.2.3 节介绍的 Inception-v3，用一层 $1 \times n$ 的卷积和一层 $n \times 1$ 的卷积代替 $n \times n$ 的卷积，参数量减少了 $n \times n - 1 \times n - n \times 1$。卷积计算之后可能还要加一个偏置来得到输出。

输出特征图的大小是 $W_o \times H_o$，其中 W_o 和 H_o 分别是输出特征图的宽度和高度，其大小与输入特征图的大小、卷积步长 s 和边界扩充相关。如果卷积步长不是 1，则输出特征图的大小会变成输入特征图的 $1/(s_w \times s_h)$，其中 s_h 和 s_w 分别是高度方向和宽度方向的卷积步长。不失一般性，假设边界扩充时在输入特征图的上下以及左右边界分别加 p_t、p_b 行 0，以及 p_l、p_r 列 0，则输出特征图的宽度和高度分别是

$$W_o = \left\lfloor \frac{W_i - k_w + p_l + p_r}{s_w} + 1 \right\rfloor, \qquad H_o = \left\lfloor \frac{H_i - k_h + p_t + p_b}{s_h} + 1 \right\rfloor \tag{3.2}$$

卷积层是面向图像应用的深度神经网络中非常重要的部分，其计算复杂度也相对较高。卷积运算可以转换为矩阵相乘来加速计算，首先根据卷积核尺寸将输入特征图中的对应位置展开成行向量以形成矩阵，其次将每个卷积核展开成列向量以形成矩阵，最后调用矩阵乘法库完成矩阵相乘从而实现加速。

3.1.1.2 池化层

池化层（pooling layer）可以主动减小图片的尺寸，从而减少参数的数量和计算量，抑制过拟合。例如，输入图片或特征图的大小为 100×100，经过池化，可能变成 50×50。池化层一般没有参数，训练时很简单。池化的方法有很多种，例如最大池化 (max pooling，简记为 max pool)、平均池化 (average pooling，简记为 avg pool)、L^2 池化等。

最大池化是一种常用的池化方法，在池化窗口 $k_w \times k_h$ 内找最大值作为输出。以图 3.10 为例，假设池化窗口为 2×2，步长为 2，不做边界扩充，从输入特征图的左上角的 2×2 子矩阵找到最大值 7 作为第 1 个输出，池化窗口在输入特征图上右移 2 格后找到最大值 5 作为第 2 个输出，池化窗口继续右移 2 格找到最大值 3 作为第 3 个输出，继续向下滑动池化窗口可以得到所有的输出值。最大池化仅保留池化窗口内特征的最大值，可以提高特征的鲁棒性。

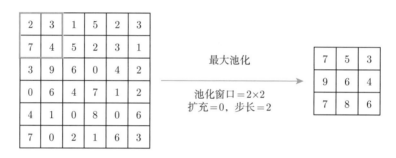

图 3.10　最大池化计算示例

平均池化也是一种常见的池化方法。该方法在池化窗口内对所有的数取平均值，会把图像的一些特征平均化，也就是模糊化。

L^2 池化是在池化窗口内对所有的数计算平方并累加和后再开平方。

对于硬件设计而言，最大池化只需要找几个数中的最大值，很容易实现。而 L^2 池化需要计算开平方，硬件实现复杂度高。以前还有用几何平均做池化的，复杂度更高。如果几何池化窗口为 2×2，则需要开 4 次方；如果几何池化窗口为 3×3，则需要开 9 次方。几何池化计算时间很长，可能会带来一点准确率提升，但实际使用时会有很多麻烦。因此最大池化是最常用的。

3.1.1.3 全连接层

卷积层和池化层构成特征提取器，而全连接层（fully-connected layer，简记为 FC）是分类器。全连接层将特征提取得到的高维特征图映射成一维特征向量，该特征向量包含所有特征信息，可以转化为最终分类为各个类别的概率。例如，一个 224×224 大小的输入图片经过多层卷积和池化，可能变成 4096 个 1×1 大小的特征图，根据这 4096 个特征可以做一个全连接层，来判定最后是猪、狗、猫、牛、羊中的哪一个。在具体计算时，全连接层等价于先将输入的高维特征图展平成一个向量，然后通过矩阵相乘对向量做线性变换，映射成另一个向量。

3.1.1.4 softmax 层

有的卷积神经网络的最终输出是由全连接层决定的，但也有的卷积神经网络是用 softmax 层做最终输出。

softmax 对输出进行归一化，输出分类概率。其计算过程为：

$$f(z_j) = \frac{e^{z_j}}{\sum\limits_{i=0}^{n} e^{z_i}} \tag{3.3}$$

其中，z_j 是 softmax 层的第 j 个输入。从 softmax 的计算过程可以看出，输入和输出的数据规模是相同的；通过归一化计算，可以凸显较大的值并抑制较小的值，从而显著地抑制次要特征，决定分类概率。

3.1.1.5 卷积神经网络的总体结构

不同数量和大小的卷积层、全连接层和池化层组合就形成了不同的卷积神经网络。图 3.2 中的 VGG16 网络，首先用卷积层和池化层做特征提取，特征图的大小从输入的 224×224 变成 112×112，再变成 56×56，每次宽高折半，最后变成 7×7；然后做分类，512 个 7×7 大小的特征图经过一个全连接层变成 4096 个特征，再经过一个全连接层输出 4096 个特征，然后经过一个全连接层变成 1000 个特征，最后这 1000 个特征做 softmax 得到神经网络的输出，例如属于 1000 种物体中的哪一种。

卷积神经网络中，常见的层组合方式如图 3.11 所示。卷积层和池化层通常是交替出现的，一个卷积层后面通常跟着一个池化层，也可能一个卷积层后面紧跟着两三个卷积层，再来一个池化层，也就是连续 N 个卷积层之后加一个池化层。这种卷积和池化组合重复出现 M 次之后，基本上能提取出所有特征，再用 K 个全连接层把这些特征映射到 O 个输出特征上，最后再经过一个全连接层或者 softmax（有时候这两种都用）来决定输出是什么。这个例子中，最后识别出来是一只狗。

当图 3.11 中 $N = 3$，$M = 1$，$K = 2$ 时，其网络结构为：输入 $\rightarrow$ 卷积层 (ReLU)$\rightarrow$ 卷积层 (ReLU)$\rightarrow$ 卷积层 (ReLU)$\rightarrow$ 池化层 $\rightarrow$ 全连接层 (ReLU)$\rightarrow$ 全连接层 (ReLU)$\rightarrow$ 全连接层 $\rightarrow$ 输出。

在 GoogLeNet 等网络中，还有更多种组合方式，例如池化层和卷积层可以包含分支。譬如一支卷积核输出一组 $76 \times 76 \times 37$ 的特征，另一支卷积核输出一组 $38 \times 38 \times 99$ 的特征，做完分支之后，最后将分支合起来做分类。关于分支将在 3.1.2.3 节详细介绍。

卷积神经网络为何选择深而不广的神经网络结构？2.2.2节介绍过，两层的神经网络中只有一个隐层，理论上只要有足够多的神经元，两层的神经网络足以拟合出任意的函数[33]。但在实际中，一个复杂特征往往是由多个简单特征组成的，采用深层的网络结构，可以很好地完成对图像从局部到整体的理解。例如人脸识别时，可能先看到一个局部的简单特征，可能是一团黑色的圆圈；再到更大的范围看，这个圆圈可能是眼睛；再到更大的范围看，眼睛上面还有眉毛；再到更大的范围看，可能左边有一个眼睛和眉毛，右边有一个眼睛和眉毛；再到更大的范围看，可能是一张脸，从而识别出一个人。这种层次化的结构非常适合从局部到整体地理解图像。

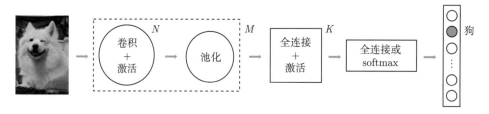

图 3.11　常见的卷积神经网络结构

此外，深度神经网络可以减少权重数量。如果只用一个隐层，层数很少，但如果采用全连接，一个隐层里的权重数量会非常多。例如输入是 1000 个，如果隐层有 1 万个节点，则有 1000 万个参数。而在深度神经网络中，参数是相对较少的，而且参数的数量与图像的规模没有直接关系，因为在图像的任何一个位置使用的卷积核都是一样的。如果卷积核的大小是 3×3，输入是 3 个特征图，输出是 2 个特征图，最终的所有参数个数仅为 $3 \times 3 \times 3 \times 2 = 54$。由于深度神经网络权重的数量较少，它过拟合的风险也会变小，在面对海量训练数据时，它的训练速度也能被业界所接受。

为了进一步直观地认识神经网络，图 3.12 展示了一个卷积神经网络可视化的效果[54]。该神经网络结构如表 3.1 所示，在 ILSVRC-2012 ImageNet 数据集上进行训练得到网络参数。经过几层卷积之后，可以把第一行中一个白圈里带着黑色的特征抽取出来，下面一些更复杂的特征，通过逐层的抽取都可以很好地提取出来。

3.1.2　应用于图像分类的卷积神经网络

基于卷积神经网络的图像分类算法的起源非常早，最早可追溯到日本学者福岛邦彦在 1980 年提出的 Neocognitron（神经认知机）神经网络模型[55]。该模型借鉴了生物的视觉神经系统。但该模型提出之后，在国际上一直不温不火，一直到 2012 年 AlexNet 在 ImageNet 大规模视觉识别比赛（ImageNet Large Scale Visual Recognition Competition，ILSVRC）中大获全胜之后，卷积神经网络的潜力才被广泛认识到，并真正成为业界关注的焦点。

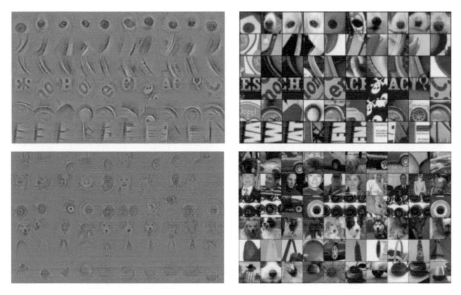

图 3.12　conv6 和 conv9 层的神经网络可视化效果[54]

表 **3.1**　文献 [54] 中的一种卷积神经网络结构

网络层	网络层描述
输入	224×224 大小的 RGB 图像
conv1	11×11 conv. 96 ReLU，步长为 4
conv2	1×1 conv. 96 ReLU，步长为 1
conv3	3×3 conv. 96 ReLU，步长为 2
conv4	5×5 conv. 256 ReLU，步长为 1
conv5	1×1 conv. 256 ReLU，步长为 1
conv6	3×3 conv. 256 ReLU，步长为 2
conv7	3×3 conv. 384 ReLU，步长为 1
conv8	1×1 conv. 384 ReLU，步长为 1
conv9	3×3 conv. 384 ReLU，步长为 2，dropout 50%
conv10	3×3 conv. 1024 ReLU，步长为 1
conv11	1×1 conv. 1024 ReLU，步长为 1
conv12	1×1 conv. 1000 ReLU，步长为 1
avg pool	全局平均池化 6×6
softmax	1000 路 softmax

　　ImageNet 大规模视觉识别比赛是图像分类领域最有影响力的学术竞赛之一。该比赛评测图像分类算法在 ImageNet-1k[56] 数据集上的 Top-1 和 Top-5 分类准确率。ImageNet-1k 数据集包含约 128 万训练数据，分为 1000 个类。参赛模型需要判断测试集中的图片到底是 1000 种物体中的哪一种。图 3.13 是从 2010 年到 2017 年期间 ImageNet 分类的 Top-5 错

误率 (Top-5 error)⊖。2010 年和 2011 年 ILSVRC 冠军主要采用传统视觉算法，Top-5 错误率分别是 28.2% 和 25.8%。2012 年提出的 AlexNet[16] 是一个 8 层的卷积神经网络，将 Top-5 错误率从 25.8% 降到了 16.4%。在此之后，深度学习的发展非常迅速，网络深度也在不断地快速增长，从 8 层的 AlexNet[16] 到 19 层的 VGG[40]，再到 22 层的 GoogLeNet[41]，以及 152 层的 ResNet[42]，甚至 252 层的 SENet[57]。对于 ImageNet 上 1000 种物体的分类，ResNet 的 Top-5 错误率仅为 3.57%，这是非常振奋人心的进展。

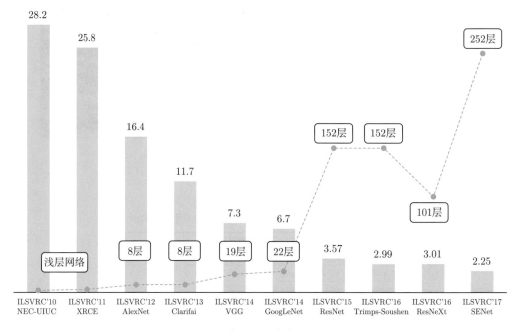

图 3.13　ImageNet 图像分类大赛中历年的 Top-5 错误率

上述算法中，性能改进跨度最大的是 AlexNet，将 ImageNet 分类的 Top-5 错误率从 25.8% 降到 16.4%；其次改进跨度比较大的是 ResNet，将 Top-5 错误率从 6.7% 降到 3.57%，因为越到后面降低错误率越困难。换个角度看，Top-5 错误率从 6.7% 降到 3.57%，意味着出错的图片的数量降低了接近一半，这是非常困难的。

下面我们将分别介绍几个在卷积神经网络历史上有里程碑意义的算法，包括 AlexNet、VGG、Inception（GoogLeNet 是 Inception 系列中的一员）以及 ResNet。

⊖　分类任务通常采用错误率来衡量性能。Top-1 错误率是指，模型预测出的概率最高的结果与正确标签不一致的图像，在总样本中所占的比例。Top-5 错误率是指，正确标签不在模型预测的概率最高的前 5 个结果中的图像，在总样本中所占的比例。举例来说，输入一张图像，神经网络预测出概率最高的 5 个结果由高到低分别是水杯、粉笔、橡皮擦、签字笔、鼠标。如果输入图像中的物体不是这 5 种物体之一，就被认为是 Top-5 错误。如果输入图像中的物体不是水杯，就被认为是 Top-1 错误。根据上述定义，Top-5 错误率会低一些，而 Top-1 错误率会高一些。

3.1.2.1　AlexNet

AlexNet 是深度学习领域最重要的成果之一，也是 G. Hinton 的代表作之一。文献 [16]
中给出的 AlexNet 网络结构如图 3.14 所示。

AlexNet 的输入是 224×224 大小的 RGB 图像。第一层卷积，用 48 个 $11 \times 11 \times 3$
的卷积核计算出 48 个 55×55 大小的特征图，用另外 48 个 $11 \times 11 \times 3$ 的卷积核计算
出另外 48 个 55×55 大小的特征图，这两个分支的卷积步长都是 4，通过卷积把图像的
大小从 224×224 减小为 55×55。第一层卷积之后，做局部响应归一化（Local Response
Normalization，LRN）和步长为 2、池化窗口为 3×3 的最大池化，池化输出的特征图大
小为 27×27。第二层卷积，用两组各 128 个 $5 \times 5 \times 48$ 的卷积核对两组输入的特征图分
别进行卷积处理，输出两组各 128 个 27×27 的特征图。第二层卷积之后，做局部响应归
一化和步长为 2、池化窗口为 3×3 的最大池化，池化输出的特征图大小为 13×13。第三
层卷积，将两组特征图合为一组，采用 192 个 $3 \times 3 \times 256$ 的卷积核对所有输入特征图做
卷积运算，再用另外 192 个 $3 \times 3 \times 256$ 的卷积核对所有输入特征图做卷积运算，输出两
组各 192 个 13×13 的特征图。第四层卷积，对两组输入特征图分别用 192 个 $3 \times 3 \times 192$
的卷积核做卷积运算。第五层卷积，对两组输入特征图分别用 128 个 $3 \times 3 \times 192$ 的卷积
核做卷积运算。第五层卷积之后，做步长为 2、池化窗口为 3×3 的最大池化，池化输出的
特征图大小为 6×6。第六层和第七层的全连接层都有两组神经元（每组 2048 个神经元），
第八层的全连接层输出 1000 种特征并送到 softmax 中，softmax 输出分类的概率。

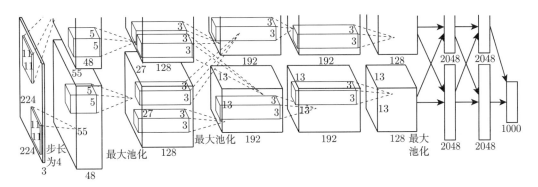

图 3.14　AlexNet 的网络结构[16]

AlexNet 的网络配置如表 3.2 所示。

相对于传统人工神经网络，AlexNet 主要有四个技术上的创新：

（1）Dropout（随机失活）。在训练的过程中随机舍弃部分隐层节点，可以避免过拟合。

（2）LRN（局部响应归一化）。LRN 可以提升较大响应，抑制较小响应。当然最近几
年业界发现 LRN 层作用不大，所以现在使用 LRN 的研究者很少。

（3）max pooling（最大池化）。最大池化可以避免特征被平均池化模糊，提高特征的鲁棒性。在 AlexNet 之前，很多研究用平均池化。从 AlexNet 开始，业界公认最大池化的效果比较好。

（4）ReLU 激活函数。在 AlexNet 之前，常用的激活函数是 sigmoid 和 tanh。而 ReLU 函数很简单，输入小于 0 时输出 0，输入大于 0 时输出等于输入。以前业界认为 ReLU 函数太简单了，但事实上非常简单的 ReLU 函数带来了非常好的效果。AlexNet 在卷积层和全连接层的输出均使用 ReLU 激活函数，能有效提高训练时的收敛速度。

AlexNet 把这些看上去并不惊人的技术组合起来，取得显著效果，它推动深度学习成为业界主流，具有里程碑意义。之前我们已经介绍过最大池化和 ReLU，故不再赘述。下面我们主要介绍一下 LRN 和 Dropout。

表 3.2　AlexNet 的网络配置

层号	层名称	输入大小	卷积核或池化窗口大小	输入通道数	输出通道数	步长
1	conv	224×224	11×11	3	96	4
	ReLU	55×55	—	96	96	1
	LRN	55×55	—	96	96	1
	max pool	55×55	3×3	96	96	2
2	conv	27×27	5×5	96	256	1
	ReLU	27×27	—	256	256	1
	LRN	27×27	—	256	256	1
	max pool	27×27	3×3	256	256	2
3	conv	13×13	3×3	256	384	1
	ReLU	13×13	—	384	384	1
4	conv	13×13	3×3	384	384	1
	ReLU	13×13	—	384	384	1
5	conv	13×13	3×3	384	256	1
	ReLU	13×13	—	256	256	1
	max pool	13×13	3×3	256	256	2
6	FC	—	—	9216	4096	1
	ReLU	—	—	4096	4096	1
	Dropout					
7	FC	—	—	4096	4096	1
	ReLU	—	—	4096	4096	1
	Dropout					
8	FC	—	—	4096	1000	1
	softmax	—	—	1000	1000	1

1. LRN

LRN 对同一层的多个输入特征图在每个位置上做局部归一化，以提升高响应特征和抑制低响应特征。LRN 的输入是卷积层的输出特征图经过 ReLU 激活函数后的输出。假设 LRN 的输入是 C 个特征图，LRN 要对输入的 c 个相邻特征图上相同位置的点进行归一化处理，得到第 m 个输出特征图上位置 (i,j) 处的值[16]

$$b_{i,j}^m = a_{i,j}^m / \left(k + \alpha \sum_{n=\max(0,m-c/2)}^{\min(C-1,m+c/2)} (a_{i,j}^n)^2 \right)^\beta \tag{3.4}$$

其中，$a_{i,j}^n$ 是第 n 个输入特征图上位置 (i,j) 处的点。常数 k、c、α、β 的值是人工设定的，在文献 [16] 中 $k=2$、$c=5$、$\alpha=10^{-4}$、$\beta=0.75$。

举例来讲，LRN 的输入是 C 个不同的特征图，包含三角形特征、点特征、线特征、长方形特征、正方形特征等。在同一个位置上，如果既有长方形特征，又有正方形特征、三角形特征，还有菱形特征，就要对该位置上的点进行归一化，以将该位置上最显著的特征找出来。但实际上，一个位置上的点可能既参与到三角形中，又参与到正方形和长方形中，还参与到菱形中，强行抑制一个点参与的低响应特征并不一定合理。因此，LRN 在实际中并没有产生明显效果，现在已很少有人使用。

2. Dropout

Dropout 是 G. Hinton 等人[52] 在 2012 年提出来的。该方法通过随机舍弃部分隐层节点缓解过拟合，目前已经成为深度学习训练常用的技巧之一。

使用 Dropout 进行模型训练的过程为：

（1）以一定概率（如 0.5）随机地舍弃部分隐层神经元，即将这些神经元的输出置为 0。

（2）一小批训练样本经过正向传播后，在反向传播更新权重时，不更新与被舍弃神经元相连的权重。

（3）恢复被删除神经元，输入另一小批训练样本。

（4）重复步骤（1）～（3），直到处理完所有训练样本。

在 Dropout 训练过程中，并不是真的丢掉部分隐层神经元，只是暂时不更新与其相连的权重。对于这一批样本，可能不用某些隐层神经元，但对于下一批样本，可能又会用到这些隐层神经元，并且需要更新与其相连的权重。训练完成后使用神经网络进行预测时，所有神经元都是要用到的。AlexNet 网络的前两个全连接层使用了 Dropout。

Dropout 可以防止训练数据中复杂的共同适应（co-adaptation），即一个特征检测器需要依赖其他几个特定特征检测器，从而缓解过拟合。

3. 小结

AlexNet 最大的贡献在于证明了深层的神经网络在代表性问题上的表现可以远远超越其他机器学习方法。AlexNet 的成功主要得益于：

（1）使用多个卷积层。过去都是浅层的神经网络，AlexNet 真正把深度学习应用到了 ImageNet 图像分类这种比较复杂的问题上。通过使用多个卷积层，有效地提取了图像的特征，显著地提升了图像识别的准确率。

（2）使用 ReLU，提高了训练速度。

（3）使用 Dropout、数据增强（data augmentation），缓解过拟合。

3.1.2.2 VGG

8 层的 AlexNet 显著提高了图像识别准确率，更多层的神经网络是否能进一步提升识别准确率？2014 年 K. Simonyan 和 A. Zisserman[40] 提出了比 AlexNet 更深的神经网络 VGG，进一步提升了分类准确率。VGG 有很多不同的版本，VGG16 是最经典的版本之一。

1. 网络结构

神经网络层数增多之后会遇到很多问题，包括梯度爆炸、梯度消失等。距离输出层（计算损失函数）很近的一两层，可能很快就可以训练好；但是距离输出层 10 层、100 层时，损失函数的导数可能会非常小，神经网络可能就无法继续训练了。因此，如表 3.3 所示，K. Simonyan 和 A. Zisserman 设计了一系列不同配置的 VGG 网络结构[40]，在此基础上提出了预训练策略，利用较浅神经网络训练出来的权重参数来初始化更深神经网络的部分层，从而达到逐步加深神经网络层数的效果。

表 3.3 VGG 的网络结构[40]

网络结构配置					
A 11 个权重层	A-LRN 11 个权重层	B 13 个权重层	C 16 个权重层	D 16 个权重层	E 19 个权重层
输入（224 × 224 大小的 RGB 图像）					
conv3-64	conv3-64 **LRN**	conv3-64 **conv3-64**	conv3-64 conv3-64	conv3-64 conv3-64	conv3-64 conv3-64
最大池化					
conv3-128	conv3-128	conv3-128 **conv3-128**	conv3-128 conv3-128	conv3-128 conv3-128	conv3-128 conv3-128
最大池化					
conv3-256 conv3-256	conv3-256 conv3-256	conv3-256 conv3-256	conv3-256 conv3-256 **conv1-256**	conv3-256 conv3-256 **conv3-256**	conv3-256 conv3-256 conv3-256 **conv3-256**
最大池化					
conv3-512 conv3-512	conv3-512 conv3-512	conv3-512 conv3-512	conv3-512 conv3-512 **conv1-512**	conv3-512 conv3-512 **conv3-512**	conv3-512 conv3-512 conv3-512 **conv3-512**
最大池化					
conv3-512 conv3-512	conv3-512 conv3-512	conv3-512 conv3-512	conv3-512 conv3-512 **conv1-512**	conv3-512 conv3-512 **conv3-512**	conv3-512 conv3-512 conv3-512 **conv3-512**
最大池化					
全连接层-4096					
全连接层-4096					
全连接层-1000					
softmax					

具体来说，VGG 首先训练一个配置为 A 的 11 层的神经网络，每一个卷积层都是 3×3 卷积，即卷积核是 3×3 大小。训练更深的神经网络（如配置为 B 的 13 层的神经网络）时，先将 B 网络的前 4 个卷积层和后 3 个全连接层的参数用训练好的 A 网络的前 4 个卷积层和后 3 个全连接层的权重参数进行初始化，B 网络其他中间层的参数采用随机初始化；然后对 B 神经网络进行训练。

配置为 A 的 11 层的神经网络 (简记为 VGG-A)，其输入是 224×224 大小的 RGB 图像；经过第 1 层卷积输出 64 个特征图，再做最大池化；随后做第 2 层卷积，输出 128 个特征图，再做最大池化；接着连续做两层卷积，输出均为 256 个特征图，再做最大池化；然后连续做两层卷积，输出均为 512 个特征图，再做最大池化；继续做两层卷积，输出均为 512 个特征图，再做最大池化；然后经过三个全连接层，分别输出 4096、4096、1000 个特征；通过 softmax 得到最终输出。在 VGG-A 的第一层卷积之后增加一个 LRN 层，就得到了配置为 A-LRN 的神经网络（VGG-A-LRN）。文献 [40] 给出的实验表明，LRN 不会提升神经网络模型的分类准确率，因此其余的 VGG 结构中都没有使用 LRN 层。

神经网络结构从配置 A 到配置 B 的变化是，在第 1 个卷积层和第 2 个卷积层之后各增加了一个卷积层。在 13 层的神经网络 VGG-B 中，在第 6、8、10 层卷积之后各增加 1 个卷积层，并通过使用不同大小的卷积核得到两个版本的 VGG 网络。如果新增的卷积层的卷积核都是 1×1 大小，就得到了 16 层的神经网络 VGG-C；如果新增的卷积层的卷积核都是 3×3 大小，就得到了 16 层的神经网络 VGG-D，也就是现在常用的图 3.2 中的 VGG16。在 16 层的 VGG-D 的第 7、10、13 层卷积之后各增加 1 个卷积层，得到 19 层的神经网络 VGG-E，也就是现在常用的 VGG19。不同配置的 VGG 网络中，所有隐层都使用了非线性激活函数 ReLU。

VGG 通过逐渐增加层数，训练出了多个不同版本的神经网络。首先增加 LRN 层，发现 LRN 层没用。然后发现，随着层数的增多，Top-5 错误率基本上是在下降的。但是到了 16 层的 VGG-D 和 19 层的 VGG-E，Top-5 错误率基本都在 8% 左右，不再有大的变化。

2. 卷积–池化结构

VGG 中图像尺寸基本上是通过卷积和池化来调整的。由于 VGG 的层数很多，为了避免边缘特征被弱化掉，VGG 在卷积层做边界扩充以使输出图像和输入图像的尺寸相同。池化窗口为 2×2，池化步长为 2，因此池化后图像的长和宽均减半。输入为 224×224 大小的 RGB 图像，经过第 1 次池化输出 64 个 112×112 的特征图，经过第 2 次池化输出 128 个 56×56 的特征图，经过第 3 次池化输出 256 个 28×28 的特征图，经过第 4 次池化输出 512 个 14×14 的特征图，经过第 5 次池化输出 512 个 7×7 的特征图。

VGG 中除了配置 C 中有 3 个卷积层使用了 1×1 的卷积核，其余均使用 3×3 的卷积核，卷积步长均为 1。而 AlexNet 使用了 3 种卷积核，包括 11×11、5×5 和 3×3，而且越靠前的层使用的卷积核的尺寸越大。直观上，大卷积核的视野范围（感受野）更大，效果似乎应该更好，而事实恰恰相反。这背后的原因在于，VGG 会使用连续的多层卷积，每个卷积核都是 3×3 的。因此，一个 AlexNet 中常用的 5×5 的卷积可以看成是 2 层连续的 3×3 的卷积，二者在输入图像上的感受野是一样的，如图 3.15 所示。以此类推，7×7 的卷积与 3 层连续的 3×3 的卷积的感受野相同，11×11 的卷积与 5 层连续的 3×3 的卷积的感受野相同。而 11×11 的卷积，有 121 个参数，5 层连续的 3×3 的卷积只有 45 个参数。因此，VGG 通过使用连续的小卷积核，用更少的参数，就能完成 AlexNet 中大卷积核的任务，训练起来难度也会更小。

此外，VGG 在每一层卷积中加入非线性激活函数 ReLU，因此多层卷积可以增强决策函数的区分能力，从而提高分类准确率。比如，将配置为 B 的 13 层神经网络 VGG-B 中连续 2 个 3×3 卷积层替换为 1 个 5×5 卷积层，其 Top-1 错误率比 VGG-B 高 7%[40]，见图 3.15 。

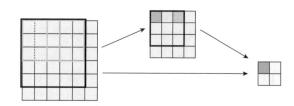

图 3.15   一个 5×5 卷积层和连续 2 个 3×3 卷积层的感受野大小相同

3. 小结

VGG 的成功主要得益于以下几点：

（1）使用规则的多层小卷积替代大卷积。在相同视野下，有效减少了权重参数的数量，提高了训练速度。

（2）使用更深的卷积神经网络。在神经网络中使用更多的卷积层及非线性激活函数，提高了图像分类的准确率。

（3）通过预训练，对部分网络层参数进行初始化，提高了训练收敛速度。

3.1.2.3 Inception

在 VGG 之后，Inception 进一步考虑了能否用更小的卷积核、更多的神经网络层来降低错误率。在 Inception 系列工作中，最著名的是 Inception-v1，即 GoogLeNet，它获得了 2014 年 ImageNet 比赛的冠军。在 GoogLeNet 之后，又出现了 BN-Inception、Inception-v3、Inception-v4 等（见表 3.4）。下面将分别介绍它们的具体特点。

1. Inception-v1

AlexNet 和 VGG 的网络结构都比较规整。而 Inception-v1（GoogLeNet）[41] 中有很多结构复杂的模块，即 Inception 模块。这也是 GoogLeNet 最核心的创新。

表 3.4　Inception 系列卷积神经网络

网络	主要创新	Top-5 错误率	网络层数
GoogLeNet[41]	提出 Inception 结构	6.67%	22
BN-Inception[58]	提出批归一化（Batch Normalization, BN），用 3×3 卷积代替 5×5 卷积	4.82%	—
Inception-v3[59]	将一个二维卷积拆成两个一维卷积，辅助分类器的全连接层做 BN	3.50%	22
Inception-v4[60]	Inception 模块化，结合 ResNet 的跳转结构	3.08%	—

Inception 模块。图 3.16a 是 Inception 模块的初级版本。该模块对上一层的输出分别做四种处理（即四个分支），包括 1×1 卷积、3×3 卷积、5×5 卷积、3×3 最大池化。而之前的神经网络，对输入都是用一组相同尺寸的卷积核（比如，3×3 或 5×5）来提取特征。相对于以往工作，Inception 模块中不同尺寸的卷积以及池化可以同时提取到输入图像中小范围的特征以及大范围的特征，因此 Inception 中的每一层都能够适应不同尺度的图像的特性。在此基础上，Inception 模块通过加入 1×1 卷积，可以做降维（dimensionality reduction），如图 3.16b 所示。1×1 卷积，对多个特征图中同一位置的点进行卷积处理，相当于做全连接处理，其好处是可以对同一位置上的不同特征进行归一化。虽然已经证明 LRN 用非常复杂的归一化处理是失败的，但对于 Inception 模块中这种简洁的 1×1 卷积有比较好的效果。

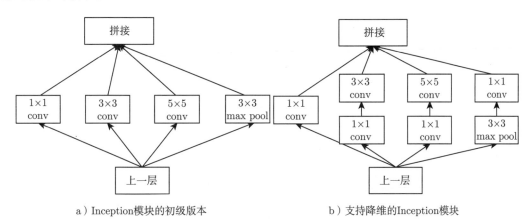

a）Inception模块的初级版本　　　　　b）支持降维的Inception模块

图 3.16　Inception 模块[41]

1×1 卷积。1×1 卷积实际上是跨通道的聚合，将多个输入特征图上相同位置的点做全连接处理，计算出输出特征图上对应位置的一个点，因此相当于是输入和输出之间的全连接。同时，每个 1×1 卷积层都使用 ReLU 激活函数来提取非线性特征。

如果 1×1 卷积层的输出特征图的数量比输入特征图少，就可以实现降维，减少神经网络的参数，同时也能减少计算量。以图 3.17 为例，卷积层的输入是 256 个 28×28 大小的特征图，输出是 96 个 28×28 大小的特征图，左图是只有一个卷积层且卷积核为 5×5

的情况，右图是额外加入一层 1×1 卷积的情况，且 1×1 卷积层输出 32 个 28×28 大小的特征图。

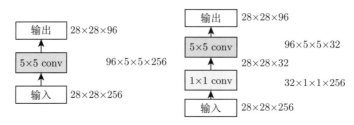

图 3.17　1×1 卷积参数对比。每个子图中左列数据为特征数量，右列数据为卷积参数数量

只有一个 5×5 卷积层时，网络参数的数量为 $96 \times 5 \times 5 \times 256 = 614\,400$，乘加运算的数量为 $28 \times 28 \times 96 \times 5 \times 5 \times 256 = 481\,689\,600$。

增加 1×1 卷积层后，网络参数的数量为 $32 \times 256 + 96 \times 5 \times 5 \times 32 = 84\,992$，乘加运算的数量为 $28 \times 28 \times 32 \times 256 + 28 \times 28 \times 96 \times 5 \times 5 \times 32 = 66\,633\,728$。

增加 1×1 卷积层后，5×5 卷积层的输入维度从 256 降为 32，参数数量减少为原来的 1/7.2，计算量也减少为原来的 1/7.2。因此，1×1 卷积已广泛应用于多种神经网络架构中，包括 ResNet。

GoogLeNet 网络结构。GoogLeNet 的网络结构如图 3.18 所示，它由多个 Inception 模块叠加在一起，看起来非常复杂。GoogLeNet 共有 22 层（仅统计有参数的层，如果算上池化层共 27 层）。该神经网络的输入是 224×224 大小的 RGB 图像；第 1 层卷积，卷积核为 7×7，步长为 2，输出 64 个 112×112 大小的特征图，再经过步长为 2、窗口为 3×3 的最大池化层，随后做 LRN；随后通过一个 1×1 卷积层输出 64 个特征图，再通过一个 3×3 卷积层输出 192 个特征图，再做 LRN 和步长为 2、窗口为 3×3 的最大池化；然后是连续 9 个 Inception 模块，中间插入两个最大池化层；最后经过 1 个平均池化层、全连接层，再通过 softmax 层得到最终输出。GoogLeNet 中所有卷积层都使用 ReLU 激活函数。

GoogLeNet 的网络层数比 VGG 深得多，而且所有网络层一起训练，很容易出现梯度消失现象。为了解决这个问题，GoogLeNet 从神经网络中间层旁路出来 2 个 softmax 辅助分类网络，以在训练中观察网络的内部情况。每个 softmax 辅助分类网络，包含一个降低特征图尺寸的平均池化层（池化窗口为 5×5，步长为 3），一个将输入特征图降维到 128 的 1×1 卷积层，一个有 1024 个输出的全连接层，一个以 70% 概率 Dropout 的全连接层，以及一个 softmax 层[⊖]。该辅助分类网络对中间第 l 层的输出进行处理得到分类结果，再将该分类结果按较小的权重（0.3）加到最终的分类层里。利用该辅助分

⊖　训练时，对 softmax 输出计算交叉熵作为损失，也称为 softmax 损失。

类网络，可以在训练过程中观察到第 l 层的训练结果，如果训练效果不好，可以提前从第 l 层做反向传播，调整权重。这种方式有助于训练一个很多层的神经网络，防止梯度消失。而传统的训练方式从神经网络的最终输出进行反向传播，如果中间某个地方出错了，也得从最终输出反向传播过来，采用梯度下降法寻找最小误差，在该过程中梯度很可能就会消失或爆炸。值得注意的是，softmax 辅助分类网络仅用于训练阶段，不用于推理阶段。

相对于 VGG，GoogLeNet 网络层数更深、参数更少、分类准确率更高，这主要得益于三个方面：一是增加了 softmax 辅助分类网络（也称为观察网络），可以观察训练的中间结果，提前反向传播；二是增加了很多 1×1 卷积，可以降低特征图维度，减少参数数量以及计算量；三是引入了非常灵活的 Inception 模块，能让每一层网络适应不同尺度的图像的特性。

2. BN-Inception

在 GoogLeNet 基础上，BN-Inception[58] 在训练中引入了批归一化（Batch Normalization，BN），取得了非常好的效果。具体来说，BN-Inception 在训练时同时考虑一批样本。它在每个卷积层之后、激活函数之前插入一种特殊的跨样本的 BN 层，用多个样本做归一化，将输入归一化到加了参数的标准正态分布上。这样可以有效避免梯度爆炸或消失，训练出很深的神经网络。

以下是 BN 背后的原理。随着神经网络层数的增多，在训练过程中，各层的参数都在变化，因此每一层的输入的分布都在变化，其分布会逐渐偏移，即内部协方差偏移（internal covariate shift）。输入分布通常会向非线性激活函数的两端偏移，靠近饱和区域，因此会导致反向传播时梯度消失。此外，为了不断适应新的分布，训练时需要较低的学习率和合适的初始化参数，因此训练速度很慢。在批训练时，如果对多个样本做归一化，把激活函数的输入归一化到标准正态分布（均值为 0，方差为 1），激活函数的取值就会靠近中间区域，输入很小的变化就能显著地体现到损失函数中，就不容易出现梯度消失。

如果激活函数的输入都简单归一化为标准正态分布，可能会将激活函数的输入限定到线性区域，此时激活函数不能提供非线性特征，神经网络的表达能力会下降。因此，BN 需要对归一化后的值进行缩放和偏移。缩放因子 γ 和偏移变量 β 是和模型参数一起训练得到的，相当于对标准正态分布做一个水平偏移并变宽或变窄，等价于将非线性函数的值从中间的线性区域向非线性区域偏移，从而可以保持网络的表达能力。

BN 变换的具体计算过程如下。假设某一网络层的输入为 x_i，$i = 1, \cdots, M$，其中 M 为训练集的大小，$x_i = [x_{i1}; x_{i2}; \cdots; x_{id}]$ 为 d 维向量。理论上，首先用所有训练数据对 x_i 的每一维度 k 做归一化

$$\hat{x}_{ik} = \frac{x_{ik} - \mathbb{E}[x_{ik}]}{\sqrt{\text{Var}[x_{ik}]}} \tag{3.5}$$

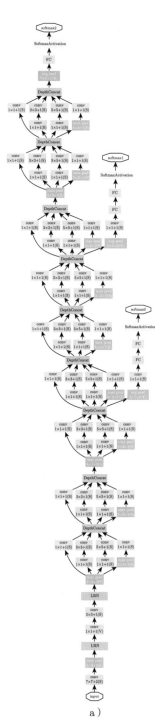

a）

类型	窗口尺寸/步长	输出尺寸	深度	#1×1	#3×3 reduce	#3×3	#5×5 reduce	#5×5	pool proj	参数数量	乘加操作数
conv	7×7/2	112×112×64	1							2.7K	34M
max pool	3×3/2	56×56×64	0								
conv	3×3/1	56×56×192	2		64	192				112K	360M
max pool	3×3/2	28×28×192	0								
inception(3a)		28×28×256	2	64	96	128	16	32	32	159K	128M
inception(3b)		28×28×480	2	128	128	192	32	96	64	380K	304M
max pool	3×3/2	14×14×480	0								
inception(4a)		14×14×512	2	192	96	208	16	48	64	364K	73M
inception(4b)		14×14×512	2	160	112	224	24	64	64	437K	88M
inception(4c)		14×14×512	2	128	128	256	24	64	64	463K	100M
inception(4d)		14×14×528	2	112	144	288	32	64	64	580K	119M
inception(4e)		14×14×832	2	256	160	320	32	128	128	840K	170M
max pool	3×3/2	7×7×832	0								
inception(5a)		7×7×832	2	256	160	320	32	128	128	1072K	54M
inception(5b)		7×7×1024	2	384	192	384	48	128	128	1388K	71M
avg pool	7×7/1	1×1×1024	0								
dropout(40%)		1×1×1024	0								
FC		1×1×1000	1							1000K	1M
softmax		1×1×1000	0								

注：#3×3 reduce 和 #5×5 reduce 分别表示 3×3 卷积和 5×5 卷积之前的 1×1 卷积的输出通道数；pool proj 表示最大池化之后的 1×1 卷积的输出通道数。

b）

图 3.18　GoogLeNet 网络结构（左图）及配置（右图）[41]

然后，对归一化后的值做缩放和偏移，得到 BN 变换后的数据

$$y_{ik} = \gamma_k \hat{x}_{ik} + \beta_k \tag{3.6}$$

其中，γ_k 和 β_k 为每一个维度的缩放和偏移参数。在整个训练集上做上述 BN 变换是难以实现的；此外随机梯度训练时通常使用小批量数据进行训练。因此实际中，使用随机梯度训练中的小批量数据来估计均值和方差，做 BN 变换。

BN-Inception 借鉴 VGG 的思想，在 Inception 模块中用两个 3×3 的卷积核去替代一个 5×5 的卷积核，如图 3.19 所示。

BN 很多时候比 LRN、Dropout 或 L^2 正则化的效果好，而且可以大幅提高神经网络的训练速度。在 Inception 训练中加上 BN，可以把学习率调得非常大，从而加速训练。把学习率调大 5 倍，BN 训练速度比原始 Inception 快 14 倍[58]，更惊人的是，准确率还可以略有提升（0.8%），可谓是"多快好省"。现在，BN 已经不仅用于 Inception 系列网络，而是已经成为各种当代深度学习神经网络必备的训练技术之一。

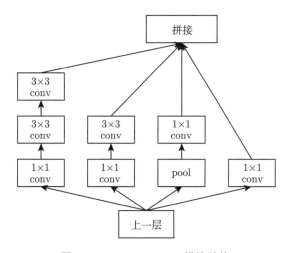

图 3.19　BN-Inception 模块结构

3. Inception-v3

Inception-v1（GoogLeNet）将部分 7×7 卷积和 5×5 卷积拆分为多个连续的 3×3 卷积。延续这个思想，Inception-v3[59] 将卷积核进一步变小，将对称的 $n \times n$ 卷积拆分为两个非对称的卷积，$1 \times n$ 卷积和 $n \times 1$ 卷积。例如，将 3×3 卷积拆分为 1×3 卷积和 3×1 卷积，从而把参数的数量从 9 个减为 6 个。这种非对称的拆分方式，可以增加特征的多样性。因此，形成了图 3.20 中的 3 种新的 Inception 模块结构。

将图 3.20 中的 3 种 Inception 模块组合起来，把 GoogLeNet 中第一层 7×7 卷积拆分为 3 层 3×3 卷积，对所有卷积层和辅助分类网络的全连接层做 BN，就形成了 Inception-v3 的网络结构，如表 3.5 所示。该网络进一步提高了分类的准确率。

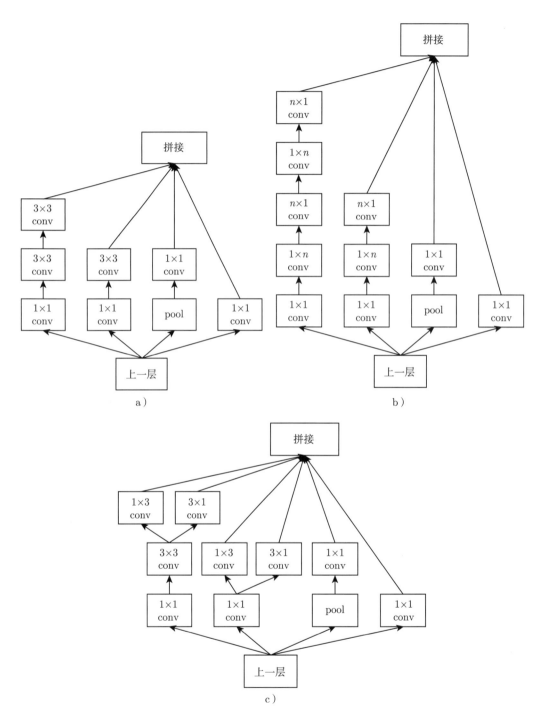

图 3.20　Inception-v3 中的 3 种模块结构[59]

表 3.5 Inception-v3 网络结构[59]

层类型	窗口尺寸/步长或说明	输入尺寸
conv	$3 \times 3/2$	$299 \times 299 \times 3$
conv	$3 \times 3/1$	$149 \times 149 \times 32$
conv padded	$3 \times 3/1$	$147 \times 147 \times 32$
pool	$3 \times 3/2$	$147 \times 147 \times 64$
conv	$3 \times 3/1$	$73 \times 73 \times 64$
conv	$3 \times 3/2$	$71 \times 71 \times 80$
conv	$3 \times 3/1$	$35 \times 35 \times 192$
$3 \times$Inception	如图 3.20a 所示	$35 \times 35 \times 288$
$5 \times$Inception	如图 3.20b 所示	$17 \times 17 \times 768$
$2 \times$Inception	如图 3.20c 所示	$8 \times 8 \times 1280$
pool	$8 \times 8/1$	$8 \times 8 \times 2048$
FC		$1 \times 1 \times 2048$
softmax	分类器	$1 \times 1 \times 1000$

Inception 系列的主要创新包括：

（1）使用 BN，减少梯度消失或爆炸，加速深度神经网络训练。

（2）进一步减小卷积核的大小，减少卷积核的参数数量。从 AlexNet 的 11×11 卷积，到 VGG 的 3×3 卷积，到 Inception-v3 的 1×3 卷积和 3×1 卷积。

（3）加入辅助分类网络，可以提前反向传播调整参数，减少梯度消失，解决了多层神经网络训练的问题。

3.1.2.4 ResNet

沿着 AlexNet、VGG 和 GoogLeNet 的脉络发展下来，我们可以看到一个明显的趋势，就是研究者不断尝试各种技术，以加深神经网络的层数。从 8 层的 AlexNet，到 19 层的 VGG，再到 22 层的 GoogLeNet，可以说，技术一直在进步。但是在突破神经网络深度问题上真正最具颠覆性的技术还是来自 ResNet（Residual Network，残差网络）。它不仅在 2015 年的 ImageNet 比赛中分类准确率远高于其他算法，更重要的是，自 ResNet 提出之后，神经网络层数就基本没有上限了。今天，虽然已经有一些更新、更深、更准的神经网络出现，但是它们一般都继承了 ResNet 的思想。

ResNet 要解决的问题很简单，继续堆叠卷积层能否形成更深、更准的神经网络？为了回答这个问题，ResNet 的作者何恺明等人曾经分别用 20 层和 56 层的常规卷积神经网络在 CIFAR-10 数据集上进行训练和测试。如图 3.21 所示，实验结果表明 56 层的 CNN 的训练和测试误差都高于 20 层的 CNN[42]。

为什么随着层数增加，误差会变大？有人认为是因为梯度消失。但是，何恺明等人在上述实验中已经使用了 BN，可以缓解梯度消失，至少梯度不会完全消失。因此，何恺明等人认为，深层神经网络准确率降低是因为层数增加导致的神经网络的退化[42]。也就是说，神经网络层数增加越多，训练时越容易收敛到一些局部最优的极值点上，而不是全局最优点，导致误差比较大。

为了避免神经网络退化，ResNet 采用了一种不同于常规卷积神经网络的基础结构。常规的卷积神经网络，对输入做卷积运算得到输出，等同于用多项式拟合输出并使输出与图像识别的结果一致。但 ResNet 的基本单元如图 3.22b 所示，增加了从输入到输出的直连（shortcut connection），其卷积拟合的是输出与输入的差（即残差）。由于输入和输出都做了 BN，都符合正态分布，因此输入和输出可以做减法，如图 3.22b 中 $F(\boldsymbol{x}) := H(\boldsymbol{x}) - \boldsymbol{x}$。而且从卷积和 BN 后得到的每层的输出响应的均方差来看，残差网络的响应小于常规网络[42]。残差网络的优点是对数据波动更灵敏，更容易求得最优解，因此能够改善深层网络的训练。

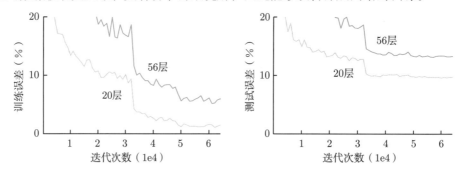

图 3.21   20 层和 56 层卷积神经网络在 CIFAR-10 数据集上的训练和测试准确率[42]

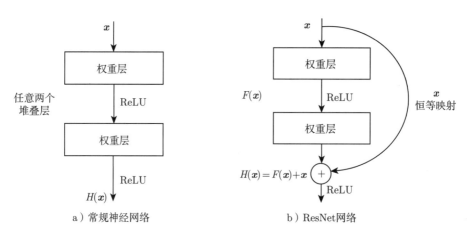

a）常规神经网络   b）ResNet网络

图 3.22   网络结构对比

ResNet 的基本单元（基本块）的处理过程为：输入 $\boldsymbol{x}$ 经过一个卷积层，再做 ReLU，然后经过另一个卷积层得到 $F(\boldsymbol{x})$，再加上 $\boldsymbol{x}$ 得到输出 $H(\boldsymbol{x}) = \boldsymbol{x} + F(\boldsymbol{x})$，然后做 ReLU 得到基本块的最终输出 $\boldsymbol{y}$。当输入 $\boldsymbol{x}$ 的维度与卷积输出 $F(\boldsymbol{x})$ 的维度不同时，需要先对 $\boldsymbol{x}$ 做恒等变换使二者维度一致，然后再加和。

如图 3.23 所示，ResNet 网络结构是基于 VGG19 的网络结构发展而来的。首先，把

VGG 中对应的 3×3 卷积层拆出来，变成对应的残差模块，这些残差模块由 2 个 3×3 卷积层组成。其次，特征图的缩小用步长为 2 的卷积层来完成。如果特征图的尺寸减半，则特征图的数量翻倍；如果特征图的尺寸不变，则特征图的数量也不变。再次，增加了跳转层。跳转层中有实线和虚线，实线表示特征图的尺寸和数量不变，虚线表示特征图的尺寸减半而数量翻倍。

当特征图数量翻倍时（虚线连接），对于输入到输出的直连有两种处理方式：一种是做恒定映射，增加的维度的特征填充 0；另一种是用 1×1 卷积进行特征图数量翻倍，该方式会引入额外的卷积参数。这两种方式处理时的步长都为 2，以满足特征图尺寸减半。

此外，每层卷积之后、激活函数之前做 BN，一方面使得残差模块的输入和输出在同一值域，另一方面缓解梯度消失。

通过上述创新，ResNet 在 2015 年 ImageNet 大赛中取得了最低的 Top-5 错误率（3.57%），远低于 GoogLeNet 的 Top-5 错误率（6.7%）。在 ResNet 之后，很多研究者通过提高神经网络层数进一步提高图像分类的准确率，但是这些工作都是建立在 ResNet 独特的残差网络基础之上。ResNet 中提出的残差连接设计可以有效地加深神经网络的深度，不会使较深的神经网络出现难以优化的问题。因此，残差连接的设计也被广泛应用于之后的深度神经网络设计中。例如，3.3.3 节介绍的 Transformer 的结构中也使用了残差连接。

3.1.2.5 小结

应用于图像分类的卷积神经网络在计算机视觉领域具有非常大的影响力，因为这些网络可以作为对图像进行特征学习的骨干网络（backbone）被应用于多种图像处理任务中，如目标检测、图像语义分割、人体关键点检测、动作识别等。本节中介绍的 AlexNet、VGG、Inception 系列和 ResNet 等代表性卷积神经网络都被广泛应用于多种图像处理任务中。在 ResNet 被提出后，研究人员在其基础上进一步设计了规模更大、层数更深、分类准确率更高的卷积神经网络。例如，DenseNet[61] 将残差连接设计改进为稠密连接，进一步提高分类准确率；ResNeXt[62] 通过结合 ResNet 和 Inception 的思想设计了分组卷积（group convolution），可以在与 ResNet 同等参数量的情况下取得更高的分类准确率；MobileNet 系列[63-65] 通过设计深度可分离卷积（depthwise separable convolution）实现卷积神经网络的轻量化设计；ShuffleNet 系列[66-67] 通过设计通道重排（channel shuffle）增强深度可分离卷积的通道间信息交互，提升轻量级卷积神经网络的性能；EfficientNet[68] 通过同时增加网络的深度、宽度（通道数）和输入网络的分辨率来提升卷积神经网络的性能。在 Transformer 被提出后，基于 Transformer 的神经网络（如 ViT 和 Swin Transformer，详见 3.3.5 节）在图像分类领域也取得了令人瞩目的效果，甚至一度超过了卷积神经网络。之后，ConvNeXt[69] 从 ResNet 出发，借鉴 Swin Transformer 的设计思路，通过一系列宏观设计、模块调整、卷积核、微观设计等多种改进提升卷积神经网络的分类准确率，取得超越 Swin Transformer 的结果。

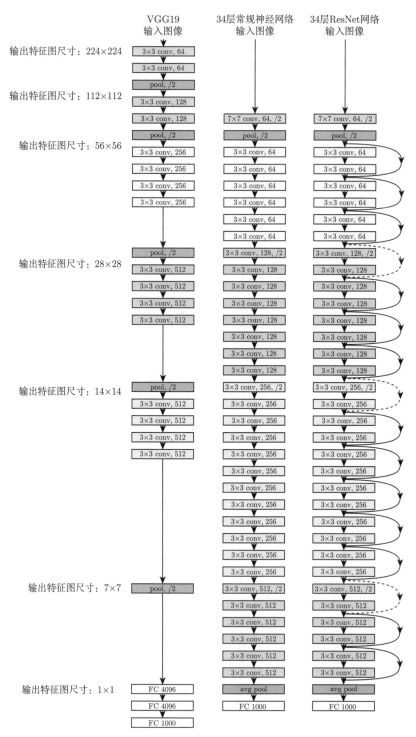

图 3.23   ResNet 网络结构[42]

3.1.3　应用于图像目标检测的卷积神经网络

在图像分类问题中，ResNet、VGG、GoogLeNet、AlexNet 等网络要识别出给定图片中的物体的类别。分类是非常有意义的基础研究问题，但在实际中难以直接发挥作用。因为实际应用中的一张图片往往有非常复杂的场景，可能包含几十甚至上百种物体，而图像分类算法处理的图片中只有一个物体。因此实际应用中，不但要把一个物体检测出来，还要框出来（定位），更进一步要把图片中所有物体都检测出来并框出来。这就是图像目标检测的使命。

目前，基于卷积神经网络的图像目标检测算法主要分为两大类：两阶段和一阶段。两阶段（two-stage）算法基于候选区域方法，首先产生边界框把所有物体框出来；然后用基于卷积神经网络的图像分类算法对每个候选区域进行分类。两阶段算法的代表是 R-CNN 系列算法。一阶段（one-stage）算法对输入图像直接处理，同时输出物体定位及其类别，即在框出来物体的同时对物体进行分类，主要包括 YOLO 系列以及 SSD 算法。

本节首先介绍图像目标检测算法的评价指标，然后介绍三种图像目标检测算法，包括 R-CNN 系列、YOLO 系列以及 SSD 算法。

3.1.3.1　数据集和评价指标

常用的目标检测数据集包括 PASCAL VOC[70] 和 MSCOCO[71]。PASCAL VOC[70] 是 PASCAL 视觉目标分类挑战赛所使用的数据集，有 VOC2007 和 VOC2012 两个版本，包含 20 个类别的标注。其中 VOC2007 中包含 9963 张标注过的图片，共标注出 24 640 个物体，VOC2012 有 11 540 张标注图片共 27 450 个物体。PASCAL VOC 是目标检测领域经典的基准数据集，但随着目标检测网络的规模不断扩大，能力不断增强，PASCAL VOC 的规模和类别数量制约了评测更强目标检测网络的能力。因此微软建立了规模更大的目标检测数据集 MSCOCO[71]。目前目标检测领域常用的版本是 COCO2017，包含 80 个类别，训练集和验证集共包含约 12 万张图像。平均每张图片中包含 7 个物体，一张图片中最多可能包含 63 个物体，且图片中物体的尺寸跨度较大，对目标检测带来极大的挑战。

目标检测领域常用的评价指标是 mAP，需要通过计算输出结果的边界框与实际框的交并比（IoU），绘制查准率–召回率曲线计算。下面介绍具体的评价指标计算方式。

1. IoU

假设输入图像中只有一个物体，那么当我们对这个物体进行定位时，输出的结果应该是这个物体的长方形边界框（bounding box）。图 3.24 中狗的实际位置是方形框 B（面积记为 B），如果定位不准可能就是方形框 A（面积记为 A）。判断只有一个物体的图像定位的准确性，通常用交并比（Intersection over Union，IoU）作为评价指标。IoU 就是用 A 和 B 相交集，除以 A 和 B 的并集：

$$IoU = \frac{A \cap B}{A \cup B} \tag{3.7}$$

如果定位准确，方形框 A 和 B 完全重叠，则 IoU = 1。如果完全定位不到，方形框 A 和 B 完全没有重叠，则 IoU = 0。如果定位到一部分，方形框 A 和 B 有一定重叠，则 IoU ∈ (0,1)。通常如果 IoU ⩾ 0.5，则认为定位比较准确。具体标准也可以根据具体场景进行分析。

2. mAP

物体检测时，如果输入图像中有很多物体，就需要框出很多框，有些框可能准确地框住了一个物体，有些框里可能什么物体都没有，有些框可能框错物体。如果一个框框住了物体（即 IoU 大于一定阈值，如 0.5）而且分类正确，则认为该处物体检测准确。图像测试集中所有物体检测的准确性，通常用 mAP（mean Average Precision，平均查准率均值）来衡量。

图 3.24　IoU

以一张图片的物体检测为例，检测算法可能框出 $N = 1000$ 个框，其中检测出物体 A 的框（即 IoU 大于一定阈值）有 $k = 50$ 个，而该图片中实际上有 $M = 100$ 个物体 A。根据表 3.6 中分类结果的定义，该例子中真正例 TP = k = 50，总正例为 TP + FN = M = 100，所有预测结果为 TP + FP = N = 1000。那么这次检测的误差可以用以下 2 个指标来衡量：

表 3.6　分类结果

测试结果	实际情况	
	正例（Positive）	反例（Negative）
正例（Positive）	真正例（True Positive, TP）	假正例（False Positive, FP）
反例（Negative）	假反例（False Negative, FN）	真反例（True Negative，TN）

召回率/查全率（Recall）：选出的 N 个样本中，选对的 k 个正样本占总的 M 个正样本的比例，即

$$\text{Recall} = k/M = \text{TP}/(\text{TP} + \text{FN}) \tag{3.8}$$

查准率/精度（Precision）：选出的 N 个样本中，选对的 k 个正样本的比例，即

$$\text{Precision} = k/N = \text{TP}/(\text{TP} + \text{FP}) \tag{3.9}$$

上面的例子中，物体 A 的召回率是 $\text{Recall}_A = 50/100 = 0.5$，查准率为 $\text{Precision}_A = 50/1000 = 0.05$。显然通过增加框，比如增加 100 万个框，可以提高召回率，但会降低查准率。

为了能够用一个指标来衡量测试集中不同类别的分类误差，同时既体现召回率，又体现查准率，就需要用到平均查准率[⊖]（Average Precision，AP）。假设一个图像目标检测任务，有 100 张图像作为测试集，共 5 种类别，其中有 25 个事先人为标记为类别 A 的框。假设算法在 100 张测试图像中共检测出 20 个分类为 A 的候选框，各候选框的置信度（confidence score）及其标签如表 3.7 中左表所示。其中置信度用 IoU 来度量，如果框的标签为 0 则表示框内没有物体，标签为 1 则表示框内有物体。

平均查准率 AP 的计算过程如下：

表 3.7　分类示例：左表是分类结果，右表是排序后的结果

编号	置信度	标签
1	0.35	0
2	0.15	0
3	0.92	1
4	0.03	0
5	0.24	1
6	0.10	0
7	0.78	1
8	0.01	0
9	0.47	0
10	0.09	1
11	0.69	0
12	0.43	0
13	0.26	0
14	0.35	1
15	0.11	0
16	0.07	0
17	0.45	0
18	0.16	1
19	0.32	0
20	0.52	1

编号	置信度	标签	召回率 r	查准率	$\forall \tilde{r} \geqslant r$ 时的查准率
3	0.92	1	1/25	1	1
7	0.78	1	2/25	1	1
11	0.69	0		2/3	
20	0.52	1	3/25	3/4	3/4
9	0.47	0		3/5	
17	0.45	0		3/6	
12	0.43	0		3/7	
1	0.35	0		3/8	
14	0.35	1	4/25	4/9	
19	0.32	0		4/10	
13	0.26	0		4/11	
5	0.24	1	5/25	5/12	6/13
18	0.16	1	6/25	6/13	6/13
2	0.15	0		6/14	
15	0.11	0		6/15	
6	0.10	0		6/16	
10	0.09	1	7/25	7/17	7/17
16	0.07	0		7/18	
4	0.03	0		7/19	
8	0.01	0		7/20	

首先，根据置信度排序，得到表 3.7 中右表的左 3 列。

其次，按照置信度降序，依次计算只有 N（$N = 1, \cdots, 20$）个正例时的 Precision 和 Recall。例如，当 $N = 4$ 时，认为只有 4 个框内（第 3、7、11、20 号框）有物体 A，实际上只有第 3、7、20 号框有物体 A，因此 Precision $= 3/4$；由于测试图像中共有 25 个物

___

⊖　很多人也称其为平均精度。

体 A，因此 Recall $= 3/25$。以此类推，可以计算得到 20 个查准率和召回率的数据如表 3.7 中右表的第 4、5 列所示，并可以绘制出查准率–召回率曲线如图 3.25 所示。

再次，根据 PASCAL Visual Object Classes Challenge 2012（PASCAL 视觉目标分类挑战赛，简称 VOC2012）[72] 中平均召回率 AP 的计算方法，对于每个召回率 r，计算任意召回率 $\tilde{r} \geqslant r$ 时的最大的查准率，作为召回率 r 对应的查准率，如表 3.7 中右表的最右列所示。

然后，计算更新后的查准率–召回率曲线的面积作为平均查准率 AP。该例子中类别 A 检测的平均查准率为

$$\mathrm{AP_A} = (1 + 1 + (3/4) + (6/13) + (6/13) + (6/13) + (7/17)) \times (1/25) = 0.1819 \quad (3.10)$$

最后，图像测试集中 C 种类别的检测的平均查准率均值 $\mathrm{mAP} = \left(\sum\limits_{c=1}^{C} \mathrm{AP}_c \right) / C$。

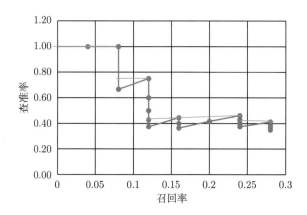

图 3.25　查准率–召回率曲线

3.1.3.2　R-CNN 系列

R-CNN（Region with CNN feature，区域卷积神经网络）系列总体上看属于两阶段类算法，在国际上具有非常大的影响力。R-CNN 系列的主要思想是，把传统的图像处理技术转变为用神经网络来处理，并尽量复用以减少计算量。这个系列的第一款算法是 R-CNN，然后演进出 Fast R-CNN，后来又演进出 Faster R-CNN。目前，Faster R-CNN 是最准确的图像目标检测算法之一。

表 3.8 总结了三种算法的主要特点及性能。R-CNN 算法[73] 结合了候选区域（region proposal）提取和 CNN 特征提取，并采用 SVM 分类和边界框回归（bounding box regression，也称为 bbox regression），在 VOC2012 数据集上，图像目标检测的 mAP 为 53.3%。Fast R-CNN 算法[74] 提出了 RoI Pooling 以及 softmax 分类，将图像目标检测的 mAP 提

升到 65.7%，检测速度比 R-CNN 快 25 倍。Faster R-CNN 算法[75] 使用 RPN（Region Proposal Network，区域候选网络）生成候选区域，将图像目标检测的 mAP 进一步提升到 67.0%，检测速度比 Fast R-CNN 提升 10 倍。

1. R-CNN

R-CNN 算法是 R-CNN 系列的基础，其处理流程比较复杂。如图 3.26 所示，R-CNN 主要包括四个步骤：

表 3.8 R-CNN 系列

网络	主要特点	mAP（VOC2012）	单帧检测时间/秒
R-CNN[73]	结合候选区域提取和 CNN 特征提取，SVM 分类，边界框回归	53.3%	50
Fast R-CNN[74]	提出 RoI Pooling，使用 softmax 分类	65.7%	2
Faster R-CNN[75]	使用 RPN 生成候选区域	67.0%	0.2

注：表中数据来源于论文[73][75] 在 VOC2012 测试集上的实验结果。

（1）候选区域提取：通过选择性搜索（selective search）从原始图像中提取约 2000 个候选区域。

（2）特征提取：首先将所有候选区域裁切缩放为固定大小，再对每个候选区域用 AlexNet（其中的 5 个卷积层和 2 个全连接层）提取出 4096 维的图像特征，也可以用 ResNet、VGG 等网络。

（3）线性分类：用特定类别的 SVM（Supported Vector Machine，支持向量机）对每个候选区域做分类。

（4）边界框回归：用线性回归来修正边界框的位置与大小，其中每个类别单独训练一个边界框回归器（bbox regressor）。

通过上述方式，可以把图 3.26 中的物体用候选框提取出来，包括一个人、一匹马、一面墙等。

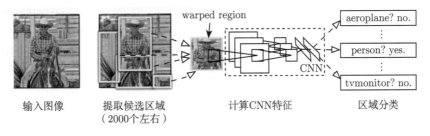

warped region

aeroplane? no.

person? yes.

tvmonitor? no.

CNN

输入图像　　提取候选区域　　　　计算CNN特征　　　　区域分类
　　　　　　（2000个左右）

图 3.26 R-CNN 算法流程[73]

R-CNN 算法中只有第三步与神经网络有关。第一步用选择性搜索方法提取约 2000 个候选区域，第二步用图像缩放算法，第四步用 SVM 分类做图像识别、线性回归微调边框，这些都是传统机器学习和计算机视觉的方法。

候选区域的选取。候选区域提取通常是采用经典的目标检测算法，使用滑动窗口依次判断所有可能的区域。R-CNN 对候选区域选取做了优化，采用选择性搜索[76] 预先提取一系列比较有可能是物体的候选区域，之后仅在这些候选区域上提取特征，从而可以大大减少计算量。

基于选择性搜索[76] 的候选区域提取算法主要使用层次化分组算法生成不同图像条件下的目标位置。层次化分组算法，首先用基于图的图像分割方法创建初始区域，并将其加入候选区域列表中；再计算所有相邻区域间的相似度；随后，每次合并相似度最高的两个相邻图像区域，计算合并后的区域与其相邻区域的相似度，将合并后的图像区域加到候选区域列表中，重复该过程直至所有图像区域合并为一张完整的图像；然后，提取候选区域的目标位置框，并按层级排序（覆盖整个图像的区域的层级为 1）。

为了找到不同图像条件下的候选区域，要在不同图像分割阈值、不同色彩空间、不同相似度（综合考虑颜色、纹理、大小、重叠度）下，调用层次化分组算法，然后对所有合并策略下得到的位置框按照优先级排序，去掉冗余框。其中，为了避免按照区域大小排序，优先级采用层级乘以随机数的方式。最后，R-CNN 取约 2000 个候选区域作为后续卷积神经网络的输入。

分类与回归。分类与回归的处理过程如图 3.27 所示。首先，对候选区域进行分类，每个类别有一个 SVM 分类器，将 2000 个候选区域中的物体（包括背景）都通过 21 个分类器进行分类处理，判断每个候选区域最可能的分类，例如人、车、马等。然后，做 NMS（Non-Maximum Suppression，非极大值抑制）去掉一些冗余框。例如同一个物体可能有不同的框，需要去掉一些冗余框，仅保留一个框。最后做边界框回归，通过线性回归进行候选框的微调校准，以比较准地框出物体，最终提高物体检测的 mAP。

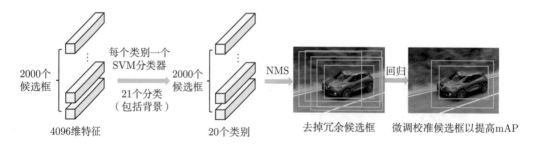

图 3.27　R-CNN 算法中分类与回归

上述过程中最重要的环节之一是非极大值抑制。在目标检测过程中，会形成 2000 个左右的候选框，同一物体位置（比如图 3.27 中的车）可能会有多个候选框，这些候选框之间会有重叠，就需要利用 NMS 找到较优的目标边界框，去除冗余的边界框。每个类别都要做一次 NMS，以得到最终候选框的输出列表[⊖]。

对单个类别的 NMS 的处理步骤包括：

（1）根据检测得分对候选框进行排序作为候选框列表。

（2）将分数最高的候选框 b_m 加到最终输出列表中，并将其从候选框列表中删除。

（3）计算 b_m 与其他候选框 b_i 的 IoU，如果 IoU 大于阈值，则从候选框列表中删除 b_i。

（4）重复上述步骤，直至候选框列表为空。

R-CNN 存在以下几个主要缺点：

（1）重复计算。2000 个候选框都需要做卷积神经网络处理，计算量很大，并且其中有很多重复计算。例如图 3.27 中的车有 3 个候选框，这 3 个框都需要做卷积神经网络处理进行特征提取，但这 3 个候选框之间可能有 80% 以上都是重叠的，显然存在很多重复计算。

（2）SVM 分类。在标注数据足够多的时候，卷积神经网络做图像分类要比 SVM 更准确。

（3）训练测试分为多个步骤。候选区域提取、特征提取、分类、回归都要独立训练，计算过程中有很多中间数据需要单独保存。从计算机体系结构的角度看，需要反复将数据写到内存里再读回来，效率非常低。

（4）检测速度慢。重复计算和分为多个步骤，导致 R-CNN 检测速度非常慢。在当时最先进的 GPU 英伟达 K40 上，处理一张图片需要 13 秒，在 CPU 上需要 53 秒[73]。这导致 R-CNN 在视频分析应用中远远做不到实时处理（每秒 25 帧）。

2. Fast R-CNN

为了提升图像目标检测速度，Ross Girshick 提出了 Fast R-CNN[74]，该算法不仅提高了处理速度，还提高了检测的 mAP。Fast R-CNN 的框架如图 3.28 所示，其主要处理过程大致如下所述。

首先，Fast R-CNN 仍采用 R-CNN 中的候选区域提取方法，从原始图像中提取约 2000 个候选区域。

其次，原始图像输入到卷积神经网络（只用多个卷积层和池化层）得到特征图，Fast R-CNN 只需要统一做一次卷积神经网络处理，而不需要像 R-CNN 那样做 2000 次。

随后，提出了 RoI pooling（Region of Interest pooling，感兴趣区域池化），根据映射关系，从卷积特征图上提取出不同尺寸的候选区域对应的特征图，并池化为维度相同的特征图（因为全连接层要求输入尺寸固定）。由于 Fast R-CNN 只做一次卷积神经网络处理，大幅减少了计算量，提高了处理速度。

然后，将维度相同的特征图送到全连接层，转化为 RoI 特征向量（RoI feature vector）。

最后经过全连接层，用 softmax 分类器进行识别，用边界框回归器修正边界框的位置和大小，再对每个类别做 NMS，去除冗余候选框。

Fast R-CNN 最本质的变化是，将需要运行 2000 次的卷积神经网络，变成运行一个大的卷积神经网络。

感兴趣区域（Region of Interest，RoI）对应提取出来的候选区域。RoI pooling 可以将不同尺寸的 RoI 对应的卷积特征图转换为固定大小的特征图（如 7×7），一方面可以复用卷积层提取的特征图以提高图像处理速度，另一方面可以向全连接层提供固定尺寸的特征图。对于每个特征图通道，RoI pooling 根据输出尺寸 $W_o \times H_o$ 将输入特征图 $W_i \times H_i$ 均分为多块，每个块大小约为 $W_i/W_o \times H_i/H_o$，然后取每块的最大值作为输出值。

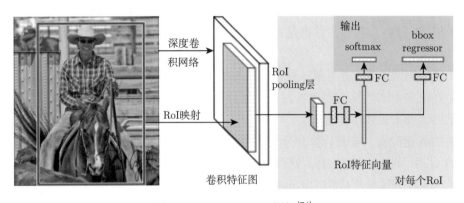

图 3.28   Fast R-CNN 框架[74]

Fast R-CNN 的主要改进包括：

（1）直接对整个图像做卷积，不再对每个候选区域分别做卷积，减少了大量重复计算。

（2）用 RoI pooling 对不同候选区域的特征图进行尺寸归一化，使不同尺寸的候选区域对应到固定尺寸的特征图。

（3）将边界框回归器和网络一起训练，每个类别对应一个回归器。

（4）用 softmax 层代替 SVM 分类器，从而将 R-CNN 中很多小的神经网络变成一个大的神经网络。

但是，Fast R-CNN 中仍然使用了很多传统计算机视觉的技术。尤其是候选区域提取仍使用选择性搜索，而目标检测时间大多消耗在候选区域提取上，即提取 2000 个候选框。在英伟达 K40 GPU 上，基于 VGG16 的 Fast R-CNN 在候选区域提取上耗时 3.2 秒[75]，而其他部分总共花 0.32 秒。因此，当 2000 个卷积神经网络变成一个大的神经网络之后，候选区域提取就成了 Fast R-CNN 的瓶颈。

3. Faster R-CNN

为了解决 Fast R-CNN 中候选区域提取的瓶颈，Faster R-CNN[75] 设计了更高效的候选区域提取方法——区域候选网络（Region Proposal Network，RPN），把候选区域提取也用神经网络来实现，从而进一步提升了图像目标检测的速度。

Faster R-CNN 将 RPN 和 Fast R-CNN 结合起来，如图 3.29a 所示，其主要处理过程大致如下。

（1）输入图片经过多层卷积神经网络（如 ZF[36] 和 VGG-16 的卷积层），提取出卷积特征图，供 RPN 和 Fast R-CNN 中的 RoI pooling 使用。RPN 和 Fast R-CNN 共享特征提取网络可大大减少计算时间。

（2）RPN 对特征图进行处理，生成候选框，用 softmax 判断候选框是前景还是背景（对应图 3.29a 中的 cls 层），从中选取前景候选框并利用 bbox 回归器调整候选框的位置（对应图 3.29a 中的 reg 层），得到候选区域。

（3）RoI pooling 层，与 Fast R-CNN 一样，将不同尺寸的候选框在特征图上的对应区域池化为维度相同的特征图。

（4）与 Fast R-CNN 一样，用 softmax 分类器判断图像类别，同时用边界框回归器修正边界框的位置和大小。

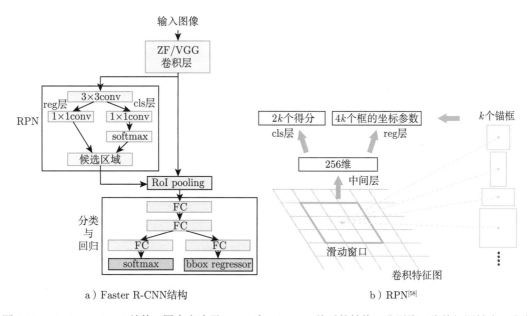

a）Faster R-CNN结构　　　　　　　　　　b）RPN[58]

图 3.29　Faster R-CNN 结构，图中省略了 RPN 中 softmax 前后的转换（分别将二维特征图转为一维向量、将一维向量转为二维特征图）

Faster R-CNN 的核心是 RPN。RPN 的输入是特征图，输出是候选区域集合，包括各候选区域属于前景或背景的概率以及位置坐标，并且不限定候选区域的个数。RPN 中采用一种 anchor 机制，能够从特征图上直接选出候选区域的特征，相对于选择性搜索，大大减少了计算量，且整个过程融合在一个神经网络里面，方便训练和测试。RPN 的具体计算过程大致如下。

（1）先经过一个 3×3 卷积，使每个卷积窗口输出一个 256 维（ZF 模型）或 512 维（VGG16）特征向量。

（2）然后分两路处理：一路经过 1×1 卷积之后做 softmax 处理，输出候选框为前景或背景的概率；另一路做边界框回归来确定候选框的位置及大小。

（3）两路计算结束后，计算得到前景候选框（因为物体在前景中），再用 NMS 去除冗余候选框，最后输出候选区域。

Faster R-CNN 没有限定候选框的个数（如 2000 个），而是提出了 anchor box（锚框），如图 3.30 所示。特征图的每个位置可以有 $k = 9$ 个可能的候选框，包括 3 种面积和 3 种长宽比。3 种面积可以是 128×128、256×256、512×512，每种面积又分成 3 种长宽比，分别为 $2:1$、$1:2$、$1:1$，总计 9 个不同的候选框，这些候选框也被称为 anchor。在 RPN 中，特征图的每个位置会输出 $2k$ 个得分，分别表示该位置的 k 个 anchor 为前景/背景的概率，同时每个位置会输出 $4k$ 个坐标值，分别表示该位置的 k 个框的中心坐标 (x, y) 及其宽度 w 和高度 h，这些值都是用神经网络计算出来的。

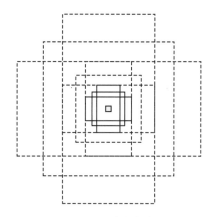

图 3.30 Faster R-CNN 中的锚框（anchor box）

4. 总结

R-CNN 中多个环节采用了非神经网络的技术。而生物的视觉通道用一套生物神经网络就可以检测所有物体。因此，理论上图像检测中所有环节都可以转换为神经网络来实现。通过 Fast R-CNN 和 Faster R-CNN 的逐步努力，这个目标应该说基本实现了。Fast R-CNN 用 softmax 层取代了 R-CNN 中的 SVM 分类器，Faster R-CNN 用 RPN 取代了选择性搜索。从 R-CNN 到 Fast R-CNN，再到 Faster R-CNN，目标检测的四个基本步骤（候选区域提取、特征提取、分类、边界框回归）中的很多传统的计算机视觉的技术逐渐被统一到深度学习框架中，大大提高了运行速度。R-CNN 系列工作是两阶段目标检测算法的代表性工作，后续的两阶段目标检测算法大多是基于 Faster R-CNN 的改进。例如，Light-Head R-CNN[78] 通过设计轻量化的特征提取网络提高检测效率；FPN[79] 通过在 RPN 中添加特征金字塔（feature pyramid）实现多尺度特征融合，从而提升算法对不同尺寸目标检测的 mAP；Mask R-CNN[80] 通过添加额外的目标掩码（object mask）分支，并将 RoI pooling 改进为更加精确的感兴趣区域对齐（RoI align）操作，进一步提升目标检测的 mAP；Soft NMS[77] 通过改进 NMS 提升候选框的准确度。以 R-CNN 系列工作为代表的两阶段目标检测算法通常检测 mAP 较高，但是检测速度较慢，不利于其在视频监控、自动驾驶等实际场景的使用。相比之下，一阶段的目标检测算法虽然检测 mAP 低于两阶段算法，但检测速度较快，更加容易满足实际应用中的实时性要求。

3.1.3.3 YOLO

前面介绍的 R-CNN 系列是两阶段算法，先产生候选区域再进行 CNN 分类。而 YOLO（You Only Look Once）开创了一阶段检测算法的先河，将目标分类和定位用一个神经网络统一起来，实现了端到端的目标检测。如图 3.31 所示，YOLO 的主要思想是，把目标检测问题转换为直接从图像中提取边界框和类别概率的单回归问题，一次就可检测出目标的类别和位置[81]。因此，YOLO 模型的运行速度非常快，在一些 GPU 上可以达到 45 帧/秒的运算速度，可以满足实时性应用要求。

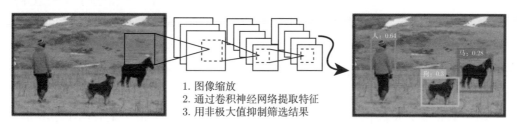

图 3.31 YOLO 检测系统[81]

1. 统一检测

YOLO 模型如图 3.32 所示，其做统一检测（unified detection）的过程大致如下。

首先把输入图像分成 $S \times S$ 个小格子。每个格子预测 B 个边界框，每个边界框用五个预测值表示：x、y、w、h 和 confidence（置信度）。其中 (x, y) 是边界框的中心坐标，w 和 h 是边界框的宽度和高度，这四个值都被归一化到 $[0,1]$ 区间，以便于训练。confidence 综合考虑当前边界框中存在目标的可能性 $\mathrm{Pr(Object)}$ 以及预测框和真实框的交并比 $\mathrm{IoU}_{\mathrm{pred}}^{\mathrm{truth}}$，定义为[81]

$$\text{confidence} = \mathrm{Pr(Object)} \times \mathrm{IoU}_{\mathrm{pred}}^{\mathrm{truth}}, \quad \mathrm{Pr(Object)} = \begin{cases} 1, & \text{目标在该格子中} \\ 0, & \text{目标不在该格子中} \end{cases} \tag{3.11}$$

如果一个框内没有物体，则 confidence=0，否则 confidence 等于交并比。在训练时，可以计算出每一个框的 confidence。

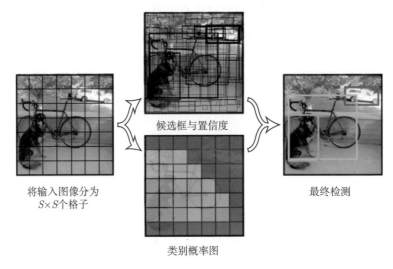

候选框与置信度

将输入图像分为
$S \times S$个格子

类别概率图

最终检测

图 3.32　YOLO 模型[81]

然后，预测每个格子分别属于每一种目标类别的条件概率 $\mathrm{Pr}(\mathrm{Class}_i|\mathrm{Object})$，$i = 0$，$1, \cdots, C$，其中 C 是数据集中目标类别的数量。在测试时，属于某个格子的 B 个边界框共享 C 个类别的条件概率，每个边界框属于某个目标类别的置信度（类别置信度）为[81]：

$$\mathrm{confidence} = \mathrm{Pr}(\mathrm{Class}_i|\mathrm{Object}) \times \mathrm{Pr}(\mathrm{Object}) \times \mathrm{IoU}_{\mathrm{pred}}^{\mathrm{truth}} = \mathrm{Pr}(\mathrm{Class}_i) \times \mathrm{IoU}_{\mathrm{pred}}^{\mathrm{truth}}$$

最后，输出一个张量（tensor），其维度为 $S \times S \times (B \times 5 + C)$。YOLO 使用 PASCAL VOC 检测数据集，将图像分为 $7 \times 7 = 49$ 个小格子，每个格子里有两个边界框，即 $S = 7, B = 2$。因为 VOC 数据集中有 20 种类别，所以 $C = 20$。最终的预测结果是一个 $7 \times 7 \times 30$ 的张量。

2. 网络结构

YOLO 借鉴了 GoogLeNet 的设计思想，其网络结构如图 3.33 所示，包括 24 个卷积层和 2 个全连接层。YOLO 没有使用 Inception 模块，而是直接用 1×1 卷积层及随后的 3×3 卷积层。YOLO 的输出是 $7 \times 7 \times 30$ 的张量。YOLO 使用 Leaky ReLU 作为激活函数：

$$f(x) = \begin{cases} x, & x > 0 \\ 0.1x, & \text{其他} \end{cases} \tag{3.12}$$

3. 总结

YOLO 使用统一检测模型，相对于传统目标检测，它有几个显著优点：

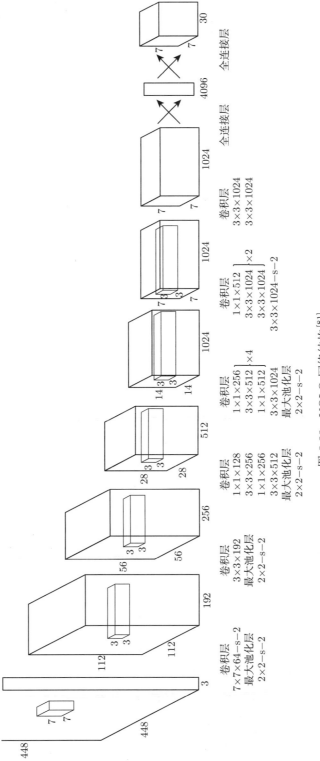

图 3.33　YOLO 网络结构[81]

（1）检测速度非常快。YOLO 将目标检测重建为单一回归问题，对输入图像直接处理，同时输出边界框坐标和分类概率，而且每幅图像只预测 98 个边界框。因此 YOLO 的检测速度非常快，在 Titan X GPU 上能达到 45 帧/秒，Fast YOLO 的检测速度可以达到 155 帧/秒[81]。

（2）背景误判少。以往基于滑动窗口或候选区域提取的目标检测算法，只能看到图像的局部信息，会把图像背景误认为目标。而 YOLO 在训练和测试时每个格子都可以看到全局信息，因此不容易把图像背景预测为目标。

（3）泛化性更好。YOLO 能够学习到目标的泛化表示，能够迁移到其他领域。例如，当 YOLO 在自然图像上做训练，在艺术品上做测试时，其性能远优于 DPM、R-CNN 等。

YOLO 目标检测速度很快，但 mAP 不是很高，主要是因为以下方面：

（1）每个格子只能预测两个边界框和一种目标的分类。YOLO 将一幅图像均分为 49 个格子，如果多个物体的中心在同一单元格内，一个单元格内只能预测出一个类别的物体，就会丢掉其他的物体。

（2）损失函数的设计过于简单。边界框的坐标和分类表征的内容不同，但 YOLO 都用其均方误差作为损失函数。

（3）YOLO 直接预测边界框的坐标位置，模型不易训练。

针对 YOLO 中存在的问题，出现了很多改进版。YOLOv2[82] 借鉴了 Faster R-CNN 中锚框的思想，同时改进网络结构，形成了 Darknet-19 网络，此外还用卷积层替换了 YOLO 中的全连接层，大幅减少了参数量，提高了目标检测的 mAP 及速度。YOLOv3[83] 采用了多尺度预测，同时借鉴 ResNet 的思想形成了一个 53 层的 Darknet-53 网络，并使用多标签分类器代替 softmax 等技术，进一步提高了目标检测的 mAP。YOLOv4[84] 在特征融合阶段使用了多尺度结构，同时引入了深度学习领域多种技巧提升效果，包括加权的残差连接、跨阶段的部分连接、跨批量标准化、自对抗训练、Mish 激活函数等。YOLOv5[85] 通过增加高质量正样本 anchor 加快收敛，同时整合了大量深度学习领域的技巧，有效提升 YOLO 系列工作的灵活度与速度，便于使用和部署。此后，YOLO 系列又推出了 Scaled-YOLOv4[86]、YOLOR[87]、YOLOX[88]、YOLOv6[89]，YOLOv7[90]，YOLOv8[91] 等工作，由于篇幅有限不再一一介绍，感兴趣的读者可以阅读相关论文[92] 了解更详细的内容。

3.1.3.4 SSD

SSD（Single Shot Detector，单次检测器）[93] 基于 YOLO 直接回归边界框和分类概率的一阶段检测算法，借鉴了 Faster R-CNN 中的锚框思想，使用了多尺度特征图检测，用一个深度神经网络就可以完成目标检测，在满足检测速度要求的同时，大幅提高了检测的 mAP。SSD 的网络结构如图 3.34 所示。

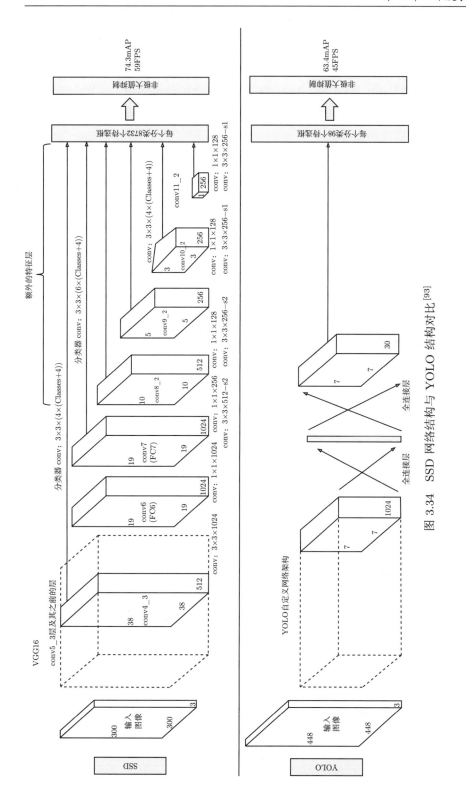

图 3.34　SSD 网络结构与 YOLO 结构对比[93]

在卷积神经网络中，一般距离输入近的卷积层的特征图比较大，后面逐渐使用步长为 2 的卷积或池化来降低特征图的尺寸。例如输入图像是 224×224，特征图的尺寸后面可能会依次变成 112×112、56×56、28×28、14×14。不同尺寸的特征图中，同样大小的框，框出的物体大小差异很大。例如在 14×14 大小的特征图上，框内的物体会非常大，相当于在很远的地方框出一个很大的物体。

SSD 的主要思想是，在不同大小的特征图上都提取默认框（default box，类似于 anchor box）做检测，以找到最合适的默认框的位置和尺寸。在比较大的特征图上检测比较小的目标，在比较小的特征图上检测比较大的目标，如图 3.35 所示。8×8 特征图上的框用来检测比较小的目标——猫，而下一层 4×4 特征图上的框用来检测比较大的目标——狗。

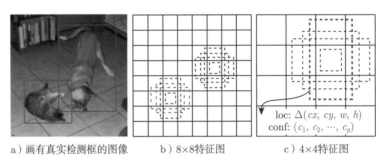

a）画有真实检测框的图像   b）8×8特征图   c）4×4特征图

图 3.35　SSD 框架[93]

SSD 使用 m 层特征图做预测，每个特征图上的每个位置有 6 个默认框。默认框包括 2 个正方形和 4 个长方形，其宽高比 $a_r \in \{1, 2, 3, 1/2, 1/3\}$。默认框在第 k 个特征图上的缩放为：

$$s_k = s_{\min} + \frac{s_{\max} - s_{\min}}{m - 1}(k - 1), \quad k \in [1, m] \tag{3.13}$$

其中，$s_{\min} = 0.2$，$s_{\max} = 0.9$，分别对应最低层和最高层的缩放。每个默认框的宽度为 $w_k^a = s_k \sqrt{a_r}$，高度为 $h_k^a = s_k / \sqrt{a_r}$。对于宽高比为 1 的情况，增加一个默认框，其缩放为 $s_k' = \sqrt{s_k s_{k+1}}$。通过上述方式，特征图上每个位置有 6 个不同大小和形状的默认框。

同时对多层特征图上的默认框计算交并比 IoU，可以找到与真实框大小及位置最接近的框，在训练时能够达到最好的 mAP。图 3.36 是在不同层的特征图上的默认框的示例[⊖]。在低层特征图上，默认框可能框到一个物体的局部，交并比很小；在高层特征图上，默认框可能框到一个物体，但框太大了，交并比也很小；在中间层特征图上，框的大小和形状最合适，交并比也是最高的。通过这些优化技术，SSD 的目标检测 mAP 相对于 YOLO 有一定的提升，也更容易训练。

　㊀　背景图片来自文献 [93]。

3.1.3.5 小结

图像目标检测算法大致分为一阶段和两阶段算法。两阶段算法提出的早一些，包括 RCNN、Fast R-CNN、Faster R-CNN 等。Faster R-CNN 之后还有很多优化算法，包括更好的特征网络、更好的 RPN、更完善的 RoI 分类、样本后处理等，形成了现在非常有名的 FPN、Mask R-CNN 等算法。一阶段算法中，YOLO 系列工作影响力较大且不断发展，目前已经发展到 YOLOv8；此外一阶段算法中的 SSD 也很有影响力，SSD 之后又有像 RSSD[94]、DSSD[95]、DSOD[96]、FSSD[97] 等工作。由于篇幅有限不再一一介绍，读者可以阅读相关文献进一步了解。总体上，不论是一阶段还是两阶段，主流图像目标检测算法现在都已经可以全部用神经网络完成。

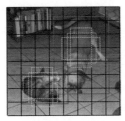  

较低层级的特征图　　　　中间层级的特征图　　　　较高层级的特征图

图 3.36　以不同层的特征图上的默认框示例，左下和右上的实线框分别是猫和狗的真实框

3.1.4 应用于图像生成的神经网络

目前主流的卷积神经网络聚焦于对图像的语义判别，即给定图像，识别图像中的语义信息，如图像中的物体类别、物体位置等，这些都是判别式任务。与判别式任务相对应的是生成式任务，即给定一些语义信息，要求模型生成相应的图像或内容。由于图像中存在大量的细节，生成生动而真实的图像是一件非常具有挑战性的任务。目前最常见的应用于图像生成的神经网络包括生成对抗网络（Generative Adversarial Net，GAN）[98] 和扩散模型（Diffusion Model）[99]。这两类模型通过学习图像的分布实现图像生成。

3.1.4.1 生成对抗网络

生成对抗网络由两个网络组成，即生成网络（也可称为生成器）和判别网络（也可称为判别器）。生成网络相当于伪装者，会找出观测数据内部的统计规律，尽可能生成能够以假乱真的样本。而判别网络相当于警察，会判断一个样本是来自真实样本集还是生成样本集。生成对抗网络的核心思想是让生成网络和判别网络互相对抗，互相提高，从而使生成网络能生成以假乱真的样本，而判别网络能准确地判断哪些是真样本，哪些是生成的样本。生成器和判别器之间的关系类似于辩论双方之间的关系：通过辩论，提升彼此的能力。⊖

⊖ 笔者认为，GAN 某种意义上继承了古希腊苏格拉底的辩证法。苏格拉底的辩证法就是通过两个人的辩论，不断揭露对方的矛盾，从而发现真理。

举个例子，生成网络先看一下真实的猫的照片，然后尝试生成很多猫的照片；判别网络会尝试判断给定的一张照片，到底是生成网络伪造的照片，还是一张真实的猫的照片。如果判别网络一下子发现是伪造的照片，生成网络就要调整策略，争取把判别网络骗过去。反之，如果判别网络判别错误，把生成网络生成出来的照片当作真正的猫的照片，就需要提高分辨的准确率。通过生成和判别的不断对抗，最后生成网络会生成出非常像真实的猫的照片，而判别网络到最后会变成火眼金睛，一下子分辨出来一张照片到底是不是真的猫的照片。生成对抗网络催生了很多有意思的互联网新应用，例如视频换脸等。

1. GAN 训练

训练过程

GAN 的训练过程如图 3.37 所示，判别网络 D 和生成网络 G 互相交替地迭代训练。

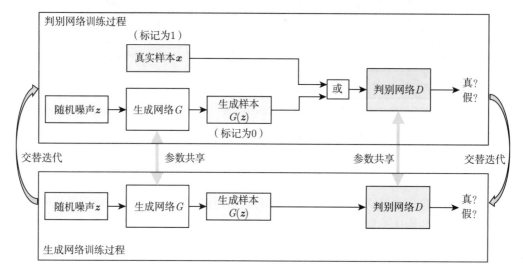

图 3.37　GAN 的训练过程

判别网络采用常规的训练方法。训练数据包括小批量的真实样本 x 和小批量的噪声 z，真实样本的标签为 1，生成网络输入噪声后生成的假样本的标签为 0。

利用这些数据训练出判别网络之后，再将判别网络用到生成网络训练过程中。生成网络训练时，它根据输入训练数据，输出假样本，并将其作为判别网络的输入。判别网络可能会被欺骗，如果被欺骗，则输出 1，否则输出 0。接着做反向传播更新生成网络的参数，判别网络的参数不变。

然后再继续交替训练判别网络和生成网络，经过多次迭代，生成网络就可以生成出非常逼真的假样本。例如，用在图像风格迁移里，就可以生成出一幅以假乱真的梵高风格的画。

代价函数

判别网络训练的目标是，输入真样本时，网络输出接近于 1；输入假样本时，网络输出接近于 0。因此，判别网络 D 的代价函数为

$$\mathcal{L}^{(D)} = -\mathbb{E}_{\boldsymbol{x} \sim p_{\text{data}(\boldsymbol{x})}}[\log(D(\boldsymbol{x}))] - \mathbb{E}_{\boldsymbol{z} \sim p_{\boldsymbol{z}}(\boldsymbol{z})}[\log(1 - D(G(\boldsymbol{z})))] \tag{3.14}$$

其中，$p_{\text{data}(\boldsymbol{x})}$ 表示真实样本 $\boldsymbol{x}$ 的分布，$p_{\boldsymbol{z}}(\boldsymbol{z})$ 表示输入噪声 $\boldsymbol{z}$ 的分布，$D(\boldsymbol{x})$ 表示 $\boldsymbol{x}$ 来自真实样本集的概率，$G(\boldsymbol{z})$ 表示生成网络输入为 $\boldsymbol{z}$ 时生成的样本，$\mathcal{L}^{(D)}$ 是交叉熵损失函数。

生成网络训练的目标是，尽可能生成假样本 $G(\boldsymbol{z})$，使得判别器的输出接近于 1。因此，生成网络 G 的代价函数为

$$\mathcal{L}^{(G)} = \mathbb{E}_{\boldsymbol{z} \sim p_{\boldsymbol{z}}(\boldsymbol{z})}[\log(1 - D(G(\boldsymbol{z})))] \tag{3.15}$$

通过最小化 $\mathcal{L}^{(G)}$ 来使判别器尽可能将生成的假样本当成真样本。

显然，$\mathcal{L}^{(G)}$ 和 $\mathcal{L}^{(D)}$ 是紧密相关的。生成对抗网络的总的代价函数可以记为

$$V(D, G) = -\mathcal{L}^{(D)} = \mathbb{E}_{\boldsymbol{x} \sim p_{\text{data}(\boldsymbol{x})}}[\log(D(\boldsymbol{x}))] + \mathbb{E}_{\boldsymbol{z} \sim p_{\boldsymbol{z}}(\boldsymbol{z})}[\log(1 - D(G(\boldsymbol{z})))] \tag{3.16}$$

生成对抗网络的训练，是极小极大博弈（minimax game）问题。这是一个零和博弈，其优化过程包括代价函数 V 内层的最大化和外层的最小化：

$$\min_{G} \max_{D} V(D, G) \tag{3.17}$$

I. Goodfellow 等[98] 证明了，当生成器固定时，最优的判别器为

$$D_G^*(\boldsymbol{x}) = p_{\text{data}}(\boldsymbol{x}) / (p_{\text{data}}(\boldsymbol{x}) + p_g(\boldsymbol{x})) \tag{3.18}$$

其中，$p_g(\boldsymbol{x})$ 表示生成器生成的数据 $\boldsymbol{x}$ 的分布。当 $p_g(\boldsymbol{x}) = p_{\text{data}}(\boldsymbol{x})$ 时，生成器是最优的。

问题与改进

在生成对抗网络的极小极大博弈中，当判别器以高置信度成功判断出生成器生成的样本为假样本时，生成器的梯度就会消失。这种情况很容易出现在训练学习的早期，由于生成器很弱，生成的伪样本和真实样本差别很大，判别器能够以高置信度识别出来，因此 $\log(1 - D(G(\boldsymbol{z})))$ 会饱和。为了解决学习早期梯度消失的问题，文献 [98] 用下面的代价函数来训练生成器：

$$\mathcal{L}^{(G)} = -\mathbb{E}_{\boldsymbol{z} \sim p_{\boldsymbol{z}}(\boldsymbol{z})}[\log(D(G(\boldsymbol{z})))] \tag{3.19}$$

通过最小化该代价函数，生成器能够最大化判别器被欺骗的概率。该方法在训练早期能够提供更强的梯度。

但上述方法又可能导致模式崩溃[100]。模式崩溃是指，生成器只生成几种模式的样本，甚至只生成一种特定模式的样本，生成样本缺乏多样性。M. Arjovsky 等[101] 证明了，当使用式 (3.19) 作生成器的代价函数时，生成器优化就变成最小化生成分布与真实分布之间的 KL 散度（Kullback-Leibler divergence），同时最大化其 JS 散度（Jensen-Shannon divergence）的问题。二者相互矛盾，会导致梯度不稳定，此外由于 KL 散度是非对称的，生成假样本的代价远高于模式减小的代价。因此生成器就会收敛到只生成几种模式的样本上，这几种样本都能以高置信度欺骗判别器。与此同时，由于生成网络只会生成几种特定模式的样本，判别网络的能力也会有局限性。

为解决模式崩溃的问题，M. Arjovsky 等[101] 提出了 Wasserstein GAN（WGAN）。WGAN 的思想是用基于 Wasserstein 距离的代价函数来取代基于 KL 散度和 JS 散度的代价函数：

$$\min_{G} \max_{D \in \mathcal{D}} \mathbb{E}_{\boldsymbol{x} \sim p_{\text{data}}(\boldsymbol{x})}[D(\boldsymbol{x})] - \mathbb{E}_{\boldsymbol{z} \sim p_{\boldsymbol{z}}(\boldsymbol{z})}[D(G(\boldsymbol{z}))] \tag{3.20}$$

其中，$\mathcal{D}$ 为 1-Lipschitz（利普希茨）连续函数的集合，判别器 D（在该论文中称为 critic）相对于传统 GAN，可以提供更加可靠的梯度信息。WGAN 的代价函数近似模拟真实分布与生成分布之间的 Wasserstein 距离。在最优化判别器基础上优化生成器可以缩小 Wassertein 距离，即拉近生成分布与真实分布。而且，相对于 KL 散度和 JS 散度，Wasserstein 距离几乎处处可微。因此，WGAN 有效解决了 GAN 模式崩溃和训练不稳定的问题。

2. GAN 结构

GAN 的提出宣告着描述分布差异的函数，从人工设计正式步入自拟合阶段。而 GAN 因其简洁的设计与优雅的风格，得到了业界的广泛关注，目前已经有上千篇相关论文[102]。最初 GAN 的设计中，判别器和生成器均使用全连接神经网络。随着卷积神经网络在图像级的分类与回归任务中的迅速发展，出现了基于卷积神经网络的 GAN 的结构，在降低了计算量的同时，有了更加良好的视觉表现。代表性工作包括 DCGAN[103]、ResGAN[104]、SRGAN[105]、StyleGAN[106]、BigGAN[107] 等。后来，Transformer 被广泛应用于视觉领域，并在大数据集上取得了更为突出的效果（相关介绍见 3.3.5 节）。为进一步提升 GAN 的潜能，TransGAN[108] 首次提出了完全基于 Transformer 实现的图像生成对抗网络，ViTGAN[109] 通过调整注意力的相似性度量，提高了 Transformer 判别器的稳定性。

在数据输入的形式方面，一个标准的单输入 GAN 网络[103] 包含一个生成器和一个判别器，其中生成器接受一个随机向量作为输入，输出一个生成图像；判别器接受一个图像输入，处理后输出该图像是真实或者生成的二分类概率。但是，单随机向量输入无法显式地控制生成画面的内容。为此，条件 GAN 的生成器和判别器中增加了类别条件作为额外输入，从而提供更好的多模态数据生成的表示，代表性工作包括 CGAN（Conditional GAN，条件 GAN）[110]、InfoGAN[111] 等。至此，GAN 已经能生成不错的 256×256 分辨率的图像。

为进一步提高生成图像的分辨率，层级结构的 GAN 被提出，通过逐层次、分阶段的生成策略，一步步提升图像的分辨率。代表性工作包括 ProgressiveGAN[112]、StyleGAN[106] 和 BigGAN[107]。但是，有的时候我们希望输入的条件不是类别而是一个图像，进而生成一个内容一致但风格不同的图像。此时输入/输出是一一对应的图像对或者相互映射的图像域。据此，循环 GAN 通过使用两个生成器和两个判别器学习两个域之间数据的互相映射，从而实现更加灵活多样的图像生成，代表性工作包括 CycleGAN[113]、DiscoGAN[114] 等。

GAN 在计算机视觉领域的主要应用包括图像的内容生成、超分辨率、风格迁移和域适应等任务。

- 内容生成旨在生成包含输入要求内容的图像。BigGAN[107] 在先前工作的基础上，扩大了批量（Batch）的大小，并增加了对输入随机向量的截断，允许对样本多样性和保真度进行精细控制。StyleGAN[106] 通过分别修改每一层级的输入，在不影响其他层级的情况下，来控制该层级所表示的视觉特征，通过实现无监督地分离高级属性控制图像内容生成。DragGAN[115] 在特征图上进行运动监督和精确点跟踪，迭代地更新输入向量来实现同一目标的姿态编辑。

- 超分辨率旨在不改变图像语义的基础上，将输入的低分辨率图像重建到高分辨率。SR-GAN[105] 首次将 GAN 应用到超分辨率任务，通过约束高清图像与重建图像的中间层像素级特征，以及在最高层的图像级语义上开展对抗来训练生成网络。

- 风格迁移旨在不同图像风格的转换，以输入图像作为控制条件，输出相应的目标图像，如从手绘图生成自然图像、从游戏图像生成真实图像、相似物体图像转换（如马变成斑马，苹果变成橘子）等。代表性工作有 Pix2Pix[116]、CycleGAN、DiscoGAN 和 StarGAN[117] 等。

- 域适应旨在将一个在有良好标注的数据集上训练的模型，迁移到另一个未标注的数据集上。DANN[118] 将特征提取网络视为生成器，将提取的特征作为域判别器的输入，利用判别器的约束对齐两个域的数据分布，从而实现知识迁移。

限于篇幅，下文仅简单介绍 DCGAN 和条件 GAN。

DCGAN

DCGAN（Deep Convolutional Generative Adversarial Network，深度卷积生成对抗网络）用卷积神经网络取代了 GAN 中的全连接网络。DCGAN 的判别网络和生成网络分别使用步长卷积和小数步长卷积取代池化层，来做空间下采样和上采样，以支持高维的图像空间与低维的潜在空间之间的映射。生成网络和判别网络中都使用批归一化，以支持深度神经网络训练，同时可以防止生成网络出现模式崩溃。生成网络使用 tanh 函数作为输出的激活函数，使用 ReLU 作为其他层的激活函数，可以加速学习。判别网络使用 LeakyReLU 作为激活函数，效果很好，尤其是处理高分辨率图像时。图 3.38 是 LSUN 卧室数据集上训练得到的生成网络结构。

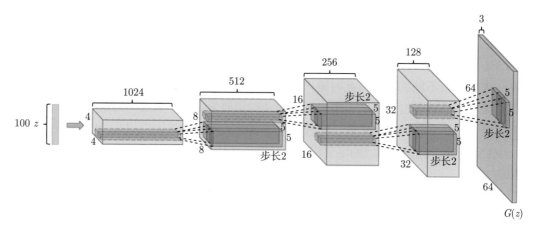

图 3.38　DCGAN 的结构[103]

条件 GAN

原始 GAN 生成器的输入是随机噪声，因此输出数据的模式是不可控的。如果在输入中增加类别条件，就可以获得预期的输出。例如，输入数字 0、1、2、3，希望输出相应的手写数字图片；图像风格迁移，输入一张星空图片，希望输出梵高风格的星空的图片，而不是梵高风格的荷花的图片；性别转换，输入一张女性的照片，期望输出是容貌相似的男性的图片。CGAN 在生成网络的输入 z 的基础上加上辅助信息 y，如类别标签或其他模态数据；在判别网络的输入 x 的基础上也加上辅助信息 y。CGAN 训练的目标函数就变为[110]

$$\min_G \max_D V(D,G) = \mathbb{E}_{\boldsymbol{x} \sim p_{\text{data}}(\boldsymbol{x})}[\log(D(\boldsymbol{x}|\boldsymbol{y}))] + \mathbb{E}_{\boldsymbol{z} \sim p_{\boldsymbol{z}}(\boldsymbol{z})}[\log(1 - D(G(\boldsymbol{z}|\boldsymbol{y})))] \quad (3.21)$$

其结构如图 3.39 所示。判别器不仅要分辨出输入样本的真伪，还要判断输入样本与辅助信息是否一致。在 CGAN 中 y 是有标签的，相当于是有监督学习。

InfoGAN 和 CGAN 类似，都可以完成图像风格迁移的任务。InfoGAN 将输入的噪声向量分成两部分：不可压缩噪声 z 和隐编码（latent code）c。通过最大化隐编码 c 和生成器输出 $G(z,c)$ 之间的互信息，可以无监督方式学习出隐编码。隐编码用于表示数据分布中显著的结构语义特征，包括位置、光照等。InfoGAN 的目标函数变为：

$$\min_G \max_D V(D,G) - \lambda I(\boldsymbol{c}, G(\boldsymbol{z},\boldsymbol{c})) \quad (3.22)$$

其中，$I(\boldsymbol{c}, G(\boldsymbol{z},\boldsymbol{c}))$ 为 c 和 $G(z,c)$ 的互信息。InfoGAN 的结构如图 3.40 所示，辅助分布网络 Q 共用判别网络的卷积层，仅额外增加了一个全连接层，增加的开销很小。InfoGAN 不仅要求生成图像和真实图像难以区分，而且能够从生成图像中学习出隐编码的条件概率分布 $Q(\boldsymbol{c}|\boldsymbol{x})$。

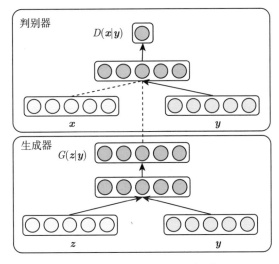

图 3.39 CGAN 的结构[110]

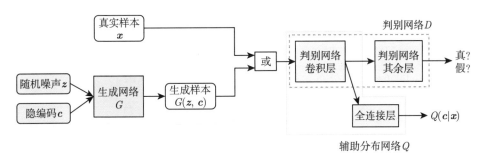

图 3.40 InfoGAN 的结构

3.1.4.2 扩散模型

由于生成对抗网络存在训练难度大、容易模式崩溃、生成图像缺乏多样性等问题，研究人员进一步探索新的图像生成模型框架。2015 年，统计物理学中的扩散模型被引入机器学习领域[119]，但由于参数设置的自由度过大，训练目标较难实现，导致生成的图像质量比较差。2020 年，UC Berkeley 提出了 DDPM（Denoising Diffusion Probabilistic Model，去噪扩散概率模型）[99]，从数学上推导了优化上界，从而简化了训练目标，最终实现从随机噪声生成高质量图像。自此扩散模型（diffusion model）广泛应用于图像生成，其生成效果甚至超过了 GAN。

1. 扩散模型的基本原理

扩散模型包括正向过程（也称为扩散过程或加噪过程）和反向过程（也称为逆扩散过程或去噪过程），如图 3.41 所示。正向过程不断向输入图像中添加高斯噪声，反向过程逐步去噪来恢复原始输入图像。以 DDPM[99] 为例，接下来简单介绍扩散模型的基本原理。

正向过程。给定输入图像 $\boldsymbol{x}_0$，不断在前一时刻的图像上添加高斯噪声，经过 T 步依次得到噪声图像 $\boldsymbol{x}_1, \cdots, \boldsymbol{x}_t, \cdots, \boldsymbol{x}_T$，将输入数据分布转换为近似标准正态分布（即高斯分布）。正向过程假设噪声添加路径是一条马尔可夫链，即在第 t 时间步加噪时，$\boldsymbol{x}_t$ 与 $\boldsymbol{x}_{t-1}$ 之间的条件概率 $q(\boldsymbol{x}_t|\boldsymbol{x}_{t-1})$ 满足

$$q(\boldsymbol{x}_t|\boldsymbol{x}_{t-1}) = \mathcal{N}(\boldsymbol{x}_t; \sqrt{1-\beta_t}\boldsymbol{x}_{t-1}, \beta_t \boldsymbol{I}) \tag{3.23}$$

其中，$\boldsymbol{I}$ 为单位矩阵，$\mathcal{N}(\boldsymbol{x}; \mu, \sigma^2)$ 表示产生 $\boldsymbol{x}$ 的均值为 μ、方差为 σ^2 的高斯分布，$\beta_t \in [0, 1]$ 是预先设置的常量，一般设为随着 t 的增加而增大的值。这里每一时刻的变换都相当于采用了马尔可夫链蒙特卡罗算法，不同的是在采样前多了对前一时刻 $\boldsymbol{x}_{t-1}$ 进行缩放这一操作。正向过程的后验概率 $q(\boldsymbol{x}_{1:T}|\boldsymbol{x}_0)$ 为

$$q(\boldsymbol{x}_{1:T}|\boldsymbol{x}_0) = \prod_{t=1}^{T} q(\boldsymbol{x}_t|\boldsymbol{x}_{t-1}) \tag{3.24}$$

其中，$\boldsymbol{x}_T$ 为正向过程最终形成的噪声数据。令 $\alpha_t = 1 - \beta_t$，$\bar{\alpha}_t = \prod\limits_{i=1}^{T} \alpha_i$ 来简化参数，则有

$$q(\boldsymbol{x}_t|\boldsymbol{x}_0) = \mathcal{N}(\boldsymbol{x}_t; \sqrt{\bar{\alpha}_t}\boldsymbol{x}_0, (1-\bar{\alpha}_t)\boldsymbol{I}) \tag{3.25}$$

有了 $\boldsymbol{x}_t$ 关于 $\boldsymbol{x}_0$ 的条件概率分布，可以通过采样的方式获得样本：

$$\boldsymbol{x}_t = \sqrt{\bar{\alpha}_t}\boldsymbol{x}_0 + \sqrt{(1-\bar{\alpha}_t)}\epsilon, \quad \epsilon \sim \mathcal{N}(\boldsymbol{0}, \boldsymbol{I}) \tag{3.26}$$

即，每个图像 $\boldsymbol{x}_t$ 均可用原始输入 $\boldsymbol{x}_0$ 与参数 $\bar{\alpha}_t$ 的表达式表示。换句话说，正向过程不需要对中间每个步骤进行采样，而是可以直接通过输入进行计算。扩散了若干步之后 $\bar{\alpha}_T \to 0$，即最终形成的 $\boldsymbol{x}_T$ 近似于标准正态分布。

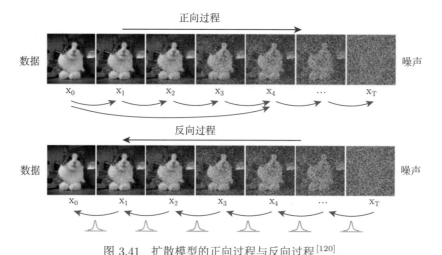

图 3.41   扩散模型的正向过程与反向过程[120]

反向过程。对于高斯噪声图像 $\boldsymbol{x}_T$，通过逐步去噪，最终还原出与输入数据分布接近的数据分布，即重构出图像 $\boldsymbol{x}_0$。基于正向过程，反向过程被定义为由噪声预测网络拟合参数 θ 的可学习高斯变换。该过程也是一个马尔可夫链，根据当前时间步和图像数据，对噪声进行采样，进而得到前一时间步的图像数据。具体地，可分为 T 时刻的初始采样：

$$p(\boldsymbol{x}_T) = \mathcal{N}(\boldsymbol{x}_T; \mathbf{0}, \boldsymbol{I}) \tag{3.27}$$

与其他时刻的迭代采样：

$$p_\theta(\boldsymbol{x}_{t-1}|\boldsymbol{x}_t) = \mathcal{N}(\boldsymbol{x}_{t-1}; \mu_\theta(\boldsymbol{x}_t, t), \sigma_t^2 \boldsymbol{I}) \tag{3.28}$$

其中，$\mu_\theta(\boldsymbol{x}_t, t)$ 与 σ_t 分别为 $\boldsymbol{x}_{t-1}$ 估计的均值与标准差，θ 为噪声预测网络的参数。最终，整个反向过程的联合分布表示为

$$p_\theta(\boldsymbol{x}_{0:T}) = p(\boldsymbol{x}_T) \prod_{t=1}^{T} p_\theta(\boldsymbol{x}_{t-1}|\boldsymbol{x}_t) \tag{3.29}$$

扩散模型训练时，首先通过正向过程获得每步的加噪后数据，随后据此训练反向过程每一步的去噪，从而学习如何恢复数据分布。扩散模型推理时，采样随机噪声作为输入，仅执行反向过程。我们将在下一小节详细介绍训练和推理过程。

2. 扩散模型的训练与推理

训练扩散模型的关键在于构建一个噪声预测网络，能在反向过程的每一步预测合理的噪声参数，从而使采样数据的分布与训练数据分布保持一致。噪声预测网络的结构如图 3.42 所示，通常使用 U-Net 架构，根据当前时间 t 以及图像特征 $\boldsymbol{x}_t$ 预测要去掉的噪声 $\epsilon_\theta(\boldsymbol{x}_t, t)$。

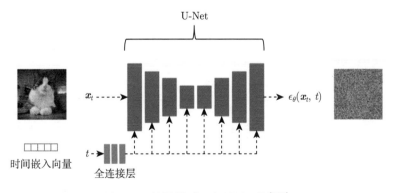

图 3.42 扩散模型噪声预测网络[120]

原始 U-Net 架构被用于图像分割任务[121]，是一种完全对称的全卷积网络，其中不包含任何全连接层，如图 3.43 所示。通常情况下，U-Net 架构由网络结构基本一致的编码器

（encoder）和解码器（decoder）组成。输入一张图，编码器通过一系列的下采样操作，得到尺寸比输入图像小的图像特征，然后经过解码器相应的一系列反卷积操作，还原成与输入图像同等尺寸的输出图像。从本质上来说，U-Net 架构是通过编码器去除原图中的冗余信息并压缩图像，然后通过解码器还原到输入尺寸。DDPM 的噪声预测网络主要对原始的 U-Net 进行了两点改动：第一，DDPM 将每一个尺度的卷积计算修改为带有跳跃连接的残差块（residual block），并在每个残差块的末尾增加了自注意力层（self-attention layer），从而增强了关系感知的能力。第二，DDPM 使用正弦位置编码，将当前时间 t 编码为时间向量，作为每个残差块的第二个输入。这样一来，网络能为不同的时间预测不同的噪声，并且由于权重不含时间，没有增加额外的参数量。

在正向过程中，我们不断向数据 $\boldsymbol{x}_0$ 中添加高斯噪声，最终在第 T 步得到数据 $\boldsymbol{x}_T$。那么，我们期望在反向传播的时候，噪声预测网络能够从 $\boldsymbol{x}_T$ 开始，准确预测每一步去掉的噪声，最后还原输入数据 $\boldsymbol{x}_0$。因此，对于输入 $\boldsymbol{x}_0$，扩散模型的训练目标为最大化边缘分布 $p_\theta(\boldsymbol{x}_0) = \int p_\theta(\boldsymbol{x}_{0:T}) \mathrm{d}\boldsymbol{x}_{1:T}$。这等价于要求噪声预测网络的参数能满足 $\theta^* = \underset{\theta}{\arg\min}[-\log p_\theta(\boldsymbol{x}_0)]$，即最大化对数似然（最小化负对数似然）。

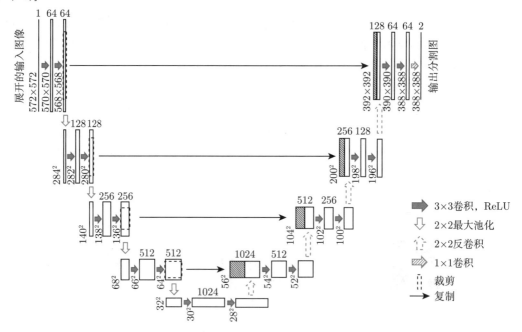

图 3.43　原始 U-Net 架构[121]，其中左侧为编码器，右侧为解码器

据此，DDPM 通过变分上（下）界给出了优化目标的上界：

$$-\log p_\theta(\boldsymbol{x}_0) = -\log \int \frac{p_\theta(\boldsymbol{x}_{0:T}) q(\boldsymbol{x}_{1:T}|\boldsymbol{x}_0)}{q(\boldsymbol{x}_{1:T}|\boldsymbol{x}_0)} \mathrm{d}\boldsymbol{x}_{1:T} \leqslant \mathbb{E}_{q(\boldsymbol{x}_{1:T}|\boldsymbol{x}_0)}\left[-\log \frac{P_\theta(\boldsymbol{x}_{0:T})}{q(\boldsymbol{x}_{1:T}|\boldsymbol{x}_0)}\right] =: \mathcal{L}$$

$$(3.30)$$

通过引入 KL 散度，该变分上界可被表示为：

$$\mathcal{L} = \underbrace{\mathbb{D}_{\mathrm{KL}}(q(\boldsymbol{x}_T|\boldsymbol{x}_0)||p(\boldsymbol{x}_T))}_{\mathcal{L}_T} + \underbrace{\mathbb{E}_{q(\boldsymbol{x}_1|\boldsymbol{x}_0)}[-\log p_\theta(\boldsymbol{x}_0|\boldsymbol{x}_1)]}_{\mathcal{L}_0} +$$

$$\underbrace{\sum_{t=2}^{T}\mathbb{E}_{q(\boldsymbol{x}_t|\boldsymbol{x}_0)}[\mathbb{D}_{\mathrm{KL}}(q(\boldsymbol{x}_{t-1}|\boldsymbol{x}_t,\boldsymbol{x}_0)||p_\theta(\boldsymbol{x}_{t-1}|\boldsymbol{x}_t)))]}_{\mathcal{L}_{1:T}} \tag{3.31}$$

其中 $\mathcal{L}_T$ 表示正向损失，即正向过程和随机噪声之间的差异，根据假设近似为 0。$\mathcal{L}_0$ 表示原始数据的重建损失，可直接由噪声预测网络 $t=1$ 时的输出计算得到。最重要的 KL 散度项 $\mathcal{L}_{1:T}$ 表示反向损失，即每一步正向过程和反向过程差异的总和。其中，后验概率 $q(\boldsymbol{x}_{t-1}|\boldsymbol{x}_T,\boldsymbol{x}_0)$ 由贝叶斯公式计算得到，同样满足高斯分布。为降低 KL 散度项求解难度，DDPM 将反向过程中每一步的方差设为定值，并重写后验概率的均值项，使网络从预测均值转为预测噪声，最终得到简化后的损失函数：

$$\begin{aligned}\mathcal{L}_{\mathrm{simple}} &= \mathbb{E}_{\boldsymbol{x}_t\sim q(\boldsymbol{x}_t),\epsilon\sim\mathcal{N}(0,\boldsymbol{I}),t\sim\mathcal{U}(1,T)}\left[||\epsilon-\epsilon_\theta(\boldsymbol{x}_t,t)||^2\right]\\ &= \mathbb{E}_{\boldsymbol{x}_0\sim q(\boldsymbol{x}_0),\epsilon\sim\mathcal{N}(0,\boldsymbol{I}),t\sim\mathcal{U}(1,T)}\left[||\epsilon-\epsilon_\theta(\sqrt{\bar{\alpha}_t}\boldsymbol{x}_0+\sqrt{1-\bar{\alpha}_t}\epsilon,t)||^2\right]\end{aligned} \tag{3.32}$$

其中 $\mathcal{U}(1,T)$ 表示 $[1,T]$ 中均匀分布的整数，ϵ_θ 表示噪声预测网络，其输入为 $\boldsymbol{x}_t$ 与 t，期望输出逼近 $\epsilon\sim\mathcal{N}(\boldsymbol{0},\boldsymbol{I})$。

噪声预测网络的训练过程如算法 3.1 所示，其中每次迭代可细分为如下几步：（1）获取数据集中的真实图像 $\boldsymbol{x}_0$，从均匀分布 $\mathcal{U}(1,T)$ 中采样时间步 t，并从标准高斯分布 $\mathcal{N}(\boldsymbol{0},\boldsymbol{I})$ 中采样需要预测的噪声 ϵ；（2）通过公式(3.26)计算 $\boldsymbol{x}_t$；（3）将 $\boldsymbol{x}_t$ 与 t 输入到模型（如图 3.42 所示）去拟合噪声 ϵ，并通过梯度下降最小化损失函数 ∇_θ 更新网络参数。训练过程将不断重复以上一系列操作，直至网络收敛为止。

算法 3.1　训练过程[99]

1: $\boldsymbol{x}_0\sim q(\boldsymbol{x}_0)$
2: $t\sim\mathcal{U}(1,T)$
3: $\epsilon\sim\mathcal{N}(0,\boldsymbol{I})$
4: 进行梯度下降 $\nabla_\theta||\epsilon-\epsilon_\theta(\sqrt{\bar{\alpha}_t}\boldsymbol{x}_0+\sqrt{1-\bar{\alpha}_t}\epsilon,t)||^2$
5: 重复第 1～4 行直至收敛

网络训练完成后，在实际推理阶段，将从时间步 T 开始，按算法 3.2 逐步向前采样生成图片。具体地，结合公式(3.27)，开始从标准正态分布中生成噪声 $\boldsymbol{x}_T\sim\mathcal{N}(\boldsymbol{0},\boldsymbol{I})$；然后对于每个时间步 t，将获取的图像 $\boldsymbol{x}_t$ 与 t 输入到训练好的噪声预测网络模型中预测噪声 $\epsilon_\theta(\boldsymbol{x}_t,t)$；结合公式(3.28)，计算时间步 t 对应的 $\boldsymbol{x}_{t-1}$：

$$x_{t-1} = \frac{1}{\sqrt{\alpha_t}}\left(x_t - \frac{1-\alpha_t}{\sqrt{1-\bar{\alpha}_t}}\epsilon_\theta(x_t, t)\right) + \sigma_t z \tag{3.33}$$

不断重复上述过程, 即可得到生成图像 x_0。

算法 3.2　采样过程[99]
_____

1: $x_T \sim \mathcal{N}(\mathbf{0}, \mathbf{I})$

2: **for** $t = T, \cdots, 1$ **do**

3: 　　如果 $t > 1$,　$z \sim \mathcal{N}(\mathbf{0}, \mathbf{I})$,　否则 $z = \mathbf{0}$

4: 　　$x_{t-1} = \frac{1}{\sqrt{\alpha_t}}\left(x_t - \frac{1-\alpha_t}{\sqrt{1-\bar{\alpha}_t}}\epsilon_\theta(x_t, t)\right) + \sigma_t z$

5: **end for**

6: **return** x_0

_____

3. 扩散模型的扩展与应用

扩散模型的出现, 在极大程度上解决了 GAN 结构存在的模式崩溃、难以生成高质量图像等问题, 因而得到学术界和产业界越来越多的关注。去噪扩散概率模型 DDPM 作为开山之作, 第一个给出了严谨的数学推导以及可以复现的代码, 完善了整个推理过程, 构建起了正向加噪–反向去噪–参数更新的训练体系, 并沿用至今。但是, 由于其自回归式的迭代过程, 遵循显式扩散的 DDPM 不允许跨时间步采样, 推理流程缓慢, 甚至时间长达1000 步。为此, 隐式扩散模型在使用相同训练目标的同时, 不再限制扩散过程必须为马尔可夫链, 从而允许扩散模型采用更小的采样步数来加速生成过程, 代表性工作为 DDIM (Denoising Diffusion Implicit Model, 去噪扩散隐式模型)[122]、PNDM[123] 等。为了进一步降低单步采样的计算复杂度, 在潜在表示空间上进行扩散的方法被提出。通过将高维像素空间的图像映射到低维空间的隐向量, 并将扩散后的隐向量重新映射回像素空间, 模型得以快速地生成更细致的图像, 代表方法有 LDM (Latent Diffusion Model, 潜在扩散模型)[124]、LSGM[125] 等。

至此, 扩散模型已被证明可以高效地生成高质量的图像, 并且相比于 GAN 能更好地覆盖样本分布。然而, 标准的扩散模型只接受单随机向量作为扩散起点输入, 与单输入 GAN 网络类似, 缺少显式控制画面内容的能力。为此, ADM (Ablated Diffusion Model, 消融扩散模型)[126] 首次在扩散模型上增加了目标物体类别作为输入, 并额外训练一个分类器, 通过动态修改噪声均值参数来引导图像按类别生成。该方法的提出标志着扩散模型首次在生成指标上击败基于 GAN 的方法。受此启发, 后续的研究致力于将类别引导扩展到一般的条件引导上, 从而使控制条件不仅仅是物体类别, 还可以是自然语言文本、图像, 甚至是多模态的其他中间表示, 代表性工作包括 GLIDE[127]、VDM (Video Diffusion Models, 视频扩散模型)[128], 以及基于 LDM[124] 开发而来的 Stable Diffusion[129] 与 ControlNet[130]。

由于满足高质量生成与多样性生成的目标, 扩散模型已被广泛应用于生成任务中, 其中最基础的两大任务为文本生成图像以及图像到图像的翻译。

- 文本生成图像，根据一段自然语言文本生成符合描述的图片，可看成是给定图像生成描述的逆过程。其具体做法为，首先将文本编码为文本嵌入（embedding），随后将文本嵌入作为图像特征的采样条件，并迭代地扩散采样。流行的文本生成图像的模型包括 Imagen[131]、DALL·E 2[132]，以及引入了文本–图像交叉注意力的 Stable Diffusion[124] 等。

- 图像到图像的翻译，需要将输入图像按多模态输入进行修改，代表性工作分别有对输入图像进行超分辨率的 SR3[133]、进行重着色的 Palette[134]、输出语义分割图的 DDPM-Segmentation[135]、对图像指定区域进行编辑的 Sdedit[136] 以及风格迁移的 InST[137] 等。从本质上而言，任何形式的图像翻译都是将输入图像作为采样的条件。那么如果能针对不同的输入条件，学习少量额外的参数来实现定制化的生成内容，就能充分利用扩散模型的泛化性。据此，LoRA[138] 在冻结原模型参数的基础上，额外引入旁路参数来模拟模型参数的更新，仅用十几个图像就能学习图像的内容和风格。ControlNet 采取相似的思路冻结原模型参数，但制作了一份 U-Net 中编码器的可学习拷贝作为旁路，允许自由度更高的条件控制。

限于篇幅，下面仅简单介绍 DALL·E 2、Stable Diffusion 和 ControlNet。

DALL·E 2。DALL·E 2 是 OpenAI 提出的以文本作为图像生成条件的分层扩散模型。如图 3.44 所示，模型主要划分为三个部分：CLIP[139]、先验模块（prior）和解码器。CLIP 是描述图像–文本映射的跨模态大模型⊖，其通过一个文本编码器和一个图像编码器将自然语言描述与图像嵌入到共同的空间，并对齐文本嵌入和图像嵌入，来学习文本描述与图像的对应关系。先验模块是一个扩散模型，用于将输入的文本转换为图像嵌入。先验模块接收由 CLIP 的文本编码器生成的文本嵌入，生成与 CLIP 图像编码器数据分布一致的图像嵌入，用于后续的图像生成。解码器是一个带条件的扩散模型，用于将先验模块生成的图像嵌入还原为符合输入文本描述的图像。解码器将图像嵌入作为条件，学习 CLIP 图像编码器的逆过程，还原出与原始输入具有相同语义，而又不完全一致的图像，从而保证了生成图像的多样性。

Stable Diffusion。Stable Diffusion 是基于潜在扩散模型[124] 的图像生成模型，由初创公司 Stability AI 于 2022 年发布。其主要用于文本生成图像，也可以用于内（外）补绘和图像翻译等任务。Stable Diffusion 模型的整体框架如图 3.45 所示，首先需要训练一个自编码模型，包括能将图像压缩到隐空间的图像嵌入的编码器，以及一个能将图像嵌入恢复到像素空间图像的解码器。自编码模型分析并提取图像中的高维特征，将其压缩到低维空间，因此该过程也被称为感知压缩。其优势在于，低维特征的泛化性更强，要求的计算量也更低，更容易进行跨模态的迁移。随后，在隐空间上进行扩散模型的训

⊖　3.3.5.4 节将详细介绍 CLIP 模型。

练和推理。特别地，Stable Diffusion 在传统扩散模型上进行了两点改动。第一，设计了
领域专用编码器来预处理多模态条件，从而方便引入各种模态的条件（如文本、参考图
像、分割图等）来控制图片生成。第二，向 U-Net 网络中加入了交叉注意力层，通过注
意力映射将控制信息融入到 U-Net 的中间层，从而使多模态条件参与扩散过程。交叉注
意力层的实现如下：

$$\text{Attention}(Q, K, V) = \text{softmax}\left(\frac{QK^T}{\sqrt{d}}\right) \cdot V$$

$$Q = W_Q \cdot \phi(\boldsymbol{z}_t), K = W_K \cdot \tau(\boldsymbol{y}), V = W_V \cdot \tau(\boldsymbol{y})$$

(3.34)

其中 $\boldsymbol{z}_t$ 是 t 时刻的扩散向量，$\phi(\boldsymbol{z}_t)$ 是 U-Net 的中间层特征，$\boldsymbol{y}$ 是输入的条件，$\tau(\boldsymbol{y})$ 是经
过领域专用编码器处理后的控制信息。

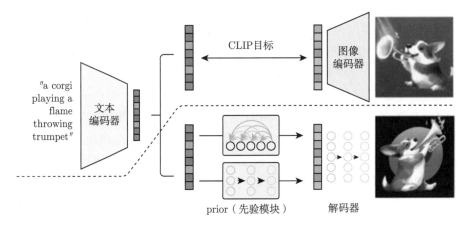

图 3.44　DALL·E2 模型[132]

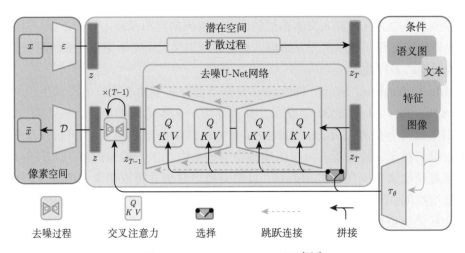

图 3.45　Stable Diffusion 模型[124]

得益于此，通过简单的提示，Stable Diffusion 就能在消费级 GPU 上，以 10 秒量级的时间生成高质量的图片。这大大降低了技术门槛和应用成本，一经推出就对传统的绘画、图像编辑等相关行业带来了巨大的冲击。

ControlNet。发展至今，Stable Diffusion 已具备根据输入条件，生成对应的高质量图像的能力。然而，获得这种能力的"代价"是昂贵的：对于每一种多模态输入条件，都需要在庞大的数据集上进行全部模型参数的更新，这对使用者的计算资源和开发经验都是巨大的挑战。为解决该问题，ControlNet 提出了基于旁路的扩散模型训练和推理框架，如图 3.46 所示。

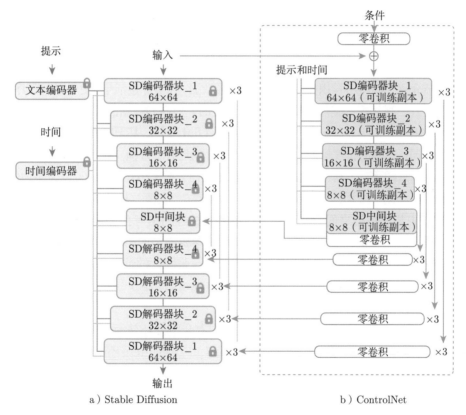

a）Stable Diffusion b）ControlNet

图 3.46 ControlNet 模型[130]，其中灰色块是 Stable Diffusion（SD）结构，蓝色块是 ControlNet

ControlNet[130] 的核心思想是，对大型扩散模型的权重进行克隆并划分为"可训练副本"（trainable copy）和"锁定副本"（locked copy）。其中，锁定副本中的权重在后续微调时保持不变，这样继承了模型从大规模数据集中预训练的能力；而可训练副本中的权重在特定任务的数据集上进行微调，以实现对特定任务的拟合。可训练副本网络和锁定副本网络与一种特殊的卷积层——零卷积（zero convolution）连接。零卷积是 1×1 卷积，其权重和偏置都初始化为 0，并在训练过程中逐渐增长到优化参数。对于一个新的条件输入，条件输入通过零卷积后，与 U-Net 的输入向量相加，再输入到可训练副本中，随后可训练副本的输出经过零卷积处理后，加入到锁定副本的相应层中。这样的设计带来两点优势。第一，由于零卷积不会给深度特征添加噪声，模型从训练初期就完整地保留了预训练得到的全部能力，因此 ControlNet 的训练速度远远超过从头开始训练新的扩散模型。第二，由于显式保护了预训练的权重，与普通的微调方法相比，ControlNet 仅需要少量数据就能取得较好的效果，缓解了模型在小数据集上的退化与过拟合问题。

总的来说，ControlNet 降低了微调扩散模型的成本，使个人用户定制自己的扩散模型成为可能，也为创作者们带来了极大的便利。

3.2　适合文本/语音处理的循环神经网络

前面几节介绍了如何用卷积神经网络处理图像数据。在实际生活中，更常见的是序列数据，包括文字、语音、视频等。图像数据的大小是固定的，但序列数据的长度不是固定的。比如，典型的序列数据——文字，一句话可能很长，可能有几十个词，甚至听完这句话之前不知道这句话有多少个词；视频的长度可能是 1000 帧，也可能是数十万帧。此外，序列数据是按时序输入的有时间信息的数据，其相邻数据之间存在相关性，不是相互独立的。以文字为例，词与词之间有相关性，同一个词的含义会依赖上下文、语气、表情，甚至多模态信息。

序列数据中相邻数据之间有相关性，这就要求神经网络有存储信息的能力，才能有效处理序列数据。而本章前面介绍过的做图像识别的卷积神经网络不需要有存储信息的能力，它只需要固定的权重参数，不需要根据已处理的前一张图片的情况来改变内部状态。为此，研究者提出了循环神经网络（Recurrent Neural Network，RNN）[14]。它可以有效保存序列数据的历史信息，因此比较适合处理序列数据。

本节将对循环神经网络进行介绍，并在此基础上介绍循环神经网络的两种改进算法：长短期记忆网络（Long Short-Term Memory，LSTM）[43] 和门限循环单元（Gated Recurrent Unit，GRU）[44]。

3.2.1　RNN

循环神经网络主要用于机器翻译、图片描述、视频标注、视觉问答等。GitHub 上有很多循环网络应用的例子，感兴趣的读者可以访问 GitHub 上的 "Awesome Recurrent Neural Network"[140] 进一步了解。

3.2.1.1　RNN 结构

循环神经网络使用带自反馈的神经元，可以处理任意长度的序列数据。图 3.47 是一个循环神经网络，其输入是 x，输出为 $\hat{y}$，隐层为 h。隐层 h 称为记忆单元，具有存储信息的能力，其输出会影响其下一时刻的输入。图 3.47 右图是将 RNN 按时间展开后的示意图。假设时刻 t 的输入为 $\boldsymbol{x}^{(t)}$，输出为 $\hat{\boldsymbol{y}}^{(t)}$，隐藏状态为 $\boldsymbol{h}^{(t)}$，则 $\boldsymbol{h}^{(t)}$ 既和当前时刻的输入 $\boldsymbol{x}^{(t)}$ 相关，也和上一时刻的隐藏状态 $\boldsymbol{h}^{(t-1)}$ 相关。每一个时间步 (time step)，输出 $\hat{\boldsymbol{y}}^{(t)}$ 和隐藏状态更新如下：

$$
\begin{aligned}
\boldsymbol{h}^{(t)} &= f(\boldsymbol{W}\boldsymbol{h}^{(t-1)} + \boldsymbol{U}\boldsymbol{x}^{(t)} + \boldsymbol{b}) \\
\boldsymbol{o}^{(t)} &= \boldsymbol{V}\boldsymbol{h}^{(t)} + \boldsymbol{c} \\
\hat{\boldsymbol{y}}^{(t)} &= \mathrm{softmax}(\boldsymbol{o}^{(t)})
\end{aligned}
\tag{3.35}
$$

其中，$\boldsymbol{b}$ 和 $\boldsymbol{c}$ 为偏置，$\boldsymbol{U}$、$\boldsymbol{V}$、$\boldsymbol{W}$ 分别为输入–隐层、隐层–输出、隐层–隐层连接的权重矩阵。在不同时刻，权重矩阵 $\boldsymbol{U}$、$\boldsymbol{V}$、$\boldsymbol{W}$ 的值是相同的。$f(x)$ 为非线性激活函数，通常是 tanh 或 ReLU 函数，下文以 $f(x) = \tanh(x)$ 为例。这个例子比较简单，只有一个隐层，也可以有多个隐层。

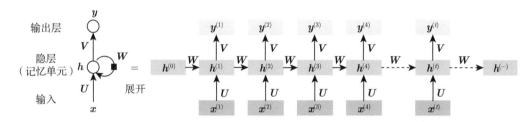

图 3.47   RNN 结构（左图），按时间展开的 RNN 结构（右图）

通过这样的循环神经网络可以建模序列信息，序列中的前后数据 ($\boldsymbol{x}^{(t)}$、$\boldsymbol{x}^{(t+1)}$) 不独立、相互影响。例如文字中，后面的词和前面的词有相关性，会相互影响。循环神经网络的循环特点体现在对每个输入的操作是一样的，可以循环往复地重复这些相同的操作，每个时刻的参数 $\boldsymbol{W}$ 和 $\boldsymbol{U}$ 都是相同的。循环神经网络有记忆（memory），隐层 $\boldsymbol{h}^{(t)}$ 中捕捉了时刻 t 之前的所有信息。理论上 $\boldsymbol{h}^{(2)}$ 中可能蕴藏了部分 $\boldsymbol{x}^{(2)}$ 的信息和 $\boldsymbol{x}^{(1)}$ 的信息，而 $\boldsymbol{h}^{(t)}$ 中可能蕴藏了 $\boldsymbol{x}^{(t)}$，$\boldsymbol{x}^{(t-1)}$，$\cdots$，$\boldsymbol{x}^{(1)}$ 中的信息。因此，理论上 $\boldsymbol{h}^{(t)}$ 可以蕴藏 t 时刻之前的所有信息，其记忆的内容可以无限长，但实际训练时由于梯度爆炸等原因导致能够获得的记忆是非常有限的。

我们可以看看神经图灵机的例子。神经图灵机[141] 是谷歌 DeepMind 做过的一个很有意思的工作，它的改进版本[142] 发表在 *Nature* 上。图灵机里面有一个无限长的纸带，纸带上有一个读写头。读写头可以观察纸带上有什么值，根据纸条带上的值往左、往右或者修改纸带当前格子里的值。从某种意义说，图灵机中的读写头对应计算机和程序（即硬件和软件），纸带对应内存。神经图灵机用神经网络代替图灵机中的读写头。图灵机是通用的机器，如果读写头设计好了，可以完成任意的功能，比如排序、串拷贝等。理论上如果我们把一个神经网络训练得能完成读写头的功能，就可以让神经网络完成任意的计算机功能，包括不限于排序和串拷贝。这是通往通用人工智能的非常重要的工作。读写头要考虑历史信息，比如往左或往右与纸带上其他的信息有关。因此，可以用 RNN 来做读写头。但是 DeepMind 的研究者发现，用很长时间训练出来的做串拷贝的神经网络读写头，如果处理拷贝长度在 20 个以内的字符串，基本上没有问题，但是对于更长的字符串（比如 100 个或 200 个），神经网络读写头就做不对了。这就是因为 RNN（及其改进版本 LSTM）的记忆是有限的。

RNN 有很多种灵活的应用，支持多种输入-输出结构，包括一对多、多对一、多对多等。图 3.48a 是传统的没有循环的神经网络结构，深灰色表示输入、浅灰色表示输出、灰色表示隐层。图 3.48b 是一对多的 RNN 结构，输入可能是一张图片，输出是一个序列，例如图像描述（image captioning）用一段话来描述给定的图片，其输入是一张图片，输出是持续的字符串，譬如给定一张图片的描述可能是"一只猫蹲在一只狗旁边"。图 3.48c 是多对一的 RNN 结构，输入是一个序列，输出可能是一个词，例如给定一个序列，神经网络分析之后输出"足球赛"。图 3.48d 和图 3.48e 是多对多的 RNN 结构，输出和输入都是序列，例如机器翻译（machine translation）将英文翻译成中文或者中文翻译成英文，视频描述（video captioning）对一个很长的连续序列如足球比赛写出一个新闻报道，如"第 5 分钟张三传给李四、李四传给王五、王五射门"等。多对多的结构，还支持同步序列转化，例如视频分类（video classification）对视频的每一帧标注信息。RNN 的应用很灵活，只需要提供训练样本，神经网络可以根据需要训练出一对多、多对一或多对多的结构。

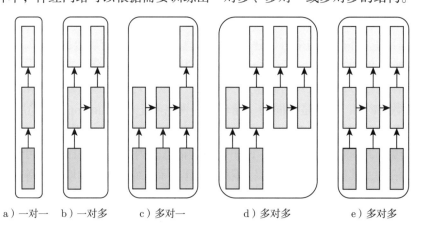

a）一对一   b）一对多   c）多对一   d）多对多   e）多对多

图 3.48   RNN 的输入-输出结构[143]

3.2.1.2   RNN 的反向传播

RNN 的训练一般采用一种变种的反向传播方法，学名为基于时间的反向传播（Back-Propagation Through Time, BPTT）[144]。如图 3.49 所示，它的核心思想是将 RNN 按时间展开后做反向传播。BPTT 完成正向传播后一般用交叉熵作为损失函数，然后做梯度下降。损失函数 $\mathcal{L}$ 为每个时刻的损失函数 $\mathcal{L}^{(t)}$ 之和：

$$\mathcal{L} = \sum_{t=1}^{\tau} \mathcal{L}^{(t)} = -\sum_{t=1}^{\tau} \boldsymbol{y}^{(t)} \ln \hat{\boldsymbol{y}}^{(t)} \tag{3.36}$$

损失函数对参数 $\boldsymbol{V}$ 的偏导为：

$$\frac{\partial \mathcal{L}}{\partial \boldsymbol{V}} = \sum_t \frac{\partial \mathcal{L}^{(t)}}{\partial \boldsymbol{V}} = \sum_t \frac{\partial \mathcal{L}^{(t)}}{\partial \hat{\boldsymbol{y}}^{(t)}} \frac{\partial \hat{\boldsymbol{y}}^{(t)}}{\partial \boldsymbol{o}^{(t)}} \frac{\partial \boldsymbol{o}^{(t)}}{\partial \boldsymbol{V}} = \sum_t \frac{\partial \mathcal{L}^{(t)}}{\partial \hat{\boldsymbol{y}}^{(t)}} \frac{\partial \hat{\boldsymbol{y}}^{(t)}}{\partial \boldsymbol{o}^{(t)}} \boldsymbol{h}^{(t)\top} \tag{3.37}$$

损失函数对参数 $\boldsymbol{W}$ 的偏导为：

$$\frac{\partial \mathcal{L}}{\partial \boldsymbol{W}} = \sum_t \frac{\partial \mathcal{L}^{(t)}}{\partial \boldsymbol{W}} = \sum_t \frac{\partial \mathcal{L}^{(t)}}{\partial \hat{\boldsymbol{y}}^{(t)}} \frac{\partial \hat{\boldsymbol{y}}^{(t)}}{\partial \boldsymbol{o}^{(t)}} \frac{\partial \boldsymbol{o}^{(t)}}{\partial \boldsymbol{h}^{(t)}} \frac{\partial \boldsymbol{h}^{(t)}}{\partial \boldsymbol{W}} \tag{3.38}$$

根据式 (3.35) 和偏导的链式法则，有

$$\frac{\partial \mathcal{L}}{\partial \boldsymbol{W}} = \sum_t \sum_{k=1}^{t} \frac{\partial \mathcal{L}^{(t)}}{\partial \hat{\boldsymbol{y}}^{(t)}} \frac{\partial \hat{\boldsymbol{y}}^{(t)}}{\partial \boldsymbol{o}^{(t)}} \frac{\partial \boldsymbol{o}^{(t)}}{\partial \boldsymbol{h}^{(t)}} \frac{\partial \boldsymbol{h}^{(t)}}{\partial \boldsymbol{h}^{(k)}} \frac{\partial \boldsymbol{h}^{(k)}}{\partial \boldsymbol{W}} \tag{3.39}$$

$$\frac{\partial \boldsymbol{h}^{(t)}}{\partial \boldsymbol{h}^{(k)}} = \prod_{i=k+1}^{t} \frac{\partial \boldsymbol{h}^{(i)}}{\partial \boldsymbol{h}^{(i-1)}} = \prod_{i=k+1}^{t} \boldsymbol{W}^{\top} \mathrm{diag}(1 - (\boldsymbol{h}^{(i)})^2) \tag{3.40}$$

其中，$\mathrm{diag}(1-(\boldsymbol{h}^{(i)})^2)$ 是对角矩阵，包含元素 $1-(\boldsymbol{h}_j^{(i)})^2$。偏导的链式过程，如图 3.49 所示。

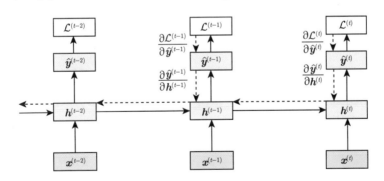

图 3.49　RNN 的反向传播

因此，

$$\frac{\partial \mathcal{L}}{\partial \boldsymbol{W}} = \sum_t \sum_{k=1}^{t} \frac{\partial \mathcal{L}^{(t)}}{\partial \hat{\boldsymbol{y}}^{(t)}} \frac{\partial \hat{\boldsymbol{y}}^{(t)}}{\partial \boldsymbol{o}^{(t)}} \frac{\partial \boldsymbol{o}^{(t)}}{\partial \boldsymbol{h}^{(t)}} \left(\prod_{i=k+1}^{t} \boldsymbol{W}^{\top} \mathrm{diag}\left(1 - (\boldsymbol{h}^{(i)})^2\right) \right) \frac{\partial \boldsymbol{h}^{(k)}}{\partial \boldsymbol{W}} \tag{3.41}$$

同理，损失函数对参数 $\boldsymbol{U}$ 的偏导为：

$$\frac{\partial \mathcal{L}}{\partial \boldsymbol{U}} = \sum_t \sum_{k=1}^{t} \frac{\partial \mathcal{L}^{(t)}}{\partial \hat{\boldsymbol{y}}^{(t)}} \frac{\partial \hat{\boldsymbol{y}}^{(t)}}{\partial \boldsymbol{o}^{(t)}} \frac{\partial \boldsymbol{o}^{(t)}}{\partial \boldsymbol{h}^{(t)}} \left(\prod_{i=k+1}^{t} \boldsymbol{W}^{\top} \mathrm{diag}\left(1 - (\boldsymbol{h}^{(i)})^2\right) \right) \frac{\partial \boldsymbol{h}^{(k)}}{\partial \boldsymbol{U}} \tag{3.42}$$

当 $t \gg k$ 时，$\| \prod\limits_{i=k+1}^{t} \boldsymbol{W}^{\top} \mathrm{diag}\left(1 - (\boldsymbol{h}^{(i)})^2\right) \|_2$ 很容易把一个稍大的梯度传递到下一时刻变成更大的梯度，再到下一时刻变得更大，也就是正反馈越来越大，然后很快趋向于无穷，产生梯度爆炸。另一种情况是，下一时刻梯度很小，再下一时刻梯度更小，然后很快趋向于 0，产生梯度消失。由于 RNN 很容易出现梯度消失或梯度爆炸，RNN 只能学到很短期的依赖关系，比如邻近几个时刻内的依赖。

RNN 中显著的梯度消失或梯度爆炸现象主要是循环结构引起的。一般的神经网络有很多层，每一层的权重矩阵不同，但 RNN 中每一层的权重矩阵都是相同的。这就导致梯度的绝对值急剧单调增或者单调减。下面是一个由于梯度消失导致循环神经网络无法处理长期依赖关系的示例。

考虑一个语言模型，试图根据之前的单词预测下一个单词。如果要预测 "The birds are flying in the _____" 中最后一个单词，不需要很多的上下文就可以知道下一个单词是 "sky"。相关信息（"birds" 和 "flying"）与预测位置的间隔比较小。这种情况下 RNN 处理起来问题不大，可以学会使用之前的信息预测出 "sky"。但如果要预测 "I grew up in *Italy* $\cdots$ I speak fluent _____" 中最后一个单词，就需要用到包含 "Italy" 的前文。相关信息（"Italy"）与预测位置的间隔可能很大。随着这种间隔的拉长，RNN 就会由于梯度消失，找不到前后的依赖关系，从而做出错误判断。

为了解决梯度爆炸，Pascanu 等提出了梯度截断的方法[145]，当梯度 $\hat{g} = \frac{\partial \mathcal{L}}{\partial \boldsymbol{W}}$ 大于预定义的阈值 threshold 时进行截断，得到 $\hat{g} = \frac{\mathrm{threshold}}{\|\hat{g}\|} \hat{g}$。为了解决梯度消失，可以用现在流行的长短期记忆模型（Long Short-Term Memory，LSTM）或门限循环单元（Gated Recurrent Unit，GRU）。

3.2.2 LSTM

让循环神经网络记住长期依赖关系可以用著名的 LSTM。LSTM[43] 是 1997 年提出来的，经过二十多年的发展，已经成为时序信息智能处理常用的工具。

LSTM 的核心思想是，很长时刻之前的信息可能很重要，需要保留，但神经网络的记忆是有限的（就像杯子倒满了水就会溢出），要想记住过去的重要的信息，就要丢掉新学到的不重要的信息。因此，LSTM 会去判定一个新信息是否重要。如果重要，就应当进入长期记忆，持久地保留；否则，属于短期记忆，很快就要丢掉。

为了达到这个目的，LSTM 循环网络设计了 LSTM 单元来替代 RNN 中的隐层单元。图 3.50 是按时间展开的 LSTM 循环网络单元的结构。相对于 RNN，每个 LSTM 单元的输入和输出不变，但增加了状态和多个门限单元来控制信息的传输。其中，最重要的单元状态 $\boldsymbol{c}^{(t)}$，由前一状态和当前输入组合而成，并通过遗忘门单元和输入门单元分别控制前一状态和当前输入的信息传输。极端情况下，如果所有的遗忘门为 0，则忽略前一状态；如果所有的输入门为 0，则忽略当前输入计算出的状态。

LSTM 单元中有 3 个门限单元，包括遗忘门（forget gate）、输入门（input gate）、输出门（output gate）。遗忘门单元用来控制需要记住前一时刻单元状态的多少内容，并通过 sigmoid 函数将遗忘门的值限制在 0 到 1 之间。第 t 时刻的遗忘门单元 $\boldsymbol{f}^{(t)}$ 为：

$$\boldsymbol{f}^{(t)} = \sigma\left(\boldsymbol{U}^f\boldsymbol{x}^{(t)} + \boldsymbol{W}^f\boldsymbol{h}^{(t-1)} + \boldsymbol{b}^f\right) = \sigma\left(\mathcal{W}_f\begin{pmatrix}\boldsymbol{h}^{(t-1)}\\\boldsymbol{x}^{(t)}\end{pmatrix} + \boldsymbol{b}^f\right) \tag{3.43}$$

其中，$\boldsymbol{x}^{(t)}$ 是当前时刻的输入，$\boldsymbol{h}^{(t)}$ 是当前隐藏状态，$\boldsymbol{U}^f$、$\boldsymbol{W}^f$、$\boldsymbol{b}^f$ 分别表示输入权重矩阵、循环权重矩阵和遗忘门的偏置，$\mathcal{W}_f$ 由 $\boldsymbol{W}^f$ 和 $\boldsymbol{U}^f$ 拼接得到。

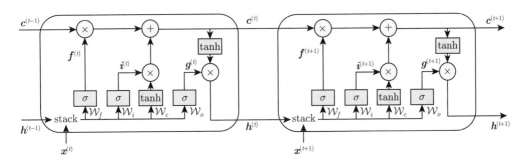

图 3.50　按时间展开的 LSTM 循环网络单元

输入门单元用来控制写入多少输入信息到当前状态。其计算方式与遗忘门类似，也是通过 sigmoid 函数将取值范围限制在 0 到 1 之间。第 t 时刻的输入门单元 $\boldsymbol{i}^{(t)}$ 为：

$$\boldsymbol{i}^{(t)} = \sigma\left(\boldsymbol{U}^i\boldsymbol{x}^{(t)} + \boldsymbol{W}^i\boldsymbol{h}^{(t-1)} + \boldsymbol{b}^i\right) = \sigma\left(\mathcal{W}_i\begin{pmatrix}\boldsymbol{h}^{(t-1)}\\\boldsymbol{x}^{(t)}\end{pmatrix} + \boldsymbol{b}^i\right) \tag{3.44}$$

其中，$\boldsymbol{U}^i$、$\boldsymbol{W}^i$、$\boldsymbol{b}^i$ 分别表示输入权重矩阵、循环权重矩阵和输入门的偏置。当前输入计算出的状态 $\tilde{\boldsymbol{c}}^{(t)}$，与 RNN 中隐藏状态计算相同：

$$\tilde{\boldsymbol{c}}^{(t)} = \tanh\left(\boldsymbol{U}\boldsymbol{x}^{(t)} + \boldsymbol{W}\boldsymbol{h}^{(t-1)} + \boldsymbol{b}\right) = \tanh\left(\mathcal{W}_c\begin{pmatrix}\boldsymbol{h}^{(t-1)}\\\boldsymbol{x}^{(t)}\end{pmatrix} + \boldsymbol{b}\right) \tag{3.45}$$

LSTM 单元的内部状态更新为：

$$c^{(t)} = f^{(t)}c^{(t-1)} + i^{(t)}\tilde{c}^{(t)} \tag{3.46}$$

输出门单元可以控制当前单元状态的输出。第 t 时刻的输出门单元 $g^{(t)}$ 为：

$$g^{(t)} = \sigma\left(U^o x^{(t)} + W^o h^{(t-1)} + b^o\right) = \sigma\left(\mathcal{W}_o \begin{pmatrix} h^{(t-1)} \\ x^{(t)} \end{pmatrix} + b^o\right) \tag{3.47}$$

其中，U^o、W^o、b^o 分别表示输入权重矩阵、循环权重矩阵和输入门的偏置。LSTM 单元的输出为：

$$h^{(t)} = g^{(t)}\tanh(c^{(t)}) \tag{3.48}$$

现在有很多 LSTM 的变体。最流行的 LSTM 变体之一是在单元状态和门限单元之间增加窥视孔连接（peephole connection）[146]，门限单元的取值不仅依赖前一时刻的隐藏状态 $h^{(t-1)}$ 和当前输入 $x^{(t)}$，还依赖前一时刻的单元状态 $c^{(t-1)}$，如图 3.51 所示。遗忘门、输入门、输出门分别为：

$$\begin{aligned} f^{(t)} &= \sigma\left(U^f x^{(t)} + W^f h^{(t-1)} + M^f c^{(t-1)} + b^f\right) \\ i^{(t)} &= \sigma\left(U^i x^{(t)} + W^i h^{(t-1)} + M^i c^{(t-1)} + b^i\right) \\ g^{(t)} &= \sigma\left(U^o x^{(t)} + W^o h^{(t-1)} + M^o c^{(t-1)} + b^o\right) \end{aligned} \tag{3.49}$$

其中，M^f、M^i、M^o 分别表示遗忘门、输入门、输出门的单元状态权重矩阵。

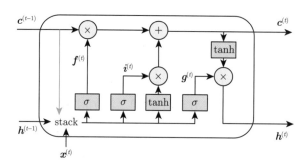

图 3.51　LSTM 中增加窥视孔连接

有的 LSTM 变体把遗忘门和输入门耦合起来[147]。它不再用两个门单独决定遗忘和新增信息，而是组合起来，令 $i^{(t)} = 1 - f^{(t)}$，内部状态更新为 $c^{(t)} = f^{(t)}c^{(t-1)} + (1 - f^{(t)})\tilde{c}^{(t)}$。如图 3.52 所示，这种 LSTM 变体只在遗忘老状态时，才在单元状态中增加新信息。

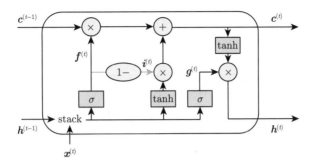

图 3.52　LSTM 中耦合遗忘门和输入门的工作

3.2.3　GRU

GRU（Gated Recurrent Unit，门限循环单元）[44] 是 2014 年提出来的，在某种意义上它也是 LSTM 的变体。GRU 在 LSTM 的基础上，把单元状态与隐藏状态合并，把输入门与遗忘门合并成为更新门（update gate），去掉输出门，增加重置门（reset gate），如图 3.53 所示。

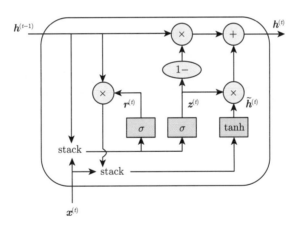

图 3.53　GRU 单元结构

更新门决定使用多少历史信息和当前信息来更新当前隐藏状态。第 t 时刻的更新门 $z^{(t)}$ 为：

$$z^{(t)} = \sigma\left(U^z x^{(t)} + W^z h^{(t-1)} + b^z\right) \tag{3.50}$$

其中，b^z、U^z、W^z 分别表示更新门的偏置、输入权重矩阵和循环权重矩阵。

重置门决定保留多少历史信息。第 t 时刻的重置门 $r^{(t)}$ 为：

$$r^{(t)} = \sigma\left(U^r x^{(t)} + W^r h^{(t-1)} + b^r\right) \tag{3.51}$$

其中，b^r、U^r、W^r 分别表示重置门的偏置、输入权重矩阵和循环权重矩阵。

隐藏状态更新为：

$$h^{(t)} = (1 - z^{(t)})h^{(t-1)} + z^{(t)}\tilde{h}^{(t)} \tag{3.52}$$

其中，

$$\tilde{h}^{(t)} = \tanh\left(Ux^{(t)} + W(r^{(t)}h^{(t-1)}) + b\right) \tag{3.53}$$

现在有很多 LSTM 变体，其核心思想是增加各种各样的门来选择是否保留过去的知识，是否把新的信息更新到已有知识中。如果将当前的输入更新到已有知识中，必然会冲淡已有的知识；如果希望记住过去的知识，比如说 1000 个单词之前的信息，就要将其一直保持在隐藏状态中。

3.2.4　小结

循环神经网络通过使用带自反馈的神经元，能够处理任意长度的序列。但 RNN 训练中存在梯度消失和梯度爆炸的问题，尤其是梯度消失会导致循环神经网络无法处理长期依赖关系。LSTM 模型通过在 RNN 循环单元中增加单元状态和门限单元能够记住长期依赖关系。门何时打开/关闭，可以通过神经网络训练来得到相关的参数。GRU 是 LSTM 的一种变体。LSTM 有隐藏状态和单元状态，还有遗忘门、输出门和输入门，表征能力更强，但参数更多，训练起来难一点。而 GRU 更简单一些，只有隐藏状态、更新门和重置门，参数更少，训练速度更快。LSTM 和 GRU 哪种模型更好，没有定论，实际中可以根据应用情况来选择。除了 GRU 外，LSTM 还有很多其他的变体（可以参见文献 [147]），都是在 LSTM 上面增加一些门或者减少一些门，其核心思想也都还是用门来选择是否保留过去的知识，是否把新的信息更新到知识中。

3.3　大模型

上一节介绍了用循环神经网络实现的序列模型，适合处理序列数据。为了更好地实现长序列的输入和输出，2014 年谷歌的研究人员在循环神经网络的基础上提出了 Seq2Seq（Sequence-to-Sequence，序列到序列）结构[148]。当输入序列很长时，Seq2Seq 存在一定的局限性，研究人员进而设计了注意力（attention）机制[149]，通过聚焦到输入序列中相关性更强、更重要的信息解决长序列输入的问题。当时，Seq2Seq 结构和注意力机制被广泛应用于循环神经网络中。但由于循环神经网络是一个串行结构，每个时间步的输入依赖于上一时间步的输出，所以在训练时的并行效率较低。

为了能够让序列模型实现高度并行训练，2017 年谷歌开创性地提出了 Transformer 网络[45]。该网络摒弃了循环结构，利用注意力机制实现 Seq2Seq 结构，解决了如何高效地处理长序列输入/输出的问题，同时可以支持高度并行的训练。由于可以高效地利用大规模序列数据，Transformer 网络开启了大语言模型（Large Language Model，LLM）时代。在

Transformer 的基础上，研究人员提出了 BERT[150] 和 GPT 系列工作[151] [34] [46]，通过不断扩大训练语料的规模和模型规模，有效提高了大语言模型的效果。其中 2022 年提出的 ChatGPT[152] 不仅可以流利回答用户提出的各种问题，还可以实现写邮件、写诗、写代码、做数学题等功能。同时 Transformer 也被应用于图像处理领域，并与文本处理结合，形成多模态大模型（Large Multimodal Model，LMM）。多模态大模型不仅可以理解文本，还可以理解图像，如 2023 年提出的 GPT-4[46]。以此为基础，让大模型充当大脑产生的智能体系统，结合规划、记忆和工具使用等模块，可以将复杂任务分解，并在每个子步骤实现自主决策，使大模型可以处理更加复杂的行动决策任务。

本节将对 Transformer 及其发展历程进行介绍，首先简要介绍 Seq2Seq 结构和注意力机制，之后详细介绍 Transformer 的基本结构，然后分别介绍 Transformer 应用于自然语言处理和图像处理领域的代表性工作，最后介绍基于大模型的智能体系统。

3.3.1　Seq2Seq

Seq2Seq 是自然语言处理领域中一种重要的序列模型，适合于处理输入/输出都是长序列的情况，被广泛应用于机器翻译、对话系统、自动文摘等任务。Seq2Seq 一般由编码器（encoder）和解码器（decoder）两部分组成。编码器根据输入序列生成语义编码，解码器根据语义编码计算输出序列。由于 Seq2Seq 利用语义编码实现输入序列和输出序列变换，输入/输出序列的长度并没有直接关联，因此 Seq2Seq 适用于输入序列和输出序列不等长的情况。

Seq2Seq 中的编码器和解码器可以使用循环神经网络来实现。图 3.54 展示了基于循环神经网络实现的 Seq2Seq 模型用于机器翻译的例子。输入的源语言序列为汉语"智能计算系统"。每一个字符作为一个词元，整个序列构成编码器的输入。编码器是一个多对一的循环神经网络，其输入是 x，隐层为 h，其最后一层提取到的特征 e 作为语义编码。每个时间步 t，编码器的隐藏状态为：

$$h^{(t)} = f(W_e h^{(t-1)} + U_e x^{(t)} + b_e) \tag{3.54}$$

其中 W_e 和 U_e 是编码器的隐层–隐层和输入–隐层连接的权重矩阵，b_e 是偏置，f 是编码器的非线性激活函数。将编码器最后一个隐藏状态 $h^{(T)}$ 作为编码器输出的语义编码 e，即 $e = h^{(T)}$。解码器是一个一对多的循环神经网络，接收编码器产生的语义编码作为第 1 时间步的输入，第 t' 时间步以上一个时间步 $t'-1$ 的输出 $\hat{y}^{(t'-1)}$ 和隐藏状态 $k^{(t'-1)}$ 作为下一个时间步的输入，输出目标语言序列 $\hat{y}$，即为英语"AI Computing System"。语义编码 e 作为解码器初始的输入，即初始隐藏状态 $k^{(0)} = e$，每个时间步 t'，解码器的隐藏状态和输出为：

$$
\begin{aligned}
k^{(t')} &= g(W_d k^{(t'-1)} + U_d \hat{y}^{(t'-1)} + b_d) \\
\hat{y}^{(t')} &= \text{softmax}(V_d k^{(t')} + c_d)
\end{aligned}
\tag{3.55}
$$

其中 $\boldsymbol{W}_\mathrm{d}$、$\boldsymbol{U}_\mathrm{d}$、$\boldsymbol{V}_\mathrm{d}$ 分别是解码器的隐层–隐层、输入–隐层、隐层–输出连接的权重矩阵，$\boldsymbol{b}_\mathrm{d}$ 和 $\boldsymbol{c}_\mathrm{d}$ 是偏置，g 是解码器的非线性激活函数。当序列较长时，也可以使用 LSTM 作为 Seq2Seq 的编码器和解码器。LSTM 可以有效地存储序列中的历史信息，缓解梯度消失，有效地处理序列数据。

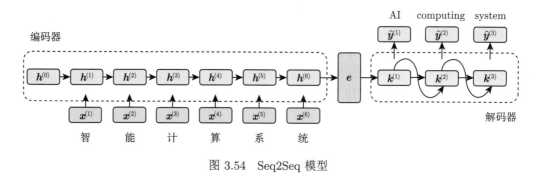

图 3.54　Seq2Seq 模型

一般的 Seq2Seq 模型会在编码阶段将输入编码成固定长度的语义编码。这样会带来两个问题：（1）模型性能受限于语义编码长度，即语义编码的长度通常是固定的，难以存储较长的输入序列的所有信息，进而影响模型的性能；（2）计算每个输入元素的权重相同，这导致 Seq2Seq 模型无法区分输入序列中不同元素的重要程度。为了解决这两个问题，研究人员提出了注意力机制。

3.3.2　注意力机制

注意力机制的设计来源于人类视觉系统。在复杂的视觉环境中，人眼接收的信息量大大超过了人脑可以完全处理的信息量，而且并不是所有的输入信息都是重要的。因此，人眼会将注意力聚焦于感兴趣的区域，仅关注视野内的一小部分信息，例如猎物和天敌。这种机制使人脑可以更加明智的分配时间和精力，对于生存和进化具有重要意义。受到人眼注意力的启发，序列模型中的注意力机制可以抽取并聚焦于少量的重要信息，忽略大多数不重要的信息，从而提升序列模型的信息处理能力。

注意力机制的输入通常包括查询（query）、键（key）和值（value）三个部分。人眼的注意力会根据自身的需求决定人眼聚焦于哪个视觉区域。例如，当饥饿时，人眼会将注意力聚焦于食物上。注意力机制中的查询就代表了需求。而键和值是成对出现的，键是值的代表。注意力机制的目的是寻找与查询相关的值，为了加快寻找速度，注意力机制会计算查询和键的相关度，那些相关度高的键对应的值被认为是重要的信息而被提取出来加以利用。可以用一个例子理解注意力机制的过程，假设我们要在图书馆中寻找与"人工智能"相关的内容，这时查询就是查找的关键词"人工智能"，图书馆中的书组成了值的集合，而每本书的书名是对应的键。如果直接使用关键词"人工智能"与每本书的内容计算相关度查找相关内容，计算复杂度会非常高。为了提高计算效率，可以计算关键词（查询）与每本书书名（键）的相关度，并把那些相关度高的书挑选出来，这些书中的内容（值）就是要寻找的与"人工智能"相关的内容。

注意力机制的计算过程大概分为两个步骤：（1）计算查询与所有键的相似度，利用相似度计算每个键值对的注意力权重；（2）利用注意力权重计算所有值的注意力汇聚结果，例如使用加权求和的方式聚合所有的值，得到注意力机制的输出结果。

图 3.55 给出一个在基于循环神经网络实现的 Seq2Seq 模型中添加注意力机制的例子。原始的 Seq2Seq 模型如图 3.54 所示。加入注意力机制后，在解码器第 t' 时间步中，以解码器上一个时间步的隐藏状态 $\boldsymbol{k}^{(t'-1)}$ 作为当前时间步的查询，以编码器所有时间步的隐藏状态 $\boldsymbol{h}$ 作为键值对，注意这里为了简化运算，第 t 步对应的键值对的键和值都为 $\boldsymbol{h}^{(t)}$，共有 T 对键值对。第一步，计算注意力权重 α，将查询 $\boldsymbol{k}^{(t'-1)}$ 与所有键 $\boldsymbol{h}$ 分别计算内积作为查询与每个键的相似度，所有相似度利用 softmax 函数归一化后作为注意力权重：

$$\alpha_t = \frac{\exp\left(\boldsymbol{k}^{(t'-1)}\boldsymbol{h}^{(t)}\right)}{\sum\limits_{i=1}^{T}\exp\left(\boldsymbol{k}^{(t'-1)}\boldsymbol{h}^{(i)}\right)} \tag{3.56}$$

第二步，计算注意力汇聚，利用每个键的注意力权重与相应的值计算加权求和，获得注意力汇聚的结果 $\boldsymbol{e}^{(t')}$：

$$\boldsymbol{e}^{(t')} = \sum_{i=1}^{T}\alpha_t\boldsymbol{h}^{(t)} \tag{3.57}$$

注意力汇聚的结果 $\boldsymbol{e}^{(t')}$ 将作为上下文信息，也作为解码器计算第 t' 时间步的输入，此时解码器的输入包含上一时间步的输出 $\hat{\boldsymbol{y}}^{(t'-1)}$、隐藏状态 $\boldsymbol{k}^{(t'-1)}$ 和注意力汇聚的结果 $\boldsymbol{e}^{(t')}$，解码器的计算公式(3.55)变为：

$$\begin{aligned}
\boldsymbol{k}^{(t')} &= g(\boldsymbol{W}_{\mathrm{d}}\boldsymbol{k}^{(t'-1)} + \boldsymbol{U}_{\mathrm{d}}\hat{\boldsymbol{y}}^{(t'-1)} + \boldsymbol{Z}\boldsymbol{e}^{(t')} + \boldsymbol{b}_{\mathrm{d}}) \\
\hat{\boldsymbol{y}}^{(t')} &= \mathrm{softmax}(\boldsymbol{V}_{\mathrm{d}}\boldsymbol{k}^{(t')} + \boldsymbol{c}_{\mathrm{d}})
\end{aligned} \tag{3.58}$$

其中 $\boldsymbol{Z}$ 是注意力–隐层的权重矩阵。

使用注意力机制后，在计算注意力权重的过程中，会根据相关性捕捉序列中重要的部分，并对重要的部分赋予较大的注意力权重，注意力汇聚后就可以聚焦于序列中重要的信息，忽略不重要的信息，使 Seq2Seq 模型输出更加准确的结果。如图 3.55 所示，当翻译"Computing"这个词时，"计算"两个字的相关性较大，注意力机制会对"计算"两个字产生较大的权重，在注意力汇聚后产生的上下文信息 $\boldsymbol{e}^{(2)}$ 中会包含更多关于"计算"的信息，帮助解码器输出"Computing"。

此外，注意力机制的计算量主要在于计算查询和键的相似度，而查询和不同的键计算相似度的过程是可以并行的。相比之下，循环神经网络的计算过程是串行的，每个时间步的计算都依赖于上一时间步计算的隐藏状态。为了提高训练过程的并行度，Transformer 在实现 Seq2Seq 结构时摒弃了循环神经网络，而使用了大量可以并行的注意力机制，切实有效地提高了并行度。在介绍 Transformer 的具体结构前，我们先介绍 Transformer 中的注意力机制。

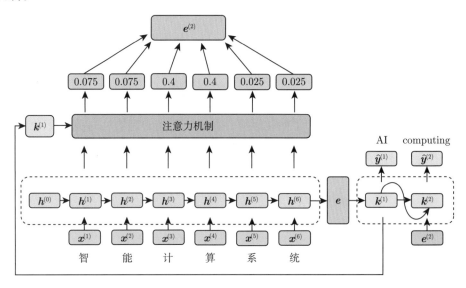

图 3.55　添加了注意力机制的 Seq2Seq 的模型

3.3.2.1　缩放点积注意力

　　Transformer 中核心的注意力机制被称为缩放点积注意力，如图 3.56 所示。缩放点积注意力的输入包括查询、键、值三个部分，其中查询和键都是维度为 d_k 的向量，值是维度为 d_v 的向量。

　　第一步，计算查询和所有键的内积，利用内积计算查询和键的相似度，然后除以 $\sqrt{d_k}$，经过 softmax 操作后获得注意力权重；第二步，注意力权重与所有值加权求和，获得注意力汇聚的结果。在实际计算时，可以将多个查询合并为一个查询矩阵 $\boldsymbol{Q} \in \mathbb{R}^{n \times d_k}$ 同时计算，多组键值对合并为键矩阵 $\boldsymbol{K} \in \mathbb{R}^{n \times d_k}$ 和值矩阵 $\boldsymbol{V} \in \mathbb{R}^{n \times d_v}$，此时向量内积将转变成矩阵相乘操作，缩放点积注意力的计算可以表示为

$$A_{\text{scale}}(\boldsymbol{Q}, \boldsymbol{K}, \boldsymbol{V}) = \text{softmax}(\frac{\boldsymbol{Q}\boldsymbol{K}^T}{\sqrt{d_k}})\boldsymbol{V} \tag{3.59}$$

注意在计算查询和键的内积后，会有一个除以 $\sqrt{d_k}$ 的缩放操作，这是因为 $\boldsymbol{Q}$ 和 $\boldsymbol{K}$ 都是输入的特征，它们的数值都是接近均值为 0、方差为 1 的正态分布。$\boldsymbol{Q}$ 和 $\boldsymbol{K}$ 内积后的方差为 d_k，当 d_k 较大时，softmax 的梯度会比较小，难以优化。因此通过除以 $\sqrt{d_k}$，使内积的方差变为 1，比较利于获得较大的 softmax 梯度进行权重优化。此外在缩放后还有一

个掩码操作，这是为了避免在解码时看到当前时刻之后的序列，我们将在 3.3.3节中详细介绍掩码操作。

3.3.2.2 自注意力

普通的注意力机制，查询和键值对通常来源不同，例如在图 3.56的例子中，查询来源于解码器的输出，键值对来源于编码器的隐藏状态序列，此时注意力机制捕捉输入和输出之间的相关关系。相比之下，自注意力的查询和键值对的数据来源是相同的，自注意力机制捕捉的是输入序列内部的相关关系。

当查询、键和值来源于同一组隐藏状态，此时的注意力机制被称为自注意（self-attention），也被称为内部注意力（intra-attention）。给定一组维度为 d_m 的输入序列 $\boldsymbol{x}_1, \boldsymbol{x}_2, \cdots, \boldsymbol{x}_n$。为简化计算过程，将这组输入序列合并为矩阵 $\boldsymbol{I} \in \mathbb{R}^{n \times d_m}$。在计算自注意力时，首先将输入矩阵 $\boldsymbol{I}$ 经过不同的投影变换 $\boldsymbol{W}^Q \in \mathbb{R}^{d_m \times d_k}$、$\boldsymbol{W}^K \in \mathbb{R}^{d_m \times d_k}$、$\boldsymbol{W}^V \in \mathbb{R}^{d_m \times d_v}$ 得到查询、键和值的矩阵，然后再计算缩放点积注意力。自注意力的计算公式为：

$$A_{\text{self}}(\boldsymbol{I}) = A_{\text{scale}}(\boldsymbol{I}\boldsymbol{W}^Q, \boldsymbol{I}\boldsymbol{W}^K, \boldsymbol{I}\boldsymbol{W}^V) \tag{3.60}$$

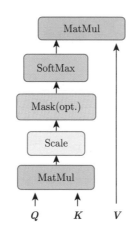

图 3.56 缩放点积注意力机制[45]

3.3.2.3 多头注意力

在注意力机制的应用中，当查询和键值对给定时，希望神经网络可以通过相同的注意力机制捕捉序列间不同方面的相关关系和相应的特征，再进行组合，例如同时捕捉短距离依赖和长距离依赖。

为了高效地实现这个目的，Transformer 中设计了多头注意力机制（multi-head attention）。其基本思路是，对查询、键和值计算不同的线性变换，可以将查询、键和值投影到不同的表示子空间中，从而捕捉不同方面的相关关系的相应的特征。再将不同线性变换后计算的注意力汇聚结果融合起来，就可以获得不同方面的更加丰富的特征，从而提高注意力机制的效果。为了实现这个过程，如图 3.57 所示，对于输入查询 $\boldsymbol{Q} \in \mathbb{R}^{n \times d_m}$、键 $\boldsymbol{K} \in \mathbb{R}^{n \times d_m}$ 和值 $\boldsymbol{V} \in \mathbb{R}^{n \times d_m}$，多头注意力机制使用 h 组不同的线性变换矩阵 $\boldsymbol{W}_i^Q \in \mathbb{R}^{d_m \times d_k}$、$\boldsymbol{W}_i^K \in \mathbb{R}^{d_m \times d_k}$、$\boldsymbol{W}_i^V \in \mathbb{R}^{d_m \times d_v}$，$i = 1, \cdots, h$，得到 h 组不同的查询、键和值的矩阵，分别计算缩放点积注意力后，将结果拼接在一起，并通过一个矩阵 $\boldsymbol{W}^O \in \mathbb{R}^{h d_v \times d_m}$ 计算线性映射进行融合。多头注意力的计算公式为：

$$
\begin{aligned}
A_{\mathrm{mh}}(\boldsymbol{Q}, \boldsymbol{K}, \boldsymbol{V}) &= f_{\mathrm{concat}}(\boldsymbol{h}_1, \cdots, \boldsymbol{h}_h) \boldsymbol{W}^O \\
\boldsymbol{h}_i &= A_{\mathrm{scale}}\left(\boldsymbol{Q} \boldsymbol{W}_i^Q, \boldsymbol{K} \boldsymbol{W}_i^K, \boldsymbol{V} \boldsymbol{W}_i^V\right)
\end{aligned}
\tag{3.61}
$$

其中 $f_{\mathrm{concat}}(\cdot)$ 函数将多个缩放点积注意力的结果拼接在一起。多头注意力机制的设计思路可以类比卷积中的多通道卷积，多通道卷积通过不同的卷积核捕捉不同方面的特征，多头注意力机制则通过多个头的不同线性变换捕捉序列不同方面的相关关系。此外，当多头注意力机制的查询、键和值来源于同一组隐藏状态组成的输入时，即为多头自注意力机制。

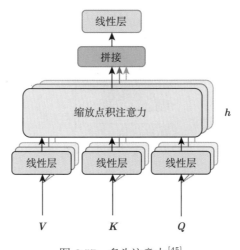

图 3.57   多头注意力[45]

3.3.3   Transformer

Transformer[45] 遵循 Seq2Seq 的基本结构，包括编码器和解码器两个主要部分，如图 3.58 所示。Transformer 完全利用注意力机制和全连接层实现编码器和解码器，没有使用任何卷积层或循环层。

编码器的输入是输入序列中词元（token）⊖的嵌入（embedding）表示，在训练阶段即为训练数据集的输入序列中词元的嵌入表示。编码器由 6 个相同的层（layer）组成（即

⊖   词元（token）是自然语言处理模型处理的最小数据单位，通常包含单词、短语、标点符号等。分词器（tokenizer）将原始文本分解为词元，然后将词元的嵌入表示输入给自然语言处理模型。

图 3.58 中 $N = 6$），而每个层又由两个子层（sub-layer）组成，分别是多头自注意力机制
（Multi-Head Self-Attention Mechanism，MHA）和全连接前馈网络。编码器中的多头自
注意力机制可以捕捉输入序列内部的相关关系。全连接前馈网络由两层全连接层实现，两
个全连接层中间使用了 ReLU 激活函数。多头自注意力和全连接前馈网络都使用了残差
连接（residual connection）和层归一化（Layer Normalization，LN）[153]。残差连接借鉴
了残差网络的设计思路，由于 Transformer 整体的层数较多，使用残差连接后可以更好地
优化 Transformer。层归一化可以使输入特征分布更加稳定，加快 Transformer 的收敛速
度。与卷积神经网络中常用的批归一化不同，层归一化针对每个样本的不同特征做归一化
操作，与批量大小和序列长度无关，因此非常适合应用于输入长度不定的序列模型中。

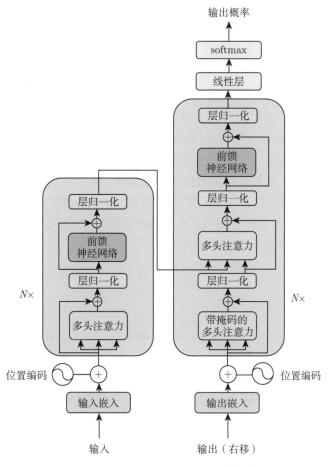

图 3.58　Transformer 整体结构[45]

解码器的输入是当前时间步前面的输出序列的词元嵌入表示和编码器计算得到的语义
编码。解码器也由 6 个相同的层组成，每个层由三个子层组成，包括一个掩码（mask）多

头自注意力机制，一个交叉多头注意力机制和一个全连接前馈网络。相比编码器的层，解码器的层中增加了一个交叉多头注意力机制。在解码器的掩码多头自注意力机制中，查询、键和值都来源于解码器上一层的输出，用于捕捉输出序列。解码器使用了自回归（auto-regressive）结构，即利用前面的序列预测下一个时间步的输出，因此解码器只使用当前时间步前的序列进行计算。为了确保解码器遵循自回归结构，掩码多头自注意力机制通过掩码操作确保注意力的计算仅利用输出序列中当前时间步前面位置的特征。解码器中的交叉多头注意力机制的查询来源于前一子层掩码多头自注意力机制的输出，键和值来源于编码器输出的语义编码，因此交叉多头注意力机制可以捕捉输入序列和输出序列之间的相关关系。与编码器类似，解码器中的全连接前馈网络同样由两层全连接层实现，并且解码器中的三个子层也都使用了残差连接和层归一化。在推理阶段，解码器的输入使用了上一时间步的解码器输出，因此需要对逐个位置进行解码，无法并行。但在训练阶段，为了提高并行度，解码器的输入使用了训练数据集中真实的输出序列（整体向右偏移一位），不依赖于上一时间步的输出，因此可以并行，极大地提高了 Transformer 的训练效率。

在处理词元序列时，循环神经网络通过逐个处理序列中的词元引入不同词元的位置信息。注意力机制为了实现并行计算，放弃了顺序操作，丢失了词元在序列中的位置信息。为了解决这个问题，Transformer 在输入嵌入和输出嵌入中添加了位置编码（positional encoding），以引入当前词元嵌入在序列中的相对或绝对位置信息。Transformer 使用了波长从 2π 到 $10000 \times 2\pi$ 的正弦和余弦函数作为位置编码，正弦和余弦函数的输入为当前词元嵌入结果在序列中的位置 i 以及嵌入结果中每个元素所在的维度。当元素所在的维度为偶数 $2j$ 时，使用正弦函数计算位置编码，当元素所在的维度为奇数 $2j+1$ 时，使用余弦函数计算位置编码，计算公式为：

$$
\begin{aligned}
p_{i,2j} &= \sin\left(\frac{i}{10000^{2j/d_m}}\right) \\
p_{i,2j+1} &= \cos\left(\frac{i}{10000^{2j/d_m}}\right)
\end{aligned}
\tag{3.62}
$$

其中 d_m 是词元嵌入的维度。

3.3.4 自然语言处理大模型

由于摒弃了循环神经网络结构而大量使用注意力机制，Transformer 可以在有效捕捉大规模序列数据之间的相关关系的同时通过高度并行提升训练效率。因此，Transformer 从效果和效率两个方面为使用大规模语料训练模型奠定了基础。在后续的研究中，研究人员发现 Transformer 在计算的有效性和可扩展性方面具有非常大的优势，当不断增大数据集和增加 Transformer 模型的参数量时，模型的能力也会同时增长，并且没有出现性能饱和的问题。此后，Transformer 被广泛应用于自然语言处理领域，研究人员不断通过扩大数据集规模和增加 Transformer 模型参数量提高模型的能力，并由此开启了大语言模型时代。在 Transformer 提出一年后，2018 年 6 月，OpenAI 的研究人员提出了 GPT（Generative Pretrained Transformer，生成式预训练 Transformer），是一种基于 Transformer 的解码器设计预训练–微调的统一框架，在大规模语料库上预训练 GPT 模型后，通过微调将 GPT 模型快速应用于不同的下游任务。GPT 的参数量约 1.17 亿，使用约 5 GB 语料进行预训练，在多种自然语言处理的下游任务中取得了当时最好的结果。为了对标 GPT，2018 年 10 月，谷歌提出了 BERT（Bidirectional Encoder Representation from Transformers，基于 Transformer 的双向编码器表示），同样实现预训练–微调架构。与 GPT 不同的是，BERT 使用了 Transformer 的编码器结构，通过对序列上下文的双向编码提升预训练模型的能力。BERT 在预训练中使用了 3.3 B 词元的语料，其中参数量与 GPT 相当的 BERT-base 模型的效果优于 GPT，参数量为 GPT 两倍的 BERT-large 模型在多种下游任务上取得了更好的效果。

此后，OpenAI 于 2019 年 2 月提出了 GPT-2，打破了预训练–微调的架构，实现直接利用无监督的预训练模型去做各种不同的任务而无须微调。此外，GPT-2 进一步增加了数据集的大小和模型参数量，使用约 40 GB 的训练语料和 15 亿参数量的模型，使预训练模型在无需进行下游任务数据集微调的情况下，超过先前在下游任务数据集上微调后的专用模型。为了进一步提高预训练模型执行不同任务的效果，OpenAI 于 2020 年 5 月提出了 GPT-3，采用文本交互提示任务和少量样本（few-shot）演示的方式实现对大语言模型的灵活使用。同时，GPT-3 使用了更加庞大的训练数据和模型参数量，使用了约 45 TB 的语料库，模型参数量约为 1750 亿。之后，OpenAI 又尝试基于 GPT-3 实现代码生成，并于 2021 年 2 月提出 Codex[154]。通过利用 GitHub 上的代码数据对 GPT-3 进行微调，Codex 具备了自动写代码的能力。为了进一步提升 GPT-3 的效果，使其生成的文本更加贴近人类的习惯，并且能通过服从指令（instruction）的方式来完成任务，而非简单地补全上文，OpenAI 于 2022 年 2 月提出了 InstructGPT[155]，通过使用来自人类反馈的强化学习（Reinforcement Learning from Human Feedback，RLHF）对 GPT-3 进行微调，显著提升 GPT-3 的效果。大模型的发展历程如图 3.59 所示。

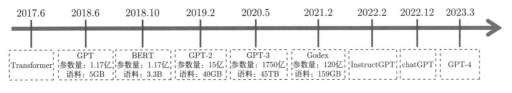

图 3.59　大模型的发展历程

在 GPT 系列工作的基础上，2022 年 12 月，OpenAI 提出了 ChatGPT，可以通过多轮交互对话回答各种开放性的问题，处理不同的文本处理任务，例如文本生成、信息提取、多语种翻译自动写代码等。ChatGPT 拥有类似人类的回答风格，可以回答类型广泛的问题，具有强大的通用性和令人惊艳的效果。同时，ChatGPT 在很多专业领域表现出超过普通人的能力，例如可以编写多种不同语言的代码，通过了美国司法考试和医疗执照考试。由于其强大的能力，ChatGPT 引起了各行各业的广泛关注，推出仅仅 5 天时间用户就超过百万，目前很多公司已经使用 ChatGPT 代替员工完成一些任务。在 ChatGPT 的基础上，OpenAI 于 2023 年 3 月发布了 GPT-4。不同于 ChatGPT 仅能进行文本操作，GPT-4 是多模态模型，可以同时接收图像输入和文本输入，在无须微调的情况下，在多种多模态任务上的效果超过了针对性训练后的模型。微软的研究人员表示，GPT-4 或许是强人工智能的雏形。

下面我们将对上述 Transformer 后续工作进行系统的梳理。

3.3.4.1　GPT

2018 年 6 月，OpenAI 提出了 GPT，利用 Transformer 的解码器结构设计生成式语言模型。GPT 提出了预训练–微调的统一框架，首先在大规模无标注的语料库上进行预训练，然后对每个特定下游任务利用有标注数据进行微调。在微调时，GPT 将会根据任务特性对输入进行特定的转换，同时网络结构仅需微小的更改，如添加一个全连接层。对所有参数进行微调后（额外的输出层需要从头训练），即可将 GPT 应用于不同的下游任务。因此，GPT 可以通过这种预训练–微调的方式，快速灵活地应用于各种自然语言处理任务，无须大量与特定任务相关的结构更改，并在多种自然语言处理任务上获得了当时最优的结果。

GPT 利用 Transformer 解码器的自回归结构实现生成式语言模型。解码器中的多头自注意力机制中包含掩码操作，可以确保注意力的计算仅利用解码器的输入序列中当前时间步前面位置的特征，从而实现自回归结构。由于没有编码器，GPT 去掉了原始 Transformer 解码器中的交叉多头注意力，仅保留了带掩码的多头自注意力和前馈神经网络，如图 3.60 所示。GPT 中包含 12 个 Transformer 层，每层中的多头注意力机制包含 12 个头，隐藏状态的维度为 768，总参数量约 1.17 亿。GPT 的训练包括预训练和微调两个阶段，其中在预训练中使用了约 5GB 的图书馆语料。

在预训练阶段，GPT 使用了标准的语言模型目标函数。语言模型是指给定序列前面的 $i-1$ 个词元，去预测第 i 个词元。给定无标注语料中的文本序列 $\mathcal{U} = \{u_1, \cdots, u_n\}$，语言模型的目标函数是极大化似然：

$$\mathcal{L}_1(\mathcal{U}) = \sum_i \log P(u_i | u_{i-k}, \cdots, u_{i-1}; \Theta) \tag{3.63}$$

其中 k 是上下文窗口，即用于预测第 i 个词元 u_i 的序列 u_{i-k} 到 u_{i-1}，条件概率函数 P 使用 GPT 实现，网络参数是 Θ。具体而言，在文本序列 $\mathcal{U}$ 中选取上下文窗口对应的子序列 $\{u_{i-k}, \cdots, u_{i-1}\}$，该子序列首先经过嵌入矩阵 $\boldsymbol{W}_e$ 获得词元嵌入，与位置嵌入相加后，输入到多层 Transformer 解码器中获得解码器输出 h_t，最后经过嵌入矩阵和 softmax 操作获得预测词的概率，用公式表示为：

$$h_0 = UW_{\mathrm{e}} + W_{\mathrm{p}}$$
$$h_l = B(h_{l-1}), \quad \forall l \in [1, t] \tag{3.64}$$
$$P(u_i) = \mathrm{softmax}(h_t W_{\mathrm{e}}^T)$$

其中 U 是上下文窗口对应的子序列 $\{u_{i-k}, \cdots, u_{i-1}\}$，$B$ 是 GPT 中的 Transformer 层，t 是 GPT 中的 Transformer 层数，W_{e} 是词元嵌入矩阵，W_{p} 是位置编码矩阵。Transformer 层中的带掩码的多头注意力确保了在预测 u_i 时仅使用序列中前面 k 个词元 u_{i-k} 到 u_{i-1}。

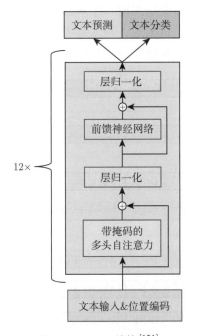

图 3.60　GPT 结构[151]

在预训练完成后，使用目标任务的有标注数据对 GPT 进行微调。给定有标注的数据集 $\mathcal{C}$，其中输入序列为 $\{x_1, \cdots, x_m\}$，标签为 y。输入序列将被输入到预训练模型中，获得多层 Transformer 解码器的输出结果 h_t'，然后输入到微调时新添加的线性输出层 W_y，用于预测输出结果，用公式表示为：

$$P(y|x_1, \cdots, x_m) = \mathrm{softmax}(h_t' W_y) \tag{3.65}$$

因此目标任务的目标函数为最大化似然函数：

$$\mathcal{L}_2(\mathcal{C}) = \sum_{(x,y)} \log P(y|x_1, \cdots, x_m) \tag{3.66}$$

在微调时，使用预训练的目标函数 $\mathcal{L}_1$ 和目标任务的目标函数 $\mathcal{L}_2$ 加权求和后作为最终的目标函数，不仅可以提高对不同下游任务的泛化能力，同时也可以加快微调模型的收敛速度。使用 λ 作为加权求和系数，微调时的目标函数为

$$\mathcal{L}_3(\mathcal{C}) = \mathcal{L}_2(\mathcal{C}) + \lambda * \mathcal{L}_1(\mathcal{C}) \tag{3.67}$$

在微调阶段，新添加的参数 W_y 需要从头训练，其他参数在预训练的基础上进行微调。

当 GPT 应用于不同下游任务时，仅需改变输入并小幅度改变模型结构即可。由于不同任务的输入结构不同，需要对 GPT 的输入进行改变，图 3.61 展示了 GPT 应用于常见的四种自然语言处理下游任务时的改变方式。

（1）分类任务：分类任务需要预测输入序列的类别。在微调时，对输入序列添加开始（Start）词元和抽取（Extract）词元后，输入到 GPT 的 Transformer 解码器中，添加一个线性变换层（即全连接层）获取最终的分类预测结果。

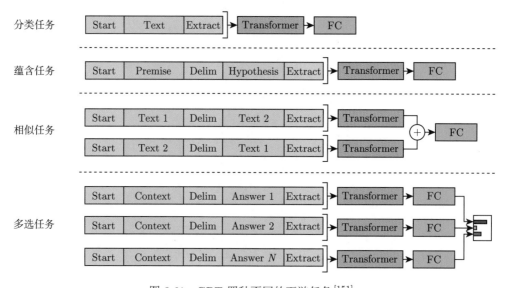

图 3.61　GPT 四种不同的下游任务[151]

（2）蕴含任务：蕴含任务输入一段前提文本和一段假设文本，判断二者是否为蕴含关系。在微调时，将前提文本和假设文本用分隔符（Delim）进行连接，再添加开始词元和抽取词元，然后输入到 GPT 的 Transformer 解码器中，同样添加一个全连接层获取最终的蕴含关系预测结果。

（3）相似任务：相似任务需要判断两段输入文本是否相似。两段文本出现的先后顺序应当不影响相似关系的判断，但在文本连接后会出现顺序。因此微调时，将两段文本分别使用两种顺序连接，再添加开始词元和抽取词元，然后都输入 GPT 的 Transformer 解码器中，将两个输出结果相加后输入到添加的全连接层中，获得相似关系的预测结果。

（4）多选任务：多选任务中，给定一个问题，需要从多个答案中选取最佳答案。在微调时，对于 n 个可能的答案，分别构造 n 个文本序列，每个序列的前半部分都是问题文本，后半部分分别是每个答案的文本，中间用分隔符连接，并添加开始词元和抽取词元。然后将这 n 个文本序列分别输入 GPT 的 Transformer 解码器中，将得到的 n 个输出结果输入到添加的全连接层中。最后将所有 n 个线性层的输出结果使用一个 softmax 计算置信度最大的作为最终答案。

3.3.4.2　BERT

2018 年 10 月，谷歌提出的 BERT[150]，利用了 Transformer 的编码器结构。由于编码器中的多头自注意力没有掩码操作，BERT 能够获得当前位置前后句子的信息，即能够对上下文进行双向编码。与 GPT 类似，BERT 同样使用了预训练–微调的方式，首先利用未标注的文本进行预训练，再通过微调应用于不同的下游任务。当应用于下游任务时，BERT 网络结构的修改程度较小，仅需要根据下游任务的特性添加一个特定的输出层。

BERT 的网络结构使用了双向的 Transformer 编码器。谷歌设计了两种 BERT 结构，BERT-base 和 BERT-large。其中，BERT-base 包含 12 个 Transformer 层，每层中的多头注意力机制包含 12 个头，隐藏状态的维度为 768，总参数量约 1.1 亿，与 GPT 的参数量相当。BERT-large 则将 BERT-base 的规模翻倍，包含 24 个 Transformer 层，每层中的多头注意力机制包含 16 个头，隐藏状态的维度为 1024，总参数量约 3.4 亿。BERT 在预训练阶段使用了大量无标注的语料，由包含 8 亿单词的图书语料库和包含 25 亿单词英文维基百科语料库组成，约 4 倍于 GPT 的预训练语料。在同等参数量的情况下，BERT 在多种自然语言处理任务上超越了 GPT，获得了当时最优的结果。

不同的自然语言处理任务，其输入会有些差异，例如文本分类任务的输入是一个句子，问答系统任务的输入是一个句子对。为了能够处理各种不同的下游任务，BERT 用特殊标记对输入文本进行处理。每个序列的第一个标记始终是特殊分类标记 [CLS]，与此标记对应的最终隐藏状态将用作分类任务的序列表示。当输入是单个句子时，BERT 的输入序列是 [CLS]、文本序列、特殊分隔符 [SEP] 的连接。当输入是一个句子对时，句子对会封装在一起形成单个序列，BERT 的输入序列是 [CLS]、第一个句子的文本序列、[SEP]、第一个句子的文本序列、[SEP] 的连接。

BERT 的输入嵌入（embedding）表示为词元嵌入（token embedding）、分段嵌入（segment embedding）和位置嵌入（position embedding）的加和，如图 3.62 所示。其中，词元嵌入是添加特殊标记后的 BERT 输入序列中每个词的词元嵌入；分段嵌入用于区分输入的前后句子；位置嵌入含义与 Transformer 的位置编码相同，但 Transformer 中使用不同频率的三角函数直接计算位置编码，而 BERT 输入嵌入中的位置嵌入是通过训练学习得到的。

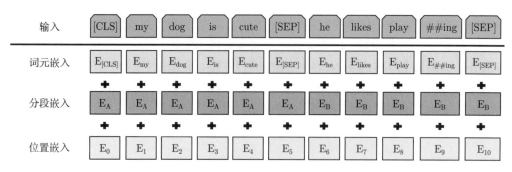

图 3.62　BERT 的输入嵌入[150]

BERT 的训练分为两个阶段，预训练和微调。预训练阶段包含两个任务，掩码语言模型和下一句预测。

掩码语言模型（masked language model）可以训练双向的表示。一般的条件语言模型只能从左到右或者从右到左进行训练，而 BERT 使用了双向的结构可以同时利用左边和右边的序列进行预测。掩码语言模型是一种类似"完形填空"的学习方式，随机遮盖序列中 15% 的词，利用其左边和右边的序列预测被遮盖的词。因此在计算损失函数时，只计算被遮盖掉的词的预测损失，而不是计算整个输入序列。

下一句预测任务是为了有效地学习两个句子之间的逻辑关系，这是因为掩码语言模型无法显式地建模句子对之间的关系，需要额外的机制来学习上下文关系。下一句预测任务是一个简单的分类任务，用以判断两个输入语句是否为前后关系。当为预训练样本构建句子对 (A,B) 时，50% 的情况下句子 B 是句子 A 实际的下一个句子，另外 50% 的情况下句子 B 是从语料库中随机选取的句子。BERT 需要正确预测句子 B 是不是句子 A 的下一个句子。

预训练完成后，BERT 通过微调应用于不同的下游任务。在微调阶段，BERT 仅需要根据下游任务的特性添加一个特定的输出层，如图 3.63 所示。微调时，只需将特定任务数据的输入/输出送入 BERT，端到端地更新所有参数，其中额外添加的输出层参数从头训练，其他参数均在预训练获得的参数基础上微调。与完全从头训练整个模型相比，微调的代价较小，可以快速灵活地获得不同下游任务的模型。

3.3.4.3　GPT-2

GPT 和 BERT 虽然能通过预训练–微调的框架在多种下游任务取得很好的效果，但是微调阶段依然需要收集下游任务的数据集，并对模型进行监督学习。为了实现真正的通用自然语言处理模型，2019 年 2 月，OpenAI 提出了 GPT-2，实现了无须微调，直接利用无监督训练的模型去做各种不同的下游任务。

GPT-2 的核心思想为，使用无监督模型直接去做各种不同的有监督任务是可以通过语言模型的框架实现的。语言模型的本质是对序列的条件概率进行建模，即对于序列 $(s_1,$

$s_2, \cdots, s_n$），语言模型是在学习条件概率模型 $p(s_{n-k}, \cdots, s_n | s_1, \cdots, s_{n-k-1})$。因此，任何下游任务都可以用语言模型建模为估计 $p(\text{output}|\text{input})$，然后设计特定的模型结构并利用相关数据集有监督地训练特定模型。为了实现通用任务的语言模型，需要告诉模型当前的任务是什么，因此 OpenAI 将任务相关的信息也作为语言模型的输入，即 $p(\text{output}|\text{input}, \text{task})$。同时，也可以用语言来灵活地表示任务，从而将任务描述、输入文本、输出文本全部转变为无监督训练的样本序列。例如，翻译任务的训练样本可以转变成（翻译为英文，智能计算系统，AI Computing System），阅读理解任务的训练样本可以转变成（回答问题，文档，问题，答案）。利用这种方式，GPT-2 实现了多任务的无监督学习。

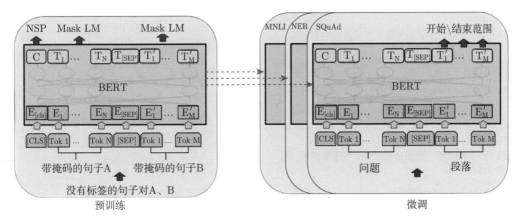

图 3.63　BERT 的微调[150]

在网络结构方面，GPT-2 延续 GPT 的设计思路，使用了 Transformer 的解码器结构，但显著扩大了模型的规模。GPT-2 中包含 48 个 Transformer 层，隐藏状态的维度扩大到 1600，参数量达到 15 亿。为了训练 GPT-2，OpenAI 收集了更加广泛、数量更多的语料组成的数据集，包含约 800 万个网页，大小约 40GB。GPT-2 在多种下游任务上的结果都超过了有监督训练的模型。GPT-2 的成功为建立通用大语言模型奠定了基础。

3.3.4.4　GPT-3

2020 年 5 月，OpenAI 进一步提出了 GPT-3，将无监督训练方式直接获得通用自然语言处理模型的思路发扬光大。GPT-3 进一步增加语料集的数量和模型参数量，并通过上下文学习（in-context learning）的方式提高 GPT-3 对不同自然语言处理任务的通用性。

上下文学习，指使用自然语言的任务提示（prompt）和少量演示示例，来学习对不同任务的处理。这一思路与人类处理任务的方式较为相似，GPT-3 正是借鉴了这个思想。之前的预训练–微调框架需要使用大量的监督数据对模型进行微调，而人类不需要大量的监督数据即可通过简短的自然语言指令学习大多数任务。即使是新任务，人类也只需要几个示例，即可快速学会并执行一项新任务。人类可以无缝地把不同任务和技能混合在一起或者在许多任务和技能之间切换。为了使 GPT-3 也具有类似的灵活性和通用性，GPT-3 通过上下文学习实现了仅根据自然语言指令或任务的一些演示完成不同的任务。具体而言，GPT-3 提供了三种上下文学习的设置，如图 3.64 左图所示。

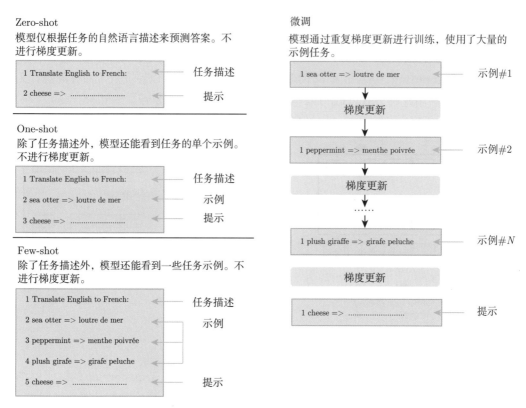

图 3.64　英语翻译为法语的 4 种方法。左侧为 GPT-3 中使用的零样本（zero-shot）、单样本（one-shot）和小样本（few-shot）方法；右侧为传统微调方法[34]

（1）小样本学习（few-shot learning）：在输入文本中，向模型提供描述任务的自然语言提示，以及一些任务相关的示例演示。示例演示的数量设置在 10 ~ 100 之间的范围内。小样本学习方式可以大大减少对特定任务数据的需求，并减少过拟合的可能性。

（2）单样本学习（one-shot learning）：在输入文本中，除了向模型提供描述任务的自然语言提示，仅提供一个任务相关的示例演示。区分单样本、小样本和零样本的原因是单样本学习与人类传达任务的方式最接近。在实际生活中，当要求人类完成某个任务时，通常会给人类提供一个该任务的示例演示，如果没有给出示例，有时很难传达该任务的内容或格式。

（3）零样本学习（zero-shot learning）：在输入文本中，只向模型提供描述任务的自然语言提示，不提供任务相关的示例演示。这种方式使用最为便捷，但也最具挑战性。在某些情况下，如果没有给出示例，即使是人类也很难理解任务的具体要求，尤其当任务描述模棱两可时。但在大多数情况下，零样本是最接近人类执行任务的方式，例如在翻译等明确的任务中，人类仅凭文本指令就知道应该做什么。

上下文学习与微调的最大区别在于，微调需要利用大量的下游任务数据对模型进行训练，更新预训练模型的参数，如图 3.64 右图所示；而上下文学习不需要大量下游任务数据，也不需要进行梯度更新。

传统 Transformer 模型中的注意力机制为全自注意力，通过全局注意力核使每个位置都与所有其他位置进行注意力计算，如图 3.65 所示。这种注意力机制对于长度为 n 的输入序列的计算复杂度为 $\mathcal{O}(n^2)$，在处理长序列时需要大量的内存和计算时间。为了降低复杂度，GPT-3 中使用了一种稀疏 Transformer（Sparse Transformer）[156] 的方法，在注意力机制中引入了稀疏性。稀疏 Transformer 使用了新的行列注意力核，通过跨步和固定注意力连接矩阵来进一步优化计算，如图 3.65 所示。跨步注意力是指模型可以在注意力计算过程中跨步跳过一些位置，固定注意力通过限制哪些位置可以相互交互来降低注意力计算的复杂度。

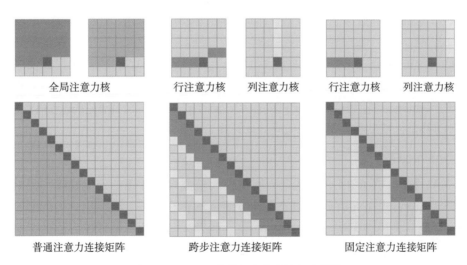

图 3.65 不同形式的注意力连接矩阵[156]

与 GPT-2 类似，GPT-3 同样使用了 Transformer 的解码器结构，但其规模相比 GPT-2 增大了约 100 倍。GPT-3 中包含 96 个 Transformer 层，每层中的多头注意力机制包含 96 个头，隐藏状态的维度为 12 288，总参数量约 1750 亿。GPT-3 的训练包括预训练和微调两个阶段。为了训练 GPT-3，OpenAI 的研究人员从互联网收集了大量的数据，并经过一系列数据清洗、去重等处理来提高数据质量，最终使用约 45TB 语料进行训练。GPT-3 在多种自然语言处理任务上取得了当时最优的效果，且利用小样本学习方式可以达到与下游任务数据集上微调相近的结果，这表明了 GPT-3 的通用性和对不同自然语言处理任务的泛化能力。

3.3.4.5 Codex

在成功推出 GPT-3 后，OpenAI 发现，虽然 GPT-3 并没有被训练用于代码生成，但是仍然可以输出一些简单的代码。不过，如果问题较为复杂，GPT-3 就无法写出正确的代码。为了提升 GPT-3 写代码的能力，OpenAI 通过在代码语料集上微调 GPT-3，成功获得了一个可以根据自然语言提示编写代码的大语言模型 Codex[154]。

为了训练 Codex，OpenAI 从 5000 万个公开的 GitHub 库里面收集了 179GB 的代码文件，然后进行过滤，去除掉那些自动生成的或者过大的文件，得到了 159GB 的文件作为训练数据集。在该数据集上，使用一个 120 亿参数规模的 GPT-3 网络进行训练，获得 Codex 的模型参数。由于代码数据中包含许多代码片段和相应的注释，Codex 通过语言模型框架获得了根据注释预测相应代码的能力，即可以实现根据自然语言提示编写代码。最后，通过单元测试验证 Codex 生成代码的正确性。实验表明，当生成一个答案时，Codex 可以解决 28.8% 的问题。如果产生 100 个答案，要求其中至少有一个答案正确，此时 Codex 可以解决 77.5% 的问题。此后，根据自然语言提示编写代码的能力成为评测大语言模型的性能指标之一。

在 Codex 的基础上，OpenAI 和 GitHub 合作推出了 Copilot。用户在使用 Visual Studio Code 等集成开发环境时，可以在提供代码注释或上下文环境后通过 Copilot 自动补全代码。Copliot 目前可以实现 Python、JavaScript、TypeScript、Ruby 和 Go 等编码语言的自动补全，帮助程序员加快代码开发速度。

3.3.4.6 InstructGPT

OpenAI 发现，在 GPT-3 的基础上直接扩大模型规模并不一定能让模型更好地实现用户意图。大语言模型在有效性和安全性方面依然存在缺陷。如果用户的问题是数据集中没有包含的，大模型无法给出正确的答案。此外，安全性和伦理性方面的隐患也会制约大模型在实际生活中的应用。为了使大语言模型能够更好地实现用户意图，并增强安全性，OpenAI 提出了 InstructGPT[155]，通过加入人类反馈使大模型能够更好地完成人类的指示。

具体而言，InstructGPT 使用了基于人类反馈的强化学习（Reinforcement Learning from Human Feedback，RLHF）技术，使 InstructGPT 的输出结果贴近人类习惯。RLHF 主要包括三个步骤，如图 3.66 所示⊖：

⊖ 图 3.66 中的"策略"指"模型"，在监督学习中通常称为"模型"，在强化学习中通常称为"策略"。RLHF 中步骤 1 和步骤 2 使用了监督学习的框架，步骤 3 使用强化学习的框架，因此图 3.66 中同时出现了"模型"和"策略"，其实指同一个东西。

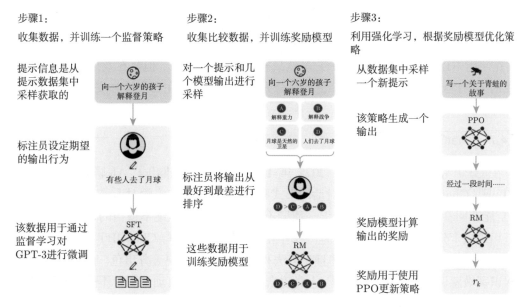

步骤1:
收集数据，并训练一个监督策略

提示信息是从提示数据集中采样获取的

标注员设定期望的输出行为

该数据用于通过监督学习对GPT-3进行微调

步骤2:
收集比较数据，并训练奖励模型

对一个提示和几个模型输出进行采样

标注员将输出从最好到最差进行排序

这些数据用于训练奖励模型

步骤3:
利用强化学习，根据奖励模型优化策略

从数据集中采样一个新提示

该策略生成一个输出

奖励模型计算输出的奖励

奖励用于使用PPO更新策略

图 3.66　RLHF 基本步骤[155]

步骤 1，使用人工给出的示范性数据，监督训练模型。雇佣一些标注员写出各种各样问题的回答，然后将这些问题和回答拼接，形成一段对话的形式。收集大量这样的对话文本数据集作为提示数据集，其中的问题将作为模型的提示信息，回答是标注员写出的，作为期望模型的输出行为。利用提示数据集微调 GPT-3 模型，获得有监督微调模型 SFT（supervised fine-tune）。需要注意的是，其实微调前的 GPT-3 模型本身已经具备产生回答的能力，微调是为了让 GPT-3 学习到什么样的回答方式是更加符合人类习惯的。

步骤 2，使用人工排序的对比性数据，训练奖励模型。给出一些问题（即提示），送到第一步获得的有监督微调模型 SFT 中，产生多个模型输出的回答。标注员将这些模型输出的不同回答按照好坏程度进行排序。将大量经过人工排序的数据整理为一个数据集，用于训练一个奖励模型。奖励模型的输入是问题和回答的文本，优化目标是让奖励模型判断的分数排序后要接近人工排序的顺序。这样就获得了一个评价回答是否符合人类习惯的奖励模型。

步骤 3，使用奖励模型，通过强化学习训练模型。利用强化学习中流行的近端策略优化（Proximal Policy Optimization，PPO）算法[157] 对第一步获得的有监督微调模型进行训练。用第二步生成的奖励模型对有监督微调模型（即图 3.66 步骤 3 中的"策略"）的输出结果进行评估，通过强化学习训练后，使模型的输出结果的奖励尽量高。由于奖励模型是符合人类习惯的，通过这种强化学习的方式训练获得的 InstructGPT 会产生更加贴合人类偏好的回答。

其中步骤 2 和步骤 3 可以重复迭代多次。在步骤 2 中，利用当前最优模型产生更多的不同回答数据，标注员排序后，这些回答数据用于训练新的奖励模型，然后步骤 3 利用新的奖励模型通过强化学习训练获得更优的模型。

RLHF 仅使用了约 5 万条人类标注的数据用于训练奖励模型，远远小于预训练的数据量。在使用 RLHF 后，InstructGPT 虽然只有 13 亿模型参数，但是在效果上好于 1750 亿参数的 GPT-3 模型，产生的回答更加符合人类偏好，同时在真实性和安全性方面都有显著提升。

3.3.4.7　ChatGPT 和 GPT-4

在 GPT 系列工作的基础上，2022 年 11 月，OpenAI 推出了 AI 聊天机器人 ChatGPT[152]。ChatGPT 可以以文字对话的形式和人类互动，支持多轮对话。对话形式使 ChatGPT 能够回答后续问题、承认错误、质疑不正确的前提并拒绝不适当的请求。ChatGPT 的应用领域十分广泛，包括问答系统、文本生成、代码编写等。ChatGPT 可以使用贴近人类语言风格的方式来进行回答，并且在语法和语义方面的表现十分出色。此外，ChatGPT 可以识别敏感话题（如种族、政治、人身攻击等），并且可以自动过滤掉不安全和敏感内容，产生符合安全性、伦理性的回答。

ChatGPT 的设计原理与 InstructGPT 十分类似，同样使用了 RLHF 的方式对预训练大语言模型进行微调，使其产生的回答贴合人类语言风格。ChatGPT 和 InstructGPT 在训练流程上基本相同，主要在标注数据环节新增了很多对话形式数据，并将原来的数据也全都改为对话形式。

ChatGPT 自开放使用以来，在人工智能领域引起了巨大的轰动，也成功引起了各行各业的关注。从数据上看，ChatGPT 用户数在 5 天内就达到了 100 万，2 个月就达到了 1 亿。另外，在非人工智能领域，有很多机构在尝试用 ChatGPT 去做一些智能生成的工作，许多企业开始使用 ChatGPT 提升员工的生产效率。例如，ChatGPT 善于进行知识的检索和整合，适合被应用于基于问答的搜索场景，因此微软已经将 ChatGPT 接入 NewBing，当采用提问的方式进行搜索时，ChatGPT 可以对 NewBing 搜索的结果进行整合，生成完整的回答，并在回答中标出答案的来源。此外，由于 ChatGPT 的强大能力，一些企业也将 ChatGPT 作为与其他工具沟通的中间桥梁，提高使用工具的效率。例如微软在 Office 办公软件套装中集成 GPT-4，用户输入文字需求后就能自动生成 PPT 的大致内容，自动对 Excel 表格的数据进行基本处理和计算等任务。

虽然 ChatGPT 取得了巨大的成功，但目前也有一定的局限性和无法胜任的场景。ChatGPT 面对复杂的推理分析、计算方面的问题时，回答错误的概率仍然非常高。另外，由于 ChatGPT 训练过程中使用 RLHF 来引导模型按照人类偏好进行学习，这种学习方式也可能导致模型过分迎合人类的偏好，而忽略正确答案。因此大家可以看到 ChatGPT 经常会"一本正经地胡说八道"。此外，受限于训练语料的采集来源，ChatGPT 在专业垂直领域上的表现还有待提高。最后，ChatGPT 的使用也可能带来数据隐私安全问题。当将 ChatGPT

使用在专业垂直领域时，需要使用领域语料进行微调。而由于 ChatGPT 规模庞大，很难进行私有本地部署，需要将领域资料提供给模型服务器提供方。这种数据流出对数据隐私保护带来了一定的隐患。

2023 年 3 月，OpenAI 又推出了 GPT-4[46]。不同于 ChatGPT 只能通过文字与用户进行交互，GPT-4 是多模态模型，可以同时接收图像输入和文本输入。GPT-4 使用了与 ChatGPT 一致的训练方法，但在文本总结和加工能力上有了明显的提升，可以根据指令给出更好的答案。但我们无法获知 GPT-4 更多的细节，GPT-4 的技术报告中明确表示，出于竞争考虑，模型结构、模型大小、具体算法、数据集，都暂不公布，需要先进行竞争评估再考虑选择性公布给会帮助他们的第三方机构。微软的研究人员对 GPT-4 进行了系统的评估，认为 GPT-4 能够表现出比以前的人工智能模型更通用的智能。除了对语言的掌握之外，GPT-4 还可以解决跨越数学、编码、视觉、医学、法律、心理学等领域的新颖而困难的任务，无需任何特殊提示。此外，在所有这些任务中，GPT-4 的表现都非常接近人类水平，并且经常大大超过 ChatGPT 等先前的模型。鉴于 GPT-4 功能的广度和深度，微软的研究人员认为可以将 GPT-4 视为通用人工智能 (Artificial General Intelligence，AGI) 系统的火花[158]。

3.3.5　图像处理和多模态大模型

大模型在自然语言处理领域取得了巨大的成功，Transformer 的结构也受到了广泛的认可和推广。研究人员开始尝试把 Transformer 结构应用于图像处理领域，并在此基础上设计图像处理和多模态大模型。2020 年，研究人员提出了 ViT 和 DETR，分别将 Transformer 首次成功应用于图像分类和目标检测。ViT[159] 通过将 2D 图像转换成图像块序列，简单快捷地实现利用 Transformer 学习图像的特征表示，为以后的图像处理和多模态大模型设计奠定了基础。DETR[160] 则基于 Transformer 实现端到端的目标检测，去掉了 anchor 机制、非极大值抑制等步骤，大大简化了目标检测的流程。2021 年提出的 Swin Transformer[161]，在 ViT 的基础上添加层次化结构，更好地学习图像不同尺度的特征表示。Swin Transformer 作为骨干网络在图像分类、目标检测、图像分割等不同图像处理任务上都取得了当时最好的结果。在此基础上，研究人员将应用 Transformer 进行图像处理和文本处理的思路结合，形成多模态大模型，例如 CLIP[139] 通过学习文本和图像之间的关联极大地提高了模型的视觉表征能力，BLIP[162] 和 BLIP-2[163] 首先提取图像感知特征，然后使用自然语言处理大模型处理感知内容的语义信息，为图像的复杂语义推理开拓了新的路线。

3.3.5.1　ViT

Transformer 的结构适合处理序列数据，而图像是二维的，因此如果想利用 Transformer 进行图像处理，一个需要解决的问题是如何将一个二维的图像转换成一个一维的序列。如果直接把图像中的每个像素点作为序列中的元素，这样组成的序列会很长，输入 Transformer

后的计算复杂度会很高，例如一张 224×224 大小的图像会变成长度为 50 176 的序列，是 BERT 输入序列长度的 100 倍。为了降低图像序列的长度，ViT[159] 简单直接地将图像分成多个图像块（patch），不仅能够将图像转变成序列，而且序列的长度也是 Transformer 能够接受的输入大小。例如 ViT 中每个图像块的大小设置为 16×16，这样一张 224×224 大小的图像变成的序列长度仅为 196。

给定输入图像为 $x \in \mathbb{R}^{H \times W \times C}$，其中 H、W、C 分别表示图像 x 的高、宽和通道数。首先将图像 x 切分为 N 个大小为 $P \times P$ 的图像块 $x_p^i \in \mathbb{R}^{P^2 C}$，$i = 1, \cdots, N$，$N = HW/P^2$。这样图像 x 就转变为一个长度为 N 的序列，序列中每个元素 x_p^i 是维度为 $P \times P \times C$ 的图像块。假设原始 Transformer 编码器可以接收的输入序列中每个词元嵌入的原始维度为 D，这时需要将每个图像块通过一个线性映射 E 变换为维度为 D 的向量，称为图像块嵌入（patch embedding）。

与 BERT 中在输入序列开头添加分类标记 [CLS] 的做法类似，ViT 在图像块序列的开头也添加分类标记 [class] 的词元嵌入，记为 x_{class}。x_{class} 与图像块嵌入的序列拼接后作为 ViT 的输入序列。此外，图像块序列是有顺序的，可以通过图像块的顺序将原始图像的部分空间信息包含在位置嵌入中。ViT 中对每个图像块嵌入加上位置嵌入（positional embedding）E_{pos} 后，再输入到 ViT。

ViT 的网络结构遵循了原始 Transformer 的编码器结构，如图 3.67 所示。ViT 中包含 L 层，每层包含一个多头自注意力机制 f_{MSA} 和一个多层感知机 f_{MLP}（即 3.3.3 节中介绍的全连接前馈神经网络），同时还使用了残差连接和层归一化 f_{LN}。ViT 中的层归一化位置与 3.3.3 节中介绍的原始 Transformer 中层归一化的位置不同。原始 Transformer 中层归一化在子层后，但 Transformer 在后续的发展使用中，将层归一化放在子层之前的残差连接内，并在最后一层添加一个额外的层归一化来处理最终输出的大小。这种做法可以使 Transformer 的训练过程更加稳定，因此后续的工作中大多将层归一化放在子层前[164]。图像块嵌入序列加上位置嵌入，输入到 L 层 Transformer 编码器层进行处理，最后一层的输出经过一个额外的层归一化 f_{LN} 后输出图像的特征表示 y，再输入到一个 MLP 后输出最终的图像分类概率。ViT 的实现过程可表示为：

$$
\begin{aligned}
&z_0 = \left[x_{\text{class}}; x_p^1 E; x_p^2 E; \cdots; x_p^N E \right] + E_{\text{pos}}, \quad E \in \mathbb{R}^{(P^2 \cdot C) \times D}, \quad E_{\text{pos}} \in \mathbb{R}^{(N+1) \times D} \\
&z_l' = f_{\text{MSA}} \left(f_{\text{LN}} \left(z_{l-1} \right) \right) + z_{l-1}, \qquad\qquad l = 1, \cdots, L \\
&z_l = f_{\text{MLP}} \left(f_{\text{LN}} \left(z_l' \right) \right) + z_l', \qquad\qquad\quad l = 1, \cdots, L \\
&y = f_{\text{LN}} \left(z_L^0 \right)
\end{aligned}
\tag{3.68}
$$

其中 z_l' 和 z_l 分别代表编码器第 l 层中多头自注意力和 MLP 子层的输出。

ViT 首次成功实现了将 Transformer 应用在图像领域，但仍然存在一定的局限性。由于 Transformer 的结构是针对序列数据的特点设计的，ViT 的结构设计并没有考虑图像数据的一些特点，如图像的局部性、空间信息、平移不变性等。而卷积神经网络的结构设计可以很好地体现图像数据的这些特点，因此在与卷积神经网络同等规模且训练数据规模较少的情况下，ViT 的图像分类能力弱于以 ResNet 为代表的卷积神经网络。但当训练数据集的规模非常大时，ViT 表现出更优的图像分类能力。同时，ViT 在足够规模的数据集上进行预训练后再迁移到更小规模的任务中，也能够达到更好的结果。ViT 的提出为后续在计算机视觉领域应用 Transformer 结构开辟了道路，后续的大部分基于 Transformer 的图像处理大模型都是在 ViT 的基础上进行设计和改进的。

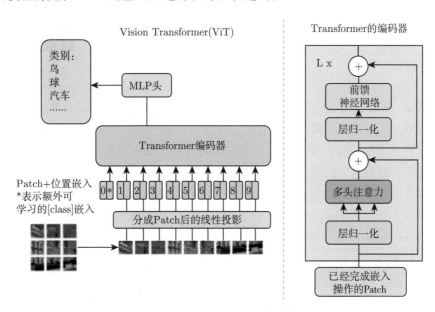

图 3.67 ViT 模型结构[159]

3.3.5.2　DETR

DETR（Detection Transformer）[160] 是一种基于 Transformer 的目标检测方法，其在目标检测任务中引入了 Transformer 的编码器–解码器结构，将目标检测视作集合预测的问题，提出了目标检测的新范式。在 DETR 出现之前，目标检测算法主要包括以 YOLO 系列为代表的一阶段算法和以 Faster R-CNN 为代表的两阶段算法。这些方法使用区域生成网络、锚框生成和非极大值抑制等处理方法，在提高检测 mAP 的同时也增大了模型的复杂度，使得模型不易调参和部署。为解决上述问题，DETR 提出了一种端到端的目标检测框架，利用 Transformer 结构的全局建模能力和新的目标函数，直接生成一组唯一的预测框，简化了目标检测的流程。

DETR 的网络结构如图 3.68 所示，主要由三部分组成：CNN 主干网络、Transformer 编解码器和预测头。CNN 主干网络负责提取图像特征，经过 CNN 得到的特征图再进行降维和扁平化以适配后续 Transformer 编码器输入的通道数。随后 Transformer 编解码器解析 CNN 提取的图像特征序列，输出一系列的查询特征。最后，查询特征输入到预测头，输出预测的目标类别与位置。

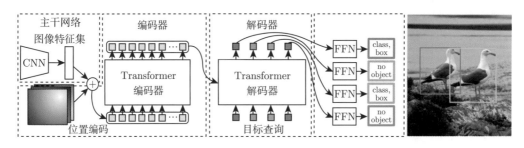

图 3.68   DETR 的网络架构[160]

在 Transformer 编解码器中，由于包含注意力机制，编码器可以计算图像特征序列之间的相关关系，从而捕捉全局的有用特征。而解码器通过目标查询（object query）自适应地学习合适的边界框先验，并输出边界框的预测结果。编码器中的自注意力机制不区分输入数据的顺序，但图像中的位置信息是有意义的，因此与 ViT 模型一样，图像特征序列在进入编码器之前需要加入位置编码信息。DETR 的编码器使用多头自注意力模型加上前馈网络（Feed Forward Network, FFN），得到不同区域间特征的关联信息。由于编码器是对整个图像特征序列计算注意力，编码器获得的特征计算了全局图像特征的相关关系，因此有益于后续对于每个目标只产生一个预测框或者少量的预测框。DETR 中的解码器结构与传统 Transformer 的类似，但 DETR 能够并行解码多个目标。如图 3.69 所示，每个解码器有两个输入：目标查询和编码器的输出结果。目标查询是一组可学习的嵌入向量，类似于传统目标检测模型中定义的一组固定数量的锚框或边界框先验，能够动态匹配到输入图像中存在的对象。P 个目标查询被解码器转换为输出嵌入，然后通过预测头中的前馈网络将它们独立解码为框坐标和类标签，从而产生 P 个最终预测。P 是一个超参数，它的值远大于图片中目标的数量。

预测头（prediction head）是一个三层全连接前馈网络，激活函数为 ReLU。每个目标查询通过预测头得到目标的类别和检测框，其中检测框由目标的中心点坐标以及宽和高组成。DETR 总共预测 P 个检测框，这 P 个检测框利用匈牙利算法与真实边界框进行二分图匹配，匹配后能够对每个待检测物体保留一个唯一的检测框。然后计算唯一的检测框与真实边界框的分类和检测框损失，通过回传损失的梯度更新模型的参数。

DETR 首次将 Transformer 模型应用在目标检测中，利用 Transformer 中注意力机制能够有效建模图像中的长程关系（long range dependency）。DETR 将目标检测问题转化为集合预测的问题，直接通过二分图匹配对每个待检测物体保留一个唯一的检测框，避免了传统目标检测方法中复杂的锚框生成和非极大值抑制等步骤。这种端到端的设计使得 DETR

模型在速度和准确性方面取得了显著的改进，开辟了目标检测的新范式。此外，DETR 具有很好的可扩展性，例如仅在解码器输出后加入新的检测头就可以扩展到全景分割等任务。

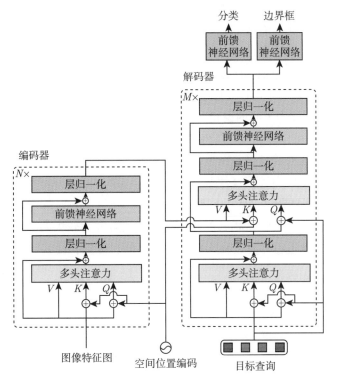

图 3.69 DETR 中的 Transformer[160]

但 DETR 相比传统目标检测算法需要更长的训练时间达到收敛，同时对于小目标的检测性能较差。针对这些问题，后续涌现了大量基于 DETR 的工作，如 Deformable DETR[165]、Efficient DETR[166]、PnP DETR[167]、Sparse DETR[168] 等，这些方法优化了模型的训练时间，也进一步提升了对不同尺度规模目标检测的 mAP。

3.3.5.3 Swin Transformer

ViT 证实了 Transformer 在计算机视觉领域的可行性，但其仅完成了图像分类任务，对于目标检测、图像分割等计算机视觉的下游任务并没有进行更深的探究。同时，ViT 在设计时也没有考虑图像的局部性、多尺度等特点。此后，在 ViT 基础上结合图像特点，出现了多种基于 Transformer 的模型，使 Transformer 在计算机视觉领域也能发挥其优势。在这些研究中，一个具有代表性的工作是 Swin Transformer[161]，该模型设计了基于移动窗口（shifted windows）计算的分层 Transformer 结构，可以高效地对图像中的多尺度信息进行建模，同时不会产生过大的计算复杂度。Swin Transformer 可以作为计算机视觉领域的通用骨干网络，在图像分类、目标检测、图像分割等不同的任务上都取得了当时最好的性能。

在 ViT 中，输入给所有 Transformer 层的图像块嵌入对应的图像块大小固定为 16×16，且输入序列代表了整个图像，如图 3.70b 所示。但是，图像中物体的大小是变化的，这种图像块固定大小的设计无法有效捕捉图像的多尺度信息，而多尺度信息对于目标检测、图像分割等下游任务是非常重要的。此外，当图像的分辨率增大时，输入序列的长度会快速增长，将整个图像的图像块序列输入 Transformer 会带来较大的计算复杂度。为了解决这两个问题，Swin Transformer 设计了分层 Transformer 结构，如图 3.70a 所示。Swin Transformer 将图像划分为不同的窗口（图 3.70a 中的红色框），每个窗口中包含相同数量的图像块（图 3.70a 中的灰色框），在窗口内的序列上计算自注意力。由于窗口中包含的图像块个数固定，自注意力的计算复杂度也是固定的，整张图像的计算复杂度会与图像大小呈线性关系。这种在窗口内计算自注意力的方式能够缓解图像分辨率变大后图像块序列变长，Transformer 计算复杂度变大的问题。此外，Swin Transformer 还设计了图像块合并操作，高层的 Transformer 层将相邻的较小的图像块合并为较大的图像快，使不同层使用不同大小的图像块嵌入进行计算，从而学习图像不同尺度的特征。

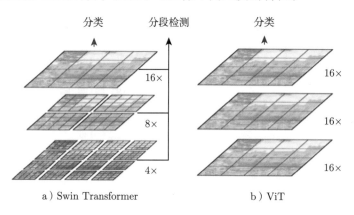

图 3.70　Swin Transformer 与 ViT[161]

Swin Transformer 的整体结构如图 3.71a 所示。假设输入图像的大小为 $W \times H \times 3$，首先将图像划分为多个图像块（patch），每个图像块的大小为 4×4，共 $\frac{H}{4} \times \frac{W}{4}$ 个图像块。然后开始第一个阶段（stage），对每个图像块进行线性变换得到图像块嵌入，每个图像块嵌入是维度为 C 的向量。然后将图像块嵌入的序列输入 Swin Transformer 块中。在 Swin Transformer 块中会对图像进行非重叠的窗口划分，仅在窗口内的序列上计算自注意力。每个窗口中包含 16 个图像块，因此自注意力计算的序列长度为 16，通过这种方式降低了自注意力的计算复杂度。为了捕捉跨窗口的特征，Swin Transformer 设计了移动窗口（shifted window）方法。在连续的两个 Swin Transformer 块中，第一个 Swin Transformer 块对图像进行常规窗口划分，从左上角开始划分，如图 3.72a 所示。第二个 Swin Transformer 块会平移和下移半个窗口大小再进行窗口划分，如图 3.72b 所示。图 3.71b 展示了两个连续的 Swin Transformer 块的结构。与 ViT 中 Transformer 层的结构十分类似，Swin Transformer 块中包含一个基于移动窗口的多头自注意力子层和一个 MLP 子层，并且每个子层前都添加了层归一化操作，并且使用了残差连接。两个连续的 Swin Transformer 块的计算可以表示为：

$$
\begin{aligned}
\hat{z}^l &= f_{\text{W-MSA}}\left(f_{\text{LN}}\left(z^{l-1}\right)\right) + z^{l-1} \\
z^l &= f_{\text{MLP}}\left(f_{\text{LN}}\left(\hat{z}^l\right)\right) + \hat{z}^l \\
\hat{z}^{l+1} &= f_{\text{SW-MSA}}\left(f_{\text{LN}}\left(z^l\right)\right) + z^l \\
z^{l+1} &= f_{\text{MLP}}\left(f_{\text{LN}}\left(\hat{z}^{l+1}\right)\right) + \hat{z}^{l+1}
\end{aligned}
\tag{3.69}
$$

其中 $\hat{z}^l$ 表示第 l 个 Swin Transformer 块中多头注意力子层的输出特征，将作为其后 MLP 子层的输入，z^l 表示第 l 个 Swin Transformer 块中 MLP 子层的输出，将作为第 $l+1$ 个 Swin Transformer 块的输入。f_{LN}、f_{MLP}、$f_{\text{W-MSA}}$ 和 $f_{\text{W-MSA}}$ 分别代表层归一化、MLP、常规窗口划分的多头自注意力、移动窗口划分的多头自注意力。

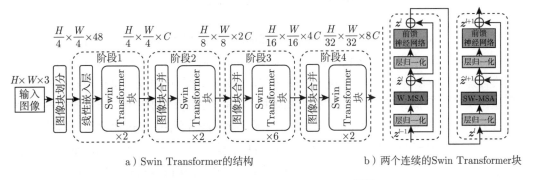

a）Swin Transformer的结构 b）两个连续的Swin Transformer块

图 3.71 Swin Transformer 整体流程[161]

需要注意的是，采用移动窗口划分，会改变窗口的数量和大小，如图 3.72 所示，原来的 4 个窗口变成了 9 个窗口，且每个窗口的大小可能不同，这时无法将这些窗口作为一个批量（batch）进行计算。针对这个问题，Swin Transformer 设计了一种循环移位的窗口划分方式，如图 3.73 所示。通过将图像边界划分出的大小不同的窗口进行循环移位后拼接，可以将特征图仍然划分为 4 个窗口大小，进而合并成批量进行计算。这种循环移位的方式破坏了原特征图中相邻像素点之间的相关性，将原来不在同一窗口的特征点划分在了同一个窗口中。为了防止后续的自注意力计算出现问题，Swin Transformer 使用了掩码多头自注意力机制，通过添加掩码，去掉原来不在同一窗口的特征点的自注意力计算结果。在计算完多头注意力之后，再将计算结果反向循环移位还原回去，保持划分窗口的原始位置不变，从而实现划分窗口后的自注意力快速高效的计算。

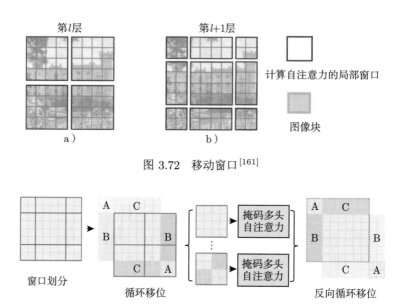

图 3.72　移动窗口[161]

图 3.73　循环移位的移动窗口划分后的批计算方式[161]

　　根据 Transformer 层的性质，Swin Transformer 块的输入/输出尺寸是相同的。为了在 Swin Transformer 中引入层次化结构，Swin Transformer 在第二、三、四阶段的开始都使用了块合并（patch merging）模块，如图 3.71a 所示。块合并的设计思路与卷积神经网络中的池化层非常类似，通过合并相邻的图像块，将输入图像块的数量缩减为原来的四分之一，每个图像块嵌入的维度加倍，非常类似于在卷积神经网络中经过池化层后特征图的长宽减半、通道数加倍的情况。例如，第二个阶段中，输入共 $\frac{H}{4} \times \frac{W}{4}$ 个图像块嵌入，每个输入图像块嵌入的维度是 C。块合并模块将相邻 2×2 的图像块嵌入拼接，拼接后的嵌入维度为 $4C$。然后经过线性变换，将嵌入维度降为 $2C$，此时图像块嵌入的数量减少为 $\frac{H}{8} \times \frac{W}{8}$，每个图像块对应原始图像中 8 × 8 的区域。依次类推，第三阶段的块合并模块将图像块数量减少为 $\frac{H}{16} \times \frac{W}{16}$，每个图像块嵌入的维度为 $4C$，对应原始图像中 16 × 16 的区域；第四阶段的块合并模块将图像块数量减少为 $\frac{H}{32} \times \frac{W}{32}$，每个图像块嵌入的维度为 $8C$，对应原始图像中 32 × 32 的区域。通过块合并模块，不同阶段的图像块嵌入对应的原始图像区域越来越大，类似卷积神经网络中卷积的感受野越来越大，从而可以实现捕捉多尺度的特征。这些不同尺度的特征输入到目标检测或图像分割常用的多尺度融合模块中，进一步获得目标检测或图像分割的结果。

　　Swin Transformer 通过层次化结构的设计，将 Transformer 的结构设计与图像的多尺度特点相结合，目前已经成为计算机视觉领域普遍使用的骨干网络，被应用于图像分类、目标检测、图像分割等多种任务。Swin Transformer 能够很好地替代传统的卷积神经网络，并且其准确率和计算效率均已超过了现有的卷积神经网络。之后，研究人员还将 Swin

Transformer 拓展到视频处理领域,提出 Video Swin Transformer[169],在视频识别相关任务上达到当时最好的结果。2022 年,Swin Transformer 的研究团队提出了 Swin Transformer V2[170],通过扩大模型的参数量和输入图像分辨率,进一步提高了 Swin Transformer 在执行图像分类、目标检测、图像分割、视频动作识别等任务时的效果。此后,研究人员还将 Swin Transformer 与自监督学习相结合[171],进一步挖掘 Swin Transformer 从大量无标注数据中的学习能力。

3.3.5.4 CLIP

以 ChatGPT 为代表的大语言模型可以利用无标注的大规模语料数据集进行预训练,并在自然语言处理的多种下游任务上展现出令人震惊的效果。但在计算机视觉领域,绝大多数模型依然需要使用有标注且目标类别固定的数据进行训练,当模型学习新类别的目标时,需要添加相应的标注数据,这制约了计算机视觉领域的发展。2021 年,OpenAI 提出了 CLIP(Contrastive Language-Image Pre-training)[139],利用从网上获取的大规模数据集,通过学习文本和图像之间的关联,获得了当时最优的视觉表征模型。CLIP 具有极强的泛化能力,在图像分类、多种细粒度物体识别、文字识别、动作识别、文本图像检索等多种下游任务上都获得了超过监督训练模型的效果。同时,CLIP 能够在未训练的数据集上表现出较好的识别结果,实现零样本学习。CLIP 的出现推动了视觉和语言模型的融合,促进了多模态大模型的发展。

为了充分利用从互联网上获取的大规模数据集同时减少人工标注,CLIP 使用了自然语言作为监督信息。CLIP 使用的数据集是从网上收集的约 4 亿个图像–文本对,名为 WIT(WebImageText),其规模与训练 GPT-2 使用的语料集接近。WIT 中包含了互联网上各种图像和与之相关联的文本片段,涵盖了非常广泛的主题和语境。

在预训练阶段,CLIP 使用自监督学习的方式,学习一个图像–文本共享的多模态表征空间,如图 3.74 所示。首先,对于一个批量(batch)中的 N 个图像–文本对,CLIP 利用一个图像编码器和一个文本编码器分别提取图像表征 $I_1, \cdots, I_N$ 和文本表征 $T_1, \cdots, T_N$。其中图像编码器可以使用 ResNet 或 ViT,文本编码器使用了 Transformer。然后利用对比学习计算损失函数,匹配的 N 个图像–文本对 (I_i, T_i) 记作正样本,其余不匹配的 $N^2 - N$ 个图像–文本对 (I_i, T_j) 记作负样本,其中,$i \neq j$。CLIP 的优化目标是使正样本在表征空间中距离更接近,而负样本距离更远。CLIP 利用余弦相似度计算图像和文本表征的距离,在训练中最大化正样本的余弦相似度,同时最小化负样本的余弦相似度。通过优化由正负样本组成的目标函数,CLIP 将图像和文本映射到一个共享的多模态表征空间,实现图像–文本的匹配。

经过预训练后,CLIP 能够将图像和文本映射到同一个表征空间,具有极强的泛化性能,并且学习到的图像和文本表征可以直接应用到下游视觉任务中。例如,进行图像分类时,如图 3.75 所示,所有可能的类别通过提示模板(prompt template)"A photo of a {object}."

转换成一段文本，即用类别名代替提示模板中的 {object}，然后输入到文本编码器中得到一组文本特征向量，同时待分类的图片经过图像编码器后得到图像特征向量。计算图像特征向量与该组文本特征向量间的余弦相似度，选取相似度最大的文本作为图像的分类结果。

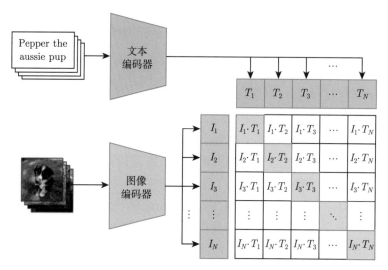

图 3.74　CLIP 的预训练[139]

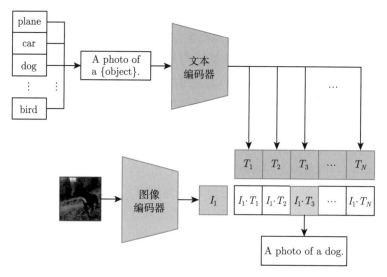

图 3.75　CLIP 在图像分类中的应用[139]

CLIP 利用互联网上获取的大规模图像–文本对数据集进行预训练，降低了对精确人工标注数据的依赖。同时，CLIP 通过自监督对比学习，能够捕捉图像和文本之间的关联关系，从而具有多模态理解能力。CLIP 在计算机视觉的多种下游任务上都表现出强大的泛化能力和零样本学习能力，甚至可以超过监督训练模型的效果。

CLIP 的提出为后续的研究打下了坚实的基础，此后基于 CLIP 的工作层出不穷，例如，VideoCLIP[172] 将 CLIP 应用在视频领域实现零样本的视频理解，HairCLIP[173] 将 CLIP 应用在图像编辑上实现定制化修改发型，StyleCLIP[174] 将 CLIP 与 StyleGAN[106] 结合实现文本引导的图像风格迁移。CLIP 在跨模态学习和图像文本理解领域展示了巨大的潜力，开辟了一系列新的研究方向。但 CLIP 也存在一些缺点，比如，预训练对计算资源需求高，一般研究者很难复现预训练的过程。在细粒度的垂直领域，如肿瘤识别、植物鉴定等场景上，CLIP 的效果有待提升。此外，由于预训练全部基于互联网数据，从数据中可能会学习到潜在的偏见，存在一定的社会伦理与公平问题。

3.3.5.5 BLIP

CLIP 的横空出世，为图像处理领域带来了一种新的范式：通过对比学习的方式，在超大规模的数据集上，学习跨模态间可良好对齐的特征。但是，作为一个多模态理解模型，CLIP 仅被设计用于图像文本匹配任务（如图像分类、目标检测等），无法实现图像文本生成相关的任务（如图像描述生成等）。另外，用于训练 CLIP 的图像–文本对数据直接从互联网采集而来，不可避免地含有大量不准确的带噪声的图像–文本对数据。为应对这两项挑战，BLIP（Bootstrapping Language-Image Pre-training）[162] 应运而生。BLIP 设计了能够统一视觉–语言理解和生成任务的多模态混合编码器–解码器结构，实现有效的多任务预训练和迁移学习。同时，BLIP 提出了增强和清洗带噪图像–文本对数据集的描述生成过滤（captioning and filtering）方法，然后用过滤和修正后的描述文本训练新的模型。

作为一个同时具有理解和生成能力的统一的预训练多模态模型，BLIP 采用了一种多模态混合编码器–解码器结构，如图 3.76 所示。BLIP 具有三种运行结构：单模态编码器、基于图像的文本编码器和基于图像的文本解码器。

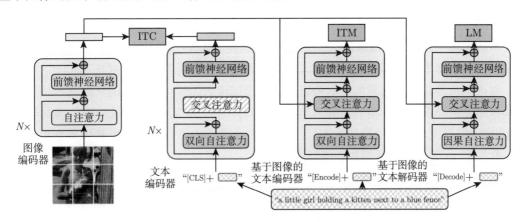

图 3.76 BLIP 的预训练的多模态混合编码器–解码器结构[162]

- **单模态编码器**：分别对图像和文本进行编码。BLIP 使用 ViT 作为单模态图像编码器，将输入图像分割成多个图像块（patch），并将其编码为嵌入序列作为图像的特征。BLIP 的单模态文本编码器使用与 BERT 一致的双向 Transformer 结构，接收的输入序列是 [CLS] 词元与文本的连接，并将输入序列编码为文本的特征信息。类似于 CLIP，单模态编码器计算图像和文本的对比（Image-Text Contrastive, ITC）损失，使配对的图像与文本的表征相似度越来越高，不配对的图像与文本的表征相似度越来越低，从而实现图像表征和文本表征的对齐。

- **基于图像的文本编码器**：在文本编码器的每个 Transformer 块的自注意力层和前馈网络之间插入一个额外的交叉注意力层，从而向文本的嵌入序列中注入视觉信息。输入文本中添加了与任务相关的 [Encode] 词元，输出的序列中 [Encode] 词元的嵌入表示将作为图像-文本对的多模态特征表示。在训练阶段，该多模态特征用于计算图像-文本匹配（Image-Text Matching, ITM）损失。ITM 是一个二分类任务，基于图像的文本编码器输出的多模态特征经过一个全连接层（被称为 ITM 头），判断输入的文本-图像对是否匹配。通过 ITM 损失，基于图像的文本编码器可以实现视觉和文本之间的细粒度对齐。

- **基于图像的文本解码器**：将基于图像的文本编码器中的双向自注意力层替换为因果自注意力层，从而实现对未来字符的预测。具体而言，在输入文本的开头添加 [Decode] 词元表示序列的开始，解码器的输出序列中的 [EOS] 词元表示输出序列的结束。基于图像的文本解码器为输入图像生成预测的文本描述，并通过语言建模（Language Modeling, LM）损失来训练该解码器，通过自回归方式将视觉信息转换为连贯的文本描述。

此外，以 CLIP 为代表的预训练模型从互联网自动收集了大量的图像-文本对数据。但是，这些数据中的部分文本无法准确描述图像的视觉内容，从而引入了噪声信号，不利于学习视觉-语言的对齐。为解决该问题，BLIP 提出了描述生成过滤（Captioning and Filtering, CapFilt）方法，如图 3.77 所示。通过使用自动清洗噪声文本的过滤器（filter），以及产生新文本的描述生成器（captioner），来提高文本描述的质量。具体来说，过滤器是 BLIP 中的基于图像的文本编码器，它判断输入图像和输入文本是否匹配，并过滤不匹配的噪声文本。描述生成器是基于图像的文本解码器，它根据输入图像生成图像的新的文本描述，并替换掉原始的噪声文本，构成新的图像-伪文本对。将过滤后的图像-文本对、描述生成器产生的图像-伪文本对和少量的人工标注的图像-文本对合并，形成一个新的数据集（称为自举数据集），并使用该数据集训练新的模型。

BLIP 有效建立了视觉和文本特征的交叉融合，从而在多模态理解和生成任务上取得了更好的结果。然而，由于模型的参数量较大，数据集的规模较大，端到端的从头训练多模态大模型需要花费大量的计算资源。为了减少训练多模态大模型的计算资源，BLIP-2[163] 通过对现有的预训练好的视觉和语言单模态大模型进行自举，实现通用且计算高效的多模态大模型预训练。

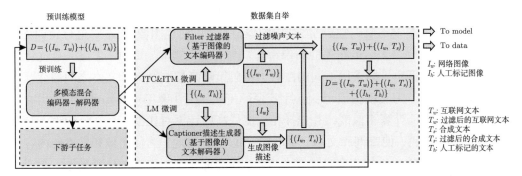

图 3.77 BLIP 利用描述生成过滤方法产生自举（bootstrapped）数据集[162]

为了借助冻结的预训练图像编码器和 LLM 自举视觉–语言预训练，BLIP-2 提出一个轻量级的 Q-Former（Querying Transformer，查询 Transformer）来弥补模态之间的差距。Q-Former 训练分为两个阶段：第一阶段，用冻结的图像编码器自举视觉–语言表达学习能力，使 Q-Former 学习到与文本最相关的视觉表征。第二阶段，用冻结的 LLM 自举视觉到语言的生成学习能力，通过一个全连接层将 Q-Former 输出的视觉表征映射到与 LLM 的文本嵌入相同的表征空间，然后利用 LLM 的文本生成能力和复杂推理能力实现多模态理解和生成任务。BLIP-2 的框架如图 3.78 所示。

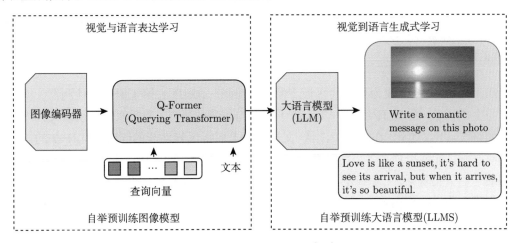

图 3.78 BLIP-2 的框架[163]

如图 3.79 所示，Q-Former 由图像 Transformer 和文本 Transformer 子模块组成，这两个子模块共享相同的自注意力层。与 BLIP 不同的是，自注意力层接收两组输入：可训练的查询（query）向量，以及输入文本序列。查询向量经过图像 Transformer 的自注意力层后，通过交叉注意力层与图像编码器输出的图像特征进行交互，并经过前馈网络获得该查询的输出表征。查询还可以通过相同的自注意力层与文本序列进行交互。文本序列经过文本 Transformer 的自注意力层后，直接输入到不同的前馈网络中，输出文本表征。Q-Former 训练的第一阶段将 Q-Former 连接到冻结的图像编码器，使用图像–文本对进行预训练，以便查询可以学习提取与文本最相关的图像特征。与 BLIP 类似，BLIP-2 也联合优化三个预训练目标，并且每个目标采用不同的注意力掩码策略来控制查询和文本之间的交互（如图 3.79 右图所示）。为实现图像–文本对比学习（ITC），图像 Transformer 的输出查询表征都需要与文本表征计算相似度，并选择相似度最高的计算对比损失。在该约束下，采用单模态自注意力掩码，使查询和文本"看不到彼此"。相对地，为使图像和文本的内容进行细粒度的匹配（ITM），采用双向自注意力掩码，使查询和文本能够"看到彼此"。此外，为了使网络具备基于图像的文本生成能力，需要使用多模态因果自注意力掩码。文本生成是从图像到文本的单向任务，并且是预测未来字符的任务，因此该掩码使查询"看不到"文本，但文本可以"看到"查询以及之前的文本。

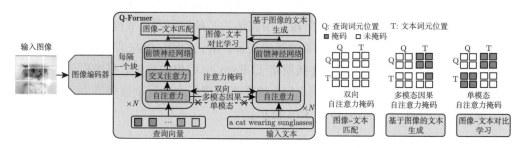

图 3.79   Q-Former 结构及其第一阶段的三个训练目标（左图）；每个训练目标控制查询–文本交互的自注意力掩码策略（右图）[163]

BLIP 与 BLIP-2 成为下一代多模态模型的雏形。BLIP 去掉了繁杂的检测器，统一了理解与生成任务，而 BLIP-2 进一步跨越了视觉与语言的边界，为图像的复杂语义推理开拓了新的路线。不仅如此，在传统的图像–文本任务上取得优异性能的同时，BLIP-2 的计算需求相对友好，能便捷地在各下游任务上迁移。虽然 BLIP 和 BLIP-2 仍然有一定的局限性，比如缺乏上下文联系，不正确的推理路径等，但为多模态大模型的设计提供了新的思路：使用视觉模型作为图像内容的感知，然后使用大语言模型处理感知内容的语义信息。基于类似的思路，还出现了许多多模态大模型，如 Flamingo[175]、MiniGPT-4[176]、LLaVA[177] 等。

3.3.6   基于大模型的智能体系统

智能体系统（agent system）通常用来描述能够感知环境、做出决策和采取行动的计算机程序或实体。不同于处理单一的视觉或语言任务，智能体系统能够应对复杂的任务，做出一系列复杂的规划和动作步骤。

大模型展现出的应对多种任务的能力，让程序面对复杂环境的交互成为可能。研究人员以大模型为核心，设计了智能体系统[178]，如图 3.80 所示。在以大模型为核心的智能体系统中，大模型充当智能体的大脑，将复杂任务分解为子步骤，然后针对每个子步骤实现自主决策。智能体系统同时还包括动作（action）、规划（planning）、记忆（memory）和工具使用（tool use）模块。

3.3.6.1　规划

规划模块主要包括子任务分解（task decomposition）和反思（reflection）两大部分。

当面对一个复杂任务时，直接一步到位完成这个任务对智能体来说有很大的挑战。通过子任务分解模块，智能体能够利用大模型将一个复杂任务拆分为多个简单的子任务并分别处理，达到实现高效处理复杂任务的目标。

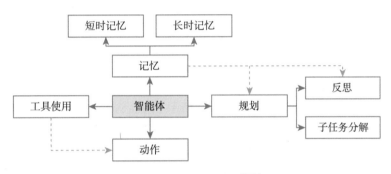

图 3.80　智能体系统[178]

为实现子任务分解，目前常用的方法包括思维链（Chain-of-Thought，CoT）和思维树（Tree of Thought），如图 3.81 所示。思维链[179] 的目的是在提示中要求大模型将其产生输出的思维过程也显示出来，例如通过提示大模型 "Let's think step by step"（让我们一步一步思考），从而将大型的、困难的任务分解为更小、更简单的步骤，并清楚地解释模型的思维过程。基于思维链的提示词技术，已经成为增强复杂任务中模型性能的一种范式。在此基础上，思维树[180] 通过在每一步探索多种推理可能性来扩展思维链。具体而言，首先将问题分解为多个思考步骤，并在每个步骤中生成多个思考，每一步生成的多种策略拓宽了思维链的横向维度，形成了如图 3.81b 所示的树状结构。为从思维树中得到一条从输入到输出的完整路径，可以通过广度优先搜索或深度优先搜索系统地搜索思维树，利用分类器或投票评估每个状态，寻找全局最优的思维链。此外，还可以使用经典的规划器来进行长期规划[181]。

与人类的思考方式类似，当智能体提出一种策略时，并不能保证每次的策略完全正确。因此，需要一个反思机制。在反思的过程中，智能体通过完善过去的行动决策以及纠正以前的错误来进行迭代改进。反思模块通过不断的试错与改进，进而达到在现实世界的任务中取得更好结果的目的。代表性的反思模块实现方法包括 ReAct[182]、Reflexion[183] 和 Chain of Hindsight[184] 等。

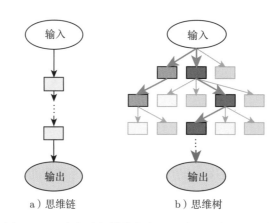

a）思维链   b）思维树

图 3.81　子任务分解模块的常用方法：思维链和思维树

ReAct 交替产生推理过程的语言描述和任务相关的动作。推理过程可以帮助模型归纳、追踪、更新动作计划，并处理异常；任务相关的动作可以使模型与外部知识库或环境交互，从而获取更多的信息，并利用这些信息改进动作计划。Reflexion 通过为智能体配备动态记忆和自我反思能力，来提高推理能力。如图 3.82 所示，Reflexion 在 ReAct 的基础上增加了反思框架，包含验证模块和自我反思模块。验证模块接受 LLM 与环境交互产生的轨迹以生成多种形式的内部反馈信号，而自我反思模块结合环境外部反馈和验证模块产生的内部反馈进一步生成文本摘要形式的"口头反思"，来帮助 LLM 改进下一轮的推理和动作的生成。

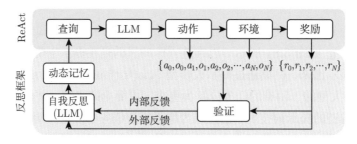

图 3.82　反思模块的常用方法 Reflexion 示意图[178]

CoH（Chain of Hindsight，后见链）利用一系列过去的输出和对应的人类反馈来改进模型的输出。CoH 将各种类型的反馈都转换成文本，用于微调模型。具体来说，模型接收过去的输入和人类反馈，并基于预测对应输出的损失来微调模型参数。经过微调的模型可以在测试时选择性地接受人类指令以产生更好的输出。

3.3.6.2　记忆

智能体系统中的记忆模块是一种用于存储、检索和管理信息的关键组件。通过记忆，智能体能够利用过去的经验和信息来更好地应对复杂任务，提高性能。受人类记忆系统的启发，记忆模块采用以下三类的形式，包括感知记忆、短期记忆和长期记忆。

感知记忆（sensory memory）指的是个体对外部世界的感觉信息的短期存储和处理[185]。感知记忆允许个体在原始刺激停止后保留感官信息的印象。人类有五种传统感官：视觉、听觉、味觉、嗅觉、触觉。感知记忆中表示的信息是"原始数据"，它提供了一个人整体感官体验的快照。在基于大模型的智能体系统中，感知记忆为原始输入的学习嵌入表示，包括文本、图像或其他模态[178]。

由于大模型的输入上下文窗口长度有限，随着输入的不断增加和累积，窗口长度决定模型处理某段信息的持续时间。这一点与人类记忆系统中的短期记忆（Short-Term Memory，STM）十分相似。短期记忆指的是在短时间内以活跃、随时可用的状态保存少量信息的能力[186]。短期记忆的持续时间是有限的，一般仅有 20～30 秒，并且内容会随着时间的推移而衰减。在基于大模型的智能体系统中，上下文学习的输入可以类比为短期记忆，存储着执行当前复杂任务所需的信息[178]。

与短期记忆相对应的是长期记忆（Long-Term Memory，LTM），在人类记忆系统中，长期记忆是指用于存储和保持信息的持久性存储系统[187]。长期记忆的存储容量理论上是无限的，可以存储很长时间内的信息，甚至达到几十年。人类调取长期记忆中知识点的过程，与大模型访问外部向量存储的过程类似。因此，在基于大模型的智能体系统中，长期记忆指的是外部向量存储。智能体通过访问外部向量存储，通过查询和检索利用其中的知识解决复杂问题[178]。

实现记忆系统对智能体系统的整体性能和智能水平产生积极的影响。通过记忆，智能体系统能够学习和适应不断变化的环境，支持问题解决和复杂任务的执行。同时，记忆机制使得智能体系统能够更好地理解上下文，维护决策的连贯性。

3.3.6.3　使用工具

当人类自身的能力不足以探索和认知现实世界时，人类会通过创造、修改和利用工具的方式来达到目的。类似地，在智能体系统中可以通过给大模型配备外部工具，大幅扩展模型的能力。

对大模型这类计算机程序而言，工具指的是外部拥有某一特定功能的程序。这些程序以某种接口的形式，接入到现有的大模型。以 ChatGPT 为例，OpenAI 公司为其设计了插件和 API 函数调用功能。工具 API 的集合可以由其他开发者提供插件或自定义函数组成。智能体系统使用工具的代表性工作还有 MRKL 和 HuggingGPT。

MRKL[188] 定义了一种具有多个模型的架构。这些模型包括完成某一特定任务的神经网络，或者计算器、货币转换器和天气 API 这类符号模型，每个模型在各自的任务上都能完成得很好。为了更好地使用这些任务模块，LLM 通过微调后扮演了一个调度者的角色，它能够根据任务找到架构中最合适的模块。以数学计算为例，MRKL 通过微调 LLM，使其能够准确地将数学计算与计算器模块对应，完成相应的调用。因此，当外部工具足够丰富的时候，如何让智能体系统选择合适的工具是至关重要的。针对这一需求，微调后的 LLM 能够很好地扮演调度者的角色。类似地，TALM[189] 和 Toolformer[190] 都通过微调 LLM 来学习使用外部工具 API。

HuggingGPT[191] 则将 ChatGPT 和 HuggingFace 平台相结合。HuggingFace 平台扮演工具箱的角色，ChatGPT 扮演控制器的角色。面对输入的需求，ChatGPT 依次完成任务规划、模型选择、任务执行和响应生成，如图 3.83 所示。

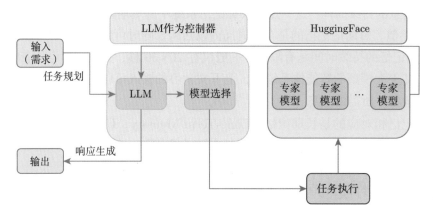

图 3.83　HuggingGPT

首先，LLM 将用户输入的需求解析为多个任务。然后，LLM 通过多项选择的方式从一个模型列表中选择模型，并将任务分配给 HuggingFace 中的专家模型。由于上下文长度有限，在这一阶段还需要进行基于任务类型的过滤。在执行任务时，由专家模型负责执行某一具体任务，并记录执行之后的结果。在响应生成阶段，由 LLM 负责接收执行结果，最终返回给用户总体结果。

基于智能体系统中的规划、记忆、使用工具模块，智能体系统可以更加像人一样思考和解决问题，处理复杂的决策问题，将大模型应用于科学发现、艺术创造、社会模拟等多种领域。例如，在科学发现方面，ChemCrow[192] 是一个基于 LLM 设计的化学智能体系统，通过整合 17 种专家设计的工具，有效地提升了 LLM 在有机合成、药物发现、材料设计等方面的性能。在社会模拟方面，生成式智能体系统利用 LLM 产生多个虚拟角色，借助记忆、规划和反思机制，使智能体能够根据过去的经验做出反应，并与其他智能体进行交互。

3.3.7　小结

2017 年 Transformer 被提出后，研究人员发现基于注意力结构的 Transformer 具有更高的模型容量，即增加 Transformer 模型的参数量时，能够更好地从大规模数据集中学习而不会出现饱和。Transformer 的这种特性为大模型奠定了基础。自 GPT-2 被提出后，越来越多的学术界和产业界的研究人员投身于设计通用化的大模型，OpenAI、谷歌、Meta、华为、百度、清华大学等纷纷推出了自己的大模型。例如，谷歌提出了 T5[193] 之后于 2022 年 4 月发布了 PaLM[194]，于 2023 年 5 月发布了 PaLM2[⊖]；Meta 于 2023 年 2 月发布了 LLaMA[195]，于 2023 年 7 月发布了 Llama2[196]，之后于 2024 年 4 月发布了 Llama3[⊖]；华为于 2023 年 4 月发布了 PanGu-Σ[35]，参数量达到了千万亿规模；清华大学提出了 GLM[197]，等等。此外，除单纯的大语言模型外，研究人员还将图像等其他模态数据引入大模型，设计了多模态大模型。多模态大模型的思路是将图像等其他模态的数据表征与文本的数据表征进行对齐，然后再进行后续的多模态数据理解、推理等任务。例如，CLIP[139] 利用对比学习的方式实现图像和文本数据的表征对齐，在此基础上，BLIP[162] 将对齐后的图像表征与文本表征进行有机的融合，BLIP-2[163] 则将图像特征映射到 LLM 的输入文本嵌入相同的表征空间，从而将仅仅可以处理文本的大语言模型拓展为可以处理多模态数据的多模态大模型，类似的工作还有 Flamingo[175]、MiniGPT-4[176]、LLaVA[177] 等多模态大模型。另一方面，研究人员也在探索从预训练阶段就使用多模态数据训练的原生大模型，而不是通过 BLIP-2 使用的模态对齐后输入到大语言模型的方式。例如，谷歌于 2023 年 12 月提出了原生多模态大模型 Gemini 1.0，并于 2024 年 3 月发布了 Gemini 1.5[⊖]。2024 年 3 月，OpenAI 推出了视频生成大模型 Sora[四]，可以生成长达 60 秒的清晰视频。由于展现出了令人振奋的自然语言和多模态处理效果，大模型引起了各行各业的广泛关注，被尝试应用于不同的领域。目前常用的方式包括通过提示工程（prompt engineering）将大模型中的知识引导出来并应用于各种各样的具体任务，以及对大模型进行领域微调使其能够快速应用于不同的下游任务。在此基础上，以大模型作为大脑或中央控制器，添加规划、记忆、使用工具等模块，形成智能体系统，可以更加像人一样思考和解决问题，处理复杂的决策问题，推动科学、社会学等更加广泛的领域的发展。更多的介绍可以阅读相关的文献 [198-199] 进一步了解。

3.4 神经网络的优化

深度神经网络训练的目的是最小化损失函数（也称为目标函数），让模型的输出更接近数据的真实值。同时，模型的初始化也会影响神经网络的优化。下面介绍几种常用的初始化和优化方法。

⊖ NIL R, DAI A, FIRAT O, et al. PaLM 2 Technical Report[J]. arXiv preprint arXiv:2305.10403. 2023.

⊜ Meta Llama 3[EB/OL]. 2024, https://github.com/meta-llama/llama3.

⊜ ANIL R, BORGEAUD S, ALAYRAC J, et al. Gemini: A Family of Highly Capable Multimodal Models[J]. arXiv preprint arXiv: 2312.11805.

四 Sora. 2024. https://openai.com/sora?ref=aihub.cn.

3.4.1 初始化方法

在对神经网络进行优化前，首先需要对神经网络的权重和偏置进行初始化。初始化方法对深度神经网络的训练非常重要，不合适的初始化方法可能导致神经网络的训练无法收敛甚至崩溃。常用的初始化方法有 Xavier 初始化[200] 及 Kaiming 初始化[49] 方法，下面分别进行介绍。

3.4.1.1 Xavier 初始化

Xavier 初始化是由 Xavier Glorot 和 Yoshua Bengio 提出的一种初始化方法[200]。在这一工作中，他们提出，为了保证神经网络模型的稳定性和有效性，避免梯度消失或梯度爆炸，对模型的初始化需满足以下两个条件：

（1）$\forall (i, i'), \mathrm{Var}[z_i] = \mathrm{Var}[z_i']$，即前向传播时每一层激活值的方差保持一致。

（2）$\forall (i, i'), \mathrm{Var}\left[\dfrac{\partial \mathcal{L}}{\partial s_i}\right] = \mathrm{Var}\left[\dfrac{\partial \mathcal{L}}{\partial s_i'}\right]$，即反向传播时每一层对状态的梯度方差保持一致。

其中，i 和 i' 表示层号，z_i 表示第 i 层的激活值，$s_i = z_i W_i + b_i$ 为激活函数的输入。这种模型初始化的条件被称为 Glorot 条件。

根据 Glorot 条件，第 i 层权重 W_i 的方差需满足：

$$\mathrm{Var}[W_i] = \frac{2}{n_i + n_{i+1}} \tag{3.70}$$

为此，满足均匀分布的权重 W 的初值需满足：

$$W \sim \mathcal{U}\left(-\frac{\sqrt{6}}{\sqrt{n_i + n_{i+1}}}, +\frac{\sqrt{6}}{\sqrt{n_i + n_{i+1}}}\right) \tag{3.71}$$

满足正态分布的权重 W 的初值需满足：

$$W \sim \mathcal{N}\left(0, \frac{\sqrt{2}}{\sqrt{n_i + n_{i+1}}}\right) \tag{3.72}$$

i 表示当前层号，n_i 表示第 i 层中包含的神经元个数。

图 3.84 为采用 $\tanh(x)$ 作为激活函数时得到的激活值及反向传播梯度值的标准直方图。其中，图 3.84a 和图 3.84b 的上图表示采用标准初始化方法的结果，下图表示采用 Xavier 初始化方法得到的结果。从中可以观察到，采用 Xavier 方法的网络，各层的激活值和梯度都较为一致，满足 Glorot 条件。

Xavier 方法适用于关于 0 对称、在原点处具有单位导数（如 $f'(0) = 1$）的激活函数，如 $\tanh$，但对于 ReLU、PReLU 这种非对称的激活函数的效果并不好。对于 ReLU 函数，当其输入小于 0 时输出为 0，这种性质影响了输出的分布模式，使得前向和反向各层的方差无法保持一致。为此，Kaiming 初始化对其进行了改进。接下来，我们对此进行介绍。

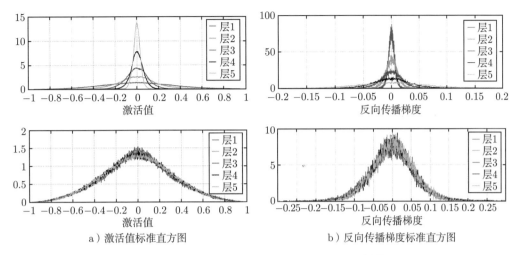

a) 激活值标准直方图   b) 反向传播梯度标准直方图

图 3.84 标准初始化与 Xavier 初始化对比[200]

3.4.1.2 Kaiming 初始化

ReLU 激活函数在输入为负时激活值为零,因此需要一种初始化方式来保持权重初始化的方差不变。Kaiming 初始化在满足 Glorot 条件的基础上,额外考虑了使用 ReLU 激活函数情况下的权重参数初始化问题[49]。

当权重 W 满足均匀分布时,W 的初值须满足:

$$W \sim \mathcal{U}\left(-\frac{\sqrt{6}}{\sqrt{n_i}}, \frac{\sqrt{6}}{\sqrt{n_i}}\right) \tag{3.73}$$

当权重 W 满足正态分布时,W 的初值须满足:

$$W \sim \mathcal{N}\left(0, \frac{\sqrt{2}}{\sqrt{n_i}}\right) \tag{3.74}$$

i 表示当前层号,n_i 表示第 i 层中包含的神经元个数。

Kaiming 初始化通过调整权重的方差,使其更适合 ReLU 激活函数。这确保了权重初始化的方差在前向和反向传播中保持不变,使得梯度能够有效传播,进而提高神经网络的训练效果。Kaiming 初始化在计算机视觉任务上有广泛的应用。

3.4.2 梯度下降法

2.3 节神经网络训练中使用的梯度下降(gradient descent)是广泛应用于机器学习和深度学习中的优化算法。然而由于计算复杂度、非凸优化和收敛速度等问题,深度学习中很少直接使用传统的梯度下降算法,而是更多地使用其变种算法,例如随机梯度下降(Stochastic

Gradient Descent，SGD）及其扩展版本。但是，传统的梯度下降算法是理解其他优化算法的关键基础，本节将介绍梯度下降相关算法。

3.4.2.1　传统梯度下降

我们首先从简单的一维梯度下降入手，来理解为什么梯度下降可以用于目标函数的优化。考虑连续可微实值函数 $f:\mathbb{R}\rightarrow\mathbb{R}$，由泰勒展开可以得到

$$f(x+\epsilon)=f(x)+\epsilon f'(x)+o(\epsilon^2) \tag{3.75}$$

设步长 $\eta>0$，然后令 $\epsilon=-\eta f'(x)$。将其代入式(3.75)可得

$$f(x-\eta f'(x))=f(x)-\eta f'^2(x)+o(\eta^2 f'^2(x)) \tag{3.76}$$

令 η 足够小使高阶项变得可以忽略，于是

$$f(x-\eta f'(x))=f(x)-\eta f'^2(x) \tag{3.77}$$

如果 $f(x)$ 的导数 $f'(x)$ 不为 0，那么 $\eta f'^2(x)>0$，因此

$$f(x-\eta f'(x))<f(x) \tag{3.78}$$

式(3.78)表明，按照 $x:=x-\eta f'(x)$ 的方式来更新 x，能够降低 $f(x)$ 的值，即减小损失函数的值，达到使模型预测值更接近真实值的目的。

接下来考虑多个样本的梯度。假设训练数据集有 n 个样本，$\boldsymbol{\theta}$ 是参数向量，$f_i(\boldsymbol{\theta})$ 是第 i 个样本的损失函数。那么，目标函数 $f(\boldsymbol{\theta})$ 应该考虑到所有样本的损失，$f(\boldsymbol{\theta})$ 为每个样本损失函数的均值，即

$$f(\boldsymbol{\theta})=\frac{1}{n}\sum_{i=1}^{n}f_i(\boldsymbol{\theta}) \tag{3.79}$$

$\boldsymbol{\theta}$ 的目标函数的梯度为

$$\nabla f(\boldsymbol{\theta})=\frac{1}{n}\nabla\sum_{i=1}^{n}f_i(\boldsymbol{\theta}) \tag{3.80}$$

参数的更新过程为

$$\boldsymbol{\theta}\leftarrow\boldsymbol{\theta}-\eta\nabla f(\boldsymbol{\theta}) \tag{3.81}$$

传统梯度下降法在更新梯度时，需要计算整个训练数据集上所有样本 $\{x_1,x_2,\cdots,x_n\}$ 的梯度，因此这种方法又称为批量梯度下降（batch gradient descent）。该方法能够保证模型更准确地收敛到全局最优解，但计算复杂度较高。为解决这个问题，后续出现了只选取训练集 $\{x_1,x_2,\cdots,x_n\}$ 中部分样本的梯度下降法，达到计算速度和准确率的平衡。

公式(3.81)中的步长 η 也称为学习率，是梯度下降算法中的一个超参数，用于控制每次参数更新的步长或幅度。学习率决定了优化过程中参数更新的速度和方向，学习率的选择对于模型的训练和性能至关重要。学习率设置过低（如图 3.85a 所示）可能导致参数更新缓慢，无法充分利用梯度信息，需要更多次的迭代才能达到收敛，增加训练时间和计算开销。学习率设置过高（如图 3.85b 所示）可能导致参数在更新过程中发生剧烈波动，跳过最优解，甚至无法收敛。学习率的选择是一个关键的超参数调整过程，依赖于数据集、模型架构和优化算法等因素。在实践应用中，对于不同的任务和情况，需要进行实验和调整以选择最佳的学习率。

3.4.2.2　梯度下降存在的问题

尽管梯度下降在深度学习中起到了基础作用，但直接使用传统的梯度下降算法并不常见，这是由于其在计算复杂度、内存要求、非凸优化问题和收敛速度等方面存在一定的问题。

计算复杂度。深度学习模型通常由数百万甚至数十亿个参数组成，传统梯度下降法在每次更新参数时都需要计算整个训练数据集的梯度，这在大规模数据集上会导致计算开销过大。为了加速计算，通常使用随机梯度下降或小批量梯度下降，只需要计算一小部分样本的梯度，并根据这些样本的平均梯度进行参数更新。

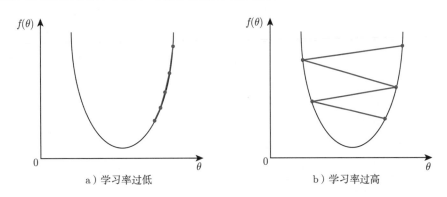

图 3.85　学习率对梯度下降的影响

内存要求。计算整个训练数据集上的梯度需要将整个数据集加载到内存中，这对于大规模数据集来说是不可行的。而随机梯度下降只需要在每次迭代中加载一个小批量的数据，从而减少了内存需求。

非凸优化问题。深度学习模型通常包含大量参数，并且目标函数往往是非凸的，这意味着存在多个局部最小值。在这种情况下，传统梯度下降算法可能会陷入局部最小值并且无法找到全局最优解。为了解决这个问题，深度学习中使用了一些改进的优化算法，如动量梯度下降和 Adam 等，这些算法有助于跳出局部最小值并更快地收敛到更好的解。

3.4.2.3　随机梯度下降

随机梯度下降（Stochastic Gradient Descent，SGD）是梯度下降算法的变体，在每次迭代更新梯度时，随机抽样一个样本，使用该样本的梯度来近似全局梯度，从而减少计算量。

假设训练数据集有 n 个样本，$\boldsymbol{\theta}$ 是参数向量，$f_i(\boldsymbol{\theta})$ 是第 i 个样本的损失函数，目标函数 $f(\boldsymbol{\theta})$ 的梯度为

$$\nabla f(\boldsymbol{\theta}) = \frac{1}{n}\nabla(f_1(\boldsymbol{\theta}) + f_2(\boldsymbol{\theta}) + \cdots + f_n(\boldsymbol{\theta})) \tag{3.82}$$

如果采用传统梯度下降法，每个参数更新的计算代价为 $\mathcal{O}(n)$，计算代价随样本量 n 线性增长，当训练数据集中样本较多时，每次通过梯度更新参数的计算代价较高。

而随机梯度下降法在每次更新时，从所有训练样本中随机选取一个，该样本的索引记为 i，梯度为 $\nabla f_i(\boldsymbol{\theta})$，更新过程为

$$\boldsymbol{\theta} \leftarrow \boldsymbol{\theta} - \eta\nabla f_i(\boldsymbol{\theta}) \tag{3.83}$$

随机梯度下降法和传统的梯度下降法是两个极端，每次迭代更新参数时，前者只用一个样本，后者用所有数据。从训练时间来看，随机梯度下降法由于每次仅采样一个样本来进行迭代，因此训练时间较短；而传统梯度下降法的训练时间随样本数量的增加而增加。从准确率来看，随机梯度下降法仅用一个样本决定梯度方向，很有可能得不到最优解；而传统的梯度下降法在每次参数更新时使用所有样本的梯度，通常能够更准确地收敛到全局最优解。从收敛速度来看，随机梯度下降法每次只使用一个样本的梯度，具有较快的收敛速度，但参数更新存在不稳定性，因此可能会在局部最优解附近震荡或停留；而传统梯度下降法每次迭代时使用所有样本的梯度，通常收敛速度较快，但在大规模数据集上，计算所有样本的梯度非常耗时，导致收敛速度变慢。

综上，传统梯度下降通常更适合在较小的数据集上使用，追求更高的准确率和稳定性。而随机梯度下降则更适用于大规模数据集和在线学习场景，追求更快的训练速度和适应性。此外，还有一种折中的方法，即小批量梯度下降，在训练时间和准确度上取得了平衡。

3.4.2.4　小批量梯度下降

小批量梯度下降（Mini-batch Gradient Descent）是梯度下降法的一种变体，介于随机梯度下降和批量梯度下降之间。它在每次迭代（iteration）更新参数时，使用一个小批量（mini-batch）样本的平均梯度来近似全局梯度，以减少计算开销并提高收敛速度。当训练集中所有样本都参与过一次参数更新时，称为训练一轮（epoch），更新总轮数也是一个超参数。

假设将包含 N 个样本的训练数据集分成多个大小相等的小批量 B。每个小批量包含样本的数量通常为 2 的幂次方，如 32、64、128 等，这样可以更好地适应计算硬件的向量化和并行操作，从而提高训练速度和计算效率。

梯度 g 的值为一个小批量中所有样本梯度的平均值，即

$$g = \nabla f_B(\boldsymbol{\theta}) = \frac{1}{|B|} \sum_{i \in B} \nabla f_i(\boldsymbol{\theta}) \tag{3.84}$$

设学习率为 η，参数的更新过程为：

$$\boldsymbol{\theta} \leftarrow \boldsymbol{\theta} - \eta g \tag{3.85}$$

如何选择合适的小批量 B 是实践中需要关注的问题。较小的批量大小可以加快训练速度，但可能会导致梯度估计的噪声较大；较大的批量大小可以减少梯度估计的方差，但会增加计算负担。通常需要通过尝试不同的批量大小，并结合实际问题和计算资源进行调整。

小批量梯度下降在每次更新参数时使用部分训练样本的梯度信息。相对于随机梯度下降，小批量梯度下降在每次更新参数时使用了更多的样本信息，有助于减少参数更新的方差；而相对于传统梯度下降，小批量梯度下降可以更快地进行参数更新，且对于大规模数据集更具可行性。小批量梯度实现了计算效率和模型稳定性之间的平衡，是目前使用最广泛的一种梯度下降优化方法。

3.4.3 动量法

传统梯度下降法在优化深度学习模型时可能遇到两个主要问题：（1）收敛速度慢：传统梯度下降法在参数更新时完全依赖当前的梯度，可能导致在参数空间中出现很多锯齿形的路径，从而导致收敛速度较慢。（2）震荡：由于每次更新仅考虑当前的梯度，而忽略了之前的更新方向，梯度下降可能在参数空间中出现剧烈的震荡。

为了解决这些问题，动量法（momentum）引入了物理学中动量的概念，认为梯度在参数空间中具有"惯性"。在物理学中，动量体现了物体在运动方向上保持运动的趋势。对应在深度学习中，动量法使模型参数的更新总是保持在之前梯度的方向上。当某个参数在最近一段时间内的梯度方向不一致时，参数更新幅度变小；梯度方向一致时，更新幅度变大，起到加速作用。

动量法用之前积累的动量来代替真正的梯度，这样，每个参数实际更新差值取决于最近一段时间内梯度的加权平均值。设 $\boldsymbol{v}$ 表示动量，初始化为零向量或较小的值。令 g 表示梯度，学习率为 η，设 β 为动量参数，那么 t 时刻的动量表示为

$$\boldsymbol{v}_t = \beta \boldsymbol{v}_{t-1} + \eta g \tag{3.86}$$

参数的更新过程为

$$\boldsymbol{\theta}_t = \boldsymbol{\theta}_{t-1} - \boldsymbol{v}_t \tag{3.87}$$

动量法可以与其他优化算法（如随机梯度下降、小批量梯度下降等）结合使用，以进一步优化模型的训练过程。图 3.86 体现了动量法对随机梯度下降算法的影响，引入动量后，参数更新的过程更加稳定，而且能够更快地收敛到最优解。

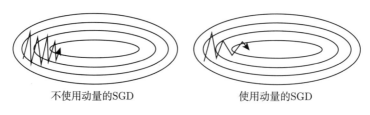

不使用动量的SGD   使用动量的SGD

图 3.86　动量法对随机梯度下降（SGD）的影响

3.4.4　二阶优化方法

梯度下降等一阶优化方法只利用梯度信息，而二阶优化方法使用二阶导数（Hessian 矩阵）信息，可以更准确地估计优化目标函数的形状，从而提供更快的收敛速度和更好的收敛性能。本节将讨论深度神经网络训练中使用的一些二阶方法，包括牛顿法、BFGS 算法。

3.4.4.1　牛顿法

牛顿法是使用最广泛的二阶优化方法，通过求解牛顿方程的近似解来找到目标函数的最优解。牛顿法在优化问题中具有较快的收敛速度和良好的收敛性能，尤其适用于二次可微的凸优化问题。

设 $\boldsymbol{\theta}$ 是参数向量，$f(\boldsymbol{\theta})$ 是需要优化的目标函数。考虑 $f(\boldsymbol{\theta})$ 在点 $\boldsymbol{\theta}_0$ 处的泰勒级数，并取二阶近似

$$f(\boldsymbol{\theta}) \approx f(\boldsymbol{\theta}_0) + (\boldsymbol{\theta} - \boldsymbol{\theta}_0)^T \nabla_\theta f(\boldsymbol{\theta}_0) + \frac{1}{2}(\boldsymbol{\theta} - \boldsymbol{\theta}_0)^T \boldsymbol{H}(\boldsymbol{\theta} - \boldsymbol{\theta}_0) \tag{3.88}$$

其中 $\boldsymbol{H}$ 是 f 相对于 $\boldsymbol{\theta}$ 的 Hessian 矩阵在 $\boldsymbol{\theta}_0$ 处的估计。如果继续求解 $f(\boldsymbol{\theta})$ 的临界点，对式(3.88)求导并令其等于 0，可以得到牛顿法参数更新的规则

$$\boldsymbol{\theta}^* = \boldsymbol{\theta}_0 - \boldsymbol{H}^{-1} \nabla_\theta f(\boldsymbol{\theta}_0) \tag{3.89}$$

对于具有正定 Hessian 矩阵的局部二次函数，通过 $\boldsymbol{H}^{-1}$ 重新调整参数，可以使 $f(\boldsymbol{\theta})$ 直接跳到极小值。如果 $f(\boldsymbol{\theta})$ 是凸的但是有高阶项，需要迭代应用牛顿法以达到最优解。每次迭代过程分为两步，首先更新或计算 Hessian 矩阵 $\boldsymbol{H}$ 的逆，然后根据式(3.89)更新参数。

牛顿法采用二阶梯度，因此收敛速度较快。同时，牛顿法对凸优化问题具有全局收敛性，在凸优化问题中，可以找到全局最优解。但是，牛顿法需要计算和存储 Hessian 矩阵，特别是对于大规模问题来说，计算和存储 Hessian 矩阵的代价非常高。

3.4.4.2 BFGS 算法

牛顿法每次更新参数时都要计算 Hessian 矩阵的逆，这一步显著增加了牛顿法的计算和存储负担。为解决这个问题，以 BFGS（Broyden-Fletcher-Goldfarb-Shanno Algorithm）为代表的拟牛顿法使用矩阵 M_t，通过迭代低秩更新的方式来更好地近似 H^{-1}。

当 M_t 更新时，下降方向 $\rho_t = M_t g_t$，其中 g_t 表示梯度，t 表示训练迭代次数。在下降方向 ρ_t 上进行线搜索，确定该方向上的步长 η。参数的更新为

$$\theta_{t+1} = \theta_t + \eta \rho_t \tag{3.90}$$

相比于牛顿法，BFGS 算法只需要计算 Hessian 矩阵的逆的近似值，大大减少了计算开销。但 BFGS 算法仍然要存储整个近似矩阵 M，需要 $\mathcal{O}(n^2)$ 的存储空间。

在 BFGS 算法基础上，L-BFGS（Limited-memory Broyden-Fletcher-Goldfarb-Shanno）算法做了进一步优化，不需要存储完整的 Hessian 矩阵的逆 H^{-1} 的近似矩阵 M，只需要存储一些历史信息，包括每次迭代的参数差值和梯度差值。存储的历史信息可以用于重新构建矩阵 M，存储开销为 $\mathcal{O}(n)$。L-BFGS 算法通常需要选择一个适当的历史信息数量，以平衡存储开销和近似 Hessian 矩阵的准确性。

3.4.5 自适应学习率算法

学习率是深度学习中极为关键的超参数，对模型有显著的影响。传统的优化算法中，学习率通常是一个固定的超参数，需要手动设置。一个合适的学习率可以帮助优化算法更快地收敛到最优解，但学习率过高可能导致训练过程不稳定，而学习率过低可能导致收敛速度过慢。自适应学习率算法根据模型当前的状态来自适应地调整学习率，可以在不同的训练阶段选择合适的学习率，从而实现更快的收敛和更好的性能。接下来，介绍几种代表性的自适应学习率算法。

3.4.5.1 AdaGrad 算法

AdaGrad（Adaptive Gradient，自适应梯度）算法[201] 根据参数的历史梯度的平方和自适应地调整学习率，对于频繁出现的参数梯度会降低学习率，对于不频繁出现的参数梯度会增加学习率。

从训练集中采样 m 个样本 $\{x_1, x_2, \cdots, x_m\}$ 的小批量，θ 为模型参数，第 i 个样本的标签为 y_i，$\mathcal{L}$ 表示损失函数，那么梯度表示为

$$g \leftarrow \frac{1}{m} \nabla_{\theta} \sum_i \mathcal{L}(f(x_i; \theta), y_i) \tag{3.91}$$

令累积变量 r 表示历史梯度的平方和，r 的初始值为 0。每次 r 会更新为

$$r \leftarrow r + g \odot g \tag{3.92}$$

其中，$\odot$ 代表 Hadamard 乘积，表示矩阵对应位置元素相乘。

每次参数更新为

$$\boldsymbol{\theta} \leftarrow \boldsymbol{\theta} - \frac{\eta}{\delta + \sqrt{\boldsymbol{r}}} \odot \boldsymbol{g} \tag{3.93}$$

其中，η 为全局学习率，常数 δ 为较小的值，例如 $\delta = 10^{-7}$。

相对于全局固定的学习率 η，AdaGrad 算法在学习率前引入了一个动态因子 $\frac{1}{\delta + \sqrt{\boldsymbol{r}}}$，当历史梯度平方和 $\boldsymbol{r}$ 越大，动态因子 $\frac{1}{\delta + \sqrt{\boldsymbol{r}}}$ 就越小，学习率降低；相应地，当 $\boldsymbol{r}$ 越小，动态因子就越大，学习率提高。

对于数据分布稀疏的场景，AdaGrad 算法能更好地利用稀疏梯度的信息，比标准的随机梯度下降算法提高收敛性能。但 AdaGrad 算法的主要问题是通过累积参数的历史梯度平方和来自适应地调整学习率，随着时间的增加，学习率快速降低，可能导致训练后期学习率过低，无法有效更新参数。

3.4.5.2 RMSProp 算法

RMSProp（Root Mean Square Propagation，均方根传播）[202] 改进了 AdaGrad 算法中学习率递减过快的缺点，将历史梯度平方和替换为指数加权移动平均。

RMSProp 算法引入衰减速率超参数 ρ，来控制历史梯度信息保留多少。累积变量 $\boldsymbol{r}$ 的更新为

$$\boldsymbol{r} \leftarrow \rho \boldsymbol{r} + (1 - \rho)\boldsymbol{g} \odot \boldsymbol{g} \tag{3.94}$$

参数 $\boldsymbol{\theta}$ 更新为

$$\boldsymbol{\theta} \leftarrow \boldsymbol{\theta} - \frac{\epsilon}{\sqrt{\delta + \boldsymbol{r}}} \odot \boldsymbol{g} \tag{3.95}$$

RMSProp 利用衰减速率 ρ 丢弃遥远过去的历史梯度，减轻了学习率递减过快的问题。同时，RMSProp 能够自动调整学习率，适应不同参数的更新，进一步优化了参数更新中摆动幅度过大的问题，加快了模型的收敛速度。

总体来说，RMSProp 算法在自适应学习率的基础上，通过引入滑动窗口的均方根来改进学习率的调整，从而更好地应对学习率过于稀疏、不同尺度梯度适应等问题。RMSProp 通常在各种深度学习任务中表现出色，它是一种通用的优化算法。

3.4.5.3 Adam 算法

Adam（Adaptive Moment Estimation，自适应矩估计）[203] 结合了动量方法和 RMSProp 算法的思想，计算参数梯度的一阶矩估计（平均值）和二阶矩估计（方差），并使用偏差修正来纠正矩估计的偏差，自适应地调整学习率。Adam 算法的整体流程如下。

在初始化时，初始学习率用 η 表示，通常设置为一个较小的值。一阶矩估计的指数衰减率用 β_1 表示，通常取值为 0.9。二阶矩估计的指数衰减率用 β_2 表示，通常取值为 0.999。常数 δ 用于数值稳定，取值通常为一个很小的数，如 10^{-8}。累积梯度的一阶矩估计的初始值 m_0 设置为 0，累积梯度的二阶矩估计的初始值 v_0 设置为 0。迭代次数表示为 t。

在每次迭代中，首先计算当前步骤的梯度 g_t，然后更新计数器，将迭代次数 t 增加 1。接下来，分别更新累积梯度的一阶和二阶估计：

$$m_t = \beta_1 m_{t-1} + (1 - \beta_1) g_t \tag{3.96}$$

$$v_t = \beta_2 v_{t-1} + (1 - \beta_2) g_t \odot g_t \tag{3.97}$$

由于初始时 m 和 v 为零向量，它们会有一个偏向零的倾向。为了纠正这个偏差，需要进行矫正。矫正后的一阶矩记为 $\hat{m}_t$，二阶矩记为 $\hat{v}_t$：

$$\hat{m}_t = \frac{m_t}{1 - \beta_1^t} \tag{3.98}$$

$$\hat{v}_t = \frac{v_t}{1 - \beta_2^t} \tag{3.99}$$

使用矫正后的一阶矩和二阶矩估计来更新参数：

$$\theta_t = \theta_{t-1} - \eta \frac{\hat{m}_t}{\sqrt{\hat{v}_t} + \delta} \tag{3.100}$$

Adam 算法结合了动量方法和自适应学习率的优点，具有较好的性能和收敛速度，适用于大规模数据集和高维参数空间。在实践中，Adam 算法被广泛应用于深度学习中的优化问题。

3.5 神经网络量化

随着深度学习技术的不断发展，深度神经网络的参数量不断增加，其计算和存储成本也越来越高。从早期深度学习的先驱之作，只有 8 层的 AlexNet，到上百层的 ResNet，再到被视为通用人工智能火花的 GPT-4，短短十多年间，深度神经网络的计算量增加了数十万倍，平均几个月就会增加一倍的计算量。特别是自 2017 年 Transformer 被提出以来，BERT 和 GPT 系列工作引发了大模型研究热潮，加剧了计算需求。大模型的参数规模和计算开销十分惊人，如图 3.87 所示。例如，训练一个 BERT-base 网络，使用 64 块 V100 GPU 需要 79 小时，耗电 1507 千瓦时[204]，是全球平均每年人均家庭用电量（731 千瓦时）[205] 的两倍；训练 1750 亿参数的 GPT-3 模型，使用 1024 张 A100 GPU 需要 34 天[206]，耗电约 1287 兆瓦时[207]。这种巨大的时间、能耗和费用开销已经超出了普通研究者和用户承受范围，限制了深度学习技术的发展和实际应用。因此，如何有效减少深度神经网络的计算开销，提高计算效率，对深度学习领域的发展具有重要意义。

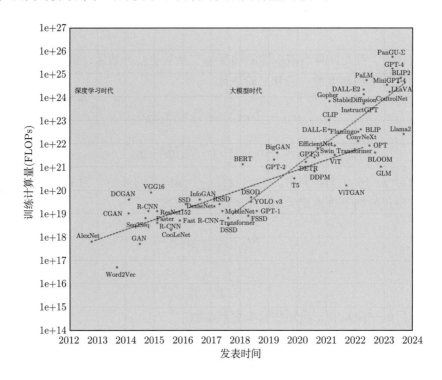

图 3.87　里程碑式神经网络模型的训练计算量（FLOPs）

在深度神经网络的计算中，线性计算层（例如卷积层、全连接层）的计算开销占整个神经网络计算开销的绝大部分。这是由于线性计算层由大量乘累加（Multiply Accumulate，MAC）计算组成，其中包含延时和能耗都很高的单精度浮点数（FP32）乘法。FP32 乘法的延时大约是 8 比特整数（INT8）乘法延时的 3 倍，所需存储空间是 INT8 乘法存储空间的 4 倍，能耗大约是 INT8 乘法能耗的 17 倍[208]。

为了减少深度神经网络的计算开销，研究人员提出了神经网络量化方法，将高位宽数据（如 FP32）离散化到低位宽数据（如 INT8）。在深度神经网络的存储、前向传播、反向传播的过程中，用低位宽数据表示激活值、权重、梯度等数据。相对于原始高位宽数据，使用量化技术可能会降低深度神经网络的准确率，但不会对准确率造成很大的影响，同时可以有效减少深度神经网络的计算量和存储空间，提升计算速度、降低计算能耗，同时也能减小运行深度神经网络的乘法器面积。量化后的定点数位宽越低，带来的准确率损失越大，同时减少的计算量也越多。

3.5.1 数据量化

深度神经网络中的权重（见图 3.88a）、激活值（见图 3.88b）、梯度（见图 3.88c）的数据分布不同，不同层间的数据分布也不同。这些数据通常服从尖峰长尾分布，但不同类型或不同层的数据的取值范围有较大差异，例如 AlexNet 不同层的梯度的最大绝对值有两个数量级的差异（0.00035~0.0312）。此外，神经网络中有些数据是以 0 为中心的对称分布，有些数据是非 0 中心的对称分布，有些数据则是非对称分布，如图 3.89 所示。

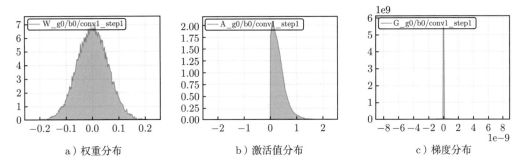

图 3.88 ResNet-50 网络 conv1 的数据分布

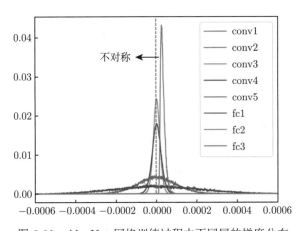

图 3.89 AlexNet 网络训练过程中不同层的梯度分布

针对神经网络数据的上述特点，需要选择合适的数据量化方式对深度神经网络的数据进行低位宽表示，在降低数据表示位宽的基础上减少数据的量化误差，从而降低因数据量化导致的深度神经网络准确率损失。根据量化的对称性，可以将数据量化方式分为对称量化和非对称量化；根据量化的均匀性，可以分为均匀量化和非均匀量化；根据量化粒度，可以分为分层量化和分通道量化。下面将分别介绍不同的量化方式。

3.5.1.1 对称量化和非对称量化

如果量化前的数据范围关于 0 对称，量化映射前的 0 点和映射后的 0 点为同一个位置，则为对称量化；否则为非对称量化，量化前后的 0 点位置不同，存在一个偏移 B，如图 3.90 所示。

为方便下文描述，假设 $\mathcal{F}$ 表示需要量化的数据集合，Z 表示 $\mathcal{F}$ 中绝对值的最大值，$R \in \mathcal{F}$ 为需要量化的实数，Q 为量化后的低位宽定点数，A 为量化后数据 Q 可以表示的最大绝对值，n 为量化后定点数的位宽（例如，INT8 的位宽为 8，INT16 的位宽为 16），p 表示量化参数，2^p 表示量化步长（也称为缩放系数）。

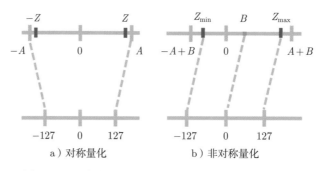

a）对称量化   b）非对称量化

图 3.90   对称量化和非对称量化（以 INT8 量化为例）

1. 对称量化

对称量化直接用实数数据 R 除以量化步长 2^p 得到定点数 Q。其量化计算如下：

$$Q = \left[\frac{R}{2^p} \right] \tag{3.101}$$

其中，[ ] 表示四舍五入取整操作。

对定点数 Q 进行反量化，得到原始数据格式的数据 $\hat{R}$。反量化计算如下：

$$\hat{R} = Q \times 2^p \tag{3.102}$$

对称量化中最关键的是找到合适的量化步长 2^p。下面介绍如何得到量化参数 p。

假设将 $\mathcal{F}$ 中实数数据量化为 n 位定点数 Q。n 位定点数可以表示的最大值为 $2^{n-1}-1$，例如 INT8 可以表示的最大值为 127。量化后数据 Q 可以表示的最大绝对值 A 为

$$A = (2^{n-1} - 1) \times 2^p \tag{3.103}$$

对称量化后，量化数据能表示的数据范围为 $[-A, A]$。为了能够完整地表示实数集合 $\mathcal{F}$ 中数据，A 需要大于等于 $\mathcal{F}$ 中绝对值最大值 Z，同时 Z 要大于 $A/2$，即

$$(2^{n-1} - 1) \times 2^{p-1} = A/2 < Z \leqslant A = (2^{n-1} - 1) \times 2^p \tag{3.104}$$

求解可得 p 为

$$p = \left\lceil \log_2 \left(\frac{Z}{2^{n-1}-1} \right) \right\rceil \tag{3.105}$$

其中 $\lceil \ \rceil$ 表示向上取整操作。

对深度神经网络进行数据对称量化时,首先统计待量化数据中的绝对值最大值 Z,根据设置的定点数位宽 n,利用公式(3.105)计算量化参数 p,然后利用量化参数 p 按公式(3.101)计算量化后的定点数,进行后续乘累加等计算。计算完成后,将结果利用公式(3.102)计算反量化后的数据,得到最终的结果。

2. 非对称量化

相比对称量化,非对称量化更适合处理本身分布不关于 0 对称的数据,如图 3.90b 所示。假设待量化数据数据集 $\mathcal{F}$ 中的数据 R 关于 B 对称。将数据 R 向 0 的位置平移 B,即可变换为对称量化,然后按对称量化方案进行量化。因此,非对称量化中,量化和反量化的计算过程如下:

$$Q = \left\lceil \frac{R-B}{2^p} \right\rceil$$
$$\hat{R} = Q \times 2^p + B \tag{3.106}$$

非对称量化需要计算 B 和量化参数 p。下面介绍如何计算 B 和 p。

统计待量化数据集 $\mathcal{F}$ 中的最大值 $Z_{\max}$ 和最小值 $Z_{\min}$,偏移 B 可以表示为二者的均值:

$$B = \frac{Z_{\min} + Z_{\max}}{2} \tag{3.107}$$

根据式(3.103),量化后的 n 位定点数 Q 可以表示的最大绝对值为 $A = (2^{n-1}-1) \times 2^p$。非对称量化后可以表示的数据范围为 $[-A+B, A+B]$。为了能够完整地表示 $\mathcal{F}$ 中数据,A 需要满足下面的条件

$$(2^{n-1}-1) \times 2^{p-1} = A/2 < (Z_{\max} - Z_{\min})/2 \leqslant A = (2^{n-1}-1) \times 2^p \tag{3.108}$$

求解可得量化参数 p 的计算公式为:

$$p = \left\lceil \log_2 \left(\frac{Z_{\max} - Z_{\min}}{2(2^{n-1}-1)} \right) \right\rceil \tag{3.109}$$

非对称量化后数据能表示的范围关于 0 是非对称的。相比于对称量化,非对称量化通过增加对偏移的计算,可以处理不关于 0 对称的数据。非对称量化对数据的要求更低,量化后表示的数据范围更加灵活。实际中,需要根据数据分布范围来选择不同的量化方式。

对称量化和非对称量化中,通常使用待量化数据中的最大值和最小值来表示数据分布范围。如果数据分布中存在一些异常值,例如最值点远离其他数据,就会不必要地增加数

据范围，增大量化误差。针对该问题，需要进行范围校准，通常使用百分位数方法。该方法按照预设的百分比，对靠近数据分布两端的数据进行截断，然后根据截断后的数据的最值计算量化参数，进行量化处理。还有一些其他的范围校准方法，感兴趣的读者可以阅读文献 [209] 进一步了解。

3.5.1.2 均匀量化与非均匀量化

按量化后的每个数据表示间隔是否相同，可以将量化方法分为均匀量化和非均匀量化，如图 3.91 所示。量化后的每个数据表示间隔都是相同的即为均匀量化，否则为非均匀量化。

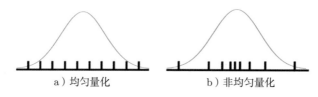

图 3.91   均匀量化与非均匀量化

均匀量化也称为线性量化，将待量化数据在数据范围内等间隔划分，如图 3.91a 所示。均匀量化的计算最为简单，消耗算力和时间最少，因此在神经网络量化中最为常用。然而如果待量化的深度神经网络数据分布是有疏有密的，而均匀量化的间隔大小一致，此时均匀量化无法很好地拟合真实的深度神经网络数据，量化误差较大，会导致模型准确率下降。

非均匀量化将待量化数据在数据范围内不等间隔划分。非均匀量化的量化间隔不一致，量化方式较为灵活。对于非均匀分布的数据（见图 3.91b），相同定点数位宽下，非均匀量化可以更好地拟合待量化数据，因此理论上量化误差更小。非均匀量化的缺点是不利于硬件加速，甚至有时需要设计特定的硬件才能进行计算。常见的非均匀量化方法包括对数量化[210]、浮点量化[211] 等。

3.5.1.3 分层量化与分通道量化

深度神经网络的层数多，参数量大，每层的权重和激活值（也称为特征图）的数据分布范围不同。如果对整个网络使用相同的量化参数进行量化，可能会带来较大的量化误差。因此通常对权重和特征图分别量化，并且对深度神经网络的权重/特征图进行划分，根据每个划分单元内的权重/特征图的数据分布范围计算最佳的量化参数。共享量化参数的划分单元大小称为量化粒度。通常可以按照网络层或通道进行划分，对应分层量化、分通道量化，如图 3.92 所示。

分层量化（layer-wise quantization），对每层的权重（或特征图）使用一套量化参数，通过统计该层所有权重（或特征图）的数据分布范围（包括最小值、最大值等）来计算量化参数。分层量化实现简单，但模型的准确率可能会有一定影响，例如卷积层中卷积核个数较多时，数据分布范围较小的卷积核可能有较大的量化误差。

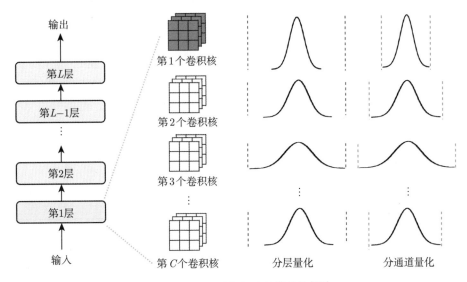

图 3.92 分层量化与分通道量化[208]

分通道量化（channel-wise quantization），对每层的每个通道（或特征图）的权重分别使用一套量化参数，通常用于卷积层的量化。分通道量化，需要统计每个通道的权重（或特征图）的数据分布范围，然后计算量化参数。卷积层中输入通道数和输出通道数较多，如果对每个输入通道和输出通道都独立分别做量化，则开销太大。因此简化为对每个卷积核（对应每个输出通道）单独量化，对该层的输入特征图进行整体量化。分通道量化针对每个通道的数据分布特点进行量化，量化模型的准确率优于分层量化，但量化参数相关的计算和存储开销较高。

除了上述两种方式，还有分组量化（group-wise quantization），将同一层内的多个输出通道对应的权重（或特征图）作为一个整体进行量化。例如，Q-BERT[212] 对 BERT 模型的注意力层进行分组量化，模型准确率优于分层量化，接近分通道量化，计算和存储开销介于分层量化和分通道量化之间。

在实际应用中，需要根据实际需求进行深度神经网络准确率和效率的取舍，制定最佳的量化方式。

3.5.2 神经网络量化过程

在神经网络的前向传播或反向传播过程中均可以引入量化操作。图 3.93 以 INT8 量化为例展示了如何在神经网络的前向传播和反向传播中进行量化。

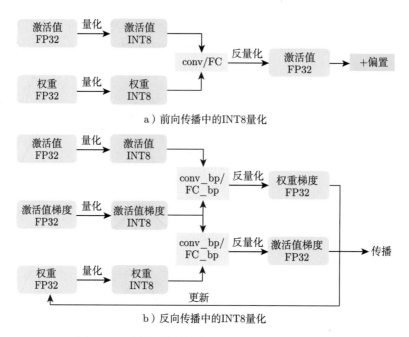

a）前向传播中的INT8量化

b）反向传播中的INT8量化

图 3.93　神经网络量化流程（以 INT8 量化为例）

在前向传播过程中，如图 3.93a 所示，首先将线性计算层中 FP32 格式的激活值和权重都量化为 8 位定点数 INT8，其次进行线性计算，随后将计算结果反量化为 FP32 格式，然后继续进行下一步计算直至前向传播完成。

在反向传播过程中，如图 3.93b 所示，首先将线性计算层中的单精度浮点格式的激活值、权重和激活值梯度都量化为 INT8（如果前向传播过程中激活值和权重已经被量化，则可以直接使用无须再次量化），随后进行线性计算并反量化得到 FP32 的激活值梯度和权重梯度。权重梯度用于更新 FP32 梯度，而激活值梯度继续向前一层反向传播。

3.5.3　神经网络量化应用

在实际应用中，量化可以有效加速深度神经网络的推理或训练过程。其中，推理加速有训练后量化（Post-Training Quantization，PTQ）和量化感知训练（Quantization Aware Training，QAT）两种方式。

训练后量化方法，如图 3.94a 所示。首先利用训练集训练获得一个单精度浮点格式的预训练模型；随后利用小部分数据进行校准，即统计小部分数据的分布特性，计算量化参数；然后用量化参数对整个模型进行量化，得到量化后的模型。训练后量化方法仅对推理加速，即仅在模型的前向传播中进行量化。训练后量化方法的优势是在量化时无须微调或者训练网络就可以直接得到量化后的模型，计算流程简单，成本低，方便快捷。但这种方法对于数据的拟合效果有限，尤其在量化到较低位宽时，模型准确率较低。

量化感知训练方法，如图 3.94b 所示，首先对原始的预训练模型进行量化，然后对整个网络进行微调，微调结束后得到低位宽表示的模型。在微调时，前向传播过程进行量化，但反向传播过程不进行量化，使用单精度浮点数计算。量化感知训练的优势是可以通过微调，让网络参数能更好地适应量化带来的信息损失，从而减少量化带来的模型准确率损失。尤其当量化到较低位宽时，也能使模型保持较高的准确率。但量化感知训练需要额外的微调训练流程，过程较为复杂，需要耗费更多的时间和训练资源，成本较高，不适合用于模型需要快速迭代更新的场景。此外，在一些训练数据很少或者由于保密等原因无法获取训练数据的场景下，量化感知训练也无法发挥作用。

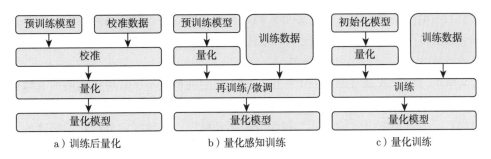

图 3.94　量化应用于神经网络的三种方式

除了在推理阶段使用量化，量化训练方法可以在深度神经网络训练阶段利用量化降低训练的计算复杂度，提高训练效率，如图 3.94c 所示。与应用于推理阶段的量化方式不同，量化训练在深度神经网络从初始化参数进行从头训练的整个过程中使用量化。此外，量化训练对深度神经网络的激活值、权重和梯度都进行量化，即对前向传播和反向传播都进行量化，来降低前向传播和反向传播过程的计算量，从而达到加速训练的目的。由于是从头训练就使用量化，量化训练方法不使用预训练模型，以降低训练成本。该方法的优势是可以同时加速训练和推理过程，并且可以在训练完成后直接得到低位宽表示的模型，不需要再进行推理阶段的量化。但由于每次前向传播和反向传播都进行量化，因此不能使用过于复杂、开销过大的数据量化方式，否则会引入过多的额外计算量。

3.5.4　神经网络的混合精度量化

混合精度量化（Mixed Precision Quantization）[213] 是指在神经网络量化推理或训练中对网络各层的激活值、权重或梯度合理分配不同的比特精度的量化方法。需要注意的是，混合精度量化的概念不同于常见的混合精度训练（Mixed Precision Training）[214]。后者专指在网络训练过程中，使用半精度浮点数（简称为 FP16）或谷歌 bfloat16（简称为 BF16）[215] 格式（如图 3.95 所示）的数据代替部分单精度浮点数 FP32 数据进行计算和存储，同时在 FP32 权重上进行更新的方法。

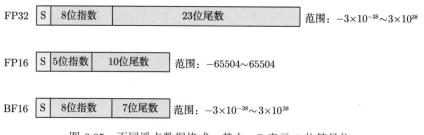

图 3.95   不同浮点数据格式，其中，S 表示 1 位符号位

混合精度量化的重点在于如何合理地分配比特精度。好的分配策略既要尽可能地保证网络模型的准确率不受影响，也要尽量提高计算和存储效率。数据格式分配一般来说可以分为三个维度：不同层的精度、不同训练迭代（iteration）的精度，以及每层内不同数据的精度。

最简单的分配方式只考虑第一个维度，即不同层的精度不一致但层内的所有数据精度一致，且不随着迭代次数变化。例如，人为指定某些层为高精度数据格式、其他层为低精度数据格式，或者根据设定的指标为每层分配不同精度。这种固定分配每层精度的方式实现简单，但是不能很好地适应变化的数据，常用于训练后量化。

在量化感知训练和量化训练中往往也要考虑第二个维度，即根据设计好的规则在不同训练迭代使用不同比特位宽的数据格式。例如，在规定的迭代次数调整比特位宽，或者自适应地在每一次迭代根据当前数据得到比特位宽。

此外，为了更好地拟合不同类型的数据，同一层中激活值、权重和梯度也可以使用不同的数据格式来表示。例如，使用 INT8 表示激活值，INT4 表示权重，FP16 表示梯度。这类方法往往需要设计特殊的运算器来进行不同数据格式间的乘法。

以上三个维度可以有效地结合起来，使得不同层中的各类型数据在每一次迭代都被尽量分配到最合适的量化精度，最大程度地保证模型效果并提高计算和存储效率。

3.5.5   大模型量化

大模型对 GPU 显存和算力的要求越来越高。为了使大模型得到更为广泛的应用，降低模型的存储需求以及提高计算效率就显得愈发重要。神经网络量化可以同时优化存储和计算，因此量化已成为大模型领域不可或缺的技术。

大模型广泛采用混合精度训练（即用 FP16 或 BF16 替代部分 FP32 进行数据存储和计算）进行预训练和微调，得到的 FP16（或 BF16）模型在推理过程中继续使用 FP16（或 BF16）数据进行计算，以降低训练和推理的计算和存储成本。然而，将数据精度降低到 FP16（或 BF16）对大模型而言是远远不够的。训练和部署百亿甚至千亿量级参数的大模型需要的存储和算力仍是巨大的，例如训练多语种大语言模型 BLOOM-176B 需要 384块 80GB 的 A100 GPU 跑约 3.5 个月[216]，推理该模型需要 8 块这样的 GPU[217]，而微调该模型需要 72 块这样的 GPU[218]。因此，为了使大模型得到更加广泛的应用，需要对其进行进一步的量化。

目前，针对大模型量化的研究和实际应用的主要关注点在于压缩模型以减少存储占用以及加速推理，而不是预训练。这主要是由于大模型的预训练过程消耗的资源过多，一般机构难以承受重复实验所需的算力和时间成本。当前大模型量化主要用于训练后量化，很多开源大语言模型都会支持基础的 INT8 和 INT4 训练后量化，不过量化后的模型效果会有不同程度的下降。此外，研究人员也针对大模型提出了一些新的量化方法，如 LLM.int8()[217]、GPTQ[219] 和 SmoothQuant[220] 等。其中有的方法主要关注减少显存占用但没有加速效果，而有的方法在减少显存占用的同时加速了推理过程。这些方法的出现为实现准确率无损的大模型低位宽量化推理提供了有力支持。

3.5.6　小结

量化技术使用低位宽数据对深度神经网络中的激活值、权重、梯度等数据进行表示和计算，可以有效减少深度神经网络的算力和存储开销，提升计算速度，降低能耗，同时不会对网络的准确率造成过大的影响。在实际应用中，会根据具体应用场景对神经网络的性能和准确率需求，选择不同的量化方法，如对称或非对称量化、均匀或非均匀量化、分层量化或分通道量化等。量化技术可以仅用于神经网络的前向传播阶段来加速推理过程，或同时用于前向传播和反向传播阶段来加速训练过程。随着大模型的发展，模型的参数量和训练数据量不断增加，算力需求不断提升，量化技术已经成为大模型推理中不可或缺的技术。目前将模型量化到 INT16 或 INT8 已经几乎不损失准确率。研究人员还在不断尝试使用更低位宽，如使用 INT4 进行大模型的微调和推理，但目前使用 INT4 等更低位宽时还会引起模型的准确率下降，因此如何使用 INT4 等更低位宽对大模型进行量化并减少准确率损失依然是需要探索和解决的问题。

3.6　驱动范例

本节的驱动范例是希望将一张照片，比如音乐会的照片，转为梵高风格的音乐会照片。在本书后面的章节和实验中，我们主要介绍如何直接用 CNN 来完成图像风格迁移。这种方法直观简单。当然，前述的基于 GAN 的工作也可以做图像风格迁移，但比较复杂，有兴趣的读者可以自行阅读相关论文。

3.6.1　图像风格迁移简介

图像风格迁移的目标是将一张图片（称为内容图像）的语义内容与目标风格（称为风格图像）融合起来，产生语义内容与内容图像相同但具备风格图像的风格的图片。传统的图像处理领域可以通过一些纹理迁移的方式达到图像风格迁移的目的, 但对风格的迁移程度有限。2015 年, Gatys 等人[221] 提出了一种用卷积神经网络来实现图像风格迁移的方法, 并由此开辟了 "神经风格迁移" 的新领域。最初的神经风格迁移采用基于图像优化的非实时风格迁移算法[221], 通过对风格迁移图像进行迭代更新, 使其风格接近风格图像, 同时内容接近内容图像。这种方法是在线训练的、非实时的, 每生成一张风格迁移图像都需要重复训练过程, 速度较慢。为了提高神经风格迁移的速度, 研究人员提出了基于模型优化的实时风格迁移算法, 训练卷积神经网络模型代表目标风格, 当模型训练好后, 给定任意的内容图像, 仅需一次前向计算就可以获得风格迁移图像。这类方法是离线的、实时的, 速度较快。在基于模型优化的实时风格迁移算法中, 研究人员首先提出了单模型单风格算法[222], 即训练一个模型仅表示一种风格。之后为了增加模型能够表示的风格数量, 研究人员又设计了单模型多风格算法[223-224], 通过发掘不同风格网络之间的共享部分, 然后对新的风格只改变其有差别的部分, 并保持共享部分不变, 实现单个模型表示多种风格。在此基础上, 研究人员又设计了单模型任意风格算法[225], 通过在大规模风格和内容图上进行训练学习任意风格的模型表示。

随着图像生成领域的发展, 基于 GAN 的一些工作也可以实现图像风格迁移, 例如 CycleGAN[113]、StarGAN[117]、MUNIT[226] 等。此后, 研究人员又尝试将扩散模型和多模态大模型结合实现更加逼真、灵活的图像风格迁移, 例如 StyleCLIP[174]、CLIPstyler[227]、CLIPDraw[228] 等。

3.6.2 基于卷积神经网络的图像风格迁移算法

L. Gatys 等人[221] 提出了一种用卷积神经网络来实现图像风格迁移的方法。该方法的主要思想如图 3.96 所示。首先输入内容图像 p 和风格图像 a, 其中风格图像 a 是梵高的画, 内容图像 p 是音乐会照片。风格图像——梵高的画有其特征, 音乐会的内容图像也有其特征, 图像风格迁移需要把二者的特征图结合起来。为了得到特征图, 将内容图像和风格图像分别经过 CNN 生成各自的特征图组成内容特征集 P 和风格特征集 A。然后输入一张随机噪声图像 x, x 通过 CNN 生成的特征图构成内容特征集 F 和风格特征集 G, 然后由 P、A、F、G 计算目标损失函数。通过优化损失函数来调整图像 x, 使内容特征集 F 与 P 接近、风格特征集 G 与 A 接近, 经过多轮反复调整可以使得中间图像在内容上与内容图像一致, 在风格上与风格图像一致。

文献 [221] 使用预训练的 VGG19 中的 16 个卷积层和 5 个池化层来做图像风格迁移。图像风格迁移需要用到 2 个损失函数: 内容损失函数和风格损失函数。内容损失函数是随机噪声图像与内容图像在内容特征上的欧氏距离[221]

$$\mathcal{L}_c(\boldsymbol{p}, \boldsymbol{x}, l) = \frac{1}{2} \sum_{i,j} (F_{ij}^l - P_{ij}^l)^2 \tag{3.110}$$

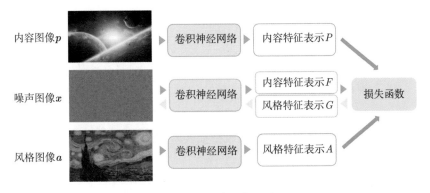

图 3.96　图像风格迁移

其中，l 表示第 l 个网络层，P_{ij}^l 表示内容图片 $\boldsymbol{p}$ 在第 l 个网络层中第 i 个特征图上位置 j 处的特征值，F_{ij}^l 表示生成图片 $\boldsymbol{x}$ 在第 l 个网络层中第 i 个特征图上位置 j 处的特征值。使用高层网络特征进行匹配能够将图片内容与艺术纹理更好地融合，而不会过于保留具体的像素信息，因此用 VGG19 中的 conv4_2 的特征来计算内容损失。通过最小化内容损失函数，可以缩小生成图像与内容图像在内容上的差距。内容损失对 F_{ij}^l 的偏导为[221]

$$\frac{\partial \mathcal{L}_{\mathrm{c}}}{\partial F_{ij}^l} = \begin{cases} (F^l - P^l)_{ij} & F_{ij}^l > 0 \\ 0 & F_{ij}^l < 0 \end{cases} \tag{3.111}$$

风格损失函数用 VGG19 中的 conv1_1、conv2_1、conv3_1、conv4_1 和 conv5_1 共 5 层特征来计算风格损失。首先，计算图像的风格特征，用第 l 层中第 i 个和第 j 个特征图的内积来表示。生成图像的风格特征为

$$G_{ij}^l = \sum_k F_{ik}^l F_{jk}^l \tag{3.112}$$

同理，可以计算得到风格图像的风格特征 A。其次，计算第 l 层的风格损失为

$$E_l = \frac{1}{4N_l^2 M_l^2} \sum_{i,j} (G_{ij}^l - A_{ij}^l)^2 \tag{3.113}$$

其中，N_l 是第 l 个网络层中特征图的个数，M_l 是第 l 层特征图的大小。最后将各层的风格损失进行加权求和，得到风格损失函数：

$$\mathcal{L}_{\mathrm{s}}(\boldsymbol{a}, \boldsymbol{x}) = \sum_l \gamma_l E_l \tag{3.114}$$

其中，γ_l 是第 l 层中用于计算风格损失的权重，是根据经验调整出来的。第 l 层的风格损

失对 F_{ij}^l 的偏导为[221]

$$\frac{\partial E_l}{\partial F_{ij}^l} = \begin{cases} \dfrac{1}{N_l^2 M_l^2}((F^l)^\top(G^l - A^l))_{ji}, & \text{当} F_{ij}^l > 0 \\ 0, & \text{当} F_{ij}^l < 0 \end{cases} \tag{3.115}$$

总的损失函数定义为内容损失函数和风格损失函数的加权和：

$$\mathcal{L}(\boldsymbol{p}, \boldsymbol{a}, \boldsymbol{x}) = \alpha \mathcal{L}_{\mathrm{c}}(\boldsymbol{p}, \boldsymbol{x}) + \beta \mathcal{L}_{\mathrm{s}}(\boldsymbol{a}, \boldsymbol{x}) \tag{3.116}$$

其中，α 和 β 为权重。通过求损失函数对输入像素的偏导 $\dfrac{\partial \mathcal{L}}{\partial \boldsymbol{x}}$ 可以得到梯度，然后进行反向传播更新输入像素值，经过多轮迭代可以得到合成图像，如图 3.97 所示。例如，开始输入白噪声，经过正向传播计算得到损失，然后做反向传播调整输入像素值，调整完图片像素值再做正向传播并计算损失，重复多轮之后，损失将趋近于 0，就认为生成图像同时具有内容和风格。

参数 α 和 β 会影响损失函数的计算，进而影响训练过程。α/β 越大，生成图像内容越具象。理论上，如果 $\alpha = 1$、$\beta = 0$，则生成图像与输入的内容图像一样。反之，如果 β 很大、α 很小，则生成图像可能看起来非常迷幻。

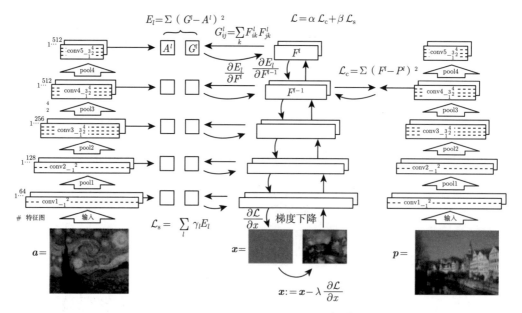

图 3.97   图像风格迁移算法流程[221]

3.6.3　实时图像风格迁移算法

上述图像风格迁移的过程是一个复杂的训练过程,需要多次迭代,难以做到实时转换。本书的实验采用了文献 [222] 中提出的一种实时、快速的图像风格迁移方法。该方法将图像转换分为如图 3.98 所示的两个步骤:训练过程和实时转换过程。训练过程的目的是训练出一个图像转换网络。一旦训练好了图像转换网络,对每个输入图像只需要做一次图像转换网络的正向计算即可输出风格迁移后的图像,而不需要像文献 [221] 一样对每个输入图像做繁重的神经网络训练。

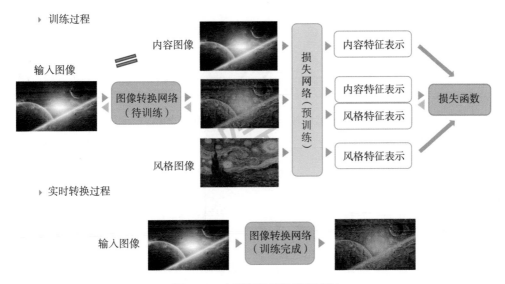

图 3.98　实时图像风格迁移过程

实时图像风格迁移的具体流程如图 3.99 所示。这里面包括图像转换网络和损失网络两个网络。在训练图像转换网络的过程中,输入图像(即内容图像)x 送到图像转换网络进行处理,输出生成图像 $\hat{y}$;再将生成图像、风格图像 y_s、内容图像 $y_c = x$ 分别送到损失网络中提取特征,并计算损失。图像转换网络 f_W 是一个深度残差网络,以便于训练。具体来说,这个深度残差网络参考了 DCGAN[103] 的设计思想,用步长卷积和小数步长卷积取代池化;除了输出层,所有非残差卷积层后面都加了批归一化和 ReLU,输出层使用 tanh 函数将输出像素值限定在 $[0, 255]$ 范围内;第一层和最后一层卷积使用 9×9 卷积核,其他卷积层都使用 3×3 卷积核。

损失网络采用在 ImageNet 数据集上预训练出来的 VGG16 网络。损失网络中定义的视觉损失函数由特征重建损失 $\mathcal{L}_f$ 和风格重建损失 $\mathcal{L}_s$ 组成[222]:

$$\mathcal{L} = \mathbb{E}_x \left[\lambda_1 \mathcal{L}_f(f_W(x), y_c) + \lambda_2 \mathcal{L}_s(f_W(x), y_s) \right] \tag{3.117}$$

其中，λ_1 和 λ_2 是权重参数。特征重建损失用卷积输出的特征计算视觉损失[222]：

$$\mathcal{L}_{\mathrm{f}}^j(\hat{\boldsymbol{y}}, \boldsymbol{y}) = \frac{1}{C_j H_j W_j} \| \phi_j(\hat{\boldsymbol{y}}) - \phi_j(\boldsymbol{y}) \|_2^2 \tag{3.118}$$

其中，C_j、H_j、W_j 分别表示第 j 层卷积输出特征图的通道数、高度和宽度，$\phi(\boldsymbol{y})$ 是损失网络中第 j 层卷积输出的特征图，实际中选择第 7 层卷积的特征计算特征重建损失。而第 j 层卷积后的风格重建损失为输出图像和目标图像的格拉姆矩阵的差的 F-范数[222]：

$$\mathcal{L}_{\mathrm{s}}^j(\hat{\boldsymbol{y}}, \boldsymbol{y}) = \| G_j(\hat{\boldsymbol{y}}) - G_j(\boldsymbol{y}) \|_F^2 \tag{3.119}$$

其中，格拉姆矩阵 $G_j(\boldsymbol{x})$ 为 $C_j \times C_j$ 大小的矩阵，矩阵元素为[222]

$$G_j(\boldsymbol{x})_{c,c'} = \frac{1}{C_j H_j W_j} \sum_{h=1}^{H_j} \sum_{w=1}^{W_j} \phi_j(\boldsymbol{x})_{h,w,c} \phi(\boldsymbol{x})_{h,w,c'} \tag{3.120}$$

风格重建损失为第 2、4、7、10 层卷积后的风格重建损失之和。

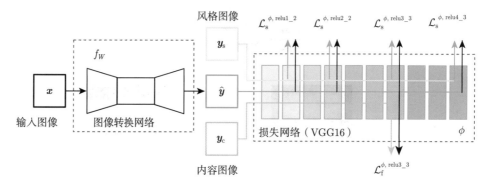

图 3.99　实时图像风格迁移算法流程[222]

相对于文献 [221] 介绍的算法，实时图像风格迁移算法[222] 生成图片的效果略差，但速度提升了 200～1000 倍。读者可以访问 GitHub[229] 找到实时图像风格迁移算法的参考代码。

3.7　本章小结

本章介绍了从深度学习算法到大模型发展的前沿动态。首先介绍了应用于图像处理的卷积神经网络，包括卷积神经网络的总体结构、代表性的图像分类卷积神经网络、代表性的图像目标检测卷积神经网络，以及现在热门的用于图像生成的卷积神经网络（包括生成对抗网络和扩散模型）。其次介绍了面向序列信息处理的循环神经网络。然后介绍了大模型，包括大模型的基础结构 Transformer，代表性的自然语言处理和多模态大模型，以及基于大模型的智能体系统。此外还对深度神经网络的优化方法和量化方法进行了介绍。最后介绍了基于卷积神经网络完成图像风格迁移的驱动范例。读者可以自行在相关网站上下载相关代码，进一步学习深度学习知识。

习题

3.1　简述卷积操作如何转化为矩阵乘操作。

3.2　请计算 AlexNet、VGG19、ResNet152 三个网络中的神经元数目，以及可训练的参数数目。

3.3　请计算习题 3.2 中三个网络完成一次正向过程所需要的乘法数量和加法数量。

3.4　简述错误率与 IoU、mAP 的关系。

3.5　简述训练过程中收敛、训练准确率和测试准确率之间的关系。

3.6　试给出 SVM 和 AlexNet 在解决 ImageNet 图像分类问题的过程中对于计算量的需求，并简述原因。

3.7　简述 R-CNN、Fast R-CNN 和 Faster R-CNN 的区别。

3.8　请简述 GAN 的训练过程。

3.9　请简述扩散模型的训练过程。

3.10　请简述 LSTM 标准模型中三个门的主要作用，并给出计算公式。

3.11　请简述 Transformer 中的三个注意力机制有什么相同点和不同点。

3.12　请简述图像风格迁移应用的基本过程。

*3.13　试在 MNIST 数据集上训练一个多层感知机网络，网络规模拓扑可自定义，要求模型准确率达到 95% 以上。

*3.14　试改进标准的反向传播算法，提高训练速度，并给出训练提升的加速比（收敛情况下）。

*3.15　将习题 3.14 中你设计的新算法应用到 ImageNet 数据集上，得到的准确率有没有受到影响？影响有多大？请调试你的算法以保证准确率。

第 4 章

编程框架使用

随着深度学习应用在图像识别、语音处理、自然语言处理等多个领域的不断深入，各种深度学习算法层出不穷。这些深度学习算法形式多样，结构也越来越复杂。能够支持深度学习算法的设备和芯片种类很多，包括 CPU、GPU、深度学习处理器（Deep Learning Processor，DLP）以及 FPGA 等，相应的编程方法也有很多种。为了更高效地实现深度学习算法，程序员需要兼顾应用需求、算法效率、硬件架构以及编程语言，这给算法实现增加了极大的难度，也给程序员增加了很多学习成本。而编程框架正是为了解决此问题而构建的。一方面，编程框架能够将算法中的常用操作封装成算子，供程序员直接调用，如卷积、池化等；另一方面，作为软硬件之间的界面，编程框架能够将硬件架构封装起来，从而降低深度学习算法编写或应用的复杂度及难度，提高算法的实现效率。

编程框架在整个智能计算系统中起到了承上启下的作用，在某种意义上就像信息产业里的操作系统。操作系统是软硬件之间的界面，用以管理计算机硬件与软件资源，程序或用户都通过操作系统来使用硬件。在智能计算系统中，编程框架为程序员提供了使用硬件和系统的界面，是智能计算系统中非常关键的核心枢纽。PyTorch 是当前最流行的深度学习编程框架之一，用户使用时不需要考虑底层的 CPU、GPU 或者深度学习处理器如何工作。

本章首先介绍深度学习编程框架的概念及作用，随后介绍目前工业界及学术界大量使用的代表性编程框架 PyTorch 的编程模型及基本用法，最后通过驱动范例来介绍如何基于 PyTorch 实现深度学习的推理和训练。

4.1 编程框架概述

4.1.1 为什么需要编程框架

目前，深度学习算法受到广泛关注，越来越多的公司、程序员需要使用深度学习算法。然而，深度学习算法的理论非常复杂，涉及各种偏导、损失函数、激活函数的计算等，给程序员增加了很多学习成本。即使理解了深度学习算法的数学原理，其代码实现同样非常复杂。比如，仅仅使用 Python 来编程实现梯度下降法，就需要近百行代码。而梯度下降仅仅是深度学习算法中的一个步骤，如果是实现一个完整的算法，代码量可能会达到上万行甚至几十万行的量级。此外，即使能参考别人论文的思想编程实现一个深度学习算法，实现的准确率也不一定尽如人意。很多时候，一篇论文中的深度学习算法的训练准确率数据是 87%，而自己按照论文方法复现，却可能只做到 57%。一方面，这可能是由于论文篇幅有限，一些细节没写出来；另一方面，可能是自己的代码写错了。一旦写错了，想要调试深度学习算法的代码非常困难，因为其结果仅仅是一个在大量测试样本上平均出来的准确率。这些都给程序员自己写代码实现深度学习算法增加了难度。

解决上述问题的一个非常重要的思路是代码复用。各种不同的深度学习算法中，还是存在一些共性运算的，比如基本都会用到卷积、池化、全连接等算子。这使得深度学习算法代码可复用的地方很多。因此，有必要将算法中的常用操作封装起来，一方面可以减少重复实现，提高深度学习算法的实现效率；另一方面，封装后的算子可能只有几百个或者一千个左右，硬件程序员可以针对封装后的算子进行充分的优化，使其更好地支持上层用户，并达到更优的运行性能。因此，编程框架能够在智能计算系统中发挥很重要的承上启下的作用。

如前所述，将深度学习算法中的基本操作封装成一系列组件，帮助程序员更简单地实现已有算法或设计新的算法，这一系列深度学习组件即构成一套深度学习编程框架。这些深度学习组件就像积木，可以用来搭建 AlexNet，也可以用来搭建 ResNet。这样就大幅减少了深度学习算法实现的工作量。

事实上，2013 年之前，深度学习领域都是各自编写神经网络程序。大多数程序的可扩展性、可移植性都不好。2014 年，伯克利视觉和学习中心（Berkeley Vision and Learning Center，BVLC）发布了编程框架 Caffe[230]，因为其易用、稳健、高效等优点，发布后即被广泛用于深度学习算法的训练和预测。2015 年年底，谷歌发布并开源了编程框架 TensorFlow[231-232]，该框架基于计算图进行数值计算，支持自动求导，不需要在反向传播过程中手动求解梯度，且具有灵活的可移植性，能够把训练好的模型方便地部署到多种硬件、操作系统平台上，因此一经发布就受到了广泛关注，迅速成为当时使用人数最多、应用范围最广的编程框架。2017 年，Facebook（现已改名为 Meta）发布了开源编程框架 PyTorch[233]，该框架基于动态图的运行机制，在构建动态图的同时即执行图的运算，给模型的开发、调试带来了更多的便利，在学术界、工业界，有越来越多的用户开始使用 PyTorch 开发深度学习算法。此外，还有 MXNet[234]、PaddlePaddle[235] 等深度学习框架，这些编程框架为程序员开发深度学习算法提供了便利，也积极推动了深度学习算法的发展。

4.1.2　编程框架的发展历程

4.1.2.1　第一阶段：2013 年之前

在深度学习爆发之前，神经网络的概念就已经存在了。在这个阶段，有少数工具可以用来描述和开发神经网络，包括 MATLAB 和 Torch 等。其中，MATLAB 主要用于向量或矩阵的数值计算、求解常微分方程等，并不是专门为神经网络模型开发定制的，在开发效率、训练性能等方面存在局限性。MATLAB 直到 2020 年才发布了专门用于处理神经网络算法的深度学习工具箱（deep learning toolbox）。Torch 是面向机器学习应用的编程框架，但其采用相对小众的 LuaJIT 脚本语言作为编程接口，增加了学习成本，且 Lua 自身的第三方库较少，在易用性上存在不足。这些问题都限制了程序员开发神经网络的效率。

2008 年，Yoshua Bengio 领导团队开发并发布了 Theano[236]，Theano 是一个基于 Python 的开源科学计算框架。使用 Theano 能动态生成 C 代码，可被用作深度学习开发的基础框架。但由于其偏向底层，因此存在编译时间长、调试不便等问题。

2012 年，AlexNet 算法被提出，相比传统视觉算法，其在大规模视觉处理任务中的识别错误率大幅降低，取得了当年 ImageNet 比赛的第一名，卷积神经网络的潜力被广泛认可，并成为业界关注的焦点。从此，深度学习算法得到了迅速的发展，神经网络规模也在迅速增加。

4.1.2.2　第二阶段：2013 年～2015 年

2013 年，加州大学伯克利分校推出了 Caffe 编程框架。该框架提供了对常见的深度学习算法粗粒度的"层"和"网络"的抽象，提供了易用的设备管理办法，极大地简化了编程过程，提升了编程效率。Caffe 的计算以层为粒度，对应于神经网络中的层。Caffe 为每一层给出了前向实现和反向实现，并采用直观、简单的 prototxt 格式表示网络结构的层次堆叠。Caffe 的这些特性，使得使用者能很快掌握深度学习基础算法的内部本质和实现方法，并由此开发出自己的 Caffe 变种，完成自定义功能。

然而，由于 Caffe 使用层的粒度来描述网络，缺少灵活性、扩展性和复用性。同时，由于 Caffe 早期是为卷积神经网络设计的，在功能上有很多局限性，对 RNN 类的网络支持有限，同时也不支持多设备和多机器的使用场景。

4.1.2.3　第三阶段：2015 年至今

在该阶段，大量的编程框架被提出，包括 TensorFlow（2015 年）、MXNet（2015 年）、Keras[237]（2015 年）、CNTK[238]（2016 年）、ONNX[239]（2017 年）、PyTorch（2017 年）、JAX[240]（2018 年）等。这些编程框架大多基于计算图机制，支持 CPU 和 GPU，具有较高性能，且支持多种编程语言（如 C++、Python、Go、R 等），易用性较好。其中，TensorFlow 和 PyTorch 是最具代表性的两个编程框架，经过近几年的发展，目前绝大多数的深度学习模型均是基于这两种编程框架开发实现的。

高性能方面的代表框架是 TensorFlow。它提出细粒度的张量、算子和计算图抽象，分别表征神经网络中的数据、运算和网络结构。网络的前向、反向计算过程均使用计算图来实现，计算图中的节点代表具体的运算操作，边代表在节点之间流动的数据（即张量）。这种方式易于神经网络的并行计算和优化。TensorFlow 这个名字就表达了张量在计算图各个节点之间流动的过程。

TensorFlow 1.x 是基于静态图的机制，计算图构建完成后并不会立即执行，需要发送到会话（session）环境中，才能实现输入数据的赋值、网络的计算。这种基于静态图的处理机制可以进行全局的性能优化，但是由于不能在编程时立即执行并获得执行结果，影响了使用和调试效率。TensorFlow 能够支持各种不同的硬件平台，包括 CPU、GPU、DLP 和各种移动端设备，对于一种新的设备类型，只需要按照特定格式完成设备的定义并将其注册到 TensorFlow 中，用户就可方便地利用该新增设备完成模型的计算。同时，TensorFlow 提供了大量的工具和服务，如 TensorFlow Serving、TensorFlow Lite，使得从研究原型到各种不同类型平台上的生产部署过程更加顺畅。

PyTorch 设计的主要目标是易用性，次要目标是高性能，这对于不断产生新算法结构且需要立即验证结果的学术研究非常友好。PyTorch 简单易上手，因此自提出以来，就开始逐渐抢占 TensorFlow 的份额，已成为目前学术界使用最广泛的深度学习编程框架。与 TensorFlow 使用静态图不同，PyTorch 使用的是动态计算图，代码编写的过程中同步实现计算图的构建及执行，可以灵活搭建动态的神经网络，更便于调试。2023 年 3 月，PyTorch 2.0 发布，新版本的 PyTorch 框架引入了深度学习编译机制，在 100% 前向兼容的情况下显著提升了神经网络模型的实现性能。

回望编程框架的发展历程，过去的十年可以说是编程框架快速发展、快速迭代的十年。随着深度学习算法的快速演进，编程框架也在不断向更高性能、更高开发效率、更易用的方向发展。

4.2 PyTorch 概述

PyTorch 是 2017 年由 Facebook 公司发布的开源编程框架，在短短几年间发展迅速，已经成为当前使用人数最多、影响力最大的编程框架之一。在学术界、产业界有大量的基于 PyTorch 开发的机器学习应用，覆盖智慧农业、智能驾驶、智慧教育、智慧金融等领域。

PyTorch 的名字来源于 Python 以及 Torch。这里的 Torch 是由瑞士亚普研究所（IDIAP）在 2002 年发布的一款机器学习框架[241]，该框架采用 Lua 语言作为编程接口，内核采用 C/C++实现。Torch 中提供了许多代表性的算法，提高了用户的编程效率，同时在实现复杂的神经网络拓扑结构方面具有较大的灵活性，在 GPU 上具有较高的性能。

可以将 PyTorch 编程框架看成 Torch 的 Python 版本，是一个基于 Torch 的 Python

开源机器学习库，并在原有 Torch 内核的基础上进行了大量的扩展。借助 Python 蓬勃发展的开源生态，PyTorch 可以直接使用已有的 Python 库，实现对深度学习算法的高效开发。此外，目前的 PyTorch 中还并入了 Caffe2[242] 的代码，通过吸收 Caffe2 中的模块化设计，进一步增强了 PyTorch 框架的可扩展性及在生产环节的开发效率。

PyTorch 编程框架采用动态图机制，对框架的易用性和性能进行了折中。在 PyTorch 的使用过程中，代码是即时执行的，用户在写完一条代码后能马上得到运行的结果，调试方便；PyTorch 框架很好地继承了 Python 面向对象的设计风格，数据处理方式更加直接，用户的学习成本也更低；在此基础上，PyTorch 还提供了多种编程接口，使得模型编写、数据装载及优化更加简单高效。PyTorch 的这些优点使其自推出后迅速在学术界占据了一席之地，有越来越多的研究基于 PyTorch 展开。据统计，2019 年人工智能方向的国际顶级会议中，基于 PyTorch 的工作占比已经超过了 TensorFlow[243]。此外，另一项主要针对人工智能学术界、工业界用户的统计也表明，2021 年 PyTorch 是人工智能应用开发中最常用到的编程框架，用户数超过 TensorFlow 的用户数量[244]。

本章将对 PyTorch 的编程模型及使用方法进行简单的介绍，感兴趣的读者也可以访问 PyTorch 官网[245] 以及相关 GitHub[246] 做进一步了解。

4.3　PyTorch 编程模型及基本用法

PyTorch 编程框架继承了 Python 面向对象的编程风格，可以直接装载并使用 Python 的 NumPy 包，用于高性能的向量和矩阵计算。在 PyTorch 中，所有的数据被建模成张量，而各种类型的计算被定义为操作。在机器学习算法的推理过程中，数据以张量的形式输入操作中，计算得到的张量再进入下一级操作，如此经过多级操作，得到最终的推理计算结果。而在机器学习算法的训练过程中，会根据前向推理过程中张量与操作的计算关系，建立相应的计算图，再对计算图进行反向传播，计算每个待更新参数的梯度，并迭代地更新梯度，最终完成算法的训练。

4.3.1　NumPy 基础

NumPy 是一个开源的高性能 Python 编程库[247]，能够提供大量科学计算库函数和操作。由于其能够针对高维数组进行批量化处理，因此相比传统编程语言的标量级操作，具有更高的性能，能高效处理机器学习、计算机视觉及基于数组的数学任务。正是由于其高性能、易使用的特性，现有的多个编程框架均支持 NumPy 编程库的导入，包括 PyTorch、TensorFlow 及 MXNet 等。

NumPy 支持数组级别操作的基础就是其多维的数组对象 `ndarray`。可以使用 `ndarray` 对象来实现从一维到多维数组的创建、计算、索引、切片等操作。

4.3.1.1 创建数组对象的方法

图 4.1 中展示了使用 NumPy 库创建数组的多种方法。其中，第 3 行代码创建了一个值为 [1,2] 的一维数组；第 5 行代码创建了一个 3×2 的二维数组，数组中每个元素的数据类型均为 32 位浮点；第 7 行代码创建了一个一维整型数组，数组起点默认为 0，终点为 3，步长默认为 1，因此最终创建的数组为 [0,1,2]；第 9、11、13 及 15 行代码分别创建一个 3×2 的全 0 数组、全 1 数组、0 到 1 之间的随机数数组及元素值全为 7 的数组；第 17 行代码创建一个 3×3 的整型数组，其中对角元素值为 1，其余值均为 0；第 19 行代码创建一个 3×2 的未初始化二维数组。下面主要介绍 numpy.array()、numpy.arange()、numpy.eye() 函数。

```
1   import numpy as np
2
3   my_data1 = np.array([1,2])
4
5   my_data2 = np.array([[1.0,2.0],[3.0,4.0],[5.0,6.0]], np.float32)
6
7   my_data3 = np.arange(3)                #创建一维数组[0,1,2]
8
9   my_data4 = np.zeros((3,2))             #创建3行2列，元素值全为0的数组
10
11  my_data5 = np.ones((3,2))             #创建3行2列，元素值全为1的数组
12
13  my_data6 = np.random.random((3,2))   #创建3行2列，元素值为0到1之间随机值的数组
14
15  my_data7 = np.full((3,2), 7)         #创建3行2列，元素值全为7的数组
16
17  my_data8 = np.eye(3,3)
18
19  my_data9 = np.empty((3,2))
```

图 4.1　在 NumPy 中创建数组的多种方法

numpy.array() 函数可以直接创建一个新的数组，其使用方法为 numpy.array(object, dtype)。其中，参数 object 表示要创建的数组值，dtype 表示数组中元素的数据类型。图 4.2 中给出了使用 numpy.array 创建不同维度数组的示例，其创建的数组如图 4.3 所示。

numpy.arange() 可以返回一个具有 n 个元素的行向量，其使用形式为 numpy.arange (start, stop, step, dtype)。其中，参数 start 表示起始数值，默认为 0；stop 表示终止数值；step 表示步长，默认为 1。start 和 step 都是可选参数，如果有 step 参数则必须给出 start 参数。该函数的应用示例如图 4.4 所示。

```
1  import numpy as np
2
3  my_data1 = np.array([0,1,2])
4
5  my_data2 = np.array([[0,1], [2,3], [4,5]])
6
7  my_data3 = np.array([[[0,0,0,0],
8                        [1,1,1,1],
9                        [2,2,2,2]],
10
11                       [[3,3,3,3],
12                        [4,4,4,4],
13                        [5,5,5,5]]])
```

图 4.2　`numpy.array` 使用示例

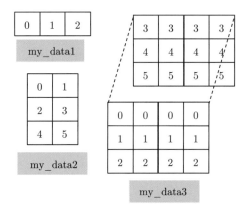

图 4.3　使用 `numpy.array` 创建的数组

```
1  import numpy as np
2
3  my_data1 = np.arange(3,dtype = np.int32)        #输出[0,1,2]
4
5  my_data2 = np.arange(3,9,3)                      #输出[3,6]
6
7  my_data3 = np.arange(3,10,3)                     #输出[3,6,9]
```

图 4.4　`numpy.arange` 使用示例

numpy.eye() 可以通过多种方式生成数组。可以用 numpy.eye(N, M, k) 生成一个 $N \times M$ 的二维数组, 对角线元素为 1, 其余元素均为 0。其中, 参数 M 表示数组的列数, 是

可选参数, 没有定义就默认为 N; 参数 k 也为可选参数, 其值为 0 表示主对角线值全为 1, 为负表示主对角线左移 |k| 位的对角线值全为 1, 为正表示主对角线右移 k 位的对角线值全为 1。还可以用 numpy.eye(num_class)[label_array] 对标签数组 label_array 进行独热编码, 返回编码后得到的数组, 参数 num_class 表示标签类别数量。使用 numpy.eye() 生成数组的示例程序见图 4.5, 其创建的数组如图 4.6 所示。

```
1  import numpy as np
2
3  my_data1 = np.eye(3)
4
5  my_data2 = np.eye(3,2)
6
7  my_data3 = np.eye(3,5,k=1)
8
9  my_data4 = np.eye(3)[[0,1,0,2]]
```

图 4.5 numpy.eye 使用示例

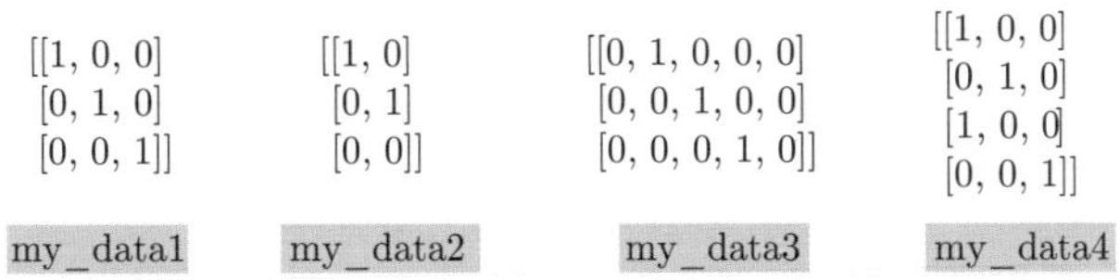

图 4.6 使用 numpy.eye 创建的数组

4.3.1.2 数组对象的属性

使用上述函数生成的数组对象 ndarray, 其常用属性如表 4.1 所示[248]。

表 4.1 ndarray 的常用属性

属性	说明
ndarray.ndim	数组维度 (axis)
ndarray.shape	数组在每个维度上的尺寸
ndarray.size	数组中的元素个数, 等于 shape 中各元素的乘积
ndarray.dtype	数组元素的数据类型 (默认为 FP64)
ndarray.itemsize	数组中每个元素的字节数

ndarray.shape 形状属性表示数组中每一个维度 (axis) 的尺寸。下面用图 4.7 来举例说明形状的概念。0 维数组对应标量数据, 它的 shape 为空; 一维数组对应向量, 其 shape 值包含一个元素, 元素值为向量的长度, 因此图 4.7 中一维数组的 shape 为 (3); 二维数组对应矩阵, 图 4.7 中的 2×3 矩阵对应的二维数组的 shape 为 (2, 3); 三维数

组的 shape 值应包含 3 个元素，每个元素值分别对应每一维的长度，因此图 4.7 中的三维数组的 shape 为 (2, 3, 4)。

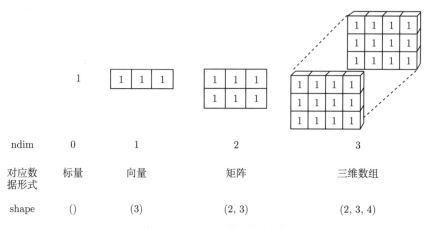

图 4.7　ndarray 的形状属性

数组的形状属性是可以修改的，numpy.reshape() 和 numpy.resize() 函数均可对数组的形状进行修改。其中，numpy.reshape(a, newshape) 可将原始数组 a 按照 newshape 形状重塑，返回的数组元素数量不变，数组元素的数据也不变。而 numpy.resize(a, newshape) 则可以处理重塑后数组元素增加的情况，即对原始数组 a 按照 newshape 形状进行重塑，如果 newshape 中元素数量大于原始数组，则从原始数组第一个元素开始复制数据并补充到新数组中。该函数的另外一种使用方法是 ndarray.resize(newshape)，当 newshape 中元素数量大于原始数组时，可对多出的数组元素位置补 0。两种函数的使用示例如图 4.8 所示，对应的修改了形状属性后的数组元素如图 4.9 所示。

```
1   import numpy as np
2
3   my_data1 = np.arange(4).reshape((2,2))
4
5   my_data2 = np.reshape(my_data1,(4,1))
6
7   my_data3 = np.arange(4)
8
9   my_data4 = np.resize(my_data3,(3,2))
10
11  my_data3.resize(3,2)
```

图 4.8　修改形状属性方法示例

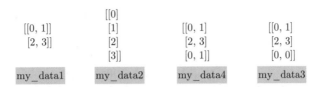

图 4.9 形状属性重塑后的新数组

4.3.1.3 数组元素的索引方法

对于数组中的元素，有多种索引的方法。索引序号从 0 开始，若为负则表示从数组末尾开始向前计数索引。代码示例如图 4.10 所示。第 5 行代码分别提取 my_data1 中的第 2 个元素（从 0 开始），以及从末尾开始向前计数的第 2 个元素；第 9 行代码提取 my_data3 中第 2 行、第 1 列的元素（从 0 开始）。索引得到的数组如图 4.11 所示。

```
1  import numpy as np
2
3  my_data1 = np.arange(8)
4
5  my_data2 = my_data1[np.array([2,-2])]
6
7  my_data3 = my_data1.reshape((4,2))
8
9  my_data4 = my_data3[2,1]
```

图 4.10 数组元素索引方法示例

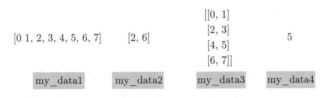

图 4.11 索引后得到的新数组

4.3.1.4 NumPy 中的内建数学函数

NumPy 中提供了大量的内建数学函数，方便编程时直接调用，表 4.2 中列出了部分代表性的函数，更多的数学函数列表可参考文献 [249]。

总结来说，NumPy 具有易用性、高性能等优点。能够直接对数组进行操作，并提供多种常用内嵌 API 供用户直接调用；大部分 NumPy 代码是基于 C 语言实现的，相比 Python 代码有更高的实现性能，但同时也存在一定局限性，原生的 NumPy 只支持 CPU

计算。为了能够在 GPU 上高效运行 Python 计算库，出现了如 CuPy[250]、Numba[251]、PyCUDA[252]、PyTorch 等编程库或编程框架。

表 4.2　NumPy 提供的常用数学函数

函数	描述
sin/cos/tan	正弦/余弦/正切函数
arcsin/arccos/arctan	反正弦/反余弦/反正切函数
round/floor/ceil	四舍五入/向下取整/向上取整
sum/diff	计算指定轴上的元素和/计算指定轴上相邻元素的差
exp/log	指数/对数函数
add/subtract/multiply/divide	加法/减法/乘法/除法函数
real/imag	取复数的实部/虚部
sqrt/square	平方根/平方函数
maximum/minimum	取最大值/最小值函数
clamp	将数组元素值截取到一定范围内

4.3.2　张量

在神经网络中，常用张量（tensor）来统一表示所有的数值数据。在 PyTorch、TensorFlow 等编程框架中，均使用张量来作为数值数据的载体，其对应了神经网络中在各个节点之间传递、流动的数据。

可以将张量看作 N 维数组，而数组的维数就是张量的阶数。因此，0 阶张量对应标量数据；一阶张量对应一维数组，也就是向量；二阶张量对应二维数组，也就是矩阵；以此类推，N 阶张量对应 N 维数组。例如，一张 RGB 图片可以表示为三阶张量，而多张 RGB 图像构成的数据集可以表示为四阶张量。

4.3.2.1　张量的创建

PyTorch 中的张量类是 torch.Tensor。张量有两种创建方式，一种是基于 PyTorch 提供的函数直接创建，另一种是基于其他张量来创建新张量。图 4.12 给出了用这两种方法创建张量的示例程序。

张量和 NumPy 数组之间具有较高的相似性，二者可以相互转换，且转换的开销较小。例如，使用 OpenCV 方法读取的结果为 NumPy 数组，当需要对其进行一些张量相关的操作时，需要将其转换为张量；相比 torch.Tensor，NumPy 中支持的操作种类更为丰富，当需要对张量执行一些 torch.Tensor 不支持的操作时，可以先将张量转换为 NumPy 数组，然后利用 NumPy 提供的函数进行计算，再转换回张量。

图 4.13 给出了张量和 NumPy 数组互相转换的方法。需要注意的是，在 CPU 中，使用 from_numpy() 和 numpy() 函数产生的张量和 NumPy 数组是共享内存的，因此对其

中一个的更改也会使另一个随之改变。

```
1   import torch
2
3   #直接创建张量
4   #使用requires_grad参数来表示该张量是否需要计算梯度
5   my_data1 = torch.tensor([0.0,1.0,2.0,3.0],requires_grad = True)
6
7   #创建3行2列，元素值全为1的张量
8   my_data2 = torch.ones(3,2)
9
10  #创建3行2列，元素值全为0的张量
11  my_data3 = torch.zeros(3,2)
12
13  #创建3行2列的张量，元素值为[0,1)区间的随机值
14  my_data4 = torch.rand(3,2)
15
16  #从其他张量创建新张量
17  #创建与my_data1有相同shape的张量，元素值为[0,1)区间的随机值
18  my_data5 = torch.rand_like(my_data1)
19
20  #创建与my_data1的shape相同，元素值全为0的张量
21  my_data6 = torch.zeros_like(my_data1)
22
23  #创建与my_data1的shape相同，元素值全为1的张量
24  my_data7 = torch.ones_like(my_data1)
```

图 4.12　张量的创建方法

```
1   import torch
2
3   #从NumPy数组转换为tensor
4   my_data1 = np.array([0,1,2,3])
5   my_data2 = torch.from_numpy(my_data1)
6
7   #从tensor转换为NumPy数组
8   my_data3 = torch.zeros(2,2)
9   my_data4 = my_data3.numpy()
```

图 4.13　张量与 NumPy 数组的转换方法

表 4.3 中总结了 PyTorch 中用于创建张量的常用操作。

表 4.3　用于创建张量的常用操作

函数	描述
from_numpy	将 NumPy 数组转换为张量
zeros/ones	创建元素值全为 0/1 的张量
eye	创建对角元素为 1，其余元素为 0 的张量（用法同 NumPy）
cat/concat	连接多个张量
split	切分张量
stack	沿新维度连接多个张量
take	从输入张量中取出指定元素组成新张量
normal	返回由正态分布随机数组成的张量
rand	返回 [0,1) 区间均匀分布随机数组成的张量
randn	返回由标准正态分布随机数组成的张量

4.3.2.2　张量的常用属性

每个张量都有一些常用属性，包括数据类型（dtype）、形状（shape）、存储张量的设备对象（device）、梯度（grad）等，如表 4.4 所示。其中，shape 属性的含义及用法与 4.3.1.2 节介绍的 ndarray 的 shape 属性相同，grad 属性表示调用 backward() 进行反向传播后张量的梯度值。下面将详细介绍 dtype 和 device 属性。

表 4.4　张量的常用属性

属性名称	含义
dtype	张量的数据类型
shape	张量各阶的形状（含义与 NumPy 中 ndarray 的形状属性相同）
device	存储张量的设备对象
grad	当调用 backward() 进行反向传播后代表张量的梯度值，默认为 None

张量的 dtype 属性表示数据类型。PyTorch 中张量支持多种数据类型，包括：浮点数、无符号整型、有符号整型、布尔型以及 bfloat16 型，如表 4.5 所示。其中，bfloat16（BF16）型是一种格式上介于 FP16 和 FP32 之间的数据类型[253]，如图 3.95 所示，由 1 位符号位、8 位指数位和 7 位尾数位组成（FP16 型的指数位为 5 位、尾数位为 10 位；FP32 型的指数位为 8 位、尾数位为 23 位），该数据类型通过降低精度来获得更大的数值空间，目前在深度学习中被大量使用。

早期在 CPU 或 GPU 上实现深度学习算法时，通常采用 32 位浮点数或 64 位浮点数格式的数据。高位宽浮点数运算部件会占用较多的芯片面积，功耗较高，数据存储开销也较大。量化技术可以用低位宽的定点数（例如 INT8/INT16）代替高位宽的浮点数（例如 FP32），从而极大地减少芯片的面积、功耗，同时大幅提升算法的执行性能，因此量化技术已广泛用来提升智能系统能效。关于量化技术的详细介绍请参考 3.5 节。

PyTorch 用 torch.device() 函数来指定张量所在的设备名、设备序号，如图 4.14 所示。官方版本的 PyTorch 计算张量的操作可以运行在 CPU 设备或 GPU 设备上。此外，用户也可以通过添加设备的方式增加深度学习处理器设备。PyTorch 可以指定操作运行在哪块 GPU 上，用'cuda:n' 表示第 n 个 GPU 设备。类似地，当将深度学习处理器添加到

PyTorch 框架中后，就可以使用'dlp:n' 来表示第 *n* 个深度学习处理器。在图 4.14 所示的程序示例中，第 4~6 行代码为在 GPU 上创建张量的不同方式，而第 9、10 行代码表示优先将张量创建在 GPU 上，如系统中没有 GPU 设备，则在 CPU 设备上创建张量。

表 4.5　PyTorch 中支持的张量数据类型

PyTorch 数据类型	说明
torch.float16/torch.half	16 位浮点型
torch.float64/torch.double	32 位浮点型
float16/float32/float64	64 位浮点型
torch.uint8	8 位无符号整型
torch.int8	8 位整型
torch.int16/torch.short	16 位整型
torch.int32/torch.int	32 位整型
torch.int64/torch.long	64 位整型
torch.bool	布尔型
torch.bfloat16	BF16 型

```
1   import torch
2
3   #在GPU上创建张量的不同方式
4   my_data1 = torch.tensor([0,1,2,3],device=torch.device('cuda:1'))
5   my_data2 = torch.tensor([0,1,2,3],device=torch.device('cuda',1))
6   my_data3 = torch.tensor([0,1,2,3],device='cuda:1')
7
8   #设置默认的device类型
9   my_device = 'cuda' if torch.cuda.is_available() else 'cpu'
10  my_data4 = torch.tensor([0,1,2,3],device=my_device)
```

图 4.14　PyTorch 中 device 属性的设置

4.3.2.3　张量属性的转换

当需要对张量的数据类型（dtype）或设备类型（device）属性进行转换时，可以使用 tensor.to() 方法，如图 4.15 所示。

```
1   import torch
2
3   #张量设备类型转换
4   my_data1 = torch.tensor([0,1,2,3])
5   my_data1 = my_data1.to('cuda')
6
7   #张量数据类型转换
8   my_data1 = my_data1.to(torch.double)
```

图 4.15　张量数据类型或设备类型属性的转换

当需要对张量的形状属性进行转换时，可以使用 `tensor.reshape()` 方法，如图 4.16 所示。其中，第 7 行代码中，目标形状属性表示为 `(-1,2)`，单个形状维度上的值为 -1，表示该形状维度上的值需要根据其他维度的形状属性来推算。因此，`my_data4` 对应的形状属性推算后应为 `(3,2)`。

```
1  import torch
2
3  my_data1 = torch.tensor([0,1,2,3])
4  my_data2 = my_data1.reshape(2,2)
5
6  my_data3 = torch.arange(6)
7  my_data4 = my_data3.reshape(-1,2)           #形状转换为（3,2）
```

图 4.16 张量形状属性的转换

GPU 上不能直接支持 NumPy 数组，如果希望将 GPU 上的张量转换成 NumPy 数组，需要先将张量转换到 CPU 上，再转换成 NumPy，具体过程如图 4.17 所示。

```
1  import torch
2
3  my_data2 = torch.tensor([0,1,2,3],device = 'cuda:1')
4  my_data3 = my_data2.cpu().numpy()
```

图 4.17 将 GPU 上的张量转换为 NumPy 数组

如果希望将 CPU 上的张量转换到某种深度学习处理器上，需要首先完成 PyTorch 框架在该深度学习处理器平台上的移植，将新的框架（如 `torch_dlp`）包导入，并将该深度学习处理器在框架中注册为新的设备类型（如`'dlp'`），然后就可以使用 `tensor.to()` 方法将张量从 CPU 转换到该深度学习处理器上，具体可参考图 4.18 所示方法。

4.3.2.4 对张量的常用操作

如果需要对张量进行复制，可以使用 `tensor.clone()` 函数，该函数能够返回一个与原张量完全相同的张量，这个新张量会保存在新的内存中，且仍然留在计算图中，而不是与原张量共享内存。

PyTorch 中对张量的索引方法基本与 NumPy 相同，图 4.19 中给出了一些张量索引的示例。图中第 3~5 行代码的执行结果为 `my_data1= [0,7,8,3]`，第 8 行代码的执行结果为 `(4)`，第 9 行代码的执行结果为 `([0,1,2])`，第 10 行代码的执行结果为 `([0,3])`。

当需要对张量进行切片时，可以采用 `[start:end:step]` 的形式，其含义为：从 start 开始，以 step 为步长开始读取张量，到 end 终止（不包含 end）。其中，start、end、step 均可以缺省，start 缺省为 0，可以为负数，end 缺省为该维度最后一个元素（包含），而 step 缺省为 1，不能为负数。

```
1   import torch
2   import torch_dlp
3
4   a = torch.randn(8192,8192,dtype = torch.float)
5   b = torch.randn(8192,8192,dtype = torch.float)
6
7   #在CPU上计算
8   c = torch.matmul(a,b)
9
10  #在深度学习处理器（DLP）上计算
11  device = torch.device('dlp')
12  a_dlp = a.to(device)
13  b_dlp = b.to(device)
14  c_dlp = torch.matmul(a_dlp, b_dlp)
```

图 4.18　张量从 CPU 转换到 DLP 上

```
1   import torch
2
3   my_data1 = torch.tensor([0,1,2,3])
4   my_data1[1] = 7
5   my_data1[-2] = 8                          #负号表示从后往前查找
6
7   my_data2 = torch.arange(0,6).view([2,3])
8   print(my_data2[1,1])                      #(4)
9   print(my_data2[0])                        #([0,1,2])
10  print(my_data2[:,0])                      #([0,3])
```

图 4.19　张量的索引

图 4.20 是对张量进行切片索引的示例，其中，`my_data1` 的数值如图 4.21 所示。

```
1   import torch
2   #my_data1包含2张图片，每张图片为3通道，每通道尺寸为2*2
3   my_data1 = torch.arange(0,24).view([2,3,2,2])
4
5   #读取其中一个像素点
6   print(my_data1[1,1,1,1])    #(19)
7
8   #读取两张图片中通道数为0、1，高度方向序号为1的像素
9   print(my_data1[:,0:2,1,:])
10
11  #读取第一张图片，通道为1、2，高度方向序号为0、1，宽度方向序号为0的像素
12  print(my_data1[0,-2:,0:,0])
```

图 4.20　张量的切片索引

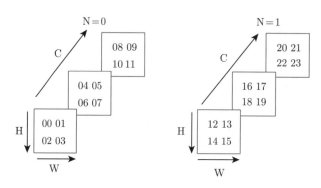

图 4.21 my_data1 的数值

如果要对张量进行维度压缩、扩展，可以分别使用 torch.squeeze() 和 torch.unsqueeze() 函数。前者能够将张量中所有为 1 的维度移除，或者将张量中指定的、维度为 1 的维度移除；后者能够在指定维度插入值为 1 的维度，使用实例如图 4.22 所示。第 3 行代码定义了一个形状为 (3，1，2，1，5) 的张量 my_data1，第 4 行代码对 my_data1 所有为 1 的维度删除，得到形状为 (3，2，5) 的张量 my_data2，第 5 行代码对 my_data1 的第 0 个维度进行删除，但由于 my_data1 的第 0 个维度值不为 1，因此无法删除，仍然得到形状为 (3，1，2，1，5) 的张量 my_data3，第 6 行代码对 my_data1 的第 1 个维度进行删除，由于 my_data1 的第 1 个维度值为 1，因此可以删除，得到形状为 (3，2，1，5) 的张量 my_data4。第 8 行代码定义了一个形状为 (4) 的张量 my_data5，第 9 行代码表示对 my_data5 的第 0 维增加一个维度 1，即 my_data6 的形状应为 (1,4)，第 10 行代码表示对 my_data5 的第 1 维增加一个维度 1，即 my_data7 的形状应为 (4,1)。

```
1    import torch
2
3    my_data1 = torch.zeros(3,1,2,1,5)
4    my_data2 = torch.squeeze(my_data1)        #形状变为（3,2,5）
5    my_data3 = torch.squeeze(my_data1,0)      #形状变为（3,1,2,1,5）
6    my_data4 = torch.squeeze(my_data1,1)      #形状变为（3,2,1,5）
7
8    my_data5 = torch.tensor([1,2,3,4])
9    my_data6 = torch.unsqueeze(my_data5,0)    #得到新张量（[[1,2,3,4]]）
10   my_data7 = torch.unsqueeze(my_data5,1)    #得到新张量([[1],
11                                             #            [2],
12                                             #            [3],
13                                             #            [4]])
```

图 4.22 张量的维度压缩、扩展

4.3.2.5　张量的数据格式

张量数据可以有多种数据格式，代表了多维数组以何种线性存储方式在存储空间中存储[254]。比如，PyTorch 和 GPU 中通常采用 NCHW 的数据格式，而 TensorFlow 中通常采用 NHWC 的数据格式。此处，N 表示一个批量（batch size）的数据个数，H 表示高度（height），W 表示宽度（width），C 表示通道数（channel）。一张 RGB 彩色图像包含 3 个原色（红色、绿色、蓝色）通道，因此，其对应的张量数据格式中，N=1，C=3。如果要表示用于训练或推理任务的一个 batch size 的 RGB 图像，则 N=batch size，C=3。

下面以图 4.23 所示的数据（N=2，C=3，H=2，W=2）为例，说明其在计算设备中的存储形式，其中左右两图分别对应该批量中的第一张图及第二张图。在计算设备中，所有的数据按照一维来存储，不同的数据格式对应了该数据在计算设备中的存储顺序[254]。对于图 4.23 中所示的数据，当其按照 NCHW 的数据格式来组织时，其在计算设备中按照 W→H→C→N 的顺序来存储数值，如图 4.24a 所示；而当其按照 NHWC 的数据格式来组织时，其在计算设备中是按照 C→W→H→N 的顺序来存储数值，如图 4.24b 所示。

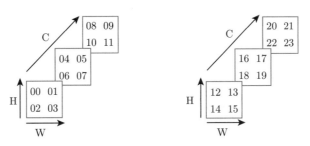

图 4.23　数据示例

| 00 | 01 | 02 | 03 | 04 | 05 | 06 | 07 | 08 | 09 | 10 | 11 | 12 | 13 | 14 | 15 | 16 | 17 | 18 | 19 | 20 | 21 | 22 | 23 |

a) NCHW数据格式的存储顺序

| 00 | 04 | 08 | 01 | 05 | 09 | 02 | 06 | 10 | 03 | 07 | 11 | 12 | 16 | 20 | 13 | 17 | 21 | 14 | 18 | 22 | 15 | 19 | 23 |

b) NHWC数据格式的存储顺序

图 4.24　不同数据格式的在计算设备中的存储顺序

4.3.2.6　张量的自动求导支持

PyTorch 支持自动求导，用户定义好操作的前向计算和反向梯度计算规则，PyTorch 能够在训练时自动调用计算图算子，完成整个网络的自动求导。使用 `requires_grad` 参数来设置张量是否需要自动求导，默认为 False，即不需要自动求导。这是由于张量求导时需要存储其对应的梯度信息以及操作，这会占用较大的内存空间，因此，从优化内存的角度出发，默认的张量数据是不需要自动求导的。`requires_grad` 参数的设置方法如图 4.25 所示。

```
1  import torch
2
3  #使用requires_grad参数来表示该张量是否需要自动求导，默认为False
4  my_data1 = torch.tensor([0.0,1.0,2.0,3.0],requires_grad = True)
```

图 4.25　张量的自动求导设置

对于一个计算操作来说，如果所有输入中有一个输入需要求导，则输出就需要求导；如果所有输入都不需要求导，则输出也不需要求导。

4.3.3　操作

4.3.3.1　计算操作

PyTorch 基于张量开展各种类型的计算操作。每个操作接收若干个张量作为输入，操作完成后更新原张量或生成新张量作为输出。因此，计算操作是使用 PyTorch 实现模型训练和推理的基础。

可以采用 `torch.operation`、`tensor.operation`、`tensor.operation_` 等形式来实现张量的计算操作，如图 4.26 所示。

```
1   import torch
2
3   my_data1 = torch.tensor([-1.3,2.8,3.5,-4.2,-5.6,6.99])
4
5   #使用torch.operation()方法定义计算操作
6   my_data2 = torch.add(my_data1, 100)
7
8   #使用tensor.operation()方法定义计算操作
9   my_data3 = my_data1.add(100)
10
11  #使用tensor.operation_()方法定义计算操作
12  my_data4 = my_data1.add_(100)
```

图 4.26　定义计算操作的方法

常用的计算操作如表 4.6 所示。表中列出的函数，均可以使用 `torch.operation()` 以及 `tensor.operation()` 等多种方法来定义。

表 4.6   torch 库中常用的计算操作

函数名称	功能
`new_tensor`	返回一个新张量
`new_zeros/new_ones`	返回尺寸与原张量相同,元素值全为 0/1 的新张量
`grad`	训练时得到的张量梯度
`add/subtract/multiply/divide`	加/减/乘/除计算
`bitwise_and/bitwise_or/bitwise_not`	按位与/或/非操作
`sin/cos/tanh`	正弦/余弦/正切计算
`where`	按条件输出不同张量
`to`	张量数据类型、设备类型转换
`sort`	按指定维度将张量元素升序/降序排列
`round/ceil/floor`	四舍五入/向上取整/向下取整操作
`transpose`	转置计算
`clamp`	将张量中所有元素值控制在指定范围内

4.3.3.2 原位操作

图 4.26 的第 12 行代码使用了 `tensor.operation_()` 方法来定义计算操作,其与第 9 行代码相比,区别仅为在操作后面增加了 "_" 标识。该标识代表操作为原位(in-place)操作,即在存储原张量的内存上直接计算并更新张量值,而不是先复制张量再计算更新。Python 语言中也有类似的原位操作,如 `+=`、`*=` 等。

PyTorch 中的很多种计算操作都有其对应的原位操作,表 4.7 中列出了其中一些较为常用的计算操作及其对应的原位操作。

表 4.7   PyTorch 中典型的计算操作及相对应的原位操作

计算操作	相对应的原位操作
`tensor.add`	`tensor.add_`
`tensor.clamp`	`tensor.clamp_`
`tensor.abs`	`tensor.abs_`
`tensor.clip`	`tensor.clip_`
`tensor.addcmul`	`tensor.addcmul_`
`tensor.eq`	`tensor.eq_`
`tensor.arcsin`	`tensor.arcsin_`
`tensor.exp`	`tensor.exp_`
`tensor.bitwise_not`	`tensor.bitwise_not_`
`tensor.logical_or`	`tensor.logical_or_`
`tensor.bitwise_xor`	`tensor.bitwise_xor_`
`tensor.norm`	`tensor.norm_`
`tensor.ceil`	`tensor.ceil_`
`tensor.sigmoid`	`tensor.sigmoid_`

原位操作的优点是能够节省内存占用，因为它直接基于原张量的内存进行操作，不会创建新的内存空间，这样，在进行深度学习算法推理时，使用原位操作能够有效减少模型占用的内存。

但原位操作也有一定的局限性[255]。首先，原位操作会覆盖原张量，如果在模型训练时使用原位操作来更新张量的梯度，则每次迭代计算所得的梯度值都将被覆盖，从而破坏模型的训练过程；其次，对于多个张量同时引用一个张量的情况，对该张量进行原位操作会影响其他张量的操作。

4.3.3.3　操作的广播机制

使用 PyTorch 中的某些操作进行计算时，可能出现参与计算操作的张量形状不匹配的情况，如图 4.27 中的第 4 行代码所示，参与加法计算的两个张量中，my_data1 的形状是（6），而另一个张量是标量，其形状为（），这两个张量的形状属性是不匹配的。此时就需要使用 PyTorch 的广播（broadcasting）机制[256]对不匹配的张量形状进行扩展，最终将这些张量均扩展为形状属性相同的张量，然后再进行相应计算。

```
1  import torch
2
3  my_data1 = torch.tensor([-1.3,2.8,3.5,-4.2,-5.6,6.99])
4  my_data2 = torch.add(my_data1, 100)
```

图 4.27　形状不匹配的操作示例

PyTorch 中，某个操作能够进行广播的条件有两个：

（1）参与计算的每个张量都有至少 1 个维度。

（2）对于维度较少的张量，需要从其末尾的维度开始对齐扩展，扩展出的新维度对应的维度尺寸为 1。对于扩展后的张量，当满足下列两种情况中的任意一种即可进行广播操作：a）扩展后的形状属性与另一张量相同；b）扩展后的形状属性与另一张量不同，但不同的那个维度对应的维度尺寸为 1。

针对上述约束，就可以判断操作是否可以进行广播了。在图 4.28 中，参与加法操作的两个张量，其形状属性分别为（2，3）和（2，2），不满足上述约束条件，因此不能广播。在图 4.29 中，my_data1 的形状为（2，3，3），my_data2 的形状为（2，3，1），可以将 my_data2 的第 3 个维度从 1 扩展到 3，再进行操作，因此属于可以广播的情况。在图 4.30 中，my_data1 的形状为（2，3，3），my_data2 的形状为（3，1），将两个张量从末尾的维度对齐，相比 my_data1，my_data2 缺少第一个维度，且最后一个维度的尺寸为 1，可以先扩展出第一个维度，再将第一个维度与最后一个维度的尺寸均从 1 扩展到 3，最后再进行加法操作，也属于可以广播的情况。

```
1  my_data1 = torch.ones(2,3)
2  my_data2 = torch.ones(2,2)
3  my_data3 = torch.add(my_data1, my_data2)
```

图 4.28 不可广播的情况

```
1  my_data1 = torch.ones(2,3,3)
2  my_data2 = torch.tensor([[[1],[2],[3]],
3                 [[4],[5],[6]]])
4  my_data3 = torch.add(my_data1, my_data2)
```

图 4.29 可以广播的情况 1

```
1  my_data1 = torch.ones(2,3,3)
2  my_data2 = torch.tensor([[1],[2],[3]])
3  my_data3 = torch.add(my_data1, my_data2)
```

图 4.30 可以广播的情况 2

在具体进行维度扩展时，对于维度数量相同的张量，比较每个维度对应的维度尺寸，若维度尺寸不同但其中一个维度尺寸为 1，则将其维度尺寸扩展为与另一张量相同的维度尺寸。对于图 4.29 中的情况，my_data1 和 my_data2 的维度数量相同，均为 3 个维度，其中前两个维度的尺寸也是相同的，第三个维度尺寸不同，且 my_data2 的第三个维度尺寸为 1，则将该维度扩展为与 my_data1 第三个维度相同的尺寸 3。图 4.31 给出了该情况下的一个维度扩展示例。

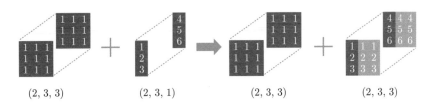

图 4.31 维度扩展示例 1

而对于维度数量不同的张量，首先从张量末尾的维度开始对齐扩展，对缺少的维度尺寸补 1，再沿每个维度方向进行尺寸对比及扩展。对于图 4.30 中的情况，从张量末尾的维度开始对齐扩展时，my_data2 缺少第一个维度，需要先将第一个维度尺寸补 1，即将 my_data2 的形状扩展为 (1，3，1)，再进一步分别将其第 1、3 个维度的尺寸扩展为 2、

3，此时 my_data2 的形状扩展为 (2，3，3)。图 4.32 给出了该情况下的一个维度扩展示例。

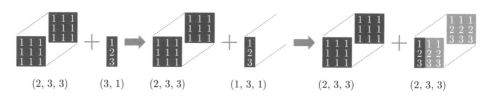

$$(2,3,3) \qquad (3,1) \qquad (2,3,3) \qquad (1,3,1) \qquad (2,3,3) \qquad (2,3,3)$$

图 4.32　维度扩展示例 2

如果是执行原位操作的张量需要维度扩展或改变，则编译报错，如图 4.33 所示。在执行第 3 行代码时，my_data1 作为执行原位操作的张量，其第 3 个维度需要扩展为 3，此时会编译报错。

```
1  my_data1 = torch.ones(2,3,1)
2  my_data2 = torch.ones(2,3,3)
3  my_data3 = my_data1.add_(my_data2)
```

图 4.33　执行原位操作的张量不可广播

而另一种情况下，如果作为原位操作参数的张量需要进行维度扩展或改变，则仍可通过广播机制完成张量操作，如图 4.34 所示。在执行第 3 行代码时，my_data2 作为原位操作的参数张量，其第 2、3 个维度均需要扩展为 3，此时可以通过类似图 4.31 中所示方法完成张量维度的扩展。

```
1  my_data1 = torch.ones(2,3,3)
2  my_data2 = torch.ones(2,1,1)
3  my_data3 = my_data1.add_(my_data2)
```

图 4.34　作为原位操作参数的张量可以广播

4.3.4　计算图

PyTorch 用包含了一组节点和边的有向图来描述计算过程，这个有向图叫作计算图。图 4.35 中的计算图描述了 X 和 W 两个矩阵相乘，最后得到 Y 的计算过程。

计算图的本质是节点和边的关系。其中，节点可以表示数据的输入起点、输出终点、模型参数等，如图 4.35 中的 X、W 和 Y；也可以表示各类处理，包括数学运算、变量读写、数据填充等，如图 4.35 中的矩阵相乘（记作 "matmul"）。边则表示节点之间的输入/输出关系。边有两种类型，一类是传递具体数据的边，传递的数据即为张量。还有一类是表示节点之间控制依赖关系的边，这一类边不传递数据，只表示节点执行的顺序，前序节点完成计算，后序节点才能开始计算。

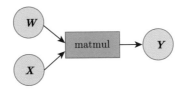

图 4.35　计算图示例

计算图的执行依照有向图的顺序，张量每通过一个节点时，就会作为该节点运算操作的输入被计算，计算的结果则顺着该节点的输出边流向后面的节点。

PyTorch 1.x 版本主要使用动态图的机制，即构建的计算图是即时运行的，这样在设计神经网络算法的时候能立即得到变量的值，也方便运行时根据结果来修改算法。由于构建好的计算图可以立即获得执行结果，而无须等待整张图构建完成，调试起来较为方便。

而与动态图相对的，在另一个代表性编程框架 TensorFlow 1.x 版本中，使用的则是静态图的机制。静态图需要先构建完成整张图再运行，其优势是在运行前可以先对计算图进行整体优化，比如常量折叠、算子融合等，从而获得较高的运行性能。在训练时的多次迭代过程中，只需要构建一次计算图，然后每次迭代的时候都调用该图即可。由于需要整张图都构建完成并运行后才能看到变量值，所以静态图的调试不太方便。

图 4.36 和图 4.37 分别给出了使用静态图及动态图进行神经网络模型训练的示例程序。其中，图 4.36 为使用静态图机制的 TensorFlow 1.x 代码，在代码中，首先构建完整的计算图，然后计算图在会话（session）环境中赋值并运行，在 300 次的迭代（iteration）训练中，计算图只需要构建一次，在每次的迭代中均重复执行同样的图。图 4.37 为使用动态图机制的 PyTorch 1.x 代码，在 300 次的迭代训练中，每一次迭代均构建并执行一张计算图，执行结束后，计算图资源就在内存中释放，到下一次迭代时再构建并执行新图。

计算图的两种机制各有优缺点，PyTorch 1.x 版本基于动态图的灵活性、便捷性，自推出后便在学术界受到了广泛的关注及使用，占据了越来越多的份额，而在新发布的 PyTorch 2.x 版本中，又增加了对静态图机制的支持。比较有意思的是，TensorFlow 1.x 版本主要是基于静态图机制，后期受到了不少来自 PyTorch 的挑战，因此在 TensorFlow 的 2.x 版本中，增加了对动态图机制的支持。因此，当前的大多数主流编程框架，都兼容静态图和动态图这两种机制，编程时可以根据自己的需求来选择，表 4.8 中列出了当前几种常用的编程框架对两种计算图机制的支持情况。

```
1    x = tf.placeholder(tf.float32,shape=(1,2))
2    y = tf.placeholder(tf.float32)
3    w = tf.variable(tf.random_normal((2,1)))
4
5    y_pred = tf.matmul(x,w)
6    loss= y_pred-y
7    grad_w = tf.gradients(loss,w)
8    update_w = w.assign(w-alpha*grad_w)
9
10   with tf.Session() as sess:
11       sess.run(tf.global_variables_initializer())
12       for i in range(300):
13           sess.run([loss,update_w],feed_dict={x:valuex,y:valuey})
```

图 4.36   静态图机制

```
1    x = torch.randn(1,2)
2    y = torch.randn(1,1)
3    w = torch.randn(2,1,requires_grad=True)
4
5    for i in range(300):
6        y_pred=x.mm(w)
7        loss = y_pred-y
8        loss.backward()
9
10       #loss.backward()    #计算图已释放，再次执行将报错
```

图 4.37   动态图机制

表 4.8   常用编程框架中的计算图支持

编程框架	静态图	动态图
PyTorch	✓	✓
TensorFlow	✓	✓
Caffe2[257]	✓	
PaddlePaddle	✓	✓

4.4   基于 PyTorch 的模型推理实现

本节以图像风格迁移算法[221] 中使用的 VGG19[40] 网络为例，介绍如何基于 PyTorch 用预训练的深度学习模型进行推理。VGG19 由 16 个卷积层和 5 个池化层组成，其网络结构如图 4.38 所示。

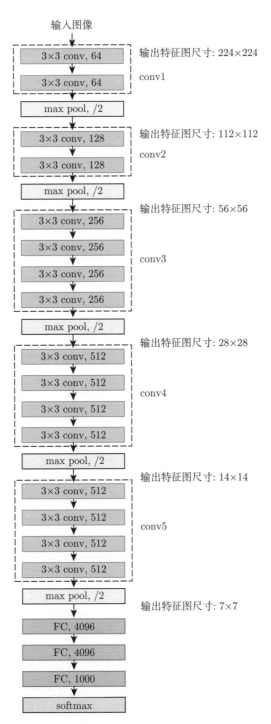

图 4.38　用于图像风格迁移的 VGG19 的网络结构

实现神经网络推理的基本流程如下：首先读取输入样本，随后基于 PyTorch 提供的计算函数构建神经网络模型。推理时须实例化该模型，然后根据推理结果对模型进行功能调试、性能调优。下面对每个步骤进行介绍。

4.4.1 读取输入图像

有多种方法能够批量读取输入图像，并转化为 PyTorch 能够处理的格式。本节主要介绍三种方法，分别是 PIL 库、OpenCV 和 torchvision.io 包。

4.4.1.1 利用 PIL 库读取输入图像

PIL（Python Imaging Library）[258] 是 Python 自带的图像处理库，能够支持图像的存储、显示和处理。PIL 库包含了 28 个与图像处理相关的模块或类，实现如图像加载/创建、图像的颜色配置管理、图像增强、图像截取、图像显示等功能。

PIL 库能够支持几乎所有的图片存储模式，如 RGB、RGBA、CMYK、YCbCr、LAB、HSV 等。通过 PIL 库读入的图像格式为 (W, H, C)，其中，W、H、C 分别代表图像的宽度、高度、通道数。

PIL 中最重要的用于图像处理的模块为 Image 模块，表 4.9 中列出了 Image 模块支持的相关操作。基于这些操作，图 4.39 中给出了使用 PIL 库读取图像的代码示例。

表 4.9 Image 类相关操作

操作	说明
open(filename)	加载图像文件
mode	图像的色彩模式，包括 L（灰度图像）、RGB（彩色图像）等
size	二元组，表示图像的宽度和高度，单位是像素
save(filename, format)	保存图像
convert(mode)	将图像转换为新的模式
resize(size)	将图像大小调整为 size

```
1  from PIL import Image
2
3  image = Image.open(image_name)
```

图 4.39 使用 PIL 库读取图像

通过 PIL 库读入的数据格式为 PIL.JpegImagePlugin.JpegImageFile。在 PyTorch 框架中使用 PIL 库处理数据时，如果后续处理需要使用 PyTorch 提供的各种操作，则需要将 PIL 图像转换为张量。反之，如果 PyTorch 中定义的张量数据，后续需要使用 PIL 库提供的图像处理方法，则需要将张量转换为 PIL 图像。在 PyTorch 中，一般使用 torchvision 包中自带的 transforms 模块来完成 PIL 图像与张量数据的格式转换。

torchvision.transforms 模块中包含了图像转换相关的函数，这些函数可以作用于
PIL 对象和 Tensor 对象，实现二者的互相转换。表 4.10 中列出了 transforms 模块中的
常用函数操作及其含义。

表 4.10　transforms 模块中的常用函数操作及其含义

操作	说明
Compose	将多个 transforms 函数组合在一起
ToPILImage	将数据格式为 (C, H, W) 的张量，或数据格式为 (H, W, C) 的 NumPy 数组转换成 PIL 图像
ToTensor	将数值范围在 [0,255] 区间的 PIL 格式的图像，或数据格式为 (H, W, C) 的 NumPy 数组转换成 (C, H, W)、torch.float 类型的张量，数值范围为 [0.0, 1.0]
Normalize	对输入数据归一化
Resize	对输入图像调整大小

其中，transforms.Compose() 函数用于将多个 transforms 操作组合封装在一起，其
使用示例如图 4.40 所示。

```
1  import torchvision.transforms as transforms
2
3  transforms.Compose([
4      transforms.CenterCrop(5),     #裁剪图像
5      transforms.ToTensor()         #转换为张量
6  ])
```

图 4.40　transforms.Compose 示例

使用 PIL 库读取输入图像，并将其转化为张量的示例程序如图 4.41 所示。第 8 行代
码表示使用 PIL 库读入一个图像，并将其存储模式转换为 RBG 形式；第 9 行代码首先调
用第 5 行定义的 loader 方法，将 PIL 图像转换为 (C, H, W) 形状的张量，再对其第 0
维增加维度 1，使其转换为 (1, C, H, W) 形状的张量，方便后续的 PyTorch 程序处理；最
后，第 10 行代码对张量进行了设备、数据类型属性的转换。

```
1   import torch
2   from PIL import Image
3   import torchvision.transforms as transforms
4
5   loader = transforms.Compose([transforms.ToTensor()])
6
7   def image_loader(image_name):
8       image = Image.open(image_name).convert('RGB')
9       image = loader(image).unsqueeze(0)
10      return image.to(device, torch.float)
```

图 4.41　将 PIL 库读取的图像转换为张量

反过来，如果要将输入张量转换为 PIL 图像，可以使用如图 4.42 所示的方法。第 8 行代码复制待转换的张量，第 9 行代码将原本形状为 (1, C, H, W) 的张量压缩为形状为 (C, H, W) 的张量，第 10 行代码调用第 5 行定义的 `unloader` 方法，将张量转换为 PIL 图像。

```
1   import torch
2   from PIL import Image
3   import torchvision.transforms as transforms
4
5   unloader = transforms.ToPILImage()
6
7   def image_unloader(tensor):
8       image = tensor.cpu().clone()
9       image = image.squeeze(0)
10      image = unloader(image)
11      return image
```

图 4.42   将张量转换为 PIL 图像

4.4.1.2   利用 OpenCV 方法读取输入图像

OpenCV（Open Source Computer Vision Library）是一个开源的软件库[259]，针对常用的计算机视觉和机器学习类操作提供了高性能的运算和即时的开发能力。OpenCV 具有较好的跨平台特性，具有 C++、Python、Java、MATLAB 等多种接口，并支持 Windows、Linux、Android 以及 macOS 等多种操作系统。

在 OpenCV 中，读取图像的函数是 `imread(filename)`，使用该函数读取图像后得到的数据为 NumPy 数组，即其格式为 `numpy.ndarray`，得到的数据类型为 uint8，取值范围为 0~255。

OpenCV 中表示彩色图像使用的是 BGR 格式，而不是 RGB 格式，因此，当 OpenCV 配合其他工具包使用时，需要进行格式转换。图 4.43 给出一个使用 OpenCV 方法读取图像的代码示例。第 2 行代码读取图像，该图像此时以 BGR 格式保存，第 3 行代码将读入图像的形状转换为 (224, 224)，第 4 行代码则将其存储格式转换为 RGB，方便后续的程序处理。

```
1   import cv2
2   image = cv2.imread(image_name)
3   resize_image = cv2.resize(image,(224,224))
4   resize_image = cv2.cvtColor(resize_image,cv2.COLOR_BGR2RGB)
```

图 4.43   使用 OpenCV 方法读取图像

4.4.1.3 利用 torchvision.io 包读取输入图像

torchvision.io 包是 PyTorch 编程框架中的一个程序包，提供了对图像、视频文件的读写操作。主要使用 torchvision.io 包中的 read_video() 函数和 read_image() 函数来分别实现对视频、图像文件的读取。二者的具体用法为：

- torchvision.io.read_video(filename)：从文件中读入视频，返回视频及音频帧。
- torchvision.io.read_image(path, mode)：读入 JPEG 或 PNG 格式的图像，并保存为三维 RGB 或灰度张量，返回的输出张量的数据格式为 (C, H, W)，数据类型为 uint8，其取值范围为 [0, 255]。该函数的使用示例如图 4.44 所示。

```
1  from torchvision.io import read_image
2  import torchvision.transforms as transforms
3
4  #读入图像
5  img = read_image('example.jpg')
6  #将读入的张量转换为PIL图像
7  my_img = transforms.ToPILImage()(img)
```

图 4.44　使用 torchvision.io 包读入图像

4.4.1.4 在 PyTorch 中加载并显示图像

前面介绍的三种方法均可以从指定路径中读取输入图像，并转换为特定的数据格式以方便后续的处理。图 4.45 给出一种加载图像并进行相应处理的程序示例。第 5 行代码定义了 loader 方法，用于将输入图像进行尺寸调整并将图像格式转换为分布为 (C, H, W) 的

```
1  import torch
2  from PIL import Image
3  import torchvision.transforms as transforms
4
5  loader = transforms.Compose([
6      transforms.Resize(imsize),
7      transforms.ToTensor()])    #转换为torch tensor
8
9  def image_loader(image_name):      #图像加载函数
10     image = Image.open(image_name)
11     image = loader(image).unsqueeze(0)
12     return image.to(device,torch.float)
13
14 my_img = image_loader('sytle.jpg')
```

图 4.45　加载图像

张量数据；第 9 行代码定义了图像加载函数 image_loader；第 10 行代码读入 PIL 图像；第 11 行代码调用 loader 方法，将读入的 PIL 图像转换为张量，并将数据格式扩展为 (1, C, H, W)；第 14 行代码按照 image_loader 函数定义，加载风格图像并进行相应处理。

为直观地判断读入图像或经过一系列处理后图像的正确性，可以对图像进行显示。显示图像可以使用 matplotlib.pyplot 接口，这是 matplotlib[260] 库中的一个基于状态的接口，提供了一种类似 MATLAB 的隐式绘图方式，主要用于交互式绘图和简单的编程绘图生成。图 4.46 给出了一个使用实例。

```
1  import numpy as np
2  import matplotlib.pyplot as plt
3
4  x = np.array([1,2])
5  y = np.cos(x)
6  plt.plot(x,y)     #显示图像
```

图 4.46　显示图像

图 4.46 使用 matplotlib.pyplot 接口中的 plot 函数来显示图像，该接口同时还提供了其他的函数用于常用的绘图操作，如表 4.11 所示。

表 4.11　常用绘图操作

操作	说明
ion()	打开交互模式
ioff()	关闭交互模式
imshow(image)	在屏幕上显示图像
title(imagetitle)	为图像设置标题
plot()	根据函数参数绘制图像
pause(interval)	启动持续 interval 秒的 GUI 事件循环。如果有活动的图形，它将在执行该命令前更新和显示，并且在该命令执行期间运行 GUI 事件循环
figure()	创建一个新图像，或激活一个已有图像
show()	显示所有打开的图像

4.4.2　构建神经网络

使用 PyTorch 编程框架来构建神经网络模型主要有两种方式，一种是基于 PyTorch 提供的各种操作函数，搭建出需要构建的自定义神经网络模型；另一种是直接调用 PyTorch 框架中提供的预训练模型。在第一种实现方式中，主要通过 PyTorch 提供的 torch.nn、torch.nn.Module、torch.nn.functional 等模块中的各种类型的操作函数，根据算法需求，搭建出自定义的神经网络模型。在第二种实现方式中，PyTorch 提供了 torchvision.models 包，包含了用于处理不同任务的各种预训练模型，如图像分类、语义分割、目标检

测、关键点检测等，编程时可以直接调用这些预训练模型，再根据实际的应用需求进行修改或微调，最终得到满足应用需求的模型。

4.4.2.1　基于函数构建自定义神经网络模型

PyTorch 使用模块类（module）来表示神经网络，torch.nn.Module 是用于封装 PyTorch 模型及组件的基类，自定义模型需继承该基类。torch.nn.Module 中包含了 __init__ 以及 forward 两种方法。其中，__init__ 方法定义了模块类的内部状态，自定义模型时需调用该方法进行模型的初始化；forward 方法则定义了每次调用模型须执行的计算操作，自定义的子类会将其覆盖。

自定义模型需要继承 torch.nn.Module 类，在构建自定义模型时，首先通过 __init__ 方法初始化整个自定义模型，定义模型结构及待学习的参数，再使用 forward 方法定义模型的前向计算，即推理过程。当需要对自定义模型进行训练时，PyTorch 能够根据 forward 方法中描述的计算过程，自动实现反向的梯度计算，因此在 forward 方法中无须定义反向计算过程。图 4.47 给出了一个简单的构建自定义模型的示例。在第 6 行代码中，super() 函数的作用是获取当前类（即 myModule）的父类，也就是 nn.Module；第 11 行代码定义了模型的推理过程，即对输入先进行卷积计算 Conv2d，再进行非线性激活操作 softmax。由于这两个操作步骤中，仅有卷积操作涉及模型参数更新，因此，在 __init__ 方法中仅对卷积操作进行了初始化。

```
1   import torch.nn as nn
2   import torch.nn.functional as F
3
4   class myModule(nn.Module):
5       def __init__(self):
6           super(myModule, self).__init__()   #获取当前类的父类(即nn.Module),
7                                              #并调用父类的构造函数
8           self.conv = nn.Conv2d(3, 64, kernel_size = 5, stride = 2)
9
10      def forward(self, x):
11          return F.softmax(self.conv(x))
```

图 4.47　自定义模型示例

表 4.12 中列出了 torch.nn.Module 的常用属性或方法[261]，在自定义模型时，需要利用这些属性和方法，来构建模型中的参数，对参数进行注册，并对待学习参数的相关属性进行设置。

如表 4.12 所示，在模块类中，包含了两种不同状态的参数：parameter 和 buffer。其中，parameter 参数代表神经网络中的可学习的参数，即反向传播时可以被优化器更新的参数，这一类参数被保存在状态字典（state_dict）之中；而 buffer 参数则代表神经网络中的不可学习的参数，即反向传播时不可以被优化器更新的参数。buffer 参数又分成两种：persistent 和 non-persistent。前者保存在状态字典（state_dict）中，而后者不包含在状态字典中。在 PyTorch 中保存模型时，保存的是包含在状态字典中的参数，即 parameter 参数和 persistent buffer 参数[262]。parameter 和 buffer 参数均可以在模块中注册，对使用 register_parameter() 和 register_buffer() 方法注册过的 parameter 和 buffer 参数，在执行 module.to(device) 操作时，可以自动进行设备转换。

表 4.12   模块的常用属性或方法

属性或方法	说明
parameters()	返回包含了模块中所有 parameter 的迭代器（iterator）
buffers()	返回包含了模块中所有 buffer 的迭代器
state_dict()	返回引用了模块中所有状态的字典，包含了 parameter 和 persistent buffer 参数
register_parameter(name,param)	在模块中注册一个 parameter。parameter 保存在 state_dict 中
register_buffer(name,tensor,persistent=True)	在模块中注册一个 buffer。persistent 为 True 的 buffer 保存在 state_dict 中
add_module(name,module)	将名为 name 的子模块 module 添加到当前模块类中，子模块通常为 torch.nn.Conv2d、torch.nn.ReLU 等
requires_grad_(requires_grad=True)	原位设置 parameter 的 requires_grad 属性。当需要对模型进行精调，或仅对模型的一部分进行训练时，可以使用该方法将不需要变化的部分模块冻结
to(device)/to(dtype)/to(tensor)	转换为指定的设备/数据类型/张量
type(dst_type)	将所有 parameter 和 buffer 原位转换为 dst_type
zero_grad()	将所有 parameter 的梯度设置为 0
train()	设置模块为训练模式
eval()	设置模块为评估模式

有两种创建 parameter 参数的方法。第一种是在定义模块类时将成员变量（如 self.weight）通过 nn.Parameter() 创建，得到的参数会自动注册为 parameter 参数，如图 4.48 所示。在第 6 行代码中，通过 nn.Parameter() 创建了模型的权重参数，该参数会自动注册为 parameter。使用该方法创建的参数可以通过 model.parameters() 方法返回，并自动保存到 OrderDict 中。

第二种创建 parameter 的方法是直接通过 nn.Parameter() 创建张量，得到的 parameter 对象再通过 register_parameter() 方法进行注册，图 4.49 给出了程序实例。第 4 行代码创建了普通的 parameter 参数对象 weight，此时的 parameter 参数不作为模型的成员变量，第 5 行代码将 parameter 对象 weight 通过 register_parameter()

方法进行注册，此时得到的参数可以通过 `model.parameters()` 方法返回，注册后的参数也会自动保存到 `OrderDict` 中。

```
1   import torch.nn as nn
2
3   class myModule(nn.Module):
4       def __init__(self):
5           super(myModule, self).__init__()
6           self.weight = nn.Parameter(torch.randn(2, 2))
7           #torch.nn.Parameter继承自torch.tensor，定义了模块中的可学习参数
8
9       def forward(self, x):
10          return x.mm(self.weight)
```

图 4.48 创建 parameter 参数方法 1

```
1   class myModule(nn.Module):
2       def __init__(self):
3           super(myModule, self).__init__()
4           weight = nn.Parameter(torch.randn(2, 2))
5           self.register_parameter('weight', weight)
6
7       def forward(self, x):
8           return x.mm(self.weight)
```

图 4.49 创建 parameter 参数方法 2

对于神经网络中的不可学习的参数，即 buffer 参数，其创建方法为：先创建张量，得到的张量对象再通过 `register_buffer()` 注册，如图 4.50 所示。第 4 行代码创建了形状为 (2, 2) 的张量 my_buffer，第 5 行代码通过 `register_buffer()` 注册该张量。使用此方法得到的参数可以通过 `model.buffers()` 返回，注册完成后参数也会自动保存到 `OrderDict` 中。

```
1   class myModule(nn.Module):
2       def __init__(self):
3           super(myModule, self).__init__()
4           my_buffer = torch.ones(2, 2)
5           self.register_buffer('my_buffer', my_buffer)
6
7       def forward(self, x):
8           return x.mm(self.my_buffer)
```

图 4.50 创建 buffer 参数方法

在自定义网络模型过程中，需要用到 torch.nn 模块中的一些计算操作。在 torch.nn 中定义了一些计算功能类，如卷积层、池化层、线性层[⊖]、归一化层以及非线性激活等操作[263]，其中常用的计算操作如表 4.13 所示，这些操作主要在模块类的 __init__ 方法中定义。

表 4.13 torch.nn 中的计算操作

计算类型	计算操作
卷积层	Conv1d、Conv2d、Conv3d
池化层	MaxPool1d、MaxPool2d、MaxPool3d、AvgPool1d、AvgPool2d、AvgPool3d
非线性激活	ELU、ReLU、SELU、Sigmoid、Tanh
归一化层	BatchNorm1d、BatchNorm2d、BatchNorm3d、InstanceNorm1d、InstanceNorm2d、InstanceNorm3d
循环神经网络层	RNN、LSTM、GRU
线性层	Linear
损失函数	L1Loss、MSELoss、CrossEntropyLoss

同样提供了神经网络计算功能的是 torch.nn.functional 模块。该模块包含了多种计算函数，可以通过接口函数直接调用，也可以在自定义模型的 forward 方法中直接调用[264]。常用的函数如表 4.14 所示。

表 4.14 torch.nn.functional 中的计算操作

计算类型	计算操作
卷积	conv1d、conv2d、conv3d、conv_transpose1d、conv_transpose2d、conv_transpose3d
池化	avg_pool1d、avg_pool2d、avg_pool3d、max_pool1d、max_pool2d、max_pool3d
激活	threshold、relu、elu、softmax、tanh、batch_norm
损失函数	cross_entropy、mse_loss

torch.nn 和 torch.nn.functional 模块均能提供面向神经网络常用计算的功能，但二者的定义、用法均不同。

从定义上来看，torch.nn.xx 是一个类，通常在模块的 __init__ 方法中通过对其进行实例化来定义模块的成员变量，并在 forward 方法中进行模型中可学习参数的更新；torch.nn.functional.xx 是一个函数，通常用于 forward 方法，函数中传递的参数需要在 __init__ 方法中创建并初始化。下面以卷积计算 Conv2d 的实现为例说明二者的区别，如图 4.51 和图 4.52 所示。图 4.51 中定义的 torch.nn.Conv2d 是一个类，其参数包括了 (卷积计算过程中) 输入和输出数据的通道数、卷积核尺寸、卷积步幅等；而图 4.52 中定义的 torch.nn.functional.conv2d 是一个函数，其参数为参与卷积计算的输入数据、权重数据、偏置数据等。

```
1  class torch.nn.Conv2d(in_channels, out_channels, kernel_size, stride=1, padding=0,
       dilation=1,groups=1, bias=True, padding_mode='zeros', device=None,dtype=None)
```

图 4.51 torch.nn.Conv2d 使用

⊖ 在 PyTorch 框架中使用线性层（Linear）表示上一章中介绍的全连接层。

```
1   torch.nn.functional.conv2d(input, weight,bias=None, stride=1, padding=0, dilation=1,
        groups=1)
```

图 4.52 torch.nn.functional.conv2d 使用

在用法上二者也是不同的。torch.nn 类的用法示例如图 4.53 所示。该类通常在模块的 __init__ 方法中进行实例化，并在 forward 方法中进行模型中可学习参数的更新。

```
1   import torch.nn as nn
2
3   class myModule(nn.Module):
4       def __init__(self):
5           super(myModule, self).__init__()
6           #实例化nn.Conv2d
7           self.conv = nn.Conv2d(3,64,kernel_size=3)
8
9       def forward(self, x):
10          return self.conv(x)
```

图 4.53 torch.nn 用法

torch.nn.functional 函数的用法示例如图 4.54 所示。该函数通常用于 forward 方法中，函数中传递的参数需要在 __init__ 方法中创建并初始化。

```
1    import torch.nn as nn
2    import torch.nn.functional as F
3
4    class myModule(nn.Module):
5        def __init__(self):
6            super(myModule, self).__init__()
7            self.weight = nn.Parameter(torch.randn(3,1))
8            self.bias = nn.Parameter(torch.randn(1))
9
10       def forward(self, x):
11           #F.conv2d函数传递的参数需要在__init__方法中创建并初始化
12           return F.conv2d(x, self.weight, self.bias)
```

图 4.54 torch.nn.functional 用法

此外，在 torch.nn 模块中，还有一个常用的函数 torch.nn.Sequential。这是一种序列容器，继承自模块类，功能是将一系列计算操作封装成一个序列[265]。使用时，首先在 __init__ 方法中按照调用顺序定义所包含的所有操作，封装到 nn.Sequential 中，然后在 forward 方法中接收输入并传递给序列中的第一个操作，按顺序将前一个操作的输出传递给下一个操作的输入，最终返回最后一个操作的输出。图 4.55 给出了 torch.nn.Sequential 的使用示例。在第 6 行代码中，依次将卷积、ReLU 操作封装成一个操作序列；在第 9 行代码中，将输入 x 传递给该序列，依次计算 x 通过卷积、ReLU 操作后的输出结果。

```
1   import torch.nn as nn
2
3   class myModule(nn.Module):
4       def __init__(self)
5           super(myModule, self).__init__()
6           self.features = nn.Sequential(nn.Conv2d(3,64,kernel_size=3), nn.ReLU())
7
8       def forward(self, x):
9           return self.features(x)
```

图 4.55　torch.nn.Sequential 用法

除了上面介绍的方法，还可以利用 torch.nn.Sequential，通过对模型的不同层进行切片索引的方式，来构建自定义计算的模块，进而构建自定义神经网络。图 4.56 给出了一种程序实例。第 1~10 行代码首先构建了一个神经网络，该网络共包含四层，分别是卷积、ReLU、卷积、ReLU；在第 14 行代码中，通过索引的方式，提取了该网络的第 0 层，即卷积层；在第 15 行代码中，通过索引的方式，提取了网络的前 3 层，即卷积、ReLU、卷积。使用这种方法可以根据计算需要，灵活地构建神经网络。

```
1   class myModule(nn.Module):
2       def __init__(self):
3           super(myModule, self).__init__()
4           self.layers = nn.Sequential(nn.Conv2d(3,64,kernel_size=3),
5                       nn.ReLU(),
6                       nn.Conv2d(64,192,kernel_size=3),
7                       nn.ReLU())
8
9       def forward(self,x):
10          return self.layers(x)
11
12  model = myModule()
13
14  conv1 = nn.Sequential(*model.layers[:1])     #conv1=conv
15  conv2 = nn.Sequential(*model.layers[:3])     #conv2=conv+relu+conv
```

图 4.56　利用 torch.nn.Sequential 构建计算模块

4.4.2.2 直接调用预训练模型构建神经网络

除了自定义神经网络，还有一种较为常用的场景，是直接调用预训练模型来构建神经网络。在这种应用场景中，基于某一种网络结构，首先在一个初始任务场景、初始数据集上训练好一个模型，然后再应用到目标任务上，并针对目标任务的特征、数据集，对训练好的模型进行微调（fine-tune），最终满足目标任务的需求。这样，在应用到目标任务时，不需要从零开始训练模型，只需要在已有的预训练模型参数基础上，进行简单的微调，能够节省大量的计算资源和计算时间。

PyTorch 的 torchvision 包中提供了 `torchvision.models` 子包，其中包含了大量的预训练模型，可用于图像分类、语音分割、目标检测、视频分类、关键点检测等任务[266]。表 4.15 中列出了 `torchvision.models` 包中提供的常用预训练模型。基于这些预训练模型，用户可以很方便地构建各种类型的神经网络模型，并根据不同的应用场景、应用目标来调整模型参数。

表 4.15 `torchvision.models` 提供的预训练模型

模型类型	提供的预训练模型
图像分类	AlexNet、ConvNeXt、DenseNet、EfficientNet、EfficientNetV2、GoogLeNet、Inception V3、MaxVit、MNASNet、MobileNet V2、MobileNet V3、RegNet、ResNet、ResNeXt、ShuffleNet V2、SqueezeNet、SwinTransformer、VGG、Vision Transformer、Wide ResNet
量化的图像分类模型（INT8）	GoogLeNet、Inception V3、MobileNet V2、MobileNet V3、ResNet、ResNeXt、ShuffleNet V2
语义分割	DeepLabV3、FCN、LRASPP
目标检测	Faster R-CNN、FCOS、RetinaNet、SSD、SSDlite
实例分割	Mask R-CNN
关键点检测	Keypoint R-CNN
视频分类	Video MViT、Video ResNet、Video S3D
光流	RAFT

对每一种网络模型，`torchvision.models` 包中均提供了多种数据类型的权重支持，使用时可根据实际需求来加载合适的权重。图 4.57 给出了 `torchvision.models` 包的几种使用方法示例。使用时可以仅加载网络结构而不加载模型参数，如第 4 行代码所示；可以同时加载网络结构及指定精度的模型参数，如第 7 行代码所示；还可以加载网络结构，同时加载当前的最优模型参数，如第 10 行代码所示。

在利用预训练模型构建神经网络模型时，由于每种预训练模型对其输入均有各自的规格要求（尺寸、像素值等），因此，在应用该预训练模型之前，需要根据这些规格要求对输入数据进行预处理。torchvision 包针对模型中每种参数配置对输入的要求，提供了预处理方法，可以通过使用 `transforms` 方法来实现。在本书的驱动范例风格迁移算法中，使用 VGG 网络来实现特征提取，图 4.58 给出了对 VGG19 网络进行预处理的使用示例。

```
1  import torchvision.models as models
2
3  #仅加载网络结构，不需要加载预训练模型参数
4  my_model1 = models.vgg19()
5
6  #加载网络结构，同时加载一种权重
7  my_model2 = models.vgg19(weights = VGG19_Weights.IMAGENET1K_V1)
8
9  #加载网络结构，同时加载当前最优权重
10 my_model2 = models.vgg19(weights = VGG19_Weights.DEFAULT)
```

图 4.57 torchvision.models 用法

```
1  from torchvision.models import vgg19, VGG19_Weights
2
3  my_weights = VGG19_Weights.DEFAULT
4
5  #初始化预处理方法
6  preprocess = my_weights.transforms()
7
8  #对输入图像应用预处理方法
9  my_input_img = preprocess(input_img)
```

图 4.58 预处理方法

在 torchvision.models.vgg 的源代码中[⊖]，VGG 网络包含了 3 个顺序执行的子模块，分别为 vgg.features、vgg.avgpool 和 vgg.classifier。其中，vgg.features 子模块为 VGG 网络模型中一系列顺序执行的特征层组合，其从第一层卷积层开始，到最后一层卷积层结束，每一层卷积层中包含的操作为 "Conv+ReLU" 或 "Conv+BN+ReLU"。vgg.avgpool 子模块为 VGG 网络中的平均池化操作。vgg.classifier 子模块为 VGG 网络模型后段用于进行分类的特征层顺序组合，计算操作包括 "Linear+ReLU+Dropout+Linear+ReLU+Dropout+Linear"。

4.4.3　实例化神经网络模型

采用如下步骤进行神经网络模型的实例化：

（1）完成神经网络模块类的定义，包括 __init__ 方法和 forward 方法的定义。

（2）对模型中的参数（weight、bias 等）进行初始化。

（3）实例化模型结构，将模型结构相关参数传递给神经网络模型。

（4）定义模型的输入数据。

⊖　源代码见 https://pytorch.org/vision/stable/_modules/torchvision/models/vgg.html#vgg19。

（5）将模型输入传入实例化后的模型，获取模型输出。

其中，神经网络模块的定义方法在 4.4.2.1 节中已经介绍过了，下面对其他步骤进行详细介绍。

4.4.3.1　模型参数的初始化方法

对模型参数进行初始化的方法有三种：使用 torch.nn.init 模块、使用 torch.nn.Module.apply 函数以及使用 self.modules 方法。

1. 使用 torch.nn.init 模块进行初始化

神经网络模块中的 parameter 和 buffer 参数默认为 CPU 上执行的 32 位浮点数，在定义神经网络模块时可以将其转换为任意的数据类型及设备类型。在模块类的构建函数 __init__ 中，可以使用 torch.nn.init 模块来对 parameter 和 buffer 参数进行初始化。图 4.59 给出一种程序示例，第 8 行代码将线性层中所有的参数初始化为全 0。

```
1   import torch.nn as nn
2
3   #在函数nn.Linear(in_features,out_features)中，权重、偏置的初值默认为服从
4   #(-sqrt(1/in_features), sqrt(1/in_features))区间的均匀分布
5   my_layer = nn.Linear(3, 64)
6
7   #将权重重新初始化为全0
8   nn.init.zeros_(my_layer.weight)
```

图 4.59　使用 torch.nn.init 模块进行参数初始化

表 4.16 中列出了 torch.nn.init 模块中常用的参数初始化函数。除了常见的常数初始化、全 0/全 1 初始化等外，神经网络权重参数还会使用 Xavier 初始化及 Kaiming 初始化方法进行初始化，在 3.4.1 节中已经详细介绍。

2. 使用 torch.nn.Module.apply 函数进行初始化

torch.nn.Module.apply(fn) 函数能够对模块中的每个子模块（包括模块自身）递归地应用 fn 方法完成初始化。使用时，为神经网络中的每一个/每一种子模块分别定义初始化方法 fn，再应用 apply(fn) 函数实现对每个子模块的初始化。示例程序如图 4.60 所示，第 1~10 行定义了一个多层的神经网络，包含了卷积、BN、ReLU 三个子模块，其中卷积、批归一化操作中都涉及需要训练的参数。第 13~17 行代码根据计算类型的不同定义了不同的初始化方法 weights_init，对于卷积层的参数使用 Kaiming 初始化方法，而对于批归一化层的参数则初始化为全 1。第 23 代码使用 apply(weights_init) 函数，将自定义的初始化方法应用到神经网络中的每一个子模块中。

表 4.16　常用的参数初始化函数

函数	说明
nn.init.constant_()	初始化为常数参数
nn.init.zeros_()	初始化为全 0 参数
nn.init.ones_()	初始化为全 1 参数
nn.init.eye_()	初始化为单位矩阵
nn.init.orthogonal_()	初始化为正交矩阵
nn.init.uniform_()	初始化为均匀分布的参数
nn.init.xavier_uniform_()	初始化为均匀分布的参数 (Xavier 初始化方法)
nn.init.kaiming_uniform_()	初始化为均匀分布的参数 (Kaiming 初始化方法)
nn.init.normal_()	初始化为正态分布的参数
nn.init.xavier_normal_()	初始化为正态分布的参数 (Xavier 初始化方法)
nn.init.kaiming_normal_()	初始化为正态分布的参数 (Kaiming 初始化方法)

```
1   class myModule(nn.Module):
2       def __init__(self,input_dim,output_dim):
3           super(myModule, self).__init__()
4           self.layers = nn.Sequential(
5                       nn.Conv2d(input_dim,output_dim,kernel_size=3),
6                       nn.BatchNorm2d(output_dim),
7                       nn.ReLU())
8
9       def forward(self,x):
10          return self.layers(x)
11
12  #根据子模块计算类型的不同定义不同的初始化方法
13  def weights_init(m):
14      if type(m) == nn.Conv2d:
15          nn.init.kaiming_normal_(m.weight)
16      elif type(m) == nn.BatchNorm2d:
17          nn.init.ones_(m.weight)
18
19  #传递模型结构相关参数
20  model = myModule(3, 64)
21
22  #将weights_init中定义的初始化方法应用到每一个子模块中
23  model.apply(weights_init)
```

图 4.60　使用 torch.nn.Module.apply 函数完成初始化示例

3. 使用 self.modules() 方法进行初始化

第三种初始化方式是使用 self.modules() 完成初始化。self.modules() 继承了所定义的模块类拥有的方法，并按顺序返回此前定义的所有层。在 __init__ 方法中，使用

self.modules() 方法循环地完成所有子模块的初始化,图 4.61 给出了使用 self.modules()
完成初始化的程序示例。第 9~13 行代码中, 对 self.modules() 中的所有子模块, 按照
操作类型的不同进行了初始化。使用 self.modules() 进行初始化的过程遵循深度优先遍
历, 如遇到 Sequential 则会继续深入, 直到到达最底层子模块。

```
1   class myModule(nn.Module):
2       def __init__(self,input_dim,output_dim):
3           super(myModule, self).__init__()
4           self.layers = nn.Sequential(
5                       nn.Conv2d(input_dim,output_dim,kernel_size=3),
6                       nn.BatchNorm2d(output_dim),
7                       nn.ReLU())
8           #完成所有子模块的初始化
9           for m in self.modules():
10              if type(m) == nn.Conv2d:
11                  nn.init.kaiming_normal_(m.weight)
12              elif type(m) == nn.BatchNorm2d:
13                  nn.init.ones_(m.weight)
14
15      def forward(self,x):
16          return self.layers(x)
```

图 4.61　使用 self.modules 完成初始化示例

4.4.3.2　实例化神经网络模型

完成了模型结构的定义以及模型中参数的初始化后, 即可对神经网络模型进行实例化,
并将模型的输入数据传递给模型, 获取输出结果。具体流程为: 传递模型结构相关参数、定
义输入数据、获取模型输出结果。具体程序示例如图 4.62 所示, 基于图 4.61 中定义的神
经网络模型 myModule, 第 2 行代码将 input_dim 和 output_dim 这两个参数传入, 第 5
行代码定义了输入数据 img, 第 8 行代码将神经网络模型实例化, 得到对应的输出结果。

```
1   #传递模型结构相关参数
2   model = myModule(3, 64)
3
4   #定义输入数据
5   img = torch.randn(1,3,32,32)
6
7   #获取模型输出结果
8   ret = model(img)
```

图 4.62　实例化模型示例

4.4.4　神经网络模型的调试

PyTorch 使用了动态图机制，调试起来较为灵活方便。针对神经网络模型的调试主要有三种方法：（1）使用 Python 调试工具；（2）打印模型结构、参数等信息来辅助调试；（3）使用 TensorBoard 实现数据可视化。

其中，针对第一种方法，主要使用 Python 的交互式调试库 pdb。可以针对 PyTorch 程序代码，实现断点设置，单步执行，代码、变量、参数查看等调试功能，具体使用方法可参考文献 [267]。

针对第二种方法，可以直接在代码中使用 print 语句打印模型结构、参数等信息。还可以使用第三方 torchsummary 库[268]，逐层打印模型的形状、参数量等信息。根据打印出来的神经网络结构、形状、参数等信息，来检查程序中所定义的神经网络结构是否正确。图 4.63 给出使用该方法的程序示例，第 5 行代码使用 print 语句打印神经网络模型，第 7 行代码利用 torchsummary 库中的 summary 语句来打印神经网络模型。

```
1  from torchsummary import summary
2  from torchvision.models import vgg19
3
4  my_model = vgg19()
5  print('print model:',my_model)
6  print('\n summary:\n')
7  summary(my_model, (3,224,224))
```

图 4.63　使用 torchsummary 库示例

图 4.63 的输出结果如图 4.64 所示。使用 print 语句打印神经网络模型，会依次输出各层的名称、包含的计算操作类型、输入通道数、输出通道数、卷积核尺寸等信息。而使用 summary 语句打印神经网络模型，则会以列表形式逐层打印出计算操作类型、输出张量的形状、参数量，以及总的参数量、输入数据量等信息。

第三种方法是使用 TensorBoard 实现数据可视化。TensorBoard 原本是另一个编程框架 TensorFlow 中的可视化工具，现在也可以以独立第三方库的形式加载到 PyTorch 程序中。TensorBoard 提供了对神经网络模型结构、参数等的可视化功能，可用于查看、分析神经网络模型的结构、权重、损失值、准确率等[269]，从而对构建的神经网络模型进行调试。

PyTorch 中提供了 torch.utils.tensorboard 模块，用于加载 TensorBoard 工具，实现对神经网络模型及张量的可视化。使用时，主要通过其中的 SummaryWriter 类来实现数据的可视化。SummaryWriter 类定义了多种在 TensorBoard 中添加数据显示的方法，如表 4.17 所示。

```
1   print model: VGG(
2     (features): Sequential(
3       (0): Conv2d(3, 64, kernel_size=(3, 3), stride=(1, 1), padding=(1, 1))
4       (1): ReLU(inplace=True)
5       ----以下省略----
6
7     )
8     (classifier): Sequential(
9       (0): Linear(in_features=25088, out_features=4096, bias=True)
10      (1): ReLU(inplace=True)
11      ----以下省略----
12
13    )
14  )
15
16    summary:
17
18  ----------------------------------------------------------------
19          Layer (type)            Output Shape             Param #
20  ================================================================
21          Conv2d-1            [-1, 64, 224, 224]             1,792
22            ReLU-2            [-1, 64, 224, 224]                 0
23                           ----以下省略----
24
25  ================================================================
26  Total params: 143,667,240
27  Trainable params: 143,667,240
28  Non-trainable params: 0
29  ----------------------------------------------------------------
30  Input size (MB): 0.57
31  Forward/backward pass size (MB): 238.50
32  Params size (MB): 548.05
33  Estimated Total Size (MB): 787.12
34  ----------------------------------------------------------------
```

图 4.64 图 4.63 的输出结果

在 PyTorch 编程框架中，在完成了一个神经网络模型的定义及实例化后，如须使用 TensorBoard 工具来对模型数据进行可视化，可参考图 4.65 给出的示例方法。第 4~11 行代码构建了自定义神经网络模型 myModule；第 13 行代码构造了 SummaryWriter 实例，并指定可视化数据的写入路径；第 14 行代码在 TensorBoard 中添加了需要可视化的神经网络模型，并传入输入数据。程序运行后，就可以在 TensorBoard 中查看该模型运行过程中的张量值、统计直方图等。

表 4.17 SummaryWriter 类添加数据显示的方法

方法	说明
add_scalar/scalars()	添加一个/多个标量数据
add_histogram()	初始化为全 0 参数
add_image/images()	添加一个/多个图像数据
add_graph()	添加模型计算图
add_video()	添加视频数据
add_audio()	添加音频数据
add_text()	添加文本数据

```
1   import torch.nn as nn
2   from torch.utils.tensorboard import SummaryWriter
3
4   class myModule(nn.Module):
5       def __init__(self):
6           super(myModule, self).__init__()
7           self.conv=nn.Conv2d(3, 64, kernel_size = 3, stride = 1)
8       def forward(self, x):
9           return self.conv(x)
10  model=myModule()
11  img=torch.randn(1,3,32,32)
12
13  writer=SummaryWriter('./tensorboard')#构造SummaryWriter实例，指定可视化数据写入路径
14  writer.add_graph(model, img)           #在TensorBoard中可视化模型计算图
15  writer.close()
```

图 4.65 使用 TensorBoard 示例

4.4.5 神经网络模型优化

在实现了神经网络模型的基本功能后，还需要进一步关注神经网络模型在特定硬件平台（如 CPU、GPU、DLP 等）上运行的性能。如果性能不能满足实际的应用需求，还需要在保证模型功能的前提下，对模型进行优化。

模型优化的思路主要是减少模型的计算量和参数量。一方面，可以通过对模型中的神经元、突触进行剪枝来减少模型的计算量，从而减少在硬件平台上运行模型所需要的计算单元数量，提升模型在硬件平台上的运行性能。另一方面，还可以通过量化技术将模型参数由高位宽的浮点数据转换为低位宽的定点数据，这样在硬件平台上运行时，可以使用低位宽定点计算单元代替高位宽浮点计算单元，提升计算单元的计算速度，同时，应用量化技术能够大幅减少模型参数占用的存储空间，进而使得硬件平台上的访存数据量减少，能够进一步提升访存的速度。

针对上述两种优化方法，PyTorch 均提供了相应的支持：使用 `torch.nn.utils.prune` 模块对神经网络模型进行剪枝操作，使用 `torch.quantization.quantize_dynamic()` 函数对神经网络模型进行动态量化。

4.4.5.1 神经网络模型的剪枝

神经网络所包含的大量参数中，有一部分是冗余且对输出结果无贡献的，将这些参数裁减掉，可以提升网络模型的计算速度，且不影响最终的准确率，这就是神经网络模型的剪枝[270]。对典型神经网络模型的剪枝实验表明，模型参数的压缩率可以达到 9~13 倍，而模型的识别准确率基本不受影响[271]。

按照剪枝规则的不同，常用的剪枝方法可以分为非结构化剪枝和结构化剪枝两种。非结构化剪枝是按一定规则对单个参数进行裁剪；结构化剪枝是按一定结构规则对一组参数进行裁剪，如裁减掉卷积核的某一行或某一列，或裁减掉一个卷积核，或裁减掉一个通道的所有卷积核，分别如图 4.66a、图 4.66b 和图 4.66c 所示。

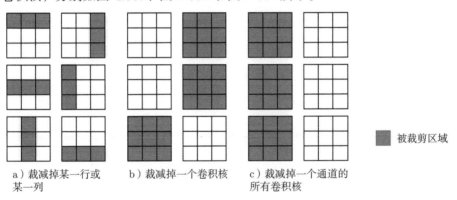

a）裁减掉某一行或 b）裁减掉一个卷积核 c）裁减掉一个通道的
某一列   所有卷积核

■ 被裁剪区域

图 4.66　结构化剪枝

`torch.nn.utils.prune` 模块提供了一系列对神经网络模型剪枝的函数，表 4.18 中列出了其中的一些常用操作。

表 4.18　常用的剪枝函数

函数	说明
`prune.RandomUnstructured(amount)`	随机对张量中 amount 个单元进行剪枝
`prune.RandomStructured(amount)`	随机对张量中的 amount 个通道进行剪枝
`prune.L1Unstructured(amount)`	对张量中 amount 个具有最小 L^1 正则值的单元进行剪枝
`prune.random_unstructured(module,name,amount)`	随机对 module 模块中名为 name 的参数进行剪枝，剪枝掉 amount 个单元
`prune.l1_unstructured(module,name,amount)`	对 module 模块中名为 name 的参数进行剪枝，剪枝掉具有最小 L^1 正则化值的 amount 个单元
`prune.random_structured(module,name,amount,dim)`	沿着指定的 dim 维度，随机对 module 模块中名为 name 的参数进行剪枝，剪枝掉 amount 个通道
`prune.global_unstructured()`	按照指定的剪枝方法进行全局剪枝

在使用上述函数对神经网络模型进行剪枝时，首先需要对待剪枝的网络进行实例化，然后设定剪枝规则，定义需要剪枝的参数，最后再进行剪枝。图 4.67 给出了全局剪枝的程序示例。第 8~11 行代码设定了需要对模型中所有的卷积计算中使用到的权重参数进行剪枝；第 16~19 行代码对需要剪枝的参数进行全局剪枝，设定剪枝方法为对具有最小 L^1 正则化值的单元进行剪枝。

```
1   import torchvision.models as models
2   import torch.nn.utils.prune as prune
3
4   #实例化VGG19网络
5   my_model = models.vgg19()
6
7   #定义需要剪枝的参数
8   prune_list = []
9   for m in my_model.modules():
10      if isinstance(m, torch.nn.Conv2d):
11          prune_list.append((m,'weight'))
12
13  prune_list = tuple(prune_list)
14
15  #全局剪枝
16  prune.global_unstructured(
17      prune_list,
18      pruning_method = prune.L1Unstructured,
19      amount = 0.2)
```

图 4.67　全局剪枝示例

4.4.5.2　神经网络模型的动态量化

神经网络模型量化，将权重和 (或) 激活值从高位宽的浮点数转换为低位宽的定点数，详见 3.5 节。量化参数（即缩放系数）与待量化的张量的数值范围有关。模型中的权重参数，在进行量化时，其数值范围已经是固定的，因此量化时对应的缩放系数也是固定的。动态量化是指每一层激活值的数值范围随计算过程变化，需要动态确定缩放系数，并根据缩放系数动态地完成数据格式转换。

PyTorch 中提供了 torch.quantization.quantize_dynamic() 函数用于模型的动态量化[272]。使用该函数量化后的数据，可以进行定点类型的乘法、卷积计算，其速度要快于浮点类型的计算。图 4.68 给出了使用 torch.quantization.quantize_dynamic() 函数进行动态量化的程序示例。第 10~14 行代码定义了动态量化的模型对象、操作对象以及量化后的数据格式。

```
1   class myModule(nn.Module):
2       def __init__(self):
3           super(myModule, self).__init__()
4           self.conv = nn.Conv2d(3, 64, kernel_size = 3, stride = 1)
5
6       def forward(self, x):
7           return self.conv(x)
8
9   model_before_quantize = myModule()
10  model_quantized = torch.quantization.quantize_dynamic(
11      model = model_before_quantize,
12      qconfig_spec={nn.Conv2d},
13      dtype = torch.qint8
14  )
```

图 4.68　动态量化示例

4.5　基于 PyTorch 的模型训练实现

基于 PyTorch 编程框架实现神经网络训练的基本流程如下：首先加载训练数据集，构建神经网络模型，定义损失函数，然后进行梯度计算与参数更新，保存模型，最后迭代地训练模型。本节重点介绍加载训练数据集、定义损失函数、梯度计算、模型训练、模型保存的方法。

4.5.1　加载训练数据集

PyTorch 提供了两个数据加载原语：torch.util.data.Dataset 和 torch.utils.data.DataLoader，可分别用于实现构建数据集、加载数据集的功能。

加载训练数据时，首先使用待训练的数据集构建 torch.utils.data.Dataset 类，构建完成后将其作为一个参数传递给 torch.utils.data.DataLoader 类，得到一个数据加载器，该数据加载器可以按照训练的需要，在每次迭代时按照训练批量大小返回数据，供模型训练时使用。

4.5.1.1　构建数据集

torch.util.data.Dataset 类是 PyTorch 中数据集的抽象类，构建自定义数据集时须继承该类，然后通过复写其中的 __getitem__ 方法，定义数据读取及数据预处理方法，再通过复写其中的 __len__ 方法，定义统计数据集规模的方法。图 4.69 中给出了构建 Dataset 类的程序示例。第 4 行代码中，自定义数据集 myDataset 首先继承了 Dataset 类；第 5~7 行代码读入输入数据及其对应的标签；第 8、9 行代码定义了数据集的获取方式，为 [数据，标签] 的形式；第 10、11 行代码定义了数据集规模的获取方式；第 15 行代码完成了自定义数据集 `myDataset` 的构建。

```
1    from torch.utils.data import Dataset
2    import torch
3
4    class myDataset(Dataset):
5        def __init__(self, inputdata, label):    #读取输入数据
6            self.data = inputdata
7            self.label = label
8        def __getitem__(self,index):             #定义数据获取方式
9            return self.data[index], self.label[index]
10       def __len__(self):                       #定义数据集规模获取方式
11           return self.data.size(0)
12
13   inputdata = torch.randn(3,2)
14   label = torch.ones(3)
15   my_dataset = myDataset(inputdata,label)      #构建自定义数据集
```

图 4.69　构建 Dataset 类示例

除了上述方法，还有一种构建数据集的方法。在 `torchvision.datasets` 包中提供了一些常用数据集，以及面向数据集的常用操作[273]，可以在训练时直接加载使用。表 4.19 列出了其中包含的典型数据集，所有的内建数据集均继承了 `torch.utils.data.Dataset` 基类，且均已定义好了 `__getitem__` 和 `__len__` 方法，可以直接用来构建数据集。

表 4.19　内建数据集

任务类别	数据集名称
图像分类	Caltech101/256、CIFAR10/100、EMNIST、FakeData、FashionMNIST、ImageNet、LSUN、MNIST
图像检测或分割	CocoDetection、CelebA、Kitti、SBDataset、VOCSegmentation、VOCSegmentation
光流	HI1K、KittiFlow
图像字幕	CocoCaptions
视频分类	HMDB51、Kinetics、UCF101

4.5.1.2　加载数据集

基于 Dataset 类构建完成的自定义数据集，以及 `torchvision.datasets` 中内建的数据集，均可以作为参数传递给 `torch.util.data.DataLoader` 类，实现数据集的加载。数据集加载的形式为：`torch.util.data.DataLoader(dataset, batch_size=1, shuffle=None, num_workers=0)`。其中，`batch_size` 表示加载数据时一次加载多少样本，`shuffle` 参数为 `true` 表示每个 epoch 数据都需要重新乱序排列一次，`num_workers` 表示加载数据

时使用多少个子进程。根据训练时对数据集加载方式的不同需求，对该 DataLoader 函数中的参数进行设置。

4.5.2 模型训练

使用 PyTorch 进行模型训练时，首先需要定义损失函数的计算方法，然后构建优化器，迭代的计算损失函数对于模型参数的梯度，并选择合适的优化算法实现对模型参数的更新。

在模型训练的过程中，可以利用 PyTorch 内建的性能分析工具、梯度检查函数等，来验证梯度计算过程的正确性和有效性。

4.5.2.1 损失函数的定义

可以自己定义损失函数，也可以直接使用 PyTorch 提供的内建损失函数。其中，自定义损失函数可以通过定义计算模块并实例化来实现，图 4.70 给出了一种自定义损失函数的程序示例。第 1~5 行代码定义了损失函数 my_loss，其计算方法为预测值与真实值的差求绝对值再求均值；第 8 行代码对损失函数进行了实例化并代入 input 与 target 的数值来计算损失函数。

```
1   class my_loss(nn.Module):
2       def __init__(self):
3           super().__init__()
4       def forward(self,y_n,y):
5           return torch.mean(torch.abs(y_n-y))
6
7   loss = my_loss()                    #实例化损失函数
8   loss_compute = loss(input,target)   #计算损失函数值
```

图 4.70 自定义损失函数示例

除了自定义损失函数，PyTorch 中也提供了一些内建损失函数供用户直接使用，表 4.20 列出了一些常用的内建损失函数。

表 4.20 内建损失函数

损失函数	说明
nn.L1Loss()	计算预测值与真实值的平均绝对误差（MAE）
nn.MSELoss()	计算预测值与真实值的均方误差（MSE）
nn.CrossEntropyLoss()	计算预测值与真实值的交叉熵损失函数
nn.NLLLoss	计算预测值与真实值的负对数似然损失
nn.BCELoss	计算预测值与真实值的二分类交叉熵损失函数

4.5.2.2 管理反向传播计算图

损失函数定义完成后，需要使用优化器迭代地训练模型，包括计算梯度、优化梯度并更新参数等步骤。计算梯度时，需要根据神经网络模型的结构来构建计算图并进行反向传播，根据计算图中的各张量属性，控制其节点是否需要计算梯度。PyTorch 提供 torch.optim包来实现多种梯度优化算法，在 torch.optim 包中集成了目前常用的优化方法，可以根据算法特点来选择使用。

反向传播时需要使用计算图，此处计算图的主要作用为在前向计算过程中保存所有中间节点的计算结果，以便于反向传播时构建反向传播路径，并利用链式法则完成计算图中各个节点的自动求导。如 4.3.4 节所述，PyTorch 中构建的是动态图，其生命周期为训练过程中的一次迭代（iteration）。计算图在一次反向传播后会被立即销毁，同时释放存储空间，下次调用时需要再次创建计算图。因此，只有在训练时计算图是必需的，因为需要利用计算图先前向计算得到中间计算结果，再反向计算。而如果只是单纯的推理，可以选择禁用计算图，从而节省存储空间的占用和资源的消耗。

如果需要禁用计算图，可以使用 torch.no_grad 上下文管理器，在其作用域内定义的所有计算，仍然可以前向传播得到计算输出，但不会反向传播计算梯度，也不会创建计算图，如图 4.71 所示。第 1 行代码定义了张量 my_data1，其 requires_grad 属性为 True，因此会构建计算图；第 2 行代码使用了 torch.no_grad 上下文管理器，其作用域为第 3行代码，在该作用域下定义的张量 my_data2，其 requires_grad 属性为 False，即不需要计算梯度，且该节点不会被添加到计算图中。

```
1  my_data1 = torch.randn(3,requires_grad=True)
2  with torch.no_grad():
3      my_data2 = my_data1 * 10
```

图 4.71　禁用计算图程序示例

对于 requires_grad 属性为 True 的张量，如图 4.71 中的 my_data1，其前向计算过程中的后继张量，除了使用 no_grad 管理的，其他张量均默认 requires_grad=True，即需要计算梯度，且需要创建计算图。

对于需要计算梯度的张量，可以使用 tensor.backward() 函数计算该张量相对于计算图中所有叶节点的梯度。每调用一次 tensor.backward() 函数之后，计算图就会被销毁，对应资源会被释放掉。

这里提到的计算图中的叶节点，可以分为两种情况：requires_grad=False 的张量；由用户直接创建而不是通过某些计算得到的且 requires_grad=True 的张量。在反向传播时，仅有 requires_grad=True 的节点才会计算梯度，而其中仅有叶节点张量的.grad

属性（即其梯度值）会被保存在内存中。非叶节点张量如果想保留 .grad 属性，需要设置其 retain_grad 属性为 True。图 4.72 给出了几种是叶节点和非叶节点的不同情况。其中，my_data1 是由用户直接创建且 requires_grad=True 的张量，属于第二种情况；my_data2 和 my_data3 均是 requires_grad=False 的张量，属于第一种情况；my_data4 和 my_data5 均是通过额外计算得到的张量，不是叶节点。如果想直接知道一个张量是不是叶节点张量，可以通过 tensor.is_leaf 函数来查看，如果函数返回 True 则表示该张量为叶节点张量。

```
1   #叶节点
2   my_data1 = torch.randn(3,requires_grad=True)
3   my_data2 = torch.randn(3,requires_grad=False)
4   my_data3 = torch.randn(3).cuda()      #默认requires_grad=False，不是通过额外操作获得
5
6   #非叶节点
7   my_data4 = torch.randn(3,requires_grad=True) + 1      #通过额外的+1操作获得
8
9   my_data5 = torch.randn(3,requires_grad=True).cuda()  #通过额外的.cuda操作获得
```

图 4.72　非叶节点和叶节点的不同情况示例

计算图可以通过 detach() 方法进行修改。tensor.detach() 函数能够返回一个新张量，该张量从当前计算图中剥离，成为一个新的叶节点张量，新张量的 requires_grad=False，即不需要计算梯度。返回的张量与原张量共享相同内存，对原张量或新张量的原位修改（如尺寸、stride 等的原位修改）均会报错。图 4.73 给出了使用 detach() 方法修改计算图的程序示例。其中，my_data2 是 my_data1 的后续节点，其 requires_grad 属性与 my_data1 相同，也为 True，因此 my_data2 会默认加入计算图；而 my_data3 由于定义在 torch.no_grad 的作用域内，因此其不被添加到计算图中，requires_grad 属性为 False；my_data4 与 my_data2 共享内存，但其不在计算图中，且其 requires_grad 属性为 False。

```
1   my_data1 = torch.randn(3,requires_grad=True)
2   my_data2 = my_data1 + 1              #my_data2加入计算图，其requires_grad=True
3   with torch.no_grad():
4       my_data3 = my_data2 * 2         #my_data3不加入计算图，其requires_grad=False
5
6   my_data4 = my_data2.detach()        #my_data4从原计算图中剥离，其requires_grad=False
```

图 4.73　修改计算图示例

4.5.2.3　自定义梯度计算方法

PyTorch 提供的可微的计算操作，均提供了对应的求导方法。因此，在使用 `loss.backward()` 计算梯度时，如果前向传播过程中使用到的计算操作是 PyTorch 中的内建计算函数，则 PyTorch 能自动调用各函数对应的梯度计算函数，完成自动求导。`torch.autograd`包提供了用于自动求导的类和函数。

对于在模型中使用了某些不可微函数，或需要依赖非 PyTorch 库（如 NumPy）中操作的情况，如果仍然需要使用 PyTorch 进行自动求导，就需要对该操作类分别定义其前向计算和反向计算方法，这样，当后续 PyTorch 利用链式法则进行参数的自动求导时，能自动调用该操作的反向计算方法。

图 4.74 给出了自定义计算操作类的前向和反向计算方法的程序示例。在图 4.74 的示例程序中，使用了 `@staticmethod` 方法来标记前向和反向计算方法。`@staticmethod`是 Python 中的一种修饰符，用于标记静态方法。当一个方法被标记为静态方法，就可以在不进行实例化的情况下，直接调用该方法，如可以使用 "my_sin.forward" 来直接计算自定义操作的前向计算结果，从而提高代码的灵活性和可重用性。第 4~14 行代码描述了自定义操作类 `my_sin` 的计算方法，`my_sin` 继承自 `torch.autograd.Function`，而`torch.autograd.Function` 是 PyTorch 中自定义自动求导操作的基类。`my_sin` 的前向和反向计算方法均通过 `@staticmethod` 修饰符标记为静态方法。在前向计算方法 `forward()`中，首先给出 `my_sin` 的前向计算方法，然后使用 `save_for_backward` 函数来保存在反

```
1   import torch
2   from torch import autograd.Function
3
4   class my_sin(Function):          # torch.autograd.Function 为自定义自动求导操作的基类
5       @staticmethod
6       def forward(ctx,input):                    #ctx 为上下文目标，可用于存储反向计算信息
7           output = torch.sin(input)
8           ctx.save_for_backward(output)      #保存需要在反向计算时用到的张量
9           return output
10
11      @staticmethod
12      def backward(ctx,grad_output):             #grad_output 为上游节点传递的梯度值
13          output, = ctx.saved_tensors
14          return torch.cos(output) * grad_output
15
16  def sin(input):
17      return my_sin.apply(input)
```

图 4.74　自定义计算操作示例

向计算时需要用到的所有张量，save_for_backward 函数仅能在 forward() 方法内部调用，且至多调用一次。而在反向计算方法 backward() 中，首先使用 saved_tensors 函数来获取前向计算阶段保存的张量，再完成梯度计算。

在完成了自定义操作后，需要对自定义操作的正确性进行验证和调试。常用的验证方法是将自定义方法求得的梯度与使用数值求导法求得的梯度进行数值比较，以检查自定义方法是否正确。图 4.75 给出了对于自定义计算操作 my_sin 的验证示例，第 6 行代码使用 torch.autograd.gradcheck() 函数来比较自定义反向梯度计算方法与数值求导法求得的梯度差，返回 True 则表示自定义方法计算功能正确。第 10~13 行代码使用 torch.autograd.detect_anomaly() 函数来启动自动求导异常检测，并在反向传播时打印异常发生路径。

```
1   import torch
2   from torch import autograd
3
4   x = torch.randn(10, requires_grad=True)
5   #对使用数值求导法求得的梯度和采用自定义方法求得的梯度进行数值比较
6   test = autograd.gradcheck(my_sin.apply, (x,), eps=1e-3)
7   sin.backward()
8
9   #启动自动求导异常检测，可以在反向传播时打印异常发生路径
10  with autograd.detect_anomaly():
11      x = torch.randn(10, requires_grad=True)
12      y_n = sin(x)
13      y_n.backward()
```

图 4.75　自定义计算操作的验证

4.5.2.4　使用优化器更新模型参数

完成梯度计算方法定义后，使用 PyTorch 提供的优化器 torch.optim 包来更新模型参数。使用时，首先须构建优化目标，其次计算预测值，根据预测值和优化目标计算损失函数，然后对参数梯度清零，计算损失函数关于所有参数的梯度，并优化梯度、更新模型参数。

PyTorch 中所有优化器的基类是 torch.opim.Optimizer(params, defaults) 模块，其中，params 为需要优化的模型参数列表，defaults 为包含了如 learning rate 等优化选项的字典。所有的梯度优化方法均继承该基类，常用梯度优化算法包括 Adadelta、Adagrad、Adam、RMSprop、SGD、LBFGS 等。优化器支持的常用操作如表 4.21 所示。

表 4.21　优化器支持的常用操作

操作	说明
add_param_group()	添加一组参数到待优化参数列表中
load_state_dict()	加载优化器状态字典
state_dict()	返回优化器的状态字典，包含了优化器的状态信息、使用的超参数等
step()	执行一次梯度优化计算及参数更新
zero_grad()	将所有待优化参数的梯度清零，避免多次优化过程中梯度值累加

图 4.76 给出了优化器的使用示例，第 2 行代码定义了损失函数计算方法，第 3 行定义了梯度优化方法，即随机梯度下降法（SGD），第 5~10 行代码迭代地进行损失函数计算（第 8 行）、计算梯度（第 9 行）以及模型参数更新（第 10 行）。

```
1   my_model = vgg19()
2   loss = nn.CrossEntropyLoss()
3   optimizer = optim.SGD(my_model.parameters(),lr=0.01)
4
5   for input,y in dataset:
6       optimizer.zero_grad()              #将所有参数梯度清零
7       y_n = my_model(input)
8       my_loss = loss(y_n, y)
9       my_loss.backward()                 #计算梯度
10      optimizer.step()                   #执行一次梯度优化、参数更新
```

图 4.76　优化器使用示例

模块类（module）与优化器（optimizer）中均有状态字典（state_dict），但二者是有区别的。

模块类的状态字典，即 torch.nn.Module.state_dict 中包含了模型中的 parameter 以及 persistent buffer 两类参数，记录了神经网络中包含可学习参数的层（如卷积层、线性层，而非最大池化、ReLU 等不含可学习参数的层）对应的权重、偏置参数等。torch.nn.Module.state_dict 的键为模型中各层的权重或偏置，如 layer.weight。图 4.77 给出了模块类的状态字典使用示例，该程序的执行结果如图 4.78 所示。程序中的 myModule 模块包含了卷积、ReLU 两层，但仅有卷积层包含了可学习的参数，因此，其状态字典为卷积层对应的权重、偏置。

而在优化器的状态字典，即 torch.optim.state_dict 中，记录了优化器的状态、待优化参数、优化器中使用的超参数等。图 4.79 给出了优化器的状态字典使用示例，该程序的执行结果如图 4.80 所示。

```
1  class myModule(nn.Module):
2      def __init__(self):
3          super(myModule, self).__init__()
4          self.features = nn.Sequential(nn.Conv2d(3,64,kernel_size=3), nn.ReLU())
5
6      def forward(self, x):
7          return self.features(x)
8
9  model = myModule()
10 print(model.state_dict().keys())
```

图 4.77　模块的状态字典

```
1  odict_keys(['features.0.weight', 'features.0.bias'])
```

图 4.78　图 4.77 的输出结果

```
1  optimizer = optim.SGD(model.parameters(),lr=0.01)
2  for name in optimizer.state_dict():
3      print(name,'\t', optimizer.state_dict()[name])
```

图 4.79　优化器的状态字典

```
1  state    {}
2  param_group [{'lr':0.01, 'momentum':0, 'dampening':0, 'weight_decay':0,
3      'nesterov':False, 'params':[36728930461,63729150318]}]
```

图 4.80　图 4.79 的输出结果

4.5.3　模型的保存与恢复

神经网络的模型训练是一个多次迭代的过程，可能需要花费较长的时间才能完成。在训练的过程中，可能会由于硬件故障或训练效果不理想而需要中途暂停，待调整后再重新开始训练，此时就需要在训练过程中，每隔一段时间就对当前模型的参数进行保存，这样重新训练时可以基于最近一次保存的模型或者指定某次模型来计算，节省训练时间。此外，当基于某个数据集、某些参数完成了神经网络模型的训练时，也需要对模型参数进行保存，这样当该任务的数据集或其他参数发生变化时，仅需要基于已训练好的模型参数进行简单的微调。因此，模型的保存和恢复都是训练过程中需要用到的功能。

保存模型可以使用 `torch.save()` 函数。PyTorch 官方推荐的使用方式是仅保存模型的状态字典，保存为扩展名为 pt 或 pth 的文件，然后再使用 `model.load_state_dict()` 恢复模型。图 4.81 给出保存模型状态字典的程序示例。

```
1  path = os.path.join(model_dir, 'model.pt')
2  torch.save(model.state_dict(), path)          #保存模型的状态字典到指定路径
```

图 4.81　保存模型状态字典示例

模型的状态字典会随着模型的训练过程的进行而更新，因此，如果想保存某个指定的状态字典，需要使用图 4.82 所示方法。第 1 行代码对当前状态字典及其子对象进行深度拷贝，第 4 行代码对拷贝的状态字典进行保存。

```
1  model_save = deepcopy(model.state_dict())#对当前的状态字典及其子对象深度拷贝
2  # model_save = model.state_dict()          #不可使用这种方法，因为该方法仅能得到对
3                                             #状态字典的引用，其值会随训练过程变化
4  torch.save(model_save, path)
```

图 4.82　保存指定状态字典示例

当需要恢复模型时，首先完成模型的实例化，再使用 model.load_state_dict() 装载模型参数，如图 4.83 所示。

```
1  model = vgg19()
2  model.to(device)
3  path = os.path.join(model_dir, 'model.pt')
4  model.load_state_dict(torch.load(path)) #使用保存的state_dict()来装载模型参数
5  model.eval()                 #在执行推理前必须调用，将dropout和批归一化层设置为评估模式
6
7  y_n = model(x)                            #获得推理输出
```

图 4.83　装载状态字典示例

当然，用户也可以自定义保存的内容，如将模型的状态字典、优化器的状态字典、epoch、损失值等一起保存为检查点，检查点文件的保存形式通常是扩展名为 rar 的文件，图 4.84 给出了保存模型的检查点文件的程序实例。

```
1  path = os.path.join(model_dir, 'model.rar')
2  torch.save({
3              'epoch': epoch,
4              'model_state_dict': model.state_dict(),
5              'optimizer_state_dict': optimizer.state_dict(),
6              'loss': loss
7              }, path)
```

图 4.84　保存模型的检查点示例

当需要使用这些保存信息时，可以使用 torch.load() 函数来恢复检查点文件中的参数，恢复后的参数可用于推理或继续训练，用法如图 4.85 所示。第 5 行代码将保存的检

查点文件恢复并保存到 checkpoint 中，第 6~9 行分别读取检查点文件中保存的 epoch、model_state_dict、optimizer_state_dict 和 loss 值。

```
1  path = os.path.join(model_dir, 'model.rar')
2  model = vgg19()
3  optimizer = optim.SGD(model.parameters(),lr=0.01)
4
5  checkpoint = torch.load(path)
6  epoch = checkpoint['epoch']
7  model.load_state_dict(checkpoint['model_state_dict'])
8  optimizer.load_state_dict(checkpoint['optimizer_state_dict'])
9  loss = checkpoint['loss']
```

图 4.85 恢复模型的检查点示例

4.6 驱动范例

基于上面几节的介绍，本节分几部分对非实时风格迁移的完整算法进行介绍。算法流程见 3.6.2 节，程序代码来源为 PyTorch 官网[⊖]。

4.6.1 加载依赖包

在程序的开始，需要加载神经网络计算、优化器、图像读取、图像显示等操作相关的依赖包，如图 4.86 所示。

```
1  from __future__ import print_function
2
3  import torch
4  import torch.nn as nn
5  import torch.nn.functional as F
6  import torch.optim as optim
7
8  from PIL import Image
9  import matplotlib.pyplot as plt
10
11 import torchvision.transforms as transforms
12 import torchvision.models as models
13
14 import copy
```

图 4.86 加载依赖包

⊖ 代码地址：https://github.com/pytorch/tutorials/blob/main/advanced_source/neural_style_tutorial.py。

4.6.2 加载并显示内容图像和风格图像

在加载了所有的依赖包后，接下来需要加载内容图像和风格图像。此处使用 4.4.1.1 节中介绍的方法，利用 PIL 库读入图像，并转化为定义在 GPU 上的张量数据，如图 4.87 所示。第 1 行代码设置程序运行设备，优先在 GPU 上运行，如果检测不到 GPU 则在 CPU 上运行，第 4 行代码指定待处理的图像尺寸，如果在 GPU 上运行算法则图像尺寸为 512，否则为 128，第 10~13 行代码定义了图像加载函数 image_loader，首先使用 PIL 方法读入图像（第 11 行），然后将该图像转换为 (C, H, W) 格式的张量，再增加第 0 维，将张量图像的数据格式转换为 (1, C, H, W)（第 12 行），最后进行张量的设备和数据格式转换，第 15~17 行代码利用该图像加载函数 image_loader，分别加载风格图像和内容图像，并检查二者的尺寸是否相同。

```
1   device = torch.device('cuda' if torch.cuda.is_available() else 'cpu')
2
3   #指定输出图像尺寸，如果使用GPU则输出图像尺寸为512，否则为128
4   imsize = 512 if torch.cuda.is_available() else 128
5
6   loader = transforms.Compose([
7       transforms.Resize(imsize),#图像尺寸转换
8       transforms.ToTensor()])    #从PIL图像转换为张量
9
10  def image_loader(image_name):        #图像加载函数
11      image = Image.open(image_name)  #读入PIL图像
12      image = loader(image).unsqueeze(0) #PIL图像转换为张量，并将数据格式转换为(1, C, H,
            W)
13      return image.to(device,torch.float)
14
15  style_img = image_loader('style.jpg')
16  content_img = image_loader('content.jpg')
17  assert style_img.size() == content_img.size(),'style and content images are of the
        same size'
```

图 4.87　加载内容图像和风格图像

图像加载完成后，通过在屏幕上显示图像，来验证读入数据的正确性，使用 4.4.1.4 节中介绍的方法，将张量数据转换为 PIL 图像，并使用 matplotlib.pyplot 接口来显示图像，代码如图 4.88 所示。第 3 行代码打开 matplotlib.pyplot 接口的交互模式，第 5~12 行代码定义了图像显示方法 imshow，首先复制图像（第 6 行），张量的数据格式为 (1, C, H, W)，然后将第 0 维数据去掉，数据格式变为 (C, H, W)（第 7 行）并转换为 PIL 图像（第 8 行），使用 matplotlib.pyplot 接口对此 PIL 图像进行显示（第 9 行），并添加图像名称（第 10、11 行），第 12 行代码将程序暂停 0.001 秒，在屏幕上显示图像，并在

0.001 秒后自动关闭图像, 第 15、17 行代码分别调用 imshow 方法, 来显示风格图像和内容图像。

```
1   unloader = transforms.ToPILImage()      #转换为PIL图像
2
3   plt.ion()
4
5   def imshow(tensor, title=None):
6       image = tensor.cpu().clone()    #复制输入图像
7       image = image.squeeze(0)        #去掉第0维
8       image = unloader(image)
9       plt.imshow(image)
10      if title is not None:
11          plt.title(title)
12      plt.pause(0.001)
13
14  plt.figure()
15  imshow(style_img, title = 'Style Image')
16  plt.figure()
17  imshow(content_img,title = 'Content Image')
```

图 4.88　显示内容图像和风格图像

4.6.3　创建输入图像

在非实时风格迁移算法中, 会创建一个与内容图像尺寸相同的随机图像, 该图像和内容图像共同提取内容特征, 计算内容损失, 同时和风格图像共同提取风格特征, 计算风格损失, 内容损失和风格损失加权后得到总的损失函数。计算总损失函数对输入图像每个像素的梯度, 并运用梯度下降算法来迭代地优化输入图像。最终训练完成的输入图像, 即为风格迁移后的图像。

创建随机输入图像的程序如图 4.89 所示。第 1 行代码创建与内容图像尺寸相同的输入图像, 第 4 行代码利用 4.6.2 节创建的 imshow 图像显示方法来显示输入图像。在某些实现中, 为了加速风格迁移算法的训练过程, 使用内容图像叠加随机数的方法来创建输入图像。

```
1   input_img = torch.randn(content_image.data.size(),device = device)
2
3   plt.figure()
4   imshow(input_img, title = 'Input Image')
```

图 4.89　创建输入图像

4.6.4   定义并计算损失函数

如 4.6.3 节所述, 分别对内容图像和输入图像计算内容损失, 对风格图像和输入图像计算风格损失, 然后对内容损失和风格损失进行加权计算, 得到总损失函数。由于需要将内容图像、风格图像和输入图像分别作为 VGG19 网络的输入来提取内容特征和风格特征, 而计算时仅会实例化一个 VGG19 网络, 因此在损失函数定义时, 需要进行特别的设计。

图 4.90 给出了计算内容损失的程序示例, 由内容图像、输入图像分别通过 conv_4 层得到的特征图计算均方误差。因此, 内容损失计算函数 ContentLoss 会作为一个新的模块, 添加到 conv_4 层后面。第 4 行代码中, 输入图像经过 conv_4 层后会得到提取出的内容特征, 该输出应为一个状态值, 而不应是一个变量, 否则在 forward 方法中计算损失时会报错, 因此, 第 4 行代码中, 使用 detach() 函数将 self.target 从当前计算图中剥离, 第 7 行代码计算内容图像和输入图像分别提取了内容特征后的均方误差损失。

```
1  class ContentLoss(nn.Module):
2      def __init__(self, target,):
3          super(ContentLoss, self).__init__()
4          self.target = target.detach()
5
6      def forward(self, input):
7          self.loss = F.mse_loss(input, self.target)
8          return input
```

图 4.90   内容损失函数定义

图 4.91 给出了计算风格损失的程序示例, 需要分别计算风格图像、输入图像通过 conv_1、conv_2、conv_3、conv_4 和 conv_5 层得到的特征图的内积的均方差再相加。风格损失计算函数 StyleLoss 同样会作为新的模块, 添加到 conv_1、conv_2、conv_3、conv_4 和 conv_5 层后面。图 4.91 中第 1~7 行代码定义了特征图的内积计算函数 gram_matrix; 第 12 行代码同样使用 detach() 函数将 self.target 从当前计算图中剥离, 以方面后续的计算; 第 15 行代码计算风格图像和输入图像提取了风格特征后的均方误差损失。

对于输入到 VGG19 网络中的图像, 需要按照 VGG19 网络对输入的要求进行预处理, 将图像像素值进行归一化处理, 如图 4.92 所示。首先使用第 4、5 行代码将输入的均值、标准差形状调整为 $(C, 1, 1)$, 调整后的均值、标准差能够直接与图像张量进行计算; 再使用第 8 行代码对图像进行归一化计算。

图 4.93 给出了计算损失函数的程序示例。第 1 行代码从 PyTorch 中的 torchvision.models 子包中直接读取预训练模型 VGG19。在非实时风格迁移算法中, 每次训练更新的是输入图像的像素值, 而不是特征提取网络的模型参数, 因此, 在程序中直接使用 torchvision.models 子包提供的参数, 而不需要再进行更新。进行非实时风格迁移处理的网络定

义为 model，该网络的第一层为图像归一化层（第 9 行代码）。接下来，第 12~35 行代码按照 VGG19 中的网络结构顺序，将 VGG19 中的卷积层、ReLU 层、池化层、批归一化层、其他层，以及自定义的内容损失计算函数层 ContentLoss、风格损失计算函数层 StyleLoss 添加到非实时风格迁移网络 model 中。第 37~40 行代码将非实时风格迁移网络 model 中，内容损失计算函数层 ContentLoss、最后一个风格损失计算函数层 StyleLoss 之后的层全部去掉。

```
1   def gram_matrix(input):
2       # a为batch_size(=1),b为通道数,
3       # (c,d)为特征图高度、宽度
4       a, b, c, d = input.size()
5       features = input.reshape(a * b, c * d)   #将输入特征图形状转换为(a * b, c * d)
6       G = torch.mm(features, features.t())      #计算特征图内积
7       return G.div(a * b * c * d)
8
9   class StyleLoss(nn.Module):
10      def __init__(self, target_feature):
11          super(StyleLoss, self).__init__()
12          self.target = gram_matrix(target_feature).detach()
13      def forward(self, input):
14          G = gram_matrix(input)
15          self.loss = F.mse_loss(G, self.target)
16          return input
```

图 4.91　风格损失函数定义

```
1   class Normalization(nn.Module):
2       def __init__(self, mean, std):
3           super(Normalization, self).__init__()
4           self.mean = torch.tensor(mean).reshape(-1, 1, 1)
5           self.std = torch.tensor(std).reshape(-1, 1, 1)
6
7       def forward(self, img):
8           return (img - self.mean) / self.std
```

图 4.92　图像预处理

```
1   cnn = models.vgg19(pretrained=True).features.to(device).eval()
2   content_layers_default = ['conv_4']
3   style_layers_default = ['conv_1', 'conv_2', 'conv_3', 'conv_4', 'conv_5']
4
```

图 4.93　计算损失函数

```
5   def get_style_model_and_losses(cnn, normalization_mean, normalization_std,style_img,
                                    content_img,content_layers=content_layers_default,
                                    style_layers=style_layers_ default):
6       normalization = Normalization(normalization_mean, normalization_std).to(device)
7       content_losses = []
8       style_losses = []
9       model = nn.Sequential(normalization)
10
11      i = 0   #遇卷积层则+1
12      for layer in cnn.children():
13          if isinstance(layer, nn.Conv2d):
14              i += 1
15              name = 'conv_{}'.format(i)
16          elif isinstance(layer, nn.ReLU):
17              name = 'relu_{}'.format(i)
18              layer = nn.ReLU(inplace=False)
19          elif isinstance(layer, nn.MaxPool2d):
20              name = 'pool_{}'.format(i)
21          elif isinstance(layer, nn.BatchNorm2d):
22              name = 'bn_{}'.format(i)
23          else:
24              raise RuntimeError('Unrecognized layer: {}'.format(layer.__class__.
                    __name__))
25          model.add_module(name, layer)
26          if name in content_layers:
27              target = model(content_img).detach()
28              content_loss = ContentLoss(target)
29              model.add_module('content_loss_{}'.format(i), content_loss)
30              content_losses.append(content_loss)
31          if name in style_layers:
32              target_feature = model(style_img).detach()
33              style_loss = StyleLoss(target_feature)
34              model.add_module('style_loss_{}'.format(i), style_loss)
35              style_losses.append(style_loss)
36
37      for i in range(len(model) - 1, -1, -1):
38          if isinstance(model[i], ContentLoss) or isinstance(model[i], StyleLoss):
39              break
40      model = model[:(i + 1)]
41      return model, style_losses, content_losses
```

图 4.93 （续）

4.6.5 构建风格迁移算法

在完成了内容图像、风格图像的加载，创建了输入图像，定义了损失函数后，接下来构建非实时风格迁移算法的运行流程，如图 4.94 所示。其中，选择 LBFGS 算法作为梯度优化算法⊖。

```
1   def get_input_optimizer(input_img):
2       optimizer = optim.LBFGS([input_img])
3       return optimizer
4
5   def run_style_transfer(cnn, normalization_mean, normalization_std,
6                          content_img, style_img, input_img, num_steps=300,
7                          style_weight=1000000, content_weight=1):
8       print('Building the style transfer model..')
9       model, style_losses, content_losses = get_style_model_and_losses(cnn,
10          normalization_mean, normalization_std, style_img, content_img)
11
12      input_img.requires_grad_(True)
13      model.requires_grad_(False)
14
15      optimizer = get_input_optimizer(input_img)
16
17      run = [0]
18      while run[0] <= num_steps:
19          def closure():
20              with torch.no_grad():
21                  input_img.clamp_(0, 1)
22              optimizer.zero_grad()
23              model(input_img)
24              style_score = 0
25              content_score = 0
26              for sl in style_losses:
27                  style_score += sl.loss
28              for cl in content_losses:
29                  content_score += cl.loss
30              style_score *= style_weight
31              content_score *= content_weight
32              loss = style_score + content_score
33              loss.backward()
34              run[0] += 1
```

图 4.94　构建风格迁移算法

⊖ 该优化算法是经算法作者与其他 PyTorch 贡献者试验后而确定的，具体讨论过程见：https://discuss.pytorch.org/t/pytorch-tutorial-for-neural-transfert-of-artistic-style/336/20?u=alexis-jacq。

```
35              if run[0] % 50 == 0:
36                  print('run {}:'.format(run))
37                  print('Style Loss : {:4f} Content Loss: {:4f}'.format(
38                      style_score.item(), content_score.item()))
39          return style_score + content_score
40
41      optimizer.step(closure)
42
43  with torch.no_grad():
44      input_img.clamp_(0, 1)
45
46  return input_img
```

图 4.94   （续）

非实时风格迁移算法的训练过程与常规的深度学习训练算法不同，其训练的对象是输入图像，通过计算损失函数对输入图像每个像素的梯度，更新像素值，来迭代地获得最终的风格迁移后的图像，而不是对特征提取网络中的参数进行训练。因此，在图 4.94 第 12、13 行代码中，设置了算法中梯度计算的对象，是输入图像，而不是非实时风格迁移网络 model 的参数。第 18~41 行代码定义了算法的迭代训练过程，将内容损失和风格损失加权后得到总损失 loss，计算 loss 相对输入图像所有像素值的梯度，并更新像素值。在这一过程中，为了验证算法的有效性，每迭代 50 次即打印出当前的风格损失值和内容损失值。

4.6.6   风格迁移算法运行

经过多次的迭代训练，不断更新输入图像的像素值，最终得到风格迁移后的图像，并显示最终的迁移结果，算法运行的顶层代码如图 4.95 所示。

```
1   cnn_normalization_mean = torch.tensor([0.485, 0.456, 0.406]).to(device)
2   cnn_normalization_std = torch.tensor([0.229, 0.224, 0.225]).to(device)
3
4   output = run_style_transfer(cnn, cnn_normalization_mean, cnn_normalization_std,
5                               content_img, style_img, input_img)
6
7   plt.figure()
8   imshow(output, title='Output Image')
9
10  plt.ioff()
11  plt.show()
```

图 4.95   风格迁移算法运行的顶层代码

4.7 本章小结

本章主要介绍了深度学习编程框架的使用方法。首先介绍了深度学习编程框架的概念与作用。随后介绍了目前广泛使用的编程框架——PyTorch，包括它的发展历程、编程模型及基本概念等。在此基础上，以图像风格迁移作为驱动范例，介绍了如何使用 PyTorch 进行深度学习推理。最后介绍了 PyTorch 的通用模型训练流程及相关使用方法。

习题

4.1 请创建一个常量，在屏幕上输出 "Hello, PyTorch!"。

4.2 请实现两个数的加法，即计算 A + B 并输出，其中 A 是常量，B 是随机数，数据类型自定。

4.3 请实现一个矩阵乘法，数据类型和规模自定，并分别使用 CPU 和 GPU 执行。

4.4 请重构 4.6.3 节中的输入图像，该图像由内容图像叠加随机数而成。

4.5 在网络训练过程中有时需要使用动态学习率。已知初始学习率为 0.1，每进行 10000 次迭代，学习率变为之前的 0.9 倍。使用梯度下降优化器和其他 API，实现该需求。(提示：可使用 `torch.optim.lr_scheduler` 包。)

4.6 请计算 VGG19 网络在单 batch 且输入为 (3, 224, 224) 格式的情况下，经过每一个池化层后张量的形状大小，并使用 TensorBoard 将 VGG19 网络可视化，以查看网络信息并验证前面的计算。

*4.7 请调研并参考相关资料，使用 PyTorch 实现线性回归、k 近邻等算法，在 MNIST 数据集上实现数字识别功能。

*4.8 请使用 PyTorch 实现一个 LeNet-5 结构的神经网络，在 MNIST 数据集上实现数字识别。

*4.9 请自行设计一个用于 ImageNet 数据图像分类的卷积神经网络，并使用 PyTorch 实现，使其 Top-5 准确率达到 85%。

第 5 章

编程框架原理

上一章以 PyTorch 为例介绍了深度学习编程框架的使用。编程框架为确保简便易用，提供了一系列简单且易于上手的高度封装的用户接口。这使得用户无须涉足框架背后复杂的代码逻辑，仅须利用框架提供的接口，便能轻松地定义、推理和训练复杂的神经网络模型。如果要进一步研发高效的智能计算系统，不仅需要掌握编程框架的使用，更需要深入了解其原理，从而编写与框架底层更为契合、性能更优的代码，以提升算法的实现效率。此外，在扩展编程框架以应对新的算法和硬件时，也需要深入了解编程框架的原理。

本章首先介绍编程框架的设计原则和整体架构，说明编程框架以用户程序作为输入到输出的完整执行流程。然后，依次介绍编程框架中的四大核心模块的原理和相关技术，包括计算图构建、计算图执行、深度学习编译以及分布式训练等模块。

5.1 编程框架设计

本节首先介绍编程框架的设计原则，再介绍编程框架内部的整体结构。

5.1.1 设计原则

目前，已经有很多种深度学习编程框架，包括 Caffe、TensorFlow、MXNet、Keras、ONNX、PyTorch 等。这些编程框架在设计上各有特点，但大体可总结为以下三个设计原则：

（1）简洁性（simplicity）：在系统设计层面，编程框架应当提供一套简洁的抽象机制，使得用户只需要关注算法本身及其在硬件上的部署策略，而不被底层的技术细节所困扰。例如，在 PyTorch 中，用户需要显式地指定张量的存储位置和移动时机，但无须操心张量的具体存储和在设备间移动的过程。

（2）易用性（usability）：编程框架应当提供直观且用户友好的接口，以尽量降低用户学习和使用编程框架的难度。例如，PyTorch 采用了命令式的动态图编程方式，使用户能够像使用 Python 一样使用编程框架，从而显著降低学习成本和使用门槛，同时也方便调试。

（3）高效性（performance）：编程框架应当进行充分的优化，以提升应用程序的运行效率。例如，TensorFlow 采用了声明式的静态图编程方式，使得编程框架能够生成完整的计算图并进行全局优化。此外，编程框架还可以借助深度学习编译技术，结合图层级和算子层级的编译优化方法，最大限度地发挥硬件计算能力，提高应用程序的性能。另外，编程框架还应提供适用于多设备环境的分布式训练方法，以高效地支持大规模深度学习任务。

在编程框架的发展历程中，由于算法发展、开发资源限制等因素的影响，不同编程框架在设计原则上可能各有侧重。早期，TensorFlow 偏向追求高效性，采用了静态图方式和学习曲线陡峭的声明式编程模型，在一定程度上牺牲了易用性；而 PyTorch 则将易用性置于高效性之上，采用了动态图和更贴近 Python 开发风格的命令式接口，因此赢得了学术界的青睐和更高的市场份额。然而，这两者也在相互学习中成长，不仅保留各自的优势，同时也尝试将对方的优点融合进自身，以实现在不同方向上的共同进步。

5.1.2 整体架构

典型深度学习编程框架的整体架构如图 5.1 所示，可以划分为四大核心模块，分别为计算图构建、分布式训练、深度学习编译和计算图执行。

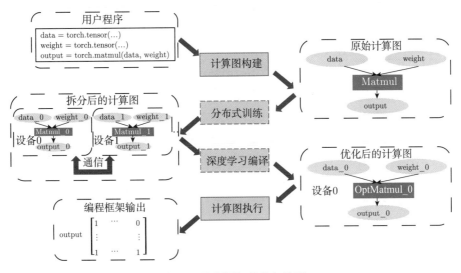

图 5.1　编程框架整体架构图

- **计算图构建模块**是整个编程框架的入口模块，负责将用户输入的程序转化为编程框架内部的原始计算图。

- **分布式训练模块**针对单一计算设备算力和内存有限的问题，将原始计算图拆分成多个计算设备上的子图，从而将训练和推理任务从一台设备扩展到多台设备，实现单机多卡或多机多卡的分布式并行计算，有效地解决了大模型推理和训练的挑战。
- **深度学习编译模块**对具体设备上的计算图分别进行图层级和算子层级的编译优化，将计算图转化为功能等价但执行更高效的计算序列（即优化后的计算图），提高在单卡上的执行效率，加速深度学习任务。
- **计算图执行模块**将优化后的计算图中的张量和操作映射到特定设备上进行实际执行，输出编程框架的执行结果。

值得注意的是，计算图构建和计算图执行这两个模块已经足以构建一个基本的编程框架，并能够支持神经网络的推理和训练任务。深度学习编译模块可以通过编译优化来提高单机上的执行效率，而分布式训练模块通过支持多设备分布式并行计算来支持大规模神经网络任务。本节首先介绍编程框架中不可或缺的计算图构建模块和计算图执行模块，然后介绍深度学习编译模块和分布式训练模块。后面两个模块的介绍作为选读内容，供感兴趣的读者深入了解编程框架的进阶知识。

5.2   计算图构建

在上一章中，我们学习了 PyTorch 框架的使用方法，并通过调用其提供的用户接口编写用户程序，搭建神经网络并进行推理和训练。其中，我们编写的用户程序是如何被转化成计算图，进而通过框架在设备上实际执行的呢？具体来说，编程框架通常用计算图来建模计算流程，这个流程描述了输入数据在模型中的流动和计算过程。计算图由两个基本元素构成：**张量（tensor）**和**张量操作（operation）**。计算图一般以有向无环图（Directed Acyclic Graph, DAG）的形式表示，有向边指明了张量的流动方向，如果一个操作的输出张量是下一个操作的输入张量，则在这两个操作之间建立一条有向边；如果一个操作的输入来自外部，或输出指向外部，则可显式标记为计算图整体的输入或输出张量。通过计算图，我们可以建模神经网络计算中的具体行为，并通过拓扑排序等方式，将图转化为线性的执行序列，使其在硬件平台上执行。

本节将首先从正向传播计算图（简称为正向计算图）的构建讲起，再介绍反向传播计算图（简称为反向计算图）构建的具体原理。图 5.2 展示了一个神经网络从源代码到构建正向和反向计算图的过程。首先，用户编写的源代码经由动态图或静态图两种不同的构建形式，得到正向计算图。随后，由正向计算图通过自动求导构建反向计算图。正向计算图的建立方向是从输入张量到最终的输出张量，而反向计算图的构建则是从输出张量开始回溯，建立梯度节点并指向正向的算子节点。

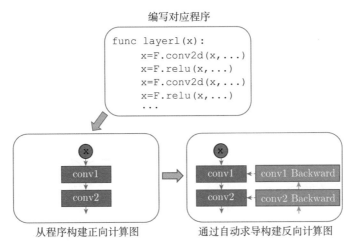

图 5.2　从源代码构建计算图

5.2.1　正向计算图构建

本节将介绍正向计算图的两种构建形式：动态图和静态图。动态图在执行函数时，按照函数顺序通过解释执行的方式，逐条语句地生成节点并立即计算返回结果；而静态图则在执行计算之前，通过编译构建好所有图上的节点，在图运行时再计算整个计算图并返回最终结果。在此前的学习中，我们介绍了这两种计算图的取舍及其带来的优缺点：静态图性能较好，但使用难度较大；动态图易于使用，但性能优化方面受限。下面介绍两种计算图构建方式的机理和产生如上差异的原因。

5.2.1.1　动态图

1. 动态图机理

动态图机理下的计算图，是在函数运行过程中逐步构建的（on-the-fly）。动态图的执行模式又可以称为命令式编程方式，其没有显式的建图过程，而是在程序语句一步接一步被解释器解释执行时隐式建立的。在函数执行的过程中，每执行一个操作，框架都会动态地创建一个表示该操作的计算节点。随着函数的执行，这些计算节点逐渐连成一个完整的计算图。这种在运行时从逻辑上构建计算图的流程，被称作运行时定义（define-by-run），也被称作立即（eager）模式。

2. PyTorch 中的动态图实现

PyTorch 框架推崇 Python 为先的原则，使用 Python 的命令式编程方式作为前端接口，因此天然支持了动态图的立即模式。在 PyTorch 正向传播的计算过程中，并没有显式地构建计算图相关的数据结构。而是按照 Python 语句执行的顺序，依次创建张量并调用张量操作完成运算。因此，PyTorch 的动态图在每次执行时都会被重新构建，即使函数中的计算图结构跟之前完全相同。此外，如果函数中有条件判断、for 循环等控制流语句，则每次只会构建当前被执行分支的计算图。PyTorch 中动态图的构建如图 5.3 所示。首先，程序前四行代码声明了四个张量变量，此时仅有张量节点被创建。当程序执行到计算 h2h 时，创建 matmul 张量运算节点，并以此前创建的张量节点 W_h 和 prev_h 为输入，以新创建的张量节点 h2h 为输出。最终，张量节点 next_h 是这段程序的最终执行结果，至此计算图构建完成。

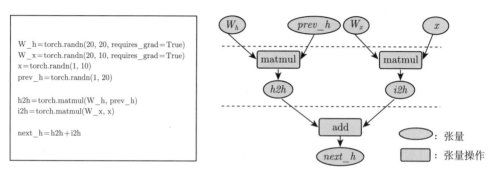

图 5.3　PyTorch 中的动态图运行时定义的示意图[274]

5.2.1.2　静态图

1. 静态图机理

在使用静态图的深度学习框架中，整个网络的结构会在开始计算前就完成构建。框架在执行时接收的是整个计算图，而不是每次一条语句所调用的一个操作。由于框架能在执行前获得全面的上下文信息，而不是在执行一个操作之后才知道下一个操作。静态图在性能优化方面具有更大的空间，但也给用户使用带来了一些困难。首先，在动态图模式下，用户可以在图执行过程中使用断点或打印张量进行调试，而静态图不行。此外，相较动态图的语义，使用静态图模式提供的控制流节点来实现发展较快的动态神经网络⊖会更为复杂。

当然，对于结构固定的神经网络，采用静态图也会是性能更优的选择。下面介绍 TensorFlow 1.x 和 PyTorch 2.0 中的静态图实现。

2. TensorFlow 中的静态图

TensorFlow 使用了一套领域特定语言（DSL）内嵌在 Python 中为用户提供定义计算图的接口。在定义和编译后，用户调用 tf.Session() 来执行计算图。这是 TensorFlow 1.x 中的默认执行过程，又被称作图 (graph) 模式。

TensorFlow 使用若干基本控制流算子的不同组合来实现各种复杂控制流场景[276]。为了方便不同语言使用这种控制流作为后端，控制流算子应具备灵活和表达能力强等特点。

⊖　动态神经网络会针对不同输入，动态调整网络结构，具体请参见关于动态神经网络的综述[275]。

同时，控制流算子应能很好地实现 TensorFlow 当前的计算图、分布式执行和自动求导等功能。TensorFlow 的控制流设计原理参考了 Arvind 和 D. Culler 的数据流图机制[277]，提供了 5 个基本控制流算子，如图 5.4 所示，主要包括 Switch、Merge、Enter、Exit 和 NextIteration。其中 Switch 和 Merge 组合可以实现条件分支功能，而 5 个算子一起使用可以实现条件操作及循环操作。

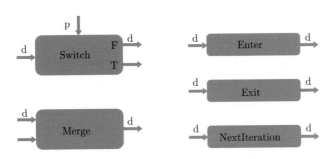

图 5.4　TensorFlow 的基本控制流算子

3. PyTorch 中的静态图

PyTorch 从问世以来，坚持其易用性的原则，使用立即模式，受到了学术界的欢迎，成为主流深度学习框架。用户在学习 Python 语法后无须再学习一种语言和开发模式，上手难度很低，但 PyTorch 的动态图机制也在一些方面产生了不良影响。首先是性能上存在局限，在动态图模式下，框架难以对一系列的代码进行整体的编译优化，只可对其一步一步顺序执行。其次可视化也因动态图的特性而受限，无法直接导出一个清晰的计算图来展示模型的结构和推理逻辑，因为每次生成的动态图都有可能不同。

为此，PyTorch 2.0 的开发者引入即时编译（Just In Time，JIT）的思想，考虑在运行时进行编译，通过图捕获技术将用户编写的动态图转化为静态图。当用户调用一个正向函数时，这一函数不会被立即执行，而是被 PyTorch 的图捕获模块 TorchDynamo 获取，其对该函数的内容进行分析，将 PyTorch 相关的代码片段交由编译器编译，然后使用编译后的函数替换函数调用，再进行执行。当面临包含复杂控制流的动态图时，需要对图进行切分，通过 Python 的动态语义处理控制流部分，静态部分通过即时编译转化成静态图。同时，编译后生成的静态图结构将被缓存。在未来的代码执行上，如果静态部分相同，则可利用此前缓存的计算图；如果静态图结构发生了变化，则会重新进行即时编译。这一复杂的过程可以被理解为，不是整个逻辑上的计算图都被编译成了静态图，而是通过控制流将计算图进行了子图划分，子图内部是静态图，而子图与子图之间是动态图。

5.2.2　反向计算图构建

深度学习中通常使用梯度下降法，通过反向传播来更新模型参数。在深度学习框架中，需要构建反向计算图来建模反向传播的计算过程。当前主流的框架往往以正向计算图为输入，通过自动求导的方法完成反向计算图的构建。下面介绍自动求导的机理和 PyTorch 中通过自动求导进行反向计算图构建的流程。

5.2.2.1　自动求导机理

在深度学习的反向传播过程中，根据正向传播得到的结果和目标结果来计算损失函数值，然后通过求导方法计算损失函数对每个参数的偏导得到梯度，最后调整参数值。下面介绍一些常见的求导方法，其中最重要的是自动求导，已被用于大部分深度学习框架中。

1. 手动求导

手动求导利用链式法则求解出梯度公式，然后根据公式编写代码、代入数值计算得到梯度结果。其缺点在于无法通用或复用，每次修改算法模型都需要重新求解梯度公式、重新编写计算代码。

2. 数值求导

数值求导利用导数的原始定义求解（如公式 (5.1)），当 h 取极小值时，可以直接求解导数。其优点是可以向用户隐藏求解细节，但缺点也非常明显：首先是计算量大、运行速度慢；其次会引入舍入误差（roundoff error）和截断误差（truncation error）。即使可以通过某些近似手段来减少误差，但始终无法消除。

$$f'(x) = \lim_{h \to 0} \frac{f(x+h) - f(x)}{h} \tag{5.1}$$

3. 符号求导

符号求导利用求导规则对表达式进行自动操作，但也会遇到"表达式膨胀"（expression swell）的问题。以简单的表达式 $l_{n+1} = 4l_n(1 - l_n)$（其中 $l_1 = x$）为例，如表 5.1 所示。当计算到 $n = 4$ 时，符号求导结果相比手动求导结果已经出现表达式膨胀问题，导致最终求解速度变慢。

4. 自动求导

当前主流深度学习框架都采用自动求导方法来进行梯度的自动计算。用户只需描述正向传播的过程，由编程框架自动推导反向计算图，完成导数计算。这是一种介于符号求导和数值求导之间的方法。符号求导的核心是先建立表达式，再代入数值计算，而数值求导最开始就代入了实际数据。介于这两者之间，自动求导首先实现了一批常用基本算子的求导表达式，比如常数、幂函数、三角函数等，然后代入数值计算，保留中间结果，最后求出整个函数的导数。自动求导可以完全向用户隐藏求导过程，而且天然契合深度学习编程框架采用的计算图模型。计算图将多输入的复杂计算表示成由多个基本二元计算组成的有向图，并保留了所有中间变量，有助于程序利用链式法则进行求导。

表 5.1　表达式膨胀示例，以 $l_{n+1} = 4l_n(1-l_n), l_1 = x$ 为例[278]

n	l_n	$\dfrac{\mathrm{d}}{\mathrm{d}x}l_n$ 符号求导结果	$\dfrac{\mathrm{d}}{\mathrm{d}x}l_n$ 手动求导结果
1	x	1	1
2	$4x(1-x)$	$4(1-x)-4x$	$4-8x$
3	$16x(1-x)(1-2x)^2$	$16(1-x)(1-2x)^2 - 16x(1-2x)^2 - 64x(1-x)(1-2x)$	$16(1-10x+24x^2-16x^3)$
4	$64x(1-x)(1-2x)^2$ $(1-8x+8x^2)^2$	$128x(1-x)(-8+16x)(1-2x)^2(1-8x+8x^2) + 64(1-x)(1-2x)^2(1-8x+8x^2)^2 - 64x(1-2x)^2(1-8x+8x^2)^2 - 256x(1-x)(1-2x)(1-8x+8x^2)^2$	$64(1-42x+504x^2-2640x^3+7040x^4-9984x^5+7168x^6-2048x^7)$

5.2.2.2　PyTorch 中的自动求导

下面以 PyTorch 中的自动微分引擎 AutoGrad 为例，介绍自动求导在框架中的实现。AutoGrad 模块可以自动计算梯度并进行反向传播，驱动了 PyTorch 的模型训练。该模块的调用很简单，只需要一行代码——`tensor.backward()`。

在 PyTorch 1.x 中，动态计算图技术是其核心特性之一。这种技术允许在正向传播过程中动态且即时地构建计算图。在训练模式下进行正向传播时，每当一个算子被调用执行，AutoGrad 模块会同时创建对应的反向算子。然后，创建的反向算子作为反向节点，被加入到反向计算图中。当正向传播完成后，整个反向计算图也随之构建完成。反向计算图中的叶子节点和根节点本质上是正向传播的输入张量和输出张量，如图 5.5 所示。当用户调用 backward 函数时，反向计算图便开始执行，从而进行梯度的反向传播和计算。在推理模式下，为了优化性能并减少内存占用，AutoGrad 模块并不会在正向传播中构建这些反向节点。

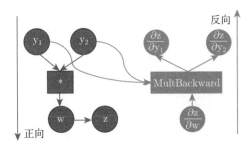

图 5.5　反向计算图构建

PyTorch 中 AutoGrad 模块的 backward 函数实现[⊖]如图 5.6 所示。backward 函数的主要功能是根据输入配置反向传播的计算图并执行反向传播，总体分为准备输入参数、初始化输出边列表和实际的反向计算图执行三个步骤。首先，PyArg_ParseTupleAndKeywords 函数将传入的 Python 参数转换为 C++对象。接着，第 13~28 行代码根据输入配置 roots、grads 变量，其中 roots 是反向传播的根节点（即正向传播中的输出节点）集合，grads 是反向传播需要的梯度节点集合。然后，第 31~51 行代码创建一个输出边列表边 output_edges，用于在计算结束时存储指定张量中的梯度。创建 output_edges 时，将获取 inputs 中的每一个元素对应的张量 tensor，并检查这个 tensor 是不是叶子节点。如果是叶子节点，则创建一条从 tensor 到一个非空节点 Identity 的边，加入 output_edges。如果不是叶子节点，表明该节点存在 grad_fn，则创建一条从 tensor 到 grad_fn 的边，加入 output_edges，其中 output_nr 标记该边是 grad_fn 的第几个输入。最后，第 58 行代码调用 engine 的 execute 方法，执行反向计算图获得最终的导数 outputs，完成反向传播计算。

```cpp
1   // 文件名: pytorch/torch/csrc/autograd/python_engine.cpp
2
3   PyObject* THPEngine_run_backward(PyObject* self, PyObject* args, PyObject* kwargs) {
4       // 输入参数tensors即正向传播的输出张量
5       const char *accepted_kwargs[] = {
6           "tensors", "grad_tensors", "keep_graph", "create_graph", "inputs",
7           "allow_unreachable", "accumulate_grad", nullptr
8       };
9       // 将PyObject类型的输入参数转换为C++对象，并进行合法性检查
10      PyArg_ParseTupleAndKeywords(...);
11
12      // 创建列表roots和列表grads，并预分配空间（此处略）
13      edge_list roots; // 反向传播起始点列表
14      variable_list grads; // 反向传播的梯度列表
15      ...
16
17      // 根据输入参数构建roots和grads
18      for (const auto i : c10::irange(num_tensors)) {
19          // 将需要进行反向传播的张量转化为gradient_edge，并加入列表roots
20          PyObject* _tensor = PyTuple_GET_ITEM(tensors, i);
21          const auto& variable = THPVariable_Unpack(_tensor);
22          auto gradient_edge = torch::autograd::impl::gradient_edge(variable);
23          roots.push_back(std::move(gradient_edge));
24          // 将梯度变量加入列表grads
```

图 5.6　AutoGrad 的反向计算流程

⊖　本章中所有具体代码实现都来自 PyTorch v2.0.0 官方源码。

```
25      PyObject *grad = PyTuple_GET_ITEM(grad_tensors, i);
26      grads.push_back(grad_var);
27      }
28    }
29
30    // 创建一个输出边列表，并对其进行初始化
31    std::vector<Edge> output_edges;
32    if (inputs != nullptr) {
33      int num_inputs = PyTuple_GET_SIZE(inputs);
34      output_edges.reserve(num_inputs);
35      for (const auto i : c10::irange(num_inputs)) {
36        PyObject* input = PyTuple_GET_ITEM(inputs, i);
37        const auto& tensor = THPVariable_Unpack(input);
38        const auto output_nr = tensor.output_nr(); // 表示tensor在计算图中的位置
39        auto grad_fn = tensor.grad_fn(); // 返回创建tensor的操作的梯度函数
40        if (!grad_fn) { // 获取grad_accumulator，用来判断是不是叶子节点
41          grad_fn = torch::autograd::impl::try_get_grad_accumulator(tensor);
42        }
43        if (!grad_fn) { // 若为叶子节点
44          // 在output_edges中加入一个指向非nullptr节点的边
45          output_edges.emplace_back(std::make_shared<Identity>(), 0);
46        } else { // 若为中间节点
47          // 用output_nr标记加入的边是grad_fn的第几个输入
48          output_edges.emplace_back(grad_fn, output_nr);
49        }
50      }
51    }
52
53    variable_list outputs;
54    {
55      pybind11::gil_scoped_release no_gil;
56      auto& engine = python::PythonEngine::get_python_engine();
57      // 正式执行反向传播
58      outputs = engine.execute(roots, grads, keep_graph, create_graph, accumulate_grad,
59                               output_edges);
60    }
61 ...
62 }
```

图 5.6　（续）

5.3   计算图执行

计算图执行是将给定计算图的**张量**和**操作**（本节也称为算子）映射到给定**设备**上具体执行的过程，因此涉及设备管理、张量实现以及算子执行三部分内容。

5.3.1   设备管理

设备是编程框架中计算图执行时的硬件实体，负责计算子图中的张量存放和算子执行。为了实现高效的设备管理，编程框架中设计了抽象的设备类，方便编程框架的开发者添加并维护新的设备。

常见的设备有通用处理器（如 CPU）和领域专用处理器（如 GPU 和 DLP 等）。通用处理器 CPU 的管理比较简单，这里不再赘述。在编程框架的开发中，主要需要添加对领域专用处理器的设备管理支持。针对领域专用处理器，设备管理主要包括设备操作、执行流管理和事件管理三个模块。

- 设备操作主要涉及设备初始化、设备设置和设备注销等一系列基本操作，分别用于初始化设备运行环境、获取设备句柄和关闭并释放设备等。
- 执行流是设备上抽象出来的管理计算任务的软件概念，用于领域专用处理器上的异构编程模型，完成设备上任务执行的下发和同步操作。具体来说，下发到同一个执行流中的任务具有串行性；下发到不同执行流上的任务并发执行。因此，在编程实践中，用户可以创建多个执行流并将计算任务分配到不同的执行流之中，从而达到任务并发执行的效果。典型的执行流管理操作包括执行流创建、执行流同步和执行流销毁等。
- 事件也是设备在软件层面抽象出来的概念，主要用来表示设备上任务运行的状态和进展，如记录事件之间的时间间隔从而计算设备运行时间等。事件管理主要包括事件创建、事件记录和事件销毁等基本操作。针对领域专用处理器，特别是深度学习处理器的设备管理方法具体可参考 8.5.2 节。

为了支持设备管理，PyTorch 在 pytorch/c10/core/impl/DeviceGuardImplInterface.h 中定义了抽象的设备管理类 `DeviceGuardImplInterface`，如图 5.7 所示。在 `DeviceGuardImplInterface` 类中，提供了统一的设备管理的抽象接口，包括设备操作、执行流管理和事件管理的函数接口。例如，调用 `getDevice()` 接口可以获取当前设备的标识符，通过 `synchronizeStream()` 接口可以完成执行流同步，通过 `destroyEvent()` 接口可以完成事件的销毁等。在实现了基本的抽象设备管理类后，常见的计算设备（包括 CPU、GPU 和 DLP）都可以通过对该设备抽象类进行继承实现设备子类，并将该设备提供的设备管理方法添加到设备抽象类成员函数的具体实现之中，从而完成该设备的注册和实现。在计算设备完成注册和实现后，框架即可在运行时正常调用该设备。

```
1    // 文件名: pytorch/c10/core/impl/DeviceGuardImplInterface.h
2
3    struct C10_API DeviceGuardImplInterface {
4      ...
5    // 设备相关函数
6    // 设备类型定义
7      virtual DeviceType type() const = 0;
8
9    // 将当前设备设置为指定设备, 并返回之前的设备
10     virtual Device exchangeDevice(Device) const = 0;
11
12   // 获得当前设备标识符
13     virtual Device getDevice() const = 0;
14
15   // 设置当前上下文所使用的设备, 所有被调用设备接口开始之前需要调用本接口
16     virtual void setDevice(Device) const = 0;
17
18   // 获取系统内的设备数量
19     virtual DeviceIndex deviceCount() const noexcept = 0;
20
21     ...
22
23   // 执行流相关函数
24   // 得到当前设备的执行流, 执行流是设备用于执行任务的队列, 用于设备下发和管理具体的计算
         任务
25     virtual Stream getStream(Device) const noexcept = 0;
26
27   // 得到当前设备的默认执行流
28     virtual Stream getDefaultStream(Device) const {...}
29
30   // 执行流查询操作, 如果异步执行流的任务全部执行完成则返回为真
31     virtual bool queryStream(const Stream& /*stream*/) const {...}
32
33   // 执行流同步操作, 以等到执行流中的计算任务全部结束
34     virtual void synchronizeStream(const Stream& /*stream*/) {...}
35
36     ...
37
38   // 事件相关函数
39   // 在给定设备上, 把事件加入执行流中
40     void record(void** /*event*/, const Stream& /*stream*/,
41     const DeviceIndex /*device_index*/, const EventFlag /*flag*/) const override {...}
42
43   // 事件阻塞操作, 用于阻塞主机端线程直到事件被完成
```

图 5.7 PyTorch 中的抽象设备管理类 DeviceGuardImplInterface 的定义

```
44    void block(void* /*event*/, const Stream& /*stream*/) const override {...}
45
46  // 事件查询操作，用于在执行流中查询事件是否已执行完成
47    bool queryEvent(void* /*event*/) const override {...}
48
49  // 事件销毁操作，回收事件资源
50    void destroyEvent(void* /*event*/, const DeviceIndex /*device_index*/)
51                    const noexcept override {}
52
53    virtual ~DeviceGuardImplInterface() = default;
54  };
```

图 5.7 （续）

5.3.2 张量实现

张量是神经网络算法使用的基本数据结构，也是计算图中的核心概念之一，对应计算图中不同张量操作之间传递、流动的数据。在编程框架中，张量实现包括张量数据结构的设计、张量内存管理的方法以及张量的初始化的流程。

5.3.2.1 张量数据结构

张量可以被看作 N 维数组，可以灵活表示标量、向量、矩阵等不同维数的数据。除原始数据外，张量有一些基本属性，包括形状、布局、步长、偏移量、数据类型和设备等。这些基本属性可以统称为张量数据结构的逻辑视图。张量数据结构的逻辑视图是编程框架使用者在软件层面上能够直接控制和表达的一些基本属性。

对于编程框架开发者来说，还需要维护张量数据结构的另一种视图——物理视图。张量数据结构的物理视图主要包括在设备上的物理地址空间大小、指针、数据类型等属性。物理视图是编程框架底层需要维护的基本属性，对编程框架使用者是不可见的。表 5.2 对比了张量数据结构的逻辑视图和物理视图的基本属性。

表 5.2　张量数据结构的逻辑视图和物理视图的基本属性

	属性名	示例	备注
逻辑视图	size	(D, H, W)	维度
	stride	$(1, D, D * H)$	步长
	offset	0	存储位置的偏移
	datatype	float	数据类型
	device	cpu	设备类型
	layout	"NHWC"	布局信息
物理视图	data_ptr	(cpu, 0x1234, $\cdots$)	存储在设备内存上的地址
	size	$D * H * W$	存储长度
	datatype	float	在设备上的实际存储类型

下面以图 5.8 中对张量 A 的变换为例，说明张量数据结构的逻辑视图和物理视图的区别。张量 A 的逻辑视图是一个形状为 $(2, 2)$ 的张量，步长为 1，数据类型是 INT32。A 的物理视图是物理地址空间中从 0x10 位置开始连续存储的一块数据。当使用张量索引 $A[:, 0]$ 取张量的第一列数据时（即列切片），本次切片后的张量的逻辑视图变成了形状为 $(1, 2)$ 的张量，步长为 2，数据类型为 INT32。值得注意的是，这样的切片操作并没有隐式地创建一个新的张量并拷贝，而是提供了原本物理视图下的一个新的逻辑视图，它的物理视图仍是物理地址空间中从 0x10 位置开始连续存储的一块数据。但是，由于步长等于 2，在进行物理地址空间寻址时，每访问一个元素都要跳跃 2 个元素（也就是每间隔一个元素取下一个元素），从而对应 0x10 和 0x18 两个位置的数据。同理，当使用张量索引 $A[1, :]$ 取张量的第二行数据时（即行切片），张量的逻辑视图变成了形状为 $(2, 1)$ 的张量，步长为 1，数据类型为 INT32。此时，需要在逻辑视图中额外引入偏移量的属性，记录这个新的逻辑视图对应到物理视图上数据实际开始的位置。

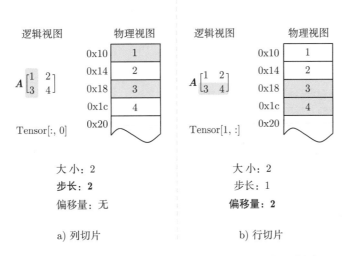

a) 列切片   b) 行切片

图 5.8　张量数据结构的逻辑视图和物理视图的区别[279]

综上可知，一个给定的张量，有且只有一个对应的物理视图，但是可以对应多个不同的逻辑视图。具体来说，张量数据结构的物理视图确定了张量在设备上实际的数据大小、物理地址指针；而逻辑视图提供了对同一份物理地址空间中数据的不同解释方式。在逻辑视图中，通过两个关键变量（偏移量和步长）来确定张量对应的物理视图中物理地址空间的寻址方法。由于张量的物理视图和逻辑视图之间存在一对多的关系，在编程框架张量数据结构的实现中，有必要对张量的逻辑视图和物理视图进行解耦。

下面以 PyTorch 编程框架为例，详细阐述张量数据结构的实现方法。PyTorch 通过张量（Tensor）抽象类和存储（Storage）抽象类来分别表示张量数据结构中的逻辑视图和物理视图。这两个抽象类的具体实现在 pytorch/c10/core/TensorImpl.h 和 pytorch/c10/core/StorageImpl.h 中，如图 5.9 和图 5.10 所示。TensorImpl 类提供了对张量抽象的实现，包含维度、步长、数据类型、设备、布局等逻辑视角的张量属性。StorageImpl 类则提供了对张量的存储实现，包含内存指针、数据总数等物理视角的张量信息。值得注意的是，在 TensorImpl 类中，第 11 行明确声明了 storage_ 作为私有成员变量，不同的 TensorImpl 类可以引用同样的 StorageImpl 对象，这也进一步说明了 Tensor 类和 Storage 类之间的多对一映射关系。

```
1   // 文件名：pytorch/c10/core/TensorImpl.h
2
3   struct C10_API TensorImpl : public c10::intrusive_ptr_target {
4    public:
5      virtual int64_t dim() const;
6
7      // 偏移量
8      virtual int64_t storage_offset() const;
9
10   private:
11     Storage storage_;
12     ...
13     c10::VariableVersion version_counter_;
14     PyObject* pyobj_ = nullptr;
15     SmallVector<int64_t,5> sizes_;              // 张量维度
16     SmallVector<int64_t,5> strides_;            // 张量步长
17     int64_t storage_offset_ = 0;                // 存储偏移量
18     int64_t numel_ = 1;
19     caffe2::TypeMeta data_type_;
20     c10::optional<c10::Device> device_opt_;      // 设备属性
21     TensorTypeId type_id_;                       // 类型属性
22     bool is_contiguous_ = true;
23     bool is_wrapped_number_ = false;
24     bool allow_tensor_metadata_change_ = true;
25     bool reserved_ = false;
26   ...
27   }
```

图 5.9　PyTorch 中的张量数据结构逻辑视角类 TensorImpl 的定义

5.3.2.2　张量内存管理

上节提到张量的数据结构包含逻辑视图和物理视图两种表示，从逻辑视图到物理视图的转换需要完成对张量的内存分配，即对张量进行内存管理。在物理视图表示中，StorageImpl 调用结构体 Allocator（内存分配器）进行张量数据空间的分配，见图 5.10

第 14 行。内存分配器的代码实现与后端设备相关，通过继承来支持不同设备的张量内存管理方法。张量内存管理主要分为即时分配和内存池分配。

```
1   // 文件名：pytorch/c10/core/StorageImpl.h
2
3   struct C10_API StorageImpl final : public c10::intrusive_ptr_target {
4    public:
5     StorageImpl(caffe2::TypeMeta data_type, int64_t numel, at::DataPtr data_ptr,
6       at::Allocator* allocator, bool resizable);
7
8    private:
9      caffe2::TypeMeta data_type_;    // 数据类型
10     DataPtr data_ptr_;              // 指向存储数据的内存块
11     int64_t numel_;                 // 数据总数
12     bool resizable_;
13     bool received_cuda_;
14     Allocator* allocator_;          // 内存分配器
15  ...
16  }
```

图 5.10　PyTorch 中的张量数据结构物理视角类 StorageImpl 的定义

1. 即时分配

即时分配是一种简单直接的内存分配策略，每当需要分配张量的内存时，就立即从系统中申请一块大小合适的内存空间。即时分配也是 PyTorch 在 CPU 上的默认内存分配器方式，详见图 5.11 中定义的 DefaultCPUAllocator 类。该类实现了在 CPU 上分配和释放内存的功能，其代码的核心部分即为常用的 malloc() 和 free() 函数。

```
1   // 文件名：pytorch/c10/core/CPUAllocator.cpp
2
3   struct C10_API DefaultCPUAllocator final : at::Allocator {
4     DefaultCPUAllocator() = default;
5
6     // 覆盖基类的分配函数，用于分配n字节的内存空间
7     at::DataPtr allocate(size_t nbytes) const override {
8       void* data = nullptr;
9       ...
10      data = malloc(nbytes); // 通过调用pytorch/c10/core/impl/alloc_cpu.cpp中
11                             //封装的alloc_cpu()函数进行内存申请，我们在这里进行了简化
12      ...
13      return {data, data, &ReportAndDelete,at::Device(at::DeviceType::CPU)};
```

图 5.11　CPU 上的张量内存管理——即时分配

```
14    }
15
16    // 内部实现的上报信息及释放内存函数
17    static void ReportAndDelete(void* ptr) {
18      ...
19      free(ptr); // 释放此前分配的内存
20    }
21
22    // 覆盖基类的删除器函数，用于释放内存空间
23    at::DeleterFnPtr raw_deleter() const override {
24      return &ReportAndDelete;
25    }
26  };
```

图 5.11   （续）

2. 内存池分配

内存池分配是一种预先分配一块固定大小的内存池，然后在需要时从内存池中分配内存的策略。分配的内存来自事先分配好的内存池，而不是每次都向系统申请新的内存。内存池分配不仅仅是简单地进行了内存的预分配，还具备自我维护的能力，能够灵活处理内存块的拆分和合并等操作。在领域专用处理器（如 GPU 和 DLP）上，需要使用处理器的运行时接口来管理设备端内存，这使得张量内存管理变得更加复杂。在这种情况下，通常会通过内存池的方式手动管理设备端的张量内存，如图 5.12 所示，该段代码实现了在 CUDA 平台上手动管理设备端上的张量内存的功能。相比调用系统 API 直接分配内存，这种做法不仅减少了系统调用的开销，还具备两个重要优势：节约设备内存使用并减少设备内存碎片化问题。

```
1    // 文件名: pytorch/c10/cuda/CUDACachingAllocator.cpp
2
3    class NativeCachingAllocator : public CUDAAllocator {
4     private:
5      // 互斥锁，用于多线程时锁定哈希表防止竞争
6      std::mutex mutex;
7
8      // 哈希表，用于记录分配的指针
9      ska::flat_hash_map<void*, Block*> allocated_blocks;
10
11     // 添加分配的内存块，添加时需要上锁
12     void add_allocated_block(Block* block) {
```

图 5.12   GPU 上的张量内存管理——内存池分配

```
13      std::lock_guard<std::mutex> lock(mutex);
14      allocated_blocks[block->ptr] = block;
15    }
16
17  public:
18    // 获取一个已经分配的内存块的指针，可附带执行删除操作
19    Block* get_allocated_block(void* ptr, bool remove = false) {
20      std::lock_guard<std::mutex> lock(mutex);
21      auto it = allocated_blocks.find(ptr);
22      ...
23      Block* block = it->second;
24      if (remove) {
25        allocated_blocks.erase(it);
26      }
27      return block;
28    }
29    ...
30  };
```

5.12 （续）

5.3.2.3 张量初始化

张量涉及的相关数据结构及其之间的关系如图 5.13 所示。其中，Tensor 类由 TensorBase 类继承而来。TensorBase 中包含唯一的成员变量 impl_，相当于一个指向 TensorImpl 的指针，并表达了前述张量数据结构中的逻辑视图，如张量的形状、布局、步长、偏移量、数据类型和设备等。TensorImpl 还包含了指向 Storage 数据结构的成员变量，并通过 StorageImpl 表达前述张量数据结构中的物理视图。在 StorageImpl 中，包含了指向 Allocator 数据结构的成员变量，用于进行张量内存管理。

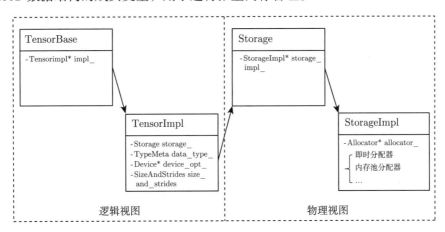

图 5.13　从张量数据结构到张量内存管理示意图

　　建立一个对象时，需要对对象进行初始化，我们以 PyTorch 中 CPU 上的张量初始化为例，展示张量初始化的具体流程，如图 5.14 所示。在 CPU 上创建一个新的张量时，会调用 empty_cpu 函数进行张量的初始化。首先根据固定内存标志（pinned_memory）选择相应的分配器（allocator），在这里使用的是 CPU 内存分配器（即时分配）。然后设置 DispatchKey 为 CPU，并调用 empty_generic 函数进行具体实现。empty_generic 实现了通用的张量创建逻辑：首先分配存储空间，其次创建张量并设置形状，最后调整内存布局。在其他硬件后端（如 GPU 或 DLP）进行张量初始化，只需要选择相应的分配器并且设置对应的参数，然后调用 empty_generic 函数进行实现即可。

```
1    // 文件名：pytorch/aten/src/ATen/EmptyTensor.cpp
2
3    // CPU上的张量初始化函数
4    TensorBase empty_cpu(IntArrayRef size, ScalarType dtype, bool pin_memory,
5                         c10::optional<c10::MemoryFormat> memory_format_opt) {
6      auto allocator = GetCPUAllocatorMaybePinned(pin_memory);
7      constexpr c10::DispatchKeySet cpu_ks(c10::DispatchKey::CPU);
8      return empty_generic(size, allocator, cpu_ks, dtype, memory_format_opt);
9    }
10
11   TensorBase empty_generic(IntArrayRef size, c10::Allocator* allocator,
12                            c10::DispatchKeySet ks, ScalarType scalar_type,
13                            c10::optional<c10::MemoryFormat> memory_format_opt) {
14     return _empty_generic(size, allocator, ks, scalar_type, memory_format_opt);
15   }
16
17   template <typename T>
18   // 通用分配函数，通过传入的分派器和分派键集合为不同平台分配
19   TensorBase _empty_generic(ArrayRef<T> size, c10::Allocator* allocator,
20                             c10::DispatchKeySet ks, ScalarType scalar_type,
21                             c10::optional<c10::MemoryFormat> memory_format_opt) {
22     at::detail::check_size_nonnegative(size);
23     at::detail::raise_warning_for_complex_half(scalar_type);
24     // 根据张量类型计算占用空间
25     caffe2::TypeMeta dtype = scalarTypeToTypeMeta(scalar_type);
26     auto size_bytes = computeStorageNbytesContiguous(size, dtype.itemsize());
27     // 创建StorageImpl实例
28     auto storage_impl = c10::make_intrusive<StorageImpl>(
29        c10::StorageImpl::use_byte_size_t(), size_bytes, allocator, /*resizeable=*/true)
        ;
30     // 将StorageImpl的所有权交给新创建的TensorImpl
```

图 5.14　CPU 上的张量初始化

```
31    auto tensor = detail::make_tensor_base<TensorImpl>( std::move(storage_impl),
32                                                         ks, dtype);
33    // 设置形状信息
34    if (ks.has(c10::DispatchKey::Meta) || size.size() != 1 || size[0] != 0) {
35      tensor.unsafeGetTensorImpl()->generic_set_sizes_contiguous(size);
36    }
37    // 重新设置步长信息
38    if (memory_format_opt.has_value()) {
39      if (*memory_format_opt != MemoryFormat::Contiguous) {
40        tensor.unsafeGetTensorImpl()->empty_tensor_restride(*memory_format_opt);
41      }
42    }
43    return tensor;
44  }
```

图 5.14　（续）

5.3.3　算子执行

计算图的执行过程可以被分解为每个算子单独执行的过程。首先，通过计算图生成一个执行序列，该序列确定算子的执行顺序，以确保正确的数据流和依赖关系。然后，针对每个算子进行算子实现，包含算子注册前端实现、后端实现三个步骤。最后，进行分派执行，包括查找适合给定输入的算子实现，并调用相应的实现来执行具体的计算任务。

5.3.3.1　执行序列

计算图描述了算子之间的依赖关系，通过分析计算图节点之间的依赖关系，就可以获得算子的执行序列。该序列一般可以使用拓扑排序算法来获得，具体流程如下：

（1）计算每个节点的入度：对于每个节点（算子），计算其入度，即有多少个其他节点依赖于该节点。入度为 0 的节点将作为算子执行序列的起点。

（2）执行拓扑排序算法：使用拓扑排序算法对计算图节点进行排序。拓扑排序算法通常使用深度优先搜索或广度优先搜索来遍历图中的节点。

1）选择一个入度为 0 的节点作为起点。

2）将该节点添加到结果序列中，并将其出度的节点的入度减 1。

3）如果某个节点的入度减为 0，则将其加入待处理节点的集合中。

4）重复上述步骤，直到所有节点都被处理。

（3）检查结果：检查执行序列的长度是否等于图中的节点数。如果不相等，说明计算图中存在环路，无法进行拓扑排序，需要进一步检查计算图的构建是否正确。注意拓扑排序算法可以有多个不同的结果，因为在具有相同入度的节点中可以任意选择下一个执行的节点。因此，同一个计算图可能存在多个合法的执行序列。

图 5.15 以算式 $f(x_1, x_2) = \cos(x_1) + x_1 \cdot x_2 - \exp(x_2)$ 为例，介绍其构建的计算图对应的正向传播算子执行序列（反向传播的算子执行序列与正向传播完全相反）。图中上侧是由算式构建得到的计算图，下侧是通过拓扑排序算法获得的某条合法的执行序列。值得注意的是，在拓扑排序算法中，如果同时存在多个入度为 0 的节点，这些节点代表的算子可以在计算资源满足的条件下并发执行。

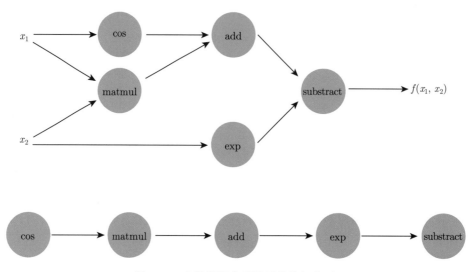

图 5.15　由计算图获得算子的执行序列

5.3.3.2　算子实现

获得算子的执行序列后，每个算子都需要在编程框架中完成对应的算子实现。在深度学习编程框架中，用户接口（前端）和具体实现（后端）一般采用不同的编程语言，例如采用 Python 作为其前端编程语言，采用 C++ 作为其后端编程语言。在前端实现上，由于 Python 的简洁性、灵活性和广泛的生态系统，使得编程框架非常直观和易于使用。在后端实现上，由于 C++是更底层的编程语言，具有高效的内存管理机制和执行效率，可以更好地优化深度学习任务的性能。因此，深度学习编程框架中算子实现过程可以总结为以下三个步骤：

（1）算子注册：开发者在编程框架中注册算子信息，包含算子的输入、输出以及相关的前端接口定义，并声明该算子的多种后端核函数⊖定义。

（2）前端实现：在前端实现阶段，开发者使用 Python 编程语言，编写算子的前端实现代码，作为编程框架的前端用户接口。

（3）后端实现：在后端实现阶段，开发者使用 C++或其他高级编程语言，编写算子

⊖　此处的核函数指在深度学习处理器上运行的函数，与机器学习领域中的核函数概念不同，请读者注意区分。

的底层实现代码, 完成算子的计算逻辑部分实现。

PyTorch 提供了一种管理整个算子实现模块的高效模式, 称为 `native_functions` 模式。在使用该模式进行算子实现时, 首先需要修改配置文件 `native_functions.yaml` 以添加算子配置信息, 进行算子注册, 如图 5.16 所示。其中, `func` 字段定义了算子名称和输入、输出的参数类型, `variants` 字段表示需要自动生成的高级方法, `dispatch` 字段表示该算子所支持的后端类型和对应的实现函数。PyTorch 基于这种设计模式, 再辅以一个名为 gen.py 的自动生成工具⊖, 生成不同模块之间的胶水代码, 就可以完成算子实现。

```
1  - func: func_name(ArgType arg0[=default], ArgType arg1[=default], ...) -> Return
2    variants: function, method
3    dispatch:
4      CPU: func_cpu
5      CUDA: func_cuda
```

图 5.16 `native_function` 格式

其中, 配置文件 `native_functions.yaml` 的 `dispatch` 字段表示该算子将注册多种后端实现。一般而言, 同一个算子可能会有多个后端实现的代码, 主要有两个原因: 其一, 在后端定义过程中, 需要为每个后端编写相应的底层实现代码, 以适应各种不同的硬件和软件平台; 其二, 某些算子可能有多种输入情况, 因此需要为每种情况都提供对应的后端实现的重载版本。对于多后端实现的算子, 在运行时仍需要根据不同的后端调用相应的后端实现。PyTorch 使用算子分派机制来管理前后端对应关系, 分派器 (dispatcher) 在分派机制中扮演着调度和控制的角色, 确保在不同的后端环境中选择正确的实现方法。分派器管理的分派机制中, 主要有三个对象参与:

(1) 算子: 分派器的调度对象。算子可以是各种操作, 如加法、乘法、卷积等, 描述了具体的计算任务。

(2) 分派键 (dispatch key): 分派键可以简单地理解为与硬件平台相关联的标识符, 比如 CPU、GPU 和 DLP 等。通过使用分派键, PyTorch 能够根据张量的特性选择对应的核函数进行计算, 以提高性能和效率。

(3) 核函数: 特定硬件平台上实现算子功能的具体代码。在每次算子调用时, 根据指定的分派键, 分派器会将控制流转到相应的核函数上执行实际的计算。

分派器使用分派表维护三者之间的关系, 分派表的表项记录着算子到具体的后端实现的对应关系。分派表可以视为一个二维网格, 纵轴表示 PyTorch 所支持的算子, 横轴表示支持的分派键 (与后端相关的标识符), 该表初始为空。当添加算子到某个后端实现的对应关系时, 需要编写 `TORCH_LIBRARY_IMPL` 函数实现注册。如图 5.17 所示, `TORCH_LIBRARY_IMPL`

⊖ 感兴趣的读者可以阅读 torchgen/gen.py 源码, 进一步了解 PyTorch 中的 gen.py 自动生成工具。

函数实现了在单个分派键（CPU）上注册算子（prelu）对应的后端实现（cpu_prelu）。

```
TORCH_LIBRARY_IMPL(aten, CPU, m){
    m.impl("prelu", cpu_prelu);
}
```

	CPU	CPU	DLP	...
add				
mul				
prelu	cpu_prelu			
...				

图 5.17　在分派表中注册算子

此外，算子实现不仅仅需要实现正向传播函数，也需要实现反向传播函数。如果算子的正向传播函数是通过 PyTorch 原生算子（如 ATen）组装出来的，用户不需要关心反向传播函数的实现，而是通过编程框架的自动微分机制保证。如果用户想针对特定后端专门优化自定义算子实现从而获得最佳性能，则需要在 tools/autograd/derivatives.yaml 文件中手动维护正向传播算子和反向传播算子之间的关系。

接下来，将以 PyTorch 中的激活函数 PReLU 算子实现为例，说明如何使用 `native_functions` 模式在 PyTorch 中实现一个以 CPU 和 GPU 为后端运行的算子。PReLU 的具体介绍请参考 2.4.2.4 节。

1. 算子注册

图 5.18 展示了 PyTorch 中 PReLU 的算子注册配置文件（即 native-functions 文件）。图 5.18 的 3-5 行定义了 PReLU 算子。该算子接受两个张量作为输入，self 表示输入张量，`weight` 表示该算子的可学习参数。该算子属于构建神经网络时的激活函数，根据 `variants` 字段，该算子会自动生成到 `torch.nn.functional` 模块中。第 7~19 行注册了 prelu 正向传播函数、反向传播函数，以及它们在不同后端平台上的核函数名称。

```
1   # 文件名: pytorch/aten/src/ATen/native/native_functions.yaml
2
3   - func: prelu(Tensor self, Tensor weight) -> Tensor
4     variants: function, method
5     autogen: prelu.out
6
7   - func: _prelu_kernel(Tensor self, Tensor weight) -> Tensor
8     dispatch:
```

图 5.18　PReLU 算子的配置文件

```
9      CPU, CUDA: _prelu_kernel
10     QuantizedCPU: _prelu_kernel_quantized_cpu
11     MkldnnCPU: mkldnn_prelu
12     MPS: prelu_mps
13
14  - func: _prelu_kernel_backward(Tensor grad_output, Tensor self, Tensor weight)
15         -> (Tensor, Tensor)
16    dispatch:
17      CPU, CUDA: _prelu_kernel_backward
18      MkldnnCPU: mkldnn_prelu_backward
19      MPS: prelu_backward_mps
```

图 5.18 （续）

然后，需要在配置文件 derivatives.yaml 中添加算子正向传播函数和反向传播函数的对应关系，如图 5.19 所示。代码段表明正向传播函数 `_prelu_kernel` 对应的反向传播函数是 `_prelu_kernel_backward`。

```
1  # 文件名: pytorch/tools/autograd/derivatives.yaml
2
3  - name: _prelu_kernel(Tensor self, Tensor weight) -> Tensor
4    self, weight: "grad.defined() ?
5           _prelu_kernel_backward(grad, self, weight): std::tuple<Tensor, Tensor>()"
6    result: at::where(self_p >= 0, self_t, weight_p * self_t + weight_t * self_p)
```

图 5.19　PReLU 算子正向传播函数对应的反向传播函数

2. 前端实现

PReLU 算子的前端实现代码如图 5.20 所示，这段代码实现了 PyTorch 中 PReLU 类的定义，包括 PReLU 类的相关描述、初始化函数以及正向传播函数。

至此，就得到了 PReLU 算子的前端使用接口 torch.nn.PReLU，并定义了算子的实现函数对应关系。调用 PReLU 算子时，会跳转到 torch.nn.functional.prelu 函数 (即 F.prelu 函数)，该函数会调用 torch.prelu。torch.prelu 的实现和算子实现中后端实现部分相关。在编译构建 PyTorch 源码时，gen.py 会自动生成与 PReLU 相关的文件，并将其添加到其他文件的引用中，以确保在编译和执行过程中能够正确识别和调用该算子。

```
1   # 文件名: pytorch/torch/nn/modules/activation.py
2
3   class PReLU(Module):
4       r""" \text{PReLU}(x) = \max(0,x) + a * \min(0,x)
5       Examples::
6           >>> m = nn.PReLU()
7           >>> input = torch.randn(2)
8           >>> output = m(input)
9       """
10
11      __constants__ = ['num_parameters']
12      num_parameters: int
13
14      def __init__(self, num_parameters: int = 1, init: float = 0.25,
15                      device=None, dtype=None) -> None:
16          factory_kwargs = {'device': device, 'dtype': dtype}
17          self.num_parameters = num_parameters
18          super().__init__()
19          self.weight = Parameter(torch.empty(num_parameters,
20                                          **factory_kwargs).fill_(init))
21
22      def forward(self, input: Tensor) -> Tensor:
23          return F.prelu(input, self.weight)
24
25      def extra_repr(self) -> str:
26          return 'num_parameters={}'.format(self.num_parameters)
```

图 5.20　PReLU 算子前端接口

3. 后端实现

后端实现步骤包含算子的表层实现和底层实现两个部分。表层实现可以看作不同设备之间的抽象函数接口，底层实现可以看作具体到某个设备上的实际代码实现。表层实现和底层实现的代码中均需要包含正向传播函数和反向传播函数。在图 5.18 所示的 PReLU 算子 native 函数中，第 7~12 行和第 14~19 行分别表示 PReLU 算子的正向传播函数和反向传播函数，dispatch 字段表明该算子以 CPU 和 CUDA 为后端的实现中，正向传播函数和反向传播函数都是 _prelu_kernel 和 _prelu_kernel_backward。由于 PyTorch 的算子是按照功能存放的，所以激活函数源码都在 aten/src/ATen/native/Activation.h 与 Activation.cpp 中。

图 5.21 是 PReLU 算子的表层实现代码。通过 DEFINE_DISPATCH(*_stub) 定义了 stub 函数，并实现了 _prelu_kernel() 和 _prelu_kernel_backward() 函数。这两个函数的代码结构相似，首先创建一个空的返回对象，然后通过配置 TensorIteratorConfig 来创建一个 TensorIterator（即 iter），用于迭代张量操作。iter 提供了统一的计算抽

象，其封装了正向计算的输入 input、权重 weight，以及反向计算的梯度 grad。核函数
（即上文的 _kernel 函数）只需要接受并计算这些输入，极大地简化了函数实现。接下来，
调用 stub 函数（prelu_stub 或 prelu_backward_stub）进行实现，完成 PReLU 算子
的运算。最后，返回计算结果。需要注意的是，上述代码中定义的实现只是一个封装，没
有完成真正的实现，还需要根据后端硬件编写对应的底层实现。

```
1   // 文件名: pytorch/aten/src/ATen/native/Activation.cpp
2
3   DEFINE_DISPATCH(prelu_stub);
4   DEFINE_DISPATCH(prelu_backward_stub);
5
6   Tensor _prelu_kernel(const Tensor& self, const Tensor& weight) {
7     // weight 在 self 上进行广播，并且它们具有相同的数据类型
8     auto result = at::empty_like(self);
9     auto iter = TensorIteratorConfig().add_output(result).add_input(self)
10                                      .add_input(weight).build();
11    prelu_stub(iter.device_type(), iter);
12    return result;
13  }
14
15  std::tuple<Tensor, Tensor> _prelu_kernel_backward(const Tensor& grad_out,
16                          const Tensor& self, const Tensor& weight) {
17    Tensor grad_self = at::empty({0}, self.options());
18    Tensor grad_weight = at::empty({0}, weight.options());
19    auto iter = TensorIteratorConfig().add_output(grad_self).add_output(grad_weight)
20                        .add_input(self).add_input(weight).add_input(grad_out).build()
                          ;
21    prelu_backward_stub(iter.device_type(), iter);
22    return {grad_self, grad_weight};
23  }
```

图 5.21 PReLU 算子的表层实现代码

图 5.22 是 PReLU 算子的底层实现代码，这里是以 CPU 为硬件后端的算子实现代码。
其中，prelu_kernel() 函数实现了 PReLU 算子的正向传播，prelu_backward_kernel()
函数实现了 PReLU 算子的反向传播。这两个函数都利用了 SIMD 指令实现向量优化，优
化了在 CPU 上的执行效率。完整的代码文件在 aten/src/ATen/native/cpu/文件夹下。最
后通过 REGISTER_DISPATCH 为正向传播 stub 函数和反向传播 stub 函数注册具体的核
函数。这种表层实现和底层实现相解耦的设计，使得不同后端注册核函数时可以复用相关
的接口。以 GPU 为硬件后端的 PReLU 算子实现代码需要以 CUDA 编程语言来编写，来
充分利用 GPU 的硬件资源，感兴趣的读者详见 aten/src/ATen/native/cuda/Activation-
PreluKernel.cu。

```
1    // 文件名: pytorch/aten/src/ATen/native/cpu/Activation.cpp
2
3    void prelu_kernel(TensorIterator& iter) {
4      AT_DISPATCH_FLOATING_TYPES_AND2(kBFloat16, kHalf, iter.dtype(), "prelu_cpu", [&]() {
5        using Vec = Vectorized<scalar_t>;
6        cpu_kernel_vec(iter,
7          [](scalar_t input, scalar_t weight) {
8            return (input > scalar_t(0)) ? input : weight * input;
9          },
10         [](Vec input, Vec weight) {
11           return Vec::blendv(weight * input, input, input > Vec(0));
12         });
13     });
14   }
15
16   void prelu_backward_kernel(TensorIterator& iter) {
17     AT_DISPATCH_FLOATING_TYPES_AND2(kBFloat16, kHalf, iter.dtype(),
18                                     "prelu_backward_cpu", [&]() {
19       cpu_kernel_multiple_outputs(iter, [](scalar_t input, scalar_t weight,
20                                 scalar_t grad) -> std::tuple<scalar_t, scalar_t> {
21         auto mask = input > scalar_t{0};
22         auto grad_input = mask ? grad : weight * grad;
23         auto grad_weight = mask ? scalar_t{0} : input * grad;
24         return {grad_input, grad_weight};
25       });
26     });
27   }
28
29   REGISTER_DISPATCH(prelu_stub, &prelu_kernel);
30   REGISTER_DISPATCH(prelu_backward_stub, &prelu_backward_kernel);
```

图 5.22　PReLU 算子以 CPU 后端的底层实现代码

5.3.3.3　分派执行

在获得算子的执行序列并实现了对应的算子后，需要对算子进行分派执行。以 PyTorch 为例，算子实现过程中，我们利用分派机制将算子同具体后端实现对应起来，完成了前后端绑定。本节介绍算子进行分派执行机制，即在运行时根据输入张量的类型和设备类型查找并调用合适的算子实现方法。

分派器首先根据输入张量和其他信息找到对应的分派键，然后由该分派键找到并调用相应的核函数。从源码角度出发，每个算子对应一个定义在 Dispatcher.h 中的 Operator-Handle 实例，即一个 OperatorHandle 实例负责处理一个算子。每个 OperatorHandle 又对应多个 KernelFunction，每个 KernelFunction 代表一个特定硬件后端的核函数。当分派表中已经存在需要分派的算子指针时，就可以直接进行分派执行；如果不存在，就需要根据分派键将对应的算子实现注册到分派表中（见算子实现中的算子注册）。

分派执行过程需要使用分派器中两个重要的方法：查找方法（即 findOp 函数）和调用方法（即 call 函数）。

1. 查找方法

图 5.23 展示了分派器的查找方法。以 OperatorName 作为键访问 operator LookupTable_，查找并返回与算子相对应的 OperatorHandle 表项。operatorLookupTable_ 是分派器中一个重要的成员变量，保存了 OperatorName 到 OperatorHandle 的映射关系。

```
1   // 文件名: pytorch/aten/src/ATen/core/dispatch/Dispatcher.cpp
2
3   c10::optional<OperatorHandle> Dispatcher::findOp(const OperatorName& overload_name) {
4     return operatorLookupTable_.read([&] (const ska::flat_hash_map<OperatorName,
5           OperatorHandle>& operatorLookupTable) -> c10::optional<OperatorHandle> {
6       auto found = operatorLookupTable.find(overload_name);
7       if (found == operatorLookupTable.end()) {
8         return c10::nullopt;
9       }
10      return found->second;
11    });
12  }
```

图 5.23 Dispatcher 中的 findOp 方法

2. 调用方法

图 5.24 展示了分派器的调用方法。根据查找到的算子获取对应的 dispatchKeySet（64 比特的数组，每一个比特都代表了一个分派键），再根据 dispatchKeySet 从 op.operatorDef 中查找得到对应的核函数，并选择其中优先级最高的分派键对应的核函数。

```
1   // 文件名: pytorch/aten/src/ATen/core/dispatch/Dispatcher.h
2
3   template<class Return, class... Args>
4   C10_ALWAYS_INLINE_UNLESS_MOBILE Return Dispatcher::call(
5       const TypedOperatorHandle<Return(Args...)>& op, Args... args) const {
6     detail::unused_arg_(args...);
7     auto dispatchKeySet = op.operatorDef_->op.dispatchKeyExtractor()
8       .template getDispatchKeySetUnboxed<Args...>(args...);
9
10    const KernelFunction& kernel = op.operatorDef_->op.lookup(dispatchKeySet);
11
12    return kernel.template call<Return, Args...>(op, dispatchKeySet,
13                                        std::forward<Args>(args)...);
14  }
```

图 5.24 Dispatcher 中的 call 方法

算子执行的流程可以总结为：首先由计算图获得算子执行序列，然后使用 native_functions 模式定义算子并注册到分派表中，最后使用分派器中的查找方法和调用方法找到并调用对应的算子实现，完成算子执行流程。

*5.4   深度学习编译

本节将从深度学习编译机制的角度出发，首先介绍为什么当前的编程框架需要采用深度学习编译技术，以及深度学习编译与深度学习编程框架的关系。接下来分别介绍图层级和算子层级中常见的深度学习编译优化方法。最后介绍常见深度学习编程框架中采用的编译技术和深度学习编译器，包括 TVM、Tensor Comprehensions、XLA、MLIR、TorchDynamo 和 TorchInductor。

5.4.1   为什么需要深度学习编译

深度学习编程框架经过多年发展，已经打造了一套用户友好的接口，帮助开发者快速上手并实现神经网络训练/推理。这虽然给用户的使用带来了极大便利，但是仍然存在以下问题。一是框架维护成本高，新硬件和新算子都需要程序员手动进行算子开发。对于 M 种不同的硬件平台和 N 种不同的算子，框架需要维护 $M \times N$ 种不同的算子实现，整体开发数量呈平方级增长。二是性能受限，编程框架的性能受限于程序员人工优化算子的能力，且没有充分探索计算图的优化空间，没有针对特定平台的访存和计算特性做优化，相较专家优化的代码可能有较大性能差异。

开发者希望在获得便利的同时，能够更有效地利用深度学习硬件，加快训练/推理速度。因此，近年来深度学习编译技术被逐渐引入编程框架。这有以下两点好处：

- 减少人工开发工作量：深度学习编译技术可以针对不同硬件平台进行代码生成，减少人工为不同的硬件平台后端开发并调优算子的烦琐工作量。这使得神经网络模型能够快速在包括 CPU、GPU 和 DLP 在内的各种硬件上迁移，提升了编程框架的跨平台支持能力。
- 便于性能优化：在计算图层级，针对静态图，通过提前编译（Ahead Of Time, AOT）方法，可以对完整的计算图进行静态分析和全局优化，能够显著提升计算图的执行效率。针对动态图，通过即时编译（Just In Time, JIT）方法，在运行时进行动态编译优化，相较直接执行的动态图而言，也有了更多的性能优化的机会。在算子层级，通过自动调优技术，可对神经网络当前使用的算子类型和形状进行针对性调优，充分利用硬件的计算和存储资源，最大限度提升硬件利用率，从而提升神经网络整体的性能。

本节将详细介绍深度学习编译器的概念，并阐述它与深度学习编程框架之间的关系。

5.4.1.1 什么是深度学习编译器

广义的"编译"是将某一输入格式的信息转为另一格式。在计算机技术中,传统编译通常是指高级语言到机器码的变换。在智能计算系统中,深度学习编译未必涉及机器码生成,但其性质同传统编译技术是一致的:将高度抽象且未经优化的代码表示,也就是前文中介绍的计算图,转为对应硬件后端且性能更好的代码,如 GPU 上的 CUDA 代码和 DLP 上的智能编程语言 BCL 代码等。

具体来说,深度学习编译器接收以计算图形式表示的深度学习任务,并在指定硬件平台上生成高性能代码。如图 5.25 所示,一个典型的深度学习编译器通常具有多个层级的中间表示,可以笼统归为图层级中间表示和算子层级中间表示。图层级中间表示用于描述和目标平台无关的运算过程,图的节点是计算任务(例如卷积等),边则表示张量的流动。编译器会基于图层级中间表示进行目标平台无关的优化,例如子图替换、常量折叠、公共子表达式消除、布局优化和算子融合等。接下来,编译器将优化后的计算图的节点进行算子层级的自动调优,并在算子层级中间表示(如 LLVM 中间表示)上进行优化,最终生成目标平台的高性能可执行代码。

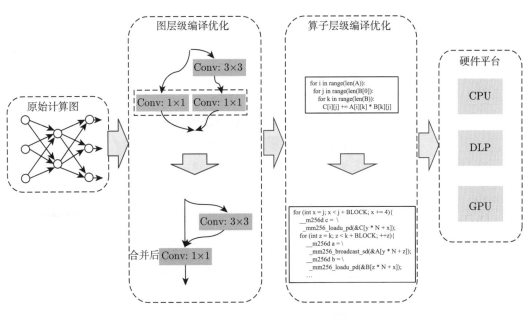

图 5.25　典型的深度学习编译器结构描述图

常见的深度学习编译器包括 TVM[281]、Tensor Comprehensions[282]、XLA[283]、MLIR[284]等。其中,TVM 继承了 Halide[285] 中计算与调度相分离的思想,并引入自动调优技术,从而可以实现对计算密集型任务及其融合子图的调度;Tensor Comprehensions 基于多面体编译技术实现 CPU 和 GPU 上的自动调度；XLA 源自 TensorFlow，主要针对计算图中的非计算密集型算子进行融合和代码生成；MLIR 是 LLVM 原作者 Chris 开发的编译器框架，其目标是提供一套可复用的工具，从而解决编译器的"碎片化问题"，降低领域特定编译器构建的代价；PyTorch 2.0 中引入了以 TorchDynamo 和 TorchInductor 为核心的深度学习编译技术，使得用户无须修改原有代码，通过一行 `torch.compile()` 就能获得性能提升。

5.4.1.2 深度学习编译器和编程框架的关系

图 5.26 上侧展示了深度学习编译框架的传统流程，下侧展示了深度学习编译器在编译框架中的作用。编程框架一般通过自行适配厂商提供的计算库或者手写算子来支持不同硬件，因此框架的维护成本极高。例如，PyTorch 需要针对 CPU、GPU 和 DLP 的计算库分别进行适配。深度学习编译器建立了框架–硬件平台之间的桥梁，可以较为灵活地适配不同的上层编程框架和底层硬件平台，提供跨平台的统一抽象和优化。深度学习编译器将深度学习框架传递的计算图转换为自己的内部中间表示，经过图层级优化和算子层级优化后，自动生成在目标硬件平台上的高性能算子，显著降低了人工算子开发的工作量和框架的维护成本。值得注意的是，深度学习编译器的引入是渐进式的，并没有完全取代传统流程。在目前的实践之中，典型算子仍需厂商提供的计算库或者手写算子来达到极致的性能，深度学习编译器则针对长尾算子（指神经网络中大多数的算子类别，其出现频次不高，很难被计算库或手写算子覆盖）在灵活性和高效性上进行了折中。

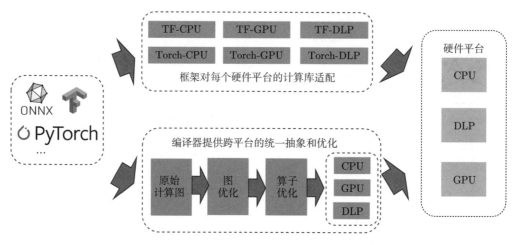

图 5.26　深度学习编译器在编程框架中的地位

5.4.2　图层级编译优化

图层级编译优化是深度学习编译器中的高层部分，不关心特定算子的具体执行过程，而关心数据在图中的流动过程。编译器遍历图的中间表示，通过各种优化途径，在不改变图的运算语义的前提下提升计算图的执行性能。通常而言，编译器所能获取的图信息越全面，优化空间越大。TensorFlow 使用静态图定义，可以对整个计算图做高效的全局优化。PyTorch 先前的版本采用动态图机制，在计算图上的编译优化能力比较弱。自 PyTorch 2.0 开始，其通过在运行时将动态图转化为静态图，也能对子图进行充分的图层级编译优化。

5.4.2.1　图层级中间表示

图层级的中间表示是编译器中的高层中间表示，用来表述与目标硬件平台无关的信息。图层级的中间表示可以分为两类：基于有向无环图的表示和基于 let 绑定的表示。

基于有向无环图的表示是深度学习编译器和框架中常用的一种表示形式，被用在 TVM、XLA 以及 Tensor Comprehensions 中。在这种表示中，神经网络的计算被表示成节点，算子的输入张量和输出张量被表示成连接节点的边。这种表示在图中不含环路，因此很容易分析张量之间的数据依赖，便于进行编译优化。但这种表示缺乏变量的显式定义，有可能造成语义上的混淆。考虑这样一个场景：声明一个变量，其值是根据一条语句算出的，但该变量并未被立即访问，而是后续再进行访问操作。由于基于有向无环图的表示并未明确告知编译器何时求值，编译器采取立即（eager）策略在使用语句声明时就求值，或是采用惰性（lazy）策略在之后访问该变量时才求值，都是可行的。

基于 let 绑定的方式可以有效避免这种语义混淆。当使用 let 关键词定义一个表达式时，编译器会产生一个 let 节点，该节点同时指向表达式的操作符（即算子）和变量（即张量）。因此，在使用 let 关键词定义表达式时，求值的顺序也就唯一确定了。编译器生成的代码将总是在 let 节点处对表达式进行求值。

图 5.27 对比了基于有向无环图的表示和基于 let 绑定的表示。在基于有向无环图的表示中，%1 的值可在最后计算整个表达式的结果时才被算出，也可以在声明时立即算出。而基于 let 的表示中，规定了%v1 和%v2 的值都在 let 节点算出。在 TVM 的 Relay 中间表示中，同时向用户提供了基于有向无环图的表示和基于 let 绑定的表示方法，允许开发者选择其熟悉的表示进行开发。通常而言，基于有向无环图的表示被用在输入层级的计算图描述上，而基于 let 绑定的表示被用在需要明确计算图中变量求值时机的场景中。二者的开发需要采用不同风格的模式匹配，因此开发者需要考虑其应用场景的中间表示是否需要明确变量求值时机，进而确定最终选取何种表示。

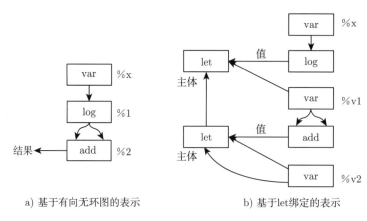

a) 基于有向无环图的表示   b) 基于let绑定的表示

图 5.27   图层级中间表示对比[286]

5.4.2.2   图优化方法

典型图优化方法包括子图替换、常量折叠与公共子表达式消除、布局优化以及算子融合等。

1. 子图替换

子图替换将原计算图中的节点（操作）替换为功能等价但运算逻辑更优的形式，从而提升性能。现有的框架和编译器中都使用子图替换优化，例如 TensorFlow、PyTorch、TensorRT[287] 以及 TVM 中采用贪心策略实现子图替换。对于一个给定的计算图，可行的子图替换策略很多，但并不是所有的策略都能获得性能提升，因此这些框架或编译器通常采用一些人工设计的替换规则进行子图替换。例如，在 TensorFlow 中，有约 150 条人工设定的替换规则，其中部分规则如表 5.3 所示。然而，手工设计的替换规则的设计和维护成本较高，也不一定能获得最优的性能，因此一些编译器（如 TASO[288]、PET[289]、EINNET[290]等）探索自动生成图替换的方式来取代人工设计。这类方法随机生成大量图替换，然后进行等价性验证筛选出等价的图替换，最后在等价的图替换中选取带来更高性能的替换，从而实现性能的优化。

表 5.3   TensorFlow 中子图替换规则示例

子图替换前	子图替换后
Add(const1, Add(x, const2))	Add(x, const1 + const2)
Conv2D(const1 * x, const2)	Conv2D(x, const1 * const2)
Concat([x, const1, const2, y])	Concat([x, concat([const1, const2]), y])
Matmul(Transpose(x), y)	Matmul(x, y, transpose_x = true)
Cast(Cast(x, dtype1), dtype2)	Cast(x, dtype2)
Reshape(Reshape(x, shape1), shape2)	Reshape(x, shape2)
AddN(x * a, b * x, c * x)	x * AddN(a + b + c)
(matrix1 + scalar1) + (matrix2 + scalar2)	(matrix1 + matrix2) + (scalar1 + scalar2)

2. 常量折叠与公共子表达式消除

常量折叠与公共子表达式消除都是传统编译器中常见的编译优化方法，也应用到了深度学习编译器的图层级优化中。

常量折叠是指，在分析静态计算图的过程中，检测到存在可以被提前计算的常数节点，就用其计算结果生成新的节点来代替原来的常数节点，从而减少运行时的计算量。图 5.28 中的张量 A 和张量 B 都是常数张量，因此 A+B 可以在编译时计算出来，直接用一个编译时计算出的常数张量 TMP 替换 A+B，从而有效缩短运行时间。

```
1  # 初始子图
2  A = const([3, 5], 1.0, fp32)
3  B = const([3, 5], 0.5, fp32)
4  C = var([5, 4], fp32)
5  D = dot(A + B, C)
6  # 常量折叠后
7  TMP = const([3, 5], 1.5, fp32)
8  C = var([5, 4], fp32)
9  D = dot(TMP, C)
```

图 5.28 常量折叠示例

公共子表达式消除是指，在分析静态计算图的过程中，如果检测到当前语句中使用了表达式 E，而表达式 E 之前已经被计算过了，并且从先前的计算到现在表达式 E 中所有变量的值都没有发生变化，那么只需要用之前计算过的表达式结果代替 E。如图 5.29 所示，对于张量 A 和张量 B 的拼接构成了 C 与 D 计算的公共子表达式，编译器为其单独创建一个临时变量 TMP，并取代两条语句中的拼接操作，从而提升性能。

```
1  # 初始子图
2  C = dot(concat([A, B]), G)
3  D = dot(concat([A, B]), H)
4  # 公共子表达式消除后
5  TMP = concat([A, B])
6  C = dot(TMP, G)
7  D = dot(TMP, H)
```

图 5.29 公共子表达式消除示例

3. 布局优化

神经网络算子的输入布局影响执行性能。典型的布局形式包括 Conv2D 运算的 NCHW 格式与 NHWC 格式。在 DLP 的相同输入数据下，采用 NHWC 格式的性能普遍优于 NCHW 格式，因此可以通过将 NCHW 格式的数据转换成 NHWC 格式进行计算，结束后再转回 NCHW 格式。如图 5.30 所示，可以通过在计算节点前后加上 NCHW2NHWC 和 NHWC2NCHW 实现转换。此外，相邻的两个操作进行格式转换后，可以通过布局优化抵消冗余的格式转换运算，从而降低开销。在 CPU 上也广泛采用布局优化，例如 Conv2D 运算的 OhwI64o4i、OhwI48o4i 以及 OhwI32o4i 都是常见的高性能布局格式，这些布局格式对于 CPU 的缓存更加友好，因此使用合适的布局格式可以有效提高程序性能。

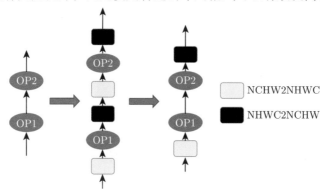

图 5.30　布局优化示意图

4. 算子融合

算子融合技术会将计算图中的多个算子融合成一个大的算子。这样做的好处有两点：将两个算子进行融合，可以避免第一个算子的计算结果写出和第二个算子的输入数据读入的访存开销，在算力大而带宽不足的硬件平台上能带来很大的性能提升。其次，在一些异构计算平台上，小算子的内核启动（kernel launch）开销不可忽略不计，将多个小算子融合成一个大算子，只进行一次内核启动，可显著降低这部分开销。

神经网络算子可以分为计算密集型算子和访存密集型算子，按照这样的划分，常见的算子融合包含三种形式：计算密集型算子与访存密集型算子的融合、计算密集型算子与计算密集型算子的融合以及访存密集型算子与访存密集型算子的融合。以下将针对不同的融合形式进行简单介绍。

在计算密集型算子与访存密集型算子的融合中，比较有代表性的形式是卷积运算和激活运算的融合。例如计算密集型算子 Conv 和访存密集型算子 BN、ReLU 可以纵向融合成一个称为 CBR 的算子。这类融合需要由特定的硬件算子库支持。

计算密集型算子与计算密集型算子的融合，将连续的矩阵乘法或者卷积算子进行融合。这种融合按照融合的方向可以分为横向融合和纵向融合。计算密集型算子的横向融合，如图 5.31 所示，将两个同种类型的计算密集型算子实现在一个大算子里，可以减少算子数量，增大算子内部的并行度。计算密集型算子的纵向融合，如图 5.32 所示，将一个 3×3 的卷积和另一个 1×1 的卷积进行融合。这种融合方式利用共享存储等片上存储资源，将前一个算子的部分输出存储起来，以供后续计算使用，从而避免了一次写出和读入的访存开销。

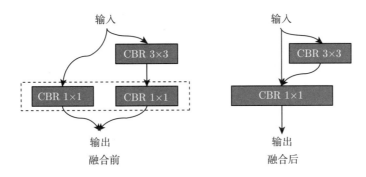

图 5.31　计算密集型算子横向融合示意图

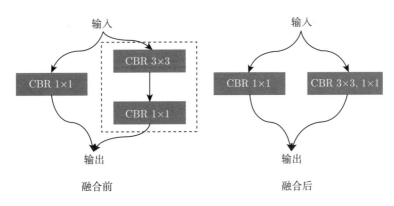

图 5.32　计算密集型算子纵向融合示意图

访存密集型算子与访存密集型算子的融合，通常将多个具有访存瓶颈的算子融合到一个算子中以极大程度地降低访存开销。在如 BERT 和 Transformer 的一些网络中，访存密集型算子计算时间占比可以达到 50% 以上，因此优化这些访存密集型算子是有意义的。比较有代表性的编译技术工作是 AStitch[291]，其以计算密集型算子为边界，将其中的多个访存密集型算子通过共享存储全部融合成一个大的访存密集型算子，从而降低了 GPU 上内核启动和访存的开销。

5.4.2.3　图层级编译优化的实现

在 5.4.2.1 节中，我们介绍了基于 DAG 的表示和基于 let 的表示。图层级的优化依赖于编译器对中间表示进行变换操作，以基于 DAG 的表示为例，一段图层级中间表示的代码如图 5.33 所示。

对于图层级的优化，通常由编译器使用 Pass（遍）机制实现。Pass 是指在编译过程中对源码进行遍历，并在遍历过程中对图进行变换，使其在不更改图的运算定义的情况下提升图的运算性能。优化 Pass 会采用数据流分析等方法对计算图进行分析，并实现上一节中提到的优化方法，对存在的节点进行变换。例如，一个算子融合的 Pass 如图 5.34 所示。

```
1   def @muladd(%x, %y, %z) {
2     %1 = mul(%x, %y)
3     %2 = add(%1, %z)
4     %2
5   }
6   def @myfunc(%x) {
7     %1 = @muladd(%x, 1, 2)
8     %2 = @muladd(%1, 2, 3)
9     %2
10  }
```

图 5.33　图层级中间表示

```
1   class ParallelBatchMatmulCombiner : public ParallelOpCombiner {
2    protected:
3     // 检查两个算子是否可被融合
4     bool CanOpsBeCombined(const CallNode* a, const CallNode* b) {
5       StructuralEqual eq;
6       // 检查算子的各项属性
7       return eq(rhs_a->dtype, rhs_b->dtype) && eq(restype_a->dtype, restype_b->dtype)
              ...
8     }
9
10    // 制作融合后的算子
11    Call MakeCombinedOp(const Group& branches) {
12      ...
13      return Downcast<Call>(MakeBatchMatmul(data, new_weight, origin_attrs->out_dtype,
14                          origin_attrs->transpose_a, origin_attrs->transpose_b));
15    }
16
17    // 更新算子被其他算子的调用
18    Call MakeCombinedCallFromFollowingOps(const Expr& data, const Group& branches,
19                                     size_t depth, size_t parent_index) {
20      for (size_t i = 0; i < call->args.size(); i++) {
21        ...
22        Array<Expr> tuple;
23        for (const auto& branch : branches) {
24          tuple.push_back(branch[depth]->args[i]);
25        }
26        ...
27      }
28    }
29
30    // 更新输出
```

图 5.34　计算图中算子融合 Pass 的实现

```
31   void UpdateGroupOutput(const Expr& data, const Group& branches, size_t depth,
32                          ExprSubstMap* subst_map) {
33     // 遍历每一个分支，更新输出
34     for (const auto& branch : branches) {
35       ...
36     }
37   }
38 };
```

图 5.34　（续）

一个优化 Pass 通常包括以下几步：

（1）接收数据结构。如果 Pass 处理的对象是一个线性数据结构，则需要传入起始和终止的迭代器；图 5.34 中的示例是在计算图上遍历，则须传入需要遍历的图（或子图）的根节点。

（2）遍历输入数据结构。这一步将遍历并检查不同节点，通常称为行走（walk）过程。在串行算子融合任务中，这一遍历过程可以是简单地逐个检查两两相邻的节点；对于本例中的并行矩阵乘算子融合问题，则需要先检查两个算子是否并行。

1）寻找符合融合条件的节点对，若找到，则执行步骤 2）和 3）；反之继续遍历，直到遍历完所有节点。

2）判断改动节点对操作的合法性。由于编译器需要保证编译前后的计算是等效的，故一个 Pass 的整体替换应保证此等效性。并行矩阵乘合并的 Pass 不应该变动其他节点，检查过程应由表及里，逐步排除不符合条件的算子。首先排除不是矩阵乘的算子，再检查算子的数据类型、属性等，任何一步检查失败都将跳过对该部分算子的处理。

3）实施替换，并更新相应的关系。计算图中的算子或张量拥有丰富的指向和被指向关系，在替换后关系可能会失效，因此还需要再度遍历节点，找出相关的节点并更新其指向或被指向关系。但需要开发者注意节点替换是否会改动数据结构，以致引入无限循环等问题。替换完成后跳转回步骤 1）。

在一个优化体系中，不同的 Pass 会被施加在计算图上，部分功能性 Pass 也会被反复施加，如公共子表达式消除这一通用流程。在成熟的编译器中，计算图可能经过了上百次变换才输出最终结果。

5.4.3　算子层级编译优化

算子层级编译优化是深度学习编译器中较为底层的部分，该层级接收图层级编译优化后的计算图节点作为输入，将其下降到算子层级中间表示，最终生成目标硬件后端上的代码。算子层级编译优化过程中，最重要的是算子调度和自动调优。算子调度能够针对目标硬

件后端上的计算特性和访存特性进行针对性的优化，在不改变算子运算行为的前提下提升算子性能。自动调优技术能够在算子调度的海量程序空间中自动确定最优的调度配置，降低算子调优的人力成本。本节首先介绍算子层级的中间表示，然后介绍算子调度和自动调优的方法，最后介绍算子层级编译优化的具体实现方法。

5.4.3.1　算子层级中间表示

算子层级的中间表示，用于抽象建模一个计算及其在设备上的具体执行流程，是一种低层级的中间表示。常用的算子层级中间表示包括基于多面体模型的中间表示和基于 Halide 的中间表示。基于多面体模型的中间表示会采用结构化的方法表示循环代码的结构和语义，分析循环依赖信息并通过仿射变换进行循环优化。基于 Halide 的中间表示采用计算与调度相分离的表示思想。其计算表示涵盖了算子的计算定义信息，但不包括具体的实现方法。调度的表示确定了算子的具体实现方法，并最终下降到一个循环嵌套程序上。我们这里以 TVM 中的矩阵乘法算子为例，具体介绍基于 Halide 的中间表示中的计算和调度表示。

计算表示描述了算子的计算行为。如图 5.35 所示，计算表示包括对张量的描述和对计算本身的描述。对张量的描述包括对输入张量和输出张量的描述，对于每一个输入张量，一般通过一个占位符 (placeholder) 进行声明，声明刻画了张量的形状、名称以及数据类型等信息。对计算的描述可以利用 lambda 表达式的形式进行刻画，如图 5.35 中的矩阵乘法通过 lambda i, j: sum(A[i, k] * B[k, j]) 刻画，其中 i 和 j 是输出张量 C 的两个空域迭代变量，k 是计算过程中涉及归约计算的迭代变量。计算表示对计算行为进行抽象，通常不包含调度策略等实现信息，方便编译器对计算行为层级进行优化重写。

```
1    A = placeholder((N, L), name = ''A'', dtype = ''float'')
2    B = placeholder((L, M), name = ''B'', dtype = ''float'')
3    k = reduce_axis((0, L), name = ''k'')
4    C = compute((N, M), lambda i, j: sum(A[i, k] * B[k, j]), axis = k), name = ''C'')
```

图 5.35　矩阵乘法的计算表示

调度表示描述了算子的具体实现。算子的具体实现通常表现为嵌套循环程序，例如图 5.36 中的矩阵乘法就是一个三层的嵌套循环。在嵌套循环程序上可以进行多种循环变换以实现性能优化，这些变换会对程序表示进行改写。例如，我们可以在该示例的最外层循环增加"parallel"标签。编译时，编译器会识别该标签并为该层循环加上并行化的标注，然后再对该层循环实施并行化。此外，从图 5.36 可以看出，嵌套循环程序表示并不是简单地将计算表示展开成循环的形式，在此过程中也可能会有一些平台无关的编译优化，例如对于下标的访问进行了公共子表达式消除优化。同一个表示可以用于生成不同的目标语言，例如图 5.36 既可以生成 CPU 的代码也可以生成 GPU 的代码。利用这种嵌套循环程序表示，编译器可以有效地进行目标语言无关的变换。

```
1    for (i: int32, 0, 1024) "parallel" :
2      for (j: int32, 0, 1024) :
3        C[((i*1024) + j)] = 0f32
4        for (k: int32, 0, 1024) :
5          let cse_var_2: int32 = (i*1024)
6          let cse_var_1: int32 = (cse_var_2 + j)
7          C[cse_var_1] = (C[cse_var_1] + (A[(cse_var_2 + k)]*B[((k*1024) + j)]))
```

图 5.36　矩阵乘法的嵌套循环程序表示

5.4.3.2　算子调度

算子调度的核心思想是，在算子的嵌套循环程序上通过循环变换来匹配目标平台的体系结构特性，包括计算特性和访存特性，以期在不改变算子运算结果的前提下提升算子性能。编译器对算子进行循环变换的过程被称为算子调度，一个完整的调度是由多个调度原语构成的。表 5.4 列出了一些常用的调度原语。调度原语通常由三部分构成：计算阶段、循环迭代变量以及调度的参数。

表 5.4　常见的调度原语

名称	描述	形式
split	循环切分	loop1, loop2=stage.split(loop, factor)
reorder	循环排序	stage.reorder([loop1, ..., loop$n$])
cache	加入缓存阶段	cache_read(stage, "shared")
unroll	循环展开	stage.unroll(loop, length)
compute_at	阶段融合	stage2.compute_at(stage1, location)
vectorize	循环向量化	stage.vectorize(loop)
parallel	循环并行	stage.parallel(loop)
tensorize	循环张量化	stage.tensorize(loop, intrin_gemm(m, n, k))

接下来，以 CPU 平台上的矩阵乘法为例，介绍如何通过算子调度实现算子的性能优化。我们主要从以下两个方面对矩阵乘法进行性能优化：

- 提升缓存命中率。通过循环变换提升矩阵乘法的空间局部性和时间局部性，提升缓存命中率，降低访存开销，从而提升性能。
- 使用向量化加速。基于 SIMD 的向量化，使用 LLVM 作为后端最终实现性能优化。

我们以无任何优化的矩阵乘法作为基准线，通过不断对程序进行改写实现性能优化，在 Intel Xeon Gold 6142 CPU 平台上进行性能测试。如图 5.37 所示，初始的矩阵乘法

（1024 × 1024）无任何循环变换优化，其运行时间为 3.225 秒，此处省略了数组索引信息，方便读者观察程序的变化。

```
1   for (i: int32, 0, 1024) :
2     for (j: int32, 0, 1024) :
3       C[...] = 0
4       for (k: int32, 0, 1024) :
5         C[...] = C[...] + A[...]*B[...]
```

图 5.37　无优化版本

首先考虑循环分块（tiling）优化。循环分块优化将整个矩阵乘法的运算分解成更小的子矩阵乘法运算，该方法可以有效提高运算中访存的局部性，提升缓存命中率。如图 5.38 所示，循环分块是通过对循环进行多次拆分完成的，迭代变量 i、j 和 k 分别被拆分了一次，例如 i 被拆分为 i.outer 和 i.inner。使用 k.inner 和 i.inner 实现对子矩阵 A 的访问，使用 k.inner 和 j.inner 实现对子矩阵 B 的访问，使用 i.inner 和 j.inner 实现对子矩阵 C 的访问。对子矩阵的访问提高了程序的局部性，该程序的运行时间降低为 0.136 秒。

```
1   for (i.outer: int32, 0, 32) :
2     for (j.outer: int32, 0, 32) :
3       for (i.inner.init: int32, 0, 32) :
4         for (j.inner.init: int32, 0, 32) :
5           C[...] = 0
6       for (k.outer: int32, 0, 256) :
7         for (k.inner: int32, 0, 4) :
8           for (j.inner: int32, 0, 32) :
9             for (i.inner: int32, 0, 32) :
10                C[...] = C[...] + A[...]*B[...]
```

图 5.38　循环分块优化版本

接着使用循环向量化（vectorize）。循环向量化通过 SIMD 指令加速无数据依赖的循环操作。如图 5.39 所示，我们对嵌套循环的最内层循环进行向量化。首先对迭代变量 j.inner 进行向量化，使用 ramp(n) 表示向量 [1,2,...,n]；其次改写矩阵 C 和 B 的索引；然后通过广播的形式实现标量和向量的计算。经过向量化优化后，该程序的运行时间降低为 0.105 秒。

通过循环分块以及循环向量化，可以将矩阵乘法程序的运行时间从 3.225 秒降为 0.105 秒，实现了 30.7 倍的性能提升。当然，这并不是最优的程序重写方式，还可以通过并行化、循环展开以及写缓存等手段对其进行进一步的优化。

通过不同调度原语和调度参数的组合，编译器可以构建一个包含海量不同程序重写的优化空间，然而确定合适的调度配置是十分困难的。自动调优技术能够帮助解决这一难题，我们将在下节详细介绍。

```
1    for (i.outer: int32, 0, 32):
2      for (j.outer: int32, 0, 32):
3        for (i.inner.init: int32, 0, 32):
4          C[ramp(...)] = broadcast(0, 32)
5        for (k.outer: int32, 0, 256) :
6          for (i.inner: int32, 0, 32) :
7            for (k.inner: int32, 0, 4) :
8              C[ramp(...)] = C[ramp(...)] + broadcast(A[...]*B[ramp(...)])
```

图 5.39   矩阵向量化版本

5.4.3.3   自动调优

算子自动调优通过搜索的方式确定合适的调度配置。自动调优的典型流程由三部分构成，包括空间探索、代价模型以及性能测量，如图 5.40 所示。首先，编译器对算子的计算表示进行静态分析，为算子生成调度搜索空间，搜索空间中的每一个点代表一种调度配置。接着，通过搜索算法获得一些调度配置后，再使用代价模型预测这些配置下给定程序的性能。为了节省硬件测试资源，仅选择部分具有较高预测性能的调度配置进行硬件性能测量。然后，选取部分程序在目标硬件上进行性能测量，用测量得到的性能数据来更新代价模型。最终，编译过程达到停止条件时（例如编译时间达到预设值），编译器输出性能最优的程序作为优化程序。相比于硬件厂商提供的手写算子库，自动调优方式可以有效降低新硬件平台软件支持的时间和人力成本。

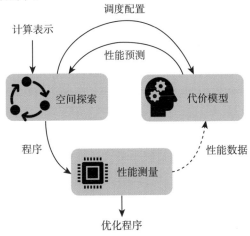

图 5.40   自动调优流程图

自动调优的核心是搜索，搜索研究主要包含搜索空间和搜索算法的设计，这二者是密切相关的。图 5.41 展示了三种常见的搜索方式。

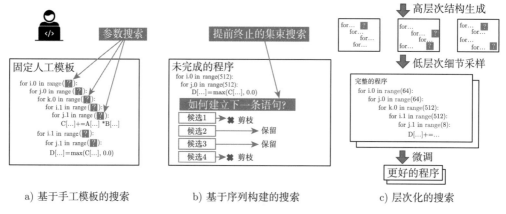

图 5.41   典型搜索空间构建方式[292]

基于手工模板的搜索依赖于一个给定的调度模板。该模板一般是手工设计的原语序列，该序列通常只有调度参数没有确定。由于参数空间较为简单，该方式对于搜索算法没有太多限制，可以使用随机搜索、网格搜索、遗传算法、模拟退火以及强化学习等优化算法进行参数搜索。这类方式的优势是设计简单、对于新的优化任务灵活性较高。然而这类方式缺点也很明显，需要领域专家设计手工模板，耗时耗力，对于普通用户要求过高。

基于序列构建的搜索方式，逐条循环语句地构建优化程序。对于给定的循环语句，编译器需要选择合适的调度原语以及调度参数，并使用代价模型对不完整程序进行性能评估。受限于序列构建的特性，采用的搜索算法存在一定的限制，可以采用的搜索算法包括随机搜索、集束搜索（beam search）、蒙特卡罗树搜索（Monte Carlo Tree Search, MCTS）以及强化学习等。该方式属于一类自动调度方式，无须手工指定调度的模板，且有更大的搜索空间。然而该方式的搜索空间中有许多情况是低效的，这类方式缺少程序优化的先验知识，因而无法对空间进行有效剪枝，加之对于不完整程序的性能估计误差很大，在有限时间内很难有较好的优化效果。

层次化构建的搜索方式，按照从粗到细的粒度构建优化程序。在较粗的粒度上，编译器负责决定程序所要采用的循环结构，例如考虑计算节点融合时的融合位置，以及是否使用并行归约。在较细的粒度上，编译器负责决定具体的调度参数，比如循环是否向量化、是否并行化以及循环拆分的长度等。该方式对搜索算法存在一定的限制，通常采用的搜索算法包括随机搜索和遗传算法。该方式也属于一类自动调度方式，相比于手工模板方式有更大的搜索空间，相比于序列构建方式可以将优化的先验知识加入粗粒度的结构选择策略中。然而这类方式对于搜索算法的限制较大，且需要领域专家根据不同的硬件平台单独设计粗粒度的循环结构搜索空间。

5.4.3.4 算子层级编译优化的实现

在算子层级的编译优化中，循环变换通过基本构造原语实现，这要求使用一种类似于图层级编译优化中的 Pass 机制，对循环的中间表示进行精确调整。这就涉及对张量函数的抽象，确保在变换过程中保持运算的本质属性不变。TVM 使用 TensorIR 作为张量程序的中间表示语言，其变换逻辑实现存放在 src/tir/schedule/primitive 目录下。其中，`Reorder` 是一种关键的调度原语，它在之前进行矩阵乘法优化时，用于调整因循环分块而产生的迭代变量的顺序。

如图 5.42 所示，调度原语的实施过程分为几个步骤：首先，收集所有引用目标循环的语句，并在调度完成后，更新这些引用指向新的调度循环；其次，搜集目标循环内部的所有引用，并核查数据依赖关系等可能影响调度合法性的因素，以防止调度后出现语义不一致的问题；最后，在确认通过所有必要的合法性检查后，执行目标循环的调度，更新所有相关的引用和变量，确保在整体编译流程中局部调度的正确性得以维持。

```
 1  void Reorder(ScheduleState self, const Array<StmtSRef>& ordered_loop_srefs) {
 2    // 步骤 1. 检查独一性，并把循环的引用收集到一个无序集中
 3    std::unordered_set<const StmtSRefNode*> loop_srefs =
 4        CollectLoopsIntoSet(self, ordered_loop_srefs);
 5    // 步骤 2. 收集要被reorder的循环，对于每个输入数组中的循环引用，
 6    // 在引用树中沿着父指针向上遍历，并在遇到block或者之前访问过的loop时停止
 7    // - 重新排序范围的顶部是在第一次遍历中，访问的最后一个存在于输入数组中的循环
 8    // - 重新排序范围的底部是输入数组中的，最后一个在前一遍历中没有访问到的循环
 9    auto [top, bottom] = GetBoundaryOfReorderRange(self, loop_srefs);
10    // 步骤 3. 收集链中的所有循环并检查这些循环是否都是单分支的
11    std::vector<const StmtSRefNode*> chain = GetLoopsInReorderRange(self, top, bottom);
12    // 步骤 4. 检查下面的block是否都是数据并行或者归约模块
13    // 且相对于循环范围的顶部是否具有仿射绑定
14    BlockPropertyError::CheckBlockIterTypeAndAffineBinding(self, top, bottom);
15    // 步骤 5. 用重新排序的循环替换原来的循环，并检查外部循环是否不依赖于内部循环
16    For new_loop = ConstructNewLoopChain(self, std::move(chain), ordered_loop_srefs,
17                                         loop_srefs);
18    self->Replace(GetRef<StmtSRef>(top), new_loop, {});
19  }
```

图 5.42 TVM 中的 `Reorder` 实现

在实现调度原语后，实现自动调优还需要为构建搜索空间及填入标注（annotation），读者可参考自动调优工作 Ansor[292] 中的具体实现。图 5.43 展示了自动调优的实现逻辑。这套实现逻辑可以实现图 5.40 所示的自动调优流程，以此驱动编译器中的自动调优。该图将总体实现分为以下几个步骤：

（1）模型输入：抽取模型中需要调优的计算，将调度该算子的任务分发到搜索空间生

成器。

（2）搜索空间生成：接收需要调度的算子，对算子进行静态分析，并通过预设的调度规则为算子产生调度序列，及该调度序列所需的参数取值范围。

（3）搜索空间探索：使用代价模型预测生成的算子调度运行性能，通过特定搜索策略选取高性能的调度配置，编译产生程序。

（4）性能测量：对编译产生的程序进行性能测试，在指定硬件运行测试并收集运行耗时等性能信息，使用性能信息更新代价模型。若搜索已满足条件，则输出性能最优程序，否则，回到搜索空间中继续选取下一个要被测量评估的程序。

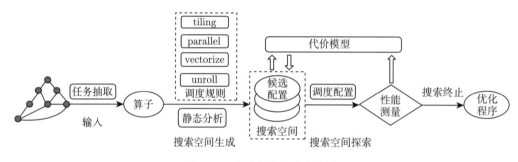

图 5.43　自动调优的实现逻辑

5.4.4　常见深度学习编译器

本节介绍一些深度学习领域常见的编译器或编程框架中的编译技术。

5.4.4.1　TVM

2018 年，陈天奇等人提出了端到端的深度学习编译器[○]TVM（Tensor Virtual Machine，张量虚拟机），能够为 CPU、GPU 和其他专用的硬件架构提供面向常见深度学习算法的编译优化，如图 5.44 所示。TVM 提供了两个层级的编程抽象：图层级的中间表示和算子层级的中间表示，为层出不穷的深度学习算法和智能芯片架设起坚固的桥梁。

在图层级上，TVM 能够通过图优化、算子融合等手段，对数据布局和计算图进行优化。在算子层级上，TVM 借鉴了针对图像处理领域的调度语言 Halide[○] 中计算描述和算法调度相分离的思想，通过张量描述语言来对算子进行计算描述，同时通过一系列调度原语对算子进行调度。其中，张量化（tensorize）是 TVM 针对 GPU 的 Tensor Core 等具备张量运算能力的硬件架构专门设计的调度原语，能够将一组循环嵌套表示的标量计算替

　　○　"端到端"的深度学习编译器指一个能够接受用户端的高级深度学习模型描述（如一个 Torch 的 NNModule），将其从框架提供的高级别描述，经过图层级编译优化和算子层级编译优化，转化到特定硬件端的可执行指令的编译器。

　　○　Halide 是由斯坦福大学提出的针对图像处理领域的编程语言。Halide 的核心思想是将计算描述（computation）和算法调度（schedule）相分离。不同于传统编译器直接针对用户程序进行编译优化，Halide 通过调度原语描述对源程序的变换过程，并形成搜索空间来进行性能调优。

换成一条具备张量运算语义的内置函数，然后在代码生成阶段将内置函数直接翻译成目标硬件的张量指令。

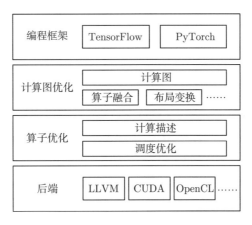

图 5.44 TVM 深度学习编译器示意图

5.4.4.2 Tensor Comprehensions

同样在 2018 年，Nicolas Vasilache 等人提出了端到端的深度学习编译器 Tensor Comprehensions。它是第一个能够自动生成高性能算子代码的深度学习编译器，而同时代的 TVM 仍需要手工编写计算和调度。它提供了一种与深度学习任务中所用计算相近的描述语言，以及一个基于多面体模型（polyhedral model）的即时编译器，将描述语言编译生成为具有内存管理和同步的 CUDA 核函数。

多面体模型是传统编译优化领域中的一项重要技术，主要面向基于循环嵌套的数学运算场景，进行循环依赖分析和并行性挖掘，从而实现循环优化和高性能代码生成。近些年来，多面体模型也开始广泛用于深度学习编译中最核心的张量运算优化。多面体模型中的核心概念如下：

- 语句（statement）：代表循环中的一行代码，代码每执行一次对应到一个实例。
- 域（domain）：一条语句覆盖的迭代范围，例如 $\{(0,0),(0,1),(1,0),(1,1)\}$ 表示语句迭代范围包含这四个点。
- 依赖关系（dependency）：语句间的数据依赖关系，以确定循环的执行顺序。

基于上述概念，多面体模型可以使用结构化的方式来捕获和表示循环代码的结构和语义，并可以在这个表示的基础上应用各种优化和变换手段，在保持代码语义不变的基础上提高性能。感兴趣的读者可以阅读相关论文[282]，进一步了解多面体技术是如何被应用于深度学习编译优化的。

5.4.4.3　XLA

XLA（Accelerated Linear Algebra，加速线性代数）是谷歌提出的一款为加速线性代数运算而设计的深度学习编译器，并作为 TensorFlow 的一部分被提供。XLA 主要在计算图层级上进行编译优化，从而显著提高神经网络整体的执行速度和效率。它的核心是 XLA HLO（High Level Operations，高级运算）IR，是一种图层级中间表示。XLA HLO 本质上提供了一系列细粒度的算子抽象，能够用来组合成任意的算子，其上会运行多种与硬件架构无关的分析和优化过程，包括公共子表达式消除、算子融合等。例如，在其他中间表示中作为基本单位的 BatchNorm 算子，在 XLA HLO 上可以通过一系列的 Broadcast、Reduce 和 Element-wise 操作组成。XLA 一般使用 LLVM IR 作为算子层级中间表示，并在此基础上进行算子层级的优化以生成后端代码。

此外，为了将编译器技术从 TensorFlow 中独立出来，让其更好地服务于不同的前端编程框架，谷歌提出了 OpenXLA 项目。图 5.45 是 OpenXLA 项目结构图。OpenXLA 能接收来自不同编程框架的输入并转化为 StableHLO（从 XLA HLO 发展而来，是一个支持动态、量化和稀疏等不同特性的 XLA HLO 的操作集合），然后再经过一系列的硬件无关优化和硬件相关优化，最终进行目标硬件代码生成，从而高效运行在不同的后端上。

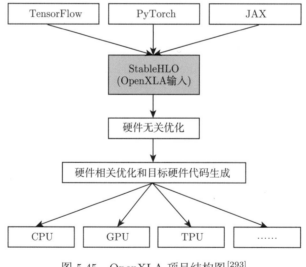

图 5.45　OpenXLA 项目结构图[293]

5.4.4.4　MLIR

当下各种深度学习编译器为了解决领域特定问题，都提出了自己的中间表示，并为之实现完整的编译框架。中间表示之间彼此不同，但设计实现仍存在很多重复部分，而且无法高效地完成各种中间表示之间的转换。MLIR（Multi-Level Intermediate Representation，多级中间表示）是由 LLVM ⊖的核心作者 Chris Lattner 在总结过去编译器的开发经验后，提出的一种用来构建可重用和可扩展编译器基础设施的方法。MLIR 使用一种混合的中间表示，解决当下深度学习编译器领域的软件碎片化问题，从而显著减少构建深度学习编译器的成本。

　　除了提供编译器的基础设施，MLIR 的最大创新是方言（dialect）机制。方言机制为编译器的开发人员提供了设计中间表示的统一规范，也为各种基于方言的中间表示之间的转换统一了格式。MLIR 中方言的结构如图 5.46 所示，主要由自定义的接口、属性、类型以及操作构成。相较 LLVM 的中间表示，MLIR 中间表示允许用户自行设计不同的方言。不同方言通过用户自行开发或框架内置的 Pass 实现相互翻译，在实现共用生态系统的前提下各自独立。当这些方言不足以表示最新的网络结构或硬件时，用户可以对其进行扩展。此外，MLIR 的另一个核心概念是渐进式下降（progressive lowering）。MLIR 可以将一个高层次的中间表示经过不同的方言转换，逐步地转化为一个更低层次的中间表示或最终的机器代码。通过渐进式下降，MLIR 可以在不同的层级上应用特定的优化，并保持这些优化的局部性。这不仅带来了更多的优化机会，还使得编译器设计和扩展更加模块化和可维护。

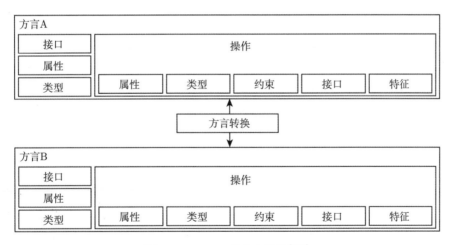

图 5.46　MLIR 的方言结构[294]

　　目前，在深度学习编译领域，MLIR 官方已经构建了一些比较成熟的方言，主要包括：
- Func：函数定义方言，用于表示函数级别的抽象，包括函数的定义、调用以及参数传递等。

⊖ LLVM 是一套编译器组件的框架，它由一系列模块化的构件和相关的工具链组成。该项目以其高度模块化的设计而闻名，这使得用户能够轻松地重用和集成其提供的设施，以打造定制化的编译器工具集。

- Tensor：张量数据结构方言，可表示高维张量。
- MemRef：内存引用数据结构方言，作为实际访存的方言使用，指向张量数据结构对应的内存区域。
- Linalg：线性代数操作方言，表示对张量的操作，如矩阵乘等，本质是完美嵌套循环的表示。
- Affine：仿射方言，常被用于多面体模型编译分析，通过仿射关系表示数学运算。虽然 Linalg 方言可以下降到 Affine 方言，但是 Affine 方言具有比 Linalg 方言更强的表达能力，两者不具备包含关系。
- Arith：算术操作方言，表示在标量、向量、张量上基本的整数和浮点数学运算。
- Vector：向量数据结构方言，作为承接 Linalg 和衔接硬件指令的方言使用，用于将高维表示转换为硬件上的低维向量指令。
- LLVM：低层级中间表示方言，与 LLVM IR 一一对应，从而便于生成后端机器代码。

此外，谷歌基于 MLIR 开发了端到端的编译器 IREE[295]（Intermediate Representation Execution Environment，中间表示执行环境），是目前 MLIR 社区中最活跃和成熟的项目之一。IREE 为用户提供了一套友好的接口，可将传入的使用特定方言（如 Linalg）表示的深度学习模型，编译为 CPU 或 GPU 的高性能可执行程序。IREE 可以满足多种操作系统（例如 Android、Linux 等）、多种开发环境（例如 Vulkan、CUDA、WebGPU 等）下的深度学习模型推理任务的需求。

5.4.4.5 TorchDynamo 和 TorchInductor

早期的 PyTorch 较少使用深度学习编译技术，随着算子数量的增加，PyTorch 逐步采用编译技术来提升性能。PyTorch 在 2.0 版本之前，对深度学习编译技术的不同实现方式进行了探索。其中，部分技术不再活跃，部分技术则演化到了 PyTorch 2.0 的编译栈中。

PyTorch 2.0 中引入了多项编译相关的新技术，用户只需使用一行代码 `torch.compile()` 即可获得性能提升，无需编写任何额外代码。这些编译技术帮助 PyTorch 维持了自身的高易用性，同时进一步提高了框架的竞争力。PyTorch 2.0 的核心编译器包括 TorchDynamo 和 TorchInductor，其完整的组织结构如图 5.47 所示。其中，TorchDynamo 负责捕获一个执行的 Python 帧（也就是函数的语句序列），并将其传递至 TorchInductor 编译，编译后替换函数内的相应部分。TorchInductor 则将中间表示进行编译，并将编译后的代码传递至可替换的后端模块，再由此将生成的函数调用接口传递回 TorchDynamo。此外，AOTAutograd 模块为反向传播提供了静态图支持，PrimTorch 模块提供了精简的算子集合，基于 Python 的 Triton 语言为编写高性能 GPU 内核提供了便利。

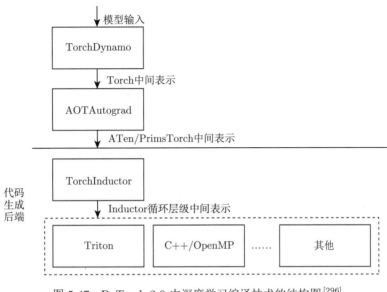

图 5.47 PyTorch 2.0 中深度学习编译技术的结构图[296]

5.4.4.6 深度学习编译器对比

表 5.5 简单总结对比了上述介绍过的深度学习编译器或框架采用的编译技术。

表 5.5 常见深度学习编译器的对比

编译器名称	主要维护团体	中间表示	典型特点
TVM	Apache	图层级：Relay/Relax 中间表示 算子层级：Tensor 中间表示	基于算子调度的自动调优
Tensor Comprehensions	官方不再维护	算子层级：基于 Halide 的中间表示	基于多面体模型的自动优化
XLA	Google	图层级：HLO 中间表示	细粒度的算子抽象、算子融合
MLIR	LLVM Developer Group	基于方言机制的多层级中间表示	编译器基础设施
TorchDynamo 和 TorchInductor	PyTorch	图层级：ATen/PrimsTorch 中间表示 算子层级：Inductor 循环层级中间表示	PyTorch 2.0 使用的编译技术

*5.5 分布式训练

随着深度学习模型规模的增长，单个设备的计算和内存资源已经不足以满足训练的需求。为了解决这个问题，分布式训练技术应运而生。它可以帮助用户更好地划分任务（即分割计算图或训练数据），合理调度并充分利用多台计算机的资源，从而提升计算效率。分布式训练已经成为大模型训练任务的关键基础，也是当下深度学习框架必备技术之一。本节将从分布式训练机制的角度出发，首先介绍为什么在当前的智能计算系统中需要分布式训练；其次解释分布式训练的基础概念，包括分布式架构（如参数服务器和集合通信）以及分布式同步策略（如同步通信和异步通信）；然后介绍常见的分布式训练方法，包括数据并行、模型并行和混合并行；最后介绍一个简易分布式训练框架的实现方法。

5.5.1   为什么需要分布式训练

近年来，大模型及其相关应用蓬勃发展。诸多大模型 [34,46,195,196] 已经拥有接近人类水平的语言理解能力和生成能力，并在很多任务上展示出了超过人类的水平。大模型的巨大成功建立在超大参数规模和海量训练数据上。例如，GPT-4 号称具有 1.76 万亿个参数，而 Meta 发布的 LLaMA-2-70B[196] 模型更是在超过 2TB 的数据集上完成训练⊖。

大模型的这两点特征，使得传统的编程框架不足以支撑其完成训练，导致了算力墙（computing wall）、存储墙（memory wall）以及通信墙（communication wall）问题。当计算任务的需求超过了单设备可用的计算资源，无论是通用处理器还是智能处理器，都无法满足计算需求，从而形成了算力墙。当计算任务需要大量的数据进行计算，而可用的存储容量或访存速度无法满足存储需求时，就会形成存储墙。当大模型切分到多个设备上并行训练，设备间的通信带宽无法满足切片之间的通信需求，就形成了通信墙。

可以预见，未来大模型的参数规模会越来越大，使用的训练数据会越来越多且复杂，算力墙和存储墙问题会愈发严重。以 GPT-3 为例，若使用 8 块 V100 GPU 进行训练，预计耗时 36 年，而使用 1024 块 A100 GPU 可以将训练耗时缩短到 1 个月，很好地解决了由算力墙产生的训练耗时问题。并且，千亿级别大模型的存储 (包括参数、训练中间值等) 至少需要 2 TB 存储空间，而单个智能处理器的片外存储仅 100 GB 左右，只有使用分布式多机多卡互联才能满足大模型的存储需求。通信墙问题将在 9.3.1.3 小节讨论。因此，在智能计算系统的编程框架中，需要使用分布式训练技术来应对这些问题，从而更好地支撑大模型训练。

5.5.2   分布式训练基础

分布式架构和分布式同步策略是分布式训练的基础。分布式架构提供了一种组织和管理分布式训练任务的方式，以最大程度地利用计算资源并提高训练效率。分布式同步策略是指在分布式环境中，为了保证计算节点之间的一致性和正确性，对不同计算节点之间的操作进行协调和同步的策略。

5.5.2.1   分布式架构

在分布式训练的过程中，分布式架构决定了利用多个计算资源的方式和效率。当前用于实现分布式训练的主流分布式架构有两种：参数服务器（Parameter Server，PS）架构和集合通信（Collective Communication，CC）架构。

⊖　关于大模型的详细信息，请参考 9.1 节。

1. 参数服务器

中心化的参数服务器架构[298]由李沐于 2014 年提出。其中，"中心化"是指将模型参数进行中心化管理，以此实现模型参数的同步。图 5.48 是参数服务器架构的结构简图，参数服务器会将所有节点分成中心节点（server）和计算节点（worker）两类。中心节点可以有一个或多个，用于存储参数和更新梯度。计算节点一般有多个，用于完成中心节点下发的实际计算任务。在分布式训练过程中，每个计算节点在执行训练任务前都需要向对应的中心节点请求最新的模型参数，这个过程称为拉取（pull）；然后计算节点会基于这些参数使用输入数据完成计算，得到梯度更新值，这个梯度更新值会被推送（push）到对应的中心节点；最后中心节点更新模型参数完成本轮训练。

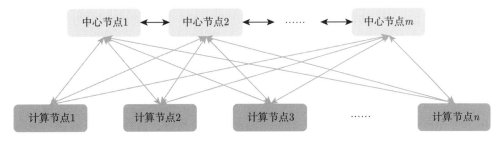

图 5.48　多中心节点的参数服务器

参数服务器架构的优缺点都十分显著。优点包括：（1）参数服务器架构的计算和存储分离，通过改变中心节点数量就可以调整系统的并行性和处理能力，可以灵活地适应不同的负载和数据规模；（2）参数服务器架构允许多个计算节点同时读取和更新来自中心节点的模型参数，使得训练过程中能实现高效的参数共享，避免了每个节点都要复制一份完整模型的开销。参数服务器架构存在三个主要缺点：（1）参数服务器架构的"中心化"特性会导致单点故障，一旦某个中心节点发生故障，该中心节点存储的参数将无法被系统使用，整个系统的性能和可用性都会受到影响；（2）多个计算节点可能同时读取和更新模型参数，会导致数据一致性的问题，需要采取适当的同步机制来确保参数的正确性和一致性；（3）随着计算节点数量的增加，中心节点与计算节点的网络通信开销也随之显著增加。当连接的计算节点达到一定数量时，受通信带宽的限制，中心节点将成为系统的瓶颈，并限制了分布式训练系统的加速效果。

2. 集合通信

集合通信是并行计算中的一个重要概念，近年来在分布式训练中应用广泛。相较参数服务器架构的中心化管理参数，集合通信架构中每个训练节点都有当前全局最新参数，节点间的参数同步通常采用多个节点之间的点对点通信完成，因此集合通信也被称为去中心化的架构。图 5.49 展示了由四个计算节点构成的集群，节点之间通过集合通信进行参数同步等操作。这种去中心化的架构在智能计算系统中使用较多，对芯片的算力和芯片之间的网络通信要求较高。

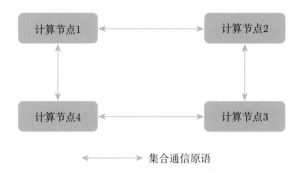

图 5.49　节点间的集合通信示意图（双向箭头表示节点之间的通信行为）

集合通信中最基础的操作有发送（send）、接收（receive）、复制（copy）、组内进程障碍同步（barrier) 以及节点间进程同步（signal+wait），这几个基础操作经过组合可以得到在分布式训练中常用的通信原语。根据参与集合通信的源节点和目的节点数量，这些通信原语可以分成一对多通信原语，多对一通信原语，多对多通信原语。其中，多对多通信原语可以由一对多通信原语和多对一通信原语组合而成。当前主流的并行计算架构标准（如 Message Passing Interface, MPI）和用于智能计算系统的集合通信库（如 Cambricon Neuware Communication Library, CNCL[299]）都实现并高度优化了这些通信原语。图 5.50 展示了部分通信原语在 DLP 集群（以四个 DLP 节点组成的集群为例）间的作用效果。

- 一对多广播（Broadcast）：将一个进程的数据广播到所有进程，常用于分享模型参数。
- 一对多散射（Scatter）：将一个进程中的数据按索引散射到多个进程，常用于更新权重。
- 多对一收集（Gather）：从多个进程收集数据到一个进程，常用于收集梯度。
- 多对一归约（Reduce）：从多个进程收集数据，并按某种运算（如求和运算）归约到一个进程，常用于梯度累加。
- 多对多收集（All-Gather）：从多个进程收集数据，并广播到所有进程，常用于数据同步。
- 多对多归约（All-Reduce）：从多个进程收集数据，并按某种运算（如求和运算）归约，再广播到所有进程，常用于数据同步和梯度累加。
- 多对多交换（All-to-All）：将每个进程中的数据按索引发射到对应进程，每个进程接收数据后以发送进程号为索引存储到对应的数据块中，常用于数据同步和信息传递。
- 多对多归约散射（Reduce-Scatter）：从多个进程收集数据，并按某种运算（如求和运算）归约到一个进程，将该进程中的数据按索引散射到对应进程上，常用于更新权重。

其中，多对多归约是最关键的通信操作，在分布式训练中会被频繁用到。多对多归约操作是归约操作的变种，归约操作可以实现加和、乘积、最大值、最小值、平均值等运算。一般而言，使用多对多归约计算节点集群的平均梯度时，首先选择一个主设备，然后让主设备收集所有设备的梯度并计算平均梯度，最后再将平均梯度广播到全部的设备。

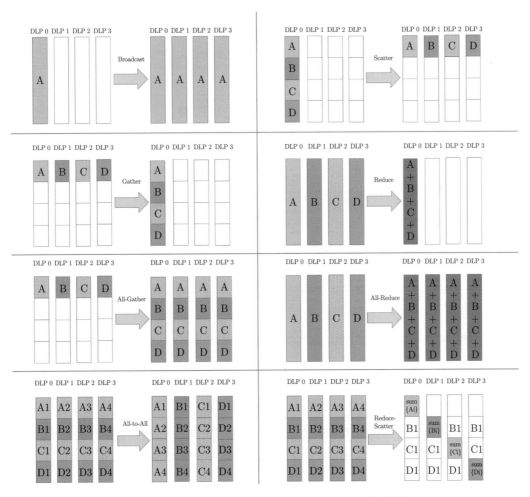

图 5.50　通信原语的作用效果（以四个 DLP 节点为例）

5.5.2.2　分布式同步策略

选择合适的分布式同步策略对于保证分布式系统的正确性、性能和可扩展性至关重要。在多个设备上进行分布式训练时，设备之间的通信可以采用不同的分布式同步策略，例如同步通信和异步通信等。

1. 同步通信

当采用同步通信作为分布式同步策略时，每个计算节点都需要等待全部计算节点完成本轮计算后才进行通信（如获取其他设备的梯度）。然后，处理完所有通信数据后（如梯度平均再更新参数），才能进行下一轮计算。同步通信强调时序性和顺序性，使用同步障 ⊖ 确保计算节点之间的数据一致性，但这可能会导致较大的延迟和通信开销。

图 5.51 展示了三个设备之间采用同步通信作为分布式同步策略的通信过程。由于同步障的存在，全部设备完成通信后才开始下一轮计算。因此，设备 1 和设备 3 在本轮计算完成后需要等待设备 2 完成计算，才能进行通信，完成数据交换和同步，这导致设备 1 和设备 3 浪费了大量的计算时间。

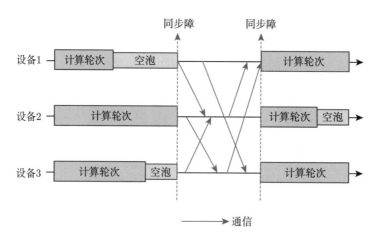

图 5.51　计算节点间同步通信示意图[300]

2. 异步通信

异步通信的通信行为更加灵活。当采用异步通信作为分布式同步策略时，每个计算节点可以随时和其他设备进行通信，这样就不会因为等待而产生计算资源的浪费。异步通信可以提高整个分布式训练系统的计算资源利用率。但是，异步通信不能保证数据的一致性。由于不同的计算节点的运行速率不同，不同节点上会保留不同版本的梯度，可能会影响神经网络训练时的收敛行为。

图 5.52 展示了三个设备之间采用异步通信作为分布式同步策略的通信过程。当设备 1 完成本轮计算后，会立刻独立地向设备 2 发送通信请求，随即开始第二轮运算；设备 2 计算得到设备 1 所请求的数据后，将数据发送给设备 1。每个设备可以随时处理自己收到的信息，不会有同步障所带来的互相等待的开销。

　　⊖ 同步障即集合通信中组内进程障碍同步（barrier）操作。

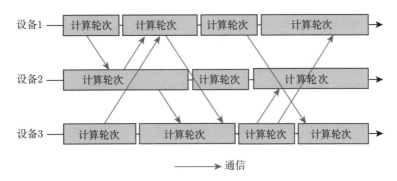

图 5.52 计算节点间异步通信示意图[300]

5.5.3 分布式训练方法

鉴于计算能力和存储容量的限制,即使单个设备性能卓越,也常常受到资源有限的制约,难以满足大型模型训练的需求。在这种情况下,提升单个设备的性能往往代价高昂,因此常常采用分布式技术来完成模型训练。如图 5.53 所示,分布式训练通过对输入进行分区,并将每个分区发送到不同的计算节点上进行并行计算,最后将每个计算节点的输出合并,得到与单节点执行等效的计算结果。这种方式能够充分利用多个设备的计算资源,加快训练速度。因此,分布式训练是应对"算力墙"和"存储墙"的一种有效策略。

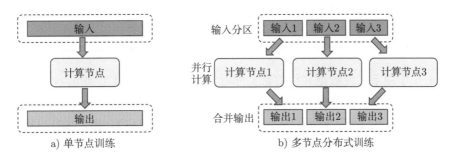

图 5.53 单节点训练与多节点分布式训练

根据分布式训练中不同的分区情况,分布式训练方法分为以下几种:

- 数据并行:对输入数据进行分区,将同一份神经网络模型参数复制到多个设备上并行执行。
- 模型并行:对模型参数进行分区,对一份输入数据,将神经网络模型的不同部分划分给多个设备按照给定次序完成计算。
- 混合并行:同时对输入数据和模型参数进行分区。

5.5.3.1 数据并行

数据并行(Data Parallelism,DP)往往用于解决单节点算力不足的问题。其中,每个设备共享完整的模型副本,输入数据会被分发给这些设备,减少单个设备的负载。

假设用 M 个相同的设备来实现数据并行, 用户输入 N 个训练样本, 那么每个设备会分配到 N/M 个训练样本。图 5.54 是使用两个设备进行数据并行的示例。其左侧的 2 层全连接神经网络的正向计算过程可以等效为算子 1 和算子 2 的连续计算, 其右侧描绘了利用两个计算设备实现该网络训练的数据并行计算模式。在这种模式下, 每个设备均存储了整个网络的完整模型参数, 并且都需要独立执行算子 1 和算子 2 的正向和反向传播过程。在多设备并行训练场景下, 为了确保模型参数的一致性, 每个设备计算出的梯度需要经过集合通信操作, 如多对多归约, 以得到各设备梯度的平均值。各设备再利用得到的平均梯度来分别更新其模型参数, 从而完成一轮的训练迭代。

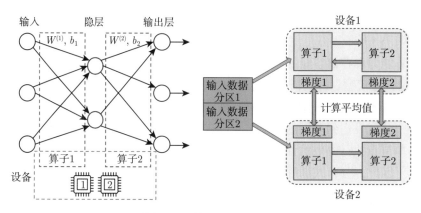

图 5.54　数据并行的示例

PyTorch 中用于实现数据并行的常见库有 DP 库、DDP（Distributed Data Parallel, 分布式数据并行）库和 FSDP（Fully Sharded Data Parallel, 完全分片数据并行）库。使用 DP 库只需要一行代码 `model = nn.DataParallel(model)`。但是使用 DP 库实现并行时会存在冗余数据副本、负载不均衡、不支持模型并行等缺点, 因此当前官方推荐使用 DDP 库来实现 PyTorch 的分布式训练。不同于传统数据并行需要维护每个 GPU 中的模型参数、梯度和优化器状态, FSDP 可以将这些状态进行分片, 并且可以选择卸载到 CPU 上, 更适合大模型训练[301]。

5.5.3.2　模型并行

模型并行往往用于解决单设备节点内存不足的问题。数据并行需要在每个设备中保留完整的模型参数, 但单个设备内存可能无法容纳整个模型参数, 因此研究人员提出了模型并行（Model Parallelism, MP）方法。根据模型并行的不同划分情况, 可以将其分为算子内并行和算子间并行。

1. 算子内并行

当神经网络模型中存在某些大型算子, 并且其单个算子本身计算所需的内存已经超过单设备的内存容量时，就需要对这些大型算子进行切分，从而进行算子内的模型并行。算子内并行又称为张量并行（tensor parallelism）。以前述的 2 层全连接神经网络为例，图 5.55 的右侧展示了如何使用两个计算设备实现该网络的算子内并行计算模式。该示例对算子 1 的模型参数进行分区，将隐层的两个神经元的计算分别分配到设备 1 和设备 2 上，相应的模型参数分别存储于设备 1 和设备 2 上。在正向传播阶段，输入数据首先会被广播至两个设备上。随后，每个设备基于其所存储的算子 1 模型参数分区独立完成对应的计算任务，再将计算结果合并后输入到下游的算子 2 进行后续的计算。在反向传播阶段，算子 2 的梯度输出会被广播到设备 1 和设备 2。接着，两个设备利用其各自存储的模型参数分区独立执行局部的反向计算。计算得到的梯度片段会在两设备之间合并，从而得到用于更新模型参数的完整梯度信息。

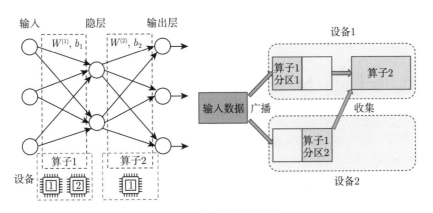

图 5.55　算子内并行示例

算子内并行可以采用不同的模型参数分区方式，例如按行切分和按列切分。以矩阵乘法 $\boldsymbol{Y} = \boldsymbol{X}\boldsymbol{A}$ 为例，其中 $\boldsymbol{X}$ 是维度为 $M \times K$ 的输入矩阵，$\boldsymbol{A}$ 是维度为 $K \times N$ 的参数矩阵，$\boldsymbol{Y}$ 是维度为 $M \times N$ 的输出矩阵。图 5.56 为对矩阵乘法 $\boldsymbol{Y} = \boldsymbol{X}\boldsymbol{A}$ 的参数矩阵 $\boldsymbol{A}$ 进行按行切分和按列切分的示意图。按行切分时会将参数矩阵 $\boldsymbol{A}$ 切分为 $\begin{bmatrix} \boldsymbol{A}_1 \\ \boldsymbol{A}_2 \end{bmatrix}$，分别放置在两个设备上；同时将输入矩阵 $\boldsymbol{X}$ 按列切分为 $[\boldsymbol{X}_1, \boldsymbol{X}_2]$，分别输入两个设备，每个设备分别计算 $\boldsymbol{Y}_1 = \boldsymbol{X}_1\boldsymbol{A}_1$ 和 $\boldsymbol{Y}_2 = \boldsymbol{X}_2\boldsymbol{A}_2$；最后使用归约（此处是加和操作）通信原语将两个设备的计算结果求和，得到的结果等于原始矩阵乘法 $\boldsymbol{Y} = \boldsymbol{X}\boldsymbol{A}$ 的结果。按列切分时会将参数矩阵 $\boldsymbol{A}$ 切分为 $[\boldsymbol{A}_1, \boldsymbol{A}_2]$，分别放置在两个设备上；每个设备的输入都是完整的输入矩阵 $\boldsymbol{X}$，每个设备分别计算 $\boldsymbol{Y}_1 = \boldsymbol{X}\boldsymbol{A}_1$ 和 $\boldsymbol{Y}_2 = \boldsymbol{X}\boldsymbol{A}_2$；最后使用收集通信原语将 $\boldsymbol{Y}_1$ 和 $\boldsymbol{Y}_2$ 拼接，得到的结果等于原始矩阵乘法 $\boldsymbol{Y} = \boldsymbol{X}\boldsymbol{A}$ 的结果。

图 5.57 展示了对 Transformer 的不同层进行不同的切分实现算子内并行的过程。Transformer 网络结构中的全连接前馈网络由两层全连接层实现，因此包含两个连续的矩阵乘法

操作，我们对这两个矩阵乘法操作分别采用不同的切分方式并存放到不同的计算设备上：对第一个矩阵乘法的权重矩阵 A 按列切分，对第二个矩阵乘法的权重矩阵 B 按行切分。这样，第一个矩阵乘法完成后，其中间结果是按列切分的格式，刚好能够满足第二个矩阵乘法按行切分的输入要求，从而省去了中间结果的多对多收集通信操作，这使得整个 Transformer 算子内并行的实现更加简洁高效。

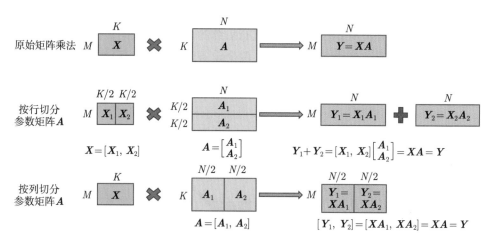

图 5.56   参数按行切分和按列切分实现算子内并行

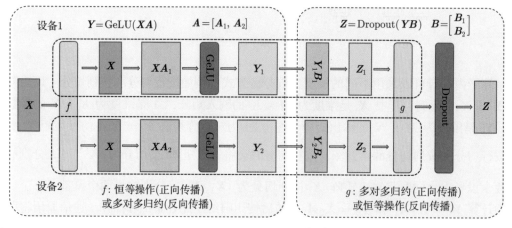

图 5.57   Transformer 结构中全连接前馈网络使用算子内并行[302]，此处全连接层中间使用激活函数。f 在正向传播时是恒等操作（identity operator），反向传播时是多对多归约；g 恰好相反

2. 算子间并行

当神经网络模型中单个算子的参数量较少，但是整个神经网络模型的总参数量超过了设备的内存容量时，需要引入算子间并行的模型并行方法。以前述的 2 层全连接神经网络

为例，图 5.58 的右侧展示了如何使用两个计算设备实现该网络的算子间并行计算模式。在该模式下，设备 1 和设备 2 分别负责算子 1 和算子 2 的计算。在正向传播阶段，设备 1 使用输入数据完成算子 1 的正向计算，并将结果发送给下游的设备 2；设备 2 使用接收到的数据完成算子 2 的正向计算。反向传播阶段则与此相反，设备 2 将算子 2 的反向计算结果发送给设备 1，然后设备 1 根据这些梯度数据完成算子 1 的反向计算。从本质上讲，算子间并行是通过对神经网络的模型参数进行"垂直"切分（即切分为不同的网络层）来实现的，并将这些分割后的参数放置到不同的计算设备上进行分布式训练。

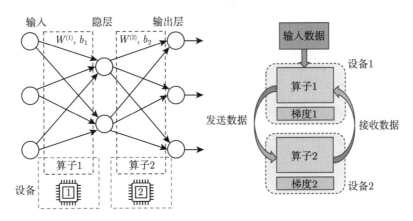

图 5.58　算子间并行示例

在上述的算子间并行过程中，下游设备需要等待上游设备完成计算才能执行当前计算，因此下游设备容易较长时间处于空闲状态，该现象被称为模型并行空泡（model parallelism bubble）。为了缓解模型空泡现象，流水线并行（pipeline parallelism）被提出。流水线并行可以被看作一种特殊的模型并行，其在模型并行中构建了流水线，增加了不同流水级之间的重叠时间，提高了分布式系统的利用率。流水线并行可以将神经网络模型划分成不同的流水级，分配到不同的设备上完成计算。在流水线并行的训练过程中，首先将输入数据的批量（batch）细分为多个微批量（micro-batch），然后每个微批量依次进入训练系统，完成正向传播和反向传播，计算得到当前微批量的梯度。在全部微批量的梯度完成计算并得到平均梯度后，再统一更新模型参数。

GPipe[303] 是一种利用流水线并行技术来高效训练大型神经网络的方法，图 5.59 为 GPipe 实现流水线并行的示例图。首先基于数据并行的思想，对输入数据的批量进行拆分，使设备处理的单位从原本的批量（F_0）变为更细化的微批量（F_{00}、F_{01} $\cdots$）。当设备 0 完成其第一个微批量（F_{00}）的正向传播计算后，会将中间结果发送给设备 1；设备 1 接收到数据后，就会开始其第一个微批量（F_{10}）的正向传播计算，同时设备 0 会开始其第二个微批量（F_{01}）的正向传播计算。当设备 3 完成其最后一个微批量（F_{33}）的正向传播计算后，系统开始反向传播。当设备 3 完成第一个微批量（B_{33}）的反向传播计算后，梯度结果会被缓存并发送到设备 2，设备 2 接收到数据后，就会开始其第一个微批量（B_{23}）的反向传播计算。当设备 3 完成其全部微批量的反向传播计算后，会用本地缓存的梯度计算得到平均梯度，最后更新模型参数。使用这种流水线并行的方法，空泡减小到之前的 1/4（4 即每个批量划分出的微批量数）。

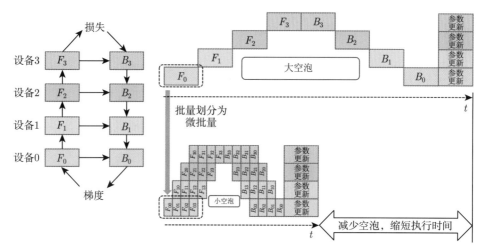

图 5.59　GPipe 流水线并行示例[303]

5.5.3.3　混合并行

在大模型的训练过程中，往往会同时遇到单节点算力不足和内存不足的问题，因此通常需要同时使用数据并行和模型并行，也就是混合并行（hybrid parallelism）。在图 5.60 右侧，我们展示了如何利用四个计算设备实现上述简易网络的混合并行计算模式。首先，为了解决单节点内存不足的问题，我们使用模型并行（算子间并行）策略，将算子 1 和算子 2 的计算分发给设备 1 和设备 2；然后，我们采用数据并行策略，加入设备 3 和设备 4（复制设备 1 和设备 2 的模型参数），并将输入数据分为两个部分，分别传输给设备 1 和设备 3 进行计算，从而增强了整个分布式系统的计算效率。

混合并行策略会带来额外的通信开销，对于数据并行而言，通信发生在反向传播过程之中，共享参数的模型副本之间需要交换权重梯度数据，通信类型是多对多归约；对于张量并行而言，通信发生在每层的正向与反向传播过程中，通信类型是多对多归约或者多对多收集；对于流水线并行而言，通信发生在流水线划分点的前后两层之间，传输的是网络层的激活值和激活值梯度，正向与反向传播过程均需要通信，通信类型是点对点通信。

DeepSpeed[304] 是微软团队开发的开源深度学习分布式训练优化库，能够自适应分布式训练规模，提升分布式训练速度，极大地提升了大模型训练能力。图 5.61 描述了 Deep-

Speed 中的混合并行分布式训练策略：32 层的神经网络被纵向分成了 4 个流水级进行算子间的模型并行（即流水线并行，见图中流水线阶段 0~3）；然后每个流水阶段中又将所属的 8 层神经网络进行横向划分，进行以 4 为单位的算子内模型并行（即张量并行，见图中 MP-0 到 MP-3）；最后整个流水线并行被复制到 2 个数据并行实例中。最终一共使用了 $32(= 4 \times 4 \times 2)$ 个计算设备完成混合并行分布式训练。

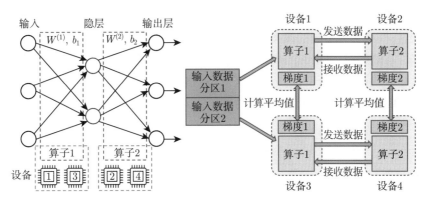

图 5.60　混合并行示意图

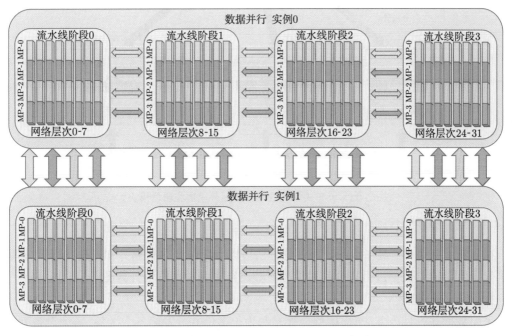

图 5.61　DeepSpeed 中的混合并行训练[304]

5.5.4   分布式训练框架实现

本节将基于前面介绍过的分布式架构和分布式同步策略，介绍如何实现一个具体的分布式训练框架，支持常见的分布式训练方法，实现高效的设备资源利用率。

分布式训练技术将原始计算图拆分为多个子计算图并分发到不同的设备上进行计算。然后这些设备之间进行通信，实现参数初始化和同步。因此，在分布式训练框架实现中，划分模块和通信模块是最重要的两个模块，如图 5.62 所示。划分模块负责将训练任务划分（即划分数据或模型）到不同的设备上，得到划分后的计算子图，后续再实际分发到各个设备执行计算。与此同时，在每个计算节点上可能使用不同批量的数据进行训练，需要将各节点上的模型参数进行聚合和同步，确保模型的全局同步更新，因此此需要高效可靠的通信机制，并且需要通信模块管理节点之间的通信，支撑节点之间频繁的数据交换以及同步。

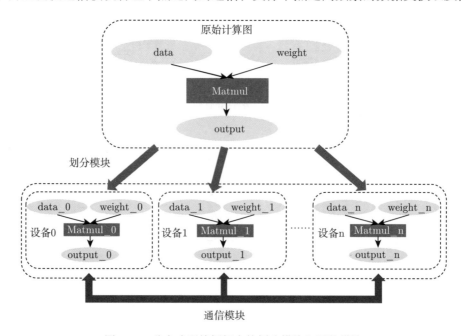

图 5.62   分布式训练框架中的划分模块和通信模块

5.5.4.1   划分模块

在分布式训练中，最基本的任务划分方法可以分为数据并行划分和模型并行划分两种，分别代表着对输入数据进行划分和对模型参数进行划分（即拆分计算图）。

1. 数据并行划分

采用数据并行划分方法时，模型会被复制为很多份并分发给各个设备，每个设备处理不一样的输入数据。因此数据并行需要对输入数据进行划分，目前一般使用代码自动加载相互独立的训练数据。以 PyTorch 的 DDP 库为例，其数据并行划分主要是依靠 Distributed

Sampler 类对样本（即训练数据）进行采样。DistributedSampler 类的部分源码如图 5.63 所示，实现了在分布式环境中对数据集进行采样。其初始化函数 `__init__` 的输入参数包括：

- dataset：待采样数据集。
- num_replicas：可选参数，表示进程○总数，即参与分布式训练的进程数。
- rank：可选参数，代表当前进程的标识符，即进程在进程组中的排名。
- shuffle：布尔值，指示是否在每轮开始时对数据集进行洗牌。
- seed：整数值，用于生成洗牌的随机种子。
- drop_last：布尔值，指示是否丢弃最后一批数据（可能小于 batch size）。

初始化函数会根据 drop_last 参数和数据集大小来计算单次采样数 num_samples 和总样本数 total_size。DistributedSampler 类中最主要的方法是 `__iter__` 方法，该方法会返回一个采样迭代器，当 shuffle=True 时，使用给定的种子和当前轮次生成样本的随机索引顺序。DistributedSampler 类将确保每个进程在每个轮次中都能获得数量相同且不重复的样本，从而实现数据在多个进程间的均匀分布。

```python
1   # 文件名: pytorch/torch/utils/data/distributed.py
2
3   class DistributedSampler(Sampler[T_co]):
4       def __init__(self, dataset: Dataset, num_replicas: Optional[int] = None,
5                   rank: Optional[int] = None, shuffle: bool = True,
6                   seed: int = 0, drop_last: bool = False) -> None:
7           ...
8           if self.drop_last and len(self.dataset) % self.num_replicas != 0:
9               self.num_samples = math.ceil(
10                  (len(self.dataset) - self.num_replicas) / self.num_replicas )
11          else:
12              self.num_samples = math.ceil(len(self.dataset) / self.num_replicas)
13          self.total_size = self.num_samples * self.num_replicas
14          self.shuffle = shuffle
15          self.seed = seed
16
17      def __iter__(self) -> Iterator[T_co]:
18          if self.shuffle: # 根据epoch和种子生成样本索引顺序
19              g = torch.Generator()
20              g.manual_seed(self.seed + self.epoch)
21              indices = torch.randperm(len(self.dataset), generator=g).tolist()
22          else:
23              indices = list(range(len(self.dataset)))
24          if not self.drop_last:
```

图 5.63　对输入数据进行划分

○ 一般一个进程管理一个独立的设备。

```
25              padding_size = self.total_size - len(indices)
26              if padding_size <= len(indices):
27                  indices += indices[:padding_size]
28              else:
29                  indices += (indices * math.ceil(padding_size / len(indices)))
30                      [:padding_size]
31          else: assert len(indices) == self.total_size
32          indices = indices[self.rank:self.total_size:self.num_replicas]
33          assert len(indices) == self.num_samples
34          return iter(indices)
35      ...
```

图 5.63　（续）

2. 模型并行划分

采用模型并行划分方法时，每个设备会获得整体网络的一部分模型参数，因此需要划分模型参数。模型参数的划分方式与模型结构相关，目前一般依靠程序员手动划分。图 5.64 是一个具有两个线性层的模型 ToyModel。该模型的两个线性层被放置在两个不同的设备上进行计算，相应的模型参数需要被划分并分布在这两个设备上。在该模型的正向计算函数中，需要将设备 0 计算得到的第一层输出 x 移动到设备 1 上，并通过第二层进行线性变换得到最终输出。图 5.64 的代码应用了算子间并行的思想，若第一层和第二层都由 $n(n \geqslant 2)$ 个设备负责，则可以采用流水线并行的思想进一步优化。

```
1   class ToyModel(nn.Module):
2       def __init__(self):
3           super(ToyModel, self).__init__()
4           self.net1 = torch.nn.Linear(10, 10).to(torch.device('dlp:0'))#net1放在设备0
5           self.relu = torch.nn.ReLU()
6           self.net2 = torch.nn.Linear(10, 5).to(torch.device('dlp:1'))#net2放在设备1
7
8       def forward(self, x):
9           x = self.relu(self.net1(x.to(torch.device('dlp:0'))))
10          return self.net2(x.to(torch.device('dlp:1')))
```

图 5.64　对模型参数进行划分

5.5.4.2　通信模块

通信模块需要支持基础通信操作和常见的通信原语。在分布式训练中，系统初始化时需要将模型参数分发到各个设备，计算时需要对各个设备进行参数梯度平均，这些操作都需要通信模块的支持。当前已经有许多成熟的通信库，比如 CNCL 和 NCCL，开发者在开发编程框架时，可以直接使用这些通信库作为通信模块的基础。下面以 PyTorch 的 DDP 库作为示例，重点介绍通信模块中两个关键的功能：模型数据发送和参数梯度平均。

1. 模型数据发送

在 DDP 库初始化时，会调用函数 _sync_module_states() 将参数和缓冲区信息从主节点发送到其他节点，以确保所有进程上的模型状态保持一致。如图 5.65 所示，该函数首先会收集模块中的参数和缓冲区信息，并将它们加入列表 module_states 之中。接下来，该函数会调用_sync_params_and_buffers() 函数，使用 broadcast 通信原语将参数和缓冲区信息广播到其他进程。所有的进程都能获得相同的模型参数和缓冲区信息，以便进行同步更新。

```
1   # 文件名: pytorch/torch/distributed/utils.py
2
3   def _sync_module_states(
4       module: nn.Module,
5       process_group: dist.ProcessGroup,
6       broadcast_bucket_size: int,
7       src: int,
8       params_and_buffers_to_ignore: Container[str],
9       broadcast_buffers: bool = True,) -> None:
10      module_states: List[torch.Tensor] = []
11      for name, param in module.named_parameters():
12          if name not in params_and_buffers_to_ignore:
13              module_states.append(param.detach())
14
15      if broadcast_buffers:
16          for name, buffer in module.named_buffers():
17              if name not in params_and_buffers_to_ignore:
18                  module_states.append(buffer.detach())
19
20      _sync_params_and_buffers(process_group, module_states, broadcast_bucket_size, src)
21
22  def _sync_params_and_buffers(
23      process_group: dist.ProcessGroup,
24      module_states: List[torch.Tensor],
25      broadcast_bucket_size: int,
26      src: int,) -> None:
27      # 将 module_states 在所有进程之间进行同步，通过rank 0广播
28      if len(module_states) > 0:
29          dist._broadcast_coalesced(process_group, module_states, broadcast_bucket_size,
30          src)
```

图 5.65　进程间的参数和缓冲区同步

2. 参数梯度平均

参数梯度平均中最重要的两点是：参数选择和通信时机。为了更好地利用计算和通信资源，DDP 库中引入了桶（bucket）机制，将参数进行分组管理，每一组称为一个桶。桶是参数的集合，这些参数一般是相同类型，但位于不同的进程中。图 5.66 完成了简易的参数分桶，将同类型的参数分在了一个桶中。当桶内全部参数的梯度计算完成时，可以先进行通信操作，而不影响进程中其他梯度的计算。因此，在参数选择上，会以桶为单位进行选择。在梯度平均的通信过程中，仅当某个桶完成桶内全部参数的梯度计算时，才会使用 all-reduce 通信原语进行平均，使得每个设备获得相同的平均梯度。

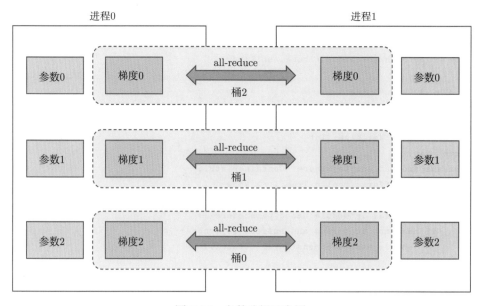

图 5.66　参数分桶示意图

参数选择就是对参数进行分桶的过程。如图 5.67 所示，_ddp_init_helper() 函数为桶机制划分参数，并构建通信管理器（reducer）。该函数的输入参数中，parameters 和 expect_sparse_gradient 分别是需要计算梯度的参数列表和会产生稀疏梯度的参数列表；另一个重要的参数 param_to_name_mapping 记录着参数索引到参数的映射。从代码流程来看，_ddp_init_helper() 函数首先会调用 dist.compute_bucket_assignment_by_size() 函数，对收集到的参数分组。该函数可以生成不同大小的桶，并尽可能地使同类型/设备的张量进入同一个桶，减少通信开销，感兴趣的读者可以阅读 torch/csrc/distributed/c10d/reducer.cpp 进一步了解。最后使用 dist.Reducer 来初始化通信管理器。

在上述参数选择过程中，对参数进行了分桶管理并且构建了通信管理器。接下来，梯度会以桶为单位进行更新。首先各个进程独立地进行反向传播计算梯度。当某个参数的梯度完成计算之后，通信管理器会将该参数标记为计算完成。由图 5.66 可以发现，桶的标号和参数的标号是相反的，这是因为梯度是反向计算的，所以最后面的参数会最先完成梯度计算，越后面的参数所在的桶会越早进行梯度平均。当某个桶中所有参数都被标记为完成计算后，就可以利用 all-reduce 原语进行桶内梯度平均，而不用等待同一进程全部参数的梯度计算完成。

```
1    # 文件名：pytorch/torch/nn/parallel/distributed.py
2
3    class DistributedDataParallel(Module, Joinable):
4        ...
5        def _ddp_init_helper(self, parameters, expect_sparse_gradient,
6                              param_to_name_mapping, static_graph,):
7            ...
8            if static_graph is True or self.find_unused_parameters is False:
9                bucket_size_limits = [sys.maxsize]
10           else:
11               bucket_size_limits = [ dist._DEFAULT_FIRST_BUCKET_BYTES,
12                   self.bucket_bytes_cap,]
13           ( bucket_indices, per_bucket_size_limits, ) =
14           dist._compute_bucket_assignment_by_size(
15               parameters,
16               bucket_size_limits,
17               expect_sparse_gradient,)
18
19           self.reducer = dist.Reducer(
20               parameters,
21               list(reversed(bucket_indices)),
22               self.process_group,
23               expect_sparse_gradient,
24               self.bucket_bytes_cap,
25               self.find_unused_parameters,
26               self.gradient_as_bucket_view)
```

图 5.67　初始化通信管理器

对桶中梯度进行平均是通过 all_reduce_bucket() 函数完成的，相关代码如图 5.68 所示。该函数首先会创建一个 GradBucket 对象，用于存储要执行通信操作的梯度信息，然后调用 run_comm_hook() 函数实现梯度聚合。run_comm_hook() 函数用于设置通信钩子，默认多对多归约进行梯度平均，即调用 run_allreduce_hook() 函数。run_allreduce_hook() 函数会创建一个_AllReduceBySumCommHook 对象，并调用其中的 runHook 函数执行多对多归约操作。

```
1   # 文件名: pytorch/torch/csrc/distributed/c10d/reducer.cpp
2
3   void Reducer::all_reduce_bucket(Bucket& bucket) {
4     auto variables_for_bucket = get_variables_for_bucket(next_bucket_, bucket);
5     GradBucket grad_bucket(
6         next_bucket_, buckets_.size(), tensor, bucket.offsets,
7         bucket.lengths, bucket.sizes_vec, variables_for_bucket);
8     bucket.future_work = run_comm_hook(grad_bucket);
9   }
10
11  c10::intrusive_ptr<c10::ivalue::Future> Reducer::run_comm_hook(
12      GradBucket& grad_bucket) {
13    if (comm_hook_ == nullptr) {
14      return run_allreduce_hook(grad_bucket);
15    } else {
16      return comm_hook_->runHook(grad_bucket);
17    }
18  }
19
20  c10::intrusive_ptr<c10::ivalue::Future> Reducer::run_allreduce_hook(
21      GradBucket& grad_bucket) {
22    _AllReduceBySumCommHook allreduce_hook(process_group_);
23    return allreduce_hook.runHook(grad_bucket);
24  }
```

图 5.68　在桶中完成参数的梯度平均

5.6　本章小结

本章介绍了编程框架实现的基本流程。从结构上将编程框架分为四大模块：计算图构建、计算图执行、深度学习编译和分布式训练，并从四个模块的角度介绍了编程框架的原理以及简易实现。首先介绍了正向传播的计算图和反向传播的计算图构建原理，这些关键原理是理解编程框架的基石。接着介绍了从计算图到后端代码的执行流程，包含在编程框架中张量和算子的实现过程以及管理方式，了解这些内容对后续优化神经网络性能至关重要。在此基础上，介绍了用于提升单机上神经网络运算性能的深度学习编译技术，以及用于将计算规模从单机扩展到多机的分布式训练技术。这些技术的运用将极大地提高智能计算系统的效率和可扩展性。编程框架是智能计算系统的关键组成部分，我们无法只用短短一章详尽地介绍其所有方面，感兴趣的读者可以阅读相关方向的论文来了解更具体的相关知识。

习题

5.1 当前常见的几种编程框架，如 PyTorch 和 TensorFlow，一般会支持静态图模式或动态图模式，这两种执行模式各有什么优缺点？

5.2 查看 PyTorch 源码，在 torch/utils/data 目录中，查找关于数据集加载相关的代码，并列举出 PyTorch 中实现的可加速数据加载过程的方法。

5.3 查看 PyTorch 源码，在 aten/src/ATen/native 目录中，查找涉及 convolution 算子实现的代码，并简述该算子的注册流程。

5.4 除了 `native_functions` 模式，还有哪些方法能够在 PyTorch 中注册自定义的算子，每种方法的优缺点是什么？

5.5 使用 PyTorch 2.0 提供的 `compile()` 接口及其提供的不同优化参数（如 max-autotune)，优化普通函数以及常见的神经网络模型，对比其相对于 eager 模式的加速，并尝试分析不同神经网络的计算和访存特征，简要判断 PyTorch 的编译对何种场景进行加速更有效。可以对此前驱动范例中的 VGG19 风格迁移网络进行优化，也可对目前流行的大模型（如小型的 BERT 和 GPT）进行优化。

5.6 试分析 Conv 算子和 ReLU 算子在算子融合下比非融合计算效率更高的原因。在常见的分类网络中，具有哪些特征的网络使用算子融合技术之后会产生更大的加速比？

5.7 PyTorch 中和分布式训练相关的框架有 DP 和 DDP，请简述这两个框架进行分布式训练时的计算流程，从读入训练数据开始到更新模型参数结束。

5.8 分析在使用 GPU 进行卷积神经网络训练时，单机单卡、单机多卡、多机多卡等不同模式下流程上的区别。其中，哪些步骤是可以并行的，哪些步骤是必须串行的？

5.9 调研多对多归约的几种主要实现方法。对于环形多对多归约算法而言，现在有 P 个节点，需要聚合的数据量为 N。每个节点需要发送多少次数据，每次的数据量是多少，每个节点总的发送数据量和接收数据量分别是多少？

5.10 Transformer 网络结构中的全连接前馈网络在计算时包含两个连续的矩阵乘法操作，是否可以先对第一个权重矩阵按行拆分，为什么？进一步地，调研 Transformer 中的多头注意力层如何使用模型并行进行计算。

*5.11 从源码编译构建 PyTorch 框架，并以 PReLU 算子为例，梳理出从 Python 前端接口调用到后端具体实现的全过程，要求能明确画出不同层级之间的调用关系。

*5.12 在 MNIST 数据集上，不使用常见的机器学习框架，借助 NumPy 等计算库，实现一个由三层全连接层构成的神经网络的训练与推理。

第 **6** 章

面向深度学习的处理器原理

本书的第 2 章与第 3 章介绍了如何构建深度学习模型来完成一些基本智能任务，第 4 章与第 5 章介绍了如何通过编程框架来编程实现深度学习模型。深度学习模型和程序描述了人们希望完成的智能任务，是智能计算系统的负载，这些任务最终需要运行在智能计算系统上。智能计算系统是一个复杂的系统，而其中处于最核心位置的是处理器。智能计算系统中主要负责承担计算任务的处理器，既可以是 CPU、GPU 等较为通用的处理器，也可以是专为运行深度学习模型而设计的专用深度学习处理器（Deep Learning Processor, DLP）。DLP 在架构设计时特别利用了深度学习模型的固有计算特性，通常都能够达到更高的计算效率。通过本章的学习，我们希望读者能够了解为什么需要为智能计算系统专门设计 DLP，以及 DLP 能达到更高计算效率的原理。

因此，本章面向深度学习处理的需求，介绍和分析了各类处理器的基本原理和设计准则。按照从通用架构逐渐走向专用架构的顺序，本章首先介绍通用处理器（以 CPU 为代表）的结构和执行原理；随后，针对通用处理器执行深度学习模型时的缺陷，引出向量处理器（以 GPU 为代表）的结构和执行原理；然后，针对向量处理器执行深度学习模型时的缺陷，引出深度学习处理器（DLP）的结构和执行原理。这三种架构最显著的区别在于：通用处理器以标量运算作为基本运算，向量处理器以向量运算作为基本运算，而深度学习处理器以矩阵运算等更高级别的运算作为基本运算。最后，面向深度学习大模型发展的需求，简要探讨了构建大规模深度学习处理器的方法。

6.1 通用处理器

通用处理器是可以运行任意计算任务的处理器，是一种最早诞生的处理器架构。所谓"通用"，意指通用处理器在设计时不会局限于某种特定的应用，而是需要对所有可能出现的应用进行全盘支持。为此，通用处理器采用最为基础且难以进一步分解的加法、乘法、逻辑运算等标量运算作为其每条指令能够表达的基本运算；程序通过条件分支跳转来实现完备的控制流，根据数据的不同实现复杂、任意的控制逻辑。有了这些基础标量运算和控制流的支持，任何程序行为都可以通过这些运算之间的组合来编程实现，因此称为通用处理器。

CPU 是通用处理器最主要的代表[⊖]。在第 1 章我们曾提到过，CPU 算力较低，且算力的进一步发展已经逐渐遇到瓶颈，很难快速增长。然而即便如此，有相当一部分系统仍然会采用 CPU 处理智能任务。这是因为 CPU 也有它的独特优势：普及、廉价、灵活。普及是指，每一台计算设备无论规模大小，都包含自己的 CPU，但不一定会包含 GPU、DLP 等其他更加专用的处理器。因此，每台设备都可以用 CPU 来进行智能处理。廉价是指，租赁一个云服务器 CPU 核心的成本可以低至每小时一分钱左右，制造一个具有完备 CPU 功能的微型控制器芯片的成本也约为一分钱。这些 CPU 或许性能不好，但它们的功能是完备的，能完成小规模的智能任务。灵活是指，CPU 除了执行智能任务以外，还可以同时承担其他计算任务。智能任务与其他任务通过进程切换的方式，共享相同的处理器硬件，降低了全系统的复杂性、体积和制造成本。总体而言，以 CPU 为代表的通用处理器也有着自己的优势区间，在智能应用场景较为简单、深度学习模型较为轻量、处理数据量较少的情况下，是能够胜任智能处理的。如果能够利用系统中已有的通用处理器来执行智能任务，就能够加快智能计算系统的部署速度，降低成本。

本节首先说明在通用处理器上执行智能任务的整个过程，然后结合计算机发展史，简要讲述通用处理器的架构设计思想。最后，本节还将分析使用通用处理器运行深度学习模型会遇到哪些问题，这些问题可能有什么样的解决方案。

6.1.1　通用处理器的执行原理

在之前的章节中我们已经了解到，深度学习模型的计算过程是以算子为单位来表达的。通过执行一系列互相并行或互相串行的算子，深度学习模型将表达输入数据的张量变换为表达输出数据的张量，达成预期的智能计算任务。因此，在实现深度学习模型时，可以将深度学习模型拆分成一个个算子，通过刻画算子之间的张量数据传递关系来表达模型。例如图 6.1a，我们选择深度学习模型中的一个卷积算子作为例子，该算子作为一系列串行执行的算子中的一个，深度学习框架处理完上一个算子（最大池化 max pooling）后，将开始处理这个算子。

每一个算子都有对应的具体编程实现。因为系统选用了通用处理器（例如 CPU）承担智能任务，算子需要在对应的通用处理器上采用通用的编程语言（例如 C 语言）具体编程实现，例如图 6.1b。该程序并不复杂，其控制结构是六重循环，在所有循环之内的核心部分是单个数据之间的乘法、加法运算。

⊖　虽然通用处理器的主要代表是 CPU，但也并非所有通用处理器都是 CPU。一些通用处理器在系统中作为协处理器存在，仅承担计算任务，例如集成众核架构处理器 MIC、中国科学院计算所的高通量处理器 DPU 等。

算子的实现程序经过编译器编译，可以编译至通用处理器的指令集，如图 6.1c 所示，此处假设选用了 x86 指令集。每条指令对应着具体的二进制机器码（见图 6.1d），将程序的二进制机器码存储在内存中，程序起始位置的内存地址即为程序入口指针。启动编程框架后，编程框架通过函数调用（例如 x86 指令集中的 call 指令），命令通用处理器从程序入口指针处开始执行。收到函数调用命令后，通用处理器开始自动执行，自行完成从内存中读取指令、读取数据、控制和计算的过程，并将输出结果存放在内存中程序指定的位置上，完成预设的卷积算子功能。这样，在编程框架的控制下，按顺序执行完全部的算子后，系统就获得了模型的最终预测结果。

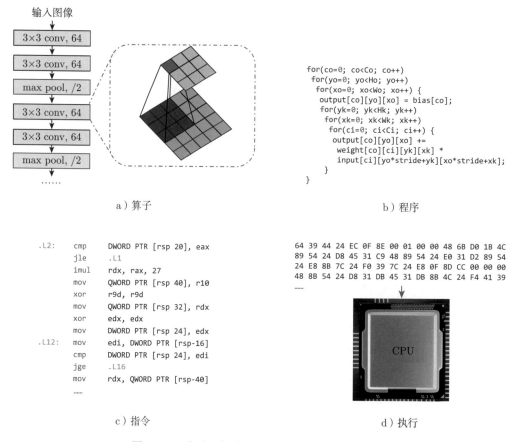

图 6.1　深度学习算法在通用处理器中的执行过程

如果任务是进行模型推理，那么至此系统已经达成了预期的智能计算任务功能。如果还需要对模型进行训练，那么在获取了预测结果后，还要额外进行反向传播和权重更新。这些过程同样是（在编程框架的控制下）通过调用具体的算子实现程序进行的。

6.1.2 通用处理器的结构发展

本节回顾通用处理器的发展历程，以便理解通用处理器的结构构成。

通用处理器虽然算力有限，但其硬件结构的复杂程度不亚于其他任何一种处理器结构。为了探清通用处理器内部的玄机，我们打开一块现代 CPU 的外壳（以 AMD 公司的"锐龙 3600"处理器为例），见图 6.2a。铜质外壳下保护着两块芯片，其中较大的一块芯片（图 6.2a 中左侧芯片）是计算机系统中的各类输入/输出电路，不属于通用处理器；较小的一块芯片（图 6.2a 中右侧芯片）才是真正的处理器芯片，CPU 的所有核心都在这块芯片内。对处理器芯片进行技术处理后拍照，可以显示出其内部结构，即图 6.2b。从图 6.2b 中可以清晰看到，芯片上共有 8 个通用处理器核心（左右两侧各有 4 个，在照片中呈红色和绿色）以及由 8 个区块共同构成的三级高速缓存（处在中心，照片中呈蓝色）。处理器芯片的总面积约为 74 mm²，其中每个处理器核心的面积约为 3.6 mm²，即 8 个处理器核心总共占处理器芯片面积的 39%，其余电路用作三级缓存和外围接口。

再将一个处理器核心放大观察，即图 6.2c，我们将其中占据面积较为显著的功能单元标记出来[305]。可以看到，分支预测器、指令译码逻辑、调度单元占据了核心上方绝大部分面积，它们负责将需要执行的指令找到、取来、翻译成控制信号，以便高效地控制运算逻辑单元；数据访问逻辑和一级、二级缓存占据了核心右下方绝大部分面积，它们负责将需要处理的数据找到、取来、暂存备用，以便及时地供给运算逻辑单元；然而真正负责计算的运算逻辑单元，只占据处理器核心约 2.4% 的面积⊖。如果放眼整块处理器芯片，8 个处理器核心的运算逻辑单元总共占比不到 1%。

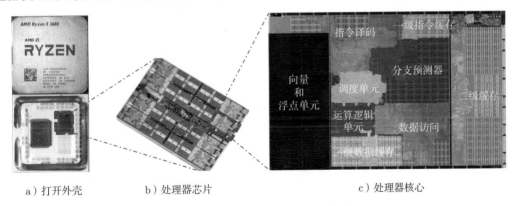

a）打开外壳   b）处理器芯片   c）处理器核心

图 6.2 现代 CPU 内部的核心架构

通用处理器中有 99% 的电路并不真正用于计算，那么这些纷繁复杂的电路到底在做什么？能不能去除？经过了几十年的高速发展，通用处理器最后为什么被设计成这样？要解答这些疑惑，我们必须重新审视通用处理器发展的历程。

⊖ 此处忽略了向量和浮点单元，相关内容将在 6.2 节中讨论。

6.1.2.1　从计算机到处理器

处理器这一概念是在人们设计和构建计算机的活动当中逐渐形成的。

计算机科学早期的发展目标聚焦在通用计算机上，一台通用计算机（通过编程）可以运行任何计算任务。在计算机十分笨重且昂贵的时代，通用性是一项难能可贵的属性，它意味着用户无论有多么复杂多变的需求，都只需要构建或购买一台计算机。1837 年，计算机的先驱——英国人查尔斯·巴贝奇（Charles Babbage）提出了"分析机"的设计构想。这台机械式计算机从织布机上借鉴了许多灵感，拟由蒸汽动力驱动，用齿轮等机械装置完成计算，采用三种不同的穿孔卡片分别输入数据、常数和程序。程序支持分支和循环，这使分析机成为人类设计的第一台通用计算机。遗憾的是，巴贝奇没能将分析机真正制造出来。直到 1941 年，德国人康拉德·楚泽（Konrad Zuse）以机电装置（继电器）为元件，才真正建成了人类历史上第一台通用计算机——Z3。

通用计算机自诞生以来的首轮迅猛发展，是出于第二次世界大战带来的军事需求，例如计算炮兵瞄准所使用的对数表格、解密截获的军情报文等。楚泽是纳粹德国统治下的一名飞机工程师，Z3 几乎是凭借他对业余爱好的热情才完成的。他曾向多个政府部门展示过他的计算机，但纳粹德国政府未能洞见计算机的重要意义，反而险些将楚泽征召到前线[306]。此时，在大洋对岸的美国，美军正在尝试将计算机用于弹道计算和"曼哈顿计划"⊖当中，美国为此广泛支持国内众多计算机研发项目，造就了美国人在计算机领域的领先优势。1944年，美国人霍华德·艾肯（Howard Aiken）从巴贝奇的分析机中获得灵感，完成了哈佛马克一号（Harvard Mark I）计算机；1945 年，美国人埃克特（John Presper Eckert）和莫奇利（John William Mauchly）共同完成了 ENIAC。ENIAC 占地超过 170 平方米，重达27 吨，采用电子管作为主要元件，被认为是世界上第一台通用电子计算机。因为取得了巨大的成功，美国人设计的这些计算机成为今天所有计算机的结构原型。

这些早期的计算机庞大而笨重。体积巨大的计算机不仅容易发生故障，也需要更大功率、更长时间才能驱动。人们很快意识到必须将计算机做得更小才能做得更快，所以尺度微缩是计算机科学永恒的课题。为此人们不懈追求最适合构建微型化计算机的工艺：首先开始采用电子管、晶体管、集成电路等电子元件；然后又将集成电路的集成度不断推升，创造了摩尔定律。但是，更先进的工艺总是更昂贵。俗语说，"好钢用在刀刃上"，计算机设计中自然会采用更先进的工艺将更为重要的计算和控制逻辑制作在一起，它们因此逐渐融合成一个模块，形成处理器的概念。人们将统领通用计算机全系统控制任务的处理器称为 CPU。

随着工艺进步、尺度缩小，处理器的物理形态逐渐由大量分立元件演变成数块小型集成电路组成的板卡，最终完全集成在一块集成电路芯片之内。1971 年，英特尔公司设计了 4004 微处理器，第一次将完整的 CPU 集成在同一块集成电路芯片内。之后，随着 80x86 系列、奔腾

⊖　二战期间由美国主导的一项尝试研发原子弹的军事计划。

系列等 CPU 产品的成功，英特尔公司发展壮大，时至今日仍是全球最大的通用处理器厂商。

今天，通用处理器的性能相比 4004 已经提升了近百万倍，但是，在这个发展过程中，通用处理器的架构逐渐变得繁冗复杂，提升速度也逐渐趋于平缓。DEC 公司的 Alpha 21164（1995 年）相比 4004（1971 年），人们花费了 24 年，使用了大约 4000 倍的晶体管，提升了大约 6500 倍的性能；英特尔"Sapphire Rapids"（2023 年）相比 Alpha 21164（1995 年），人们花费了 28 年，使用了大约 5000 倍的晶体管，提升了大约 140 倍的性能。现在，通用处理器的性能提升速度已经放缓到每年约 6%。如此缓慢的提升速度无法满足深度学习大模型时代每年十倍增长的性能需求，因此我们必须另寻出路，对处理器架构进行革新。

通用处理器的诞生与计算机的发展密不可分，那么要审视通用处理器的发展历程，我们需要将时光拨回哈佛马克一号、ENIAC 的时候。

6.1.2.2　冯·诺依曼结构

约翰·冯·诺依曼（John von Neumann），美籍匈牙利人，数学家、物理学家，时任美国"曼哈顿计划"专家。他在哈佛马克一号上编程验证了原子弹的内爆构型，后来采用这一构型的原子弹"胖子"被投往日本长崎，直接促成了日本投降和第二次世界大战的终结。在分别为哈佛马克一号、ENIAC 编程后，冯·诺依曼受邀作为下一代计算机"EDVAC"项目的顾问，撰写了《EDVAC 报告初稿》[307]。在报告中，他总结了一台计算机的六个必要组成部分：运算器、控制器、存储器、输入模块、输出模块，加上慢速的外部存储器；数据应当采用二进制表示；程序指令应当被视作一种数据，共同存储于同一个存储器（称为主存储器）。这些原则后来被统称为冯·诺依曼结构。

冯·诺依曼结构是通用处理器结构最基本的出发点，如图 6.3 所示。由于指令被视为数据存储在主存储器中，需要一个取指模块负责将指令从主存储器中取出来，按照指令控制系统送给控制器；控制器控制了运算器何时进行什么运算、从主存储器的什么位置取数据；运算器在控制器的指挥下完成运算。这样就构成了一个最基础的通用处理器原型，能够根据程序指令，对主存储器中的数据进行运算。其中，取指模块、控制器和运算器位于处理器芯片内部，而主存储器位于处理器芯片外部。

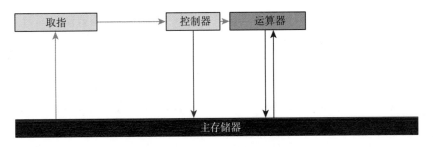

图 6.3　冯·诺依曼结构计算机

6.1.2.3 缓存

有多种技术可以实现数据的存储。一些技术制成的存储器访问速度快，但价格昂贵，只能制成较小的容量，例如静态随机访问存储器（Static Random Access Memory，SRAM）、锁存器等；另一些技术制成的存储器价格低廉，可以制成很大的容量，但访问速度慢，例如磁盘、磁带。将这些不同类别的存储器纳入同一个计算机系统中，可以实现功能互补。将大量不常用的数据存储在廉价的存储器中，而将频繁使用或即将使用的数据转移到高速的存储器中，可以兼采多种技术之所长，同时实现数据存储的加速和扩容。将一系列不同技术、不同容量、不同速度的存储器串联起来，就形成了存储层次结构。

在过去，通用处理器的运算速度一直随摩尔定律发展，但主存的读写速度发展非常缓慢，二者的发展速度形成了明显的剪刀差。为了弥补计算速度和片外访存速度逐渐扩大的差距，后来的研究者在冯·诺依曼所定的外存、主存两级存储层次之上，又在通用处理器芯片内部增设了高速缓存这一新层次（见图 6.4）。因为与处理器本身同处一块芯片之内，又常常采用昂贵而高性能的 SRAM 技术实现，缓存的读取速度比位于芯片之外的主存储器快很多，与处理器的运算速度比较接近。当今，缓存的存储容量可以达到 MB 量级，且常见设有两到三个层次的缓存，以便提供更大容量和更高速度的缓存效果。

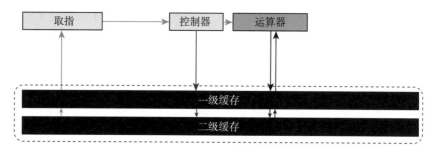

图 6.4　高速缓存

在缓存的硬件中设计了数据的分配和替换机制。处理器每次访问主存储器时，都会首先经过缓存。如果缓存内包含该数据（称为"命中"），就不再需要真正访问主存储器，而是直接由速度更快的缓存提供数据。如果在缓存中没有找到所需的数据（称为"未命中"），那么从主存储器中读取数据的同时，该数据会留存在缓存上，以备加速不久之后对同一数据的下一次访问。如果缓存中暂存的数据已满，缓存会根据某种替换策略将已存储的数据中最不太可能再次被用到的数据替换出去，腾出空间来存储新的数据。这样一来，缓存被设计为一种"透明"的存储层次结构，在处理器中添加缓存可以自动加速数据的访问，不必对程序进行任何修改就能发挥作用。

缓存有三种分配方式：直接相联、全相联、组相联，如图 6.5 所示。假设内存地址空间是 0~7，缓存地址空间是 0~3，现在需要将内存中第 4 行的数据存放到缓存中。直接相联方式将内存中的数据按地址分配到缓存中的固定位置，在该例子中，直接相联方式将内存地址对 4 取模得到 0，然后将数据存放到取模结果的位置，即缓存的第 0 行，如图 6.5 所示。直接相联的硬件实现最为简单，但分配的灵活度差，常出现缓存未满却因分配冲突发生不必要的数据替换的情况。全相联方式允许将内存中的数据分配到缓存中的任何位置，但实现时硬件也最为复杂，导致很难实现足够的缓存容量。组相联介于直接相联和全相联缓存之间，是更为折中的方案，因此在实际设计中更常被采用。以两路组相联缓存为例，每个数据分配了两个位置用于存放，例如内存中地址为 4 的数据可以放到缓存中 0、1 两个位置。缓存中每一个位置上存放的数据来源于内存上哪个地址，需要用缓存标签（tag）来记录，以便在访问时进行精确的查找。

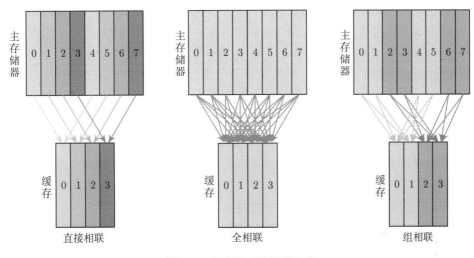

图 6.5　缓存的三种相联方式

直接相联缓存中每个数据的位置是确定的，发生替换时被替换的数据也是确定的，不存在替换策略的问题。全相联或组相联缓存中，一个数据可以对应多个存储位置，因此需要用替换策略来决定替换掉哪个数据。缓存中的数据替换策略有随机替换、最长时间未使用（Least Recently Used，LRU）、先进先出（First In First Out，FIFO）等。假设全相联缓存已经写满，或者组相联缓存的 0、1 位置有数据，此时又新取到内存中位置 4 的数据。采用随机策略，会随机选择一个位置替换出去；FIFO 会把最先进来的数据替换出去，所以称为先进先出；LRU 会将最近最少使用的数据替换出去，因为最久没用到的数据相比最早读取进来的数据，更像是不再使用的数据。LRU 的实际效率通常较好，因此被广泛采用。

1949 年，英国人莫里斯·威尔克斯（Maurice Wilkes）参照《EDVAC 报告初稿》设计了 EDSAC 计算机，并在其中首创高速缓存的概念。他因此荣获 1967 年 ACM 图灵奖。

6.1.2.4　哈佛结构

冯·诺依曼在《EDVAC 报告初稿》中提出的设计原则，首次实践于 EDVAC。哈佛马克一号的设计与 EDVAC 有显著不同，于是人们把两种设计风格对立起来，将哈佛马克一号的设计风格称为哈佛结构。哈佛马克一号的执行原理是从专门的穿孔纸带上读取指令，机器每执行一步便将指令纸带前进一行，因此机器能够自动执行的步骤便总是不超过指令纸带的长度。一方面，哈佛马克一号的指令与数据相分离，分别处于不同的纸带上；另一方面，因为纸带的机械结构限制，哈佛马克一号不直接支持程序的分支和循环。每次遇到程序分支，哈佛马克一号会暂停下来，等待操作员手工更换纸带，然后继续执行；而循环则是靠将纸带的两端粘接在一起以形成纸带环实现的，粘接后每当机器读取完最后一条指令，再读取的下一条指令就会回到纸带开头处，在循环的过程中保持自动执行。显然，这样的设计看起来是比较落后的，不利于计算机的高速自动执行，因此被冯·诺依曼（和他所代表的美国计算机研究团队）所抛弃。哈佛结构的计算机很快都成为历史，而冯·诺依曼结构的计算机得到了长足发展。

然而，冯·诺依曼结构将程序与数据存储在一起，也有它的弊端。在计算机中，主存储器只有一个。如果有缓存，各级缓存通常也只有一个（否则会面临复杂的缓存一致性问题）。所以，主存储器（或缓存）在同一时间只能服务一个访问请求。处理器在运行时，既需要取指令，又需要取数据。如果两种需求发生在同一时刻，主存储器（或缓存）就只能先后进行服务。这意味着取指模块和运算器二者当中，同一时刻必然有一个是不能工作的，这导致处理器必须频繁地暂停执行，效率很低。

这时，人们又想起哈佛结构来。虽然在总体结构上采用冯·诺依曼结构的优势毋庸置疑，但在局部可以采用哈佛结构的设计来解决同时取指和取数据的冲突问题。人们用缓存代替了纸带，在最靠近处理器核心的高速缓存层次上，将存储指令的缓存和存储数据的缓存分离成两块不同的缓存。如图 6.6 所示，缓存分离后对它们的同时访问互不干扰，在绝大多数时间内都可以同时进行取指令和取数据的操作。只有在非常罕见的情况下，指令缓存和数据缓存同时未命中，对二级缓存的访问发生冲突，才需要暂停执行。这对实现通用处理器的高效运行至关重要。经过第一级缓存的分离后，从二级缓存开始，指令和数据又可以重新合并在一起，共享二级缓存的存储容量，这样对缓存容量的利用更加充分。

由于缓存能够随机读取，不需要像纸带一样按顺序读取，当年哈佛马克一号不支持分支、循环程序控制结构的问题也不会出现在采用分离缓存设计的通用处理器上。因此，今天“哈佛结构”这一概念的含义逐渐发生了变化，更多地用来指代指令缓存与数据缓存相分离的结构设计，而对于是否支持自动执行的程序分支、循环等的区别，则随着时间逐渐淡化了。

1978 年，IBM 801 机的处理器首次采用了哈佛结构的分离式缓存设计，这对之后的通用处理器设计产生了重要的影响。

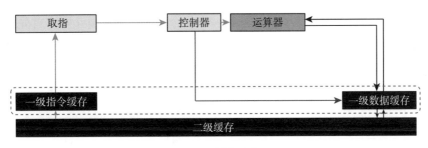

图 6.6　缓存分离

6.1.2.5　精简指令集结构

缓存加速了运算器访问主存储器上的数据的过程，但也使这个过程变复杂了。各级缓存都有不同的响应速度，每次访问请求也都有可能命中或不命中，导致访问数据的过程所需时间变得长短不一且无规律可循。为了保证运算器能够以最快的速度访问最常用的数据，人们在缓存之上又追加了寄存器：一种每个时钟周期内都能提供访问但容量非常小的存储结构。于是，同一条运算指令开始衍生出多种版本：有的在多个寄存器之间做运算，有的在寄存器与主存之间做运算，还有的完全在主存上做运算；涉及访问主存的时候，每个操作数都又可以分为多种寻址模式，例如立即数寻址、寄存器寻址、偏移量寻址等。为了将所有这些模式组合列举出来，指令集开始变得臃肿不堪。这一时期的设计后来被统称为复杂指令集结构计算机（Complex Instruction Set Computer，CISC），如图 6.7 a 所示。在 CISC 设计中，运算器、寄存器、主存储器之间的访问关系是混乱而无约束的，这导致这一时期硬件中的控制器、软件中的编译器都变得十分复杂。

因此，人们引入了精简指令集结构计算机（Reduced Instruction Set Computer，RISC）的概念。RISC 最主要的一条设计原则是：必须通过专门的装载（load）、存储（store）指令来访问主存储器，将数据交换到处理器芯片内部的寄存器中，然后才允许进行计算。其他所有的计算指令都必须发生在寄存器上，不允许访存。图 6.7 展示了采用 RISC 原则后的设计。在这种设计中，运算器不再直接和主存储器（通过缓存）交互，所有的运算数据都是从寄存器中来，运算结果也只会存到寄存器中去。这样，处理器结构的设计就大幅简化了；各类型指令的职责划分清晰之后，通过软硬件手段挖掘性能也变得更加容易，最终导致了更简洁的处理器结构设计和更优秀的实际性能。

世界上第一台采用 RISC 设计原则的计算机也是 IBM 801 机（1978 年），它的设计者，美国人约翰・科克（John Cocke）因此荣获 1987 年 ACM 图灵奖。而 RISC 一词是后来由美国人大卫・帕特森（David Patterson）创造的，他在 1980 年发起的"伯克利 RISC"项目使这一概念广为人知；同期，另一个知名的类似项目是斯坦福大学的 MIPS（1981 年）。

在实践中，处理器所采用的指令集不一定是服从 RISC 原则的。例如在个人计算机和数据中心中广为流行的 x86 指令集将其 1970 年代的复杂指令设计传承至今，以保持其软件生态的延续性。在这种情况下，需要通过一个指令译码单元将复杂指令首先翻译成符合 RISC 原则的指令微码，再通过微码进行控制（见图 6.7）。这样既可以获得 RISC 的优势，又尊重了历史上遗留的设计惯例。

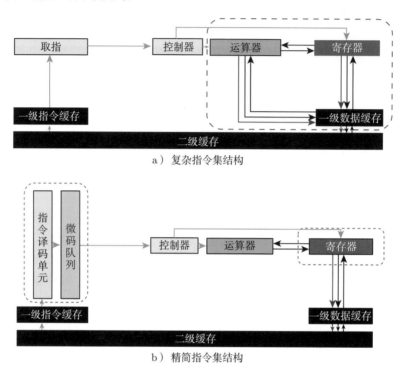

a）复杂指令集结构

b）精简指令集结构

图 6.7　精简指令集结构计算机

6.1.2.6　分支指令

原始的哈佛结构最被后人诟病的一点是，指令的执行必须是顺序的。从第一条指令到最后一条指令，每条指令只执行一次，不会再次执行。如果计算过程非常复杂，如包含成千上万、上亿次计算，人类无法编写如此海量的指令。编写程序时，人们需要引入一些分支、循环的基本控制结构，通过自动执行的控制流来实现功能。

为了实现控制流，通用处理器至少需要提供一个包含条件判断的分支跳转指令。大部分普通指令是顺序执行的，对指令地址递增单条指令的长度就可以得到下一条指令的地址，从而开始进行取指。但是执行条件分支指令，需要根据条件的计算结果来区分情况：有时条件不成立，处理器依然按照顺序执行；有时条件成立，那么下一条指令的地址则由分支指令指明。如果分支指令指回了之前已经执行过的位置，就实现了一个基本的循环功能，并能够自动在条件不再成立后退出循环，继续向下执行。

如图 6.8 所示，要从结构上支持分支跳转，通用处理器需要单独设立一个名为程序计数器（Program Counter, PC）的寄存器来追踪下一条指令的地址。在执行分支指令的条件判断时，运算器根据条件情况，计算出下一条指令的地址，然后将计算得到的地址存入PC 中。取指模块不再是顺序取指令，而是按照 PC 指明的地址来取指令。

在运算器完成分支指令的条件判断之前，处理器无法确切得知下一条指令的地址，也就无法提前进行取指和译码操作，必须暂停等待结果才能继续执行。频繁启动和暂停对处理器的运行速度有着不利影响，特别是在流水线较深的处理器结构中。因此人们至今仍然一直在研究如何降低条件分支跳转指令导致处理器暂停带来的影响。

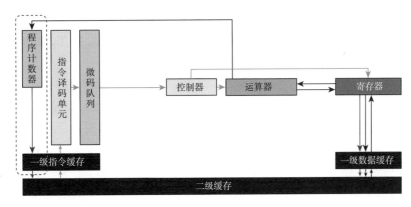

图 6.8　分支指令

6.1.2.7　多发射

至此，我们已经获得了一个基础但完整的通用处理器结构，然而人们并不满足于这种基础的结构所能提供的性能。在通用处理器的发展史上，人们提出了越来越复杂的改进方案，使处理器的运行效率越来越高，同时内部结构也越来越复杂。

一个显而易见的问题是，目前这个基础的处理器结构内只包含一个运算器，在每个时钟周期内最多只能完成一个运算。这意味着处理器完成运算的速度永远不超过处理器运行的时钟频率，但提升电路频率需要增加电压，导致功耗迅速上升。因此要在合理的功耗限制内提升性能，必须想办法挖掘指令级并行性（Instruction-Level Parallelism, ILP），使处理器在每个时钟周期内有机会同时完成多条指令。为此，我们将处理器结构中的运算器增至多个（本例为 4 个），如图 6.9 所示。

为了同时利用多个运算器，处理器必须找出适合同时执行的多条指令。如果一条指令的操作数来自另一条指令的结果，或者一条指令将会执行与否取决于另一条条件分支指令的结果，那么称这两条指令之间存在依赖（dependency）。例如示例程序：

```
r1 ← r2 × r3
r4 ← r1 + r4
```

因为后一条指令使用了前一条指令的结果，因此存在依赖。存在依赖的指令无法同时执行，因此必须增设发射单元，发射单元专门负责挑选出不存在依赖、适合同时执行的指令。发射单元在每一个时钟周期内，从微码队列读取即将执行的四条指令微码，判断其中互相不依赖的指令，将它们同时送至各个运算器处（称为"发射"），以备同时执行。因为每一个时钟周期内可以发射多条指令，这项技术称为"多发射"；而从计算的角度看，因为多个运算器能够同时执行多个标量计算操作，这项技术又被称为"超标量"。

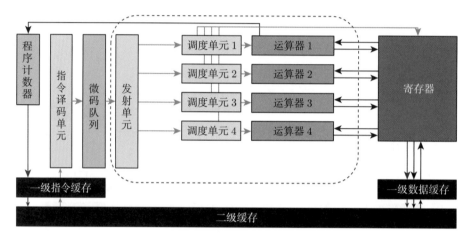

图 6.9　多发射模块

发射后的指令互相不存在依赖关系，可以分别相对独立地进行控制。这样，控制器也被分解为四组，各自控制对应的运算器完成运算。这些分解开的控制器通常称为调度单元。调度单元一方面负责提供运算器、寄存器等结构的控制信号；另一方面要协调处理器中的资源（例如寄存器、缓存等），在出现争用时适当推迟运算器的执行。经过多发射的结构改造，处理器可以同时利用多个运算器执行互不相关的指令，在相同主频下能够挖掘更高的处理器性能。但是，多发射结构相对复杂，在提升性能的同时也会显著增加硬件成本，一些追求低成本的微型 CPU 是不采用多发射结构的。

1964 年，美国人西蒙·克雷（Seymour Cray）设计的 CDC 6600 计算机首创了多发射技术。这台计算机获得了巨大的成功，其性能远远甩开了同时期的其他竞争对手。人们将它归为"超级计算机"这一新品类，而西蒙·克雷则被尊称为"超算之父"。

6.1.2.8　地址生成单元

访存指令需要支持多种访存模式，包括直接寻址、寄存器寻址、偏移寻址等。采用高级的寻址模式时，访问的内存地址需要通过对寄存器中的值进行加法、乘法计算得到。在目前的结构中，这些寻址计算需要借用运算器来完成：先使用加法、乘法指令将地址计算出来，暂时写入寄存器中，再用于访存指令。这样一条访存指令被分解成了多条指令微码来执行, 还占用了运算器、寄存器资源。

实际上, 寻址和数据计算之间是相对独立的。可以增加一组专门用于计算地址的运算器, 称为地址生成单元 (Address Generation Unit, AGU), 如图 6.10 所示; 与之相对, 原本用于数据计算的运算器称为运算逻辑单元 (Arithmetic Logic Unit, ALU)。地址生成单元和运算逻辑单元一样可以完成加法、乘法等基本运算操作, 但是它的职责是特定的, 只用于计算访存指令实际要访问的地址。地址生成单元计算出的地址直接送往缓存、内存控制器等访存结构使用, 避免了写回寄存器再读取的过程。与运算逻辑单元一样, 地址生成单元也需要搭配调度单元进行控制。

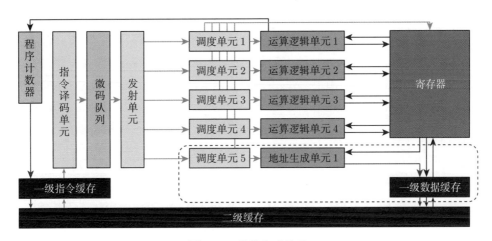

图 6.10　地址生成单元

有了地址生成单元后, 访存指令就不会再抢占计算指令的执行资源, 有助于提高效率。

6.1.2.9　寄存器重命名

观察示例程序:

```
r1 ← r2 × r3
r2 ← r3 + r4
```

由于第二条指令会修改 r2, 而第一条指令会使用 r2 修改前的值, 因此这两条指令存在反向依赖, 必须按原顺序先后执行。但实际上, 不难发现这种依赖可以通过临时更改目标寄存器编号来解决。例如 r5 未使用时, 可以将示例程序改为:

```
r1 ← r2 × r3
r5 ← r3 + r4
```

未来再次用到 r2 的时候, 全部替换成 r5。如此, 依赖便得到了解决。

这种技术可以在处理器的硬件结构中实现, 称为寄存器重命名。寄存器重命名的原理是将逻辑上的寄存器编号与物理上的寄存器位置进行分离。原本指令中 "r2" 指的是第二个物理寄存器；分离后，"r2"的含义变为一个名为"r2"的寄存器，至于这个寄存器是指物理寄存器中的哪一个，则交由硬件根据运行时的实际情况来管理。如图 6.11 所示，为了实现分离，需要增加一个重命名单元来维护和记录寄存器的逻辑编号和实际物理位置的对应关系。每一条指令产生的结果需要使用一个目的寄存器时，重命名单元为指令指明的逻辑编号的目的寄存器分配一个还没有被占用的物理寄存器，并记录下来；未来访问同一逻辑编号的寄存器时，根据记录指向实际分配的物理寄存器。为保证随时有未被使用的寄存器可用，物理寄存器通常需要做得比逻辑编号更多一些，常常达上百个；这些物理寄存器在电路中聚集在一起，形成一个小容量、访问极快的存储器，称为物理寄存器堆。

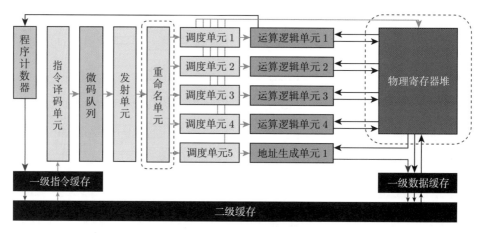

图 6.11   寄存器重命名

通过寄存器重命名消除了部分伪依赖情况后，指令调度的空间变得更广阔，提高了指令的执行效率，同时也为乱序执行提供了铺垫。寄存器重命名技术作为乱序执行的基础，两项技术共同诞生在名为 IBM System/360 Model 91 的计算机上，由美国人罗伯特·托马苏罗（R. Tomasulo）在 1967 年发明。

6.1.2.10   乱序执行

虽然寄存器重命名和乱序执行发明于 1967 年，但由于硬件复杂，在那个时期没有得到广泛应用。这些技术真正得到大规模应用需要等到 1990 年之后。如前文所述，计算速度与访存速度之间形成了发展快慢的剪刀差，到了 20 世纪 90 年代后，一次访存操作所需的等待时间已经远远超过执行计算指令的时间。在高速缓存变得普及、层次变多之后，由于数据不可预测地会在各级缓存上出现命中或未命中的情况，数据访问所需的等待时间开始变得飘忽不定，无法有效通过调度单元的设计进行规划调度。此时的处理器频繁出现一种暂停的情况——由于一条访存指令缓存未命中，久久不能完成，导致处理器必须长时间暂停于此。请观察示例程序：

```
r1 ← 主存 [r2]
r1 ← r1 + 1
r3 ← 主存 [r2 + 4]
```

由于第一条指令访存缓存未命中，处理器陷入长时间的等待。第一条指令与第二条指令之间存在依赖，即使有多发射技术也无法一同发射。在第一条指令执行完后，处理器很快又遇到第三条指令，因缓存未命中再次陷入长时间等待。如果处理器能够在等待第一条指令访存操作的同时，将第三条指令的访存操作提前启动，可以将两次较长的访存延迟重叠起来，节约一次暂停的时间。在主存储器的访问延迟越来越长的背景下，这对于处理器的整体执行效率会产生非常显著的影响。

所以，从这一时期开始，处理器设计开始普遍采用乱序执行技术。乱序执行是指允许处理器在保证最终执行行为一致的前提下，不按照程序中所写的指令先后顺序来执行指令的技术。在靠前的指令因依赖未准备好或访存未命中等原因陷入停滞时，可以允许处理器绕过该指令，提前执行后面的无依赖指令。Tomasulo 算法是一种常用的乱序执行架构设计方案，有兴趣的读者可以查阅相关资料了解。

需要注意的是，有时乱序执行是投机的。先执行了顺序靠后的指令后，如果发现前面的指令发生了错误，或者发生了跳转导致靠后的指令原本不该被执行，则需要对已完成的执行进行撤销。如图 6.12 所示，这种撤销机制通过提交队列来实现。提前执行后面指令时，执行所产生的影响（例如寄存器重命名的记录、溢出标志位、程序计数器等）不要覆盖原有的状态，而是先存入提交队列中备用。提交队列按照指令的原始顺序依次进行确认，确保确实应当执行该指令，再真正提交指令执行时所产生的各项影响；如果出现问题，可以清空提交队列，取消错误执行的指令，保证程序本身的正确性不受错误地投机执行的影响。

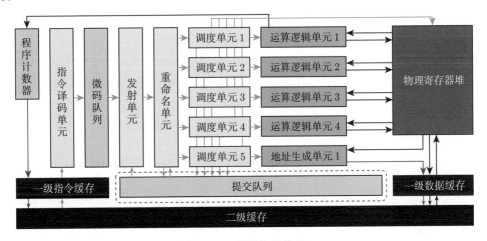

图 6.12　乱序执行单元

6.1.2.11 写入/写出队列

提交队列可以管理处理器内部的各种状态，但是管理不了处理器外部的主存储器。如果乱序执行提前执行了一条存储（store）指令，一旦向主存储器写数据的操作已开始，就难以再撤销了。

为了能够对访存指令执行撤销操作，需要再添加一个写入/写出队列，如图 6.13 所示。在执行存储指令时，不要直接操作缓存和主存储器，而是暂时放入写入/写出队列当中备用；等到存储指令确认提交时，再从写入/写出队列中真正发起对缓存和主存储器的操作。如果存储指令需要撤销，只要清空写入/写出队列即可实现对数据的拦截。在执行装载（load）指令时，根据指令之间的顺序，首先需要检查写入/写出队列中是否有相对应的存储的数据，因为直接访问缓存得到的数据不能体现乱序执行、尚未提交的存储指令的执行结果，可能不是最新的数据。

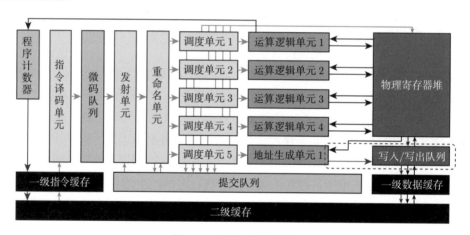

图 6.13 写入/写出队列

6.1.2.12 数据前递

在两条指令之间存在依赖时，处理器不得不保持按顺序执行，因此产生处理器的暂停。请观察示例程序：

    r1 ← r2 × r3
    r4 ← r1 + r4

按照目前的架构设计，第一条指令在运算逻辑单元完成计算后，需要将结果写入物理寄存器堆；提交队列暂时记录 r1 与写入寄存器之间的关系，待提交时写入重命名单元。第二条指令在结果写入物理寄存器堆后才能启动，从提交队列获取最新的 r1 寄存器位置，访问物理寄存器堆取出上一条指令运算结果的值，再开始运算。这个过程导致运算结果反复进出寄存器，占用了额外的时间，也浪费了能量。

数据前递技术是指，允许数据"抄近路"，在第一条指令的运算逻辑单元得到结果后，将结果进行正常的写入寄存器等操作的同时，复制一份，直接路由到第二条指令的运算逻辑单元处供其使用。这样可以避免示例程序中处理器因依赖导致的暂停。如图 6.14 所示，为了实现数据前递，需要在处理器中增加数据前递开关阵列，将所有产生数据的结构（如运算逻辑单元的结果输出端口、写入/写出队列的读端口、寄存器读端口）和消耗数据的结构（如运算逻辑单元的操作数输入端口、写入/写出队列的写端口、寄存器写端口）组织起来进行任意的数据路由。例如，调度单元 2 承担了第二条指令，需要等待运算逻辑单元 1 产生的第一条指令的运算结果，那么它可以通过操控数据前递开关阵列，在运算逻辑单元 1 的结果端口和运算逻辑单元 2 的操作数输入端口之间形成一个短通路。这样在运算逻辑单元 1 完成运算之后的下个一时钟周期，就可以将输出结果前递至运算逻辑单元 2 中启动运算。这个结果也可以同时被送到物理寄存器堆中，不影响指令原本的执行过程。

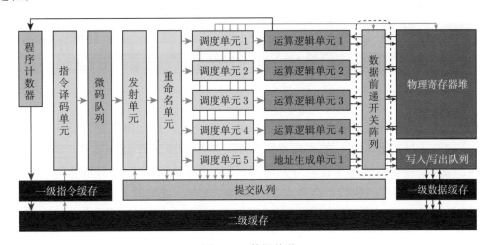

图 6.14 数据前递

数据前递技术通过对连续使用的数据进行数据通路的路由，省去了反复从寄存器堆中写入和读出的过程，提高了处理器的效率。

6.1.2.13 分支预测

之前提到，在运算器完成分支指令的条件判断之前，处理器无法确切得知下一条指令的地址，也就无法提前进行取指和译码操作，必须暂停等待结果才能继续执行。这常常成为处理器效率的瓶颈，特别是在程序执行中频繁遇到分支指令的情况下。例如，在一些程序中包含循环次数较多、代码较少的小循环，分支指令的延迟使得大部分的运行时间都花费在等待分支结果进行取指，而真正运算花费的时间占比很低。实际上，在反复执行的小循环中，我们都可以猜想分支指令的结果几乎一定是向上跳转的，除了退出循环的最后一次。

分支预测技术允许处理器根据猜测，在分支指令的结果真正产生之前，就按照猜测的方向继续投机执行，省去等待时间。为了实现分支预测，需要增加一个分支预测器，如图 6.15 所示。最简单的预测方法是永远预测向上跳转；一种常用的方法是根据历史执行行为记录进行预测；今天，芯片内晶体管的密度已经非常充裕，一些处理器开始设计一个小型的硬件神经网络去进行预测[308]。

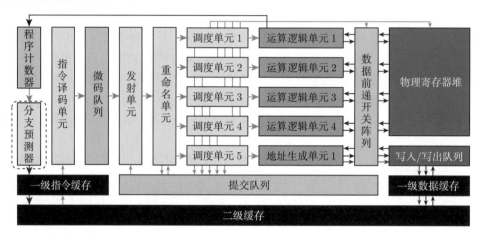

图 6.15　分支预测

如果运算逻辑单元给出的跳转方向与预测方向一致，那么以上操作就成功省去了等待时间，提高了处理器效率。如果运算逻辑单元给出的跳转方向与预测方向不一致，那么利用已经在乱序执行技术中设计好的撤销机制，撤销掉沿着错误预测方向已经投机执行的指令，对整个程序的执行不会造成不利影响。现在，优秀的分支预测器常常能将预测准确率提升至 97% 以上，但分支预测器所占用的硬件资源也增长到了整个处理器核心的约 1/5。

图 6.15 中的架构已经与图 6.2c 中真实的高性能 CPU 核心非常接近了，在此对通用处理器的架构设计做总结。

一方面，通用处理器需要以标量作为运算的基本粒度，运算量越大、控制越复杂的程序就需要通过越多的指令来执行。然而，要达到通用性意味着任意两条指令之间都可能存在依赖关系，准确识别和处理这些依赖关系是通用处理器所面临的一项根本性的难题。为此，通用处理器架构当中设计了精巧复杂的指令流水线，花费了大量的硬件资源来处理依赖，以便让这些标量指令以尽可能快的速度发射执行。处理器能够发射执行指令的速度从约 0.12 条/时钟周期（英特尔 4004，1971 年）提升至了今天最高 10 条/时钟周期。但最终，每条指令执行的不过是一次标量运算而已，解决这 10 条指令的依赖关系远比执行 10 个标量运算更难。

另一方面，随着集成电路工艺的发展，处理器的速度与主存储器的速度之间的差距逐渐拉大，形成存储墙（memory wall）现象。为了及时地给指令流水线供应数据，通用处理器必须搭配容量越来越大、层次越来越多的高速缓存。这些缓存必然逐渐占据芯片中的主要面积。

理解了通用处理器的这两项难处，也就理解了为何运算逻辑单元逐渐发展成在通用处理器芯片中只占不到 1% 面积的小模块了。

6.1.3 通用处理器分析和优化

上一节介绍了通用处理器中各部分的设计思路和方法，得到了一个已经较为成熟的通用处理器结构。这样一个复杂的处理器结构执行智能任务的效率却并不高，其原因有以下两点，其一，智能任务的控制与寻址需要非常多的指令来完成，使得实际用于计算的指令成为少数；其二，通过高速缓存进行智能任务的数据访问，很容易触发特殊情况，导致访存效率骤减。本节将分析通用处理器的执行效率，发现问题所在，并尝试在不改变硬件结构的前提下给出优化方案。这些分析结果能够指引我们在后续章节中针对智能计算任务的特点，更深入、更有针对性地进行架构改进，形成更适用于智能计算任务的专用架构。

6.1.3.1 控制与寻址

以前文提到的卷积算子为例，如图 6.16 所示，将卷积运算编译到真实指令集上并分别标注其中用于控制、寻址和计算的指令。从图中可以很明显地发现，绝大部分指令都用于控制，占比其次的是用于寻址的指令，它们的数目都远远超过实际用于计算的指令数目。所以，即使经过了大量的架构优化，在通用处理器上执行一个卷积运算，其控制和寻址的开销占比仍然很高，远超计算开销。

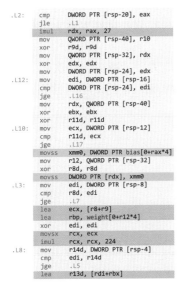
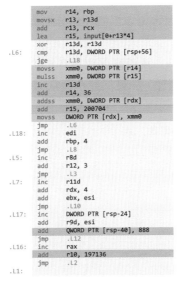

图 6.16　通用处理器上实现卷积运算所用到各类指令的比例

编译技术中有一系列针对性方法来降低控制与寻址开销。因此在进行架构改动之前，我们先尝试在编译时解决这些问题。

1. 循环展开

循环展开（loop unrolling）是可以降低控制开销的一项编译技术。循环展开是将循环结构破坏，将循环体显式地撰写多次来代替，形成的程序形式上类似于原始哈佛结构的程序。例如示例程序：

1. r3 ← 0
2. r1 ← r1 × r2
3. r3 ← r3 + 1
跳转至第 2 步，如果 r3 < 8

程序为将指令 r1 ← r1 × r2 反复执行 8 次，执行了 25 条指令。如果采用循环展开，可以改写为：

1. r1 ← r1 × r2
2. r1 ← r1 × r2
3. r1 ← r1 × r2
4. r1 ← r1 × r2
5. r1 ← r1 × r2
6. r1 ← r1 × r2
7. r1 ← r1 × r2
8. r1 ← r1 × r2

改写后只需执行 8 条指令。因为免去了循环的分支指令和循环计数，也就免去了循环带来的控制开销。

循环展开也可以部分展开，从而既保留循环结构的控制能力，又减少循环次数。这在循环次数不定时特别有用。例如，如果循环次数从 8 改为 r4，而 r4 的值不可预知，则循环可以部分展开为：

1. r3 ← (r4 - 1) mod 8
2. 跳转至第 (10 - r3) 步.
3. r1 ← r1 × r2
4. r1 ← r1 × r2
5. r1 ← r1 × r2
6. r1 ← r1 × r2
7. r1 ← r1 × r2
8. r1 ← r1 × r2
9. r1 ← r1 × r2

　　10．r1 ← r1 × r2

　　11．r4 ← r4 - 8

　　12．跳转至第 3 步，如果 r4 > 0

部分展开后，每一次循环控制最多可以执行 8 次目标指令，显著摊薄了循环的控制开销。但是应该看到，循环展开的代价是显著增加了指令的二进制长度，这对于取指、译码和指令缓存会产生额外的压力，并不一定能对程序的整体性能产生积极的影响。现代优化编译器会尝试评估循环展开的预期效果，然后再决定是否施加循环展开。

　　2. 强度削减

　　强度削减（strength reduction）是可以用来降低寻址开销的一项技术。强度削减技术将循环内部的指令从昂贵的运算尽量改为简单的运算。观察示例程序：

　　1．r3 ← 0

　　2．r2 ← 主存 [r3 × 4 + 8000]

　　3．r1 ← r1 + r2

　　4．r3 ← r3 + 1

　　5．跳转至第 2 步，如果 r3 < 8

可以改写为：

　　1．r3 ← 8000

　　2．r2 ← 主存 [r3]

　　3．r1 ← r1 + r2

　　4．r3 ← r3 + 4

　　5．跳转至第 2 步，如果 r3 < 8032

这样，通过对 r3 进行线性变换，我们消灭了程序中寻址使用的一个乘法运算和一个加法运算。在这个简单示例里，这两个寻址运算原本由 AGU 专门承担，对执行性能不造成负担。但是，在例如卷积等具有多重循环结构的程序上，AGU 无法承担全部寻址运算，必须引入计算指令来辅助寻址。此时施加强度削减，就可以减少寻址所用的这些计算指令，改善性能。

　　上述的循环展开和强度削减等通用的编译优化技术，已在现代优化编译器中尽力而为。只要允许编译器以最高优化程度去编译程序，得到的编译结果就已经经过了这些技术的优化。如果编译结果中的循环没有被展开，说明编译器经过评估，认为此处采用循环展开或许得不偿失。如果用户判断这一评估是错误的，倾向于展开循环，可以通过程序杂注（pragma）等方式对编译器进行指导，要求其展开。

　　编译器已经尽力进行优化，意味着只采用软件调优的方法，控制和寻址开销已经无法下降。低效的本质原因还是在于通用处理器的架构问题。通用处理器被设计为通用的，而深度学习程序只是处理器要支持的海量应用中非常平凡的一个，通用处理器还是难以适应深度学习程序特性。即使增加了纷繁复杂的指令流水线设计来加强控制和数据装载、即使深度学习程序本身行为规整, 在通用、标量的指令集上, 控制和寻址任务还是需要相当多的指令才能定义清楚。每访问一个数据, 都必须计算其地址; 每计算一个或几个数据的乘法, 都必须计算循环计数器、判断循环条件、进行条件分支跳转。即使在这些固定次数的计数循环里, 我们事先就能知道控制流执行的方向, 但通用处理器还是只能依靠芯片内庞大而复杂的分支预测器去猜测分支的方向。因此, 从深度学习应用的角度看来, 通用处理器的架构着实过于低效。要提高计算的效率, 必须要对处理器架构设计进行大幅度的革新。

6.1.3.2 访存

在通用处理器上, 除了控制和寻址开销以外, 还有相当一部分开销来自访存。为了缓解主存储器的访问延迟, 通用处理器中普遍采用了多级高速缓存。缓存是编程透明的, 自动作用于访存过程中提供加速, 减轻了程序员的负担。深度学习的访存行为规律, 较为容易预测, 或许对缓存替换有利。考虑到这些因素, 通用处理器在执行智能计算任务时, 访存开销如何? 我们通过举例, 展示几个在通用处理器上编写深度学习程序时常容易陷入的误区。通过这些误区, 读者会发现, 缓存其实并不如想象中那么简单、透明、高效。

1. 容量失效

容量失效 (capacity failure) 指循环访问数据的大小超过缓存容量时, LRU 缓存失效。因为采用 LRU 替换策略, 每当访问至数据末尾时, 如果缓存容量不够大, 位于开头的数据将成为最长时间未使用的数据而被替换出去。再次访问至开头时, 缓存不会命中。因此, 随着循环访问数据块大小增加, 直至超过缓存容量时, 命中率会陡然降至零。

如图 6.17 所示, 假设缓存容量最大可以存放 32 个字, 那么大小为 4×4 或 5×5 的数据可以完全放入缓存。第一次将循环访问数据完全存入缓存后, 第二次再访问这些数据就可以通过缓存快速访问, 从第二次循环起统计的缓存命中率将为 100%。然而从 6×6 开始, 数据大小超过了缓存容量, 最开始访问的数据会在第一次访问快结束时被替换出去。虽然缓存也存入了数据, 但是下一次需要最先访问的数据总是会在下一次访问实际发生前就被替换出去, 导致命中率降为 0%, 产生了容量失效问题。发生容量失效时, 该级缓存将完全失去作用。

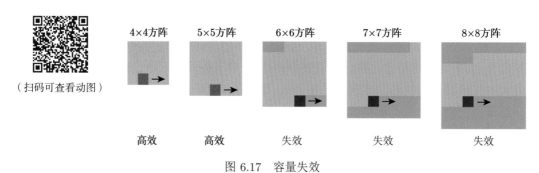

图 6.17　容量失效

2. 访问放大

访问放大（access amplification）是指通过缓存进行访存时，对主存的访问量反而变大的现象。产生这种现象的根本原因是，实际的处理器设计中，缓存总是按行（而非字）为最小单元对数据进行管理。假如缓存按字进行管理，会显著增加查找和替换策略的实现开销，导致同样的硬件预算下能够实现的缓存容量变小。因此，典型情况下，通用处理器的缓存的每一行包含 64 个连续的字节，它们必须同时发生替换。

以行为单位进行管理意味着如果访问某一个字，包含该字的一整行数据都将从主存中装载到缓存上来。如果这一行数据尚未得到充分利用便遭替换，就会导致访问放大。如图 6.18 所示，为了方便演示，我们假设缓存行大小为 4 个字，缓存容量为 32 个字。以列顺序分别访问大小为 8×8 和 9×9 的方阵为例。

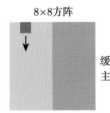
8×8方阵

缓存访问量 64 个字
主存访问量 64 个字

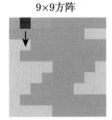
9×9方阵

缓存访问量 81 个字
主存访问量 324 个字

（扫码可查看动图）

图 6.18　访问放大

当方阵大小为 8×8 时，缓存容量刚好是方阵大小的一半，缓存行大小是方阵的宽度的一半。在访问第 1 列时，缓存将方阵的左半部装载上来；在访问第 2 列至第 4 列时，所有访问都在缓存中命中；在访问第 5 列时，缓存容量不足，逐行替换掉已经访问过的方阵左半部，而将方阵右半部装载上来；第 5 列访问结束时，前 4 列数据也完全被替换，接下来访问第 6、7、8 列时，访问全部命中。可以看出，整个访存过程的效率是比较高的，处理器访问了 64 个字，相应地缓存从主存中也装载了 64 个字，一切正常。

而当方阵大小增加至 9×9 时，缓存容量和方阵大小之间不再规则匹配。在访问到第 1 列第 9 个字时，由于缓存容量不足，需要将访问过的第 1 行替换掉，发生容量失效。接下来需要访问第 2 列第一个字，然而这个字已经随着第一行被一起替换掉，导致整行数据都需要被重新装载。这样，由于容量失效，每从缓存中访问一个字，缓存就需要替换一行数据，导致主存的访问量放大了 4 倍。这样的缓存反而起到了副作用：不使用缓存时，处理器可以直接从主存访问 81 个字，而使用了缓存之后对主存的访问放大到了 324 个字。原本用于减轻主存访问压力、增加访问速度的缓存，反而大大增加了主存的访问压力，导致了整体执行效率不增反降。

3. 临界步幅

临界步幅（critical stride）现象是指，在组相联缓存中，按特定的步幅进行条带状数据访问（例如按列顺序访问矩阵），将导致缓存提前发生容量失效。采用组相联时，即使缓存内仍有可用空间，新的数据访问也有可能因为所有可分配位置都已占用，而需要发生替换。以矩阵转置为例，如图 6.19 所示，假设缓存行为 4 字大小，总容量 32 行，采用 4 路组相联。矩阵转置操作需要同时进行列向和行向访问。

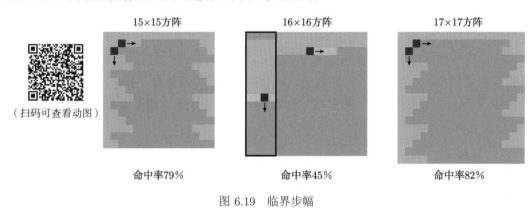

图 6.19　临界步幅

在方阵大小为 15 × 15 或者 17 × 17 时，因为缓存行与方阵行并未规整地对齐，一行或一列中的各个数据都较为均匀地分散在了 4 路组相联的各个位置上，此时组相联与全相联的区别不明显，命中率分别能够达到 79% 和 82%，显示出较高的访问效率。

唯独当方阵大小为 16 ×16 时，缓存行与矩阵行之间构成模因数，一列中的数据连续地被映射到缓存的同一路组相联结构上，导致组相联的缺点被暴露，在局部范围内提前发生容量失效。图 6.19 中用黑色方框标识出了正在发生局部容量失效的数据范围。虽然缓存内还存有更适合被替换的数据（可以注意到，方框外已被缓存的数据当中，有些已经非常陈旧，是再过很长时间才会重复访问的），但是因为不在同一路组相联当中，所以该空间无法使用。最终，更急迫使用的数据被换出，造成局部容量失效，整体缓存命中率严重下降。此时，访问的平均命中率仅为 45%。

4. 伪共享

伪共享（false sharing）现象是指，当多个处理器核心各自拥有局部缓存时，由于要维护数据一致性，导致核心之间反复争夺数据所有权的现象。如果出现并列的缓存，例如在双核心的情况下两个核心各自拥有自己独立的一级缓存，那么同一个缓存行同一时间只能在其中一个缓存上被修改。当其中一个缓存被修改时，被修改的缓存必须立刻通知其他缓存，将所有同一行数据的其他副本标记为无效。这样才能保证其他核心不会读到未被修改的旧数据。如果其他核心再次访问该缓存行，就必须从下一级缓存（或主存）处重新读取最新的数据。

如图 6.20 所示，假设将方阵切分为左、右两个部分，分别交由两个处理器核心来处理。缓存行大小为 4 个字，每个一级缓存容量为 8 行，二级缓存容量为 16 行。当访问的数据

方阵大小为 8×8 时，方阵的每一行恰巧可以纵向分割为两个缓存行，每个核心各自取用其中一行，互不影响。这样每个核心可以高效地处理自己的数据，命中率为 92%。

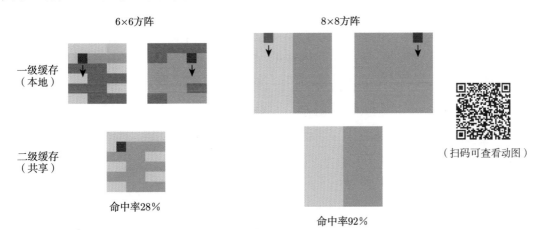

图 6.20　伪共享

但是如果将数据方阵大小缩小至 6×6，两个核心所分配的数据区域就大量共存在相同的缓存行上。两个核心交替访问同一行内不同字的数据，造成每一行数据的所有权被激烈地反复争夺。一个核心写入结果，将导致另一个核心上该行缓存变得无效；另一个核心处理该行，不仅需要重新从二级缓存读取，还将反过来导致前一个核心上该行缓存变得无效。最终，这导致两个核心各自的一级缓存命中率都很低，仅为 28%。

现在读者可以看出，深度学习程序有规律的访存行为有时反而会让通用处理器暴露弱点。一般认为，数据的规模越大，缓存容量就相对越不足，缓存命中率也应当会越低。但是在产生伪共享现象时，实际情况却反常起来：规模大一点，命中率高；规模小一点，反而命中率严重下降。产生临界步幅现象时情况则更加诡异，只当矩阵为某个特定规模时，访存效率突然严重下降，将矩阵增大一点或减小一点都将恢复正常。可以看出，缓存给通用处理器的访存行为带来很多复杂的现象，而这些现象是需要编程人员对通用处理器的底层体系结构原理有着非常深入的了解才能察觉的。

针对上述复杂的现象，我们给出一般性的编程建议。可以对数据进行分块（tiling）处理，将运算数据分解至较小尺寸的区块再分别处理。如果能进行递归的分块处理，那么程序总会在某一个递归层次上使得所有需要用到的数据都落在缓存之内，避免掉前述各种问题。这样的算法被称为缓存超越算法（cache-oblivious algorithm）[309]，因为它总能自然适应各种不同的缓存层次结构，避免缓存容量带来的种种问题。

如图 6.21 所示，观察经典的矩阵乘算法，用矩阵 A 乘以矩阵 B，并将结果存入矩阵 C。矩阵 A、B 和 C 在内存空间内连续排布。如果使用普通的三重循环结构进行计算，对矩阵 A 和矩阵 C 的访问都需要占用缓存容量，并且不容易判断各自实际将会占据多少容量。这会导致访问矩阵 B 时很容易发生容量失效。

通过分块处理可以解决这一问题：将矩阵分成小区块，首先三重循环遍历每一个小区块，然后循环最内部再设三重循环进行区块内的计算。图 6.21 以黑色方框表示目前正在工作的小区块。这样虽然会使程序变得复杂一些，产生了六重循环，但是由于分块后所有的数据处理过程都是局部的，所以对于矩阵 A、B 和 C 来说，一段时间内计算所需的数据块尺寸都变小了，降低了对缓存容量的要求，解决了缓存的各种失效问题。

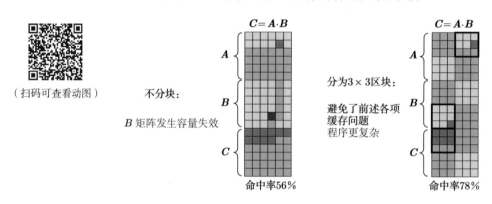

（扫码可查看动图）

图 6.21   分块解决缓存容量失效

在实践中，对于不同运算需求，需要具体分析如何设计计算方法才能得到更高的访存效率。对于矩阵乘来说，可以用递归法（分治法）求解，也可以使用迭代法（三重循环）求解。二者的效率孰高孰低没有定论：递归法的优势是实现了缓存超越算法，可以避免潜在的缓存失效问题，以及更容易改用 Strassen 快速矩阵乘算法[310] 等；而迭代法的优势在于程序简单，控制和寻址的开销相对较低，节省了递归函数调用带来的开销。因此，想要判断使用哪种方法效率更高，一定要真正写出程序，并结合实际应用需求中的数据大小、机器缓存容量、缓存结构、组相联、是否多核心并行等情况，进行具体的分析和测试。

总的来说，人们设计高速缓存是用来捕捉随机访存中的数据局部性，但深度学习程序中访存是规律的。虽然从原理上来说，更规律的程序行为本应更容易优化，但是在实际使用中反而暴露了缓存的多项弱点。虽然通过编程人员小心仔细的程序优化，能够在一定程度上规避缓存带来的种种问题，但这样一来加重了编程者的负担（缓存原本的设计用意是为了减轻编程负担），二来使缓存中大量的硬件逻辑成为需要规避的累赘。我们将在 6.3 节设计深度学习处理器时重新设计访存通路，解决这些问题。

6.1.4   总结和讨论

本节介绍了通用处理器的结构以及相应的设计和优化方法。智能计算系统的设计者应当看到，通用处理器也有着独特的优势：普及、廉价、灵活。但是，通用处理器也存在着重要的缺陷。在其上执行智能任务时，控制、寻址、访存的开销均较高，并且仅凭软件优化无法显著改善。在本节的分析和讨论中，我们在通用处理器上看到了这样的现象：程序的行为本来很有规律，但这不但没有成为挖掘性能的优化机会，反而产生了诸如临界步幅等使性能急剧恶化的负面效应。由缓存带来的反常的访存行为时常会出乎意料地大幅降低系统的运行效率，基于通用处理器的智能计算系统设计者必须深入理解这些问题，时刻注意防范。总体而言，要高效地利用通用处理器搭建智能计算系统绝非一件易事；即使花费很多成本进行磨合，最终能够获得的性能也非常有限。通用处理器必须要在架构层面上进行革新，才能真正适应智能任务的需求，这也是我们需要为智能计算系统开展专用深度学习处理器结构设计的原因。

6.2　向量处理器

在上一节我们观察到，通用处理器以标量运算作为每条指令的运算粒度，导致控制、寻址、访存的开销占比过高。所以，我们首先尝试一种直接的改进思路，允许一条指令并行操作多个数据。每进行一次循环、计算一次地址，可以从此地址起，连续取出一段数据来一同参与并行运算。预期达到的效果是将控制、寻址、访存的开销分摊到多个数据的计算上，提升计算的效率。这样进行改造后，我们将得到向量处理器。

向量处理器采用向量运算取代标量运算，作为其每条指令所控制的基本运算。相对而言，向量处理器仍然是一种较为通用的处理器结构。相比只进行标量计算的通用处理器，向量处理器要求所处理的应用具有丰富的数据并行性可供挖掘。深度学习程序中的数据主要由向量、矩阵以及更高维度的张量组成；张量中的数据常常一同进行一致的数学变换，计算并行度高；计算量、数据量均充足，数据的排布和访问模式规整。因此，深度学习程序符合向量处理器的要求，适合在向量处理器上执行。

最广为人知的向量处理器结构即是图形处理器（GPU）。从 2006 年 GPU 开始采用统一渲染管线结构起，到 2017 年加入专用于深度学习的加速器结构为止，GPU 在此期间采用的都是典型的向量处理器架构。2012 年，乌克兰裔加拿大人亚历克斯·克里泽夫斯基（A. Krizhevsky）在两块 GPU 上训练了 AlexNet，以巨大领先成绩赢得了 ImageNet 挑战赛，引发了深度学习的热潮[16]。从那时起，GPU 成为最为常见的一种智能处理器。

本节我们介绍向量处理器的结构和原理，展示如何对通用处理器进行架构改造获得一个向量处理器。最后，我们讨论制约向量处理器的限制因素，并尝试提出解决方案。

6.2.1　向量处理器的执行原理

在向量处理器上运行深度学习模型的大体流程与通用处理器一致，主要区别在于采用了向量运算作为基本运算，取代了通用处理器中的标量运算。因此，向量处理器的指令形式和内部结构发生了变化。本节主要讨论向量指令形式的不同之处。

6.2.1.1　单指令流、多数据流

　　向量处理器的指令结构，可以通过费林分类法（Flynn's taxonomy）归类为一种典型的 单指令流、多数据流 （Single Instruction stream, Multiple Data streams，SIMD）结构。费林分类法是美国计算机科学家迈克尔·费林（Michael J. Flynn）于 1966 年提出的一种简单的处理器架构分类方法。如图 6.22 所示，他根据架构中可并发的指令流（控制流）和数据流的数目，将处理器架构分为以下四类：

- 单指令流、单数据流（Single Instruction stream, Single Data stream，SISD）——架构中只存在一条指令流，操纵一条数据流上的运算。即同一时刻一条指令控制一个处理单元对一个数据进行操作。
- 单指令流、多数据流（Single Instruction stream, Multiple Data streams，SIMD）——架构中只存在一条指令流，操纵多条数据流上的运算。即同一时刻一条指令控制多个运算器同时对多个数据进行操作。
- 多指令流、单数据流（Multiple Instruction streams, Single Data stream，MISD）——架构中存在多条指令流，共同操作单条数据流上的运算。即同一时刻多条指令控制多个运算器对单个数据进行操作。此类架构较罕见。
- 多指令流、多数据流（Multiple Instruction streams, Multiple Data streams，MIMD）——架构中存在多条指令流，分别操作多条数据流上的运算。即同一时刻多条指令控制多个运算器同时对多个数据进行操作。

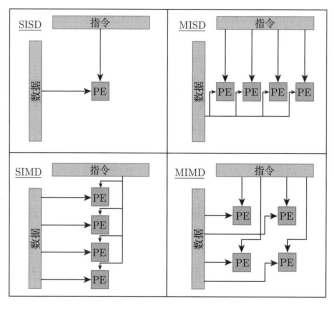

图 6.22　处理器结构的费林分类法

在费林分类法中，通用处理器属于 SISD，多核心通用处理器属于 MIMD，而向量处理器属于 SIMD。我们即将引入的向量处理器架构是通过保留通用处理器的指令流、扩增通用处理器的数据流得来的。在 SIMD 架构中，每条向量指令对多个数据同时进行相同的操作，因此指令内部具有高度的数据并行性。相对于 SISD 的通用处理器，向量处理器更适合执行可向量化的应用程序，可以以相同的控制和寻址开销实现更强的计算能力。

6.2.1.2 向量指令

为了理解 SIMD 向量处理器相对于 SISD 通用处理器的优势，我们对一个最简单的向量加法进行分析。请观察示例程序：

```
for i ∈ [0, N):
    y[i] ← x[i] + y[i]
```

这个程序将两个大小为 N 的数组 x 和 y 进行逐元素相加，并将结果写回数组 y 的对应位置。在通用处理器上，程序员写出的程序应该是一个循环次数为 N 的循环体，循环体内除了加法本身，还包含寻址、循环计数器的计算、循环条件判断和跳转等操作。将示例程序编译到通用处理器上，得到的程序应当类似于：

1. r3 ← 0
2. r1 ← 主存 [r3 × 4 + x]
3. r2 ← 主存 [r3 × 4 + y]
4. r1 ← r1 + r2
5. r1 → 主存 [r3 × 4 + y]
6. r3 ← r3 + 1
7. 跳转至第 2 步，如果 r3 < N

每完成一个加法计算，除了需要执行这条承担计算任务的加法指令外，还需要三条访存指令、一条维护循环计数器的加法指令以及一条条件分支跳转指令，共计六条指令。但是事实上，所有要访问的数组（向量）在内存中本都是连续排布的，为其中每个单一数据分别寻址、访存难免显得低效和多余。而 SIMD 的向量处理器，则可以直接将操作数组织为向量形式，通过单条指令完成整个向量的访存或计算。向量指令的设计有三种风格：STAR 风格、SWAR 风格和单指令多线程（SIMT）。

1. STAR 风格

STAR 风格源自 CDC STAR-100 计算机[311]（1970 年），原意是"字串与数组"（Strings and arrays）。STAR 风格的向量指令允许处理近乎任意长的向量，向量的长度通过向指令中增加一个长度域来指明，类似于：

主存 [y] ← 主存 [x] + 主存 [y], N

因为该示例程序只处理了一个向量操作，在 STAR 风格的向量指令中表达该程序只需一条指令。在 STAR 风格的向量指令中, 如果 N 不超过向量处理器上硬件的向量长度, 那么只需要通过两次装载输入数据 (x 和 y)、加法运算、存储计算结果四个计算步骤, 程序的执行就结束了; 如果 N 超过了硬件的向量长度, 可以由向量处理器的译码过程拆解为多条指令微码。拆解后, 多条指令通过流水的方式实现自动展开执行, 相当于由指令译码器代理了原本遍历整个向量所需循环的控制任务。但是, 处理 STAR 风格的程序时, 处理器很难将任意长的向量数据存放在寄存器上, 几乎所有运算指令都需要以向量在内存中的地址作为操作数, 运算数据直接从主存储器中读取。这虽然让编程变得更简单, 但与 RISC 设计原则相抵, 巨大的访存压力使得 STAR-100 计算机的实际性能不高。因为这次失败的设计, CDC 公司在市场竞争中落入下风[312], STAR 风格也因此未能流行。

2. SWAR 风格

SWAR 的字面意思是 "在单个寄存器内的 SIMD" (SIMD-within-a-register), 它最初指一种将普通的通用处理器当作向量处理器使用的编程技巧, 原理是将一个固定宽度的寄存器 (例如 32 比特宽) 拆解为多段 (例如 8 比特每段) 来使用, 这样能在通用处理器上使用一条 32 比特运算指令同时完成 4 个 8 比特运算。当然, 在最初的通用处理器上没有设计为这类技巧提供支持的硬件机制, 如果遇到溢出等情况, 处理起来比较棘手。随着专门的向量指令被引入 CPU 当中, SWAR 风格的含义被拓展了。现在, 我们可以用这个词指代任何用一条指令操作一个固定宽度寄存器同时完成多路运算的指令风格。假设向量寄存器宽度为 8 个字, 那么示例程序可以写作:

1. r3 ← 0
2. r1 ← 主存 [r3 × 32 + x]
3. r2 ← 主存 [r3 × 32 + y]
4. r1 ← r1 + r2
5. r1 → 主存 [r3 × 32 + y]
6. r3 ← r3 + 1
7. 跳转至第 2 步, 如果 r3 $< \frac{1}{8}N$

其形式与循环展开如出一辙, 不过因为采用了向量指令, 不再需要将循环体内的运算和访存指令复制 8 次。可以看出, 采用向量指令后, 与循环展开原理一样, 用于控制和寻址的指令开销降低了, 同时还避免了循环展开对取指、译码、发射过程造成的额外压力。这样, 也就不难理解为何向量处理器相比通用处理器更加适用于执行智能计算任务了。需要注意的是, 如果 N 不能被 8 整除, 循环结束后还需要使用普通的标量指令特别处理余下的部分。

与 CDC STAR-100 同期的竞争产品 Cray-1 采用了 SWAR 风格指令。虽然每条指令能够处理的向量长度有限, 但由于能够利用寄存器降低访存压力, 其实际性能远超 STAR-100。相比 STAR 风格指令, SWAR 风格指令也是更为主流的一类向量指令形式。

3. 单指令多线程

2006 年，英伟达公司推出其 Tesla 架构的 GPU 产品，开始采用统一渲染管线，意味着其 GPU 产品开始由专用的图形处理器结构演变为通用的向量处理器结构。这款 GPU 虽然本质上也是一种 SIMD 向量处理器，但英伟达公司另外为其定义了专门的执行模型，称为单指令多线程（Single Instruction, Multiple Threads, SIMT）。虽然按照费林的分类法，SIMT 应归入 SIMD 范畴，但它又与人们原先已知的 SIMD 概念的编程模型略有区别，因此人们接受了这个不同的命名。SIMT 一方面十分契合 GPU 的体系结构，另一方面又比较贴合程序员的思维习惯，这使得 SIMT 成功推广开来，成为 GPU 上的标准编程模型。

在原来的 SIMD 向量处理器中（无论是 STAR 风格或 SWAR 风格），一条指令可以处理一个向量，但控制逻辑仍然是通过与通用处理器相同的方式来完成的，即借用标量计算来维护循环条件，然后使用条件分支跳转指令来构成分支或循环控制流。在 SIMD 向量处理器上，一条指令流仍然对应着一条控制流，即使计算过程很明显是并行的，但人们还是会认为整个向量处理器上只运行了一个线程。SIMT 不再将指令流视作线程，而是允许处理器中构成向量的每一个单独运算单元都能够执行自己的线程，这是因为在 GPU 上每个运算单元都允许有自己独立的控制流。在编写 SIMT 程序时，程序员专注于控制众多运算器中的一个，并如同控制通用处理器一样去编写正常的分支、循环控制结构；GPU 上全部运算器都将遵循相同的程序一同执行。例如，示例程序在 SIMT 编程模型中，可以表示为：

```
i ← 线程编号
y[i] ← x[i] + y[i]
```

如果加入分支，例如让奇数线程、偶数线程分别执行不同的运算，程序可以写为：

```
i ← 线程编号
if i mod 2 = 0 then:
  y[i] ← x[i] + y[i]
else:
  y[i] ← x[i] - y[i]
```

在 GPU 上启动程序时，可以指定线程编号的范围是从 0 到 $N-1$，这样就将有 N 个 SIMT 线程同时启动。每一条线程获取自己的编号，然后操作对应编号位置上的数据进行运算。当 N 超过 GPU 上总的运算器数量时，每个运算器可以同时承担多个线程。多个线程对应着 GPU 基本向量运算中的各个标量，在运算的每一步，它们都是由同一条向量指令控制执行的。当一个向量中每个线程的控制流选择一致时，SIMT 与 SIMD 没有区别，所有运算单元在同一指令的控制下，同步完成相同的操作。遇到分支时，GPU 先执行分支的 then 段（此时想要执行 else 段的单元暂时关闭）、再执行分支的 else 段（此时想要执行 then 段的单元暂时关闭）。

SIMT 风格在向量处理器的结构基础上，使用一条硬件指令流水线模拟出了大量并行的线程。在采用 SIMT 编程模型时，程序员可以更为简单直观地编写分支和循环。虽然多个线程其实在硬件上共享了一组指令流水线，但每一条线程都能够独立选择自己的执行控制流，因而可以视作独立的线程。SIMT 深刻揭示了线程的本质：线程与处理器核心、发射单元、指令流等都没有必然联系，线程的本质其实是独立的控制流状态。

6.2.2　向量处理器的结构发展

向量计算机的诞生晚于通用计算机，其发展历程呈现出两段黄金时期，第一段是在 20 世纪七八十年代，第二段是 2000 年前后至今。在第一段黄金时期，微处理器刚刚诞生还未普及，集成电路的集成度也尚不足以支持向量处理器的结构设计。因此，在向量微处理器诞生前，就已经出现了许多由分离器件组成的向量超级计算机。在第二段黄金时期，计算机与人类的交互界面由字符界面过渡为图形图像界面，出现了多媒体、三维图形游戏等新应用，产生了对大量数据并行处理的需求。此时微处理器技术也已发展成熟，因而产生了 CPU 向量指令集扩展、图形处理器（GPU）等新的向量处理器形态。

本节首先回顾向量处理器的发展历史，然后在通用处理器的结构基础上改进获得一个基本的向量处理器结构。GPU 是一种广为流行的向量处理器。因此我们以一个现代 GPU 为例，专门介绍它的架构特点。

6.2.2.1　历史

1. 向量计算机

通用计算机催生于第二次世界大战的军事需求，而向量计算机催生于美苏冷战时期疯狂的核军备竞赛。1960 年代起，一触即发的核战争风险笼罩世界。为了在核武库上压倒苏联，美国军方对计算机执行核爆模拟程序的性能提出了越来越高的要求。在当时的技术条件下，通用计算机难以胜任。但是核爆模拟过程与我们想要执行的深度学习模型具有一些相似的计算特性，基于与我们类似的观察，美国的计算机科学家提出了一系列向量超级计算机项目。

1958 年，美国人丹尼尔·斯洛特尼克（Daniel Slotnick）和约翰·科克（John Cocke，801 机的设计者）合著了一篇技术备忘录，首次描述了并行计算的概念。随后，斯洛特尼克提出了第一台向量计算机的构想，由 1024 个 1 比特运算器构成，命名为 SOLOMON——因为《圣经》中最具智慧的所罗门王有一千名夫人。SOLOMON 没有真正建成，但斯洛特尼克将其设想运用在了 1966 年设计的 ILLIAC IV 项目上。1971 年，ILLIAC IV 终于建成了其原始设计的四分之一规模，能够正常运行，成为世界上第一台向量计算机。

使向量计算机流行起来的人是"超算之父"西蒙·克雷（Seymour Cray）。1975 年，与 CDC 公司分道扬镳之后，克雷推出了向量超级计算机 Cray-1（见图 6.23），以超过十倍的性能提升刷新了先前由自己保持的世界最快计算机记录（CDC 7600）。随后克雷推出一系列向量超级计算机，将这一记录连续刷新到了 1989 年。克雷公司（Cray Inc.）的产品甚至一度被美国橡树岭、洛斯阿拉莫斯、劳伦斯利弗莫尔等多个国家实验室互相争抢（这些实验室的主要职责之一便是研究核武器）。在这一向量计算机的黄金时期，与克雷公司齐名的还有思维机器公司（Thinking Machines）等，它们凭借优秀的向量计算机结构设计，在计算机发展史上留下了浓墨重彩的一笔。

1989 年，东欧剧变，随后不久苏联解体，冷战结束。美国国内的超级计算机需求日趋低迷，克雷公司也因此陷入困境。此后，虽然日本仍然热衷于制造基于向量处理器的超级计算机（直到 2004 年，日本"地球模拟器"仍居于世界超算性能之首），但在超级计算机的发展趋势上，向量计算机已经逐渐被大规模并行机、机群等新结构所取代。

图 6.23 Cray-1 向量超级计算机

2. 现代向量处理器

虽然随着冷战结束，向量处理器逐渐退出了超级计算机领域。但不久后，向量处理器结构在个人娱乐场景中再一次发源，并快速流行起来。

1994 年，为了高效处理多媒体任务，惠普公司向其 PA-RISC 系列处理器中添加了 MAX 向量指令集扩展；1996 年英特尔公司予以跟进，在其 x86 系列处理器中添加了 MMX

向量指令集扩展。MAX 向量指令集扩展利用了处理器中的 32 位运算逻辑单元, 使其能够同时处理两个 16 位数; MMX 向量指令集扩展利用了处理器中的双精度浮点单元, 使其能够同时处理两个单精度浮点数[⊖]。这些扩展使 CPU 成为一种向量处理器结构, 只不过其设计重心仍然在传统标量计算上。因为个人计算机的流行, MMX 指令集获得良好反响, 随后英特尔又增加了 SSE、AVX、AVX-512 等一系列新的向量指令集。随着 x86 处理器成功进入超级计算机市场并占据领先地位, 向量处理器结构也以这种方式一同重返超级计算机当中, 成为现代超算的一个组成部分。

从 2006 年起, 用于游戏机中的图形处理器 (GPU) 首先开始采用统一渲染管线结构, 意味着 GPU 从一种图形专用处理器结构演变为了一种向量处理器。演变为向量处理器结构后, GPU 特别适用于一些科学计算任务, 以至于现在 GPU 也成为超级计算机普遍采用的一类计算芯片。

还有相当一部分智能计算芯片采用了向量处理器结构。例如 2019 年, 一家美国初创科技公司 Cerebras 发布了一个由一整片 12 英寸晶圆制成的智能计算芯片 WSE, 其大胆的设计成功吸引了人们的关注。WSE 其实就是一种向量处理器, 虽然设计初衷是用于执行智能任务, 但它吸引到的主要客户仍然是那些超级计算机中心 (例如劳伦斯利弗莫尔国家实验室)。

6.2.2.2　向量处理器结构

我们以 6.1.2 节最终得到的通用处理器结构为起点 (见图 6.15), 展示如何演变出向量处理器结构。根据需求的不同, 向量处理器有着多种设计方式, 我们展示其中一种。对其他设计方式感兴趣的读者, 可以查阅前文所提到的历史上经典的向量处理器技术的相关资料, 自行思考和总结。

我们可以选择保留通用处理器中设计好的标量处理部分, 也可以将标量结构完全删去, 重新设计为纯粹由向量部分组成的处理器。考虑到实际应用中难免出现需要标量运算参与处理的算子, 标量部分结构也能提供条件分支跳转、寻址等能力, 我们在此选择保留。但是标量部分仅作为功能补充, 不再主要承担计算任务, 因此运算逻辑单元的数量可以缩减。

随后, 可以相对独立地设计向量处理部分。如图 6.24 所示, 与标量部分相同, 向量部分也包含寄存器重命名单元、调度单元、运算单元、寄存器堆、数据前递开关阵列等结构。区别在于, 向量运算单元是由一列运算器共同组成, 寄存器也需要增加至容纳一个向量的宽度, 其他数据通路也需要一同加宽。

向量部分的数据可以借由标量部分已有的地址生成单元、写入/写出队列、缓存等结构来装载和存储数据。如图 6.24 所示, 建立一条连接写入/写出队列与向量寄存器之间的数据通路。各级缓存层次结构中的数据通路也应适当加宽, 以符合向量处理器更强的运算能力。

最后, 为了方便在标量部分和向量部分之间进行数据的交换, 可以将两部分的数据前

递开关阵列与寄存器堆相互连通。这样，标量指令可以取向量寄存器中的某个值用于控制，向量指令也可以使标量寄存器中的值参与向量运算（例如向量乘标量运算）。

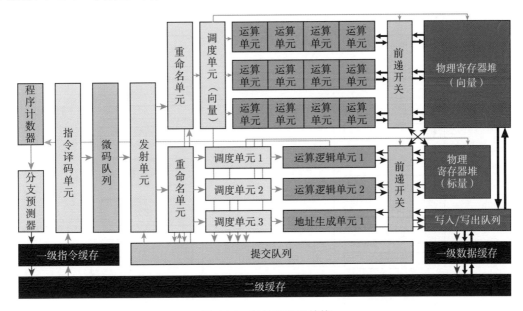

图 6.24　向量处理器结构

控制方面，向量指令也需要接入乱序执行流水线当中。其寄存器重命名记录等状态信息也需要接入提交队列，按顺序进行提交。这样，才能对向量指令进行撤销，而能够撤销又是进行投机执行的前提，分支预测等功能才能在向量指令中发挥作用。但从另一方面考虑，因为向量运算的能耗较高，随意进行撤销会影响处理器的能效表现，所以不允许向量指令进行投机执行，乃至不允许向量指令出错、撤销的设计，也都是合理的。

6.2.2.3　图形处理器结构

图形处理器（GPU）是当前最为流行的一种向量处理器，但是 GPU 并非从其诞生起就采用了向量处理器结构，而是随着应用需求逐渐演化而来的。早期的 GPU 专门用于加速图形渲染过程。在计算机图形学中，图形渲染有一个较固定的流程，内存中的 3D 场景（主要由三角形构成）经过一系列操作后转换为输出在屏幕上的 2D 图像，这个流程被称为渲染管线（rendering pipeline）。图 6.25a 展示了渲染管线中的主要步骤。

一张图形由许多像素组成，每个像素又需要处理多个片元才能得到。随着计算机的图像分辨率逐渐提高，每一帧图像中像素数超过百万，需要的计算指令接近亿级，仅靠 CPU 难以处理如此巨量的计算。GPU 的出现加速了渲染管线的执行，分担了 CPU 在图像渲染任务上的处理时间，使计算机系统的响应速度显著提升。早期的 GPU 根据渲染管线中的每个步骤，分别设计了专门的硬件单元来协助执行，如图 6.25b 所示。根据设计规格的不同，每一个 GPU 可能会搭载多条顶点渲染管线和像素渲染管线，分别对图像的不同区域进行并行处理。从图 6.25 中可以看出，早期的 GPU 设计针对性强，硬件单元结构和渲染管线程序有较强的对应关系，是图形图像处理领域的专用处理器结构 ⊖。

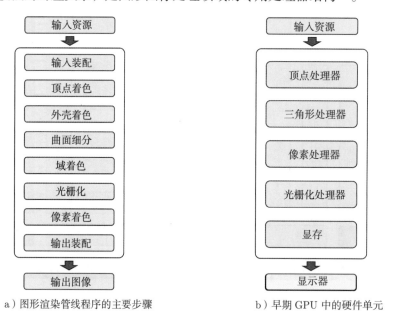

a）图形渲染管线程序的主要步骤　　　　b）早期 GPU 中的硬件单元

图 6.25　渲染管线中的主要步骤与早期 GPU 硬件单元

随着计算机图形学的发展，渲染管线变得越来越灵活和复杂。例如显示物体光泽、动物毛发等都需要额外的步骤，倘若 GPU 为渲染管线中的每个步骤都设计不同的硬件单元，那么 GPU 的结构将会十分复杂且冗余。因此图形程序开发者希望 GPU 设计得更加通用，即使用一类硬件单元同时支持完成多种类型的计算，形成统一渲染管线结构。在这种趋势的推动下，从 2006 年起，微软公司在其 DirectX 图形接口中改用了统一着色器编程模型（Unified Shader Model），英伟达、冶天等 GPU 厂商同时推出了支持统一渲染管线的现代 GPU 架构。例如，英伟达公司在 2006 年推出了统一渲染管线架构 GPU "Tesla"[313]。因为功能更加通用，Tesla 架构中的计算单元不仅可以执行顶点着色、像素着色等图像渲染任务，还可以处理通用的计算任务。

图 6.26 是 Tesla 架构 GPU 的结构图。CPU 分配的计算任务会经过系统总线传输到 GPU 上。输入输出接口负责完成任务的接收，然后根据任务类型，由顶点/像素/通用计算负载分配单元将这些任务分发给具体的纹理处理器集群（Texture Processing Cluster, TPC）来执行任务。

⊖　彼时也有计算机科学家尝试利用 GPU 处理一些图形之外的科学计算任务。但是这需要将科学计算任务包装成渲染管线程序才能完成，需要非常强的编程技巧性，不具有普适意义。

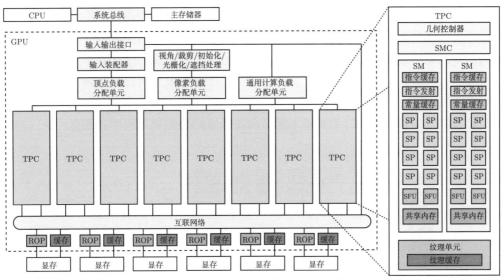

TPC: 纹理处理器集群；SMC: 流式多处理器控制器；SM: 流式多处理器；SP: 流式处理器；SFU: 特殊函数单元；ROP: 光栅化处理器

图 6.26 Tesla 架构图[313]

在 TPC 内，流式多处理器控制器（Streaming Multiprocessor Controller, SMC）负责将各种任务以 线程束 （warp）为单元进行打包，交给 流式多处理器 （Streaming Multi-processor，SM）进行运算处理，其中每个线程束包含 32 条线程。SM 是执行计算任务的主要单元，其作用类似于一个相对独立的小型处理器核心。在 SM 中，指令缓存负责保存要执行的指令；常量缓存负责保存常量；指令发射单元负责发射指令，控制所有的 流处理器 （Streaming Processor，SP）进行运算，完成线程束的执行。每个 SP 可以执行最基本的浮点型标量运算，包括浮点加法、浮点乘法、浮点乘累加，也可以执行各种整数的运算。此外，SM 当中还有一种特殊的 SP——特殊功能单元（Special Function Unit，SFU）承担图形任务中常用的更为复杂的运算，比如超越函数（指数、对数、三角函数等）、属性插值和透视矫正等。除了 SM 以外，TPC 中还有一些单元用于执行渲染管线中特定的步骤，如纹理单元负责处理纹理滤波，几何控制器负责管理顶点属性的输入输出。

在每个 SM 内部，所有的 SP 共享一条指令流水线。当遇到分支，有些 SP 想要跳转，而有些 SP 不跳转的情况下，该 SM 内的执行将发生分歧（diverge）：SM 将不跳转的 SP 暂时关闭，先发射跳转后的指令；然后反过来，将不跳转的 SP 恢复，将发生了跳转的 SP 暂时关闭，然后发射不跳转的指令。这样以分歧状态持续执行，直到 SM 中所有 SP 的控制流重新收敛一致，分歧结束，恢复正常执行。图 6.27 展示了 GPU 遇到分支时的分歧执行过程，其中使用"T"或"F"表示 SP 的跳转情况，使用"×"表示 SP 暂时关闭。虽然各个 SP 的取指、译码、发射单元共用一组，程序也只有一条指令流，但 GPU 通过分歧执行机制，让每一个 SP 都能有不同的控制流状态，因而支持了不同的线程。这些线程在物理上仍然总是保持同步执行，任何一条线程的执行进度都不能超过同组的其他同伴，但站在编程者的视角上，它们已经和通用处理器上完整的线程具有一致的含义了。因此英伟达公司将他们的编程模型命名为单指令多线程（SIMT），将每一个运算单元命名为流处理器（SP）[⊖]。但是，在分歧状态下，总有一部分 SP 必须被关闭，因此频繁产生分歧会对 GPU 的执行效率造成显著的影响。优秀的 GPU 编程者总是懂得如何让 GPU 尽量避免进入分歧状态，例如将趋于跳转和趋于不跳转的线程重新分配到不同的线程束中去，增加每一个线程束保持一致的机会。

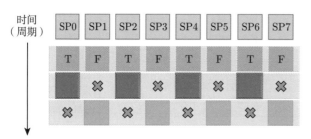 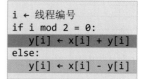

图 6.27   GPU 在遇到分支时通过分歧执行来处理

与通用处理器的思路不同，由于 GPU 的计算模型天然具有大规模并行的特性，GPU 更在意访存的带宽而非延迟。通用处理器在遇到访存指令时，如果后续指令存在依赖，就会阻塞流水线，必须等待访存延迟结束才能继续执行，因此对访存延迟是十分敏感的。在 GPU 中的情况则不同，因为 SIMT 编程模型有数百万线程等待执行，远比 GPU 硬件上的执行单元数量要多。因此，一条线程发起访存，在等待访存结果的期间，GPU 可以调度其他可执行的线程束到硬件上继续执行，隐藏访存延迟。在 TPC 内，SMC 维护了多个线程束，这些线程束将在 SM 中轮转执行。如图 6.28 所示，当某一线程束遇到访存指令而阻塞时，SM 将切换到其他未阻塞的线程束上执行，待访存指令返回结果后再切换回原来的线程束继续运行。能够在 SM 内同时维护更多的线程束有利于提升吞吐量，因为更多的线程束有着更大的调度范围，能够更好地隐藏访存延迟。但是每个线程束都会占用一定数量的寄存器等硬件资源，每个线程束占用资源越多，每个 SM 内能够同时维护的线程束就越少。使用 GPU 的编程人员需要考虑的是尽量节约线程束使用到的寄存器等硬件资源，而不是像使用通用处理器时那样考虑更充分地利用硬件资源。这种执行方式对访存延迟不敏感，但对访存带宽提出了更高的要求。显存（相当于 GPU 周围子系统的主存储器）每秒钟能够提供的数据越多，GPU 就能堆积更多的 SP、SM 和 TPC 开展更高并行度的计算，在相同时间内调度执行更多的线程束。因此，GPU 通常会采用价格高昂的高带宽存储器（High Bandwidth Memory，HBM）等技术制作显存，以便提供更强劲的计算性能。

⊖ 后来英伟达公司又专门注册了商品名称 "CUDA"^[314] 来指代其 GPU 中的流处理器、SIMT 编程语言和编程环境。

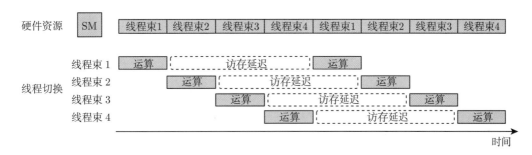

图 6.28　SM 通过调度多个线程束实现延迟隐藏

统一渲染管线结构 GPU（如 Tesla 架构）的诞生标志着 GPU 从专门的图形处理器演变成可以承担通用计算任务的向量处理器。GPU 中大量相同结构的计算单元使其具备很强的并行处理能力，且在个人计算机系统中已经较为普及。因此，在高性能计算和深度学习等领域，编程人员首先想到的提升程序性能的方式就是利用 GPU 进行并行计算。这也很快影响到了专业的数据中心、计算集群、超级计算机的设计，使 GPU 产品逐渐摆脱了其分担"图形"计算的最初使命，开始作为一种主要的协处理器进入高性能计算系统当中，得以广泛应用于图形之外的其他领域。

6.2.3　向量处理器分析和优化

向量处理器相比通用处理器，使用一条指令就可以驱动多个运算器（取决于架构中向量的长度），或者访问主存中连续的一段数据。这样的设计确实显著降低了控制、寻址的开销，提升了计算性能。但是，增加向量的长度，并不一定总会等比例地带来性能的提升。这是因为在处理器芯片的设计中，除了计算能力之外，访存能力也制约着处理器整体的性能。

访存的难题可以这样直观地进行理解：一个处理器芯片里最多能包含的运算器数量取决于芯片的面积，而一个处理器芯片的最大访存带宽则取决于芯片的周长。随着硬件成本的投入增加，两项指标增长的速度显然是不匹配的。因此，要提高访存能力，其成本往往比提高计算能力要昂贵得多。在向量处理器结构上，我们受到制约的不只是对处理器芯片外部的主存储器的访问能力，还包括对处理器芯片内部的高速缓存、寄存器堆等存储结构的访问。缓存、寄存器堆虽然速度更快，但相应地，成本也更高。从前一小节的设计过程中可以看出，随着计算性能的提升，向量处理器要求内部数据通路处处加宽，对主存访问带宽也提出了更高的要求。而存储器很难做到容量又大、速度又快，因此在向量处理器架构上，访存瓶颈变得更加突出。

访存对于系统的整体表现至关重要，不仅体现在它通常是系统运行速度的总瓶颈，还在于访问各级存储层次结构所消耗的能量也都显著高于运算过程。图 6.29 展示了处理器中各种行为所需要的能量的大致数量关系。以运算逻辑单元进行一次运算所消耗的能量为 1 个单位，那么访问寄存器也大约需要 1 个单位能量；访问缓存大约需要 6 个单位的能量；

访问主存储器，则需要超过 200 个单位的能量。因此，可以说我们的各类处理器芯片中消耗掉的绝大多数能量其实并没有用来做计算，而是用来存储和传输计算过程所需要的各类数据。那么，存储和传输数据的效率就将直接影响处理器芯片的整体能效表现。在保证完成计算任务的前提下，架构设计者必须竭尽全力降低对各级存储层次结构的访问次数。即使是因架构设计不足导致处理器大量访问芯片内的缓存和寄存器，产生的能耗也将很难让用户接受，更不用说频繁访问主存储器了。

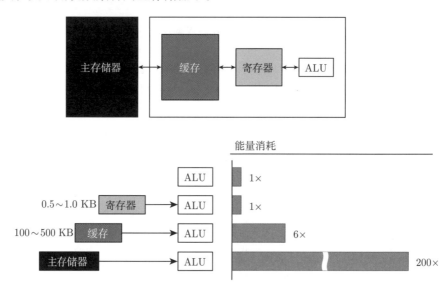

图 6.29　处理器中各种行为所需要的能量

如何分析和解决访存问题？我们可以借助 I/O 复杂度这一理论工具。

6.2.3.1　运算密度和 I/O 复杂度

运算密度（operational intensity）是指运算量与访存数据量之间的比例，是在架构设计中一项关键性的指导指标。其中运算量是指执行程序所需的基本运算操作总数目，访存数据量是指完成运算的过程中对待考察的存储器的总数据访问量，其中包括输入数据、输出数据和中间临时结果等。一段程序在处理器上执行所需的时间，同时受到两个基本因素的制约。一方面，总执行时间一定不少于所需的纯运算时间；另一方面，总执行时间也一定不少于所需的纯访存时间。可以表达为：

$$\begin{cases} \text{执行时间} \geqslant \text{运算量} \div \text{峰值运算能力} \\ \text{执行时间} \geqslant \text{访存数据量} \div \text{访存带宽} \end{cases} \tag{6.1}$$

在架构设计时，我们希望提升峰值运算能力，并借此降低执行时间；但是公式 (6.1) 却指出，如果执行时间受访存时间限制，一味地堆砌运算能力是没有意义的。运算密度越高，意味着在给定访存带宽的前提下，架构中能够（有意义地）堆砌的峰值运算能力越高。访存带宽、运算量等都相对受客观条件所限，很难随着架构设计者的意愿而改动，但运算密度是一种会随着架构设计发生变化的指标，意味着访存数据量是可以通过合理的架构设计而降低的。

I/O 复杂度是洪加威和孔祥重于 1981 年提出的一种理论工具。它刻画了算法所蕴含的一种本征性质：随着算法处理的数据规模逐渐增加，算法表现出的运算密度也将增加。运算密度与参与运算的数据规模之间的函数关系被定义为 I/O 复杂度。例如，在 k 阶的矩阵乘法运算中（朴素矩阵乘法算法），输入数据一共有 $2k^2$ 个，输出数据有 k^2 个，需要 k^3 次乘法和约 k^3 次加法。运算密度约为 $2k^3/3k^2 = \frac{2}{3}k$。随着 k 的增加，运算密度 $\frac{2}{3}k$ 也一同增加，体现出朴素矩阵乘法的这种本征性质；I/O 复杂度定义为运算密度（$\frac{2}{3}k$）相较于参与运算的数据量（$n = 2k^2$）的函数关系，可以渐进表示为 $\mathcal{O}(\sqrt{n})$。I/O 复杂度增长越快，说明算法的数据局部性越好。在具有高 I/O 复杂度的算法上，通过扩大架构中一次运算操作能够处理的数据规模，就可以改良运算密度，相对地提高算力、降低访存压力。

然而，向量处理器所进行的向量运算，并不具有高 I/O 复杂度，无法通过增加运算规模来改良运算密度。在标量结构下，一个时钟周期内处理一个标量，运算 1 次，需要读取 2 个输入数据、写出 1 个输出数据，因此运算密度为 1:3，I/O 复杂度为 $\mathcal{O}(1)$；在向量结构下，一个时钟周期内处理一个向量，假设向量长度为 n，一共包含 n 次运算，需要读取 $2n$ 个输入，写出 n 个输出，运算密度仍为 1:3，I/O 复杂度仍为 $\mathcal{O}(1)$。可以看到，以向量运算作为基本算子，其 I/O 复杂度总是常函数，这意味着我们无法通过提升处理器一次运算的规模改良运算密度。这与我们在架构设计时的感受一致，向量处理器的访存压力与通用处理器相比，是等比例放大的——每增加一些运算器，便需要将数据通路等比例拓宽。

相比于堆积运算器，拓宽数据通路给硬件增加的成本更高。因此，向量处理器若想扩展至更高的性能，就必须搭配更高的硬件投入，例如采用 HBM 等价格高昂的先进存储技术。这在一定程度上制约了向量处理器的性能上限。

I/O 复杂度理论告诉我们，需要选择具有高 I/O 复杂度的算子作为基本运算，而向量运算的 I/O 复杂度仅为常函数。这是向量处理器性能受到访存制约的根本原因。为解决这一问题，我们设计的深度学习处理器需要重新考虑基础运算的选择，例如采用矩阵运算作为基本运算。向量、矩阵运算均为基础线性代数运算，这样由向量运算至矩阵运算的更迭曾在计算机发展史上出现过，我们可以引以为鉴。

6.2.3.2　基础运算的选择

向量、矩阵运算都属于线性代数运算，在各类数值计算问题中都很常用。过去，每个数值计算程序的编写者自己要负责对每个基础运算进行逐个调优；调优工作耗时耗力，效果也受限于编写者对体系结构细节的掌握程度和能够投入的精力。为改变这一现状，人们开始总结、提炼共性算子，共享已经预先调优的高性能线性代数运算库。基础线性代数运算库（Basic Linear Algebra Subprograms，BLAS）是一项从 1979 年起发展起来的计算机工业界的事实标准，其中列举了各类数值计算程序常用的基础线性代数算子。有了 BLAS 之后，数值计算程序的编写者可以直接调用 BLAS 中的算子，然后与机器上某一个高度优化过的 BLAS 库实现连接起来，就可以快速获得高性能的算子实现，省去大量重复的调优工作。参考 BLAS 中算子的发展历程，我们可以发现，向量或许并非最适合智能计算系统的基础运算形式。

1979 年，初版 BLAS 发布，其中所有的算子都是向量运算。例如 "AXPY"，是指泛化后的向量加法 $a\boldsymbol{x} + \boldsymbol{y}$。后来这些算子都被归结为 "一级算子"。

1984 年，第二版 BLAS 开始编辑，直到 1988 年发布。这一版加入了 "二级算子"，即矩阵与向量间的运算。例如 "GEMV"，是指泛化后的矩阵乘向量操作 $a\boldsymbol{A}\boldsymbol{x} + b\boldsymbol{y}$。二级算子由于抽象层次更高、计算粒度更大，BLAS 库实现时获得了更大的优化空间，最终程序总体性能往往会比采用一级算子实现的方案更高（见图 6.30）。

1990 年，第三版 BLAS 发布。这一版加入了 "三级算子"，即矩阵与矩阵之间的运算。例如 "GEMM"，是指泛化后的矩阵乘法 $a\boldsymbol{A}\boldsymbol{B} + b\boldsymbol{C}$。采用三级算子后，程序性能获得了显著的提升，并且提升幅度比二级算子相对一级算子明显更大（见图 6.30）。

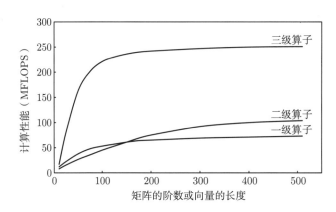

图 6.30　采用 BLAS 一级、二级、三级算子实现程序的性能

我们可以通过 I/O 复杂度分析来解释 BLAS 演进过程中，为何程序性能能够获得提升。不失一般性地，不妨假设矩阵均为方阵，向量的长度、矩阵的边长均为 n。表 6.1 列举了各级 BLAS 算子的运算量、访存数据量和运算密度，I/O 复杂度是运算密度关于数据量的函数。可以看出，虽然二级算子相比一级算子，运算密度有所改善，但改善幅度不超过 2 倍，I/O 复杂度仍然为常函数（$\mathcal{O}(1)$）。但是，三级算子相比二级算子，I/O 复杂度不再是常函数（$\mathcal{O}(\sqrt{s}), s = 4n^2$），带来了足以引起质变的性能优化潜力。只是在通用处理器上进行程序优化，通过提升算子级别、改善运算密度，降低了对各级缓存、主存的访问压力，

结果就足以产生巨大的性能差距了。如果在架构层面对这些 I/O 复杂度更良好的高级算子进行特别支持，还能够进一步降低对寄存器堆等处理器内部数据通路的访问压力。这些现象启发我们，如果深入处理器架构进行针对性的设计，或许应当选取更高级算子（例如矩阵运算）作为主要的基础运算，而非向量运算。

表 6.1　BLAS 算子的运算量、访存数据量、运算密度

算子		运算量	访存数据量	运算密度
一级算子				
SCAL	$x := ax$	n	$2n$	$1/2$
ADD	$x := x + y$	n	$3n$	$1/3$
DOT	$a := x^{\mathrm{T}} y$	$2n$	$2n$	$1/1$
APDOT	$a := a + x^{\mathrm{T}} y$	$2n$	$2n$	$1/1$
AXPY	$y := ax + y$	$2n$	$3n$	$2/3$
二级算子				
GEMV	$y := aAx + by$	$2n^2$	n^2	$2/1$
GER	$A := ayx^{\mathrm{T}} + A$	$2n^2$	$2n^2$	$1/1$
TRSV	$x := T^{-1}b$	n^2	$n^2/2$	$2/1$
三级算子				
GEMM	$C := aAB + bC$	$2n^3$	$4n^2$	$n/2$

即使是第三版 BLAS，距离我们也已经过去超过 30 年了。现在，深度学习技术得以广泛应用，其中卷积等基本算子的运算密度相比三级 BLAS 算子更为优秀，I/O 复杂度也更高。某种意义上，我们是否能够将支持了卷积等高级算子的深度学习框架，视作是"第四版 BLAS"呢？如果设计出直接针对二级、三级、"四级"算子的运算器结构，代替向量处理器中以向量为主的基础运算，随着硬件运算器规模的增大，硬件架构上对数据通路的要求将相对降低。这意味着在相同硬件预算条件下，采用高级算子运算器能够获取更高的峰值运算能力。这就是深度学习处理器（DLP）背后的基本原理。

6.2.4　总结和讨论

本节介绍了向量处理器的结构。向量处理器中一条指令可以完成一个向量的运算，因此在具有数据并行性的应用中，能够以更低的控制和寻址开销完成运算。向量处理器的使用条件是要求应用具有数据并行性，即一组数据需要完成相同的计算；深度学习模型普遍具有这种性质，因而可以高效利用向量处理器。如果一个智能计算系统原型中已经包含了向量处理器（例如 CPU 中的向量指令扩展、GPU 等），那么利用向量处理器完成智能计算任务通常比使用通用处理器更为高效。

我们分别介绍了几种不同的向量处理器的设计风格。STAR 风格使用一条指令完成任意长度向量的运算，但因访存压力大，在向量处理器设计中不常采用；SWAR 风格使用一条指令完成固定长度向量的运算，常见于 CPU 的向量指令扩展中；SIMT 风格不直接操作向量，

而是通过向量单元的分歧执行模拟多条并行的线程，通过线程超载和切换隐藏访存开销，常用于 GPU。

我们分析了向量处理器的主要限制，以便进一步提出更适合智能任务的专用处理器结构。由于向量运算的 I/O 复杂度为常函数，在向量处理器中增加峰值算力的同时，必须等比例提升访存带宽才能维持体系结构的平衡。而访存带宽的提升比峰值算力的提升更为困难，这限制了向量处理器能够扩展达到的性能上限。为了在同等访存带宽预算下达成更高的算力，我们考虑采用更高级的算子（例如矩阵运算）取代向量运算，作为深度学习处理器的基本运算。

6.3 深度学习处理器

在上一节末尾我们讲到，采用矩阵运算等具有较好运算密度的基本算子作为指令的基本操作，可以显著降低处理器芯片内部数据通路的硬件开销，在同等硬件预算下实现更高的计算性能。这是深度学习处理器能够高效处理智能计算任务的基本原理。本节我们具体介绍深度学习处理器的执行原理与结构，继续对架构进行改造来获得一个基本的深度学习处理器。最后，我们讨论制约深度学习处理器的限制因素，并尝试针对这些弱点继续进行改进。

6.3.1 深度学习处理器的执行原理

从架构设计的原理上来说，深度学习处理器直接采用了高级算子（如卷积、矩阵乘法等）作为基础的运算。又鉴于高速缓存从设计初衷上就与深度学习模型的特点不适配，深度学习处理器抛弃了高速缓存，用能够显式编程控制的便笺存储器作为片内存储层次。这些变化影响了深度学习处理器的指令设计和指令流水线机制，将对深度学习处理器上任务的执行方式产生直接的影响，因此我们首先介绍这些改动。本节以一个图像风格迁移模型中的卷积层为范例，讲解深度学习模型如何映射到深度学习处理器上，以及深度学习处理器的执行过程。

6.3.1.1 架构特色

1. 运算

在深度学习模型中，一个神经网络层的输入/输出神经元可能是 100 个，也可能是 100 万个，还可能是任意多。算法的大小可以由算法设计人员任意指定，不设上限，而硬件的规模总是有限的。迄今没有任何单个芯片能够放下 100 万个乘法器（硬件神经元），但超过 100 万个连接的大型深度学习模型却很普遍。因此在深度学习任务的计算过程中，硬件运算单元必须时分复用，做不到与算法中的神经元一一映射。硬件运算单元的时分复用机制是指，硬件在每个计算周期仅用固定规模的一小块输入数据计算固定规模的一小块输出数据，下一个计算周期再去计算下一块输出数据，从而用小规模的电路实现大规模的深度学习算法。模型规模若较大，则多占用一些执行时间；若较小，则少占用一些。这个固定规模若设计得较大，则芯片面积、功耗、性能都相应增长，适用于云端、数据中心、超算等高性能场景；若设计得较小，则芯片面积、功耗、性能都较低，适于在物端、移动设备、低功耗和低成本设备上使用。

以一个全连接神经网络层为例。在硬件上设计 T_i 个输入神经元、T_o 个输出神经元，能在一个计算周期内完成 $T_\mathrm{i} \times T_\mathrm{o}$ 个乘法运算，并完成每个输出神经元上一共 T_i 个输入贡献成分的累加。假若要完成的神经网络层恰巧有 T_i 个输入神经元、T_o 个输出神经元，则仅通过一个计算周期即可完成这一层的运算。若神经网络层有超过 T_o 个输出神经元，例如有 $n \times T_\mathrm{o}$ 个，则每个计算周期可完成其中 T_o 个输出神经元的计算，n 个计算周期后 ⊖ 即可完成这一层的运算。若神经网络层有超过 T_i 个输入神经元，例如有 $m \times T_\mathrm{i}$ 个，则每个计算周期可算出其中 T_i 个输入神经元对 T_o 个输出神经元的贡献量（跳过激活函数运算）。这些贡献量作为结果的部分和，还需要与其他输入神经元的贡献量累加到一起。下一个计算周期，硬件神经元除了完成计算另外 T_i 个输入神经元对相同输出神经元的贡献量，还要额外将这一周期的部分和结果加在一起。经过 m 个计算周期后，可以将所有输入神经元的贡献计算并累加完毕，附加激活函数运算后，得到 T_o 个输出神经元的最终结果。若神经网络层的输入或输出神经元数目不是 T_i、T_o 的整数倍，则产生模数效应，最后一次运算时只剩下凑不满整个硬件运算器规模的数据。那么在最后的运算过程中，需要屏蔽掉一些硬件神经元，为其输入额外的 0 使它们的运算过程不影响最终结果；因此，即使数据不满 T_i 或 T_o 个，这次计算仍然需要一个完整的计算周期来完成。总结以上过程，如图 6.31 所示，全连接神经网络层有 M 个输入神经元、N 个输出神经元时，完成该层运算共需要 $\left\lceil \dfrac{M}{T_\mathrm{i}} \right\rceil \times \left\lceil \dfrac{N}{T_\mathrm{o}} \right\rceil$ 个计算周期。

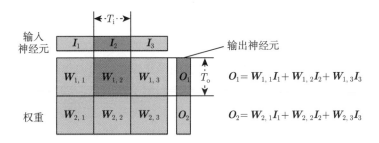

图 6.31　全连接层算法到硬件的映射

我们将在第 7 章详细介绍运算器的具体设计方案。实际上，在硬件上设计 T_i 个输入神经元、T_o 个输出神经元的全连接层运算单元，等同于设计一个 $T_\mathrm{i} \times T_\mathrm{o}$ 大小的矩阵乘向量单元（搭配上相应的激活函数运算），因为全连接层的线性计算部分本质上就是一个矩阵

⊖　计算周期的实际长度取决于电路设计，一个计算周期可能对应了多个时钟周期；如果电路中采用了流水线设计，连续计算 n 次，除了第一次计算需要多个时钟周期外，后续每次计算再增加一个时钟周期就可以完成。

乘向量操作。矩阵乘向量操作只是二级算子，并不是 6.2.3 节分析中最高级别的算子，但在硬件规模不大时已经具有很好的运算密度了（相对于通用处理器和向量处理器而言），是一个应当考虑采用的方案。如果硬件上设计了矩阵乘法单元，那么就可以直接高效支持卷积层、按批量计算的全连接层等；然而反过来，无批量的全连接层只能视为批量为 1 的特例情况，产生了极端的模数效应，导致硬件利用率低。这种设计常用于训练场景或对吞吐量有较高要求的高性能推理场景，但在一般的推理场景中没有必要。类似于卷积这样更高级别的算子也可以拆解为矩阵乘法、矩阵乘向量来完成，如图 6.32 所示；但若硬件设计时需要追求最优的卷积运算效率（而不考虑全连接层等其他较低级别算子的效率时），则应当设计专门的卷积运算单元。

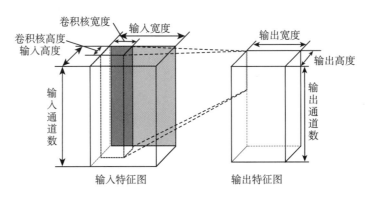

图 6.32　卷积层算法到硬件的映射

2. 访存

深度学习模型的访存有着显著的特点，如果加以利用，有着巨大的优化空间可供挖掘；反过来说，如果未能充分利用，也会造成处理器效率低下。首先，由于深度学习模型是由算子为基本元素组成的，深度学习模型对数据的操作以张量为单位进行，因此访存行为大多都是对整块数据的连续访问。向量处理器便是利用了这一点，成功降低了控制、寻址开销，连续的向量访存也使访存延迟的影响减小了。深度学习处理器应当延续这一优势。其次，由于硬件的容量总是有限的，而算子和张量数据可以任意大，算子和张量数据是需要进行分块拆解的（如 6.1.3.2 节所述）。由于很多关键的深度学习算子有着较高阶的 I/O 复杂度，分块拆解后运算密度下降，意味着分块后产生的小算子之间存在大量的数据重用机会。

如图 6.33 所示，将一个矩阵乘法算子进行十字分块，输入/输出矩阵共拆解为 12 块小矩阵，以便符合硬件运算器的规模。分解产生了 8 个小规模的矩阵乘法算子和 4 个矩阵加法算子，每个算子需要访问 3 块小矩阵，共计访问 36 块次，这远远超过了原始数据 12 块的总大小。进一步分块分解，访问总块次将以更大倍率超过数据的分块数。这时如果我们还偏要直接工作在主存储器上，让每个小规模算子分别独立地去进行访存，就犯下了类似于 CDC STAR-100 的设计错误。我们应当设置一块片内存储器来捕捉数据的重用机会，将数据尽量以大粒度暂存在芯片内部，可以显著降低对芯片外部主存储器的访问压力。

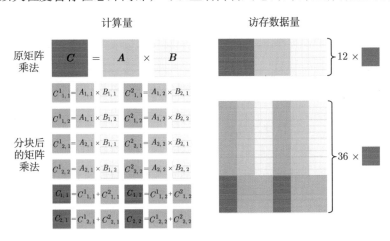

图 6.33 运算分块导致访存量增加

回顾 6.1.3.2 节的内容，深度学习的访存特性不适合使用高速缓存作为片内存储器。因为每个算子应当如何进行分块与存储器的容量密切相关，智能计算系统的程序员有必要了解并主动管理片内存储器，这种情况下高速缓存编程"透明"的设计初衷积极意义不大，反而对性能产生了诸多复杂的不利影响，不利于性能调优。因此，深度学习处理器采用结构简单的 **便笺存储器** （scratchpad memory，SPM）来取代高速缓存。直白地说，便笺存储器就是一种不附加任何功能的片内存储器，宛如一张白纸，因此得名"便笺"。程序员可以通过指令控制该存储器，也可以通过地址访问它，或修改其中任意一行的数据。这虽然给程序员造成了一定的负担，但也为程序员提供了更直接、完整的控制权限，让程序员掌控了访存行为，使得程序有更好的优化空间。另一方面，便笺存储器结构简单，硬件性能更好，成本更低。表 6.2 展示了在 7 nm FinFET 工艺下，4 MB 容量的缓存与便笺存储器的各类硬件指标对比。相对于同等容量的缓存，便笺存储器因为省去了复杂的查找、替换逻辑，在面积、速度和能效表现上均有收益。

表 6.2 便笺存储器与高速缓存的对比（7 nm FinFET 工艺）

指标	高速缓存	便笺存储器
面积	+50%	——
访问延迟	+30%	——
功耗	+2%	——
控制方式	透明	需要编程

6.3.1.2　数据排布

4.3.2.5 节介绍过在深度学习框架中如何组织数据排布。数据排布决定了对张量数据的哪些访问是连续的，哪些是条带状分散的。进行连续的访存比条带状访存开销更低，因此数据排布也是影响深度学习处理器计算效率的一个因素。在选定数据排布时，需要考虑智能处理器的架构特点；编程框架和编程语言在实现时，也应当照顾到系统中智能处理器的架构，进行对应的优化。

假设硬件运算器设计为 $T_i \times T_o$ 大小的矩阵乘向量单元。每个运算周期，矩阵乘向量单元需要读取 T_i 个输入神经元激活值，可能还需要写出 T_o 个输出神经元结果 ⊖。为了高效支持这种数据访问模式，便笺存储器应将每一行所含的字数设定为与 T_i、T_o 相同（意味着为了达到最高效率，T_i 也应当等于 T_o），才能保证在一个访存周期内配合运算器在一个计算周期内的行为，完成数据的读或写。这意味着便笺存储器需要按行编址、按行访问，与高速缓存的缓存行概念类似。便笺存储器的行尺寸确定后，向量运算指令、访存指令等其他指令集设计，以及支持它们的硬件结构，也都自然以行为单位对齐，以保证设计的一致性，降低互相转换的开销。

由于矩阵乘向量单元在进行多周期运算时，最内层控制循环是遍历所有的输入神经元，与输入神经元对应的张量维度（特征图的通道、卷积核的输入通道维度等，即 4.3.2.5 节中介绍的"C"维度）应当也作为数据排布时的最内层循环，构成连续排布，方便访问。这对应着深度学习框架中"NHWC"的张量数据排布格式；若在深度学习框架实现中并非按照"NHWC"排布数据，则可能会因此产生额外的数据重排布、矩阵转置的开销，降低运算效率。但是与深度学习框架中"NHWC"略有不同的一点在于，由于模数效应，假如"C"维度的尺寸并非行尺寸的整数倍，应当以零补齐至整行分界处，然后再开始记录下一个点（"W"）的数据。否则不同点的数据混杂在便笺存储器的同一行中，将对硬件运算器造成额外的困扰，需要实现运算器掩蔽等机制才能处理，增加了硬件成本。因为需要补零对齐的行长度与处理器结构有关，需要深度学习框架、智能编程语言在实现时进行针对性的优化来配合，才能达到最佳效果。

6.3.1.3　运算分块

我们以深度学习模型中的卷积层为例，展示深度学习处理器上编程、执行的过程。编程、执行过程中，最重要的一步便是对算子进行合适的分块拆解，以便适配硬件上便笺存储器的容量。图 6.34 展示了卷积层算子的几种分块拆解方式。常用的拆解方式有：

- 沿卷积核的输出特征通道维度拆分。拆分后，完整的输入特征图数据要反复使用多次，每次都与卷积核数据的一部分进行卷积运算，得到一部分输出特征图。这种拆分方式

⊖　每个运算周期，矩阵乘向量单元还需要读取 $T_i \times T_o$ 个权重数据。在这一章我们暂且不考虑矩阵乘向量单元对权重数据的访问，留待第 7 章再具体讨论这个问题。

实现较为简单。

- 沿输入特征图的空间维度（特征图高、宽）拆分。拆分后会产生输入交叠，在本次运算所使用的输入特征图的边界上，有一部分数据将在下一次运算时重复使用。所以本次运算完成后不要急于抛弃所有的输入数据，只要仔细地编程加以控制，一部分会被复用的数据就能在便笺存储器内得以保留。

- 沿输入特征图的通道维度进行拆分。拆分后会产生部分和，每次卷积运算产生的结果与最终输出特征图数据尺寸一致，但在数值上却是不完整的。各部分计算完成后，还需要对所有部分结果进行加和、激活，才能得到最终输出结果。加和过程可能需要将之前输出的部分结果重新读取回来，如果处理不当容易增加访存压力，部分和的存在也让这种分块方式很难真正缩减占用便笺存储器的空间。

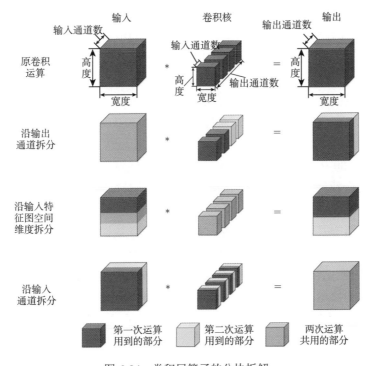

图 6.34　卷积层算子的分块拆解

通常来讲，合理的分块拆解策略是：如果卷积核/输出特征图过大，就沿输出特征通道维度拆分；如果输入/输出特征图过大，就沿特征图高、宽方向拆分。如果以上分块仍然无法将数据分解至便笺存储器能够容纳的粒度，再考虑沿输入通道维度拆解。还有其他维度可以进行分块拆解，例如卷积核的尺寸；但这些拆解会使运算密度快速劣化，加重访存负担。如果不是因硬件资源约束迫不得已，一般不会拆解它们。

更具体地，我们以图像风格迁移模型中的卷积层"conv4_2"为例。该层输入特征图的宽、高均为 28，通道为 512 个；在四周边界各补宽度为 1 的零，边界补零后宽、高均为 30；卷积核宽、高均为 3，输出通道 512 个，步长为 1。容易推算得到，输出特征图与输入特征图各维度尺寸是一致的，均为 $28 \times 28 \times 512$。假设字长为 16 比特（2 字节每字），便笺存储器容量为 1MB，便笺存储器每行存储 16 个字，因此共编址 32 768 行；硬件上卷积运算单元每周期输入/输出数据的长度也均与便笺行宽保持一致，同为 16。

输入特征图共 401 408 个字，合 784KB；卷积核共 2 359 296 个字，合 4.5 MB；输出特征图与输入相同，合 784KB。要完整存入全部输入/输出数据，需要 6 MB 的存储空间，超过了我们的便笺存储器容量，因此必须分块。我们将便笺存储器中一半的容量（512KB）规划用于存储卷积核，另一半的容量用于存储输入/输出特征。因此，卷积核至少需要分解至原来大小的 1/9，才能容纳；我们通过对输出特征通道数进行分解，来降低卷积核的尺寸。将输出通道均分为原来大小的 1/9（$512 \div 9 \approx 56.9$），无法得到整数。又考虑到通道数与硬件运算器尺寸之间的模数因素，分解成 57 个通道映射在运算器上难免产生算力的浪费，我们选定 48 个通道（16 的 3 倍）作为划分大小。前 480 个输出通道均分为 10 次来计算，每次计算 48 个输出通道；最后一次计算处理剩余的 32 通道。如此确定输出通道的分块后，我们知道每一份卷积核占用便笺存储器的容量最大为 432KB，还剩余 592KB 可用。

592KB 不足以容纳输入特征图，而且还有输出特征图需要占用一部分容量，因此输入特征图也需要拆分，我们选择沿特征图高度方向进行拆分。进行一次对半拆分，输入特征图尺寸变为 $16 \times 30 \times 512$，合 480KB，计算时需要注意预留 1 行、2 列边界补零的空间，卷积核视野中将会额外看到 1 行对侧的特征图；输出特征图尺寸变为最大 $14 \times 28 \times 48$，合 18.4KB，计算时注意输出通道已经被拆分过了，要和卷积核的拆分保持一致。这样拆分后，便笺存储器的容量已经足够容纳一次计算的全部数据了。

分块过后，就已经大致形成了该层的示例程序。如图 6.35 所示，便笺存储器以行（32 字节）为单位编址，在总共 32768 行便笺地址中，0~13823 行用于存放卷积核；13824~29183 行用于存放输入特征图；29184~30359 行用于存放输出特征图。主存储器以字节编址，以 W 表示卷积核在主存储器中的地址，X 表示输入特征图在主存储器中的地址，Y 表示输出的目标地址。可以想象，"程序"大致如下：

1. 装载一份卷积核：便笺[0~13823] ← 主存[W~W+442367]

2. 装载上半部输入特征图：便笺[15712~29151] ← 主存[X~X+430079]

3. 对便笺[15712~29151] 数据进行边界补零，填入便笺[13824~29183]

4. 使用卷积指令，完成上半部卷积

5. 将输出特征图便笺[29184~30359] 写入主存相应位置上

6. 保留输入特征图上下部交叠的区域：便笺[13856~15711] ← 便笺[27296~29151]

7. 装载下半部输入特征图：便笺[15776~27423] ← 主存[X+430080~X+802815]

8. 对便笺[15776~27423] 数据进行边界补零，填入便笺[15744~29183]

9. 使用卷积指令，完成下半部卷积

10. 将输出特征图便笺[29184~30359] 写入主存相应位置上

11. W 递增 442368 字节（=48 × 3 × 3 × 512 × 2），Y 递增 96 字节（=48 × 2）

12. 循环回到步骤 1，共计执行 10 遍

13. 最后，减少输出通道数，执行最后一遍

我们在图 6.35 中标示出了循环内每一步（步骤 1 到步骤 10）发生的数据传输。可以看到，目前该 "程序" 还有诸多模糊的地方，例如：具体要如何完成边界补零？卷积指令应该长什么样子？如何将片内便笺存储器中连续存放的输出数据（便笺 [29184~30359]）写入在主存储器中并不连续的 48 个输出特征图通道？这些问题都需要我们明确地定义深度学习处理器的指令集来进行回应。

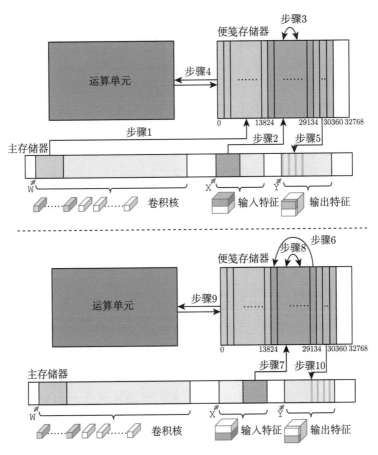

图 6.35　DLP 处理 "conv4_2" 层的示例程序运算流程

6.3.1.4　指令集

指令集是深度学习处理器体系结构的核心，是深度学习处理器对于底层程序员的抽象，是软硬件之间的界面。指令集的设计原则是把深度学习模型中可能用到的各种神经网络层和算子拆分成一些基本的操作，每个操作由一条指令来完成。如果指令集覆盖了各种深度学习算子的最大公约数，未来新发展出现的神经网络层就能由这些指令拼接组合出来。类似于在向量处理器上可以用加减乘除和跳转拼接组合出所有科学计算，在深度学习处理器上我们以卷积、矩阵乘等高级算子为基础，搭配向量加减乘除、跳转等指令作为补充。这样指令集方案就能兼顾计算效率和通用性，在卷积层、全连接层等包含深度学习模型主要运算量的神经网络层上最大化效率，同时不失完备的功能支持。

在指令风格上，深度学习处理器由于要处理不定尺寸的张量数据，非常适合使用 STAR 风格设计指令集。与 CDC STAR-100 的情况不同，这次在 DLP 上采用 STAR 风格设计指令并不违反 RISC 原则。这是因为深度学习处理器采用了便笺存储器，便笺存储器可以视作深度学习处理器当中为大块张量数据准备的寄存器。让矩阵、向量运算器直接工作在便笺存储器上已经足够高效了，不再需要更高速的寄存器来加速热点访问。即使再设置一级更高速度的寄存器，由于存储技术中速度和容量是互相矛盾的，这个寄存器容量也将非常有限。拆解得过于零碎的张量运算反而劣化了运算密度，增加了编程和指令控制负担，大多数时候也不会再带来效率提升。采用 STAR 风格，将所有的指令都设计为处理任意大小的张量、向量数据（只要不超过便笺存储器的容量）。通过指令域指明张量的形状、向量的长度，让运算器自主循环完成计算或数据传输。这一方面方便了程序员编程，另一方面可以省去分支循环的控制指令，指令流水线当中需要处理的指令条数显著降低，为我们大幅精简硬件指令流水线结构提供了基础。

具体来说，本书中的深度学习处理器采用图 6.36 中的指令集。该指令集符合 RISC 原则，只能通过专门的装载、存储指令访问主存，在主存与便笺存储器之间交换数据；所有的张量、向量计算都必须工作在便笺存储器上。我们还保留了标量处理部分，准备了 64 个寄存器；这部分标量指令设计再次采用了 RISC 原则，使用专门的标量装载、存储指令与便笺存储器交换数据，然后再通过便笺存储器间接地访存。指令集主要包含三类指令，分别用于运算、控制和数据传输。数据传输指令和运算指令分别有针对矩阵、向量和标量的指令。所有指令编码长度均固定为 64 位，但采用了 STAR 风格，处理的数据是变长的。同一条矩阵乘法指令既可以完成 1000×1000 大小的矩阵乘法运算，也可以完成 10×10 大小的矩阵乘法运算。由于每条指令的功能是变长的，所以每一条指令的执行时间也是变长的。该指令集比较灵活、简洁，利用这种简洁的指令集可以方便地实现大规模的深度学习应用。

指令类型		例子	指令参数类型
控制指令		跳转（JUMP），条件分支（CB），计数循环跳转指令（REPEAT）	寄存器（标量值），立即数
数据传输指令	矩阵	矩阵取（MLOAD）/存（MTORE）/移动（MMOVE）	寄存器（矩阵地址/大小，标量值），立即数
	向量	向量取（VLOAD）/存（VSTORE）/移动（VMOVE）	寄存器（向量地址/大小，标量值），立即数
	标量	标量取（SLOAD）/存（SSTORE）/移动（SMOVE）	寄存器（标量值），立即数
运算指令	矩阵	矩阵乘向量（MV），向量乘矩阵（VM），矩阵乘矩阵（MM），卷积（CONV）	寄存器（矩阵或向量地址/大小，标量值）
	向量	向量内积指令（IP），向量间加减乘指令(VADD/VSUB/VMUL)，向量倒数指令（VRECIP），向量激活指令（VACT），向量纵向最大指令（VMAX），向量大于比较指令（VGT），向量等于比较指令（VEQ），向量横向最大指令（VHMAX），向量与/或/非指令（VAND/VOR/VNOT）	寄存器（向量地址/大小，标量值）
	标量	标量基本运算，标量比较，标量逻辑运算	寄存器（向量地址/大小，标量值），立即数

图 6.36   DLP 指令集

1. 控制指令

控制指令包括跳转（JUMP）指令和条件分支（CB）指令，如图 6.37 所示。跳转指令通过立即数或寄存器来指定偏移量。条件分支指令用寄存器来存放条件，用寄存器或立即数来指定分支地址偏移量。

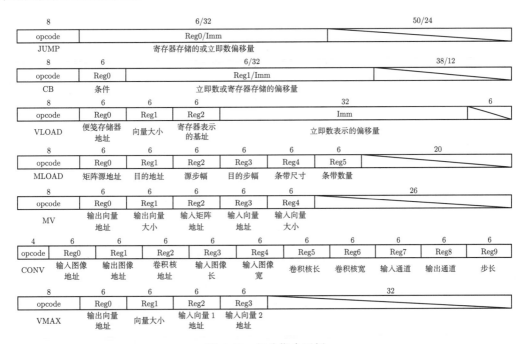

图 6.37   部分指令示例

另外针对深度学习的计算特点,考虑到程序中常用重复固定次数的循环,还可以设计专门的计数循环跳转指令(REPEAT)。计数循环跳转指令除了用寄存器或立即数指定跳转地址偏移量外,还指明一个寄存器用来存放循环计数,用一个 16 位立即数指定循环次数。由处理器硬件结构进行循环计数的维护,并在循环满指定次数后停止跳转,结束循环。这样,指令流水线不需要进行分支预测,就可以精确地知道计数循环跳转的方向,提高了采用计数循环时指令流水线的效率。

2. 数据传输指令

数据传输指令支持变长数据的传输,从而能够使用一条指令将张量或向量传输完毕。最简单的形式便是通过寄存器或立即数来指定传输的数据大小,然后交由硬件通过循环自主完成连续数据的传输。图 6.37 展示了一个向量装载指令(VLOAD),将主存储器中的向量装载到便笺存储器中,寻址通过寄存器表示的基址和立即数表示的偏移量共同完成。向量存储指令(VSTORE)与它形式一致,只是传输方向相反;向量移动指令(VMOVE)则负责将连续的数据从便笺存储器的一处传输至便笺存储器的另一处。

通过标量数据传输指令(SLOAD/SSTORE/SMOVE),可以在寄存器与便笺存储器之间进行数据交换。

更复杂的情况是矩阵传输指令(MLOAD/MSTORE/MMOVE),但这对深度学习处理器高效处理矩阵(和更高维张量)至关重要。以矩阵装载指令(MLOAD)为例,从主存储器上存储的一个大矩阵内,拆解出一个小矩阵,然后装载到便笺存储器上来。由于矩阵的行向、列向上都能进行划分,小矩阵在数据摆放上是不连续的。深度学习处理器通过设计更复杂的循环控制机制,能够实现条带状(strided)访存,等同于在硬件内部执行这样的向量代码:

1. r1 ← Reg0
2. r2 ← Reg1
3. 从 r1 位置连续传输大小为 Reg4 的数据到 r2 位置
4. r1 ← r1 + Reg2
5. r2 ← r2 + Reg3
6. 计数循环跳转至第 3 步,共计循环 Reg5 次

这样就解释了在 6.3.1.3 节所编写的示例程序中,具体如何实现了补零,以及如何将便笺上连续排布的输出结果写到主存储器并不连续的目标位置上。"将输出特征图便笺 [29184~30359] 写入主存相应位置上"的具体做法即是使用矩阵存储指令(MSTORE),以便笺 29184 行为源地址、Y 指针为目的地址,便笺上部分的输出特征图一行的尺寸(28 × 48 字,2688 字节)作为源步幅和条带尺寸,主存储器上完整的输出特征图一行的尺寸(28 × 512 字,28672 字节)作为目的步幅,特征图高度(14)作为条带数量。边界补零则通过两条矩阵移动指令(MMOVE)完成,第一条将连续摆放的数据分散到应当存储非零值的位置

上去；第二条将零填入补零处。

通过对张量的形状进行重新诠释，矩阵传输指令已经能够支持在任意维度张量上，最外维与另一单一维度取中、其他维度取满的数据传输。例如在维度为（A、B、C、D、E、F、G）的七维张量中，一条矩阵传输指令可以支持在 A 维度上任取一段，并同时在 B、C、D、E、F、G 六个维度中再选择一个，在其上任取一段。更为复杂的条带状访问，稍稍牺牲效率和内存容量，通过多个矩阵传输指令之间的级联也能够完成。但是，如果硬件设计预算上仍有余量，可以考虑在指令集中直接实现针对更高维度张量的传输指令，这样对算法中偶发的复杂情况能够有更好的适应性。

3. 矩阵运算指令

如上一节所述，神经网络中绝大部分计算都是对向量或矩阵进行操作。例如，GoogLeNet[41] 中有 99.992% 的算术操作都是向量操作，而且 99.791% 的向量操作都是矩阵乘向量操作，或更高级的操作。

如图 6.37 所示，DLP 指令集提供了矩阵乘向量指令（MV）。其中，Reg0 指定输出向量在片上存储的基地址，Reg1 表示输出向量的大小，Reg2、Reg3、Reg4 分别指定输入矩阵的基地址、输入向量的基地址、输入向量的大小。通过 STAR 风格设计，MV 指令支持任意大小的矩阵与向量乘法，只要输入和输出数据能够存放在便笺存储器中。

MV 指令还需要一些变种。例如，采用反向传播训练神经网络时，计算梯度向量需要做向量乘以矩阵的操作。如果用 MV 指令，需要额外的指令来实现矩阵转置，引入一次额外的便笺存储器数据传输，消耗时间和能量，也额外占用了宝贵的便笺存储器空间。为避免额外的数据传输，可以提供反向计算的向量乘矩阵指令（VM），该指令的操作数设计与 MV 基本一致。

因为 DLP 指令集采用 STAR 风格带来的特性，即使硬件上没有采用矩阵乘法单元，而是采用了更低级的矩阵乘向量单元作为矩阵运算器，也并不妨碍 DLP 指令集提供矩阵乘法（MM）指令。只不过，矩阵乘法指令实际上是由硬件自主计数循环控制、通过连续执行 MV 指令实现的。采用类似方式，也可以直接实现更高级别的卷积（CONV）指令。不过需要注意的是，将一条卷积指令定义清楚，需要提供至少 10 个参数。倘若仍然采用图 6.37 所展示的编码格式，我们的 DLP 指令集采用的 64 位指令编码格式已经容纳不下这么多参数了。因此需要为卷积指令特别缩减操作码的位数（缩减至 4 位），或者扩展指令编码长度，或者采用便笺存储器的一行来间接地一次性提供更多参数值。

4. 向量、标量运算指令

向量、标量运算指令作为深度学习处理器功能完备性的补充，承担的是在深度学习模型中运算量占比不大的次要运算，但这些运算在功能上同样是必不可少的。

许多深度学习中常用的算子，例如池化、激活、批归一化、图像插值等都需要用到向量指令。为此，DLP 指令集设计了向量内积指令（IP），向量加向量（VADD）指令、向量乘

向量 (VMUL) 指令、向量减向量 (VSUB) 指令以及向量倒数 (VRECIP) 指令。为了支持激活函数计算 (例如 Sigmoid 函数、双曲正切函数等), DLP 指令集还集成了向量激活指令 (VACT), 通过搭配不同的参数可以实现不同的激活函数, 同时也借由此支持了指数、对数、三角函数等其他非线性函数的计算。为了支持最大池化中的比较操作, DLP 指令集设计了向量纵向最大 (VMAX) 指令, 如图 6.37 所示, 该指令比较两个输入向量中对应元素的大小, 取较大值存入输出向量中。此外, DLP 指令集还设计了向量大于比较 (VGT) 指令、向量等于比较 (VEQ) 指令、向量与/或/非 (VAND/VOR/VNOT) 指令、向量横向最大 (VHMAX) 指令 (将向量内最大的元素存入标量寄存器中)、标量比较和标量逻辑指令来处理分支条件。第 7 章将具体讨论运算器的设计。

在 GoogLeNet 这样的神经网络中只有 0.008% 的算术操作需要用标量指令。但是为了功能完备性, DLP 指令集也提供了一套完整的标量指令, 如图 6.36 所示。与通用处理器的设计目标不同, 因为使用它们的情况极为罕见, 占比不高, 这些指令只须实现其基本功能, 不需要具备高性能。因此, 即使包含了一套完整的标量指令, 相比通用处理器中的设计, 开发者仍然可以大刀阔斧地简化深度学习处理器的指令流水线。

6.3.2 深度学习处理器的结构发展

深度学习处理器的结构特点可以归结为三个方面: 在计算方面, 深度学习处理器通过直接在硬件上实现高级算子, 在相同的访存带宽预算下提供了更高的运算能力; 在存储方面, 深度学习处理器采用便笺存储器取代了高速缓存; 在控制方面, 深度学习处理器大幅简化了指令流水线中复杂的控制结构。通过前一小节的介绍, 我们对于深度学习处理器架构在计算和存储方面所采用的设计和背后的原理已经较为清楚了。这一小节我们将关注点放在控制方式上, 重新回顾指令流水线设计, 绘出一个深度学习处理器架构的大体蓝图, 然后介绍深度学习处理器的发展历史。关于深度学习处理器架构各个部分的具体实现方式, 将留待第 7 章再详细介绍。

6.3.2.1 从通用处理器到深度学习处理器

在通用处理器中, 指令流水线控制通路复杂, 功耗、面积开销都很大。由于深度学习中主要是规整的向量、矩阵操作 (尤其是卷积层和全连接层), 行为可控, 且深度学习处理器迫切需要提升效率、降低功耗及面积开销, 因此深度学习处理器应尽可能简化控制通路, 不适合采用复杂的流水线结构。我们以 6.1.2 节最终得到的通用处理器结构为起点 (见图 6.15), 首先回顾指令流水线的设计, 简化掉我们不需要的部分。

1. 指令流水线

因为深度学习处理器的指令特点, 大多数指令很可能需要上百个时钟周期才能完成, 极端情况下会出现一条指令需要十万个时钟周期来执行的情况, 因此深度学习处理器中执行指令的频率非常低。很多在通用处理器中必须要通过增加指令流水线复杂机制实现快速处理的事务,大多只是为每条指令的执行过程节约一两个时钟周期,因此到了深度学习处理器中就变得无关紧要。我们可以简化掉这些机制,让指令流水线回归简单形式:

- **分支预测**:深度学习以计数循环为主要控制结构,条件分支相对罕用;即使使用条件分支,通常循环体也至少需要数百个时钟周期来执行。分支预测在每次遇到条件分支时节约两个时钟周期,对整体性能影响微乎其微。但分支预测器的硬件成本不菲(能占到整个处理器核心的 20%),应省去。

- **数据前递**:数据前递机制在两条互相构成数据依赖的标量指令之间提前传递数据,使原本需要等待一两个时钟周期的指令能更紧凑地发射。但是,标量运算在深度学习模型中占比不到万分之一,节约一两个时钟周期对整体性能影响微乎其微。实现数据前递需要在硬件上配备一个较大的交叉开关阵列,成本同样不菲,应省去。

- **乱序执行**:在深度学习处理器上,允许指令乱序执行仍然是有积极意义的。例如,数据传输和矩阵运算两种指令的执行结构相互独立,一条矩阵运算指令正在长时间执行、导致后续运算指令被阻塞时,完全可以允许位置更靠后的数据装载指令提前开始工作,实现数据传输和运算的并行。但是,深度学习处理器一不负责处理外部设备中断、指令异常等例外情况,二不进行投机执行(分支预测器已经被移除),不会出现指令提前执行后又需要撤销的情况。因此,包括提交队列、写入/写出队列等用于实现投机执行、精确例外的指令流水线结构都可以省去。我们将在第 7 章讨论如何针对智能处理器的情况设计我们真正需要的"乱序执行"机制。

- **寄存器重命名**:深度学习处理器中的寄存器所承担的最主要功能是用于记录和传递运算指令参数(地址、张量形状等)、记录循环状态,而不再是主要用来暂存操作数和运算结果。因为深度学习处理器使用标量指令处理的运算不到万分之一,向量、矩阵指令又几乎不使用寄存器存放数据,寄存器重命名作用微乎其微,可以省去。

- **多发射**:因为深度学习处理器每条指令所需的时钟周期非常长,很少有指令会集中在同一时钟周期内等待共同发射。即使有指令可以同时发射,改为排队发射、推迟数拍,对整体性能的影响也微乎其微。多余的指令发射单元应省去。另外,因为标量指令不再主要承担运算功能,多发射机制也已经取消,所以标量运算逻辑单元也仅须保留一个。

简化后的流水线结构如图 6.38 所示。与图 6.15 上原来的通用处理器指令流水线进行对比,可以直观地感受出两者指令流水线架构复杂性上的巨大差别。经过简化,将宝贵的硬件资源从臃肿的指令流水线中解放出来,投入数据通路、运算器,可直接提升处理器的访存带宽和峰值运算能力。

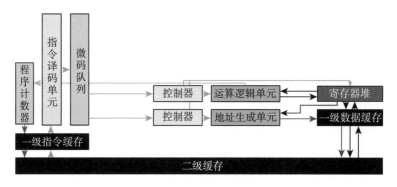

图 6.38   简化后的流水线结构

2. 数据通路

下一步，我们改造数据通路。图 6.39 展示了深度学习处理器中数据通路上发生的变化。这些主要变化有：写入/写出队列因乱序执行被简化而消失了；数据缓存被便笺存储器取代；添加了直接访存模块（Direct Memory Access，DMA）负责便笺存储器与主存储器之间的数据传输。

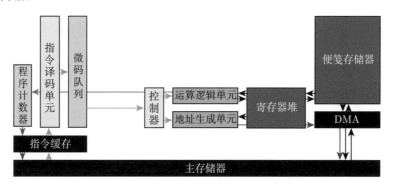

图 6.39   DLP 的数据通路

主存储器处于芯片外部，对主存储器的访问需要跨越芯片边界，信号处理过程比较复杂，与主存储器之间的信号交互需要专门的内存控制器来代理。内存控制器能够处理的访存事务的粒度在字节至行之间，若要传输成千上万行的张量数据，需要处理器指令流水线不间断地向内存控制器发起处理事务请求。如果通过指令来完成，将占用指令流水线，阻塞运算的进行。为了使访存与运算能够充分同时工作，我们设置 DMA 来代理控制访存行为。可以简单地理解为，DMA 是一个批量数据访问模块。只需要指定批量数据的访存信息，DMA 就可以在一段时间内代理与内存控制器之间的交互，完成主存储器与片上便笺存储器之间的数据交互。这样，只需要一条简单的指令即可驱动 DMA 访问批量数据，立即解放出指令流水线继续执行其他运算指令，在数据传输过程中 DMA 不占用其他非访存指令的硬件资源。第 7 章将详细介绍如何利用 DMA 实现访存与运算之间的高效并行。

3. 运算

最后，我们完成深度学习处理器的运算单元设计。图 6.40 展示了一个深度学习处理器的完整结构。

矩阵运算单元是深度学习处理器的核心运算部件，由大量标量运算单元构成，用于完成矩阵运算。通常，这些标量运算单元硬件按某种方式组织成二维阵列，大量的运算器之间已经按照矩阵运算的固有运算顺序相互连通，完成完整的矩阵运算过程只需一条指令进行控制。数据从一个运算送至下一个运算时，既不需要存入物理寄存器堆（再由另一条运算指令取出），又不需要通过数据前递开关阵列进行路由，而是直接通过运算器硬件之间一对一的连线完成了传递。因此，在完成矩阵运算时，深度学习处理器的效率可远超通用处理器和向量处理器。我们将在第 7 章详细讨论矩阵运算单元的内部结构。

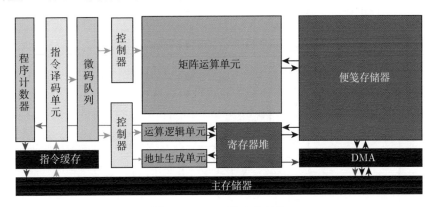

图 6.40　DLP 的完整结构

矩阵运算单元与便笺存储器相连，后者为它提供输入数据，并存储它产生的输出数据。控制器负责按照矩阵指令配置的参数产生硬件部件所需的控制信号。它负责解析发射的矩阵指令，必要时从通用标量寄存器读取所需参数，推算矩阵运算单元完成运算所需的运算周期，然后控制运算单元的时分复用。在整个矩阵指令的运算周期内，控制器产生相应的控制信号，控制便笺存储器提供的数据和写入结果的位置，使矩阵运算单元能够按照指令分解的顺序正确执行运算。

6.3.2.2　深度学习处理器发展历史

深度学习处理器的前身是神经网络计算机/芯片。在第一次人工智能热潮中，唐纳德·赫布（D. Hebb）提出赫布学习法则之后不久，马文·明斯基（M. Minsky）就在 1951 年研制出了国际上首台神经网络模拟器 SNARC；弗兰克·罗森布拉特（F. Rosenblatt）提出感知机模型提出不久后，就在 1960 年研制出国际上首台基于感知机的神经网络计算机 Mark-I。它能用无隐层的单层感知机完成简单的任务，能连接到照相机上进行图像处理。在第二次人工智能热潮中，神经网络的研究取得了一些重要突破，如反向传播算法的提出使浅层神经网络的训练变得比较有效。在算法发展的推动下，20 世纪 80 年代和 20 世纪 90 年代初，很多大公司、创业公司和研究机构（包括国外的英特尔、摩托罗拉、IBM、德州仪器等，以及国内的中国科学院半导体所和中科大等）也开展了神经网络计算机/芯片的研制，包括 ETANN[315]（见图 6.41）、CNAPS[316]、MANTRA I[317] 和预言神 [318] 等。1989 年，国家科委依托中国科学院计算所成立了国家智能计算机研究开发中心，作为我国研制智能计算机的总体单位。

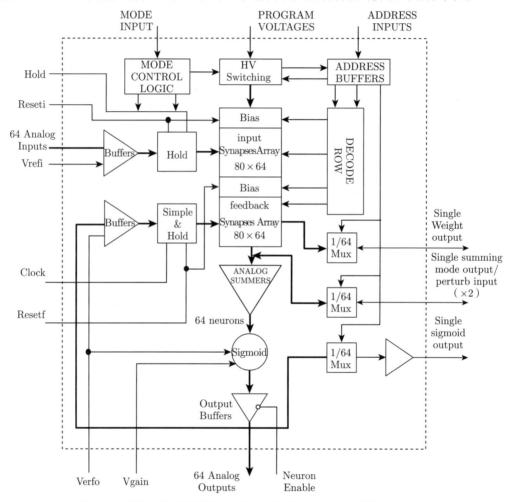

图 6.41　英特尔公司的模拟电路神经网络芯片 ETANN[315]（1989 年）

　　然而，这些早期的神经网络计算机/芯片只能处理很小规模的浅层神经网络算法，未能广泛应用于工业实践。首先，当时的浅层神经网络算法缺乏"杀手级"应用，而大规模的深层神经网络算法并没有合适的训练算法。其次，当时的主流集成电路工艺还是 1 微米工艺（今天的主流集成电路工艺已达到 7 纳米，即 0.007 微米），在一个芯片上只能放非常少的运算器。例如，英特尔的 ETANN 芯片中集成的硬件神经元数目只有 64 个。最后，当时的体系结构技术还没有发展成熟，人们还停留在想要用硬件神经元一一对应地支持算法神经元的初级设计思想中。

随着日本的五代机计划的失败，第二次人工智能热潮结束，整个人工智能发展都陷入一个低谷。在此大环境下，从 20 世纪 90 年代中期开始，神经网络计算机/芯片方向的创业公司纷纷破产，大公司裁掉该方向的员工，各个国家也暂停了这个方向的科研资助。

2006 年起，在以杰弗里·辛顿（G. Hinton）、杨立昆（Y. LeCun）和约书亚·本吉奥（Y. Bengio）等为代表的深度学习先驱者的不懈推动下，深度学习技术开始复兴，并逐渐引发了第三次人工智能热潮。2008 年，中国科学院计算所陈云霁、陈天石等人开始了人工智能和芯片设计的交叉研究。2013 年，中国科学院计算所和法国国家信息与自动化研究所（Inria）的奥利维尔·特曼（O. Temam）合作设计了国际上第一个深度学习处理器架构 DianNao[19]。DianNao 和过去的神经网络芯片不同，它不再受到神经网络规模限制，可以灵活、高效地处理上百层、千万神经元、上亿突触的各种深度学习神经网络（甚至更大）；相对传统通用处理器，DianNao 可以取得两个数量级（甚至更高）的能效优势。随后中国科学院计算所和法国 Inria 又合作设计了国际上首个多核深度学习处理器架构 DaDianNao[20]、首个机器学习处理器架构 PuDianNao[21]。

2015 年，中国科学院计算所提出了国际上首个深度学习指令集"寒武纪"（Cambricon）[23]。中国科学院计算所还研制了国际上首款深度学习处理器芯片"寒武纪 1 号"。在生命科学中，寒武纪是生物大爆发的时代。以"寒武纪"为芯片团队取名，寄予团队对于推动人工智能大爆发的期盼。寒武纪系列处理器问世后，广泛应用于上亿台智能手机和服务器产品中，推动了深度学习处理器从理论走向实际，普惠大众。中国科学院计算所寒武纪团队及其合作者的工作开创了深度学习处理器体系结构方向，使其成为整个国际计算机体系结构领域的学术研究热点。例如，2016~2018 年的国际计算机体系结构年会（International Symposium on Computer Architecture, ISCA）有近四分之一的论文引用寒武纪团队的成果，开展深度学习处理器相关研究工作。2018 年，*Science* 杂志评价寒武纪为深度学习处理器的"开创性进展"，并评价寒武纪团队在深度学习处理器研究中"居于公认的领导者行列"[319]。

在寒武纪系列处理器问世之后，大量国际科技巨头、初创公司纷纷推出了自己的深度学习处理器，引发了一轮"AI 芯片潮"。例如，2016 年，谷歌推出了张量处理单元（Tensor Processing Unit，TPU），至今已迭代至第 4 版；2017 年，英伟达开始向其 GPU 产品中加入矩阵运算单元"Tensor Core"，标志着 GPU 开始由单纯的向量处理器架构演进为一种向量处理器与深度学习处理器的混合架构；2018 年，华为将其自研深度学习处理器架构命名为"达芬奇架构"，并开始推出基于达芬奇架构的昇腾系列处理器产品。深度学习处理器 DLP 已经成为一类重要的处理器芯片。与 CPU 和 GPU 一样，从智能手机到超级计算机，都有 DLP 在背后默默支持着计算机更好地理解和服务人类。

6.3.3　总结和讨论

本节介绍了深度学习处理器的执行原理、指令集和架构设计风格。深度学习处理器在架构设计上有着明显的特点，相对于向量处理器，深度学习处理器中一条计算指令可以完成更加复杂的高级运算，进一步降低了控制和寻址开销，运算效率更高。在深度学习加速器中，矩阵运算器采用固定的硬件连接将多个硬件运算器按照矩阵运算的规则连接起来，避免了数据在运算器、指令流水线结构和寄存器堆之间往返传输。因此，在同等访存硬件资源预算下，深度学习处理器拥有更强的运算能力。

虽然有着更为优秀的运算效率，但遇到当今深度学习大模型任务时，单个深度学习处理器核心还是远远无法满足应用需求。我们不能满足于此，还要继续寻求拓展智能计算系统整体性能的边界。下一节我们将讨论搭建大规模深度学习处理器的方法。

6.4　大规模深度学习处理器

目前，深度学习处理器的算力主要取决于硬件中矩阵运算器的规模。单个深度学习处理器每时钟周期最多能够处理 $T_i \times T_o$ 个乘加运算（每个乘加运算对应神经网络中的一个神经元连接），而处理器芯片的时钟周期又受到工艺制约，因此矩阵运算器硬件规模成为深度学习处理器峰值算力的主要决定性因素。典型的 T_i、T_o 值一般设定在 8 到 128 之间，最大能够达到的峰值算力通常不超过 100 TOPS[⊖]。虽然这样的峰值算力已经远远超过了相同规格下的通用处理器、向量处理器能够达到的水平，但遇到当今深度学习大模型任务时，仅以这种水平的算力去应对，还是远远无法满足需求的。例如进行 GPT-3 的推理运算时，具有 100 TOPS 算力的单个深度学习处理器大约需要运算 10 秒左右才能得到 1 个词元；要生成一段完整的对话内容，需要数个小时。从应用角度来看，这是不可接受的。

从 I/O 复杂度理论上来讲，更大的矩阵运算器规模应当带来更优秀的运算密度，从而带来理论性能的提升。然而现实情况表明，我们不能无节制地扩大深度学习处理器的运算器规模。这是因为模数效应的存在。如图 6.42 所示，当算法规模与硬件规模之间不能整除时，运算数据需要补零，导致运算器、便笺存储器、主存储器、DMA 等硬件资源整体利用率不能达到 100%。将运算器规模扩得越大，能够以高利用率填充硬件资源的算法模型便越少，模数效应便会越严重、越频繁出现。在这个问题上，谷歌 TPU 的初期设计提供了一个典型的教训[320]。如图 6.43 所示，在 TPUv1 设计[25] 中，谷歌的架构研发人员将矩阵运算单元设置成了 256×256 大小，理论峰值算力达到了 92 TOPS。然而，这种设计在诸多深度学习模型上都表现出了严重的模数问题，实际任务中典型的算力利用率只能达到 10%~20%。在 TPUv2 设计[321] 中，谷歌的架构研发人员吸取教训，将每核心内的矩阵运

⊖　TOPS 的含义是"万亿次运算每秒"（Tera Operations Per Second）。

算单元规模缩小为原来的 1/4，减至 128×128，理论峰值算力降至 23 TOPS，这才缓解了问题。为了弥补失去的峰值性能，谷歌将两个 TPU 核心放置在同一块芯片上，又在一块板卡上放置了四块 TPU 芯片，才达到了单卡 184 TOPS 的理论峰值算力。在 TPUv3 设计[321] 中，谷歌的架构研发人员又在每个核心中放置了双份的矩阵运算单元，搭配由工艺和电路设计进步带来的时钟频率提升，达到了单卡 494 TOPS 的理论峰值算力。

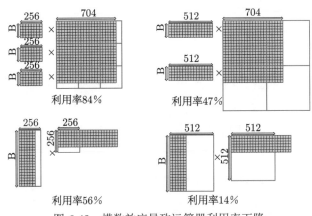

图 6.42　模数效应导致运算器利用率下降

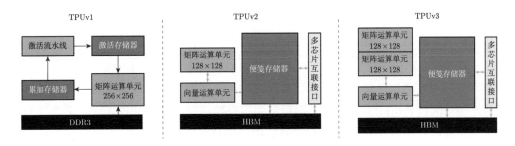

图 6.43　TPU 架构的教训

从这些例子中可以看出，即使深度学习处理器有扩大矩阵运算单元规模的选项，走向多核心架构依然是深度学习处理器最重要的扩展方式。相比巨大的单体矩阵运算单元，多个分立的小型矩阵运算单元在使用时更加灵活，容易达成更高的利用率。但相应地，将矩阵运算单元切分成多个，会降低运算密度，导致硬件成本相应上升。因此，智能计算系统的设计者需要根据实际任务特征，在进行具体的分析后，按需进行取舍。接下来，我们简要介绍多核心深度学习处理器的具体架构设计。

6.4.1　一致性访存模型

直接将深度学习处理器核心复制多份，即可获得一个最简单直接的多核心深度学习处理器架构。然而，由于每个核心都需要一组访问主存储器的接口，这样直接复制核心的设计会导致主存储器需要开放更多访问接口，这在实现当中是不合理的。因此，多个核心之间需要采用某种片上网络（Network-on-Chip, NoC）与主存储器进行互联，然后通过在 NoC 上的单播、多播、同步等通信原语完成核间协作和对主存储器的访问。

数据总线是一种简单的 NoC，我们在本章将以数据总线为例，留待第 7 章介绍其他类型的 NoC。如图 6.44 所示，连接在总线上的各个组件（深度学习处理器核心和主存储器）可以时分复用总线构成通信链路，达成任意两个组件间的通信。时分复用的含义是，同一时刻只有一对组件可以占用总线进行通信；当有多对组件同时发出通信请求时，总线通过仲裁的方式决定这些组件占用总线通信的先后顺序。

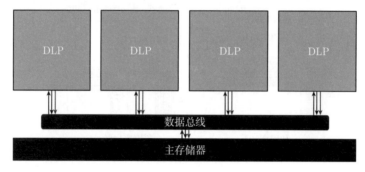

图 6.44　UMA 模型

在这种总线结构下，各个深度学习处理器核心对主存储器的访问行为是一致的，称为一致性访存模型（Uniform Memory Access, UMA）。每个深度学习处理器核心通过对数据总线的时分复用来共享访问主存储器的数据通路，因此即使核心数目增加，主存储器的结构及对外接口的数目可以维持不变。在设计中等规模的深度学习处理器时，采用 UMA 结构组织多个核心，可以在扩展性能的同时让编程仍然保持较为简单。UMA 结构中的多个核心可以通过数据并行或模型并行的方式同时利用起来。

6.4.2　非一致性访存模型

很显然，不能无节制地扩展 UMA 模型当中处理器核心的数量。当核数增多时，由于更多核心参与数据总线的争用，最终数据总线将变成系统性能的瓶颈。要进一步扩展规模，我们需要想办法减少访存。

我们可以将 UMA 结构的多个深度学习处理器核心视为一个更大规模的矩阵运算单元；I/O 复杂度理论指出，在进行高级算子的运算时，运算密度随着基本算子的规模增加而增加，维持相同运算量所需的访存将减少。要实现这一点，我们需要为这些核心配备一个容量较大的局部存储器，以便接受更大规模的高级算子；这些核心之间通过 UMA 组织在一起，从局部存储器中进行数据访问。为控制局部存储器的数据交换，我们为它配备一个控制器和一个 DMA 模块；为保持功能完备并方便进行归约运算，我们再为它配备一个向量/标量运算单元, 如图 6.45 所示。由于有了局部存储器的缓冲, 这些核心对局部存储器进行频繁的访问, 访问不再落至主存储器上; 局部存储器以更低的频次与主存储器交换数据, 降低了对主存储器的访问压力。局部存储器以内的执行行为相对其外部是独立的, 因此我们将这些核心连同局部存储器、控制器、运算器和 DMA 视作一个整体, 称为一个深度学习处理器核心簇 (cluster)。

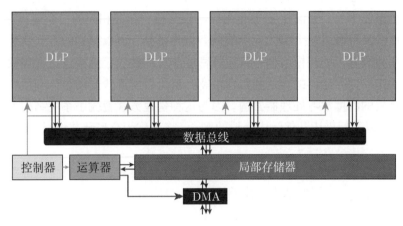

图 6.45　核心簇

由于簇集合了其内部所有核心的数据访问需求, 降低了主存储器的访问压力; 多个簇再次以 UMA 结构组织起来, 就能够构成更大规模的多核心深度学习处理器架构, 如图 6.46 所示。在这种结构下, 每个深度学习处理器核心一般需要通过局部存储器来访问数据。越过局部存储器访问主存储器或其他簇中的局部存储器虽也可以间接地访问, 但效率更低。因为访问各个存储器的效率不再一致, 与 UMA 不同, 这种结构称为非一致性访存模型 (Non-Uniform Memory Access, NUMA)。

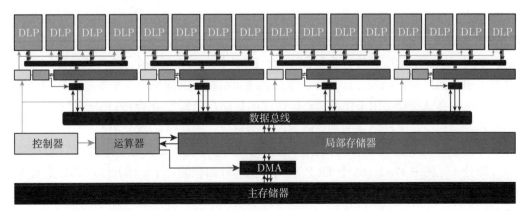

图 6.46　NUMA 模型

6.4.3　分形计算模型

从簇的外部来看，一个簇就如同一个核心一样，可以完成与一个核心相同的功能（区别在于性能更强），对外接口也同为 DMA、指令缓存。在 NUMA 结构中，簇的组织形式和用法也与 UMA 中的核心相同：多个簇以总线组织起来，通过数据并行或模型并行同时利用。因此，我们发现，将簇内部的事物封装起来，不暴露给外部，并不影响系统的功能；而将簇视为一个整体（一个大核心），簇也可以实现与单个核心相同的指令集。将一个簇封装成一个核心后，又可以以这个更大规模的核心作为基础，再以同样的方式封装出更大规模的核心。利用高级算子的规模增加导致运算密度改良的性质，这样进行大规模扩展，适当增加每一层次中局部存储器的容量和访存带宽，就可以实现较高的整体利用率。如此可以构建非常大规模的深度学习处理器架构。因为这种构建方式遵循了系统结构上每一个层次的自相似性，所以我们借用几何学中分形的概念，将其称为分形计算模型（Fractal Parallel Model，FPM）[322]。

在对分形计算模型的多核心深度学习处理器进行编程时，由于每个簇都对外进行了封装，程序只需要管理一个层次结构上算子的分解。分解分为两步：首先进行并行分解，使得簇中每一个核心都分配到等额的运算任务，能够并行开展运算；其次进行串行分解，将算子的粒度分解至合适的大小，直到核心内的局部存储器能够容纳为止。分解后的算子以相同指令集上的指令表示，发往各个核心开始执行，这样整个大规模深度学习处理器结构便运转起来。采用分形计算模型，无论我们将多核心深度学习处理器结构扩展到多么大的规模，在其上执行的程序都是一样的。这显著降低了大规模深度学习处理器的编程难度，能够使一系列不同规模的智能计算系统的开发工作负担降低很多，让一系列不同规模的智能计算系统产品能够更快地落地。

6.4.4　深度学习处理器示例

与 6.1.2 节通用处理器的例子进行对比，我们打开一颗深度学习处理器（以寒武纪 MLU370 为例），见图 6.47a。每颗 MLU370 包含两块芯片，这两块芯片内部结构是相同的，如图 6.47b 所示。芯片上共包含 16 个 DLP 核，其中每四个 DLP 核搭配一块局部存储器（包含相应的控制器、运算器、数据总线等结构）共同聚为一个核心簇；四个簇通过片上网络与高速缓存（用于代替核心簇层次的局部存储器）、主存接口等组件相连，构成完整的芯片结构。片上网络是一种更强大的数据总线，将在第 7 章介绍。

在每个 DLP 核内，运算器约占有 60% 的电路面积，比例显著高于控制、访存、便笺存储器等部分（见图 6.47c）。16 个 DLP 核共占据芯片面积的一半，因此整块芯片上有 30% 的电路是真正用于运算的，这一比例远胜于通用处理器。这个事实证明了：深度学习处理器确实如我们所愿，有效减少了控制、寻址的负担，并能在同等访存能力下提供更强的运算性能。

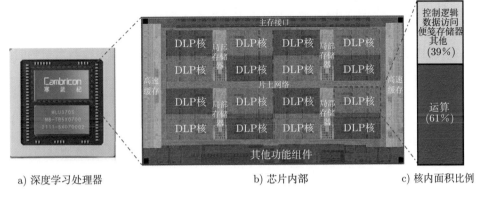

a) 深度学习处理器　　　　　　　　b) 芯片内部　　　　　　c) 核内面积比例

图 6.47　深度学习处理器内部的架构

6.5　本章小结

　　智能计算系统中承担深度学习任务的主要处理器并不只局限于深度学习处理器，传统的标量通用处理器、向量处理器等都可以承担智能处理的任务。我们按照由通用逐渐走向专用的顺序分别介绍了通用处理器、向量处理器、深度学习处理器，这些处理器能够高效支持的任务负载范围逐渐缩窄，但执行智能任务时的效率逐步提升。它们有各自的优势区间，在设计智能计算系统时，设计者应当考虑取舍这些选项。

　　本章以深度学习为例，从硬件的宏观架构角度分析处理器架构是如何一步一步从通用处理器、向量处理器发展到深度学习处理器，又简单介绍了对深度学习处理器进行大规模扩展的思路。我们挖掘了不同种类处理器结构设计背后蕴含的理论原理，如运算密度和 I/O 复杂度，这些原理能够提供方向性的指导。但是，处理器中各处的具体设计都应当根据处理器所面向的应用类型、各项设计指标的相互制约取舍、计算访存开销、可扩展性等因素综合确定。智能计算系统的设计者应当了解处理器的基础原理和理论，并对实际的任务负载进行实事求是的分析，才能确定真正最优的设计方案。

　　计算技术的发展与世界格局紧密相关。当世界处于纷争和对抗时，通用处理器、向量处理器结构应战争需求而出现；世界的主题变为和平与发展后，向量扩展指令、GPU 等技术在影音娱乐市场重获新生。未来，随着国家富强、民族复兴，我们应当立志引领深度学习处理器的发展，让人工智能更好地造福全人类。

习题

　　6.1　试分别举出一种适合选用 CPU、GPU、DLP 作为主要处理器的具体智能应用场景。

6.2　使用你熟悉的编程语言编写程序, 在 CPU 上运行深度风格迁移模型中的神经网络卷积层"conv4_2"。

*6.3　请根据某一具体 CPU 的硬件参数, 估计习题 6.2 中的程序执行需要的时间。实际测试运行该程序, 执行时间是否和你的估计一致? 为什么?

6.4　设计一个向量处理器, 它的时钟频率为 1GHz, 访问主存储器的带宽为 12.8GB/s。假设每个 ALU 每时钟周期可以完成一次基本运算, 在这个向量处理器中, 最多可以设计多少个 ALU? 此时它的理论峰值性能是多少?

6.5　深度学习处理器和 20 世纪 80 年代的早期神经网络芯片有何区别?

6.6　标量是零维的张量, 向量是一维的张量, 矩阵是二维的张量。深度学习模型所使用的数据常常是三维、四维的张量, 为什么以二维张量运算作为基本运算的处理器就可以称为深度学习处理器?

6.7　设计一个深度学习处理器, 用来执行规模足够大的矩阵乘法运算。它的时钟频率为 1GHz, 访问主存储器的带宽为 12.8GB/s, 便笺存储器最多能存储 1MB 的数据。假设每个 ALU 每时钟周期可以完成一次基本运算, 在这个深度学习处理器中, 最多可以设计多少个 ALU? 此时它的理论峰值性能是多少?

6.8　上一题的基础上, 假设要增加 ALU 的数量, 将理论峰值性能再提升一倍。保持其他规格不变, 可以扩大便笺存储器, 便笺存储器应当设置为多大容量?

6.9　请根据 6.3.1.4 节中设计的指令集, 尝试完成 6.3.1.3 节中的示例程序, 写出补零、卷积运算、存储输出特征图、控制循环这些步骤的具体指令伪代码。

*6.10　重新审视习题 6.9 中的程序, 你认为有什么不足? 应该如何改进? 请你尝试提出一种对其分块运算流程的改进方案, 并解释原因。

6.11　尝试将习题 6.9 中的程序伪代码改写到图 6.44 所示的 UMA 模型的多核 DLP 上。

*6.12　观察图 6.46 所示的 NUMA 模型的多核 DLP 架构, 该架构都有哪些部件需要单独编写程序控制? 尝试将习题 6.9 中的程序伪代码改写到该架构上。

*6.13　假设采用分形计算模型, 请尽量化简习题 6.12 中的程序伪代码, 但仍然保持利用每一个 DLP 核心共同承担运算功能。

第 **7** 章

深度学习处理器架构

第 6 章简要介绍了各类智能处理器的执行过程、总体架构和发展历史，通过对这些处理器进行对比，揭示了深度学习处理器达成更高计算效率的基本原理。深度学习处理器的主要运算部件按照矩阵运算的模式构建；深度学习处理器的访存以张量或矩阵为单位；为了处理深度学习大模型，大规模深度学习处理器以片上网络（NoC）将多个深度学习处理器核心互联起来，大规模智能计算系统又以多芯片互联网络将多个深度学习处理器芯片互联起来。这些针对深度学习应用提出的新设计范式与传统的处理器设计有所不同，因此要真正实现一个深度学习处理器，需要添加不少新模块、新结构。这些知识是其他体系结构相关课程无法覆盖的。本章分别从计算、存储和通信三个方面深入探索深度学习处理器的基本硬件模块设计。希望读者学习本章后能够更深入地理解智能计算任务在深度学习处理器上运行的细节，知晓更多深度学习处理器架构设计时的重要考量之处。

此外，本章末尾还总结了近年来学术界、工业界在深度学习处理器领域提出的几大类设计优化技巧。这些内容供有志从事深度学习处理器架构设计的读者了解查阅，希望能够帮助读者快速建立对领域研究动态的整体把握。

7.1 计算

这一节我们讨论深度学习处理器当中各类运算器的设计。2015 年，寒武纪架构[23]（见图 7.1a）首次提出，深度学习处理器应当同时包含矩阵运算单元（Matrix Function Unit, MFU）、向量运算单元（Vector Function Unit, VFU）和标量运算单元（Scalar Function Unit, SFU）。矩阵运算单元是深度学习处理器中最主要的运算器，提供高效率的卷积、矩阵运算支持；其余非矩阵运算，例如池化、均一化、激活函数等，应当由向量运算单元相对高效地完成；标量运算单元负责提供控制能力，承担极少数矩阵、向量运算单元不能有效支持的运算，使深度学习处理器总是具有完备的功能。三种运算器各司其职，才能构成高效且功能完备的深度学习处理器。

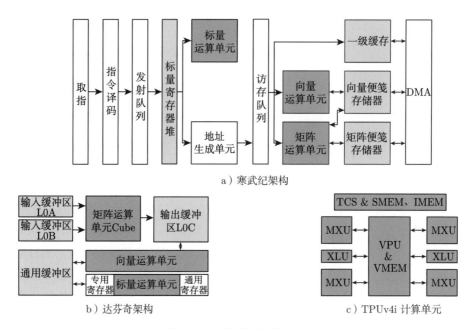

a）寒武纪架构

b）达芬奇架构

c）TPUv4i 计算单元

图 7.1　三种智能处理器架构

后来推出的大多数深度学习处理器产品都采用了这一设计。例如华为公司的达芬奇架构[323]（见图 7.1b）分别设计了矩阵运算单元（称为 Cube）、向量运算单元和标量运算单元；谷歌公司的 TPUv4i[320]（见图 7.1c）也分别设计了矩阵运算单元（称为 MXU）、向量运算单元（包括 VPU 和 XLU）和标量运算单元（称为 TCS）。2017 年后，英伟达公司向其 GPU 产品中加入矩阵运算单元（称为 Tensor Core），GPU 也同时具备了三种运算器，在架构上开始逐渐与深度学习处理器趋同。

我们首先探讨矩阵运算单元的设计方式，然后探讨向量与标量运算单元。

7.1.1　矩阵运算单元

矩阵是二维的数值数组，矩阵运算单元主要用于执行矩阵操作，例如矩阵乘法、矩阵乘向量、二维卷积等。二维卷积运算可以通过矩阵乘法来完成，而神经网络全连接层在推理时的运算即是矩阵乘向量。在深度学习处理器内设置矩阵运算单元，是为了以最高效率执行这些矩阵操作，提高深度学习计算的效率。

矩阵运算单元有两种经典实现方式，一种是通过内积单元的堆叠构成的矩阵乘向量单元、矩阵乘法单元，另一种是由乘加器、寄存器组成的网格状的脉动阵列机。

7.1.1.1　内积单元堆叠

通过堆叠乘法器、加法树，可以获得内积单元；在一个维度上堆叠内积单元，组成一列内积单元，可以获得矩阵乘向量单元；在两个维度上堆叠内积单元，组成一个内积单元的二维阵列，可以获得矩阵乘法单元。本节先分别构建两种矩阵运算单元，然后介绍它们完成运算的方式。

1. 矩阵乘向量单元

向量乘法器（见图 7.2b）是由多个乘法器（见图 7.2a）并列构成的，内积单元（见图 7.2c）则是在向量乘法器之后增设了加法树，将所有乘法计算的积加和为一个结果。内积是一级 BLAS 算子，与向量乘法具有固定的运算密度（0.33）不同，增大内积单元的规模可以略微改善运算密度。例如图 7.2c 所示长度为 2 的内积单元运算密度为 0.6，而图 7.2d 所示长度为 4 的内积单元运算密度为 0.78。继续增大规模，内积单元的运算密度极限为 1。

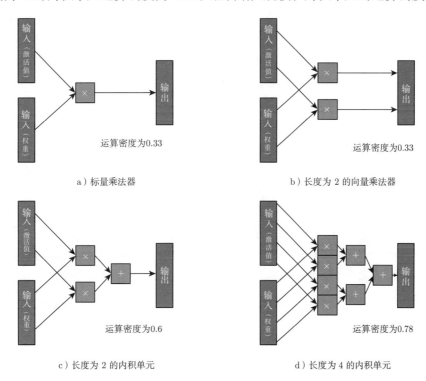

a）标量乘法器

b）长度为 2 的向量乘法器

c）长度为 2 的内积单元

d）长度为 4 的内积单元

图 7.2　在向量乘法器之后增设加法树形成内积单元

虽然内积运算密度较向量乘法稍高，但仍然不足以高效承担深度学习的主要运算。我们将多个内积单元叠加起来，如图 7.3a 所示，可以获得一个基本的矩阵乘向量单元。其中，每一个内积单元将相同的激活值与不同的权重进行内积运算，激活值向量相当于矩阵乘向量运算中的向量，而多个权重向量相当于矩阵乘向量运算中矩阵的各个行。图 7.3a 展示了 2 个长度为 4 的内积单元叠加形成的矩阵乘向量单元，每个周期[⊖]可以完成高为 2、宽为 4 的矩阵与高为 4 的列向量之间的乘法。

⊖　准确地说，"周期"指的是计算周期，即该运算单元完成一次完整的计算过程所需的时间。根据电路实现的不同，一个计算周期可能对应了多个时钟周期。

　　因为两个内积单元分别完成各自的功能，目前这个矩阵乘向量单元的运算密度（0.78）与内积单元是一样的，但是我们可以通过其他办法降低数据访问的成本。其一，考虑权重存储器的实现方式。因为各个内积单元所访问的权重数据不同且互不交叠，我们可以将权重存储分割开来，为每个内积单元独立设置。如图 7.3b 所示，我们将权重存储器做得尺寸更小、速度更快，并且在电路中贴近内积单元的位置放置。如此一来，权重访问的开销大大降低，每个周期访问权重数据的宽度也比较容易地扩展得很宽。因此，我们在统计运算强度时，不妨暂时忽略权重访问，将权重数据的存储器视为运算器结构内的一部分。其二，考虑激活值的访问方式。因为各个内积单元总是同时访问同一个激活值向量，激活值向量的访问可以合并为一次访问，访问得到的向量可以通过广播同时传递到各个内积单元中。如图 7.3c 所示，改用广播后，多个内积单元对激活值向量的访问开销与单个内积单元的情况非常接近，在统计运算强度时，不妨按照一次访问来计算。采用这两项改动后，这个矩阵乘向量单元的运算密度可以上升至 2.33。

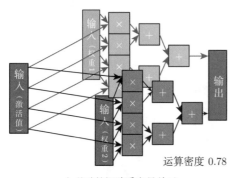

运算密度 0.78

a）基础的矩阵乘向量单元

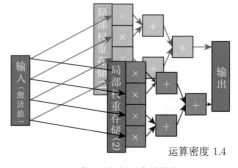

运算密度 1.4

b）采用局部权重存储优化

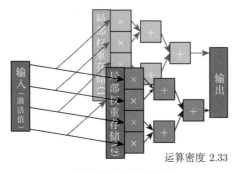

运算密度 2.33

c）采用激活值广播优化

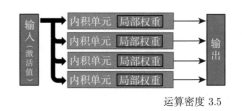

运算密度 3.5

d）尺寸为 4×4 的矩阵乘向量单元

图 7.3　堆叠多个内积单元构成矩阵乘向量单元

　　在第 6 章我们曾经提到，矩阵乘向量单元也是一种常用于深度学习处理器的矩阵运算单元，能够通过时分复用较为高效地完成矩阵乘法、卷积等运算。为了简化示意图，我们将内积单元画为一体，将一个更大规模（4×4）的矩阵乘向量单元画为图 7.3d。图中给出了紧密贴合内积单元的分离式局部权重存储器，以及对输入激活值向量的广播。这个规模的矩阵乘向量单元具有 $4 \times 4 = 16$ 个乘法器、$3 \times 4 = 12$ 个加法器，每个周期访问 4 个输入激活值数据，产生 4 个输出数据，运算密度为 3.5。

寒武纪架构即采用矩阵乘向量单元作为其矩阵运算单元。

2. 矩阵乘法单元

矩阵乘向量单元由于同时符合神经网络全连接层、卷积层的运算模式，在深度学习模型推理场景下有着最高的硬件利用率。虽然矩阵乘向量运算本身只是二级 BLAS 算子，但凭借着硬件利用率优势，矩阵乘向量单元仍然是一种非常常用的矩阵运算单元。但是，如果面向卷积等运算设计深度学习处理器，例如要设计用于深度学习模型训练的架构，可以进一步采用三级 BLAS 算子的矩阵乘法作为基本运算。

我们以矩阵乘向量单元为基础，拓展一个新硬件维度，继续堆叠内积单元。这次，我们让多个矩阵乘向量单元共享权重向量，就如同之前多个内积单元共享激活值向量一样。以图 7.4d 中的矩阵乘向量单元为基础，将局部权重存储器提取到运算器外部以便形成共享，如图 7.4a 所示。这样做会恢复权重访问的开销，让我们无法忽略这些访问，因而暂时使运算密度降低至 1.17。我们堆叠多个矩阵乘向量单元，如图 7.4b 所示，两个矩阵乘向量单元构成了一个 4×2 大小的内积单元阵列，其中激活值向量可以按列方向广播共享，权重向量则可以按行方向广播共享。在行方向共享权重后，形成图 7.4c 的矩阵乘法单元结构。该结构每个周期能够完成 4×4 大小的权重矩阵与 4×2 大小的激活值矩阵之间的矩阵乘法运算，产生一个 4×2 大小的输出结果矩阵。在权重数据的访问也得到共享后，整体运算密度有所提升。在这个结构中，共有 4×2 个内积单元，每个内积单元包含 4 个乘法器和 3 个加法器，每个周期完成的运算量为 56 次；访问激活值向量 2 个，权重向量 4 个，每个向量宽度均为 4，输出结果数据 8 个字，每个周期访存数据量共为 32 个字，运算密度为 1.75。若进一步扩大规模至能够执行两个 4×4 矩阵运算的矩阵乘法单元，见图 7.4d，运算密度可达到 2.33。可以看出，矩阵乘法单元的运算密度随着规模的增加而快速上升，这与 I/O 复杂度理论的预测一致——一个规模为 $N \times N \times N$ 的矩阵乘法单元，其运算密度为 $\frac{2}{3}N - \frac{1}{3}$。

至此，我们已经通过最基础的乘法器不断拓展、堆叠，获得了一个矩阵乘法单元。通过上述分析可以发现，虽然矩阵乘法是三级算子，相对于矩阵乘向量在理论上具有运算密度的优势，但在我们展示的这个较小规模的例子上，矩阵乘法单元相对矩阵乘向量单元实际并未取得更高的运算密度。因此在实际的深度学习处理器架构设计中，需要根据智能应用的实际情况决定系统所需的硬件规模，然后才能具体分析矩阵乘向量单元和矩阵乘法单元之间的优劣，不能仅根据原理性的 I/O 复杂度分析就轻易做出判断。

达芬奇架构即采用矩阵乘法单元作为其矩阵运算单元。

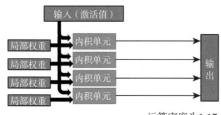

运算密度为1.17

a) 将矩阵乘向量单元的局部权重存储器提取在外

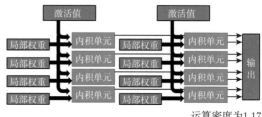

运算密度为1.17

b) 堆叠多个矩阵乘向量单元

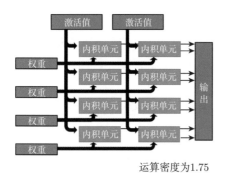

运算密度为1.75

c) 尺寸为 4×2×4 的矩阵乘法单元

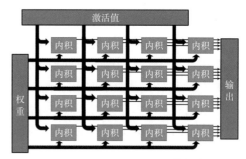

运算密度为2.33

d) 尺寸为 4×4×4 的矩阵乘法单元

图 7.4　堆叠多个内积单元构成矩阵乘法单元

3. 运算过程

我们以一个 2×2 矩阵的乘法

$$
\begin{bmatrix} a & b \\ c & d \end{bmatrix} \begin{bmatrix} v & y \\ x & z \end{bmatrix} = \begin{bmatrix} av+bx & ay+bz \\ cv+dx & cy+dz \end{bmatrix} \tag{7.1}
$$

为例，说明如何完成一个完整的矩阵运算。其中，我们将 a,b,c,d 视为激活值，将 v,x,y,z 视为权重。

我们知道，朴素矩阵乘法由三重循环组成，最内层循环描述的是左矩阵的行向量与右矩阵的列向量之间的内积运算，外层两重循环则遍历输出矩阵的每一个元素。因此，如果硬件上有一个内积单元，该单元便可在单个周期中完成最内层循环的计算，将计算过程简化为对输出矩阵的遍历，每一个周期计算一个输出数据。如图 7.5 所示，第一个周期，首先读取一行激活值 a,b，读取一列权重 v,x，计算它们的内积，即得到输出矩阵的第一个数据 $av+bx$；第二个周期，激活值保持不变，更换权重为 y,z，计算它们的内积，得到输出矩阵的第二个数据 $ay+bz$；第三个周期，因为输出矩阵的一行已经计算完毕，开始计算第二行，读取第二行激活值 c,d，读取一列权重 v,x，计算它们的内积，得到输出矩阵第二行的第一个数据 $cv+dx$；第四个周期，激活值保持不变，更换权重为 y,z，计算它们的内积，得到输出矩阵的最后一个数据 $cy+dz$。为内积单元输入哪一行数据是由其调度单元（控制器）控制的，调度单元可以通过矩阵的尺寸、数据在便笺存储器中的起始地址来推算每个周期所需访问的便笺存储器地址，使便笺存储器在对应的周期为内积单元提供正确的数据。权重矩阵是按列访问的，因此便笺存储器存储权重时，可以将数据转置，以便笺存储器的一行对应矩阵的一列。

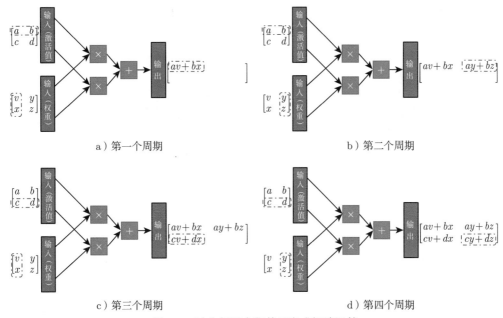

a）第一个周期　　　　　　　　　　　　b）第二个周期

c）第三个周期　　　　　　　　　　　　d）第四个周期

图 7.5　时分复用内积单元完成矩阵运算

矩阵乘向量单元、矩阵乘法单元作为内积单元的一维或二维堆叠，其控制方式是一样的，无外乎将时间上的先后顺序展开成为空间上并列的内积单元。每个周期完成的计算从输出矩阵的一个数据扩大至输出矩阵的一行数据或全部数据。图 7.6 展示了一个 $2 \times 2 \times 2$ 的矩阵乘法单元如何在一个周期内完成示例运算。矩阵乘法单元中，各个内积单元组成了一个二维阵列，每个内积单元可以在一个周期内完成一个输出数据的计算，因此可以将输出矩阵的每一个数据映射至对应位置的内积单元上。这样，阵列每一列上的内积单元共享相同的激活值行向量，每一行上的内积单元共享相同的权重列向量。便笺存储器同时提供多行激活值、多列权重，并通过广播发送到对应的内积单元上，所有内积单元即可同时开始内积运算，在一个周期内产生输出矩阵的全部运算结果。

本节介绍了两种矩阵运算单元：矩阵乘向量单元和矩阵乘法单元，它们都是由内积单元堆叠构成的。其中矩阵乘向量单元使用最为灵活，特别适用于深度学习模型的推理场景，在硬件规模不大时有着相对较高的运算密度，实现了高效的矩阵运算。矩阵乘法单元在规模更大时，能够取得更高的运算密度，适合用于深度学习模型训练任务的大规模、高性能智能计算系统。

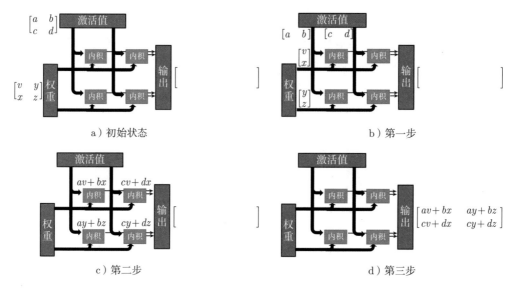

图 7.6　使用矩阵乘法单元在一个周期内完成矩阵运算

但是，两种实现方式也有共同的缺点。矩阵乘向量单元的高效率是依靠切分存储权重的便笺存储器实现的，而且需要激活值的广播；矩阵乘法单元更依赖于激活值和权重的广播。在处理器芯片的电路设计中，广播是依靠电子元件的扇出（fan-out）实现的，即多个元件的输入信号取自同一个元件的输出。大规模的广播数据通路会导致电路扇出太大，就如同让一匹马同时拉动一连串车厢，虽然好过不采用数据共享的设计，但设计规模过大时将会不可避免地导致电路运行速度降低。另外，从前文的多张示意图中也可以看出，这两种运算器的内部结构都依赖于一系列横贯其间的长数据通路，也会导致电路面积大、功耗高、延迟长，物理设计困难。因此，深度学习处理器架构的设计者不可以无节制地扩大矩阵乘向量单元和矩阵乘法单元的规模，而要根据实际应用的情况辩证地决定。

7.1.1.2　脉动阵列机

脉动阵列机（systolic array）是构建矩阵运算单元的另一种解决方案。如图 7.7 所示，不同于堆叠内积单元带来的长通路、大扇出，脉动阵列机将共享数据的传递方式从广播改为脉动。现在，每一个运算单元内部都带有寄存器，可以将任何输入给它的数据缓冲一个时钟周期，然后输出给下一个运算单元。这样，从便笺存储器送来的输入数据不需要经过扇出电路同时广播至所有运算单元，而只需要送给第一个运算单元，然后只要花些时间，等待它依次传递至后续运算单元就可以实现数据共享了。因为数据每经过一个时钟周期向前前进一个运算单元，数据流动的方式酷似人体的血流和心跳，所以得名"脉动"。在脉动阵列机中，所有的数据通路都是局部连接，只有距离最近的两个运算单元之间才相连；也不需要通过扇出进行多个运算单元间的数据共享。因此，在矩阵运算单元规模特别大时，采用脉动阵列机的方式实现，可以降低硬件成本，改善电路的面积、功耗、时延。

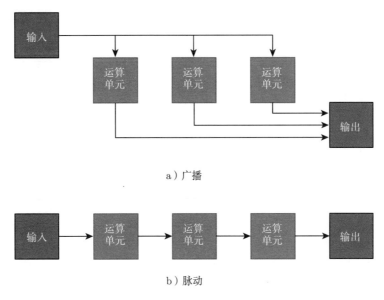

a）广播

b）脉动

图 7.7 数据的广播与脉动

脉动阵列机实现矩阵乘法的方式有多种，我们介绍其中一种。如图 7.8 所示，以二维阵列的形式组织运算单元，每一个运算单元包含一个乘加器、两个输入数据寄存器、一个输出数据寄存器。每个周期，每个运算单元接受其上方和左侧运算单元输入的数据，将两个输入数据在输入数据寄存器内缓冲一个周期后，再分别原样传递至下方和右侧的运算单元。同时，乘加器进行运算，将输入的两个数据相乘，然后累加至输出数据寄存器中。在脉动阵列的最上方和最左侧，由便笺存储器提供输入数据（激活值矩阵和权重矩阵）。由于脉动传递数据需要时间，为了让对应的数据能够同时在运算单元相遇，便笺存储器在提供数据时需要将矩阵整理成菱形再输入给脉动阵列机——第一个周期只输入第一行（第一列）的第一个数据，其余输入补零；第二个周期输入第一行（第一列）的第二个数据，以及第二行（第二列）的第一个数据；以此类推，需要 $2N$ 个周期才能将大小为 $N \times N$ 的方阵输入到同等大小的脉动阵列机中；而等待这些输入的数据完整地穿过脉动阵列机，则需要再等待 $N - 1$ 个周期。

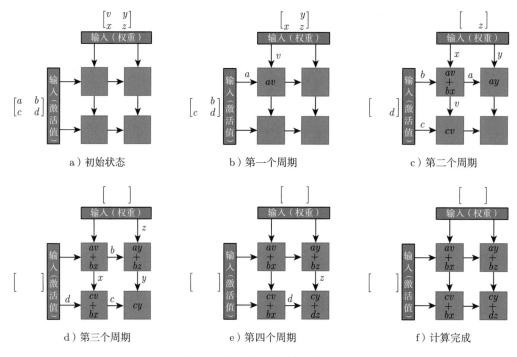

图 7.8　脉动阵列机的计算过程

观察图 7.8，我们描述了示例计算（公式 (7.1)）在脉动阵列机上的完整运算流程：

（1）第一个周期，激活值 a 与权重 v 从便笺存储器中读出，分别被送入脉动阵列机的第一行和第一列，并在第一行、第一列的运算单元相遇。它们相乘并累积在这个运算单元的输出寄存器当中。请注意 av 正是输出矩阵第一行第一个元素的组成部分。

（2）第二个周期，v 被向下传递，而 a 被向右传递。新的数据 b,c 和 x,y 从便笺存储器中读出，送入脉动阵列机。

1）在第一行、第一列的运算单元，新的数据 b 与 x 在此相遇，其乘积 bx 被累积在这个运算单元的输出寄存器中，与 av 相加，组成了输出矩阵第一行第一个元素完整的结果 $av+bx$。

2）a 在第一行、第二列的运算单元遇到 y，它们相乘并累积在这个运算单元的输出寄存器中，而 ay 正是输出矩阵第一行第二个元素的组成部分。

3）v 在第二行、第一列的运算单元遇到 c，它们相乘并累积在这个运算单元的输出寄存器中，而 cv 正是输出矩阵第二行第一个元素的组成部分。

（3）第三个周期，x,y 被向下传递，而 b,c 被向右传递。新的数据 d 和 z 从便笺存储器中读出，分别被送入脉动阵列机的最后一行和最后一列。

1）b 在第一行、第二列的运算单元遇到 z，它们相乘并累积在这个运算单元的输出寄存器中，与 ay 相加，组成了输出矩阵第一行第二个元素完整的结果 $ay + bz$。

2）x 在第二行、第一列的运算单元遇到 d，它们相乘并累积在这个运算单元的输出寄存器中，与 cv 相加，组成了输出矩阵第二行第一个元素完整的结果 $cv + dx$。

3）c 与 y 在第二行、第二列的运算单元相遇，它们相乘并累积在这个运算单元的输出寄存器中，而 cy 正是输出矩阵第二行第二个元素的组成部分。

（4）第四个周期，z 被向下传递，而 d 被向右传递。输入矩阵已经读取完毕，没有新的数据输入脉动阵列机。d 与 z 在第二行、第二列的运算单元相遇，它们相乘并累积在这个运算单元的输出寄存器中，与 cy 相加，组成了输出矩阵第二行第二个元素完整的结果 $cy + dz$。

至此，计算过程完成，输出矩阵的结果存储在了各个运算单元中。但是要将这些结果从运算单元中输出出来，就还需要经过一个额外的步骤。如图 7.9 所示，运算结果可以借传递输入数据的数据通路，脉动传递至脉动阵列机的右侧边界，然后存入便笺存储器中。这个过程还需要等待额外的时间。

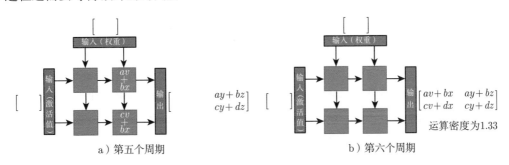

图 7.9　脉动阵列机的数据输出

脉动阵列机的雏形最早可以追溯到二战时期。1944 年，英国巨人计算机二型（Colossus Mark II）采用了类似脉动阵列的方式构建。它用于破译纳粹德国的军事密文，属于高度机密，因而长期处于保密状态。战争结束后，巨人计算机被销毁，这一设计思想未能公诸于世。现在人们所采用的脉动阵列机概念是由孔祥重、查尔斯·莱瑟森（C. E. Leiserson）于 1978 年发明的[324]。脉动阵列机是算法在集成电路上的实现方式，他们发明了对应多种算法的脉动阵列机，用于矩阵乘法、线性方程组求解、矩阵 LU 分解、最大公约数的计算等各种应用。

脉动阵列机形式巧妙，在理论上具有诸多天然优势。作为矩阵运算单元，不仅电路连线短、扇出低，其理论运算密度也非常优良。一个 $N \times N$ 规模的脉动阵列机，具有 N^2 个乘法器和 N^2 个加法器，三个边界共 $3N$ 条输入/输出数据通路。如果能够完全利用这些资源，可以达到 $\frac{2}{3}N$ 的运算密度。$N = 2$ 时，运算密度为 1.33。但是，由于使用脉动阵列机需要在输入数据的时间上施加延迟，输入、排空数据的过程需要等待数据按脉动方式缓缓流过阵列，其实际利用率往往不超过 50%。如果计算较为零碎，不能组成连续的流水线，脉动阵列机会饱受高计算延迟的困扰，对智能计算任务的灵活支持能力相对矩阵乘向量单元、矩阵乘法单元均较差一些。在实际的智能计算系统设计中，通常只有专门针对深度学习大模型训练等规模极大的深度学习处理器设计，才会采用脉动阵列机作为矩阵运算单元。

TPU 即采用脉动阵列机作为其矩阵运算单元。

7.1.2　向量与标量单元

矩阵、卷积运算占据了深度学习模型当中绝大部分的运算量。但要实现完整的深度学习模型，池化、归一化、激活和损失函数等功能同样是不可或缺的；在进行复杂深度学习模型端到端实现时，还难免需要用到一些更基础的操作支持，例如排序、计数、前缀求和、数据重排列等。由于这些运算并不符合矩阵运算的数据流模式，因此通常采用向量或标量单元来承担。

除了普通的乘法、加法、内积等运算外，向量与标量单元还需要增加一些特殊设计，以便实现前述各项功能。本节将分别阐述前述各项功能的实现方式。将这些实现与普通向量或标量运算器合并起来，才构成深度学习处理器当中所需的向量、标量运算单元。

7.1.2.1　池化/均一化

由于池化通过滑动窗口完成计算，因此存在复用一些输入数据的可能性。但实际使用中，池化窗口的尺寸鲜有超过其滑动步长的情况，因此将池化操作单纯作为向量运算来处理通常都更为合适。图 7.10 展示了一个 4 通道、4×4 尺寸的特征图，每 2×2 窗口进行平均池化的结果。可以注意到，特征图的每一个点对应着便笺存储器中的一行（或多行）数据，即一个向量。进行池化即需要对滑动窗口范围内的多个向量进行平均运算。

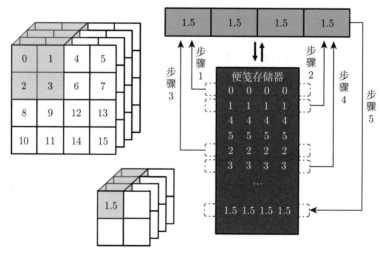

图 7.10　4×4 特征图平均池化

如果采用向量加法指令来完成滑动窗口平均值的计算,每累加一个向量,都会产生一个新的中间结果;中间结果马上又要与下一个向量相加。中间结果在便笺存储器中反复写入写出,增大了访问压力,降低了计算效率。我们可以在向量运算器附近设累加寄存器,专门用来存放中间结果,更高效地支持类似于池化这样的连续向量运算。如图 7.11a 所示,在向量加法器的一端设置累加寄存器,输入数据即可反复累加至该寄存器中,而无须产生中间结果;在累加寄存器上设置清零功能,以便快速结束一组运算,开启下一组运算;累加后的结果还可以送至向量乘法器中,计算平均值所需的最后一步是除总数运算——因窗口尺寸已知是 2×2,此处只须将结果乘以常量系数 $\frac{1}{4}$,不需要真正使用更复杂的除法。在连续四个时钟周期中,分别输入图 7.10 范例中的向量 0、1、2、3,可在向量加法器处得到求和结果(向量 6),乘以系数后得到最终输出特征图上的一个点(平均向量 1.5)。在深度学习处理器中,向量运算单元的调度单元负责产生每个时钟周期的控制信号,让便笺存储器在正确的时刻读取正确的输入向量(以图 7.10 中所示范例,四个时钟周期应当读取的数据分别为第 1 行、第 2 行、第 5 行和第 6 行),完成一个滑动窗口的运算后适时清空累加寄存器,并将结果写入便笺存储器预设的输出地址上。依次循环处理各个滑动窗口,可以比较高效地完成神经网络池化层的运算。

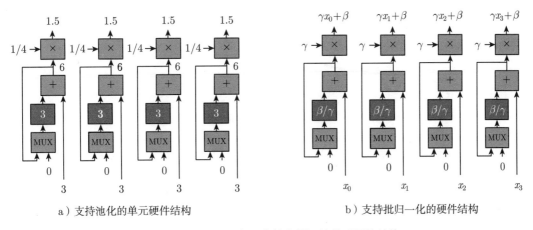

a)支持池化的单元硬件结构　　　　　　　　b)支持批归一化的硬件结构

图 7.11　支持池化/归一化的向量运算单元硬件结构

在同样的运算器结构上,增加向量运算器支持的基本操作,就可以支持更多神经网络层。例如,增加求最大值运算,可以支持最大池化。神经网络批归一化层也可以在这个运算器上高效完成,批归一化层对输入张量中每一组数据 $\boldsymbol{x}$ 计算 $\gamma \boldsymbol{x} + \beta$。有多种实现方式,我们仅举一例:将 $\frac{\beta}{\gamma}$ 提前存入累加寄存器中,与每一个输入向量做加法;将输出结果的乘法系数设为 γ,每个时钟周期即可得到一组向量 $\boldsymbol{x}$ 的结果 $\gamma(\boldsymbol{x} + \frac{\beta}{\gamma}) = \gamma \boldsymbol{x} + \beta$。

7.1.2.2 特殊函数

特殊函数是指各种非线性函数，包括倒数（常用于实现除法）、平方根等非线性多项式函数，以及指数、对数、三角函数等超越函数（常用于神经网络的激活函数）。特殊函数在深度学习任务中所占的运算比例不高，但同样发挥着重要作用。例如将特殊函数用作神经网络的激活函数时，为模型引入了非线性性质，使模型能够拟合复杂的函数；一些特殊函数用于激活后，可以限制神经网络中数值的分布范围，促进网络收敛。我们以双曲正切函数（tanh）为例，说明神经网络处理器如何高效实现其功能。tanh 可以以指数函数表示，其表达式为：

$$\tanh(x) = \frac{\mathrm{e}^x - \mathrm{e}^{-x}}{\mathrm{e}^x + \mathrm{e}^{-x}} \tag{7.2}$$

其函数图像如图 7.12 所示，该函数的定义域为 $(-\infty, +\infty)$，值域为 $(-1, 1)$。因为该函数能将输入数值缩放至固定的值域范围内，而经常被深度学习模型作为激活函数采用。

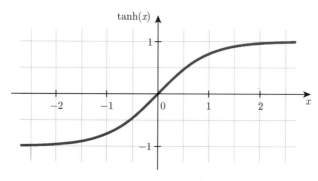

图 7.12　双曲正切函数

tanh 是一种超越函数，不能通过使用有限次加、减、乘、除等基本运算来表达。如果拘泥于其严格的数学形式，计算开销将会很大。因此我们适当放松要求，使用分段线性函数来近似表示它。

首先观察图 7.12 可以发现，tanh 函数图像围绕零点对称，我们可以首先讨论定义在正半轴上的情况 $\tanh^+$，然后由此反推至负半轴部分。如图 7.13 所示，我们将函数定义域切分为若干段（这里以 6 段为例），利用最小二乘法确定分段线性系数表 A、B。随后函数 $\tanh^+(x)$ 可以定义为：

（1）$i \leftarrow \lfloor x/0.5 \rfloor$

（2）$i \leftarrow \min(i, 5)$

（3）$a \leftarrow A[i]$, $b \leftarrow B[i]$

（4）$\tanh^+(x) = ax + b$

基于此，函数 $\tanh(x)$ 可以表示为：

$$\tanh(x) = \begin{cases} \tanh^+(x), & x \geqslant 0 \\ -\tanh^+(-x), & x < 0 \end{cases} \tag{7.3}$$

这样，我们就得到了一个 $\tanh(x)$ 的分段线性函数表示。由于深度学习模型本身对数值误差有一定的容受能力，采用分段线性函数去近似取代精确的特殊函数，足以维持深度学习模型的性能不变，但是运算开销将显著降低。经验上，采用 16 段的分段线性函数足够精确地表示深度学习中采用的绝大多数特殊函数。

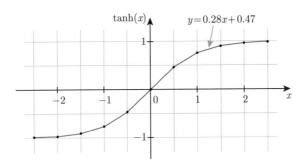

图 7.13 双曲正切函数的分段线性表示

将以上方法采用硬件实现，就可以获得一个通过分段线性函数近似的特殊函数运算器，硬件实现如图 7.14 所示。数据 x 输入后，经过两条分支：左侧分支判断 x 是否大于 0，用于选择最终结果是否需要取反；右侧分支计算 x 落在分段线性表示的哪一段定义域当中，得到索引 i。系数表 A 和 B 存在两个硬件查找表（Look-Up Table，LUT）中，通过多选一多路复用器选出其中第 i 项系数 a 和 b。使用乘法器和加法器计算 $ax+b$，得到 $\tanh^+(x)$。最终根据左侧分支判断的输入数据 x 的正负情况，选择输出 $\tanh^+(x)$ 原值或取反值。

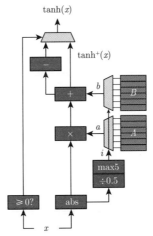

图 7.14 实现分段函数功能的物理模块图

分段线性插值方法在深度学习推理任务中基本满足需求。但在一些特殊情况下，如果需要特殊函数的精确计算，可以通过搭载特殊硬件单元或通过普通标量/向量指令进行编程实现。实现方式主要是依据各种函数的快速算法（例如 Beame-Cook-Hoover 快速倒数算法）、数值方法（例如牛顿迭代法）等，对不同函数进行一事一议的设计。还可以采用分段线性表示或其他近似算法，先获取非常接近于精确值的近似估计，然后再经过数值方法对最终误差进行收敛得到精确值，可以实现既快速又精确的计算（例如 "0x5f3759df" 快速平方根倒数算法）。

7.1.2.3　前缀计算

前缀计算是一种重要的计算模式。输入一个向量 $\{x_0, x_1, x_2, \cdots, x_n\}$，前缀计算输出一个向量 $\{y_0, y_1, y_2, \cdots, y_n\}$，每一个输出向量上的元素 y_i 是由输入向量上相同位置的元素 x_i 以及其之前的全部输入元素 x_j（其中 $j < i$），经过某种计算 $\odot$ 得到的，即 $y_0 = x_0, y_1 = x_0 \odot x_1, y_2 = x_0 \odot x_1 \odot x_2, \cdots, y_n = x_0 \odot x_1 \odot x_2 \odot \cdots \odot x_n$。其中，二元运算 $\odot$ 应当满足结合律。

例如，如果令 $\odot$ 表示加法，即得到前缀求和运算。如果输入向量 $\{1, 2, 3, 4, 5, \cdots, 100\}$，对应输出向量为 $\{1, 3, 6, 10, 15, \cdots, 5050\}$。前缀求和运算本身在深度学习模型中常有应用，例如用于实现非零元素计数、积分、排序损失函数等功能。一些其他向量指令背后的硬件实现也都符合前缀计算模式，例如向量横向求和、向量横向最大值等，如果合并一同实现，可以节约硬件资源。

我们在此给出一个高效的前缀计算实现方案。从较小规模开始讨论。显然，向量长度为 1 时，$y_0 = x_0$；向量长度为 2 时，$y_1 = x_0 \odot x_1$。如图 7.15 所示，向量长度为 2 的前缀计算单元使用一个 $\odot$ 运算器即可实现，这是一个最基本的电路模块，将该电路称为 P_2。

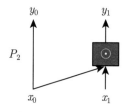

图 7.15　序列长度为 2 的前缀计算

向量长度为 4 时，最少使用三个 $\odot$ 运算器串联起来就可以实现功能，但是一直将运算器串联下去，会导致电路的深度太深；如图 7.16a 所示，我们使用三个 $\odot$ 运算器构成一棵二叉树，首先更快地完成 y_3 的计算；在这棵树上已经完成了所有奇数线（y_1 和 y_3）和无须计算的 y_0。为了补充 y_2 的计算，还需要额外增加一个 $\odot$ 运算器。我们将这个电路称为 P_4。

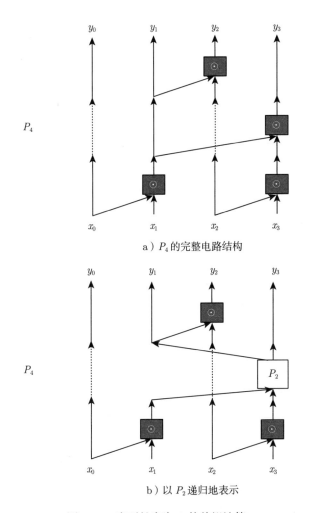

a）P_4 的完整电路结构

b）以 P_2 递归地表示

图 7.16 序列长度为 4 的前缀计算

　　然而，当前 P_4 和 P_2 之间还没有任何关系。为了形成一种通用的构建规律，我们可以换一种视角来看。如图 7.16b 所示，P_4 中的运算器分为三层。其中，第一层和第二层运算器构成了一颗二叉树，而第三层运算器用来补充 y_2。第一层可以视为对树的扩充，将偶数线上的数值先合并入奇数线当中，将问题划归为对所有奇数线的前缀计算；因此，对于长度为 n 的前缀计算，第二层可以引入一个 $P_{n/2}$ 电路来完成所有奇数线上的计算，而偶数线直通至第三层。为了补充偶数线的计算（除了 y_0），在电路的第三层除去首尾两线（y_0 和 y_{n-1}）之外，每相邻两线接入一个 $\odot$ 运算器（即 P_2）。例如，当 $n=8$ 时，P_8 可以使用 P_4 搭建出来，如图 7.17 所示。

　　这种前缀计算的电路构建方法相比简单的串行搭建电路深度更浅，相比简单的并行电路搭建所用运算器数量更少，是一种在硬件成本与电路延迟之间取得了良好平衡的方案。

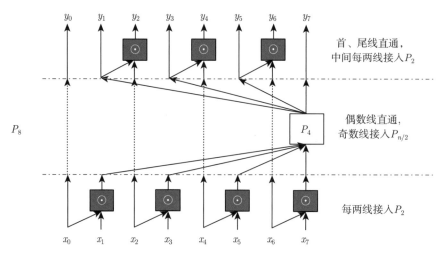

图 7.17　序列长度为 8 的前缀计算

7.1.2.4　数据重排布

在便笺存储器中，数据以行为单位进行组织，对数据的任何访问都是按行边界对齐的。这简化了访问便笺存储器的电路设计，但也导致处于便笺存储器中排布在不同列上的数据难以"相遇"。图 7.18 展示了便笺存储器中存放数据的例子，为方便展示，假设行大小为 4 字。因为向量 $\{4, 5, 6, 7\}$ 与 $\{a, b, c, d\}$ 分处两行，要计算 $\{4a, 5b, 6c, 7d\}$ 可以直接通过向量乘法指令完成；但如若需要计算 $\{4a, 5c, 6b, 7d\}$，问题就比较棘手了，因为 5 和 c、6 和 b 排布在不同列上，使用向量指令很难让这些数据共同参与运算。

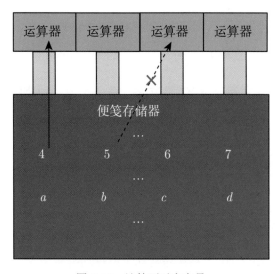

图 7.18　计算不对齐向量

一种解决方式是使用标量指令，对数据 b 和 c 的排布位置进行交换，然后再执行向量乘法。但倘若向量长度较长，这样依赖标量指令进行数据重排布可能不够高效，有时会成为系统性能瓶颈。我们可以增加一种专用于数据重排布的向量单元，通过硬件支持来加速这一操作。能够实现数据重排布的硬件结构一般称为交换网络（permutation network），这种结构起源于电话交换机，也是计算机网络设备中常用的基础结构。我们将数据重排布任务视作向量不同列之间开展的网络交换活动，在深度学习处理器芯片中构造交换网络。我们展示两种高效的交换网络构建方法。

交换网络的基础原件是交叉开关。如图 7.19 所示，交叉开关接收两个数据和一个控制信号。当控制信号为 0 时，交叉开关直通，按原顺序输出两个数据；当控制信号为 1 时，交叉开关交换两个数据的位置后再输出。在处理器芯片中，交叉开关可以使用两个多路复用器实现。

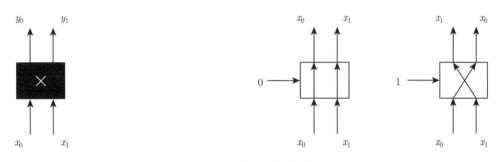

图 7.19　交叉开关电路

贝奈什网络（Beneš network）的构建方式与我们讲述的前缀计算电路相似。如图 7.20a 所示，假设向量长度为 n，贝奈什网络 B_n 的构造方法也将电路分为三层：第一层，每两根数据线接入一个交叉开关，实现数据任意的奇偶互换；第二层，将奇数线、偶数线分别送入一半大小的贝奈什网络 $B_{n/2}$；第三层结构与第一层相同。贝奈什网络可以实现向量内数据顺序的任意重排布。对输入向量 $\{x_0, x_1, \cdots, x_{n-1}\}$ 中数据的顺序进行任意交换，都至少对应着贝奈什网络的一种控制信号组合。具体某种顺序所对应的控制信号可以通过贝奈什网络上的路由算法计算得出。这些控制信号可作为指令编码的一部分，或作为指令参数通过寄存器提供给深度学习处理器。感兴趣的读者可以查阅相关文献了解贝奈什网络的路由算法。

瓦克斯曼网络（Waksman network）[325] 是贝奈什网络的一种变体。如图 7.20b 所示，瓦克斯曼网络省去了第三层电路构建中的一个交叉开关，并证明了其效力与贝奈什网络仍然是等价的。当交换网络规模增大时，由于两种交换网络都是递归构建的，瓦克斯曼网络能省去更多的交叉开关。

这两种交换网络在硬件成本和电路延迟之间取得了良好的平衡。

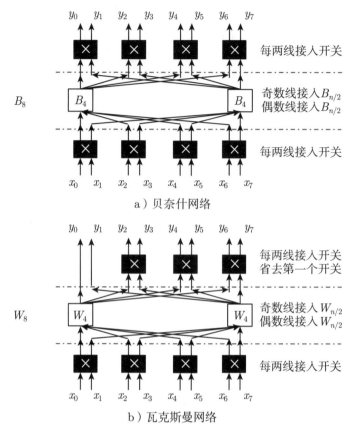

图 7.20　两种交换网络的构建方法

7.1.3　总结和讨论

本节介绍了深度学习处理器中的运算单元。为了在高效处理矩阵运算、卷积等深度学习模型的主要算子的同时，还能广泛支持各种可能需要的功能，深度学习处理器应当同时配备矩阵运算单元、向量运算单元和标量运算单元。我们介绍了两种矩阵运算单元的构建方式，构成了三种不同的矩阵运算单元：矩阵乘向量单元最为灵活，特别适用于深度学习模型推理场景；矩阵乘法单元能够达成更高的运算密度，适用于高性能的深度学习训练场景；脉动阵列机能够不依赖广播和扇出电路实现矩阵乘法的功能，在设计规模更大时能够带来多种优势，但同时也会造成硬件利用率低、计算延迟高等问题。

另外，我们针对深度学习模型中常用的几种非矩阵运算算子，介绍了几种用于向量或标量运算单元的运算器设计方法，包括池化、批归一化、特殊函数、前缀计算和数据重排布。在深度学习处理器结构中增加这些专门的功能支持，有助于拓展深度学习处理器的通用性，最终在实际应用场景下实现更高效率的智能计算系统。

7.2　存储

因为深度学习模型具有数据量大的特性，不论是采用哪种智能处理器，访存都是其设计的重要一环。在第 6 章我们已经了解，深度学习处理器的存储模块主要分为两类，即处理器芯片内的便笺存储器和处理器芯片外的外部存储器。我们探讨了原理性的设计考量，但真正实现一个具体的深度学习处理器架构时还有一些问题需要处理。本节我们深入探索便笺存储器的设计要点，并且介绍如何更高效地实现在外部存储器与便笺存储器之间的数据传输。

7.2.1　便笺存储器

作为各类运算器与主存储器之间的缓冲区，便笺存储器处在整个深度学习处理器数据通路的中心。各类运算器所需运算数据、运算结果都需要通过便笺存储器来访问，主存储器的数据也要通过便笺存储器来进行交换。作为深度学习处理器中数据通路的交通枢纽，便笺存储器必须提供足够快速的访问响应。然而，服务矩阵运算单元需要提供两个读取端口和一个写入端口；服务向量运算单元也需要提供两个读取端口和一个写入端口；为标量寄存器提供数据，需要一个读写端口；与外部存储器、其他核心、其他深度学习处理器芯片通信需要一个读写端口。如此多的数据访问需求集中于便笺存储器一处，如果处理不当，必将造成数据的大拥堵。

解决拥堵的思路有两方面。一方面是拓宽数据的通路，通过适当增加硬件成本，让便笺存储器具有同时服务更多访问请求的能力；另一方面是规划数据的流量，通过对数据进行分类处置，使整个深度学习处理器架构中数据访问不再聚焦于一点，分担便笺存储器的访问压力。通常而言，我们会同时从两方面考虑问题，以便达成架构设计的平衡。

7.2.1.1　拓宽通路

在第 6 章我们已经了解深度学习处理器的基本原理，架构中数据访问的效率决定了峰值运算能力的上限，因此在数据访问能力上适当增加硬件资源的投入是合理的。我们有两种办法提升便笺存储器的访问能力，一种是在存储器结构中增加更多的访问端口，另一种是在存储器结构外围增加分组访问的电路。

访问端口是存储器电路模块对外提供的一组输入/输出信号线，通常包括读/写使能信号、数据地址和数据输入/输出。因为每个访问端口能够提供一组数据地址线，要想保证能够同时访问一个存储器内不同地址上的数据，存储器就必须要具备多个访问端口。便笺存储器技术上通常采用静态随机访问存储器（SRAM）实现。图 7.21a 展示了一个 SRAM 单元，它可以存储一个比特的数据；整个便笺存储器最核心的结构即是使用大量重复的 SRAM 单元结构组成的巨大阵列。在这个 SRAM 单元中，四个晶体管组成交叉耦合的一对反相器用来锁存数据，而为了能够访问或修改被锁存的数据，还需要增加两个晶体管、三条导线（一条用作字线，两条用作位线）以及单元外部相应的外围支持电路（地址解码器、感测放大器等）。如果要增加一个额外的访问端口，那么每个 SRAM 单元就需要再增加两个晶体管、三条导线，外围电路也需要一同变复杂。总体而言，增加一组访问端口会导致便笺存储器的电路面积增加 50%~100%。电路面积的增加不仅意味着更高的制造成本，还意味着由于电路内部导线的长度必须增加，驱动它们需要更多的能量和时间，最终也影响到便笺存储器的能效和速度表现。因此，在便笺存储器内适当增加一到两组访问端口是必要的，但增设更多的端口往往得不偿失。

另一种方式是设计分组访问电路。即在存储器内部只设置一个访问端口，将一块便笺存储器拆分成多个小块便笺存储器，每个小块便笺存储器都具有自己的访问端口，可以同时服务多个读写请求。如图 7.21b 所示，将便笺存储器拆分成四块 SRAM 实现，通过增设交叉开关阵列对读写请求进行路由，最多可以同时服务四个读写请求而无须增设访问端口。不过，这只能发生在四个读写请求分别落在四块 SRAM 的地址空间内的情况。假如有多个读写请求落在同一个 SRAM 内，这些访问就必须在时间上先后分开，称为分组冲突（bank conflict）。好在深度学习处理器内部的数据访问通常是较为规律的，同时需要访问的多种数据（例如输入神经元、权重和输出神经元）可以安排分别存储在便笺存储器的不同范围，在使用方式上可以规避大部分分组冲突情况的发生。将便笺存储器分为 N 组，会在分组访问电路中引入大小为 $N \times N$ 的交叉开关阵列；处理分组冲突也需要增加一些额外的电路支持。因此，便笺存储器的分组访问同样也不能过度设计，宜配合实际应用执行流程设置少量分组，分组过多徒增电路开销。

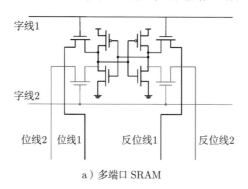

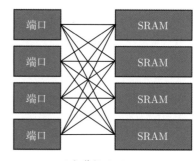

a）多端口 SRAM　　　　　　　　　　b）分组 SRAM

图 7.21　拓宽通路

可以看出，为便笺存储器的访问拓宽道路着实不易，两种方法的开销都限制了我们，无法任意地拓展便笺存储器的访问能力。要进行更多的便笺存储器访问优化，便仰赖于对深度学习处理器中数据流的规划。深度学习程序的执行流程有规律，我们应当予以充分利用。

7.2.1.2　规划数据流

因为深度学习程序的执行流程是有规律的，我们可以通过规划数据的流动，避免数据通路上的冲突访问。回顾通用处理器结构，当取指令与取数据发生冲突时，采用了哈佛结构的分离式缓存来解决。这是因为指令与数据天然具有不同的访问特性，二者的地址空间极少交叠；指令对程序而言在绝大多数情况下是只读的，从不发生变化，而数据则可读可写。将指令存放在数据缓存中，不仅产生了缓存的访问冲突，也确实浪费了一部分硬件资源。因此，我们采用分离式缓存设计，将指令单独存储在一块缓存中，与数据分开。指令缓存的优化目标是快速读取，而且由于我们已知该缓存不会被处理器核心写入，访问永远按固定方向单向进行，因此节约了硬件资源。观察图 6.2c 可以看到，在真实的处理器芯片中，一级指令缓存与一级数据缓存具有相同的容量，但一级指令缓存占据的电路面积明显更小。这就是利用了我们已知的数据流信息对架构进行优化的例子。

类似地，深度学习程序中的数据可以划分为输入神经元数据、权重数据和输出神经元数据三种。运算时，矩阵运算器需要输入神经元数据和权重数据，写出输出神经元数据，数据流向也是单向的；而且权重数据与指令类似，在绝大多数情况下是只读的。因此我们可以将便笺存储器进行功能划分，例如采用三分离式设计，单独设置输入神经元存储器、权重存储器和输出神经元存储器，如图 7.22a 所示。数据按照既定的流向，从输入神经元存储器/权重存储器经过运算来到输出神经元存储器；如果数据偶尔需要从输出神经元存储器返回输入神经元存储器或权重存储器，则通过访存通路（此处为 DMA）对数据进行传输。这样，三个分离便笺存储器均只需要设置一读、一写两个端口即可高效支持大部分深度学习运算过程；这两个端口可以通过将存储器进一步分为两组来实现分组访问，因为我们知道 DMA 与运算器不会同时操作同一段数据，否则很容易发生数据不一致的错误。从电路结构上将它们分开到存储器的两个不同分组上工作，既有利于提升性能，也更符合编程规范。

以上分离式便笺存储器的设计方式是按照数据的类型进行划分。还有其他划分方式，例如按照硬件功能单元进行划分，分为矩阵运算存储器、向量运算存储器和标量寄存器（见图 7.22b）；按照处理阶段划分，分为输入存储器、累加存储器等（见图 7.22c）。划分方式并不拘泥于以上某一类，具体设计也有可能会采用以上几种划分方式的组合形式。

分离式便笺存储器设计通过规划数据流向和存储器功能分区实现了更高的访问效率，但也同时对存储器容量的具体使用方式进行了约束。换言之，这种设计是靠牺牲一定程度的通用性来获得性能，导致在大多数应用场景下的性能提升，而损失的是极端特殊情况下的性能。当这些约束选择恰当时，处理器架构所表现出的就是整体的性能提升。因此我们常说，计算机体系结构的核心在于约束；体系结构设计人员的职责就是要深入探究处理器所要的具体场景，为计算机的架构设计出一组高效而合理的约束方法。

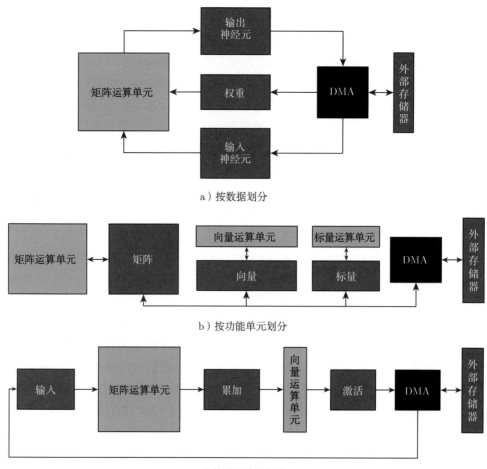

a）按数据划分

b）按功能单元划分

c）按处理阶段划分

图 7.22   分离式便笺存储器的多种设计方式

7.2.2   外部存储器访问

在理解了内部便笺存储器的设计后，在这一小节，我们探讨深度学习处理器对外部存储器的访问方式。此处称为外部存储器而非主存储器，是因为我们所探讨的深度学习处理器核心也有可能处于一个大规模深度学习处理器之内，与之直接相连的外部存储器可能会是一块局部存储器（见图 6.46）。但无论外部存储器具体是主存储器还是局部存储器，对于深度学习处理器核心内的访存设计没有显著影响。

通过学习第 6 章，我们已经了解了深度学习处理器中负责外部存储器访问的是直接访存模块（DMA）。本节将具体介绍 DMA 的工作方式，以及 DMA 与各类运算单元之间并行协作的方式。

7.2.2.1 直接访存模块（DMA）

在通用处理器内部通常是不设置直接访存模块（DMA）的，而是将访存设置在指令流水线当中。例如，在经典的 MIPS 风格五级指令流水线当中就专门设置了访存流水级（MEM），每一条指令（即使不是访存指令）在流水线中都会经过这一阶段。在这样的通用处理器上，需要单独使用一条装载（load）或存储（store）指令来访问一个数据，过程如图 7.23 所示。装载指令访问得到的数据可以通过流水线数据前递开关送入下一条计算指令的执行级（EX）；计算指令的执行结果可以再通过前递送入下一条存储指令的访存级。为了实现前递，计算指令必须插入空泡，延迟一个时钟周期来执行，这一个时钟周期的延迟在通用处理器中经常被视为需要针对性优化的关键问题。假如访存级能够在一个时钟周期完成，完成单个数据单次运算的访存过程，需要持续四个时钟周期。

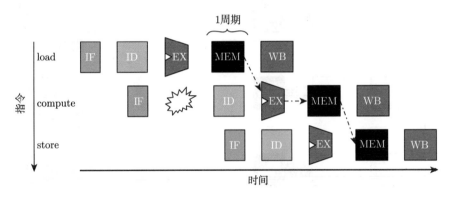

图 7.23　通用处理器 MIPS 风格五级指令流水线时空图

可以看出，通用处理器的访存粒度以标量为单位，持续时间在数个时钟周期的量级，对于深度学习应用而言过于细碎，造成控制开销大。假设需要处理大小为 224×224×3 的图像，通用处理器需要执行 30 万条装载/存储指令。大量的装载/存储指令不仅导致处理器浪费许多能量来完成它们的取指、译码、执行，还将填充、挤占指令流水线，干扰计算指令的执行。所以，深度学习处理器需要以更大粒度来设计访存指令（向量装载/存储指令、矩阵装载/存储指令），将访存过程的细粒度控制职责从指令流水线分离出来，下放给具体的执行单元。这个具体的执行单元就是直接访存模块（DMA）。

DMA 是访存控制任务的代理者。如果不使用 DMA，那么处理器必须通过指令操控访存的细粒度行为，每个时钟周期都亲力亲为控制数据总线。如图 7.24a 所示，在装载大量数据的时候，处理器的指令流水线被大量烦琐重复的装载指令所占据，没有余力处理计算。为了将处理器从这些访存细粒度控制任务中解脱出来，我们增设 DMA 来代理数据总线的控制任务。如图 7.24b 所示，处理器可以使用一条大粒度访存指令告知 DMA 接下来要处理的访存事务，然后将数据总线的控制职责交给 DMA。接下来，DMA 将控制数据总线完成所需的数据传输任务，而处理器本身可以空出指令流水线，转而去执行一些计算指令，实现计算与访存的并行。

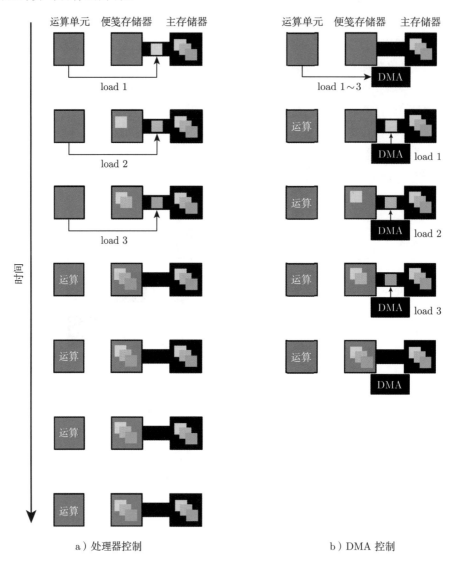

a）处理器控制   b）DMA 控制

图 7.24   DMA 代理控制访存行为

采用 DMA 之后，深度学习处理器使用一条装载/存储指令可以装载或存储大量的数据，数据量的上限仅取决于便笺存储器的容量。假设容量充足，那么同样处理大小为 $224 \times 224 \times 3$ 的图像，深度学习处理器仅需要 1 条装载指令装载完整图像到便笺存储器上，1 条计算指令完成处理，1 条存储指令将数据存储回主存储器。如果便笺存储器剩余可用容量只能存储一半的图像，则将处理过程拆分为两次、六条指令来处理，指令流水线如图 7.25 所示。

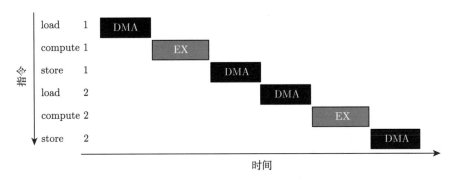

图 7.25 深度学习处理器指令流水线时空图

与图 7.23 中的通用处理器流水线时空图对比，图 7.25 中的深度学习处理器的时空图发生了很大的变化：指令周期似乎只剩下一个流水线阶段，即 DMA 访存或执行两种之一。这并不是因为取指、译码等过程消失了，而是因为在深度学习处理器的指令周期中，DMA访存和执行能够持续成千上万个时钟周期，相对取指、译码等过程的一两个时钟周期而言，访存和执行过程的时间占比已经过于悬殊，使得其他流水线阶段从图示上消失了。

这种区别也直观显示出了深度学习处理器指令流水线的高效。在深度学习处理器中，每个指令执行周期内的绝大多数时间都被用来真正处理关键的访存和运算过程。在讨论深度学习处理器的指令流水线时空排布时，我们不再关注取指、译码等过程是否会延迟一两个时钟周期；即使有延迟，对整体执行时间的影响也已经微乎其微。

7.2.2.2 软件流水线

图 7.25 中的执行过程展示出了优化机会。在这个简单的执行过程中，计算与访存之间并未并行起来。如果深度学习处理器能够进行某种乱序执行，就可以发现将后面一次处理过程的三条指令提前执行的机会，如图 7.26 所示。因为在一段时间内同时利用了运算单元和 DMA，程序整体的执行时间显著缩短了。

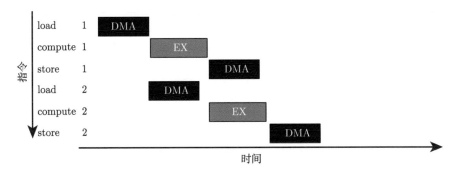

图 7.26 假设乱序执行的深度学习处理器流水线时空图

但是, 我们不希望为深度学习处理器设计复杂的乱序执行流水线。利用深度学习程序以静态控制流为主的特点, 我们可以在程序编写阶段通过人工调整指令顺序, 或者通过编译器自动调整指令顺序, 实现相同的效果。例如, 我们将 load 2 和 compute 2 的顺序提前, 如图 7.27 所示。如果我们允许深度学习处理器在之前正在执行的指令尚未完成时, 就先发射、执行之后的指令, 就可以实现计算指令与访存指令的并行。

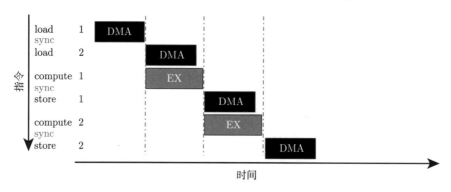

图 7.27 采用软件方法实现流水执行的深度学习处理器流水线时空图

然而, 为了确保程序执行正确, 具有数据依赖的指令之间仍然必须保持顺序执行。在通用处理器中, 依赖关系是由指令流水线硬件上的发射单元负责判断的; 依赖的具体表现形式简单, 即判断两条指令是否使用了同一个寄存器。而在深度学习处理器中, 因为指令可以操作张量数据, 但数据在存储器中并不一定连续排布。判断两条指令所访问的数据是否交叠变成了一项颇有难度的问题, 需要求解线性同余方程组 (丢番图问题)。所以, 深度学习处理器中额外添加了同步指令 (sync), 来显式地指导指令流水线是应该继续发射、并行执行, 还是需要等待之前的指令完成以保证满足依赖关系。在图 7.27 中, 指令 load 1 和指令 compute 1 需要处理同一块数据, 不可以同时执行, 因此在两条指令之间必须插入一条同步指令 sync; 指令 load 2 和指令 compute 1 分别处理不同的数据, 可以同时执行, 因此两条指令可以放在一起, 中间不需要以同步指令隔开。

我们在指令流水线中实现同步指令。如图 7.28 所示, 我们将计算指令与访存指令分发到两个互相独立的指令队列中去, 由运算器依顺序执行已发射的计算指令, 由 DMA 依顺序执行已发射的访存指令。在执行级之前, 我们增设一个简单的发射单元。发射单元按顺序处理待发射的指令, 遇到计算指令则分发到计算指令队列去; 遇到访存指令则分发到访存指令队列去; 遇到同步指令, 则暂停发射, 等待直到计算指令队列和访存指令队列中的所有已发射指令都执行完成, 再恢复后续指令发射。如此处理, 运算器和 DMA 均不需要负责处理同步指令, 也不需要涉及并行执行机制, 只管各自一直保持顺序执行即可。整体硬件设计相比乱序执行流水线更为简单。

在便笺存储器容量充足的情况下, 相比将全部数据使用一条装载指令、一条计算指令、一条存储指令处理完毕，将数据拆分为两部分（甚至更多部分）来处理、形成计算与访存的并行，有时可能会更高效。因此，在编写深度学习处理器上的程序时，即使指令允许操作能够填满便笺存储器的整块数据，通常我们也倾向于只使用便笺存储器不超过一半的容量，以便将计算与访存并行。让计算指令与访存指令总是分别工作在便笺存储器的不同半区，也有利于设计高效的分组访问便笺存储器。

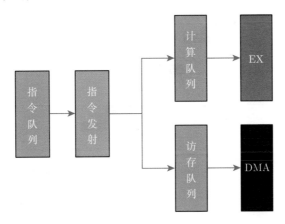

图 7.28　简化的硬件同步机制

以上展示的是当数据分为两组进行运算的情况。当数据分为更多组时，指令的最佳排布顺序可以按规律构建，形成软件流水线（software pipelining），如图 7.29 所示。其中，奇数组指令（load 1/3/5、compute 1/3/5、store 1/3/5）工作在便笺存储器的一半，而偶数组指令（load 2/4/6、compute 2/4/6、store 2/4/6）工作在便笺存储器的另一半，实现互不干扰的并行工作。软件流水线是一种古老的程序优化技巧，最初用于在通用处理器上挖掘指令级并行性；在这里，我们将其用于挖掘计算指令与访存指令之间的并行性。在通用处理器的编译器中也提出了多种自动构建软件流水线的方法，例如模数调度（modulo scheduling）[326] 等，可以迁移至用于深度学习处理器的编译器中，自动实现高效的计算和访存并行。

7.2.3　总结和讨论

本节介绍了深度学习处理器的存储子系统，分为处理器核心内部的便笺存储器设计和访问外部存储器的数据通路设计。

便笺存储器是深度学习处理器的数据枢纽，负责连接各类运算器、访存和通信通路等，并提供数据缓冲。因此，访问便笺存储器可能成为系统的性能瓶颈。为加强便笺存储器的访问效率，一方面我们可以拓宽数据通路，增加访问端口、设计分组访问存储器等，但是代价是硬件开销的快速增长；另一方面我们可以规划数据流，根据算法特征，对便笺存储器进行分离式设计，但是代价是损失一定程度的通用性。通过便笺存储器的设计，读者应当了解到, 架构的效率与通用性之间存在着本质的矛盾; 体系结构设计者的职责是针对实际应用场景, 寻找并设计一组高效且合理的约束。

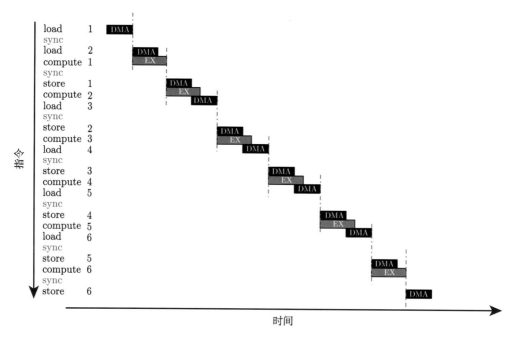

图 7.29 由装载–运算–存储三阶段组成的软件流水线

在进行外部存储器访问时, 深度学习处理器添加了直接访存模块 (DMA) 来代理细粒度的控制过程, 解放了指令流水线, 使其能够同时处理其他计算指令。深度学习处理器通过构建软件流水线 (而不再是硬件乱序执行流水线) 使计算和访存并行起来。在深度学习处理器中, 通过人工或编译器优化对指令进行重新排序, 即可实现计算和访存的并行执行, 不需要乱序执行; 通过人工或编译器添加同步指令显式控制指令之间的执行顺序, 不需要通过发射单元进行依赖检查。这些设计利用了深度学习程序的特性, 采用较低的硬件成本实现了较高的处理效率。

7.3 通信

前两节都在介绍单核心深度学习处理器内部的架构设计技巧。大规模的智能计算系统为了快速完成深度学习大模型训练等任务, 整个系统可能集成了成千上万个深度学习处理器。这些处理器之间的组织形式相比单个深度学习处理器内部的各个功能部件的构成更为松散, 需要通过特定的分布式算法来完成通信与协同。本节简要介绍在多个深度学习处理器核心之间进行通信、协同的基本原理和方法。

7.3.1 互联网络

一个大规模深度学习处理器内的各个深度学习处理器核心之间通过 片上网络（NoC）连接；多个深度学习处理器芯片之间需要经过模拟信号转换和专门的通信链路控制器来实现单条物理通信链路，芯片之间相互连接构成 多芯片互联网络。无论是片上网络还是多芯片互联网络，其基本功能都是提供系统中任意一对深度学习处理器（核心）之间的 点对点通信，即一方发送数据包，供另一方接收。深度学习编程框架所使用的更复杂的 集合通信原语（见 5.5.2 节）都是在基本的硬件功能基础上实现的。

一个互联网络可以视作一个图，由深度学习处理器（核心）构成结点、物理通信链路构成边。构成图的规则称为拓扑。在互联网络中常用的拓扑有很多种，例如总线（bus，见图 7.30a）、环（ring，见图 7.30b）、二维网格（2D-mesh，见图 7.30c）、二维环面（2D-torus，见图 7.30d）、超立方（hypercube，见图 7.30e）、胖树（fat-tree，见图 7.30f）、全连通网络（通过交叉开关阵列等方式实现，见图 7.30g）等。其中，总线和环的实现成本较低，但是结点间连通度也较低，执行某些集合通信操作时性能可能受限；网格和环面的实现成本和结点间的连通度均适中；超立方、胖树、全连通网络具有较高的实现成本，但是结点间的连通度也较高，多数时候可以获得更好的通信性能。

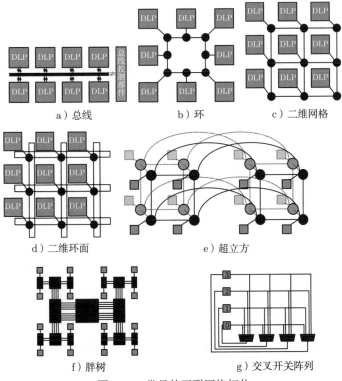

图 7.30 常见的互联网络拓扑

7.3.2　集合通信原语

在训练过程中，深度学习程序的编写者可以采用数据并行、模型并行等多种并行模式。多对多归约（all-reduce）是分布式训练过程中最常用到的集合通信原语；如果采用模型并行中算子内并行的方式实现分布式训练，则还需要使用到多对多交换（all-to-all）集合通信原语。多对多归约与多对多交换是深度学习分布式训练过程中最为常用的两种集合通信原语（其余通信需求几乎全部为简单的点对点通信）。这两种集合通信原语也是各种集合通信原语中语义最为复杂的两种：实现了多对多交换，即实现了所有不含归约运算的集合通信原语；实现了多对多归约，即实现了所有含归约运算的集合通信原语，以及障碍同步（barrier）原语。

7.3.2.1　多对多交换

在多个深度学习处理器之间构建一条环状通信链路，即可比较高效地支持多对多交换原语，如图 7.31 所示。假设系统中共有 p 个处理器。在多对多交换操作的最开始，每个处理器持有 p 份数据，其中一份最终由自己所保有，另外 $p-1$ 份数据要分别交换给其他各个处理器（见图 7.31a）。开始多对多交换操作时，每个处理器将要交换给其他处理器的 $p-1$ 份数据沿着环路传递给下一个处理器（见图 7.31b）。之后的每一步，每个处理器会收到上一个处理器发来的一些数据，其中有一份数据由自己保有；处理器将其中属于自己的数据拆解出来，然后将其余部分继续向下一个处理器传递（见图 7.31c 和图 7.31d）。如此持续，直到所有的数据都被预定处理器所接收。在整个过程中，第 i 步在每条通信链路上传递了 $p-i$ 份数据，一共持续了 $p-1$ 步，因此假设每份数据的尺寸是 m，互联网络中的数据通信总量是 $\frac{1}{2}p^2(p-1)m$，每条链路上的数据通信总量是 $\frac{1}{2}p(p-1)m$。因为深度学习处理器上交换的数据通常是大块张量数据，完成通信所需的时间可以近似看作与数据通信量呈正比，也视为 $\frac{1}{2}p(p-1)m$。

假如环状链路允许双向通信，以上多对多交换的算法还可以进一步改进。每个处理器在传递数据时，根据通过环路两个方向抵达终点处理器的距离远近，将数据包分为环路上行、环路下行两个方向分别传递。因为平均每个数据包所走的路径变短了一半，因此可以期望整体数据通信量降低一半。

如果允许处理器之间的通信链路连通度更强，多对多交换的速度还能够提升。例如，如果处理器之间的通信链路组成二维网格拓扑（见图 7.30c），可以这样完成：先以行为单位，$\sqrt{p}$ 行处理器共同沿列向进行多对多交换，这个过程中各条链路上数据通信量最大为 $\frac{1}{2}p(\sqrt{p}-1)m$；所有数据都抵达目标行之后，各行内部的 $\sqrt{p}$ 个处理器再沿行向进行多对多交换，这个过程中各条链路上数据通信量最大也为 $\frac{1}{2}p(\sqrt{p}-1)m$。最终，消耗的总时间正比于两个阶段最大数据通信量的和，即 $p(\sqrt{p}-1)m$。可以看到，通过增加通信链路的总容量（二维网格比环路的链路更多），可以加快多对多交换的速度。

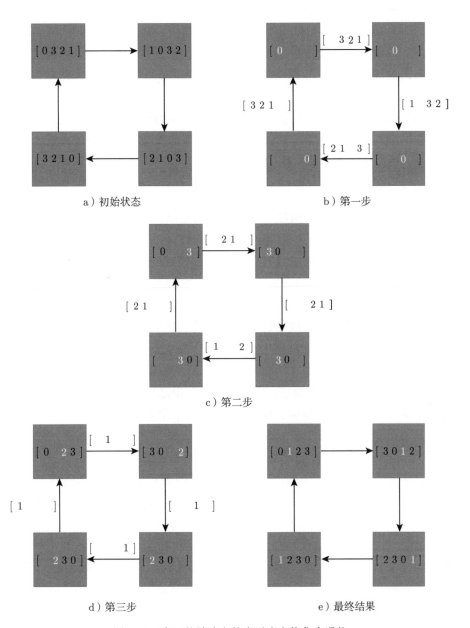

图 7.31 在环状链路上的多对多交换集合通信

现在假设我们继续增加处理器之间互联网络的拓扑连通度，直到任意一对处理器之间都全部相联，例如采用交叉开关阵列连接（见图 7.30g）。此时，完成多对多交换的速度瓶颈就已经不在于整个网络的通信链路总容量上，而在于每个深度学习处理器对外能够提供的通信接口数量。虽然每一个处理器与所有其他处理器之间都建立了物理通信链路，但一个处理器同时能够处理的点对点通信事务总是有限的。假设一个处理器同时仅能够处理一个通信事务，那么连接到同一个处理器的全部物理通信链路中，同一时间只能有一条能够真正发挥作用。因此，每个处理器每一步能够（且仅能够）与另一个处理器建立连接，将属于对方的数据包传递过去。完成多对多交换操作共需要 $p-1$ 步，因此总共消耗的时间大约为 $(p-1)m$。

可以看到，由于多对多交换在通信互联网络中传递的数据总量比较大，数据包的目标分散，对互联网络的通信链路容量要求比较高。适当加大互联网络的成本投入、增加网络拓扑的连通度，可以加快多对多交换的过程。

7.3.2.2　多对多归约

在多个深度学习处理器之间构建一条环状通信链路，也可以高效地支持多对多归约原语，如图 7.32 和图 7.33 所示。一般地，多对多归约可以视作 多对一归约 （reduce）和一对多广播（broadcast）操作的组合；特别地，在环状拓扑上实现时，多对多归约可以视作 多对多归约散射 （reduce-scatter）和 多对多收集（all-gather）操作的组合。在归约散射阶段，第一步，第 i 个处理器将第 i 份数据传递给下一个处理器（第 $i+1 \mod p$ 个），然后与下一个处理器上的第 i 份数据进行归约运算（例如求和，见图 7.32b 和 图 7.32c）；第二步，第 $i+1 \mod p$ 个处理器将上一步进行了归约运算的第 i 份数据传递给下一个处理器（第 $i+2 \mod p$ 个），然后与下一个处理器上的第 i 份数据进行第二次归约运算（见图 7.32d 和 图 7.32e）。以此类推，在进行 $p-1$ 步之后，完成归约散射，每个处理器都包含一部分完成归约运算的数据，见图 7.32g。第 i 个处理器上的第 $i+1 \mod p$ 份数据是由原本所有处理器上第 $i+1 \mod p$ 份数据进行归约得到的总结果。之后进入多对多收集阶段，第一步，每个处理器将其完成归约运算的数据部分传递给下一个处理器（见图 7.33a）；之后的每一步，每个处理器将其收到的数据存储下来，然后转发给下一个处理器。在进行 $p-1$ 步之后，所有处理器上都获得了所有数据归约后的总结果，多对多归约完成。

在整个过程中，每一步每条通信链路上传递了一份数据，共持续了 $2(p-1)$ 步，因此消耗的总时间为 $2(p-1)m$——这约等于每个处理器上初始持有的总数据量大小（pm）的 2 倍。在环状链路上进行多对多归约时，假设数据量充分大，所需时间可以看作与处理器的数量无关，而仅与每个处理器上初始持有的数据量大小有关。因此，如果目标是高效实现多对多归约，环状链路就可以视作是最优的网络拓扑结构。

在其他拓扑结构上也有其他实现高效多对多归约的算法，感兴趣的读者可以自行查阅相关资料。但是，如果在该互联网络拓扑内能够高效地模拟一条环状链路，即互联网络拓扑中存在 哈密顿环（Hamiltonian cycle）⊖，则在模拟的环路上采用环状链路的多对多归约算法就已经足够优秀，故没必要另外开发其他算法。

⊖　或者通俗地说，能够用一条环路完成所有处理器的"一笔画"。

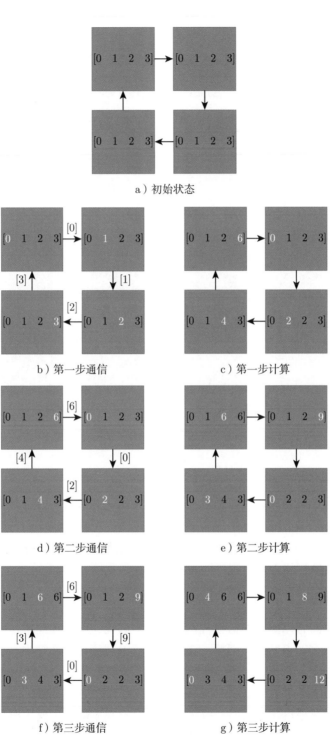

图 7.32　在环状链路上的多对多归约（多对多归约散射阶段）

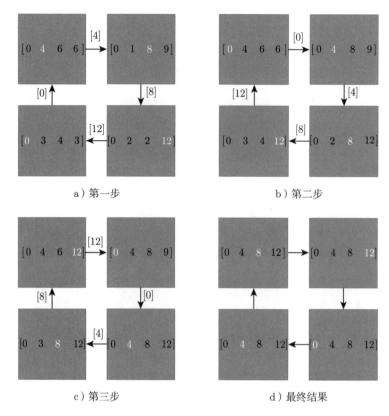

a）第一步   b）第二步

c）第三步   d）最终结果

图 7.33   在环状链路上的多对多归约（多对多收集阶段）

7.3.2.3   障碍同步

多个处理器间的障碍同步可以通过在这些处理器之间进行一次空数据的多对多归约来实现。因为任何处理器要完成这个集合通信原语继续向下执行程序的后续部分，都需要其他每一个处理器予以响应（意味着所有的处理器都已经执行到程序的这一部分）。因此没必要在硬件通信互联网络上特意设计同步机制的硬件支持。

7.3.3   通信架构设计

分布式训练中最常用到的通信模式就是多对多归约，而实现简单、硬件成本低的环已经能够最优地支持多对多归约。因此，在较小规模的智能计算系统中，我们只要将所有深度学习处理器（核心）连接成一条环路就足够了。例如寒武纪"玄思 1000"系统当中采用了 4 颗深度学习处理器芯片，以双向环路拓扑搭建互联网络，就取得了比较好的通信效率。

但是，当系统规模继续增大时，仅搭建环状链路是不够的。这主要是因为，并非所有使用到多对多归约的场景都是在整个系统的全部处理器上进行的。如果需要将系统分片成几个部分，每个部分分别在内部进行多对多归约，此时仅通过一条环状链路就无法高效支持了。另一方面，通过上一节的推算可知，在环路上进行多对多交换的性能还有提升空间，如果遇到算子内并行，大规模的环状拓扑网络通信效率也可能受限。

因此，智能计算系统中通信架构的设计需要考虑连通度更高的拓扑结构，以便提供更灵活的算法支持。假设用户指定要在一部分处理器之间进行多对多归约，该拓扑结构需要能够有较大机会在这些处理器之间模拟出一条环状通信链路，以便执行环上的多对多归约算法。如图 7.34 所示，假设将智能计算系统的通信架构搭建成二维网格，我们就能够在许多种不同形状的区域内构成环路，以便在这些区域内部完成局部的多对多归约；二维网格的另一个优势在于执行多对多交换的速度更快，所以当用户选择算子内并行、混合并行模式时，能够在一定程度上提升系统的整体性能。如果进一步在二维网格的边缘增加回环通路，就形成了二维环面拓扑，二维环面拓扑相比二维网格的灵活度更高。谷歌的 TPU 机群（pod）即采用二维环面拓扑构建多个处理器芯片间的互联网络[321]。

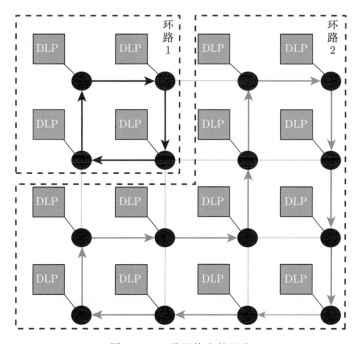

图 7.34　二维网格上的环路

除了二维网格、环面，还可以采用超立方、胖树、级联交叉开关阵列等多种方式构建更强大的通信网络。这样能够取得更好的灵活性和整体通信性能，但代价是更高昂的硬件成本和通信功耗。图 7.35 展示了在胖树结构上模拟构建环路的例子。寒武纪 MLU290 处理器内部采用了类似于胖树拓扑的片上网络（NoC）。更为极端的例子是英伟达 DGX-2 计算机，其中采用全连接拓扑构建全部 16 个 GPU 之间的高速互联网络。但是，DGX-2 内部仅仅为搭建这个互联网络的交叉开关，就额外使用了 12 颗 100 mm² 的芯片。这些芯片共消耗功率 1200 W，功耗占比达到了全系统的 12%[327]。

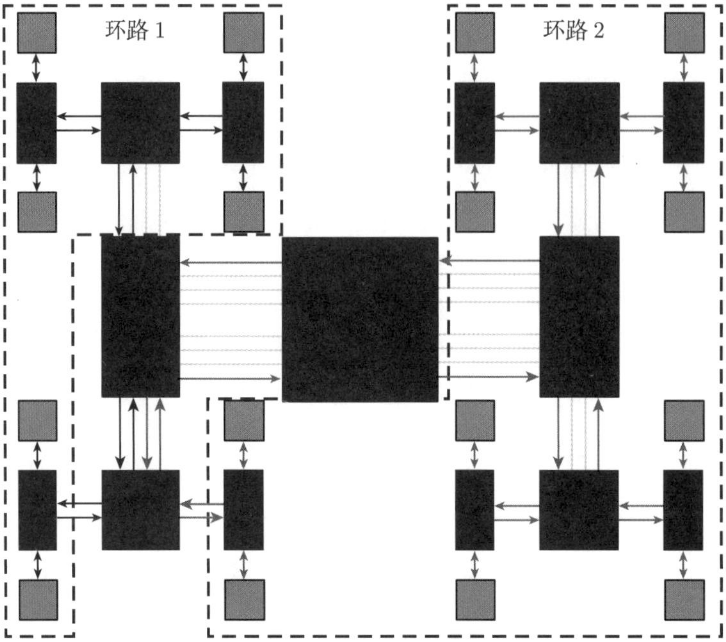

图 7.35　胖树上的环路

7.3.4　总结和讨论

本节介绍了深度学习分布式训练所需的主要集合通信原语的实现方式，以及智能计算系统中通信网络的结构设计。在大规模深度学习处理器芯片内，多个深度学习处理器核心通过片上网络（NoC）实现点对点通信；在大规模智能计算系统内，多个深度学习处理器芯片通过多芯片互联网络实现点对点通信。通过多种分布式通信算法，可以在具有特定拓扑的网络架构上高效实现集合通信原语。在逻辑上，环状拓扑的通信链路就足以高效完成多数通信需求；在物理上，通信网络拓扑的设计需要适当增加冗余，以提供灵活的算法支持。在进行局部多对多归约时，通信网络可以将这些参与归约的处理器配置成环路，实现高效通信。增加通信网络容量的同时会带来硬件成本的升高，需要综合考虑性能和成本约束来设计智能计算系统的具体通信架构。

* 7.4　设计优化

本章介绍了深度学习处理器架构的详细硬件设计，它们与传统的通用处理器或向量处理器有着诸多不同。但是到目前为止，我们提出的还仅仅是一种基本的架构设计方案。在深度学习处理器中，新的运算模式和新的硬件结构带来了很多独特的优化机会可供挖掘，近年来学术界、工业界都提出了很多行之有效的优化方案。然而，因为这些知识非常庞杂且还在快速更新，所以没有办法用一本书穷举。

本节内容总结了近年来学术界、工业界在深度学习处理器领域提出的几大类设计优化技巧，包括变换、压缩、近似和非传统结构与器件。这些内容供有志从事深度学习处理器架构设计的读者了解，希望能够帮助读者快速建立领域研究动态的宏观认知，提供一些线索方便读者有目的性地去检索相关文献资料。

7.4.1 变换

在深度学习任务中，大部分运算为规则的矩阵乘和卷积运算。这就允许我们根据运算本身的特性，对算法进行变换，从理论上降低算法的计算或访存时间复杂度，以达到优化处理器性能的目的。

7.4.1.1 快速矩阵乘法

两个 $N \times N$ 的矩阵相乘，朴素矩阵乘法算法的时间复杂度为 $\mathcal{O}(N^3)$。Strassen 算法[310]是一种采用分治法的矩阵乘法算法，可以使用更多的矩阵加减法运算代替矩阵乘法运算，将矩阵乘的时间复杂度降低至 $\mathcal{O}(N^{2.81})$。Coppersmith-Winograd 算法[328]进一步增加加减法运算取代乘法，将矩阵乘法的时间复杂度降低至 $\mathcal{O}(N^{2.38})$；采用更为复杂的矩阵乘法算法能够以增加算法开销为代价进一步降低时间复杂度，至今仍然不断有新的算法诞生并刷新时间复杂度的最低纪录。人类不知道矩阵乘法时间复杂度准确的下界，寻找"时间复杂度最低的矩阵乘法算法"仍是一个计算机科学领域的重要开放问题。然而，虽然这些算法的时间复杂度降低了，但是由于算法的额外开销显著增大，其中绝大多数算法只有在矩阵规模极大时才能实际降低运算量，乃至于只有理论意义而无实用价值。

7.4.1.2 快速卷积

对于卷积核非常大的卷积运算，可以运用快速傅里叶变换（Fast Fourier Transform，FFT）来加速。我们知道，对两个长度为 N 的一维数列计算卷积，可以首先通过 FFT 将两个数列转换至频域，将卷积运算削减为对位乘法运算，从而将计算过程整体的时间复杂度从 $\mathcal{O}(N^2)$ 降低至 $\mathcal{O}(N \log N)$。类似的方法经过改造后，也可以运用于神经网络的卷积层。但由于将卷积神经网络层转换为适合 FFT 的数据表示这一过程带来了显著的算法开销，该方法仅适用于处理卷积核尺寸非常大的卷积运算。研究者发现，在使用 FFT 方法进行卷积神经网络的计算时，为了避免在时域与频域间反复变换，可以将参数与算子均映射到频域内，完全在频域内进行网络的训练，从而省去在卷积层之间额外进行的傅里叶变换与傅里叶逆变换过程[329]。

对于卷积核较小的卷积运算, 可以运用 Winograd 最小滤波算法来加速。Winograd 最小滤波算法运用中国余数定理, 将短数列与长数列之间的卷积运算拆解为多个卷积, 最终将总计算时间复杂度降低。将 Winograd 算法运用于神经网络卷积层时, 形式是将卷积核和特征图分别进行线性变换, 转换为新的矩阵形式, 其计算过程可以表示为:

$$Y = A^{\mathrm{T}} \left[(GgG^{\mathrm{T}}) \odot (BdB^{\mathrm{T}}) \right] A \qquad (7.4)$$

其中 $\odot$ 符号表示逐元素相乘, g 和 d 分别表示卷积核与输入特征图, Y 表示输出特征图; 变换矩阵 A、G 和 B 表示对卷积核和特征图进行变换的过程, 其数值仅与卷积核和特征图的尺寸有关。对于 3×3 大小的卷积核, 这些变换矩阵中的所有系数均为 0、± 1 或 $\pm \frac{1}{2}$, 因此仅通过加减法和移位操作就可以高效实现这些变换, 不需要真正进行矩阵乘法运算。该算法适用于卷积核尺寸和批量尺寸较小的情况, 需要的计算资源更少, 但对访存带宽的需求更大[330]。

对于相对更大的卷积核 (但还不值得采用 FFT 时), 如果要直接采用 Winograd 算法, 各个变换矩阵中的系数将会变得更加复杂。复杂的系数不仅导致变换难以计算, 也会使计算的数值精度变得不稳定。DWM 算法针对这些问题, 提出首先将大卷积核分解为数个小卷积核[331]。采用 DWM 算法后, 对更大的卷积核以及卷积步长不为 1 的情况也得以高效运用 Winograd 算法加速卷积计算。

7.4.1.3　算子融合

矩阵乘法、卷积的快速算法关注的是计算的时间复杂度。然而, 在深度学习处理器的设计中, 计算能力并不总是系统的瓶颈。如果将关注点落至访存的时间复杂度 (访存数据量) 上, 我们还会发现一些其他更实用的变换方式, 例如算子融合。它将深度学习模型中多个算子融合在一起进行计算, 使得前一个算子的计算结果直接用于下一个算子的输入, 从而减少了神经网络层与层之间的中间结果造成的主存储器访问开销[332]。

图 7.36 展示了算子融合的一个例子——将连续的两个卷积算子融合。假设这两层的卷积核尺寸均为 3×3, 步长为 1。在计算输出特征图中的第一个点 (黑色点) 时, 计算需要使用的数据用黑色框标明; 在计算输出特征图中的第二个点 (蓝色点) 时, 计算需要使用的数据用蓝色框标明。由于卷积核带来一定的数据感受野, 相关数据呈金字塔形排布, 两个点的相关数据范围呈现较大程度的交叠; 在计算第二个点时, 可以大量复用计算前一个点时读取的数据或计算得到的中间结果, 以非常少的访存数据量完成。图中用蓝色点表示了计算第二个点时从输入特征图中额外读取的数据, 用灰色点表示了两次计算过程中可复用的中间计算结果。其中, 这些新读取的数据还有可能通过合理利用片上便笺存储器空间, 实现进一步的数据复用。采用这种计算策略, 只需要读取输入特征图即可完成两层卷积, 省去了中间特征图的存储和装载过程, 降低了访存数据量, 在多数情况下可以带来明显的性能提升。

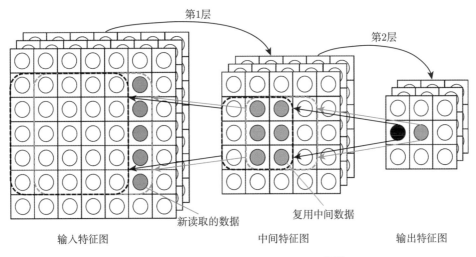

图 7.36　两个连续卷积层的算子融合[332]

7.4.2　压缩

为了让训练过程更容易收敛，深度学习模型通常被设计为在一定程度上过参数化。深度学习模型的参数中存在相当一部分冗余数据，在计算过程中无实际贡献。在推理时，我们可以将这些无效部分提前压缩掉，节约存储空间、访存数据量和计算量，达到加速的效果。有时，这种压缩过程通过专门的深度学习处理器架构设计，完全在推理过程进行（例如稀疏剪枝）；有时需要同时改动训练算法予以配合（例如结构化稀疏）。另外，通过将基本算术运算由比特并行改为逐比特串行，还能在每个数据内部寻找到无效的数据比特，节约一部分运算量，这种方式称为串行计算。

7.4.2.1　稀疏剪枝

在一个训练完毕的神经网络中，有很多权重为零，或几乎为零。模型剪枝技术通过删减这些对输出没有作用或作用极小的神经元连接（甚至删除整个神经元），将神经网络由稠密连接变为稀疏连接，以便节约运算量、降低模型尺寸。删减作用较小的连接权重会对模型预测性能造成轻微的影响，这种影响通常可以通过剪枝后再次训练微调来复原，最终得到推理数值精度几乎无损的稀疏模型。模型的参数矩阵是含有大量零值的稀疏矩阵，通常采用压缩稀疏行（Compressed Sparse Row，CSR）等方式更高效地存储模型。算法上，需要使模型尽量拥有更多的零权重；架构设计上，通过增加硬件选数模块，提前筛选出非零值送入运算单元，将零值挤出，在同等运算单元规模下支持更大规模的运算。

例如，Cambricon-X[24] 是一种能够有效利用神经网络稀疏性的深度学习处理器架构。在存储架构上，它采用稀疏存储映射节约便笺存储器空间；在计算架构上，它通过索引模块选出需要计算的数据并传输到矩阵运算单元。如图 7.37 所示，假设有 6 个输入的神经元

（0~5），3 个输出的神经元（0~2），矩阵运算单元的规模是 4×4，便笺存储器的行大小是 4 字。通过采用稀疏存储映射，可以将数据中的零排除，将需要存储和计算的数据由 6 行压缩至 3 行，运算速度可以相对提升一倍。

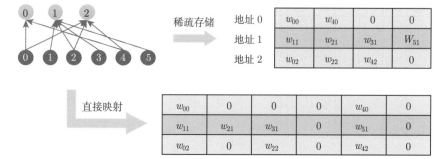

图 7.37　稀疏连接的网络和权重在缓存中的存储方式

7.4.2.2　结构化稀疏

在原始的稀疏剪枝方法形成的稀疏网络结构中，裁剪后的权重数据分布不规则，这对硬件实现其实是不友好的。为了描述剩余权重数据所在的位置，需要引入额外的索引信息，冲抵了一部分压缩节约的数据量；实现数据筛选模块需要引入复杂的交叉开关电路，其面积甚至会超过矩阵运算单元本身的面积。为了降低不规则分布的权重数据给硬件带来的挑战，研究者提出了结构化的稀疏剪枝，要求剪枝必须按照某种规律来进行。结构化稀疏的一种方式是限制在参数的某个特定维度（例如特征通道、卷积核）上进行剪枝操作，生成一个更小的稠密模型结构；另一种方式是限制权重数据按照某种规律来分布，例如要求剩余有效权重数据聚集成簇（称为"粗粒度稀疏"），或要求在每 M 个原始权重中必须包含且仅包含 N 个有效的权重（称为"M 选 N 稀疏"）。有时，为了达成这些限制条件，必须在训练的过程中通过引入算法改动来配合架构创新。

结构化稀疏具有规律的非零权重分布能够简化硬件设计，节省硬件的选数索引开销。例如，Cambricon-S[333] 架构是一项基于粗粒度稀疏剪枝算法所作的算法与体系结构协同创新的工作。研究者发现，在模型训练的过程中权重会呈现出局部富集的现象，即较大的权重往往会聚集成小簇。以全连接层中的权重矩阵为例，如图 7.38 所示，其中白色像素点表示了绝对值大小在前 10% 的权重，可以看出绝对值较大的权重呈现簇状分布。基于以上观察，Cambricon-S 提出首先进行粗粒度稀疏剪枝，然后再进行局部的细粒度稀疏剪枝，减小了索引信息的大小，提高了网络压缩比。相比于 Cambricon-X，此设计在架构上添加了一个共享索引模块，可以充分利用粗粒度稀疏剪枝算法带来的规律性来降低硬件开销。PE 之间共享突触索引模块有助于减少索引模块的面积开销和数据传输的带宽需求；每个 PE 内部添加的局部索引模块进一步利用了不规则的稀疏性。与 Cambricon-X 相比，Cambricon-S

架构性能提高了 1.71 倍, 能效提高了 1.37 倍。

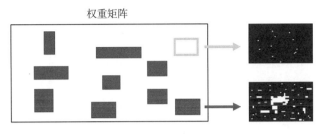

图 7.38　权重的局部富集现象图示

7.4.2.3　串行计算

串行计算是一种更细粒度的加速策略。随着半导体和微电子技术的发展, 芯片内可用的晶体管密度增加, 现代处理器通常都采用并行运算器来降低计算的延迟, 尽可能快速地结束一个基本运算 (如加法或乘法)。然而, 研究者发现, 让运算器回归比特串行计算, 在深度学习任务中有着独特的优化机会。稀疏剪枝方法需要某一权重或激活值完全为 0 才能进行压缩和加速, 而串行计算能够进一步节约单个数值中的比特 0 部分, 实现更细腻的压缩。例如, Stripes 架构[334] 中采用了跳过单个数值中的比特 0 的思路。研究表明 DNN 计算所需的数值精度在不同网络之间、同一网络的不同层之间都存在显著差异。大多数加速器的实现都依赖于全局一刀切的方法, 为所有数据设定统一而固定的数值精度。Stripes 架构在比特串行的运算器中添加硬件部件, 通过仅计算非零项、跳过无效的前缀和后缀来提升性能和能效。如图 7.39 所示, 该数值内有 2 个无效的前缀比特和 1 个无效的后缀比特, 在实际计算时可以跳过, 将原本 8 比特运算缩减至 5 比特。基于串行计算的研究思路, 研究者后来又提出了一系列与之类似的深度学习处理器架构微创新, 例如将操作数中的零位分类为静态无效位 (可以先验地确定为无效的位) 和动态无效位 (数据中无法提前知道的无效位), 通过跳过静态无效位和动态无效位来进一步提升加速器的性能[335]。

图 7.39　固定位宽硬件中的数据存储示例

7.4.3　近似

不同于以往科学计算的模式, 深度学习模型本身预测的结果并不能达到 100% 的准确, 而且神经网络的数值鲁棒性允许它接受一定程度的输入噪声和数值误差而不会显著影响模型性能。这就使得我们可以将难以计算的复杂算子替换为数值上相似但更容易计算的简单算子，通过近似加速深度学习模型的计算过程。常见的近似方法有数值量化、算法近似和随机计算等。

7.4.3.1 数值量化

数值量化是将运算的数值（权重、激活值等）替换为更容易计算的近似值。常见的方法是将高位宽数据格式转换为更低位宽的数据格式进行计算。该方法不仅能够减少数据存储的访问量和存储空间，还减少了计算的开销。这是因为数字计算的开销通常与位数呈线性或二次方的关系，且定点数运算比浮点数运算更高效[336]。常见的量化后数据格式有低位宽浮点数（例如 FP4）、低位宽定点数（例如 INT4、INT8）等。常见的高位宽数据到低位宽数据的转换方式有对称均匀量化、对数域量化等。图 7.40 展示了一种常见的量化深度学习处理器架构，它可以在每一次矩阵运算单元完成运算后，及时将运算结果转换至量化后低位宽格式，保持整个架构一直在处理量化后的数据，以便降低运算单元的面积和能量消耗，节约存储空间，减少数据访问量。

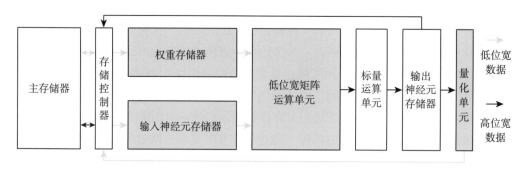

图 7.40   量化深度学习处理器架构

数值量化通常只能用于深度学习推理过程中，因为深度学习模型的训练对数值误差更为敏感，直接采用数值量化技巧会导致性能显著恶化，甚至造成模型的崩溃。针对这一问题，研究者提出了一些量化训练算法来弥补，但是这些算法需要对张量数值进行统计，无法在现有的 GPU 或深度学习处理器上高效运行。通过增加专门的统计量化硬件支持，Cambricon-Q 架构首次实现了高效的深度学习量化训练过程[337]。量化算法相关的介绍，详见 3.5 节。

7.4.3.2 算法近似

算法近似是从算法角度将计算分解，提取出主要部分，忽略次要部分。一类算法近似方式是低秩分解方法，可以通过 SVD 分解[338]、CP 分解[339]、Tucker 分解[340] 等方法，将权重矩阵进行特征分解，分解成多个保留了主要特征的较小矩阵的乘积[341]，减少计算量。如图 7.41 所示，将计算从 n 个神经元到 m 个神经元的全连接层的权重矩阵按秩 r 进行分解，将权重矩阵的大小从 mn 减小到了 $r(m+n)$；同时，因为矩阵乘法符合结合律，通过改变运算次序，乘法运算次数也从 mn 减小到了 $r(m+n)$。当 r 较小时，就显著减小了计算与访存的开销。

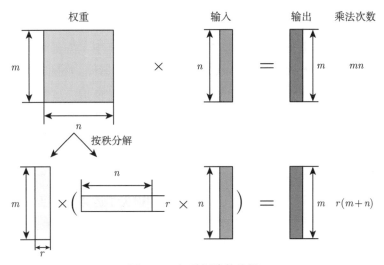

图 7.41　权重矩阵的分解

另一类算法近似方式是差分计算。差分计算在数值之间的差分上（而非原始完整数值上）完成卷积、全连接等线性算子的运算，以便获得更高的稀疏性和量化潜力，降低运算强度。例如 Diffy 架构[342] 提出，由于图像具有局部相似性，所以图像的邻域差分值所包含的信息量更精简，比原值更容易表达。如图 7.42 所示，使用当前卷积窗口与上一个卷积窗口的差分值（邻域差分值）来计算卷积层，再将差分值的卷积结果与上一个窗口的卷积结果相加，就还原得到了原始的卷积结果。这种方法一方面缩小了输入数据的取值范围方便量化，另一方面差分值中会出现更多的零值可以进行剪枝，同时还保证了卷积运算的精度，达到了加速卷积、全连接层等线性运算的目的。

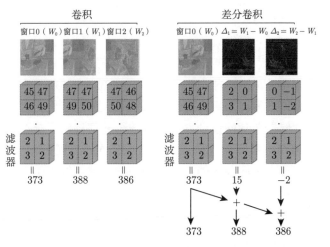

图 7.42　内积结果从一列传播到下一列的差分卷积[342]

7.4.3.3　随机计算

随机计算也是重要的近似计算方法。在传统的数字计算中，需要使用二进制表示数值进行计算，涉及复杂的加法器、乘法器和逻辑门电路等运算器件。而随机计算中，数值被编码成随机比特串，以随机比特串中比特 1 出现的概率来表示数值。这种编码方式将复杂的数值计算映射到了概率计算中，大大简化了运算单元的设计与实现。例如，在随机计算中，乘法器可以仅通过一个与门实现，将两个随机数中出现 1 的概率相乘映射为两个随机数中每一位同时出现 1 的概率，如图 7.43a 所示。类似地，加法器也可以通过两路选择器实现，以 $\frac{1}{2}$ 的概率选择两个随机序列 a 和 b 中的值，输出的随机序列中 1 的数量为 $\frac{1}{2}(a+b)$，如图 7.43b 所示。随机计算虽然大大简化了运算，但却损失了运算的精度，且大大增加了数字的位宽。因此，随机计算一般只适用于对精度要求不高且操作数位宽很低的运算[343]。

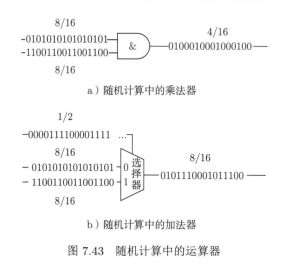

a）随机计算中的乘法器

b）随机计算中的加法器

图 7.43　随机计算中的运算器

7.4.4　非传统结构和器件

一些非传统结构和器件，如存内计算 (Processing In Memory，PIM) 和神经形态计算，如果能够在智能计算系统中得以采用，也展示出了巨大的性能优化潜力。这些新兴结构和器件对处理器芯片、存储器芯片的设计方法和制造工艺都提出了全新的要求和挑战。因此这些技术至今大多还停留在技术验证阶段，尽管它们在小批量的实验尝试中取得了成功，但还需要解决大量的工程实际问题才能在真实的智能计算系统当中得到大批量应用。智能计算系统的设计者应当对这些新兴技术保持关注。

7.4.4.1　存内计算

在基于冯·诺依曼架构的传统计算系统中，处理器和存储器是分离的，数据需要在两者之间频繁传输，导致数据瓶颈和能耗增加，如图 7.44a 所示。而存内计算是一种将数据计算嵌入存储器的计算方式，极大地降低了数据传输带来的开销，如图 7.44b 所示。

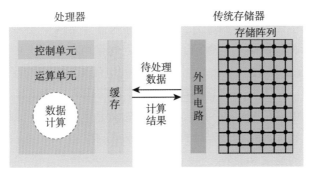

a）传统计算架构

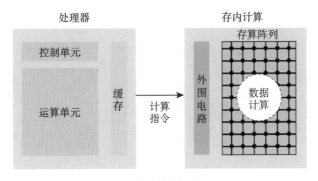

b）存内计算架构

图 7.44　两种计算架构对比

存内计算可以通过传统的存储器技术来实现。基于 SRAM 的存内计算（SRAM-PIM）是一种成熟的方案，主要用于执行逻辑运算和 MAC 运算。通过修改标准的 6T-SRAM 存储单元，可以实现 AND/OR/XOR 等逻辑运算[344]。通过在 SRAM 存储阵列中添加计算单元或在每个存储单元中添加额外的晶体管，可以实现 MAC 运算[345]，该运算被广泛应用于各种人工神经网络模型的计算。谢源等人所提出的 DRISA[346] 是一种基于 DRAM 的存内计算（DRAM-PIM）加速器。该加速器的主要组成部分是 DRAM 存储阵列，其可在每条位线上进行逻辑运算。这些运算可以由存储单元本身执行，也可以通过增加额外的电路来实现。DRISA 使用简单的逻辑运算通过串行运行来计算各种复杂的函数，通过对数据通路的优化，该架构能够显著加速 CNN 的推理过程。

存内计算也可以借助新兴的存储器技术来实现，包括忆阻器存储器（RRAM）、电导桥存储器（CBRAM）、相变存储器（PCM）等。这些器件在外部施加特定的电压时，材料中的离子发生迁移，或温度发生改变，最终形成离子电导桥或重塑了材料的晶体结构，导致材料的电阻发生显著变化。这种电阻变化的状态可以用来记录数据，也可以直接在存储器阵列内进行运算，而不需要将数据读取、传输到处理器的运算单元处。例如，吴华强等人所研发的基于多个忆阻器阵列的存算一体系统[347] 在处理 CNN 时的能效比 GPU 高两个数量级，大幅提升了计算设备的算力，证明了存内计算架构全硬件实现的可行性。它利用模拟物理量来表示神经网络中的数值，其中输入向量由行电压（V）表示，权重由忆阻器的电导（G，即电阻的倒数）表示，输出向量由列电流（I）表示，图 7.45 表示了相应的映射关系和计算公式。忆阻器阵列直接利用欧姆定律将输入电压信号与忆阻器内存储的数据（电导）相乘得到电流信号，再利用基尔霍夫电流定律对输出电流信号进行累加，能够并行实现矩阵运算过程。此结构使得计算可以在权重的存储矩阵内完成，避免了数据传输的开销，提高了计算的速度和能效。

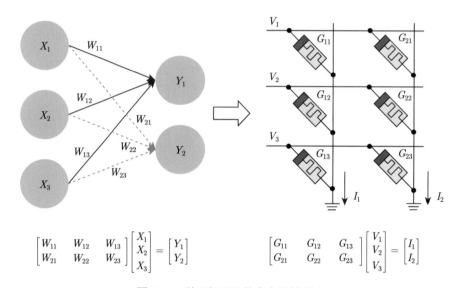

$$\begin{bmatrix} W_{11} & W_{12} & W_{13} \\ W_{21} & W_{22} & W_{23} \end{bmatrix} \begin{bmatrix} X_1 \\ X_2 \\ X_3 \end{bmatrix} = \begin{bmatrix} Y_1 \\ Y_2 \end{bmatrix} \qquad \begin{bmatrix} G_{11} & G_{12} & G_{13} \\ G_{21} & G_{22} & G_{23} \end{bmatrix} \begin{bmatrix} V_1 \\ V_2 \\ V_3 \end{bmatrix} = \begin{bmatrix} I_1 \\ I_2 \end{bmatrix}$$

图 7.45　基于忆阻器的存内计算范式

7.4.4.2　类脑架构与神经形态计算

神经形态计算是一种以类脑计算为基础的架构设计，旨在使用脉冲神经网络等生物启发的计算模型模拟人脑的神经元结构和运行方式，实现高效的神经功能模拟和智能功能。与传统的人工神经网络不同，脉冲神经网络是一种更接近神经生物学原理的计算模型。其中神经元的激活状态通过脉冲信号的形式表示，每个神经元都会定期产生脉冲信号，并通过这些脉冲来传递和处理信息。因此，脉冲神经网络在处理器芯片内的高效计算曾一直是一项难题。施路平等人受脑科学基本原理启发，提出了异构融合的"天机"类脑计算芯片架构[348]，该架构可同时支持人工神经网络和脉冲神经网络两种智能计算模型。与通用计算机的"图灵完备性"和冯·诺依曼体系结构相对应，张悠慧等人首次提出了"神经形态完备性"以及软硬件去耦合的类脑计算系统层次结构[349]。通过理论论证和原型实验验证，证明了这种类脑计算系统具有硬件完备性和编译可行性，并扩展了类脑计算系统的应用范围，使其能够支持通用计算任务。我国学者在神经形态计算领域取得了世界领先的研究成果，为未来的智能计算系统开创了一种富有潜力的新计算模式。

7.5 本章小结

第 6 章介绍了深度学习处理器的基本原理。而本章更进一步，从计算、存储和通信三个方面详细介绍了深度学习处理器的架构设计。

7.1 节介绍了深度学习处理器中多种运算单元的实现方式。深度学习处理器的计算部分需要包含矩阵、向量、标量三种运算单元，各司其职。其中，矩阵运算单元负责高效地完成深度学习模型中最主要的卷积、矩阵乘法等算子；向量运算单元负责较为高效地处理其余次要算子；标量运算单元提供控制功能，并作为深度学习处理器的功能补充。

7.2 节介绍了便笺存储器的设计原则、如何通过 DMA 进行外部存储器访问，以及访存与计算指令协同并行的方法。深度学习处理器的存储部分需要合理利用深度学习程序的特性，来提升访问效率，并与计算过程并行起来。便笺存储器作为深度学习处理器核心内的数据枢纽，很可能成为系统的瓶颈。要突破瓶颈，可以增加硬件成本投入拓宽数据通路，可以提升存储器访问能力；也可以按照数据种类、运算种类、处理阶段等条件对数据流进行规划，降低访问需求。

7.3 节介绍了多种互联网络拓扑和通信算法。为了实现分布式训练，深度学习处理器的通信部分需要在多个深度学习处理器芯片或核心之间高效完成多对多归约、多对多交换等集合通信原语。通过分析，我们发现环状拓扑数据链路就能高效支持大部分集合通信原语。在智能计算系统中，逻辑上的通信链路可以很简单，但物理的通信链路要足够灵活。在考虑系统设计的成本约束的前提下，可以适当增加通信链路的容量，实现对算法的灵活支持。

最后，7.4 节分类综述了学术界和工业界提出的各种深度学习处理器优化设计方法，供有志从事智能计算系统研究的读者选读。

习题

7.1 查阅资料，了解英伟达"Volta 架构"与上一章所介绍的"Tesla 架构"（见图 6.26）有何不同？观察其一个流式多处理器（SM）内部的功能部件，分别指出它的矩阵运算单元、向量运算单元和标量运算单元在什么位置。

7.2 某深度学习处理器需要计算深度风格迁移模型中的神经网络卷积层 conv4_2，假设所有所需数据已经存储在便笺存储器内。假如采用规模为 64×64 的矩阵乘向量单元完成计算，共计需要多少个时钟周期？在整个运算过程中，需要从便笺存储器中读取多少数据？

7.3   接习题 7.2，假如改用规模为 $16 \times 16 \times 16$ 的矩阵乘法单元完成计算，共计需要多少个时钟周期？在整个运算过程中，需要从便笺存储器中读取多少数据？

7.4   接习题 7.2，假如改用规模为 64×64 的脉动阵列机完成计算，共计需要多少个时钟周期？在整个运算过程中，需要从便笺存储器中读取多少数据？

*7.5   尝试设计一种向量运算单元，加速深度学习处理器中向量数据排序的操作。写出排序指令的形式，然后尝试写出一个能够对主存储器上任意规模向量数据完成排序的算法。

7.6   深度学习处理器的访存行为与通用处理器有什么区别？

7.7   请简述 DMA 的工作过程及其关键要点。

7.8   请设计一个采用规模为 64×64 的矩阵乘向量单元为矩阵运算单元的深度学习处理器的具体架构，注意 SRAM 的总容量不允许超过 1 MB，每个数据需要占用 2 字节。请具体画出每一块 SRAM 和每一条数据通路，标注出各块 SRAM 的容量、行大小、接口数量和连接方式，注明每条数据通路的宽度。

*7.9   接习题 7.8，在该处理器上编程，实现深度风格迁移模型中的神经网络卷积层 conv4_2，注意所有数据初始都在主存储器内，结果也需要写回主存储器。假设处理器的时钟频率为 1 GHz，主存储器访问延迟为 1 µs，带宽为 12.8 GB/s。最少需要多少个时钟周期才能完成任务？

7.10   请简述在多个深度学习处理器芯片间完成障碍同步（barrier）的过程。

7.11   查阅资料，在胖树网络结构上有哪些进行多对多归约的算法？相比图 7.35 中通过模拟环路实现多对多归约的方法，性能如何？

7.12   设计一个 16 核的深度学习处理器，每个处理器核心能够提供一个通信接口，实现最大 2 GB/s 的数据接收或发送操作。每花费 1 元，可以在任意一对处理器核心之间建立一条通信链路，实现无延迟、最大带宽为 1 GB/s 的点对点通信。通过观察深度学习应用，发现应用在每个处理器核心上保存了 1 MB 数据，有时需要在 4 组、每组 4 个核心分别进行组内对全部数据进行多对多归约，或在全部 16 个核心之间对全部数据进行多对多归约。请提出一种设计，在降低成本的同时实现高效的通信。此时，两种通信模式所需的时间各为多少？

*7.13   接习题 7.12，改变题中的假设条件：现在每花费 1 元，可以在任意一对处理器核心之间建立一条通信链路，实现延迟 500 ns、最大带宽为 1 GB/s 的点对点通信。最佳的设计方案会变成什么？现在，两种通信模式所需的时间各自变为多少？

*7.14   请自主设计一个深度学习处理器，以尽可能高的计算性能支持深度风格迁移模型。

C H A P T E R 8

第 **8** 章

智能编程语言

2017 年图灵奖得主 J. L. Hennessy 和 D. A. Patterson 在《计算机架构的新黄金时代》中提到"领域专用语言是编程语言设计者、编译器设计者以及领域专用架构师都非常感兴趣的研究领域"[350]。面向人工智能领域，作为连接智能编程框架和智能计算硬件的桥梁，智能编程语言既是实现编程框架算子（operator）的基础，也是对智能计算硬件高效编程的核心用户入口。本章将从智能计算系统抽象架构、编程模型、语言基础、编程接口、功能调试、性能调优以及系统级开发等方面展开介绍。具体而言，8.1 节介绍传统编程语言对新型智能计算系统进行编程的局限性，并由此明确智能编程语言的核心要求，即**高开发效率（productivity）、高性能（performance）、高可移植性（portability）**。8.2 节介绍智能计算系统的硬件抽象架构。8.3 节介绍基于智能计算系统硬件抽象的编程模型。8.4 节以 BANG C Language（BCL）为例介绍智能编程语言基础，包括语法、类型、语句及编程示例等。8.5 节介绍智能编程语言编程所需接口及调用方法。8.6 节介绍对智能程序进行功能调试所需的方法、接口、工具及示例。8.7 节介绍对智能程序进行性能调优的工具和方法。8.8 节介绍基于智能编程语言的应用和实践，包括算子开发、算子优化、编程框架的集成等。

8.1 为什么需要智能编程语言

传统通用计算平台上发展出了多种不同的编程语言，包括面向特定硬件架构的底层汇编语言、方便用户编程的高级语言（如 C/C++、Java 及 Python 等），以及面向逻辑推理的逻辑式编程语言 Prolog 等。这些编程语言在以深度学习处理器为代表的智能计算系统上面临诸多问题。如图 8.1 所示，传统编程语言和智能计算系统间存在三方面的鸿沟：一是语义鸿沟，传统编程语言难以高效地描述高层智能计算语义，导致智能应用程序的开发效率较低；二是硬件鸿沟，传统编程语言难以高效地抽象智能计算硬件特性，导致最终生成的代码执行效率较低；三是平台鸿沟，智能计算硬件平台种类繁多且在不断增长，针对特定平台优化的程序难以实现跨平台可移植，即在不同平台上都可以正常执行并达到较高的计算效率。

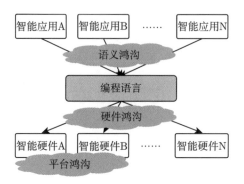

图 8.1   传统编程语言面对智能计算系统出现的三大鸿沟

8.1.1   语义鸿沟

传统编程语言（如 C++ 语言等）是以面向通用计算的加、减、乘、除等基本标量操作为基础的，通常不具有和具体任务及应用场景相关的高层语义。PyTorch 和 TensorFlow 等编程框架具有高层语义的编程接口，但随着版本的迭代，其算子数也在不断增加。考虑到以深度学习为代表的诸多智能计算任务，其核心都是向量和矩阵运算，能够直接提供向量和矩阵计算语义描述的编程语言（如 Python 和 MATLAB 等）在一定程度上提高了编程效率，但其能表达的更高层智能计算语义仍十分有限。以深度学习中最为核心的卷积运算为例，在编程语言中嵌入高层语义后开发效率有显著提升。如图 8.2 所示，使用纯标量计算的 C++ 语言编写的卷积运算包含 7 重循环，而采用具有向量（即 array）语义的 Python 语言编写的卷积运算只需要 4 重循环即可完成。如果采用具有卷积语义和张量类型的编程语言实现卷积运算则只需要一条语句即可完成，降低了代码量，提高了开发效率。

为进一步提高开发效率，除了直接提供智能核心操作（算子）级别的高层操作语义，智能编程语言的抽象层次还在不断提高，向高层次和专用化的方向发展，如面向语音识别的编程语言 Kaldi[351] 和面向自动驾驶测试场景生成的编程语言 Scenic[352] 等。图 8.3 提供了 Scenic 编程语言的示例。Scenic 本质上是一种面向特定领域智能任务（即自动驾驶测试场景生成）的概率编程语言（Probability Programming Language），可以通过指定概率分布的方式来生成满足约束的物理世界及智能体。在这个例子中通过 3 行代码即可以生成一个典型的测试场景：车辆停在马路边缘左侧 0.5m 处，同时车头与马路边缘呈 10° ~ 20° 夹角。当然，上述语言仅面向特定应用场景（即语音和自动驾驶），无法满足各种不同智能应用场景的普适需求。

```
1   // 声明C++ array类型
2   T input = new T[ni * ci * (hi + 2 * pad) * (wi + 2 * pad)];
3   T filter = new T[co * ci * hk * wk];
4   T bias = new T[co];
5   int ho = (hi + 2 * pad - hk) / stride + 1;
6   int wo = (wi + 2 * pad - wk) / stride + 1;
7   T output = new T[ni * co * ho * wo];
8   // 计算
9   for (int ni_idx = 0; ni_idx < ni; ni_idx++) {
10    for (int co_idx = 0; co_idx < co; co_idx++) {
11      for (int ho_idx = 0; ho_idx < ho; ho_idx++) {
12        for (int wo_idx = 0; wo_idx < wo; wo_idx++) {
13          T sum = T(0);
14          for (int ci_idx = 0; ci_idx < ci; ci_idx++) {
15            for (int hk_idx = 0; hk_idx < hk; hk_idx++) {
16              for (int wk_idx = 0; wk_idx < wk; wk_idx++) {
17                int hi_idx = ho_idx * stride + hk_idx;
18                int wi_idx = wo_idx * stride + wk_idx;
19                sum += input[((ni_idx * ci + ci_idx) * (hi + 2 * pad) + hi_idx) * (wi +
                      2 * pad) + wi_idx] * filter[((co_idx * ci + ci_idx) * hk + hk_idx)
                      * wk + wk_idx];
20              } } }
21          output[((ni_idx * co + co_idx) * ho + ho_idx) * wo + wo_idx] = sum + bias[
                  co_idx];
22        } } } }
```

a) C++ 语言

```
1   # 声明numpy array类型
2   input = numpy.array(padded_input_data_list).reshape(ni, ci, hi+2*pad, wi+2*pad)
3   filter = numpy.array(filter_data_list).reshape(co, ci, hk, wk)
4   bias = numpy.array(bias_data_list).reshape(1, co, 1, 1);
5   ho = (hi + 2 * pad - hk) / stride + 1
6   wo = (wi + 2 * pad - wk) / stride + 1
7   output = numpy.array([0,]*(ni*co*ho*wo)).reshape(ni, co, ho, wo)
8   # 计算
9   for ni_idx in range(ni):
10    for co_idx in range(co):
11      for ho_idx in range(ho):
12        for wo_idx in range(wo):
13          hi_idx = ho_idx * stride
14          wi_idx = wo_idx * stride
15          output[ni_idx, co_idx, ho_idx, wo_idx] = np.sum(input[ni_idx, :, hi_idx:hi_idx+
                  hk, wi_idx:wi_idx+wk] * filter[co_idx, :, :, :]) + bias[0, co_idx, 0, 0]
```

b) Python 语言

图 8.2 使用不同语言实现的卷积运算示例

```
1   // 声明tensors类型
2   Tensor input(ni, ci, hi, wi);
3   Tensor filter(co, ci, hk, wk);
4   Tensor bias(1, co, 1, 1);
5   Tensor output(ni, co, (hi+2*pad-hk)/stride+1, (wi+2*pad-wk)/stride+1)
6   // 计算
7   conv(input, filter, bias, output, pad, stride)
```

c) 具有语义的语言

图 8.2   （续）

spot=**OrientedPoint** on visible curb
//OrientedPoint是内建class，包含位置和朝向等信息
// visible curb 是内建类型，指定了区域(region)
//要求OrientedPoint在该区域中随机分布
badAngle=Uniform(1.0, -1.0) * (10, 20) deg
//badAngle指定了10°～20°的随机角度
Car left of **spot** by 0.5, \
    facing **badAngle** relative to roadDirection
//输出结果：车辆停在马路边缘左侧0.5m处，车头与马路边缘
//呈10°～20°夹角分布

图 8.3   面向自动驾驶测试场景生成的编程语言 Scenic 的示例代码

8.1.2 硬件鸿沟

与传统通用处理器相比，智能计算硬件在控制、存储及计算等逻辑上都有显著特点。上述特点导致传统（高级）编程语言难以对硬件进行有效抽象并传递给编译器进行针对性优化。

对于控制逻辑，传统通用处理器以 RISC 和 CISC 的多级指令流水线为典型代表，通过对指令（或微码）的翻译，产生相应的控制信号。在传统编程语言（如 C++）中，具体的控制逻辑并没有暴露给用户，而是通过编译优化及硬件架构优化来充分挖掘代码的并行度（如指令级并行及数据级并行等），填补用户程序和底层硬件特性间的鸿沟。对于智能计算硬件而言，其指令以高度并行、相对规整的向量指令或宏指令为主。因此传统编程语言中的控制流、大量标量运算，以及相对耗时的片外访存等都极容易带来流水线的"气泡"，影响运算单元阵列的计算效率。针对传统编程语言的这些问题，需要智能编程语言为用户提供更多的底层硬件特性，例如：特殊的控制流指令以降低分支控制的开销；让用户直接采用底层硬件所支持的特殊向量或宏指令实现的计算函数来编写程序，而不是编写大量标量运算，然后通过开发难度高、执行效率低的编译器自动并行来完成优化；提供高层语言特性，让用户更容易控制计算和访存之间的平衡，使计算和访存尽量并行，掩盖访存带来的额外开销。图 8.4 展示了不同层次编程语言以及不同硬件特性（包括特殊硬件指令所实现的函数，以及计算访存平衡）能带来的性能提升。针对简单的矩阵乘法（规模为

4000×4000），采用更接近底层硬件的 C 语言实现相比 Python/Java 等更高层次的编程语言具有更简单的指令控制流，从而可以带来 47 倍的性能提升。而在考虑了底层硬件所提供的并行化、存储层次以及向量指令后，所实现的程序相比原始程序性能提升了 62 806 倍，效率也从初始的接近 0% 提升到了 40%[353]。

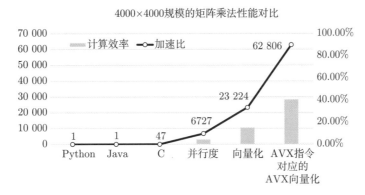

图 8.4 不同层次编程语言以及考虑不同硬件特性（如并行化、存储层次及向量指令等）后的矩阵乘法性能对比[353]

针对存储逻辑，特别是片上存储器，传统通用处理器以硬件管理下对程序员透明的高速缓存为主，辅以程序员可见的（逻辑）寄存器。在编程语言（特别是高级语言）中并不需要显式地看到上述存储器层次结构，只需直接对存储器中的数据进行访问即可。然后，编译器（如采用数据预取和寄存器分配等）和硬件架构（如高速缓存管理和动态流水线调度等）充分利用片上存储来缓解"存储墙"问题⊖。然而，这种方式在以深度学习处理器为代表的智能计算硬件上无法最大程度地发挥底层硬件的计算性能。最主要的原因在于：一是要求编译器能够自动最大化片上存储的利用率，给编译器的优化和代码生成带来了极大的负担；二是极大地增加了硬件控制逻辑的开销，降低了单位面积的计算能力。通常而言，智能计算硬件采用由程序员显式管理的便笺存储器⊖来降低硬件开销并提高灵活性。由于片外主存储器和片上便笺存储器的带宽和延迟存在较大差距，是否采用便笺式存储器编程在执行效率上有数量级的差异。

针对计算逻辑，传统通用处理器主要提供算术逻辑单元（Arithmetic Logic Unit，ALU）和浮点运算单元（Floating-Point Unit，FPU），一般不具有面向智能计算特性的低位宽运算器。图 8.5 给出了当前常见的数据格式对比，包括 32 位 IEEE-754 标准的单精度浮点（FP32）、16 位 IEEE-754 标准浮点（FP16）、谷歌 bfloat16 浮点格式（BF16）、16 位定点（INT16）以及 8 位定点（INT8）。可以采用低位宽数据格式的主要原因在于智能计算应用

⊖ "存储墙"问题指的是芯片内计算逻辑的处理速度和芯片外存储器的访问速度之间存在不断增大的差距，导致片外访问成为整个系统的瓶颈。

⊖ 寄存器堆也可以被看作特殊的便笺存储器。

具有一定误差容忍度, 在很多场景下并不需要太高精度的运算器。以视觉处理场景下的推理任务为例, 很多场景下 (如图片分类和目标检测等) 8 位定点运算器的精度就可以很好地满足任务需求。如图 8.6 所示, 针对典型的深度学习算法, 与 FP32 运算相比, 将数据格式缩减为 INT8 或 FP16 造成的精度损失几乎可以忽略。以典型的分类网络 ResNet-50 为例, 改用 INT8 和 FP16 数据格式, 相比原来单精度版本的 Top-1 准确率损失分别仅有 0.1% 和 0.2%。此外, 如表 8.1 所示, 考虑到运算器的硬件实现, 改用低位宽的运算器面积和功耗得到了极大的降低。以 INT8 运算器为例, 与 FP32 运算器相比, 其面积和功耗开销分别减少了 85.54% 和 85.73%[354]。

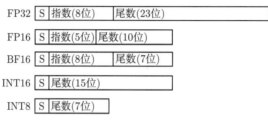

图 8.5   常见的数据格式对比

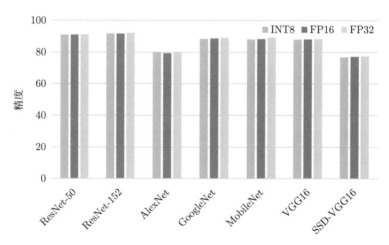

图 8.6   使用 FP32、FP16、INT8 数据格式时典型深度神经网络算法的精度对比

表 8.1   低位宽运算器与 FP32 运算器的面积和功耗对比[354]

运算器类型	面积降低	功耗降低
FP16	55.01%	60.72%
BF16	60.96%	66.27%
INT16	62.72%	63.97%
INT8	85.54%	85.73%

正是由于传统通用处理器中缺少面向智能计算特性的定制运算单元, 传统编程语言中

主要提供的是 INT32 和 FP32 等数据类型，导致难以利用智能计算系统中更加丰富和高效的运算单元，如 FP16、BF16、INT4、INT2 以及一位二进制数等数据类型。

显然，越高层的编程语言对硬件的抽象层次越高，硬件特性也屏蔽得更加彻底。我们希望理想的智能编程语言既可以对特定智能任务有较高层次的抽象，又可以向用户提供足够丰富的硬件细节。这需要在抽象层次和硬件细节中寻找平衡点，同时满足高开发效率和高性能的需求。

8.1.3　平台鸿沟

由于人工智能技术的快速发展，新的智能计算硬件也在不断涌现。目前在传统 CMOS 工艺上已经有包括 CPU、GPU、FPGA 和 ASIC 等在内的多种不同形态。新型计算器件（如数模混合计算器件、光电混合计算器件以及忆阻器和非易失相变存储器件等）的出现，进一步丰富了底层的智能计算硬件。硬件平台的多样性导致在特定平台上优化得很好的程序，在新的硬件平台上的可移植性（包括功能和性能可移植性）存在很大挑战。针对功能可移植性，采用特定平台专用的语言（如调用特殊指令对应的 intrinsic 函数）编写的程序在别的平台上无法运行。以图 8.4 为例，其中的矩阵乘法是在 Intel x86 的平台上进行的优化，最终调用了 AVX 指令对应的 intrinsic 函数，如果在没有 AVX 支持的平台（如 ARM 处理器）上，该程序将无法执行，从而带来可移植性的问题。通过提升语言的抽象层次，例如定义与算法语义更接近的 API 函数（如 BLAS），而不是直接通过 intrinsic 函数编写底层指令，可以一定程度上填补不同平台的鸿沟。但是，这一解决方案又给性能可移植性（performance portability）带来了挑战，即在特定平台上优化好的程序，在新的硬件平台上执行效率可能会急剧下降。仍然以 BLAS 接口为例，如果要达到良好的性能可移植性，要求专家程序员在不同的平台（如 x86、ARM 以及 GPU 等）上都进行专门的定制优化，在语言层面只暴露定义良好、广泛接受的 API 给用户使用。在不同平台上的专门手工优化显然带来了极大的开发代价。此外，由于不同的智能计算硬件在架构、工艺和器件等层面都存在很大差异，进一步给统一的跨平台性能优化带来了巨大挑战。为了缓解这一问题，理想的编程语言需要抽取不同硬件平台的共性特征，并在此基础上提取性能关键特征作为语言特性提供给用户。这需要编程语言设计人员、编译器设计人员及领域专用架构人员的大量努力，在硬件抽象层次和性能间寻找最佳平衡点。

8.1.4　小结

本节分析了面向传统通用处理器的编程语言在以深度学习处理器为代表的智能计算系统上面临三大挑战：语义鸿沟、硬件鸿沟和平台鸿沟。传统通用编程语言难以同时满足高开发效率、高性能和高可移植性的需求。图 8.7 对典型的编程语言能否满足上述三方面的需求进行了总结。显然，抽象层次越高的编程语言（如 Python 等），其开发效率和可移植性越好，但是性能会面临很大的挑战；抽象层次越低的编程语言（如 C 语言和汇编语言等），越能够充分挖掘底层硬件的性能，但是开发难度和可移植性都存在问题。领域专用语言是同时满足上述三大需求的重要技术途径，现有的领域专用语言，如面向逻辑推理的 Prolog、面向图像处理的 Halide[285] 以及面向深度学习的 TVM Relay[281] 等，遵循前述智能编程语言的设计原则，力图同时对特定领域的应用和硬件进行抽象。具体而言，Prolog 以谓词逻辑为理论基础，针对特定问题（如约束求解、定理证明以及专家系统等）有较高的开发效率，然而由于其主要以搜索和回溯等方式来求解问题，运行效率是非常大的挑战。Halide 将计算逻辑与优化逻辑相分离，需要专家程序员针对不同的硬件编写复杂的调度策略（schedule），如循环变换（loop transformation）、分块（tiling）以及线程绑定（thread binding）等，才能在特定平台上达到较好的性能，因此其开发效率仍然面临挑战，特别是针对种类繁多的底层硬件平台。最近的 Relay/TVM 本质上对深度学习处理器架构进行了一定程度的统一抽象，定义了包括并行（parallelism）、张量化（tensorization）以及延迟隐藏（latency hiding）等在内的核心调度原语（schedule primitive）。基于这些调度原语，采用机器学习的方法（而不是手工实现的方式）自动搜索最优的调度策略。这一思路提升了开发的抽象层次，性能也得到一定程度的保证。但是，随着人工智能算法和深度学习处理器的快速演进，其对智能算法以及硬件架构调度原语的抽象粒度/层次是否最为合理，是不是同时具备高开发效率、高性能和高可移植性（特别是性能可移植性）的理想智能编程语言，仍然是需要进一步深入探索的问题。

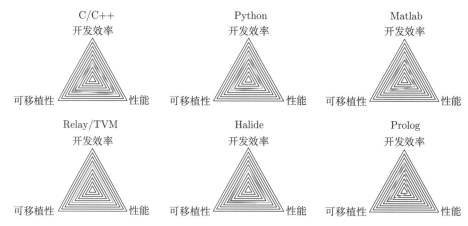

图 8.7　传统通用编程语言、领域专用编程语言在开发效率、性能和可移植性三大设计原则方面的对比

8.2　智能计算系统抽象架构

针对智能编程语言的挑战，需要对智能计算系统的硬件进行抽象，得到合适的抽象硬

件架构。本节首先讨论层次化的抽象硬件架构，其中每个层次都包括抽象的控制、存储和计算模型。基于该抽象架构，我们对典型智能计算系统进行了映射，说明该抽象架构的有效性。最后分别介绍控制、存储和计算模型。

8.2.1　抽象硬件架构

由于传统编程语言在智能计算系统上面临语义、硬件和平台等挑战，我们期望设计出同时满足高开发效率、高性能和高可移植性的智能编程语言。为了满足上述目标，前提是对各种不同规模、不同尺度及不同形态的智能计算系统进行合适的硬件抽象，并在此基础上为用户提供简洁统一的编程接口。

我们观察到不同规模的计算系统可以整体抽象成控制、存储和计算三大部分。以典型的多核处理器系统为例，整体上由包含控制和计算的处理器芯片以及代表存储的片外存储器组成。其中处理器芯片的计算部分又由包括控制和计算逻辑的计算核心，以及代表存储的片上存储器组成。对于每个核心，其中又包括微体系结构控制路径（如流水线控制）和计算单元（如 ALU 和 FPU 等），以及代表存储的局部高速存储器和寄存器等。基于上述观察，我们引入了层次化的智能计算系统硬件抽象。智能计算系统中的每一层都包含存储单元、控制单元和若干个计算单元。其中每个计算单元又进一步分解为子控制单元、子计算单元和子存储单元三部分。整个系统就以这样的方式递归构成，如图 8.8 所示。在最底层，每个叶节点都是具体的加速器，用于完成最基本的计算任务。

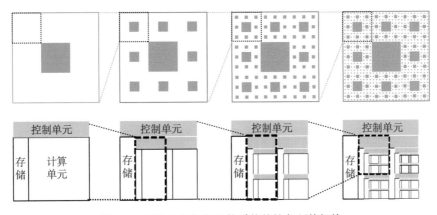

图 8.8　层次化的智能计算系统的抽象硬件架构

8.2.2　典型智能计算系统

深度学习处理器（Deep Learning Processor，DLP）可以用于加速各种类型的深度学习应用。当作为服务器的加速卡使用时，通过 PCIe 链路和主机端 CPU 进行数据交换。通过多块 DLP 板卡构建的智能计算系统可以用层次化硬件模型来进行抽象。如图 8.9 所示，多卡的 DLP 服务器可以抽象为五个层次，即服务器级（server）、板卡级（card）、芯片级（chip）、核心簇级（cluster）和核心级（core）。第一层是服务器级，整个服务器系统包含若干 CPU 构成的控制单元，以及片外存储器构成的存储单元（主机端内存），由 PCIe 总线互连的若干 DLP 板卡作为该层的计算单元。第二层是板卡级，每块 DLP 板卡上都包含片外存储器，板卡上可以有多个 DLP 芯片通过芯粒（chiplet）封装，多个 DLP 芯片共享片外存储器，每个 DLP 芯片作为计算和控制单元；第三层为芯片级，每个芯片包含多个核心簇作为计算单元，核心簇间共享高速缓存；第四层为核心簇级，核心簇内封装了单个或多个 DLP 核心作为控制和计算单元，核心簇内有核心簇级的存储器用于片上的多核数据通信，相比片外存储器可以极大降低访存延迟；第五层为核心级，每个 DLP 核心包含功能单元、寄存器，以及神经元存储器和权重存储器等片上高速存储器。该架构可以很方便地通过增加板卡、芯片、核心簇或者核心等方式提升整个系统的计算能力。

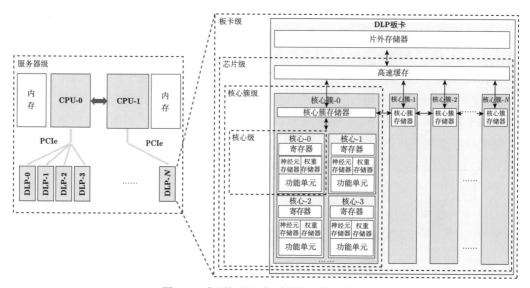

图 8.9　典型智能计算系统的层次化抽象

DLP 智能计算系统提供了"服务器–板卡–芯片–核心簇–核心"五个层次。系统内可以直接控制和使用的存储器包括：主机端内存、DLP 板卡上的片外存储器、核心簇存储器、核心上的神经元存储器、权重存储器以及寄存器等。应用程序可以通过运行时和驱动程序利用板卡上的计算资源，控制不同存储器之间的数据搬移。

下面详细讨论各不同层次的控制、存储和计算模型。

8.2.3　控制模型

在服务器级，主机端 CPU 和设备端 DLP 通过 PCIe 链路组成一个异构计算系统，CPU 通过板卡级驱动程序控制设备端 DLP 芯片执行计算任务，也控制主机端内存和片外存储器间的数据拷贝。在板卡级，设备端驱动程序控制申请、管理、释放片外存储器存储空间，也控制 DLP 芯片执行计算任务。在芯片级，DLP 芯片通过任务调度器控制核心簇或核心执行计算任务，同时也控制高速缓存来加速数据拷贝。在核心簇级，核心簇内的控制器负责控制核心簇存储器和片外存储器之间、不同核心簇存储器之间的数据拷贝。在核心级，通过运算指令控制运算单元执行计算任务，通过数据拷贝指令控制寄存器、神经元存储器、权重存储器、核心簇存储器、片外存储器之间的数据拷贝。

典型智能计算系统中主机端 CPU 和设备端 DLP 都具备计算能力，CPU 擅长处理串行控制任务，DLP 擅长处理并行计算任务，因此需要将任务分发给不同架构的硬件计算单元（如 CPU 和 DLP）进行异步执行。异步执行所必须的同步操作是通过主机端驱动和设备端驱动之间的通信机制完成的。

大规模智能应用负载通常需要被划分到多个核心并发执行。核心簇级启动同一个核函数，核函数可以通过条件语句执行不同的路径，或执行不同数量的循环迭代，指令层面的同步由同步指令控制，多核任务的开始和结束的同步由硬件任务调度器控制。硬件任务调度器会从设备端驱动的任务队列中取出计算任务，根据任务类型所需占用的核心数以及所有核心的当前空闲状态来调度任务。

8.2.4　存储模型

抽象硬件模型提供了丰富的存储层次，包括主机端内存、DLP 板卡上的片外存储器、高速缓存、核心簇上的核心簇存储器、核心上的神经元存储器、权重存储器和寄存器等。

主机端内存由操作系统管理，不能被 DLP 板卡上的核心直接访问。

片外存储器是 DLP 板卡的主存储器，不能被 CPU 直接访问，需要通过主机端驱动程序进行主机端内存和片外存储器间的相互拷贝。片外存储器容量大但访问速度有限，因此访问片外存储器时通常会经过片上的高速缓存，高速缓存的一致性由硬件保证。

核心簇存储器是多个核心共享的存储器，可以合并多个核心对片外存储器的访问，还可以实现不同核心间的通信。核心簇存储器可以同片外存储器进行数据交换，由核心簇控制器控制。多个核心簇可以同时访问同一个片外存储器地址，由核间同步指令保证一致性。

神经元存储器、**权重存储器**和**寄存器**，负责存放运算所需要的数据和参数，可以通过核心控制与核心簇存储器或片外存储器进行数据交换。多个核心可以同时访问同一个核心簇存储器或片外存储器地址，由核间同步指令保证一致性。为了实现计算和访存的流水执行，核心内存储器的数据会被访存队列和计算队列同时访问（参见 7.2.2.2 节）。属于不同队列的指令读写神经元存储器或者权重存储器时，需要核内同步指令来保证一致性；属于同一队列的指令读写神经元存储器或者权重存储器是顺序执行的，由硬件保证一致性。

8.2.5　计算模型

神经网络中具有高度并行性的计算，例如卷积、矩阵运算、池化、归一化、激活函数等，都是在设备端由每个核心内的功能单元完成。功能单元包括矩阵运算单元、向量运算单元和标量运算单元，支持 FP16、INT8、BF16、INT4 等多种数据格式。三种运算单元的具体设计可以参考 7.1 节。功能单元中卷积和矩阵乘的两个操作数分别存放在神经元存储器和权重存储器中。其他计算如启动程序、模型加载、数据预处理等，则是由主机端完成的。

8.3　智能编程模型

针对前述的"服务器–板卡–芯片–核心簇–核心"五级抽象的智能计算架构，本节主要从异构编程、多核并行以及存储空间三个方面介绍智能编程模型。

8.3.1　异构编程

智能计算系统是一种典型的异构计算系统，包含 CPU 和 DLP。主机端 CPU 上运行操作系统，协调控制所有外部设备；设备端 DLP 作为系统的外部设备之一接入，负责智能计算任务；二者协同完成智能应用负载。对于这类计算系统，需要进行异构编程使两种不同架构的设备同时工作，提升系统的总体性能。如图 8.10 所示，异构编程包括主机端和设备端两部分。

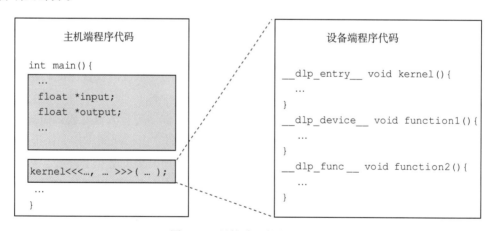

图 8.10　异构编程的代码范例

主机端编程的目标是实现对整体计算过程的控制，包括设备获取、数据/参数准备、任务描述、核函数调用，以及结果获取等。主机端程序可以通过常见的编程语言（如 C ++ 语言）实现。

设备端编程的目标是利用 DLP 完成需要加速的计算部分。设备端程序主要由智能编程语言（如 BCL 语言）实现的核函数（kernel）构成。以 BCL 语言为例，核函数可以通过 3 种不同的函数构建，包括 Entry 函数、Func 函数以及 Device 函数。Entry 函数是核函数的入口函数，接受指向输入/输出张量的指针，通过调用 Func 函数或 Device 函数实现设备上的复杂运算。Func 函数在编译时将会被内联，可以降低函数调用的开销，通常具有较好的性能（程序运行时间较短）。Device 函数默认不被内联，当不被内联其对应的指令被多次调用时可以被重用，因此相比于 Func 函数具有更小的指令长度和代码尺寸。Device 函数和 Func 函数之间可以互相调用。

智能编程模型的编译和链接流程如图 8.11 所示。智能编程模型中的主机端代码和设备端代码可以编写在同一份源码文件中。在编译时，通过编译器的预处理将主机端代码和设备端代码分离开，主机端代码由主机端编译器编译，设备端代码由设备端编译器编译。主机端程序可以是普通的 C++ 程序，用户可以任选 C++ 编译器进行编译，如 GCC/Clang 等。设备端程序同样可以是基于 C++ 语言扩展的程序，其对应的编译器为设备端专用编译器。在分别编译得到主机端和设备端的目标文件后，再使用主机端链接器将两份目标文件及运行时库链接生成可执行程序。

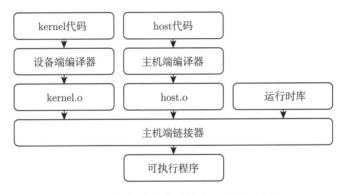

图 8.11 智能编程模型的编译和链接流程

智能应用程序的执行过程如图 8.12 所示，通常包括如下五个步骤：

（1）主机端的数据准备。首先，在主机端代码中为原始输入/输出数据申请主机端内存空间；然后，CPU 对原始输入数据进行一定的预处理，例如数据摆放格式转换。

（2）主机端到设备端的数据拷贝。在主机端代码中，首先申请两块设备端片外存储空间，分别用来存放 CPU 预处理后的数据，以及 DLP 计算后的结果；然后，通过运行时库的内存拷贝接口将数据从主机端内存空间拷贝至设备端片外存储空间。主机端和设备端的数据拷贝必须是异步的，否则会阻塞 CPU 继续执行计算或调度任务。

（3）设备端核函数的执行。当 CPU 执行<<<>>>核函数调用时，通过运行时库调用驱动程序将核函数发射至设备端任务队列，然后可非阻塞地继续执行下一个<<<>>>核函数调用。设备端驱动程序和硬件任务调度器会查询 DLP 空闲状态，并将核函数映射到多个核心簇或多个核心上执行。核函数的执行过程是设备端异步完成的，即 DLP 执行核函数和 CPU 执行主机端代码是可以并行的。

（4）设备端到主机端的数据拷贝。通过运行时库提供的内存拷贝接口将核函数的计算结果拷贝到主机端内存空间。

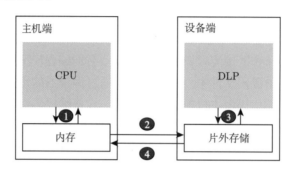

图 8.12   智能应用程序的执行过程

注意上述后三步的异步任务应该被发射至同一个队列，利用同队列任务的保序性可以保证主机端内存空间和设备端片外存储空间的读写顺序。当步骤（4）完成后，如果要读取主机端内存空间中的计算结果，需要在主机端代码中调用队列同步接口来保序。

8.3.2   多核并行

为了支持多核并行，在逻辑上，把计算负载划分成 taskDim 个可并行的任务。一维的 taskDim 可以等价用三维 taskDimX、taskDimY、taskDimZ 表示，其中三维的任务索引 taskIdX、taskIdY、taskIdZ 也可以等价用一维的 taskId 表示。在物理上，任务被调度到不同的核心簇以及核心上执行，核心簇总的数目为 clusterDim，索引为 clusterId。每个核心簇包括 coreDim 个核心，核心的索引为 coreId。对于任务规模（taskDim）较大的场景，系统会在时间维度或空间维度上展开 taskDim / (clusterDim × coreDim) 次。例如，一个 UNION4 类型的 taskDim 为 64 的任务在 coreDim 为 4 的 DLP 上要被展开执行 64 / (4 × 4) 次。

在智能编程语言中，每个核心对应一个 BLOCK 类型任务。BLOCK 是编程模型层的基本调度单位，表示核函数中的任务会被调度到单个核心上执行。每个核心簇则对应一个 UNION1 类型任务，两个核心簇组成一个 UNION2，四个核心簇组成一个 UNION4，以此类推。我们将这种划分称为任务类型。任务类型明确了一次核函数启动所需的硬件核数，即在核函数的执行周期内需要一直占用多少物理核。BLOCK 类型任务为单核任务，UNION 类型任务为多核并行任务。

图 8.13 展示了多个核函数场景下的多核并行示例。该示例包含三个主要核函数，Kernel1、Kernel2 和 Kernel3。该示例主要包括如下四个部分：

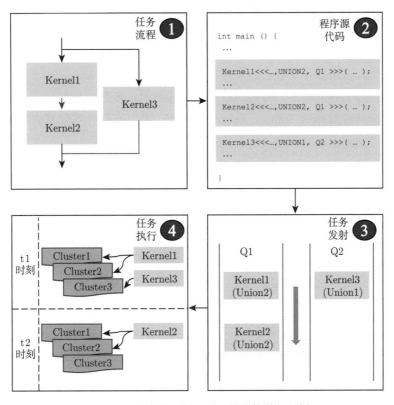

图 8.13 多个核函数场景下的多核并行示例

（1）计算任务依赖表示。Kernel1 和 Kernel2 有数据依赖，需要串行执行；Kernel3 和其他两个核函数无依赖，可并行执行。

（2）主机端任务描述。针对上述三个核函数，需要在主机端代码中对其进行描述，其中描述信息包括任务规模、任务类型信息以及任务队列信息。任务类型信息表达该核函数的粗粒度并行度，即任务需要在多少个处理器核心簇上执行。队列信息描述了任务之间的依赖关系，例如图 8.13 中 Kernel1 和 Kernel2 核函数之间存在依赖，因此需要将其放在同一个队列中。而 Kernel3 核函数无依赖，可以将其放入新的队列，以增加并行性。

（3）任务异步发射。不同队列之间的任务是异步发射的，例如图 8.13 中 Kernel2 核函数不需要等待前两个核函数执行完就可以发射任务。异步发射可以增加任务间的并行性。如果需要进行同步，可以通过对队列进行同步来实现，该方式迫使同步语句前的所有队列中的任务完成执行后才进入后续语句的执行。

（4）任务调度执行。运行时调度器按照任务的优先级及任务规模分配资源，执行完成的任务更新任务状态并释放资源。运行时根据处理器核空闲情况以及任务类型等，进行任务映射和调度。如图 8.13 所示，假设硬件上共有 3 个可用的核心簇，Kernel1 和 Kernel2 核函数分别在 t1 时刻占据了两个核心簇和一个核心簇，当这两个核函数在 t2 时刻完成运算后，Kernel2 核函数可以被分配到空闲的两个核心簇进行计算。

图 8.14 是任务在核心层级的调度。该示例中的任务规模 taskDim 为10。假设使用 1 个核心簇，每个核心簇有 4 个核心，则任务 0 到 3 分别被映射到核心 0 到 3 上，对应处理数据块 0 到 3。对于其余任务，运行时将其进一步展开后映射，例如任务 4 和 8 被映射到核心 0 上，对应处理数据块 4 和 8。通过这种方式，可以支持处理任意大规模的计算负载。

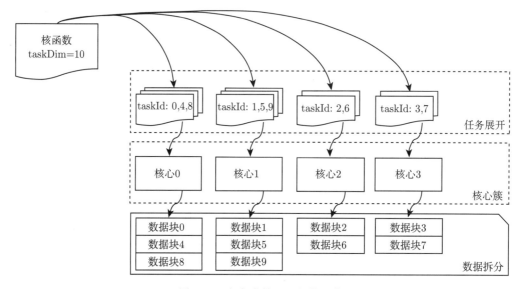

图 8.14   任务在核心层级的调度

8.3.3   存储空间

设备端的存储空间主要包括全局存储空间、共享存储空间以及本地存储空间。这三种存储空间之间可以相互通信，以满足不同任务需求。本地存储空间包括存放激活值的 NRAM 空间和存放权重的 WRAM 空间。图 8.15 展示了核函数执行中数据的移动过程，主要包括如下四个步骤：

（1）根据任务索引从全局存储空间（片外）中选取部分数据，将数据搬移到片上共享存储空间。

（2）将片上共享存储空间中的权重数据广播到所有核心以降低访存开销，根据任务索引将共享存储空间中的其他输入数据搬移到本地存储空间。

（3）在核心上利用功能单元对本地存储空间的数据进行向量化或者张量化计算。

（4）将运算结果从本地存储空间搬移到全局存储空间。

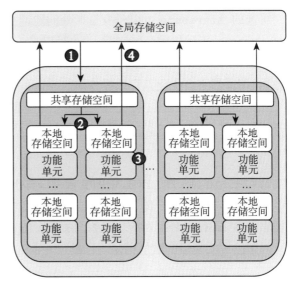

图 8.15　存储空间

　　为了提高整体吞吐，上述步骤涉及的指令被发射到专有的队列中流水线式执行。常见的队列包括：片外访存队列、片上访存队列以及张量/向量计算队列。队列间指令相互并行，数据依赖通过插入同步指令维护。不同任务的访存和计算可以通过软件流水进行并行，从而将计算和访存的耗时相互隐藏，提升整体吞吐。软件流水技术详见 8.7.2.3 节。

8.4　智能编程语言基础

　　基于上述智能计算系统抽象架构及相应的编程模型，并结合智能编程语言的三大设计原则，本节将介绍具体的智能编程语言示例 BCL（BANG C Language）。并进一步阐述如何基于该编程语言进行智能计算系统应用程序的开发。

8.4.1　语法概述

　　BCL 是对 C++ 语言的扩展，在原生 C++ 语言功能的基础上，结合智能处理器的实际特点，扩展了一系列异构计算和智能应用相关的编程接口。与 C++ 语言一样，BCL 同样具有数据和函数两个基本要素。其中，数据是被处理的对象，而函数则用于描述数据处理的过程。

8.4.1.1　变量声明和定义扩展

　　声明和定义位于设备端的变量时，其语法描述如图 8.16 所示，其中方括号表示该项是可选的。

可选的 attribute 可以是变量所处的地址空间（例如，__nram__ 表示神经元存储空间，__wram__ 表示权重存储空间），也可以是 const/volatile 修饰符。没有指定地址空间的数据，默认保存在栈空间。由 const 修饰的数据为只读数据；对于由 volatile 修饰的数据，编译器不会优化其存取操作。

```
1  [attribute] dataType dataName1 [= initialValue1] [, dataName2 = initialValue2];
```
图 8.16　声明和定义变量的语法

与 C++ 语言一样，BCL 中的变量可以有不同的数据类型，包括传统编程语言中的数字、字符、结构体、联合体、指针等，以及深度学习领域常见的 FP16、BF16、INT8 等数据类型，在 BCL 中分别对应 half、bfloat16_t、int8_t 数据类型。

对于已声明变量的赋值语法与标准 C++ 一致，如图 8.17 所示。

```
1  dataName = value;
```
图 8.17　对于已声明的数据的赋值语法

8.4.1.2　函数声明和定义扩展

BCL 中的函数声明语法如图 8.18 所示。

```
1  [attribute] returnDataType functionName([dataType param1, dataType param2, ...]);
```
图 8.18　函数声明

可选的 attribute 可以用于指定函数是不是设备端函数，设备端的函数需要用 __dlp_entry__、__dlp_func__ 或者 __dlp_device__ 修饰，没有被这三个属性修饰的函数都是主机端的函数。

对于每个 BCL 编写的核函数，有且仅有一个标记为 __dlp_entry__ 的入口函数，其返回值类型必须是 void。

函数的声明给出了函数名、返回值类型、参数列表等信息，而函数定义则进一步给出了函数的具体实现。图 8.19 给出的是在设备端实现整数加法的函数定义。在函数体内可以支持顺序、循环、分支等基本程序控制流，更多的语法细节可以参考 C++ 的描述。

```
1  __dlp_func__ int addFunc (int a, int b) {
2    int c = a + b;
3    return c;
4  }
```
图 8.19　设备端实现整数加法的函数定义

8.4.2 内建变量与内建函数

8.4.2.1 内建变量

为了实现面向智能计算系统的编程模型，BCL 在 C++ 的基础上扩展了一系列的内建变量，如表 8.2 所示。

表 8.2 常见的内建变量

内建变量	具体含义
coreId	执行核函数的核心的逻辑编号
clusterId	执行核函数的核心簇的逻辑编号
clusterDim	核函数运行时所需的逻辑核心簇的数量
taskId	核函数运行时分配的任务编号
taskDim	核函数运行时分配的任务规模

8.4.2.2 数据拷贝内建函数

如 8.2 节所述，不同层次的处理单元都可以访问不同的存储空间。为了方便用户编程并提高处理效率，BCL 提供了在不同存储空间之间进行数据搬移的内建函数 __memcpy 和 __memcpy_async，如图 8.20 所示。__memcpy 和 __memcpy_async 的区别是，前者会与运算指令串行执行，而后者可以与运算指令并行执行。

```
1  void __memcpy(void* dst, void* src, int bytes, MemcpyDirection_t dir);
2  void __memcpy_async(void* dst, void* src, int bytes, MemcpyDirection_t dir);
```

图 8.20 数据搬移内建函数

数据搬移函数的 dir 参数用于指定数据搬移的方向。BCL 支持的常见的数据搬移方向有：NRAM2GDRAM⊖、NRAM2SRAM、NRAM2NRAM、GDRAM2NRAM、GDRAM2WRAM、GDRAM2SRAM、SRAM2WRAM、SRAM2NRAM。

8.4.2.3 向量内建函数

BCL 在传统 C++ 语言标量计算功能的基础上，扩展了一系列实现向量和张量计算的内建函数。用户可以使用这些内建函数操纵智能处理器的向量和张量计算单元。BCL 中常见的向量运算函数如表 8.3 所示。

8.4.2.4 张量内建函数

BCL 中常见的张量内建函数如图 8.21 所示，即矩阵–矩阵乘法 __tensor_matmul 和矩阵–向量乘法 __tensor_mlp。张量内建函数的参数除了输入/输出数据的指针外，还包括输

⊖ NRAM2GDRAM 表示拷贝方向为 NRAM 到 GDRAM。

入和输出张量的维度信息，例如，M 表示左矩阵 `lhs` 的列数和右矩阵 `rhs` 的行数，N 表示左矩阵 `lhs` 的行数，K 表示右矩阵 `rhs` 的列数。当 K=1 时，矩阵–矩阵乘法 `__tensor_matmul` 退化为矩阵–向量乘法 `__tensor_mlp`。

表 8.3   常见的向量内建函数

向量内建函数	具体功能
`__vector_add(DType* dst, const DType* lhs, const DType* rhs, int elem_num)`	向量对位加
`__vector_sub(DType* dst, const DType* lhs, const DType* rhs, int elem_num)`	向量对位减
`__vector_mul(DType* dst, const DType* lhs, const DType* rhs, int elem_num)`	向量对位乘
`__vector_relu(DType *dst, const DType *src, int elem_num)`	向量 ReLU
`__vector_argmax(DType *dst, const DType *src, int elem_num)`	向量 ArgMax

```
1   __dlp_func__ void __tensor_mlp(DType* dst,
2                                  const DType* lhs,
3                                  const DType* rhs,
4                                  unsigned int M,
5                                  unsigned int N);
6   __dlp_func__ void __tensor_matmul(DType* dst,
7                                     const DType* lhs,
8                                     const DType* rhs,
9                                     unsigned int M,
10                                    unsigned int K,
11                                    unsigned int N);
```

图 8.21   常见的张量内建函数

8.4.2.5   同步内建函数

除了用于向量和张量计算的内建函数外，BCL 还扩展了一系列用于实现同步功能的内建函数，用于解决多核并行以及核内多条执行队列并行的数据依赖问题。同步内建函数主要分为三类：单核内的执行队列同步函数 `__sync()`、核心簇内的局部同步函数 `__sync_cluster()` 和核心簇间的全局同步函数 `__sync_all()`。其中，核心簇内的局部同步只保证一个核心簇内的所有核同步，而全局同步则是芯片内所有核心簇的所有核心都进行同步。

8.4.3   BCL 程序示例

根据前面所介绍的语法、特性、设计原则、内建函数与变量等，图 8.22 给出用智能编程语言编写的程序示例。该示例实现了两个长度为 1024 的输入向量的对位乘法操作，考虑到 NRAM 的大小，每次向量计算处理 64 个数。函数参数列表中的两个指针都是 GDRAM 上的数，因此需要先把它们搬到 NRAM 上，原地计算乘法，然后再搬回 GDRAM。在 NRAM 上申请临时空间需要加 "`__nram__`" 前缀。该代码示例仅使用一个处理器核心完成 1024 个输入数据的处理，完成相同功能的多核并行程序可以参考 8.5.3 节。

```
1   #define BASE_NUM 64
2   #define TOTAL_SIZE 1024
3
4   __dlp_entry__ void  vectorMult(float* input0, float* input1, float* output) {
5     __nram__ float src0[BASE_NUM];
6     __nram__ float src1[BASE_NUM];
7     __nram__ float dest[BASE_NUM];
8     int repeat = TOTAL_SIZE / BASE_NUM;
9
10    for (int i = 0; i < repeat; i++) {
11      __memcpy(src0, input0 + i * BASE_NUM, BASE_NUM * sizeof(float), GDRAM2NRAM);
12      __memcpy(src1, input1 + i * BASE_NUM, BASE_NUM * sizeof(float), GDRAM2NRAM);
13      __vector_mul(dest, src0, src1, BASE_NUM);
14      __memcpy(output + i * BASE_NUM, dest, BASE_NUM * sizeof(float), NRAM2GDRAM);
15    }
16  }
```

图 8.22 向量乘法的程序示例

8.5 智能应用编程接口

机器学习应用既可以直接采用多种编程框架（如 TensorFlow 和 PyTorch 等）进行开发，也可以直接使用智能编程语言来开发，同时调用智能应用编程接口操作智能计算硬件。智能应用编程接口提供了一套面向智能计算设备的高层接口，主要可以分为两大类：核函数启动接口和运行时接口。其中核函数启动接口重点关注任务切分及硬件映射，如何将复杂任务切分成并发执行的多个任务并将其映射到底层硬件架构上；运行时接口重点关注设备管理、队列管理以及内存管理等。其中设备管理提供管理设备相关接口，如设备初始化、设备设置以及设备销毁等；队列管理提供队列创建、同步以及销毁等接口；内存管理主要提供内存分配和释放等接口。

8.5.1 核函数接口

用户在核函数内部采用智能编程语言实现自定义逻辑。基于异构编程模型，为了有效利用资源，用户需要在核函数内部对任务进行有效切分，同时在主机端配置相应的任务类型和任务规模启动核函数。

接下来，以典型的"服务器–板卡–芯片–核心簇–核心"抽象硬件架构对应的智能计算系统为例，介绍与核函数内部任务切分相关的概念和内建变量。

- Queue（队列）。用户开发的多个核函数可以绑定在同一个队列上交给任务调度器去调度执行，在队列内部的核函数按照被绑定的顺序，在本队列内部顺序执行；不在同一个队列中的核函数或异步拷贝按照运行时库的调度规则异步发射执行。

- coreDim（核维数）。等于单个核心簇内部的核个数。
- coreId（核序号）。对应每个核在核心簇内的逻辑编号，取值范围为 $[0, \text{coreDim} - 1]$。
- clusterDim（簇维数）。等于核函数运行时所需的逻辑核心簇的数量。
- clusterId（簇序号）。对应程序运行所在核心簇的逻辑编号，取值范围为 $[0, \text{cluster-Dim} - 1]$。
- taskDim（任务维数）。等于当前用户指定任务总规模的一维表示，$\text{taskDim} = \text{taskDimX} \times \text{taskDimY} \times \text{taskDimZ}$。
- taskDimX（X 维度任务维数）。每个核函数被调用前需要指定本次任务的逻辑规模，共有（X, Y, Z）三个维度，其中 taskDimX 的值等于 X 维度的规模。
- taskDimY（Y 维度任务维数）。每个核函数被调用前需要指定本次任务的逻辑规模，共有（X, Y, Z）三个维度，其中 taskDimY 的值等于 Y 维度的规模。
- taskDimZ（Z 维度任务维数）。每个核函数被调用前需要指定本次任务的逻辑规模，共有（X, Y, Z）三个维度，其中 taskDimZ 的值等于 Z 维度的规模。
- taskIdX（X 维度任务序号）。对应程序运行时所分配的逻辑规模 X 维度上的任务编号，取值范围为 $[0, \text{taskDimX} - 1]$。
- taskIdY（Y 维度任务序号）。对应程序运行时所分配的逻辑规模 Y 维度上的任务编号，取值范围为 $[0, \text{taskDimY} - 1]$。
- taskIdZ（Z 维度任务序号）。对应程序运行时所分配的逻辑规模 Z 维度上的任务编号，取值范围为 $[0, \text{taskDimZ} - 1]$。
- taskId（任务序号）。对应程序运行时所分配的任务编号，取值范围为 $[0, \text{taskDim} - 1]$。taskId 的值对应逻辑规模降维至一维后的任务编号，即 $\text{taskId} = \text{taskIdZ} \times \text{taskDimY} \times \text{taskDimX} + \text{taskIdY} \times \text{taskDimX} + \text{taskIdX}$。

8.5.2 运行时接口

运行时接口一般包含设备管理、队列管理和内存管理等。本节主要给出主机端程序常用的运行时接口列表以及功能说明。

8.5.2.1 设备管理

设备管理主要涉及设备初始化、设备信息获取、设备设置、设备销毁等一系列操作。其中，设备初始化和设备销毁由运行时库自动完成，不需要用户显式控制。

- GetDeviceCount(unsigned int* pCount)；获取系统中设备数量，并将其输出到变量 pCount。
- SetDevice(int ordinal)；为当前主机端线程设置所使用的设备序号，在主机端的某个线程中调用此接口指定设备后，该线程后续所有与设备有交互的接口都会在指定的设备上执行。

- GetDevice(int* pOrdinal)；获取主机端当前线程上下文所使用的设备序号。
- DeviceGetAttribute(int* pValue, DeviceAttr_t attr, int ordinal)；根据属性枚举值 attr，获取编号为 ordinal 的设备的属性，并将结果输出到 pValue，其中 DeviceAttr_t 枚举了设备的计算能力、存储空间、频率、指令集版本等属性，例如是否支持 TF32 数据类型 AttrTF32ComputingSupported、最大可用内存 AttrTotalMemSize、核心主频 AttrDlpClockRate、内存频率 AttrMemClockRate、DLP 指令集版本 AttrISAVersion 等。
- DeviceReset()；重启当前线程上下文所使用的设备。

8.5.2.2　队列管理

队列是用于执行任务的环境。计算任务可以下发到队列中执行。同一个队列可以容纳多个任务。具体来说，队列具有以下属性。

（1）串行性：下发到同一个队列中的任务，按下发顺序串行执行。

（2）异步性：任务下发到队列是异步过程，即下发完成后程序控制流会回到主机，主机程序继续往下执行。运行时环境提供队列的同步接口，用于等待整个队列中所有任务完成。任务同步需要主动调用同步接口发起。

（3）并发性：不同队列中的任务并发执行。

如果希望任务间并发执行，用户可以创建多个队列并将任务分配到不同的队列中。典型队列相关的 API 包括以下几类。

- QueueCreate(Queue_t *pQueue)；在当前设备上创建一个队列，并返回指向新创建队列的指针 pQueue。对于同一个设备，可以多次调用此接口创建多个队列。当主机端生产核函数的速度慢于设备端消费核函数的速度时，多个队列同时给设备端发射核函数可以减少设备端等待主机端的空闲时间。
- QueueSync(Queue_t queue)；同步队列中所有任务，等待任务执行完毕。此方法要在核函数调用符<<<>>>之后调用。
- QueueDestroy(Queue_t queue)；此接口用于销毁使用 QueueCreate 创建的队列，如果调用 QueueDestroy 时队列仍在执行某些操作，此接口将立即返回，而队列相关的资源会在队列清空后自动释放。

8.5.2.3　内存管理

内存管理主要分为主机端内存管理、设备端内存管理和主机与设备端内存拷贝三类。典型的内存管理接口及其功能如下所示。

- HostMalloc(void **ptr, size_t bytes)；在主机端分配 bytes 大小的空间，并将 ptr 指向分配的空间。分配成功返回 Success，否则返回相应的错误码。

- HostFree(void *ptr)；释放主机内存。释放成功返回 Success，否则返回相应的错误码。

- DevMalloc(void **ptr, size_t bytes)；分配给定大小的设备端内存，分配成功返回 Success，否则返回相应的错误码。

- DevFree(void *ptr)；释放 ptr 指向的设备端内存空间。释放成功返回 Success，否则返回相应的错误码。

- Memcpy(void *dst, void *src, size_t bytes, MemTransDir_t dir)；从地址 src 拷贝 bytes 数据到地址 dst，dir 指定数据拷贝的方向（如主机端拷贝至设备端为 MEM_TRANS_DIR_HOST2DEV，设备端拷贝至主机端为 MEM_TRANS_DIR_DEV2HOST）。

8.5.3 使用示例

智能计算系统应用程序包括两部分：一是主机端的 C++ 程序，运行在 x86、ARM 等通用处理器上；二是设备端使用智能编程语言编写的核函数。开发智能应用主要分为以下步骤：核函数编写、设备配置、主机/设备端数据准备、设备端内存空间分配、数据至设备端拷贝、调用核函数启动设备、运行结果获取和资源释放等。

8.5.3.1 核函数编写

设备端的核函数用于实现智能应用的核心计算功能。仍以图 8.22 所示的单核向量乘法核函数为例，可以利用 DLP 上的多核计算资源，进一步提升计算性能。为此，对原单核核函数扩展如图 8.23 所示。在该示例中，将 1024 个输入数据的计算任务平均分配给 taskDim 个计算任务，每个任务一次处理 64 个输入数据。为了简化代码逻辑，这里假设 1024 可以被 taskDim $\times$ BASE_NUM 整除。

8.5.3.2 设备配置

主要工作包括：查询可用设备数量 GetDeviceCount、设置要使用的设备 SetDevice、查询设备属性 DeviceGetAttribute、配置任务规模和任务类型等。

在图 8.24 所示的多核程序中，可以选择 0 号设备，配置任务类型为 UNION1，X、Y、Z 维度的任务规模分别为 4、1、1。即由四个处理器核心完成 1024 个输入数据的处理，每个处理器核心执行一个计算任务，每个计算任务使用 taskId 索引。

8.5.3.3 主机/设备端数据准备

执行具体运算前需要在主机端准备输入数据并进行预处理。此外，还需要在主机端通过运行时接口在设备端分配输入/输出空间，在启动核函数时会将输入/输出空间的指针作为核函数参数。以图 8.23 所示的多核向量乘法核函数为例，输入数据准备和设备内存空间申请如图 8.25 所示。

```
1   #define BASE_NUM 64
2   #define TOTAL_SIZE 1024
3
4   __dlp_entry__ void  vectorMult(float* input0, float input1, float* output) {
5     __nram__ float dest[BASE_NUM];
6     __nram__ float src0[BASE_NUM];
7     __nram__ float src1[BASE_NUM];
8
9     int repeat = TOTAL_SIZE / BASE_NUM / taskDim;
10
11    for (int i = 0; i < repeat; i++) {
12      int offset = i * BASE_NUM * taskDim + taskId * BASE_NUM;
13      __memcpy(src0, input0 + offset, BASE_NUM * sizeof(float), GDRAM2NRAM);
14      __memcpy(src1, input1 + offset, BASE_NUM * sizeof(float), GDRAM2NRAM);
15      __vector_mul(dest, src0, src1, BASE_NUM);
16      __memcpy(output + offset, dest, BASE_NUM * sizeof(float), NRAM2GDRAM);
17    }
18  }
```

图 8.23　多核向量乘法程序示例

```
1   unsigned int count = 0;
2   GetDeviceCount(&count);
3   SetDevice(0);
4   int value = 0;
5   DeviceGetAttribute(&value, AttrClusterCount, ordinal);
6   printf("device: %d, AttrClusterCount: %d.\n", ordinal, value);
7
8   Queue_t pQueue;
9   QueueCreate(&pQueue);
10  Dim3_t dim;
11  dim.x = 4;
12  dim.y = 1;
13  dim.z = 1;
14
15  FunctionType_t ktype = UNION1;
```

图 8.24　设备初始化示例

8.5.3.4　数据拷贝至设备端

数据拷贝主要是把主机端准备好的输入数据拷贝到设备端，代码如图 8.26 所示。其中，MEM_TRANS_DIR_HOST2DEV 表示数据是从主机端拷贝至设备端。

```
1   float *d_input0;
2   float *d_input1;
3   float *d_output;
4   float *h_input0;
5   float *h_input1;
6   float *h_output;
7   HostMalloc(h_input0, data_num * sizeof(float));
8   HostMalloc(h_input1, data_num * sizeof(float));
9   HostMalloc(h_output, data_num * sizeof(float));
10  HostMemset(h_input0, 1.0f, data_num * sizeof(float));
11  HostMemset(h_input1, 2.0f, data_num * sizeof(float));
12  DevMalloc((void **)&d_input0, data_num * sizeof(float));
13  DevMalloc((void **)&d_input1, data_num * sizeof(float));
14  DevMalloc((void **)&d_output, data_num * sizeof(float));
```

图 8.25 设备端内存空间分配

```
1   Memcpy(d_input0, h_input0, sizeof(float)*data_num, MEM_TRANS_DIR_HOST2DEV);
2   Memcpy(d_input1, h_input1, sizeof(float)*data_num, MEM_TRANS_DIR_HOST2DEV);
```

图 8.26 数据拷贝至设备端

8.5.3.5 调用核函数启动设备

在主机端通过核函数调用符<<<>>>可以将智能编程语言编写的程序加载到深度学习处理器上执行。仍以图 8.23 所示的多核向量乘法核函数为例，调用核函数的代码如图 8.27 所示。其中，dim 表示任务规模，pQueue 表示核函数的执行队列，ktype 表示任务类型。

```
1   // 在设置好核函数参数之后，就可以启动计算任务
2   vectorMult<<<dim, ktype, pQueue>>>(d_input0, d_input1, d_output);
3   QueueSync(pQueue);
```

图 8.27 调用核函数启动设备

8.5.3.6 运行结果获取

获取运行结果前需要调用 QueueSync 来确保设备端的计算已经完成。此时正确的计算结果会被储存至设备端内存。通过调用 Memcpy 接口可以把计算结果从设备端拷回主机端。图 8.23 所示的多核向量乘法核函数对应在数据拷贝代码如图 8.28 所示。其中，MEM_TRANS_DIR_DEV2HOST 表示数据是从设备端拷贝至主机端。

```
1   Memcpy(h_output, d_output, data_num * sizeof(float), MEM_TRANS_DIR_DEV2HOST);
```

图 8.28 获取运行结果

8.5.3.7　资源释放

程序执行完后需要释放主机端和设备端的各种资源。具体代码如图 8.29 所示。

```
1  DevFree(d_input0);
2  DevFree(d_input1);
3  DevFree(d_output);
4  HostFree(h_input0);
5  HostFree(h_input1);
6  HostFree(h_output);
7  QueueDestroy(pQueue);
```

图 8.29　资源释放

8.6　智能应用功能调试

本节从调试智能应用功能角度出发，首先介绍功能调试的基本方法，之后介绍功能调试接口和工具。考虑到精度在智能应用中的重要作用，之后介绍精度调试方法，最后介绍基于智能编程语言的调试实践。

8.6.1　功能调试方法

8.6.1.1　概述

主流智能应用编程方法有两个层次：底层编程语言层和高层编程框架层。因此，智能应用的调试对象主要是基于智能编程语言通过编译器生成的机器码和基于编程框架通过框架级编译器生成的计算图，所对应的调试方法也分为编程语言级调试方法和编程框架级调试方法。

编程语言一般会有相应的配套编译调试工具链和运行时环境辅助观察运行时状态信息，同时语言规范中也有调试相关的打印接口，此外还可以借助操作系统的异常处理及核心转储等机制辅助定位问题所在。

编程框架是连接应用和底层软件的重要桥梁，涉及不同语言层次：用户 API 层主要使用 Python 或 JavaScript 等高级语言，方便编写具体应用；框架核心层主要采用 C++ 语言来实现内部架构；框架底层调用目标架构编程语言或高性能库来充分挖掘底层硬件性能。后续将根据不同调试对象层次详细介绍各层次调试方法。

8.6.1.2　编程语言调试

除了直接在应用程序代码中调用打印接口，通过源码级调试器进行调试是更加直观合理的方式。通过源码级调试器，可以采用单步执行的方式来执行程序源码、设置断点、打印变量值等。为了实现调试器的功能，需要在编译阶段加入调试信息，协调编译器和调试器的功能。

1. 源码编译生成调试信息

为了支持高效调试，需要在编译阶段将程序源码和所生成的机器指令间的映射关系保存下来并建立相应符号映射机制，供调试器分析使用。在编译阶段收集的映射关系需解决两个关键问题：一是如何把经过编译器深度优化的二进制指令和原始程序源码关联起来。以常见的窥孔（peephole）优化为例，其中可能对指令序列进行了调整，再将其和源代码关联起来存在困难。二是如何以较低的时间和存储开销来详细地描述二进制程序与源代码的关系。为了解决该问题，需要定义合理的调试信息格式。这里以当前应用最广泛的 DWARF 调试格式为例介绍调试格式信息。

2. 调试信息格式：DWARF

DWARF 全称为 Debugging With Attributed Record Formats，即采用属性化记录格式的调试方式，其调试信息格式是和 ELF 目标文件格式一起开发的。DWARF 整体组织成树状结构，其中每个节点可以有子节点或兄弟节点，这些节点可以表示类型、变量或函数等。

具体来说，DAWRF 中的基本描述调试信息项（Debugging Information Entry, DIE）被组织成树状结构。每个 DIE 都有其父 DIE（除了最顶层），并可能有兄弟 DIE 或子 DIE。每个 DIE 都明确了其具体描述对象及相应的属性列表。其中属性可能包含各种值，如常量（函数名）、变量（函数起始地址）、对其他 DIE 的引用（如函数的返回值类型）等。图 8.30 简化描述了编译单元（compilation unit）、子程序（subprogram）和基本类型（base type）的 DIE 项。针对经典的 Hello World 程序，最顶层的 DIE 表示编译单元，它有两个子节点，分别是描述 `main` 函数的子程序 DIE 和其所引用的基础类型 DIE，对应 `main` 函数的 `int` 类型返回值。下面详细介绍编译单元、子程序和基本类型的 DIE 内容。

编译单元。程序通常包含多个源文件，每个源文件被单独编译。在 DWARF 中，每个单独编译的源文件称为一个编译单元。编译单元的通用信息放在对应的 DIE 中，包括目录、源文件名（如 hello.c）、编程语言、标识该 DWARF 数据来源的字符串（如 GCC）以及 DWARF 数据节的偏移值，用于定位行号及宏信息等。

子程序。DWARF 把带返回值的函数和不带返回值的子例程都进行相同处理，采用子程序 DIE 来描述。该 DIE 由名字（`DW_AT_name`）、源位置三元体（`DW_AT_decl_file`, `DW_AT_decl_line`, `DW_AT_prototyped`），以及表示该子程序是不是外部属性（`DW_AT_external`）等信息组成。另外还有计算该函数栈帧地址的表达式 `DW_AT_frame_base` 等，具体如图 8.31 所示。

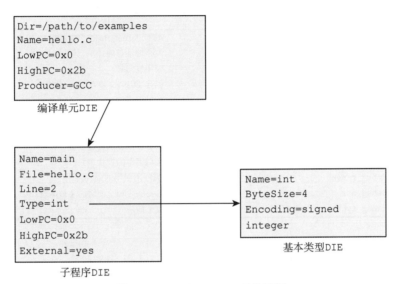

```
1:int main()
2:{
3:printf("Hello World!\n");
4:return 0;
5:}
```

Dir=/path/to/examples
Name=hello.c
LowPC=0x0
HighPC=0x2b
Producer=GCC

编译单元DIE

Name=main
File=hello.c
Line=2
Type=int
LowPC=0x0
HighPC=0x2b
External=yes

子程序DIE

Name=int
ByteSize=4
Encoding=signed
integer

基本类型DIE

图 8.30　DWARF DIE 具体示例

```
1   <1><2a>: 缩写编号: 2 (DW_TAG_subprogram)
2      <2b> DW_AT_low_pc : 0x0
3      <33> DW_AT_high_pc : 0x3f
4      <37> DW_AT_frame_base : 1 byte block: 56 (DW_OP_reg6 (rbp))
5      <39> DW_AT_name : (indirect string, offset: 0x5a): main
6      <3d> DW_AT_decl_file : 1
7      <3e> DW_AT_decl_line : 5
8      <3f> DW_AT_prototyped : 1
9      <3f> DW_AT_type : <0x6e>
10     <43> DW_AT_external : 1
11  ...
```

图 8.31　子程序 DIE 示例

　　基本类型。编程语言通常定义了基本标量数据类型，这些数据类型最终要映射到目标机器的寄存器和运算器上，所以调试信息中必须为基本类型提供最底层的映射关系，在 DWARF 中即为 DW_TAG_base_type。针对智能应用，如前所述，由于有定制的运算器和数据类型（如 FP16 等），也需要增加专门的调试信息映射。

　　当然，除了上述 DIE 项之外，针对数组、结构体、变量、宏等都有相应的 DIE 来进行描述。更详细的信息可以参考 DWARF 的设计手册[355]。

DAWRF 信息通常需要与 ELF 格式一同使用，不同类型的 DWARF 保存在 ELF 的对应段中。所有这些 DAWRF 段的名字以".debug_"开始，具体如表 8.4 所示。

表 8.4 ELF 中调试信息段的名字及含义

调试信息段名	具体内容
.debug_abbrev	用于.debug_info 节中的缩写
.debug_arranges	内存地址与编译单元间映射
.debug_frame	调用栈信息
.debug_info	包含 DIE 的 DWARF 数据
.debug_line	行号程序
.debug_loc	定位描述
.debug_macinfo	宏描述
.debug_pubnames	全局对象及函数查找表
.debug_pubtypes	全局类型的查找表
.debug_ranges	DIE 所引用的地址范围
.debug_str	.debug_info 使用的字符串表
.debug_types	类型描述

8.6.1.3　编程框架调试

编程框架关注的是深度学习或机器学习模型，模型中的计算节点被定义为算子。虽然算子功能、运算量和复杂度各不相同，但将算子进行抽象后，整个网络模型的编程也可以抽象为用高层语言进行编程。框架级编程语言通常也有控制流和数据流，而算子操作的对象也可以类比为编程语言中的数据结构。因此，编程框架的调试方法也和前面介绍的编程语言类似，需要借助框架级调试接口或调试器，以在模型网络开发中快速查看核心数据结构等内容，此外还需要一些数据分析变换方法从其他维度去辅助网络级编程。

编程框架作为系统性软件栈，涉及的层次和模块很多，对于不同的调试层次，目标用户和具体调试对象也有很大差别。表 8.5 详细介绍了不同层次调试对象及关注的信息，包括框架应用层、框架核心层和框架适配层。

表 8.5 编程框架调试的不同层次

软件层次	调试者角色	调试的对象	关注的信息
应用层	框架使用者	Python/C++ 的 API	查看计算图结构、计算节点输入/输出、推理速度与准确率、训练收敛程度等
核心层	框架开发者	C++ 编写的主机端程序	框架的核心类对象（如运行时管理、分布式、跨平台、计算图优化等）
适配层	框架开发者及硬件厂商	目标平台语言实现的算子；硬件厂商自有引擎适配逻辑	目标平台适配相关逻辑（如目标平台库 API、目标架构代码编译运行、框架图编译和算子注册等)

- 框架应用层调试。框架应用层调试主要以算法或模型正确性为首要目标，以 Tensor-
  Flow 和 PyTorch 为代表的编程框架提供了多种可视化方式来帮助用户查看的网络内
  部控制流和数据流是否符合预期。典型的可视化方法包括计算图可视化、嵌入可视化、
  训练可视化以及直方图可视化等。

可以通过 TensorBoard 将计算图信息通过可折叠可拖曳方式展现给开发者，既保证灵
活性又降低了调试难度。嵌入可视化主要是将高维数据降维到低维空间，常用的降维可视
化方法有线性的主成分分析（Principal Component Analysis，PCA）和非线性的 T–分布
随机邻域嵌入（T-distributed stochastic neighbor embedding）方法等。训练可视化可以帮
助开发者更好地调整模型和参数，例如学习率、模型的总损失等指标随着训练迭代次数而
变化的曲线。典型的训练可视化例子如图 8.32 所示。直方图可视化是对连续变量概率分布
的估计，可以帮助开发者观察数值数据的分布情况。例如 TensorFlow 或 PyTorch 开发者
可以通过直方图观察张量在时间维度的分布变化。

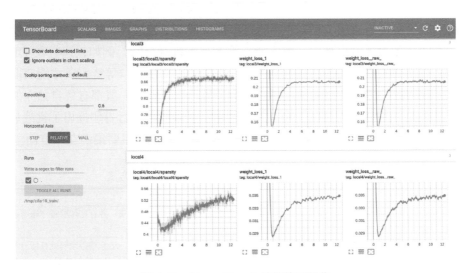

图 8.32　TensorBoard 的训练可视化

- 框架核心层调试。框架核心层的主要功能是处理用户 API 输入的算法逻辑、构建计
  算图、优化执行、运行时环境、分布式控制、提供调试接口等。所以一般会提供基于
  自身代码风格或功能特点的日志方法。作为框架开发者，进行调试的核心思路是在框
  架的核心逻辑代码中插入对关键信息的打印，然后配置环境变量执行后分析日志，或
  借助传统 GDB（GNU Project Debugger）等工具调试框架内部逻辑。
- 框架适配层调试。框架适配层与核心层的优化执行、运行时环境、分布式控制等功能
  耦合性较强。一般核心层的抽象类可以描述多平台多架构，目标平台使用核心层提供
  的机制或方法注册，所以适配层调试方法与核心层调试基本类似，主要区别在于除了

要调试框架中适配接口的正确性，还要考虑编译时生成目标架构二进制或者运行时执行目标架构二进制库时的正确性，此时要借助目标架构提供的调试方法、接口和工具等。

8.6.2 功能调试接口

8.6.2.1 编程语言的功能调试接口

1. 打印函数接口

在传统通用 CPU 上，针对不同的编程语言，提供了丰富的格式化打印接口。例如 C 语言最常用的 printf 函数和 fprintf、dprintf、sprintf 等，C++语言的 iostream 类的 std::cout 等接口以及 Python 或 Swift 的 print 函数等。

为了实现和通用 CPU 打印接口的兼容，降低用户学习成本，智能编程语言也需要提供相应的格式化打印函数。由于基本编程模型是异构的，底层运行时系统具有异构通信和存储等特点，给实现与通用 CPU 兼容的打印接口带来了挑战：首先，异构打印没有即时性，设备端的计算为了追求高效一般不能频繁地被主机端打断，例如，运行在 DLP 上的带 printf 打印的核函数任务被发射执行后，必须调用同步接口等待完成才能获取打印结果；其次，异构打印拷贝开销大，主要是因为主机端和设备端一般都有各自独立的片外存储；最后，DLP 一般是并行架构，对芯片内的多核或多线程并行打印提出了挑战。具体来说，如表 8.6 所示，智能语言并行打印的关键问题及解决方法主要集中在三方面。

表 8.6　智能语言并行打印的关键问题及解决方法

关键问题	解决方法
变量作用域及生命周期问题	变量的声明和使用有严格作用域及生命周期约束，并行打印要遵守语言执行模型，避免核间越界访问
时序及可读性问题	语言运行时须对片外内存的地址空间进行分配，运算核心须明确打印目的地址避免越界访问，完成打印后主机端须按时间戳解析区分多核的数据
读写一致性问题	多核并行执行时对核心簇存储空间和全局存储空间的读写顺序要求有配套的多核同步机制保证读写操作原子性

2. 例外报错

例外报错机制主要有两种，分别是调试模式下的断言（assert）机制和系统提供的核心转储（core dump）功能。

断言是向程序员提供主动触发的检查机制，其主要作用在于开发者可以对有潜在问题的代码进行提前预判。在函数入口处进行入参合法性检查、在函数返回处进行返回值检查可以节省大量时间和精力。一般提供的断言信息主要有文件名、行号和函数名等。智能编程语言的断言示例如图 8.33 所示。

```
1   __dlp_device__ void __assert_fail(const char *__message,
2                                     const char *__file,
3                                     unsigned __line,
4                                     const char *__function) {
5     printf("%s:%d %s: Assertion \'%s\' failed.\n",
6            __file, __line, __function, __message);
7            __abort();
8   }
9
10  __dlp_device__ void __assert(const char *__assertion,
11                               const char *__file,
12                               int __line) {
13    printf("%s:%d: Assertion \'%s\'.\n",
14           __file, __line, __assertion);
15  }
```

图 8.33　智能编程语言断言示例

断言机制一般用于开发调试阶段（会带来额外的执行开销）；而核心转储机制可以在程序运行时对非法的软硬件行为触发硬件异常，并以特定格式生成核心转储文件，一般用于在非调试模式出错后协助定位问题。

以 Linux 系统为例，程序执行异常或崩溃时，内核会将内存快照和关键程序状态保存为可执行文件所在目录下的文件。对于智能编程语言，由于编程对象通常是异构，需要在设备端计算核心陷入硬件异常时通过异构总线接口向主机端发起中断或直接将处理好的核心转储信息发送给主机端。

8.6.2.2　编程框架的功能调试接口

- 框架应用层的 IDE 调试。编程框架例如 PyTroch 和 TensorFlow 都以 Python 的编程接口为主，所以开发者可以使用 Pycharm 等 IDE 或 VSCode 编辑器配置相应的插件快速上手调试。

- 框架应用层的 Python 调试器。常用的 Python 调试器有 pdb 和 ipdb。其中 pdb 是 Python 的标准库，ipdb 是 pdb 的扩展，类似 iPython 对 Python 的扩展，提供了语法高亮、自动补全、友好的堆栈信息。PyTorch 编程框架遵循 Python 优先的原则，所以可以使用 pdb 或 ipdb 快速上手调试。

- 框架应用层的断言和打印机制。对于 PyTorch 等使用 Python 语言作为主要 API 的框架，允许用户使用 Python 语言编写自定义操作和模型，所以用户调试时可以完全复用 Python 语言的断言和打印机制。此外 TensorFlow 框架还提供了 tf.Assert 检查接口和 tf.Print 打印接口。

- 框架核心层的日志打印宏。对于框架内部的核心代码调试时，就需要用到框架自身的日志系统，例如 TensorFlow 中对日志等级进行了分级，日志等级的取值和含义如表 8.7 所示。此外，TensorFlow 还提供了更详细的日志打印，可以通过 TF_CPP_MIN_VLOG _LEVEL 进行等级设置，等级越高打印的内容越多。由于 TF_CPP_MIN_VLOG_LEVEL 进行的是 INFO 层级的日志输出，因此 TF_CPP_MIN_LOG_LEVEL 不在 INFO 层级时，会屏蔽 TF_CPP_MIN_VLOG_LEVEL 的输出内容。

表 8.7   TensorFlow 日志等级的取值和含义

对应 LOG 等级	输出信息
INFO	INFO + WARNING + ERROR + FATAL
WARNING	WARNING + ERROR + FATAL
ERROR	ERROR + FATAL
FATAL	FATAL

- 框架适配层的目标架构调试。框架适配新的目标平台时，因为与核心层耦合较为紧密，所以在开发调试中复用 VLOG 和 LOG 即可。实践过程中更有效的调试思路是参考框架适配层已有架构（如 x86、GPU、ARM 等）的适配和注册机制。如果出现问题，将采用目标架构提供的调试接口（如打印接口和核心转储等）进行调试。

8.6.3   功能调试工具

8.6.3.1   面向编程语言的调试器

面向编程语言的调试器除了具备传统编程语言调试器应具备的功能，如断点映射关系解析、断点设置及恢复、硬件异常上报等功能，还应具备在中断处打印或修改张量数据、转储/重新加载中间张量以及多核调试的状态管理和切换等智能语言特有的功能。我们以智能编程语言 BCL 的调试工具 BCL-GDB 为例详细介绍调试器的使用流程，包括调试前准备、调试器托管、状态查看及错误分析等。

1. 调试前准备

调试前准备工作大致包括配置调试目标设备号、增加调试信息及配置核心转储等。例如，如果要调试的设备号为 1，可以采用图 8.34 所示命令进行配置。

```
1   export DLP_VISIBLE_DEVICES = 1
```

图 8.34   调试设备号为 1 时使用的配置命令

为了在编译时增加调试信息，需要在编译阶段增加相应编译选项-g，其后还可以增加调试信息等级。典型示例如图 8.35 所示。

```
1  bcl-cc -g foo.dlp -o foo
2  bcl-cc -g1 foo.dlp -o foo
3  bcl-cc -g2 foo.dlp -o foo
4  bcl-cc -g3 foo.dlp -o foo
```

图 8.35　编译时增加调试选项

2. 调试器托管

异构编程的用户程序必须通过主机端程序启动，主机端的调试方法可以与 GDB 一致，而当从主机端继续执行时会自动进入设备端程序执行。如果需要在设备端核函数的入口处停住，可以采用如图 8.36 所示的命令。

```
1  (bcl-gdb) bcl-gdb breakpoint on # 使能设备端的断点功能
2  (bcl-gdb) break *0x1 # 在核函数的第一条指令上设置断点
3  (bcl-gdb) run # 执行程序
```

图 8.36　在核函数的入口处停住的命令

多线程调试时通常需要进行调试线程的切换。可以用 info 命令查看当前线程并使用 focus 命令进行切换。图 8.37 的示例说明了采用 focus 命令将监控状态从（0，0，0）核切换到（0，2，1）核（三元组分别对应 device、cluster、core）。

```
1  (bcl-gdb) bcl-gdb info
2  device cluster core pc core state       focus
3     0       0      0  1  KERNEL_BREAKPOINT    *
4     0       0      1  0  KERNEL_BREAKPOINT
5     0       0      2  0  KERNEL_BREAKPOINT
6  ... ...
7     0       3      2  0  KERNEL_BREAKPOINT
8
9  (bcl-gdb) bcl-gdb focus cluster 2 core 1
10 [Switch from logical device 0 cluster 0 core 0 to logical device 0 cluster 2 core 1.]
11 device cluster core pc core state       focus
12 ... ...
13    0       2      0  0  KERNEL_BREAKPOINT
14    0       2      1  0  KERNEL_BREAKPOINT *
15    0       2      2  0  KERNEL_BREAKPOINT
16 ... ...
```

图 8.37　调试线程切换

可以采用 break 命令，根据函数名、代码行号、指令地址以及核函数入口来增加断点。在 break 命令中可以使用 if 语句配置条件断点。断点的查看和删除则可以分别使用

info 和 delete 命令来完成。断点的典型示例如图 8.38 所示。

```
1   (bcl-gdb) break my_function
2   (bcl-gdb) break my_class::my_method
3   (bcl-gdb) break int my_templatized_function<int>(int)
4   (bcl-gdb) break foo.dlp:185
5   (bcl-gdb) bcl-gdb breakpoint on
6   (bcl-gdb) break *0x1
7
8   (bcl-gdb) break foo.dlp:23 if taskIdx == 1 && i < 5
9
10  (bcl-gdb) info break
11  (bcl-gdb) i b
12
13  (bcl-gdb) delete break 1
14  (bcl-gdb) d b 2 3 4
```

图 8.38　断点的典型示例

3. 状态查看

当编译时添加了-g 选项后，调试时可以直接根据变量名采用 print 命令来打印相关内容。寄存器内容则可以采用 info registers 命令进行查看。指定地址中的数据内容可以通过 examine 命令进行查看。更详细方法可以查看相应硬件编程语言的使用手册。

8.6.3.2　面向编程框架的调试器

本节以 TensorFlow 自带调试器 TensorFlow Debugger（tfdbg）为例来介绍面向编程框架的调试器。不同于传统编程语言级调试器是直接对已编译程序进行调试，tfdbg 提供了一套 Python 的 API 接口，用户使用前在代码中插入，然后在重新执行时通过会话（session）的封装进入调试命令行，其主要 API 如图 8.39 所示。

图 8.40 提供了具体示例，介绍如何使用 tfdbg 的 API 来进行 TensorFlow 模型调试。在源码中插入 LocalCLIDebugWrapperSession 将待调试的会话 sess 用 tfdbg 进行封装，并指定 ui_type="readline"，可以在运行 Python 程序时进入 tfdbg 的调试命令行界面。

8.6.4　精度调试方法

由于 DLP 上常用的 FP16、BF16、TF32 以及 INT8 等数据类型，与 CPU 上常用的 FP32/FP64 等数据类型存在数值精度和表示范围的差异，不可避免地存在对 DLP 程序精度进行调试的需求。通常而言，DLP 上的精度调试是通过和 CPU 上 FP32 的运算结果进行对比来实现的。与传统功能调试类似，同样可以通过智能编程语言调试器打印不同格式的数据（浮点或定点表示的数据）来得到对比结果。

```
1   # 用于添加调试信息，修改运行时参数RunOptions以指定要监视的数据
2   tfdbg.add_debug_tensor_watch
3   tfdbg.watch_graph
4   tfdbg.watch_graph_with_blacklists
5
6   # 用于指定调试转储数据和目录
7   tfdbg.DebugTensorDatum
8   tfdbg.DebugDumpDir
9
10  # 用于加载调试转储数据
11  tfdbg.load_tensor_from_event_file
12
13  # 用于确定中间张量（Session.run从输入到输出路径中的张量）中是否存在nan或inf值
14  tfdbg.has_inf_or_nan
15
16  # 用于调试普通的TensorFlow模型以及tf.contrib.learn模型
17  tfdbg.DumpingDebugHook
18  tfdbg.DumpingDebugWrapperSession
19  tfdbg.LocalCLIDebugHook
20  tfdbg.LocalCLIDebugWrapperSession
```

图 8.39　添加调试表的 API

```
1   import numpy as np
2   import tensorflow as tf
3   from tensorflow.python import debug as tf_debug
4   xs = np.linspace(-0.5, 0.49, 100)
5   x = tf.placeholder(tf.float32, shape=[None], name="x")
6   y = tf.placeholder(tf.float32, shape=[None], name="y")
7   k = tf.Variable([0.0], name="k")
8   y_hat = tf.multiply(k, x, name="y_hat")
9   sse = tf.reduce_sum((y - y_hat) * (y - y_hat), name="sse")
10  train_op = tf.train.GradientDescentOptimizer(learning_rate=0.02).minimize(sse)
11
12  sess = tf.Session()
13  sess.run(tf.global_variables_initializer())
14  # 对会话sess采用tfdbg进行封装
15  sess = tf_debug.LocalCLIDebugWrapperSession(sess,ui_type="readline")
16
17  for _ in range(10):
18      sess.run(y_hat,feed_dict={x:xs,y:10*xs})
19      sess.run(train_op, feed_dict={x: xs, y: 42 * xs})
```

图 8.40　采用 tfdbg API 调试的具体示例

8.6.5　功能调试实践

本节以智能编程语言和相应调试器 BCL-GDB 为例讲解串行及并行程序的功能调试及精度调试示例。

8.6.5.1　串行程序调试

采用前述智能编程语言实现的快速排序程序（对应文件名为 kernel.dlp）如图 8.41 所示。

```
1   #define DATA_SIZE 64
2   __dlp_func__ int32_t QuickSort(int left,
3                                  __nram__ int32_t *m,
4                                  int32_t right) {
5     int32_t tag = m[left];
6     int32_t temp;
7     for (;;) {
8       if (left < right) {
9         while (m[right] > tag)
10          right--;
11        if (left >= right)
12          break;
13  ... ...
14    return right;
15  }
16
17  __dlp_device__ void SplitMiddle(int32_t left,
18                                  __nram__ int32_t *m,
19                                  int32_t right) {
20    int middle;
21    if (left < right) {
22      middle = QuickSort(left, m, right);
23      SplitMiddle(left, m, middle - 1);
24      SplitMiddle(middle + 1, m, right);
25    }
26  }
27
28  __dlp_entry__ void kernel(int32_t *pData,
29                            int32_t num,
30                            int32_t left) {
31    __nram__ int32_t nBuff[DATA_SIZE];
32    __memcpy(nBuff, pData, num * sizeof(int32_t), GDRAM2NRAM);
33    SplitMiddle(left, nBuff, num - 1);
34    __memcpy(pData, nBuff, num * sizeof(int32_t), NRAM2GDRAM);
35  }
```

图 8.41　快速排序的核函数代码

首先用设备端编译器编译出带调试信息的设备端二进制 kernel.o，并用 GCC 编译链接出主机端的可执行程序。使用调试器命令直接在源码中根据函数名 SplitMiddle 插入断点，如图 8.42 所示。

```
1  (bcl-gdb) b kernel.dlp:SplitMiddle
2  Breakpoint 1 at 0x554: file kernel.dlp, line 48.
3  (bcl-gdb) r
4  Starting program: /xxx/demo/a.out
5  [Thread debugging using libthread_db enabled]
6  Using host libthread_db library "/lib/x86_64-linux-gnu/libthread_db.so.1".
7
8  Breakpoint 1, SplitMiddle (left=0, m=0x200440, right=63) at kernel.dlp:48
9  48 if (left < right) {
10 (bcl-gdb)
```

图 8.42　插入断点示例

使用 backtrace（bt）命令查看当前函数的调用栈，如图 8.43 所示。

```
1  (bcl-gdb) bt
2  #0 SplitMiddle (left=0, m=0x200440, right=63) at kernel.dlp:48
3  #1 0x00000000000002c4 in kernel (pData=0xfffff9c000, num=64, left=0) at
4  kernel.dlp:61
5  (bcl-gdb)
```

图 8.43　采用 backtrace（bt）命令查看当前函数的调用栈

使用 layout src 命令查看源码和当前断点，如图 8.44 所示。

```
1  (bcl-gdb) layout src
2  +--kernel.dlp----------------------------------+
3  |29 }
4  |
5  |30 if (left >= right) {
6  ... ...
7  |
8  |69
9  +----------------------------------------------+
10 multi-thre Thread 0x7ffff7fcf8 In: SplitMiddle L48 PC:
11 0x554
```

图 8.44　使用 layout src 命令查看源码和当前断点

使用 display 命令和单步执行观察变量状态，如图 8.45 所示。

```
1   (bcl-gdb) display *m
2   1: *m = 869
3   (bcl-gdb) n
4   1: *m = 869
5   (bcl-gdb) n
6
7   Breakpoint 1, SplitMiddle (left=0, m=0x200440, right=54) at kernel.dlp:48
8   1: *m = 128
9   (bcl-gdb) n
10  1: *m = 128
11  (bcl-gdb) n
12
13  Breakpoint 1, SplitMiddle (left=0, m=0x200440, right=6) at kernel.dlp:48
14  1: *m = 112
15  (bcl-gdb)
```

图 8.45   使用 display 命令和单步执行观察变量状态

使用 up 命令返回上一级调用栈，然后打印 NRAM 地址空间的数组 nBuff 中的数据，如图 8.46 所示。

```
1   (bcl-gdb) up
2   #1 0x000000000000069a in SplitMiddle (left=0, m=0x200440, right=54) at kernel.dlp:50
3   50 SplitMiddle(left, m, middle - 1);
4   (bcl-gdb) up
5   #2 0x000000000000069a in SplitMiddle (left=0, m=0x200440, right=63) at kernel.dlp:50
6   50 SplitMiddle(left, m, middle - 1);
7   (bcl-gdb) up
8   #3 0x00000000000002c4 in kernel (pData=0xfffff9c000, num=64, left=0) at kernel.dlp:61
9   61 SplitMiddle(left, nBuff, num - 1);
10  (bcl-gdb)
11  (bcl-gdb) x /64w nBuff
12  0x600000000000440: 112 80 125 39
13  0x600000000000450: 91 43 23 128
14  ... ...
15  0x600000000000520: 973 929 912 978
16  0x600000000000530: 918 963 986 924
17  (bcl-gdb)
```

图 8.46   up 命令使用示例

8.6.5.2   并行程序调试

我们以如图 8.47 所示的并行程序（文件名为 kernel.dlp）为例介绍并行程序调试。

```
1   // 并行程序示例
2
3   ... ...
4
5   __nram__ int local[4][8];
6   __dlp_device__ int go_deeper(int i) {
7     if (i == 0) {
8     return 1;
9     } else {
10      return 1 + go_deeper(i - 1);
11    }
12  }
13
14  __dlp_entry__ void kernel(int* input, int len) {
15    int line_size = sizeof(int[8]);
16    __memcpy(local, input, len * line_size, GDRAM2NRAM);
17    local[taskId][0] = go_deeper(taskId + 1);
18    __sync_all();
19    __memcpy(input + taskId * 8, local + taskId * 8, line_size, NRAM2GDRAM);
```

图 8.47　并行程序示例

由于上述核函数是针对 4 个 DLP 核的并行核函数，在主机端配置为 UNION1 类型的任务启动执行。图 8.48 中的示例详细展示了如何使用 break、print、display、info、continue 等命令观察多核是如何执行计算并自动切换被调试的核心。

```
1   __nram__ int local[4][8];
2   (bcl-gdb) b kernel.dlp:17
3   Breakpoint 1 at 0x32e: file kernel.dlp, line 17.
4   (bcl-gdb) r
5   Starting program: /xxx/xxx/a.out
6   [Thread debugging using libthread_db enabled]
7   Using host libthread_db library "/lib/x86_64-linux-gnu/libthread_db.so.1".
8
9   Breakpoint 1, ?? () at kernel.dlp:17
10  17 local[taskId][0] = go_deeper(taskId + 1);
11  (bcl-gdb) bcl-gdb info
12  device cluster core pc   core state         focus
13     0      0     0   814 KERNEL_BREAKPOINT  *
14     0      0     1   0   KERNEL_BREAKPOINT
15     0      0     2   0   KERNEL_BREAKPOINT
16     0      0     3   0   KERNEL_BREAKPOINT
17     0      0     4   0   KERNEL_BREAKPOINT
18
```

图 8.48　并行程序调试示例

```
19  (bcl-gdb) display local[taskId][0]
20  1: local[taskId][0] = 2
21
22  (bcl-gdb) n
23  [Switch from logical device 0 cluster 0 core 0 to logical device 0 cluster 0 core 1.]
    ?? () at kernel.dlp:14
24  14 int line_size = sizeof(int[8]);
25  1: local[taskId][0] = 0
26
27  (bcl-gdb) n
28  15
29  1: local[taskId][0] = 0
30
31  (bcl-gdb)
32  16 __memcpy(local, input, len * line_size, GDRAM2NRAM);
33  1: local[taskId][0] = 269
34
35  (bcl-gdb) bcl-gdb info
36  device cluster core pc  core state          focus
37     0      0     0  842 KERNEL_SYNC
38     0      0     1  782 KERNEL_BREAKPOINT    *
39     0      0     2  0   KERNEL_BREAKPOINT
40     0      0     3  0   KERNEL_BREAKPOINT
41     0      0     4  0   KERNEL_BREAKPOINT
42
43  (bcl-gdb) c
44  Continuing.
45  Breakpoint 1, ?? () at kernel.dlp:17
46  17 local[taskId][0] = go_deeper(taskId + 1);
47  1: local[taskId][0] = 269
48
49  (bcl-gdb) bcl-gdb info
50  device cluster core pc  core state          focus
51     0      0     0  842 KERNEL_SYNC
52     0      0     1  814 KERNEL_BREAKPOINT    *
53     0      0     2  0   KERNEL_BREAKPOINT
54     0      0     3  0   KERNEL_BREAKPOINT
55     0      0     4  0   KERNEL_BREAKPOINT
56  (bcl-gdb) c
57  Continuing.
58  [Switch from logical device 0 cluster 0 core 1 to logical device 0 cluster 0 core 2.]
59  Breakpoint 1, ?? () at kernel.dlp:17
60  17 local[taskId][0] = go_deeper(taskId + 1);
```

图 8.48　（续）

```
61  1: local[taskId][0] = 843
62
63  (bcl-gdb) bcl-gdb info
64  device cluster core pc  core state        focus
65     0       0     0  842 KERNEL_SYNC
66     0       0     1  842 KERNEL_SYNC
67     0       0     2  814 KERNEL_BREAKPOINT *
68     0       0     3  0   KERNEL_BREAKPOINT
69     0       0     4  0   KERNEL_BREAKPOINT
70
71  (bcl-gdb) bcl-gdb focus cluster 0 core 3
72  [Switch from logical device 0 cluster 0 core 2 to logical device 0 cluster 0 core 3.]
73
74  (bcl-gdb) bcl-gdb info
75  device cluster core pc  core state        focus
76     0       0     0  842 KERNEL_SYNC
77     0       0     1  842 KERNEL_SYNC
78     0       0     2  814 KERNEL_BREAKPOINT
79     0       0     3  0   KERNEL_BREAKPOINT *
80     0       0     4  0   KERNEL_BREAKPOINT
81
82  (bcl-gdb) list
83  12
84  13 __dlp_entry__ void kernel(int* input, int len) {
85  14 int line_size = sizeof(int[8]);
86  15
87  16 __memcpy(local, input, len * line_size, GDRAM2NRAM);
88  17 local[taskId][0] = go_deeper(taskId + 1);
89  18 __sync_all();
90  19 __memcpy(input + taskId * 8, local + taskId * 8, line_size, NRAM2GDRAM);
91  20 }
92
93  (bcl-gdb) i b
94  Num Type Disp Enb Address What
95  1 breakpoint keep y 0x000000000000032e kernel.dlp:17
96  breakpoint already hit 3 times
```

图 8.48 （续）

8.6.5.3 精度调试

图 8.49a 给出了对智能应用程序进行精度调试的具体示例。其中调用了向量浮点类型转换函数 __vector_float2half_tz 和 __vector_half2float。该程序执行后得到的结果如图 8.49b 所示。

```
1   __dlp_entry__ void kernel(float* input, int len) {
2     __nram__ float dataF32[1024];
3     __nram__ half dataF16[1024];
4     __memcpy(dataF32, input, len * sizeof(float), GDRAM2NRAM);
5     printf("\n--- before ---\n");
6     for (int i = 0; i < len; ++i) {
7       printf("dataF32[%d] = %.4f\t", i, dataF32[i]);
8       if ((i + 1) % 4 == 0) { printf("\n"); }
9     }
10    __vector_float2half_tz(dataF16, dataF32, len);
11    __vector_half2float(dataF32, dataF16, len);
12    printf("\n--- after ---\n");
13    for (int i = 0; i < len; ++i) {
14      printf("dataF32[%d] = %.4f\t", i, dataF32[i]);
15      if ((i + 1) % 4 == 0) { printf("\n"); }
16    }
17  }
```

a) 精度调试应用程序示例

```
1   --- before ---
2   dataF32[0] = 0.6000 dataF32[1] = 8.5500 dataF32[2] = 8.1300 dataF32[3] = 9.9900
3   ... ...
4   --- after ---
5   dataF32[0] = 0.5996 dataF32[1] = 8.5469 dataF32[2] = 8.1250 dataF32[3] = 9.9844
```

b) 输出结果

图 8.49　精度调试示例及结果

可以看到使用向量数据类型转换函数 __vector_float2half_tz 将单精度浮点数 FP32 转为半精度浮点数 FP16 再调用 __vector_half2float 转回单精度浮点数 FP32 时出现了较大精度损失，我们使用调试器进行调试，如图 8.50 所示。

以上所用的调试命令 x 为 examine 的缩写，其使用格式为 x/<count/format/unit> <addr>，其中，count、format 和 unit 这三个为可选项。如上例所用的 x/64f 命令就表示以某地址立即数或指针为起始地址，以 float 格式打印 64 个 unit 数据。更详细的格式说明可参考 GDB 使用手册[356]。

从这个例子可以看出，通过调试器指定不同的打印格式，可以详细地查看数据的内存布局和具体数值，方便进行结果比对。

```
1   (bcl-gdb) b kernel.dlp :15
2   Breakpoint 1 at 0x3e5: file kernel.dlp, line 15.
3   ... ...
4   (bcl-gdb) x /64f dataF16
5   0x600000000000440: 0 0 0
6   0x600000000000450: 0 0 0
7   ... ...
8   (bcl-gdb) x /64f dataF32
9   0x600000000000c40: 6.63000011 2.5 3.6400001 2.0999999
10  0x600000000000c50: 8.88000011 7.98000002 4.15999985 4.13999987
11  ... ...
12  (bcl-gdb) n
13  16 __vector_half2float(dataF32, dataF16, len);
14  (bcl-gdb) x /64f dataF16
15  0x600000000000440: 8.01724339 2.80098128 128144.875 653.064941
16  0x600000000000450: 8.32812977 2.95752239 4.51240485e-05 28195.9199
17  ... ...
18  (bcl-gdb) n
19  18 printf("\n--- after ---\n");
20  (bcl-gdb) x /64f dataF32
21  0x600000000000c40: 6.62890625 2.5 3.63867188 2.09960938
22  0x600000000000c50: 8.875 7.9765625 4.15625 4.13671875
23  0x600000000000c60: 2.00976562 2.50976562 8.09375 2.11914062
24  ... ...
```

图 8.50　用调试器进行调试

8.7　智能应用性能调优

本节重点介绍如何对智能应用进行性能调优。首先介绍如何利用性能分析工具对程序进行性能剖析，找出潜在的性能优化点。之后结合具体实例介绍面向智能处理器的通用性能优化方法，包括如何利用本地存储空间、向量化、软件流水、多核并行、算子融合等。

8.7.1　性能分析工具

为了方便程序性能调优，需要了解硬件执行时间与状态信息。相关信息可以通过三类不同层级的性能分析工具来获取：一是函数级性能分析接口；二是应用程序级的性能分析工具；三是系统级的性能监控工具。其中，函数级性能分析接口是指 BCL 语言提供的主机端“通知”（notifier）计时函数或设备端的 gettimeofday 计时函数，主机端对计时函数接口主要负责统计异构执行时端到端的硬件耗时或软件耗时，设备端的计时函数接口主要负责统计某段代码的执行耗时。函数级性能分析接口需要用户修改源码，但开发者有时也希望在不修改源码并重新编译的情况下，能在程序外部监控程序的运行状态，这时就需要通过应用程序级性能分析工具或系统级性能监控工具实现。应用程序级性能分析工具 dlp-perf 既可以用于主机端与设备端的并行度调优，也可以用于设备端核函数的调优。系统级性能监控工具可用于多任务资源监控，方便进行任务调度和资源分配，提升多程序并发性能。

8.7.1.1　函数级性能分析接口

主机端在调用核函数或其他异步执行的函数接口（例如 `dlpMemcpyAsync`）之后会继续执行，因此需要一种通知类型的任务插入异步执行任务的前后，从而通过做差值来获取异步任务的耗时。

通知是一种轻量级任务，该任务不像计算任务那样占用计算资源，而是通过驱动从硬件读取一些运行参数。通过将通知放置在计算任务前后，可以获取硬件执行状态或控制硬件运行。例如，性能通知可以获取计算任务运行起始和终止的时间戳；同步通知可以使多核间多个计算任务互相等待。用户可以在程序中按需使用相应的通知。

对于性能通知而言，主要由驱动从硬件获取时间戳，因此也可以称为时间戳通知，其对用户提供的接口主要体现在主机端的运行时程序中。典型性能通知接口如表 8.8 所示。

表 8.8　典型性能通知接口示例

接口示例	具体功能
`NotifierCreate(Notifier_t *notifier)`	创建通知
`NotifierDestroy(Notifier_t notifier)`	销毁通知
`PlaceNotifier(Notifier_t notifier, Queue_t queue)`	将通知任务放入任务队列中
`NotifierDuration(Notifier_t start, Notifier_t end, float *us)`	获取两个通知任务间的硬件时间差，硬件时间指纯 DLP 硬件工作的时间，返回值为微秒（μs）
`NotifierElapsedTime(Notifier_t start, Notifier_t end, float *ms)`	获取两个通知任务间的软件时间差，软件时间指端到端的总耗时，包含硬件时间，返回值为毫秒（ms）

仍以图 8.23 所示的多核向量乘法函数为例，可以在设备端调用 `gettimeofday` 函数获取设备端代码的硬件耗时，也可以在主机端调用相关通知接口获取设备端的硬件事件或者端到端时间。例如，可以通过 `NotifierCreate` 接口在主机端程序创建性能通知接口，再通过 `PlaceNotifier` 接口在核函数启动前后添加性能通知事件，最后再通过 `Notifier-Duration` 接口获取两个通知事件之间的硬件时间差，结果保存在 `time_e2e_hw`。也可以通过 `NotifierElapsedTime` 接口获取两个通知事件之间的端到端软件执行时间，结果保存在 `time_e2e_sw`，如图 8.51 所示。

8.7.1.2　应用级性能分析工具

应用级性能分析工具依赖于主机端驱动来分析主机端和设备端之间的通信性能，更依赖 DLP 硬件的性能计数器来分析设备端核函数的性能。其中主机端驱动需要支持读取

DLP 硬件外设信息（如 PCIe 链路上的读写数据量等）来计算通信带宽、通信延迟等性能指标。而硬件性能计数器（performance counter）则用于统计细粒度的纯 DLP 硬件行为，例如片上或片外存储空间的访问数据量、运算器的使用次数、指令缓存不命中的次数等，方便开发者对核函数的行为进行细粒度剖析和优化。

```
1   #define BASE_NUM 64
2   #define TOTAL_SIZE 1024
3
4   __dlp_entry__ void  vectorMult(float* input0, float* input1, float* output) {
5     __nram__ float src0[BASE_NUM];
6     __nram__ float src1[BASE_NUM];
7     __nram__ float dest[BASE_NUM];
8     int repeat = TOTAL_SIZE / BASE_NUM;
9
10    for (int i = 0; i < repeat; i++) {
11      __memcpy(src0, input0 + i * BASE_NUM, BASE_NUM * sizeof(float), GDRAM2NRAM);
12      __memcpy(src1, input1 + i * BASE_NUM, BASE_NUM * sizeof(float), GDRAM2NRAM);
13      __vector_mul(dest, src0, src1, BASE_NUM);
14      __memcpy(output + i * BASE_NUM, dest, BASE_NUM * sizeof(float), NRAM2GDRAM);
15    }
16  }
17
18  void main() {
19    ...
20    Notifier_t start;
21    NotifierCreate(&start);
22    Notifier_t end;
23    NotifierCreate(&end);
24
25    Queue_t queue;
26    QueueCreate(&queue);
27    PlaceNotifier(start, queue);
28    vectorMul<<<dim, UNION1, queue>>>(...);
29    PlaceNotifier(end, queue);
30    QueueSync(queue);
31
32    float time_e2e_hw;
33    NotifierDuration(start, end, &time_e2e_hw);
34    float time_e2e_sw;
35    NotifierElapsedTime(start, end, &time_e2e_sw);
36    ...
37  }
```

图 8.51　采用通知接口获取执行时间的示例

应用级性能剖析工具通过封装系列命令行或图形界面，方便用户对各程序段的执行细节信息进行统计，并向用户提供调优建议。此外一般还提供主机内存和设备内存使用查询、获取函数调用栈信息等功能。剖析工具的典型命令如表 8.9 所示。

表 8.9　应用级性能剖析命令示例

命令示例	具体功能
record	记录用户程序运行数据，生成日志文件
info	解析日志文件，输出日志文件生成时的运行环境等相关信息
kernel	解析日志文件，输出核函数执行的硬件性能计数器数据
report	解析日志文件，输出函数调用及设备任务执行情况的汇总报告
replay	解析日志文件，输出函数调用栈信息
timechart	解析日志并生成 json 文件，包含函数调用、实时功耗、利用率、主机端和设备端时间线等信息，可使用 chrome://tracing 查看
query	查询使用中的一些额外信息
monitor	提供旁路指令，实时查看硬件性能计数器数据，包括核心利用率、读写带宽和累计值等

其具体使用流程分为两个阶段：（1）采用 record 命令来运行可执行程序并生成相应的性能分析报告；（2）采用 report 或者 kernel 命令查看性能分析报告，获取包括执行时间、调用关系以及硬件性能计数器信息等。我们以图 8.51 所示的程序为例说明如何使用上述命令。首先运行 dlp-perf record ./vectorMul 记录程序数据，日志文件会保存在默认目录 dltrace_data/中。之后运行 dlp-perf report 命令，得到如图 8.52 所示信息。

图 8.52 中"Function Statistics"统计主机端函数的耗时，"Kernel Statistics"统计了设备端核函数的耗时，"Notifier Statistics"统计了通知接口的耗时，"Atomic Operation Statistics"统计了原子操作的耗时，"Memory Operation Statistics"统计了主机端和设备端之间的数据拷贝耗时和数据量。

```
1   dlp-perf report # 终端显示如下信息
2   Function Statistics:
3    Time(%)     Total      Self     StdDev      Avg       Min       Max   Occurrence  Name
4    -------   -------   --------   --------   --------   -------   --------   ---------   -------
5    20.26 %   14.147 ms  7.082 ms  0 us   14.147 ms  14.147 us  14.147 ms          1   dlpInvokeKernel
6    ...
7   100.00 %   72.563 ms   N/A        N/A       N/A       N/A       N/A         110   [total]
8
9   Kernel Statistics:
10   Time(%)     Total     StdDev      Avg       Min       Max   Occurrence   Name
11   -------   ---------  --------   --------   -------   -------  ----------  --------------------
```

图 8.52　report 显示主机端和设备性能指标

```
12   100.00 %  14.400 us  0.000 us 14.400 us 14.400 us 14.400 us           1  vectorMul[BLOCK]
13   100.00 %  14.400 us       N/A       N/A       N/A       N/A           1  [total]
14
15   Notifier Statistics:
16    Time(%)      Total     StdDev       Avg       Min       Max  Occurrence  Name
17    -------  ---------  ---------  --------  --------  --------  ----------  ----------
18   100.00 %   0.001 us  0.000 us  0.000 us  0.000 us  0.001 us           4  notifier[PLACE]
19   100.00 %   0.001 us       N/A       N/A       N/A       N/A           4  [total]
20
21   Atomic Operation Statistics:
22    Time(%)      Total     StdDev       Avg       Min       Max  Occurrence  Name
23    -------  ---------  --------  --------  --------  --------  ----------  ----------
24   100.00 %   0.000 us       N/A       N/A       N/A       N/A           0  [total]
25
26   Memory Operation Statistics (time):
27    Time(%)      Total     StdDev       Avg       Min       Max  Occurrence  Name
28    -------  ---------  --------  --------  --------  --------  ----------  ----------
29    59.85 %  24.587 us  0.000 us 24.587 us 24.587 us 24.587 us           1  memcpy[DtoH]
30    40.15 %  16.492 us  3.789 us  8.247 us  4.458 us 12.036 us           2  memcpy[HtoD]
31   100.00 %  41.081 us       N/A       N/A       N/A       N/A           3  [total]
32
33   Memory Operation Statistics (bytes):
34    Ratio(%)    Total     StdDev       Avg        Min      Max  Occurrence  Name
35    -------  --------  --------  --------  ---------  -------  ----------  --------------------
36    ...
37    22.22 %  8.192 KB  0.000 KB  4.096 KB   4.096 KB 4.096 KB           2  memcpy[HtoD]
38    11.11 %  4.096 KB  0.000 KB  4.096 KB   4.096 KB 4.096 KB           1  memcpy[DtoH]
39    ...
```

图 8.52　（续）

针对核函数，除了使用 report 命令显示其整体执行时间外，也可以使用 kernel 命令显示硬件性能计数器信息，如访存带宽和运算器利用率等。如图 8.53 所示，可以看到 kernel 命令统计了写内存的数据量 "write_bytes"、写内存的带宽 "write_bw"、读内存的数据量 "read_bytes"、读内存的带宽 "read_bw"、向量运算单元执行周期 "vfu_cycles"、向量运算单元利用率 "vfu_utils"、标量运算单元执行周期 "alu_cycles"、标量运算单元利用率 "alu_utils" 等硬件计数信息。

8.7.1.3　系统级性能监控工具

系统级性能监控工具主要利用驱动，通过读取寄存器的方式来收集硬件的静态和动态信息。该工具对用户封装了用户态的命令或图形界面。对于典型的系统级性能监控工具而言，可以提供的信息包括板卡型号、驱动版本、计算核心利用率、设备内存使用情况、功耗和温度等。其典型命令示例如表 8.10 所示。

```
1   dlp-perf kernel   # 终端显示如下信息
2   Kernels Info:
3   ================================================================================
4   Kernel Name      : vectorMul[BLOCK]:
5   Dim              : 1 * 1 * 1
6   TID              : 20590
7   Duration         : [0s,  0ms, 14us,400ns]
8   Visible Cluster  : 12/12 (0xfff)
9   --------------------------------------------------------------------------------
10  Card ID : 0
11
12  Unit: dlp_cluster
13  ----------------------  --------  --------------------------------------------
14  write_bytes:            bytes             4096
15  write_bw:               MB/s            341.333
16  read_bytes:             bytes            24960
17  read_bw:                MB/s           2080.000
18
19  Unit: dlp_core
20  ----------------------  --------  --------------------------------------------
21  write_bytes:            bytes             4096
22  write_bw:               MB/s            341.333
23  read_bytes:             bytes             8320
24  read_bw:                MB/s            693.333
25  tlb_write_access:       times              16
26  tlb_read_access:        times              65
27  tlb_write_miss:         times               0
28  tlb_read_miss:          times               1
29  vfu_cycles:             cycles          16752
30  vfu_utils:              %               1.818
31  alu_cycles:             cycles            150
32  alu_utils:              %               0.016
33  ...
```

图 8.53　kernel 显示设备端硬件计数性能指标

在实际使用时, 针对待监控的程序 (例如, 图 8.51 所示的向量加法程序), 另起一个终端, 输入上述命令查看所关注的信息。用户可通过实时监控硬件内存使用情况及硬件计算单元利用率等动态信息, 合理进行硬件资源分配和多任务调度, 提升资源利用率和多任务并发性能。

表 8.10   系统级监控命令示例

命令示例	具体功能
monitor -info	显示以下所有信息
monitor -type	显示板卡型号
monitor -driver	显示驱动版本
monitor -fan	显示风扇转速比
monitor -power	显示运行功耗
monitor -temp	显示芯片温度
monitor -memory	显示物理内存使用情况
monitor -bandwidth	显示核心对设备内存的最大访问带宽
monitor -core	显示各核心的利用率

8.7.2 性能调优方法

性能调优是一个不断迭代的过程,每一轮迭代都应当将优化的重点放在当前最大的性能瓶颈上。智能编程语言的性能调优与传统编程语言相比,更加注重充分利用硬件的丰富运算单元,因为相对于通用处理器,智能处理器的最大优势在于具有大量处理大规模数据的并行计算单元。总的来说,面向智能处理器的性能调优,最核心的目标是提高程序的并行度,包括计算与计算并行、计算与访存并行。下面介绍常用的智能应用性能调优方法。

8.7.2.1 使用片上存储空间

片上存储空间(如前面所介绍的核内神经元存储空间、权重存储空间与核心簇存储空间)是离运算器最近的存储空间,也是读写效率最高的存储空间。因此针对会访问片外存储空间的智能应用,优先考虑使用 NRAM 和 WRAM 来代替 LDRAM 和 GDRAM,以提升程序运行速度。图 8.54 给出了两个向量对位乘法的例子。

```
1   #define LEN 16384
2
3   __dlp_entry__ void vectorMult(float* in1, float* in2, float* out) {
4     for (int i = 0; i < LEN; i++) {
5       out[i] = in1[i] * in2[i];
6     }
7   }
```

图 8.54   向量乘法示例程序

图 8.54 所示的程序,其读写效率和计算效率都很低。使用 NRAM 以后,程序可以改写为图 8.55 所示的代码。

其主要思路是,先申请一块 NRAM 空间,然后将 GDRAM 数据搬移到 NRAM 上,计算完成后将 NRAM 数据搬移回 GDRAM。如果 GDRAM 上要处理的数据块太大,NRAM 装不下,可以分批次搬移和计算。

```
1    #define LEN 16384
2
3    __dlp_entry__ void vectorMult(float* in1, float* in2, float* out) {
4      __nram__ float tmp1[LEN];
5      __nram__ float tmp2[LEN];
6      __memcpy(tmp1, in1, LEN * sizeof(float), GDRAM2NRAM);
7      __memcpy(tmp2, in2, LEN * sizeof(float), GDRAM2NRAM);
8      for (int i = 0; i < LEN; i++) {
9        tmp2[i] = tmp1[i] * tmp2[i];
10     }
11     __memcpy(out, tmp2, LEN * sizeof(float), NRAM2GDRAM);
12   }
```

图 8.55　使用 NRAM 提升向量乘法效率

8.7.2.2　向量化

向量化的基本原理是将大量标量计算和标量访存分别合并为向量计算和向量访存，使用智能编程语言的向量计算接口和向量访存接口改写代码，充分利用硬件的并行计算和访存能力，提升程序运行速度。

以图 8.55 中经过 NRAM 优化的程序为例，可以继续使用向量计算接口改写其中的 for 循环，如图 8.56 所示。原始的 for 循环使用的是硬件标量计算单元，而新的 `__vector_mul` 向量计算接口使用了硬件的向量计算单元进行加速。

```
1    #define LEN 16384
2
3    __dlp_entry__ void vectorMult(float* in1, float* in2, float* out) {
4      __nram__ float tmp1[LEN];
5      __nram__ float tmp2[LEN];
6      __memcpy(tmp1, in1, LEN * sizeof(float), GDRAM2NRAM);
7      __memcpy(tmp2, in2, LEN * sizeof(float), GDRAM2NRAM);
8      __vector_mul(tmp2, tmp1, tmp2, LEN);
9      __memcpy(out, tmp2, LEN * sizeof(float), NRAM2GDRAM);
10   }
```

图 8.56　使用向量计算单元提升向量乘法效率

8.7.2.3　软件流水

智能处理器的计算和访存单元可以并行工作，用户可以显式控制无依赖的计算和访存指令并行工作，从而提高硬件的利用率和程序性能。在具体编程时，应当将有依赖的计算和访存指令在时序上分开，将无依赖的计算和访存指令放在一起并发执行。

软件流水的核心思想是挖掘计算与访存之间的并行性，将不同循环迭代之间的无关代码放到同一个时间片里执行，因为这些代码之间没有数据依赖，所以能更好地发挥硬件并行性、提高硬件利用率。图 8.57 是串行执行、三级流水、五级流水的示意图。串行执行首先将大块的数据从 GDRAM 读取到 NRAM 上（GDRAM2NRAM），然后串行计算（Compute），最后写回 GDRAM（NRAM2GDRAM）。由于 GDRAM2NRAM、Compute、NRAM2GDRAM 在 DLP 硬件上可以并发执行，三级流水将大块的数据拆分成小块，通过计算单元与 GDRAM 和 NRAM 之间访存的并行，可以将计算时间和访存时间互相隐藏起来。五级流水比三级流水多使用了核心簇存储空间（Shared RAM）。在多核场景下（具体指 Union 类型任务至少启动一个核心簇时），如果需要拷贝到 NRAM 空间或 WRAM 空间的数据是类似权重这样的数据时，可以先由 GDRAM2SRAM 拷贝到核心簇存储空间，然后多核并行执行 SRAM2NRAM 拷贝，这种拷贝方式相比 GDRAM2NRAM 的多核并行拷贝可以节省片外访存的带宽。同样，当数据写回 GDRAM 时，利用核心簇存储空间做合并写回也会有性能收益。

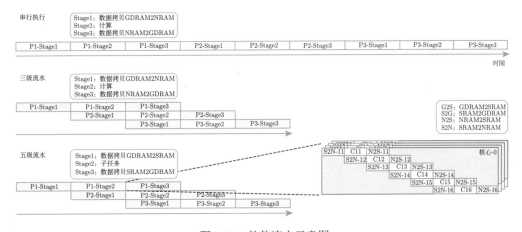

图 8.57　软件流水示意图

以图 8.56 中经过向量化的向量乘法程序为例，经过三级软件流水优化后的代码如图 8.58 所示。首先对数据进行分块，即将大小为 LEN 的输入数据划分为多个 SIZE 大小的块，该示例中划分为 16384 / 128 = 1024 块。在做软件流水优化前需要循环 1024 次，每次循环执行第 i 块输入数据的加载、第 i 块输入数据的计算和第 i 块输出数据的写出三个步骤。每次循环内的三个步骤之间是有数据依赖的，因此必须串行执行。通过软件流水优化，每次循环内处理的是第 i 块数据的加载、第 i-1 块输入数据的计算和第 i-2 块输出数据的写出，这三个步骤之间没有数据依赖，可以并行执行。为了实现软件流水，存放输入和输出数据的 NRAM 大小都应设为 SIZE*2，从而避免第 i-1 块数据的计算与第 i 块数据的加载同时访问同一块存储空间。

在实际应用中，还需要增加一些额外的处理逻辑，用于处理输入数据长度不能被 SIZE 整除的情况。

```
1   #define LEN 16384
2   #define SIZE 128
3   #define TOTAL_SIZE (SIZE * 2)
4
5   __dlp_entry__ void vectorMult(float* in1, float* in2, float* out) {
6     __nram__ float tmp1[TOTAL_SIZE];
7     __nram__ float tmp2[TOTAL_SIZE];
8     __nram__ float tmp3[TOTAL_SIZE];
9     __memcpy(tmp1 + 0 * SIZE, in1 + 0 * SIZE, SIZE * sizeof(float), GDRAM2NRAM);
10    __memcpy(tmp2 + 0 * SIZE, in2 + 0 * SIZE, SIZE * sizeof(float), GDRAM2NRAM);
11    __vector_mul(tmp3 + 0 * SIZE, tmp1 + 0 * SIZE, tmp2 + 0 * SIZE, SIZE);
12    __memcpy_async(tmp1 + 1 * SIZE, in1 + 1 * SIZE, SIZE * sizeof(float), GDRAM2NRAM);
13    __memcpy_async(tmp2 + 1 * SIZE, in2 + 1 * SIZE, SIZE * sizeof(float), GDRAM2NRAM);
14
15    for (int i = 2; i < LEN / SIZE; i++) {
16      __sync();
17      __memcpy_async(out + (i-2) * SIZE, tmp3 + (i % 2) * SIZE, SIZE * sizeof(float),
            NRAM2GDRAM);
18      __vector_mul(tmp3 + ((i - 1) % 2) * SIZE,
19                   tmp1 + ((i - 1) % 2) * SIZE,
20                   tmp2 + ((i - 1) % 2) * SIZE, SIZE);
21      __memcpy_async(tmp1 + (i % 2) * SIZE, in1 + i * SIZE, SIZE * sizeof(float),
            GDRAM2NRAM);
22      __memcpy_async(tmp2 + (i % 2) * SIZE, in2 + i * SIZE, SIZE * sizeof(float),
            GDRAM2NRAM);
23    }
24
25    __sync();
26    __memcpy_async(out + (LEN / SIZE - 2) * SIZE, tmp3, SIZE * sizeof(float), NRAM2GDRAM
          );
27    __vector_mul(tmp3 + 1 * SIZE, tmp1 + 1 * SIZE, tmp2 + 1 * SIZE, SIZE);
28    __memcpy(out + (LEN / SIZE - 1) * SIZE, tmp3 + 1 * SIZE, SIZE * sizeof(float),
          NRAM2GDRAM);
29  }
```

图 8.58   使用三级软件流水提升向量乘法效率

8.7.2.4   多核并行

针对（程序员可见的）多核，可以将一个任务分拆到多个核上并行计算，进一步提升程序性能。这里需要考虑两个问题：如何将计算任务拆分到多个核心上，以及拆分时如何保证性能。以图 8.56 中采用了向量单元进行优化的程序为例，可以进一步通过内建变量 taskId 来定位每个核要处理的数据范围，得到如图 8.59 所示的 4 核并行代码。其中将原始长度为 16384 的向量均分为 4 份，每个核处理一份。

```
1   #define LEN 16384
2   #define CORE_NUM 4
3   #define PER_CORE_LEN (LEN / CORE_NUM)
4
5   __dlp_entry__ void vectorMult(float* in1, float* in2, float* out) {
6     __nram__ float tmp1[LEN];
7     __nram__ float tmp2[LEN];
8     __memcpy(tmp1, in1 + taskId * PER_CORE_LEN, LEN * sizeof(float), GDRAM2NRAM);
9     __memcpy(tmp2, in2 + taskId * PER_CORE_LEN, LEN * sizeof(float), GDRAM2NRAM);
10    __vector_mul(tmp2, tmp1, tmp2, LEN);
11    __memcpy(out + taskId * PER_CORE_LEN, tmp2, LEN * sizeof(float), NRAM2GDRAM);
12  }
13
14  int main() {
15    dlpDim3_t dim;
16    dim->x = CORE_NUM;
17    dim->y = 1;
18    dim->z = 1;
19    dlpFunctionType_t ktype = BLOCK;
20    // ...
21    vector_mult<<<dim, ktype, queue>>>(in1, in2, out);
22    // ...
23  }
```

图 8.59   使用多核提升向量乘法效率

多核版本的向量乘法实现与单核版本基本相同，唯一差异在于前者需要使用 taskId
等内建变量定位和处理完整输入数据的一部分。另外，多核版本在主机端设置的任务规模
和任务类型也是有差异的。对于单核版本，由于只需要一个 Core，因此任务类型必须选择
BLOCK 类型，而且任务没有拆分，因此 Dim3_t 的 X、Y 和 Z 三个维度都必须设置为
1。对于多核版本，本例中将任务拆分为 4 份，使用了 4 个 Core，因此任务类型可以设置
为 UNION1 类型，Dim3_t 的 X 维度设置为 4，Y 和 Z 维度设置为 1。

8.7.2.5　算子融合

一个核函数通常只描述一种运算。算子融合通过将两个及以上的核函数的运算合并到
一个核函数中来实现，从而减少存储空间访问次数，提升程序性能。

以图 8.60 中的程序为例，原始的非融合版本需要调用一次乘法核函数 mul 实现标量
乘以向量的运算，再调用一次加法核函数 add 实现向量相加运算。这两个核函数总共需要
3 次读 GDRAM 和 2 次写 GDRAM 的操作。如果采用算子融合优化，可以将其改写成一个
axpy 的融合核函数，乘法的中间结果暂存在 NRAM 上，与向量 Y 相加后写回 GDRAM，
因此只需要 2 次读 GDRAM 和 1 次写 GDRAM。

```
1    #define LEN 16384
2    #define CORE_NUM 4
3    #define PER_CORE_LEN (LEN / CORE_NUM)
4
5    __dlp_entry__ void mul(float* R, float a, float* X) {
6      __nram__ float NX[PER_CORE_LEN];
7      __memcpy(NX, X + taskId * PER_CORE_LEN,
8              PER_CORE_LEN * sizeof(float), GDRAM2NRAM);
9      __vector_mul_scalar_f32_rn(PER_CORE_LEN, NX, NX, a);
10     __memcpy(R + taskId * PER_CORE_LEN, NX, PER_CORE_LEN * sizeof(float), NRAM2GDRAM);
11   }
12
13   __dlp_entry__ void add(float* R, float* Y) {
14     __nram__ float NR[PER_CORE_LEN];
15     __nram__ float NY[PER_CORE_LEN];
16     __memcpy(NR, R + taskId * PER_CORE_LEN, PER_CORE_LEN * sizeof(float), GDRAM2NRAM);
17     __memcpy(NY, Y + taskId * PER_CORE_LEN, PER_CORE_LEN * sizeof(float), GDRAM2NRAM);
18     __vector_add_f32_rn(PER_CORE_LEN, NR, NR, NY);
19     __memcpy(R + taskId * PER_CORE_LEN, NR, PER_CORE_LEN * sizeof(float), NRAM2GDRAM);
20   }
21
22   __dlp_entry__ void axpy(float a, float* X, float* Y, float* R) {
23     __nram__ float NX[PER_CORE_LEN];
24     __nram__ float NY[PER_CORE_LEN];
25     __memcpy(NX, X + taskId * PER_CORE_LEN, PER_CORE_LEN * sizeof(float), GDRAM2NRAM);
26     __memcpy(NY, Y + taskId * PER_CORE_LEN, PER_CORE_LEN * sizeof(float), GDRAM2NRAM);
27     __vector_mul_scalar_f32_rn(PER_CORE_LEN, NX, NX, a);
28     __vector_add_f32_rn(PER_CORE_LEN, NX, NX, NY);
29     __memcpy(R + taskId * PER_CORE_LEN, NX, PER_CORE_LEN * sizeof(float), NRAM2GDRAM);
30   }
31
32   int main() {
33     dlpDim3_t dim;
34     dim->x = CORE_NUM;
35     dim->y = 1;
36     dim->z = 1;
37     dlpFunctionType_t ktype = BLOCK;
38
39     // 非融合版本R = a * X, R = R + Y
40     mul<<<dim, ktype, queue>>>(R, a, X);
41     add<<<dim, ktype, queue>>>(R, Y);
42
43     // 融合版本：R = a * X + Y
44     axpy<<<dim, ktype, queue>>>(R, a, X, Y);
45   }
```

图 8.60   使用算子融合减少访存

上述算子融合优化可以大幅减少神经网络运算中的访存量，同时算子融合减少了核函数的调用次数，提升了端到端的性能。编程框架中经常会调用高性能库提供的融合算子来提升性能，例如 axpy 融合算子、softmax 融合算子和 MHA（Multi Head Attention）融合算子。编程框架中的图编译优化模块也会使用算子融合来提升性能，相关内容详见5.4.2.2 节。

8.8 智能编程语言的应用

BCL 智能编程语言是基于 C++ 的扩展语言，在智能计算系统中起到承上启下的串联作用，既可以作为开发高性能算子库的底层语言，利用 C 语言的内嵌汇编和编译器内建函数做极致的手工优化，又可以利用 C++ 语言的面向对象和模板编程等特性直接在PyTorch 等框架中编写算子并集成进框架。

智能编程语言在深度学习框架中的第一种用法如图 8.61 所示。类似 CPU 使用 gcc、GPU 使用 nvcc 编译器，BCL 语言源码首先使用 bcl-cc 编译工具链编译出 DLP-OPS 高性能算子库，然后在深度学习框架的多后端架构中将 DLP-OPS 算子库封装进去，最后将框架算子 API 到多后端算子的下降流程打通。

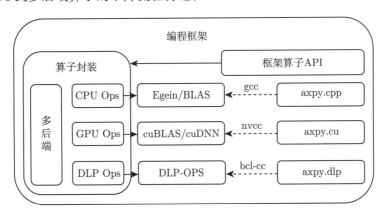

图 8.61　编程语言开发的算子库集成进深度学习框架

智能编程语言在深度学习框架中的第二种用法如图 8.62 所示。深度学习框架中算子的多后端封装除了直接封装调用高性能算子库，还可以使用后端 CPU、GPU 或提供的编程语言和工具链直接开发算子进行封装。对于 DLP 硬件，首先用 BCL 语言开发源码，然后在深度学习框架的编译流程中添加 bcl-cc 编译工具链的支持，最后由深度学习框架的编译系统自行将 DLP 算子编译集成进框架的动态库中。

本节重点介绍高性能算子库的开发以及使用智能编程语言在编程框架扩展自定义算子。

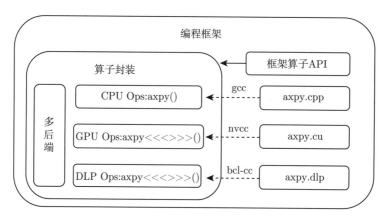

图 8.62　编程语言集成进深度学习框架

8.8.1　高性能算子开发

高性能库（如 CPU 上的 OpenBLAS[357]、MKL[358]、GPU 上的 cuDNN[359]、cuBLAS 以及 MLU 上的 CNNL[360]）提供了智能应用常见算子在特定平台上的高性能实现，方便用户以 API 的形式直接调用。例如，在 DLP 上，针对前述风格迁移 VGG19 网络中用到的常见算子（如卷积和池化等），在高性能库中已经有了高效的实现并以 API 形式提供给用户。本节介绍如何开发高性能算子。

8.8.1.1　原理及流程

高性能库一般提供 C 或 C++ 的 API，通过智能编程语言开发并经过提前（Ahead-of-time，AOT）编译封装为动态库。其 API 实现的主体运行在主机端，内部的算子核函数运行在 DLP 硬件。算子一般支持可变的输入规模，即编程框架或用户直接调用算子时，不会触发重新编译，编译得到的二进制可以动态适配可变的输入形状。这种编译且可变的高性能算子库可以为上层用户节省运行时编译的时间。

高性能库中的算子开发流程一般为：（1）设计算子的 API，根据输入/输出的张量描述符设计异构并行核函数的拆分策略；（2）使用智能编程语言进行算子的逻辑开发，编写相应的核函数；（3）使用设备端编译器将包含算子 API 和核函数的源码编译和链接成算子的对象文件；（4）通过主机端编译器将算子对象文件和主机端其他对象文件链接成为动态库；（5）编写相关测试用例调用算子动态库，并与 CPU 或 GPU 做精度和性能的对比测试。

高性能算子开发的关键在于：核函数代码逻辑的开发与性能优化；高性能库算子接口 API 实现中的异构并行策略。前述章节已介绍过核函数代码逻辑开发与优化，后续以 DLP-OPS 为高性能算子库的代称，重点介绍如何针对 DLP 使用 BCL 语言开发一个自定义高性能算子。

8.8.1.2 算子开发

高性能算子库一般需要提供基础一元二元运算、神经网络运算、基础线性代数类运算、随机数运算、机器视觉类运算等才能支撑起编程框架的完整推理和训练。对于异构计算平台，高性能算子库分为主机端程序和设备端程序。主机端主要负责 API 接口、上下文管理、设备管理、内存管理和核函数的发射前配置等工作，设备端主要由 BCL 编写的高性能核函数构成。如果核函数不适合执行在 DLP 上，例如 DLP 上的性能不如主机端的性能或者须执行 DLP 不支持的运算类型（如 double 类型），算子库可以将核函数用主机端的 CPU 实现来代替，以达到异构计算的最优性能。对于异构计算，算子库的开发依赖于 BCL 提供的异构混合编程和编译能力。

如图 8.63 所示，一个高性能算子库的头文件 dlp_ops.h 需要提供张量描述符 dlpOp-TensorDescriptor_t、矩阵乘运算描述符 dlpOpMatMulDescriptor_t 等数据结构，还需要提供算子运算接口（例如，计算矩阵乘的 dlpOpMatMul 接口等），以及与之配套的数据结构和运行时相关的接口（例如，创建张量描述符的 dlpOpCreateTensorDescriptor 接口、创建上下文或句柄的 dlpOpCreate 接口、从上下文或句柄中获取执行队列的 dlpOpGet-Queue 接口）等。

高性能算子库中的每个算子都应包含主机端代码和设备端代码，如图 8.64 所示。其中主机端代码主要完成算子参数处理、高性能算子库接口封装和核函数并行规模策略计算等工作。设备端代码包含核函数的具体实现。使用核函数调用符<<<>>>，可以在主机端像调用主机端函数一样调用设备端核函数，参数传递支持 C 或 C++ 的基础数据类型或结构化数据类型。

图 8.65 是使用 BCL 语言实现的三级流水和五级流水的矩阵乘法 $C = A \times B$ 示例代码。为了简化示例代码，此处假设任务类型为 UNION1，任务规模为 $\{4, 1, 1\}$，左矩阵 A 规模为 4096×256，右矩阵 B 规模为 256×256，输入数据类型为 int8_t，输出数据类型为 half。左右矩阵的数据布局分别为行优先和列优先。受限于片上存储空间容量，每个处理器核心执行一次矩阵乘法的运算规模设置为 $64 \times 256 \times 256$。4 个任务协同完成 $4096 \times 255 \times 256$ 的矩阵运算，每个任务处理 $1024 \times 255 \times 256$ 的矩阵块，即重复执行 4 次 $64 \times 256 \times 256$ 的矩阵运算。

对于没有核心簇存储空间的 DLP 硬件，主机只能调用三级流水的核函数。对于有核心簇存储空间的 DLP 硬件，主机端可以调用五级流水的核函数以获得更高的计算性能。在五级流水中，处理器核心簇一次从全局存储空间读取 1024×256 的左矩阵块并写入核心簇存储空间。在 ComputeMatMul 函数中，每个处理器核心都从核心簇存储空间读取左矩阵块，完成子矩阵块乘法后再将结果写入核心簇存储空间。一个处理器核心一次处理的矩阵规模为 $64 \times 256 \times 256$，4 个处理器核心重复 16 次完成 $1024 \times 256 \times 256$ 的矩阵块的乘法。接下来，处理器核心簇再将核心簇存储空间中规模为 $1024 \times 256 \times 256$ 的矩阵块计算结果写入全局存储空间。

```
1   // 张量描述符数据结构，描述元素数据类型等信息
2   typedef struct dlpOpTensorStruct *dlpOpTensorDescriptor_t;
3
4   // 矩阵乘描述符数据结构，描述计算类型、偏置类型、是否转置等信息
5   typedef struct dlpOpMatMulStruct *dlpOpMatMulDescriptor_t;
6
7   // 矩阵乘运算接口
8   dlpOpStatus_t dlpOpMatMul(dlpOpHandle_t handle,
9                             const bool is_trans_a,
10                            const bool is_trans_b,
11                            const void *alpha,
12                            const dlpOpTensorDescriptor_t a_desc,
13                            const void *a,
14                            const dlpOpTensorDescriptor_t b_desc,
15                            const void *b,
16                            const void *beta,
17                            const dlpOpTensorDescriptor_t c_desc,
18                            void *c);
19
20  // 根据维度、数据类型、布局等信息创建一个张量描述符
21  dlpOpStatus_t dlpOpCreateTensorDescriptor(dlpOpTensorDescriptor_t *desc);
22
23  // 创建一个上下文或句柄
24  dlpOpStatus_t dlpOpCreate(dlpOpHandle_t *handle);
25
26  // 从上下文或句柄中获取执行队列
27  dlpOpStatus_t dlpOpGetQueue(dlpOpHandle_t handle, dlpQueue_t *queue);
```

图 8.63　DLP-OPS 接口示例

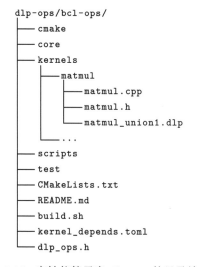

图 8.64　高性能算子库 dlp-ops 的目录结构

```
1   // 文件名: matmul_union1.dlp
2
3   #include "matmul.h"
4
5   #define POS 0
6   #define COREDIM 4
7   #define DLP_REPEAT 4
8   #define CLUSTER_REPEAT 4
9
10  #define M_DLP 64
11  #define M_CLUSTER (M_DLP * COREDIM * DLP_REPEAT)
12
13  #define M (M_CLUSTER * CLUSTER_REPEAT)
14  #define K 256
15  #define N 256
16
17  __dlp_func__ void DLPUnion1Kernel3StagePipelineMatMul(const int8_t* src0,
18                                                        const int8_t* src1,
19                                                        half* dst) {
20    __wram__ int8_t input1[K * N];
21    __nram__ int8_t nram_input0[M_DLP * K * 2];
22    __nram__ half nram_output [M_DLP * N * 2];
23
24    __memcpy(input1, src1, K * N * sizeof(int8_t), GDRAM2WRAM);
25
26    int repeat = DLP_REPEAT * CLUSTER_REPEAT;
27
28    for (int i = 0; i < repeat + 2; i++) {
29      if (i < repeat) {
30        __memcpy_async(nram_input0 + M_DLP * K * (i % 2),
31                       src0 + M_DLP * K * (i * coreDim + coreId),
32                       M_DLP * K * sizeof(int8_t), GDRAM2NRAM);
33      }
34      if (i >= 1 && i <= repeat) {
35        __tensor_matmul(nram_output + M_DLP * N * ((i - 1) % 2),
36                        nram_input0 + M_DLP * K * ((i - 1) % 2),
37                        input1, M_DLP, K, N, POS);
38      }
39      if (i >= 2) {
40        __memcpy_async(dst + M_DLP * N * ((i - 2) * coreDim + coreId),
41                       nram_output + M_DLP * N * ((i - 2) % 2),
42                       M_DLP * N * sizeof(half), NRAM2GDRAM);
43      }
44      __sync();
45    }
```

图 8.65 MatMul 算子的三级流水和五级流水示例

```
46   }
47
48   void DLPOP_WIN_API Kernel3StagePipelineMatMul(dlpDim3_t k_dim,
49                                                  dlpFunctionType_t k_type,
50                                                  dlpQueue_t queue,
51                                                  dlpOpDataType_t d_type,
52                                                  const void *a,
53                                                  const void *b,
54                                                  void *c) {
55     if (d_type == DLPOP_DTYPE_HALF) {
56       DLPUnion1Kernel3StagePipelineMatMul<<<k_dim, k_type, queue>>>(
57             (const int8_t*)a, (const int8_t*)b, (half *)c);
58     } else {
59       LOG(ERROR) << "Not implemented.";
60     }
61   }
62
63   __dlp_func__ void ComputeMatMul(half* output, int8_t* input0, int8_t* input1) {
64     __nram__ int8_t nram_input0[M_DLP * K * 2];
65     __nram__ half nram_output [M_DLP * N * 2];
66
67     for (int i = 0; i < DLP_REPEAT + 2; i++) {
68       if (i < DLP_REPEAT) {
69         __memcpy_async(nram_input0 + M_DLP * K * (i % 2),
70                        input0 + M_DLP * K * (i * coreDim + coreId),
71                        M_DLP * K * sizeof(int8_t),
72                        SRAM2NRAM);
73       }
74       if (i >= 1 && i <= DLP_REPEAT) {
75         __tensor_matmul(nram_output + M_DLP * N * ((i - 1) % 2),
76                         nram_input0 + M_DLP * K * ((i - 1) % 2),
77                         input1,
78                         M_DLP, K, N, POS);
79       }
80       if (i >= 2) {
81         __memcpy_async(output + M_DLP * N * ((i - 2) * coreDim + coreId),
82                        nram_output + M_DLP * N * ((i - 2) % 2),
83                        M_DLP * N * sizeof(half),
84                        NRAM2SRAM);
85       }
86       __sync();
87     }
88   }
89
90   __dlp_func__ void DLPUnion1Kernel5StagePipelineMatMul(const int8_t* src0,
```

图 8.65   （续）

```
91                                                    const int8_t* src1,
92                                                    half* dst) {
93    __wram__ int8_t input1[K * N];
94    __dlp_shared__ half output[M_CLUSTER * N * 2];
95    __dlp_shared__ int8_t input0[M_CLUSTER * K * 2];
96
97    __memcpy(input1, src1, K * N * sizeof(int8_t), GDRAM2WRAM);
98
99    for (int i = 0; i < CLUSTER_REPEAT + 2; i++) {
100     if (i < CLUSTER_REPEAT) {
101       __memcpy(input0 + M_CLUSTER * K * (i % 2),
102               src0 + M_CLUSTER * K * i,
103               M_CLUSTER * K * sizeof(int8_t),
104               GDRAM2SRAM);
105     }
106     if (i >= 1 && i <= CLUSTER_REPEAT) {
107       ComputeMatMul(output + M_CLUSTER * N * ((i - 1) % 2),
108                     input0 + M_CLUSTER * K * ((i - 1) % 2),
109                     input1);
110     }
111     if (i >= 2) {
112       __memcpy(dst + M_CLUSTER * N * (i - 2),
113               output + M_CLUSTER * N * (i - 2),
114               M_CLUSTER * N * sizeof(half),
115               SRAM2GDRAM);
116     }
117     __sync_cluster();
118   }
119 }
120
121 void DLPOP_WIN_API Kernel5StagePipelineMatMul(dlpDim3_t k_dim,
122                                               dlpFunctionType_t k_type,
123                                               dlpQueue_t queue,
124                                               dlpOpDataType_t d_type,
125                                               const void *a,
126                                               const void *b,
127                                               void *c) {
128   if (d_type == DLPOP_DTYPE_HALF) {
129     DLPUnion1Kernel5StagePipelineMatMul<<<k_dim, k_type, queue>>>(
130         (const int8_t*)a, (const int8_t*)b, (half *)c);
131   } else {
132     LOG(ERROR) << "Not implemented.";
133   }
134 }
```

图 8.65　（续）

8.8.2　编程框架算子开发

本节介绍如何在编程框架中实现新的用户自定义算子，使用户可以直接通过深度学习编程框架调用相应接口实现智能应用。

8.8.2.1　原理及流程

如图 8.66 所示，从软件栈最外层看，编程框架作为智能计算硬件和应用程序之间的桥梁，提供了丰富的算子和多架构后端的运行时系统；从编程框架内部看，智能编程语言既提供了开发设备端核函数代码的能力，又提供了主机端异构执行的运行时支持，可以看作是智能计算硬件和编程框架之间的桥梁。由于主流编程框架都具备多后端能力，即同时支持 CPU、GPU、DLP 等硬件，而后端硬件厂商大多选择闭源方式提供高性能库给编程框架，所以编程框架中的算子开发主要以图 8.61 所示方式进行。

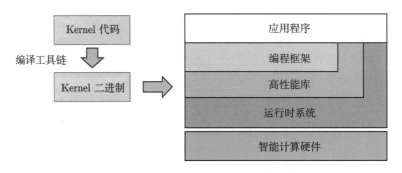

图 8.66　编程语言在软件栈中的位置

由于算法的演进迭代速度非常快，而硬件厂商提供的闭源高性能库可能迭代较慢，所以对于高性能算子库暂不支持的算子，可以通过图 8.62 所示的将智能编程语言集成进深度学习框架的开发方式添加自定义算子，使完整算法（网络）中的所有运算都能在 DLP 上执行，减少主机端和设备端的数据拷贝和同步，从而提高端到端的性能。

使用智能编程语言直接在编程框架中添加算子，可分为框架内部注册添加算子和利用框架的扩展能力添加自定义算子。由于编程框架核心代码一般由 C++ 编写，所以在内部添加算子需要将 BCL 源码添加进框架代码目录，并修改编译构建系统将新增源码编译进框架。当前主流编程框架的 API 一般使用 Python 语言，所以很容易借助 Python 语言的胶水能力提供自定义算子的能力。下面以 PyTorch 框架为例，介绍如何使用 BCL 语言开发并集成自定义算子。

8.8.2.2　PyTorch 集成自定义算子

PyTorch 编程框架的设计理念为 "Python First"，所以集成自定义算子的基本思想就是使用 Python 语言的胶水能力将自定义算子嵌入到 PyTorch 框架的算子调用流程中。使用智能编程语言开发和集成自定义算子的流程如下。

首先, 参考 8.8.1.2 节实现主机端的算子主程序和设备端的算子核函数, 其中主程序确定算子的输入/输出张量并定义算子接口, 核函数实现算子的计算。

其次, 在 PyTorch 框架的 `torch.utils.cpp_extension` 模块中添加 DLPExtension 函数定义, 添加方式类似 CUDAExtension[⊖]或 CppExtension, 自定义算子在框架中的实现和 PyTorch 框架的 C++ 扩展机制可以参考 5.3.3.2 节。CUDAExtension 和 CppExtension 是返回 `setuptools.Extension` 类的函数。其中, CppExtension 扩展的对象为 CPU, 支持的语言是 C++, 提供了一些头文件和 PyTorch C++ 相关的静态链接库、动态链接库; 而 CUDAExtension 扩展的对象是 GPU, 支持的语言是 CUDA C++。因此对于 DLP 的 BCL 编程语言, 需要添加 DLPExtension 来完成编译器查找、编译参数指定等一系列操作。

最后, 编写 setup.py 脚本, 使用 setuptools 工具将 BCL 源码编译为动态库, 并通过 pybind11 将算子的 API 从 BCL 语言封装为 Python 语言。

下面, 我们以 sigmoid 自定义算子作为示例, 说明如何实现代码逻辑并集成到 PyTorch 框架中。

sigmoid 算子为单输入单输出, 函数名称设为 `active_sigmoid_dlp`(函数名称可根据实际需求更改), 函数接口为 `torch::Tensor active_sigmoid_dlp(torch::Tensor x)`。分别创建主机端和设备端的代码文件 examples/dlp_extension/dlp_custom_ext/dlp/src/bcl_sigmoid.cpp 和 examples/dlp_extension/dlp_custom_ext/dlp/src/bcl_sigmoid_sample.dlp。

算子的代码实现及框架集成包括以下四个步骤。

(1)实现主机端的 sigmoid 主程序。主机端代码(.cpp 文件)如图 8.67 所示, 主程序调用函数 `bcl_sigmoid_kernel_entry` 实现对设备端上的数据计算。

```
1   // 文件名: bcl_sigmoid_sample.cpp
2
3   // 将active_sigmoid_dlp函数接口放在头文件中对外暴露
4   #include <custom_ops.h>
5
6   #include "ATen/Tensor.h"
7   //设备端函数对主机端暴露
8   #include <bcl_sigmoid_sample.h>
9   #include "aten/dlp/dlpHandle.h"
10  #include "aten/dlp/dlp_util.h"
```

图 8.67 基于智能编程语言 BCL 的 sigmoid 主程序

⊖ CUDAExtension 的定义参考 https://github.com/pytorch/pytorch/blob/v2.1.0/torch/utils/cpp_extension.py#L975。

```
11   #include "aten/operators/bcl/bcl_kernel.h"
12   #include "aten/operators/bcl/internal/bcl_internal.h"
13   #include "aten/util/tensor_util.h"
14   #include "aten/util/types.h"
15
16   using namespace torch_dlp;
17   torch::Tensor active_sigmoid_dlp(torch::Tensor x) {
18     // 获取设备端输入张量的数据指针 x_ptr
19     auto x_contiguous = torch_dlp::dlp::ops::dlp_contiguous(x);
20     auto x_impl = getDlpTensorImpl(x_contiguous);
21     auto x_ptr = x_impl->dlpMalloc();
22
23     // 创建输出张量y, 分配内存获取其数据指针 y_ptr
24     auto y = at::empty_like(x_contiguous);
25     auto y_contiguous = torch_dlp::dlp::ops::dlp_contiguous(y);
26     auto y_impl = getDlpTensorImpl(y_contiguous);
27     auto y_ptr = y_impl->dlpMalloc();
28
29     // 获取输入数据的元素个数
30     int32_t size = x_contiguous.numel();
31
32     // 获取队列
33     dlpQueue_t queue = getCurQueue();
34     // 调用设备端函数计算
35     bcl_sigmoid_kernel_entry(
36         queue,
37         reinterpret_cast<float*>(y_ptr),
38         reinterpret_cast<float*>(x_ptr),
39         size);
40
41     return y;
42   }
43
44   // 绑定 active_sigmoid_dlp 函数以通过 Python 调用
45   PYBIND11_MODULE(libdlp_custom_ext, m) {
46     m.def("active_sigmoid_dlp", &active_sigmoid_dlp);
47   }
```

图 8.67 （续）

（2）实现设备端的 sigmoid 核函数。设备端的代码（.dlp 文件）如图 8.68 所示。在 bcl_sigmoid_sample.dlp 文件中实现了入口函数 bcl_sigmoid_kernel_entry，并通过头文件对外暴露。该入口函数调用 sigmoid 核函数来实现算子计算。在核函数实现中，为了充分利用 DLP 硬件计算能力，使用了 BCL 提供的向量 Builtin 函数[⊖]__vector_active_

　　⊖　Builtin 函数是编译器内部实现的函数，这些函数可以直接使用而无须包含特定的头文件。

sigmoid 来完成 sigmoid 的运算。使用向量计算接口必须注意以下两点：第一是输入数据和输出数据必须存放在 NRAM 上，因此必须在计算前使用 memcpy 将输入数据从 GDRAM 拷贝到 NRAM 上，在计算完成后将输出数据从 NRAM 拷贝到 GDRAM 上；第二是向量操作的输入规模如果不能被多核和多次循环整除，就需要增加分支来处理余数部分。

```
// 文件名：bcl_sigmoid_sample.dlp

#include <bcl_sigmoid_sample.h>
#include <kernel.h>
__nram__ char NRAM_BUFFER[MAX_NRAM_SIZE];
template <typename T>
__dlp_entry__ void bcl_sigmoid_kernel(T *d_dst, T *d_src, int N) {
  const int NRAM_LIMIT_SIZE = FLOOR_ALIGN(MAX_NRAM_SIZE / 2, 64);
  int nram_limit = NRAM_LIMIT_SIZE / sizeof(T);
  // 对GDRAM上的数据进行切分
  int32_t num_per_core = N / taskDim;
  int32_t repeat = num_per_core / nram_limit;
  int32_t rem = num_per_core % nram_limit;

  T *d_input_per_task = d_src + taskId * nram_limit;
  T *d_output_per_task = d_dst + taskId * nram_limit;
  T *nram_out = (T *)NRAM_BUFFER;
  T *nram_in = (T *)(NRAM_BUFFER + NRAM_LIMIT_SIZE);

  const int align_rem = CEIL_ALIGN(rem, 64);

  int i = 0;
  for (; i < repeat; i++) {
    // 异步拷贝GDRAM的数据到NRAM
    __memcpy_async(nram_in, d_input_per_task + i * nram_limit, NRAM_LIMIT_SIZE,
                   GDRAM2NRAM);
    // 同步拷贝，保证计算时数据已经完成拷贝
    __sync_io();
    // 调用向量sigmoid激活函数计算
    __vector_active_sigmoid(nram_out, nram_in, nram_limit);
    // 同步计算，保证拷贝时计算已经完成
    __sync_compute();
    // 异步拷贝NRAM的数据到GDRAM
    __memcpy_async(d_output_per_task + i * nram_limit, nram_out,
                   NRAM_LIMIT_SIZE, NRAM2GDRAM);
    // 同步拷贝，保证读取数据时上次写入已完成
    __sync_io();
  }
```

图 8.68 基于智能编程语言 BCL 实现的 sigmoid 核函数

```
39    // 对切分后剩余的数据进行处理
40    if (rem > 0) {
41      __memcpy_async(nram_in, d_input_per_task + i * nram_limit, rem * sizeof(T),
42                     GDRAM2NRAM);
43      __sync_io();
44      __vector_active_sigmoid(nram_out, nram_in, align_rem);
45      __sync_compute();
46      __memcpy_async(d_output_per_task + i * nram_limit, nram_out,
47                     rem * sizeof(T), NRAM2GDRAM);
48      __sync_io();
49    }
50  }
51  // 文件名:bcl_sigmoid_sample.dlp
52
53  template <typename T>
54  void bcl_sigmoid_kernel_entry(dlpQueue *queue, T *d_dst, T *d_src,
55                                int elem_count) {
56    // 入口函数, 此处仅开启单核运算, 多核运算修改 dim 即可
57    dlpDim3_t dim = {1, 1, 1};
58    int taskDims = dim.x * dim.y * dim.z;
59    // Block 任务
60    dlpFunctionType_t c = BLOCK;
61    // 如果开启多核, 此处须判断是否有必要, 否则按照单核运算处理
62    if (elem_count < taskDims) {
63      dim.x = 1;
64      dim.y = 1;
65    }
66    // 启动核函数
67    bcl_sigmoid_kernel<<<dim, c, queue>>>(d_dst, d_src, elem_count);
68    dlpQueueSync(queue);
69  }
70
71  // 可选, 此函数主要使用C++验证算子功能而进行简单封装
72  template <typename T>
73  void bcl_sigmoid_sample(T *h_dst, T *h_src, const int elem_count) {
74    T *d_src, *d_dst;
75    dlpQueue_t queue;
76    dlpQueueCreate(&queue);
77    dlpRet_t ret;
78    ret = dlpMalloc(reinterpret_cast<void **>(&d_src), elem_count * sizeof(T));
79    ret = dlpMalloc(reinterpret_cast<void **>(&d_dst), elem_count * sizeof(T));
80
81    ret = dlpMemcpy(d_src, h_src, elem_count * sizeof(T),
```

图 8.68 （续）

```
82                       DLP_MEM_TRANS_DIR_HOST2DEV);
83
84    bcl_sigmoid_kernel_entry(queue, d_dst, d_src, elem_count);
85    dlpQueueSync(queue);
86    ret = dlpMemcpy(h_dst, d_dst, elem_count * sizeof(T),
87                       DLP_MEM_TRANS_DIR_DEV2HOST);
88
89    ret = dlpQueueDestroy(queue);
90  }
91  template void bcl_sigmoid_sample(float *, float *, int);
92  template void bcl_sigmoid_kernel_entry(dlpQueue *, float *, float *, int);
```

图 8.68   （续）

由于 NRAM 容量有限，不能一次性将所有数据全部拷贝到 NRAM 上执行，因此需要对原输入数据进行分块。分块的规模在满足 NRAM 大小和函数对齐要求的前提下由用户指定，这里设置为 NRAM_LIMIT_SIZE = FLOOR_ALIGN(MAX_NRAM_SIZE / 2, 64)。输入数据的大小不一定是 NRAM_LIMIT_SIZE 的整数倍，因此最后可能会有一部分长度小于 NRAM_LIMIT_SIZE、大于 0 的余数段。读者在实验时需注意该部分数据的处理逻辑。感兴趣的读者可以使用 8.7.2.3 节介绍过的软件流水优化技术对 sigmoid 核函数实现做进一步优化。

（3）通过 pybind11 暴露算子接口。如图 8.69 所示，通过 pybind11[○]暴露 sigmoid 算子接口后，该接口就可以在 Python 中用同名函数实现算子计算。

```
1  #pragma once
2  #include <pybind11/pybind11.h>
3  #include <torch/extension.h>
4  torch::Tensor active_sigmoid_dlp(torch::Tensor x);
```

图 8.69   基于智能编程语言 BCL 的 sigmoid 接口

（4）编译生成动态库。使用 python setup.py install 命令进行编译，setup.py 的代码如图 8.70 所示。其中，使用设备端的编译器将.dlp 代码编译为.o 文件，然后将主机端的.cpp 代码编译为.so 文件，并链接.dlp 文件编译后得到的.o 文件。编译完成后，会在本地生成一个动态库，一般格式为 name.cpython*.so。以后就可以通过该动态库来使用 sigmoid 自定义算子。

此外，如果需要支持反向传播，还需将其封装为 torch.nn.functional 函数形式来实现自动微分（AutoGrad），相关介绍可以参考 5.2.2 节。

○ pybind11 是一个轻量级的 C++ 库，用于将 C++ 代码暴露给 Python 调用（反之亦可，但主要还是前者）。

```
1   // 文件名: setup.py
2   import os
3   from setuptools import setup, find_packages
4
5   from torch.utils import cpp_extension
6   from torch_dlp.utils.cpp_extension import DLPExtension, BuildExtension
7   import glob
8
9   dlp_custom_src = "dlp_custom_ext"
10  cpath = os.path.join(os.path.abspath(os.path.dirname(__file__)),
11                       os.path.join(dlp_custom_src, "dlp"))
12
13
14  def source(src):
15      cpp_src = glob.glob("{}/*.cpp".format(src))
16      dlp_src = glob.glob("{}/*.dlp".format(src))
17      cpp_src.extend(dlp_src)
18      return cpp_src
19
20
21  dlp_extension = DLPExtension(
22      name="libdlp_custom_ext",
23      sources=source(os.path.join(cpath, 'src')),
24      include_dirs=[os.path.join(cpath, "include")],
25      verbose=True,
26      extra_cflags=['-w'],
27      extra_link_args=['-w'],
28      extra_compile_args={
29          "cxx": [
30              "-O3",
31              "-std=c++14",
32          ],
33          "bcl-cc": ["-O3", "-I{}".format(os.path.join(cpath, "include"))]  # 加上自定义
                算子中BCL需要的头文件路径
34      })
35
36
37  setup(name="dlp_custom_ext",
38        version="0.1",
39        packages=find_packages(),
40        ext_modules=[dlp_extension],
41        cmdclass={
42            "build_ext": BuildExtension.with_options(no_python_abi_suffix=True)
43        })
```

图 8.70 setup.py 代码示例

8.9 本章小结

本章首先介绍了为什么需要智能编程语言以及智能编程语言的特点；其次，对智能计算系统进行了硬件抽象；然后，依次介绍了智能编程模型、智能编程语言基础。在此基础上，从编程接口、功能调试、性能调优三方面进阶地介绍了智能编程语言开发的方法和实践。最后，介绍如何用智能编程语言开发高性能算子以及如何用智能编程语言在编程框架中实现新的用户自定义算子。

习题

8.1 请使用 C++ 和 Python 两种语言分别编写 4096 个随机数求方差的程序，然后在同一硬件平台运行。请获取两者的执行时间，并对两者的性能和开发效率做简要分析。

8.2 假设某处理器的存储单元包括一块片上高速缓存和一块片外存储器，访问时间分别为 4 个时钟周期和 150 个时钟周期。如果工作负载在片上缓存的命中率为 90%，而且处理器只有在片上缓存未命中的情况下才会访问片外存储器。那么，整个存储器层次的平均访问延迟是多少个时钟周期？

8.3 根据 8.3 节的内容，假设在一个多核上，每个 task 可一次完成 $N = 256$ 的向量对位加，现在要完成两个长度为 2048 的向量对位加，需要划分任务类型为 BLOCK 还是 UNIONx？如果选用 UNIONx，那么 x 的值是多少？

8.4 在异构编程模型的通用处理器端流程中，介于创建 Queue 和启动核函数之间的两个步骤是什么？

8.5 假设有一个 8 位的二进制数是 1001 1001，如果它的数据类型为 uint8_t，那么它换算成十进制数是多少？如果它的类型为 int8_t，那么它换算成十进制数是多少？

8.6 假设有一个 32 位的浮点数，其二进制形式是 1 1000 0101 1111 1110 0000 0000 0000 000，如果按照 IEEE 754 标准，换算为十进制数是多少？如果二进制是 1 0000 0000 1000 0000 0000 0000 0000 000，那么换算为十进制数是多少？

8.7 图 8.71 是两段功能相同的代码，图 8.71a 是用标量语句写成的，图 8.71b 是用张量语句写成的，它们都是对一个向量内所有数据求和。假设硬件完成一个标量加法指令需要 1 个时钟周期，完成一个 64 元素的向量求和指令（sum_pooling）需要 8 个时钟周期。假设程序中其他运算和访存的时间忽略不计，张量程序的性能是标量程序的多少倍？

8.8 half 类型可表示的最大值是多少？

*8.9 编程实践：请基于深度学习处理器 DLP 和 BCL，使用标量计算语句编写一段 L^2 池化算法的程序，包括主机端的运行时代码。算法参考 3.1.2 节。

```
1   #define N 1024
2   void accSum(int *a, int *b) {
3       for (int i = 0; i < N; i++) {
4           b[0] += a[i];
5       }
6   }
```

a) 标量语句代码

```
1   #define N 1024
2   void accSum(int *a, int *b) {
3       for (int i = 0; i < N / 64; i++) {
4           sum_pooling(a, b, 64);
5       }
6   }
```

b) 张量语句代码

图 8.71　两段功能相同的代码

*8.10　请使用 DLP 的运行时库提供的通知接口，统计习题 8.9 所写程序的运行时间。

*8.11　请对习题 8.9 所写程序分别做"使用本地存储空间"和"向量化"的优化，并使用通知接口统计时间。

*8.12　请对习题 8.11 所写程序做 4 核并行的优化，并使用通知接口统计时间。

第 9 章

大模型计算系统

　　本章以大模型计算系统作为驱动范例，将前面各章介绍的智能算法、编程框架、芯片架构、编程语言等内容串联起来，使读者能真正融会贯通，理解如何根据大模型算法的特点进行系统软件的设计优化和硬件平台的构建，以高效支持大模型的训练和推理，从而全面理解智能计算系统。

　　大模型计算系统的整体架构如图 9.1 所示。大模型可以应用于文本生成、问答系统、机器翻译、情感分析、语音识别等应用，并有望在未来成为智能助手、自动驾驶、智能家居

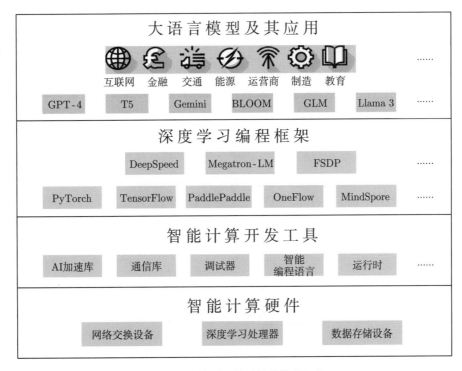

图 9.1　大模型计算系统的整体架构

等领域的关键技术，助力互联网、金融、交通、能源、运营商、制造、教育等领域的发展。GPT-4、T5、Gemini、BLOOM、GLM、Llama 3 等大模型的运行依赖于深度学习框架，具体而言其主要依托于微软的 DeepSpeed、英伟达的 Megatron-LM 以及 Meta FSDP 等高级框架，这些高级框架再进一步调用以 PyTorch 为主的深度学习编程框架。编程框架利用智能计算开发工具的各种库来驱动硬件，执行高性能的算子，并管理设备间通信行为。智能计算硬件的核心即为第 6、7 章介绍的深度学习处理器。

本章从大模型的计算需求出发，首先介绍大模型的发展并对相关算法展开归类总结。然后通过 BLOOM 模型案例，分析大模型训练的实际计算过程。随后深入探讨大模型系统软件相关的优化技术。最后介绍大模型基础硬件。

9.1　大模型算法分析

大模型的出现源自自然语言处理的发展。语言是人类最重要的交流工具，也是人类文化传承和表达的主要手段之一。语言帮助人类交流思想、表达感情和传递信息，是人类进行文化传承和社会组织的重要基础。因此，对于机器来说，可以像人类一样理解语言并利用语言进行表达是其迈向通用人工智能的一个重要基础。

在主流自然语言处理技术中，机器主要通过对自然语言进行建模得到概率模型来预测某个位置的词元的概率，进而理解和生成自然语言。语言模型在近二十年的发展中，逐步从早期的统计语言模型发展到如今最受关注的大语言模型。大语言模型在各类自然语言理解与生成任务中表现出强大的能力，并为人工智能领域带来了许多新的应用和研究方向。同时，大模型的发展不仅仅局限于语言和文本，也在向着多模态发展，在文本数据的基础上，图像、语音等多种模态数据也被引入大模型。多模态大模型的重点是将多种模态数据对齐后进行信息交互和融合。由于人类主要使用语言进行思考、理解和描述世界，所以语言对应的模态数据最能表达人类关注的信息。因此，将文本数据作为基准，将多种模态数据与文本数据对齐，是实现高效实用的多模态大模型的有效方法。研究人员通过将多种模态数据转换后输入大语言模型进行训练，从而将大语言模型的处理能力扩展到多模态空间，获得多模态大模型。因此，大语言模型是多模态大模型的基础。在本章中，我们以大语言模型的结构为例进行分析。

大模型的获得和使用可以分为训练和推理两个阶段。在训练阶段，需要使用大量的语料数据和大规模的计算资源，用于优化模型参数。在推理阶段，则使用训练得到的大模型完成相关任务，不再更新参数。其中，训练阶段还可以再分成预训练和微调两个阶段，这两个阶段都是在训练大模型，但是数据来源与训练目的不同。预训练使用大量无标注的语料数据，旨在通过训练让大模型学习到通用的语言能力和知识。微调则是为了提升大模型在特定下游任务的表现，因此在微调阶段会使用特定任务的数据训练大模型。为了有效提升大模型的训练效率，可以使用混合精度训练、分布式训练等相关技术。而在微调过程中，还可以使用参数高效微调（Parameter Efficient Fine Tuning，PEFT）方法，仅更新大模型中的部分参数而不是所有参数，例如使用 LoRA[138]、Prefix Tuning[361]、Adapter[362] 等方法。

当前大语言模型（下文简称大模型）基于 Transformer 构成，其整体结构主要分为三类：仅编码器（encoder-only）结构，编码器–解码器（encoder-decoder）结构，以及仅解码器（decoder-only）结构。图 9.2 展示了三类结构的发展历程。编码器计算整个输入序列的语义编码，适用于理解输入序列的语义，而解码器遵循了自回归（auto-regressive）结构，适合用于生成序列。因此，仅编码器结构的代表网络 BERT，虽然在自然语言理解任务上表现出色，但是天然不擅于处理自然语言生成类任务。为了获得序列形式的输出结果，需要在编码器后面加上解码器，即得到了编码器–解码器结构。编码器–解码器结构的代表网络是谷歌的 T5，它利用编码器理解上下文内容，再通过解码器自回归按顺序输出结果。当下，大模型中最流行的结构是以 GPT 系列为代表的仅解码器结构，使用解码器同时进行输入序列特征学习和后续序列生成，并且放弃编码器以提高计算效率。这种结构在自然语言生成任务中表现出色，也因此成为大模型的主流选择。

表 9.1 列出了代表性大模型的相关统计数据。其中，是否开源指模型结构和参数是否开源，而不是训练过程。在现有开源模型中，仅 BLOOM 公开了完整的训练过程。预训练数据集规模，以数据占用的存储空间大小或者词元（token）数量表示。从表中我们可以一窥近年来大模型的发展。2017 年，Google 第一次提出了 Transformer 结构，并训练得到了参数量为 2.1 亿的编码器–解码器模型，是后续大模型工作的基石。2018 年，Google 基于 Transformer 结构进一步提出了 BERT 模型，该模型的参数量为 3.4 亿，使用 64 块 TPU 训练 4 天得到。2019 年，OpenAI 提出 GPT-2[363]，其中最大模型的参数量为 15 亿，使用 40 GB 文本数据进行预训练得到。GPT-2 是首个参数量超过 10 亿的语言模型，并且作为通用模型在多种自然语言任务上都取得了显著的效果提升。随后 Google 提出了 T5[193]，其最大的模型包含 110 亿参数，使用 1 万亿词元的数据在 1024 块 TPUv3 集群上进行预训练得到。2020 年，OpenAI 继续推出 GPT-3[34]，更是将参数量直接从百亿量级提升到千亿量级，预训练数据量也达到 3000 亿词元。2021 年，OpenAI 对 GPT-3 进行了改进和优化，推出了 GPT-3.5 Turbo 模型，这也是在 2022 年 11 月横空出世引起人工智能热潮的聊天机器人 ChatGPT 的基础模型。此后，大模型开启了参数量和预训练数据量的竞赛，也为硬件算力带来了新的挑战。2021 年，DeepMind 提出了参数量 2800 亿的 Gopher[364] 模型，该模型的训练数据规模达到 3000 亿词元，在 4096 块 TPUv3 集群上训练了 920 个小时。2022 年 5 月，Meta AI 开源了最大参数量为 1750 亿的 OPT[365] 模型，该模型使用 1800 亿词元进行训练，训练使用了包含 992 块 A100 80G GPU 的集群。同年，BigScience 开源了最大参数量为 1760 亿的 BLOOM[216] 模型，清华大学开源了 1300

亿参数的 GLM[197] 模型，它们的训练都需要在几百块 A100 GPU 上运行几个月。此外，Google 提出的 PaLM[194] 模型，其参数量达到 5400 亿，需要在 6144 块 TPUv4 上进行训练。可以看出，大模型预训练对硬件存储和算力的要求已经非常高。除了参数量外，预训练数据的不断增多所带来的算力需求也不容忽视。Meta AI 在 2023 年提出了最大参数量为 650 亿的 LLaMA[195] 模型，虽然其参数量相对于 2022 年的主流模型略有下降，但是其预训练数据量达到 1.4 万亿词元，因此训练该模型所需的算力消耗仍是巨大的。2023年 3 月，OpenAI 再次推出 GPT-4[46] 模型，其强大的功能更是一举将 ChatGPT 推广到了大众视野中。同时华为也提出了参数量高达 1.085 万亿的 PanGu-Σ[35]，刷新了大模型的参数规模。2023 年 7 月，Meta 发布 Llama 2[196] 模型，仍秉承着小模型大数据的思想，其最大模型参数量为 700 亿，预训练数据量高达 2 万亿词元。2024 年 Meta 进一步推出Llama 3 系列模型，在同等模型参数量的情况下领先上一代模型，同时其最大参数量版本的模型目前仍在训练中。

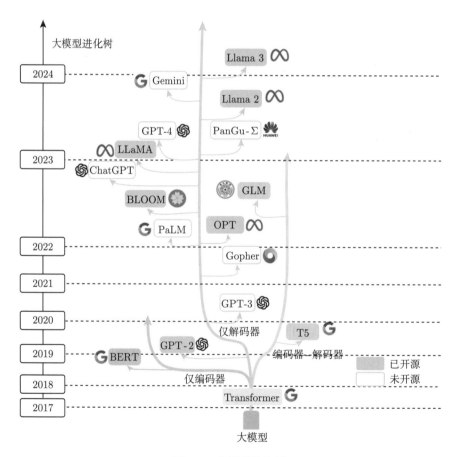

图 9.2　大模型进化树

表 9.1 代表性大模型的统计数据

模型名称	发布机构	发布时间	开源	结构	参数量	预训练数据集规模	训练资源	训练时间
Transformer[45]	Google	2017.6	是	编码器–解码器	213M	15B 词元	8 P100 GPU	3.5 天
BERT[150]	Google	2018.10	是	仅编码器	340M	128B 词元	64 TPU	4 天
GPT-2[363]	OpenAI	2019.2	是	仅解码器	1.5B	40 GB	—	—
T5[193]	Google	2019.10	是	编码器–解码器	11B	1T 词元	1024 TPUv3	—
GPT-3[34]	OpenAI	2020.5	否	仅解码器	175B	300B 词元	—	—
Gopher[364]	DeepMind	2021.12	否	仅解码器	280B	300B 词元	4096 TPUv3	920 小时
PaLM[194]	Google	2022.4	否	仅解码器	540B	780B 词元	6144 TPUv4	—
OPT[365]	Meta AI	2022.5	是	仅解码器	175B	180B 词元	992 A100 80G	—
BLOOM[216]	BigScience	2022.7	是	仅解码器	176B	366B 词元	384 A100 80G	105 天
GLM[197]	清华大学	2022.10	是	编码器–解码器	130B	400B 词元	768 A100 40G	60 天
ChatGPT[152]	OpenAI	2022.11	否	仅解码器	—	—	—	—
LLaMA[195]	Meta AI	2023.2	是	仅解码器	65B	1.4T 词元	2048 A100 80G	21 天
GPT-4[46]	OpenAI	2023.3	否	仅解码器	—	—	—	—
PanGu-Σ[35]	华为	2023.3	否	仅解码器	1085B	329B 词元	512 Ascend 910	100 天
Llama 2[196]	Meta AI	2023.7	是	仅解码器	70B	2T 词元	2000 A100 80G	36 天

注：GPT-2 论文中披露数据集规模时，使用了存储空间大小而非词元数量表示，此处与原始论文单位保持一致。

综上所述，大模型随着参数量和训练数据规模的不断增长，所需的训练资源也日益增多，这意味着对智能计算系统的算力需求也越来越高。如图 9.3 所示，在过去五年间，大模型的参数量呈指数级增长，模型参数量提升了几个数量级，同时智能芯片的晶体管规模却增长缓慢，主流智能芯片的晶体管数量未能实现数量级的提升。DeepMind 在 2022 年的研

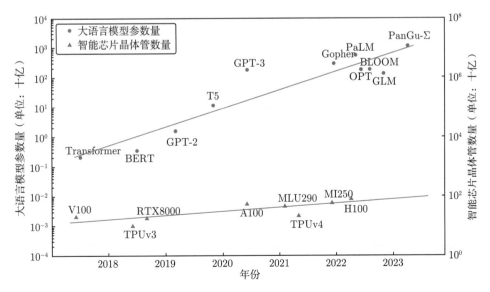

图 9.3 大语言模型参数量增长与智能芯片晶体管数量增长的对比

究[366] 指出，大模型训练的算力需求与模型参数量成正比，同时与训练数据集规模成正比，因此大模型训练消耗的算力资源将越来越多。然而 2022 年智能芯片的 16 位浮点算力、外部存储器带宽和外部存储器容量仅为五年前的 8 倍、4 倍和 2.5 倍，大模型训练的算力需求和算力供给之间的剪刀差正不断加大。为了弥补这一差距，需要从智能计算系统的软硬件层面进行系统的优化设计，实现高效的大模型计算系统。

除了硬件需求问题外，大模型是否开源也是备受关注的问题。如表 9.1 所示，大模型是否开源并不是随着时间发展线性变化的。不同的开发者有不同的需求和考量。开源模型可以吸引广泛的关注，促进研究和开发；而闭源则能更好地保护知识产权和商业价值。其中，BigScience 在开源 BLOOM 模型参数时，同样开源了其具体训练超参、数据集以及实验记录等。因此，我们将在后续章节中以开源最为充分的 BLOOM 作为大模型驱动范例。

9.2 大模型驱动范例：BLOOM

BLOOM（BigScience Large Open-science Open-access Multilingual）是由 BigScience 研究团队于 2022 年 7 月推出的开源大模型。如图 9.4 所示，与第 3 章介绍的风格迁移驱动范例[221] 相比，BLOOM 模型的参数量是前者的 1274 倍，推理一次的运算量是前者的 10000 倍以上。风格迁移示例仅需要 1 个智能处理器即可运行，BLOOM 模型则需要大量的智能处理器参与计算，这对智能计算系统的设计提出了更高的要求。接下来以开源模型 BLOOM 为例，介绍大模型训练和推理的计算过程。

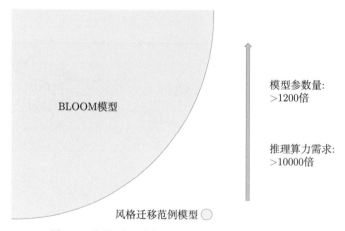

图 9.4　大模型驱动范例与风格迁移驱动范例对比

9.2.1　BLOOM-176B 模型

BLOOM 模型包含 1760 亿个参数（下称 BLOOM-176B 模型），使用 ROOTS 数据集训练，支持 59 种语言，由来自不同国家和机构的数百名研究人员共同研发。与 GPT 等闭源模型不同，BLOOM-176B 的模型和代码是公开的，以供研究人员自由使用。

BLOOM-176B 模型是基于 Transformer 解码器的生成式语言模型，其结构如图 9.5a 所示。嵌入层没有采用 Transformer 中添加位置编码的方式注入词元位置信息，而是使用注意力线性偏置（ALiBi）在多头注意力中添加静态偏置。BLOOM-176B 中包含 70 个相同的解码器块。每个解码器块的结构如图 9.5b 所示，其包含多头注意力⊖和全连接前馈网络两个子层，并且使用了残差连接和层归一化。多头注意力层的结构如图 9.5c 所示，在标准的多头注意力基础上添加注意力线性偏置并注入位置信息。注意力线性偏置是在查询和键点积时添加的静态偏置，词元的距离越远，则偏置值增加的幅度越大（偏置值为负），这表示它们之间的相互作用贡献越小。此外，该静态偏置还会与预设好的斜率 Khead 相乘。全连接前馈网络层里两个全连接层中间使用了 GELU 作为激活函数。

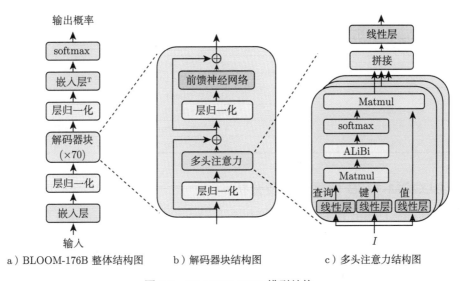

a）BLOOM-176B 整体结构图   b）解码器块结构图   c）多头注意力结构图

图 9.5 BLOOM-176B 模型结构

BLOOM-176B 模型使用 ROOTS 语料库训练。ROOTS 语料库是由 BigScience 研究团队提出的开源语料库，由 498 个数据集组成，包含 46 种自然语言和 13 种编程语言，文本共计 1.61 TB。以上文本数据经过 BigScience 团队训练得到的分词器进行分词后，可以转化为 1660 亿（166B）个词元用于 BLOOM-176B 模型的训练。

9.2.2 BLOOM-176B 运行平台

BLOOM-176B 模型是在法国的 Jean Zay 超级计算机上训练的，该超算位于法国国家科学研究中心（CNRS）的科学计算发展与资源研究所（IDRIS）。此次训练涉及的服务器集群共含 52 个高性能计算节点。在实际训练过程中，选择了其中的 48 个计算节点，总计

⊖ 注意此处为多头自注意力机制。

384 个智能处理器来执行模型的并行化训练。考虑到潜在的硬件故障问题，为了确保模型训练时的稳定性，系统预留了 4 个计算节点，从而在可能的硬件故障情况下仍能保持训练的持续进行。

Jean Zay 超级计算机中单个计算节点的主要硬件信息如表 9.2 所示。通用计算方面，每个计算节点配置 2 颗通用处理器（CPU）以及 512 GB 内存；异构智能计算方面，每个节点配置 8 块英伟达 A100 SXM4 80GB GPU（合计 640 GB），该智能处理器支持 FP32、TF32、FP16 和 BF16 等多种数据类型；高速互联网络方面，集群采用英特尔公司的 Omni-Path 架构，单节点共计 400 Gbit/s 互联带宽；数据存储系统方面，集群使用统一的 Spectrum Scale (GPFS) 的并行文件系统，后端由全闪存硬盘和机械硬盘混合构建，文件系统在所有节点间共享。

表 9.2　Jean Zay 超级计算机集群中单节点硬件信息

项目	配置
通用处理器	64 核（2 × AMD 霄龙 7543 处理器）
智能计算硬件	8 × 英伟达 A100 SXM4 80GB GPU
主机端内存	512 GB DDR4
设备端内存	640 GB HBM2e
高速互联网络	4 × 英特尔 Omni-Path 100 Gbit/s (OPA)
共享存储系统	基于 Spectrum Scale 的混合存储

9.2.3　BLOOM-176B 计算过程及分析

对于 BLOOM-176B 模型，我们可以用表 9.3 所示的一系列参数描述其网络结构，包括模型参数量、解码器块个数、隐层维度、多头注意力数目、注意力隐层维度和序列长度等。借助上述参数，我们可以通过简化模型分析 BLOOM-176B 的计算过程。实际上，BLOOM-176B 模型在计算过程中使用了诸多优化技术，此处仅简要分析使用优化前的情形。

表 9.3　BLOOM-176B 模型结构相关参数 ⊖

参数	含义	值
N	模型参数量	176B
l	解码器块个数	70
h	总隐层维度	14 336
n	多头注意力数目	112
d	注意力隐层维度	128
s	序列长度	2048

⊖ 通常情况下 $h = n \times d$。

9.2.3.1 BLOOM-176B 模型的执行

实际上，BLOOM-176B 模型的训练过程中使用了分布式训练中的混合并行技术（相关介绍见 5.5.3 节），包括数据并行、张量并行和流水线并行。通常情况下，张量并行和流水线并行是正交的，即它们可以在不互相干扰的前提下同时运行，组合使用即可运行一个完整的大模型。此外，数据并行也与模型并行正交，这意味着这三种并行策略可以共存，结合这三种方法使得 BLOOM-176B 的训练在拓展到数百块 GPU 的同时保持高 GPU 利用率，提升数据吞吐量，加快训练速度。

对于混合并行技术而言，其并行化维度可以用 (d, t, p) 三元组表示。如表 9.4 所示，d 代表数据并行度，即在全局范围内复制 d 个模型副本同时处理数据，t 代表张量模型并行度，即模型的大规模算子会被拆分至 t 块加速卡上共同计算，p 代表流水线模型并行度，即模型会被拆分为 p 个阶段进行计算。整个模型的运算需要 M 块加速卡，一般情况需满足 $p \times t \times d = M$。此外全局批量大小（global batchsize）为 B，因此每一个模型副本在每一轮的输入批量大小即为 B/d，实际运算时会再细分为若干个大小为 b 的微批量，因此每条流水线批量中的微批量数目 $m = B/(d \times b)$。

表 9.4　模型训练时的部分超参数 [⊖]

参数	含义	值
M	智能处理器数量	384
d	数据并行度	8
t	张量并行度	4
p	流水线并行度	12
B	全局批量大小	2048
b	微批量大小	2

如图 9.6 所示，BLOOM-176B 模型训练在 384 个智能处理器上进行。全局一共启动了 384 个计算进程，每个计算进程控制 1 个智能处理器，同时每个计算进程会根据自己的进程编号，主动加载对应的模型网络层参数。在正向传播过程中，输入数据被加载至图 9.6 中左侧第 1 列的智能处理器上开始进行计算，经过 384 个智能处理器的配合后，在最后 1 列的智能处理器上得到输出结果。实际上，模型训练时的数据并行度为 8，代表全局范围内一共运行了 8 个模型副本，每 48 个智能处理器共同运行一个模型副本（例如 GPU-[1-4]，GPU-[33-36]，GPU-[65-68]，$\cdots$，GPU-[353-356] 共 48 块 GPU 共同运行了模型的第一个副本）。模型并行度为 4，代表大规模算子会被拆分为 4 个分区，并分配至 4 块智能处理器上分别计算。流水线并行度为 12，代表模型会被拆分为 12 个阶段进行计算，具体而言，因为 BLOOM-176B 模型包含 70 个解码器块，第 1 个阶段分配了 1 个嵌入层与 5 个解码器块，第 12 个阶段分配了 5 个解码器块与 1 个嵌入层，其余阶段均分配 6 个解码器块。

⊖ 其他超参数（例如学习率、预热词元数、衰减词元数、权重衰减系数等）可以查阅参考文献 [216]。

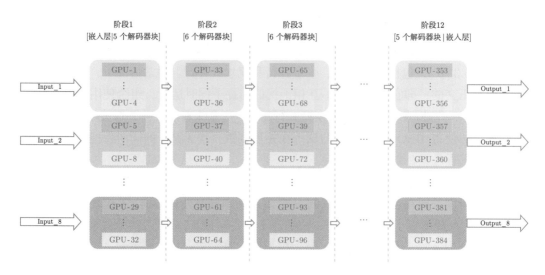

图 9.6 BLOOM-176B 模型在 384 个智能处理器上训练，且 $(d, t, p) = (8, 4, 12)$，$B = 2048$，$b = 2$

对于 BLOOM-176B 模型的训练而言，智能处理器将根据预先定义的规则被划分为并行组，每一个组内的智能处理器之间会通过通信库实现数据通信。具体而言，并行组可以分为**数据并行组**（data parallel group）、**张量模型并行组**（tensor model parallel group）和**流水线模型并行组**（pipeline model parallel group）。

- **数据并行组**：图 9.7 中位于同一个阶段（同一列）内，同时处于圆角矩形方块内的同一个相对位置并且颜色相同的智能处理器为一个数据并行组，全局范围内一共有 384/8=48。同一个数据并行组内的智能处理器，存储的模型权重、优化器状态相同（副本关系，注意存储的是模型的局部参数）。为了应对模型训练时数据并行带来的梯度同步需求，每个并行组内的智能处理器之间执行多对多归约通信。

- **张量模型并行组**：图 9.7 中每一个圆角矩形方块内的智能处理器为一个张量模型并行组，全局范围内一共有 384/4=96 个。同一个张量模型并行组的加速卡，通过合作共同完成部分大算子的计算，为了应对模型并行带来的通信需求，每个并行组内的智能处理器之间执行多对多归约通信。

- **流水线模型并行组**：图 9.6 中的每一小行所代表的智能处理器为一个流水线模型并行组，全局范围内一共有 384/12=32 个。流水线模型并行组内的智能处理器，形成了上一个智能处理器的计算输出是下一个智能处理器的计算输入的拓扑关系。为了应对网络模型层间数据传递的需求，每个并行组内的智能处理器之间执行点对点通信。

对于 BLOOM-176B 模型的推理过程而言，因为只涉及正向传播，没有反向传播和梯度更新的过程，因此不需要数百个智能处理器。实际上，BLOOM-176B 模型的推理使用 Jean Zay 超级计算机中的一个计算节点即可执行，具体计算时使用张量并行或者流水线并行的方法均可。

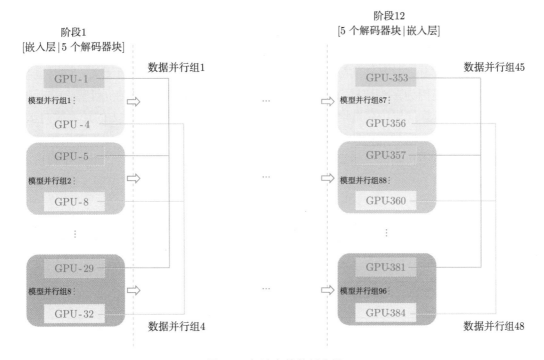

图 9.7　加速卡的并行分组

9.2.3.2　计算分析

为了更好地理解 BLOOM-176B 的计算过程，我们接下来将介绍模型运行的算力需求，主要分析训练时计算一个批量数据所需的浮点运算（floating-point operation）次数。因为大模型通常使用多个相同的解码器块，因此我们分析其中一个解码器块即可。对于一个解码器块而言，其在正向传播时的浮点运算主要分为 5 个部分，分别是：1）计算输入矩阵 I 与相应权重矩阵的乘积得到查询矩阵 Q、键矩阵 K 和值矩阵 V；2）计算查询矩阵 Q 和键矩阵的转置矩阵 $K^\top$ 的内积，缩放后得到注意力权重；3）计算注意力权重矩阵与值矩阵 V 的乘积，获得注意力汇聚的结果；4）计算线性层，通过线性映射融合多头注意力结果；5）计算全连接前馈神经网络。相应的每个部分的浮点运算次数⊖以及运算密度⊖请参考表 9.5 中的数据，具体推导过程留作习题。

如表 9.6 所示，在反向传播的过程中，由于需要计算神经元数据和权重数据的梯度，因此反向传播需要双倍的运算量，对于具有 l 个解码器块的模型，训练时一次批处理所需要

⊖　对于一个解码器块而言，无须使用张量并行策略，因此忽略张量并行造成的影响。

⊖　运算密度的高低是相对于智能处理器硬件提供的运算密度而言的。此处未考虑数据位宽，与硬件参数对比时请勿忘记数据位宽。

的浮点运算次数为 $72blsh^2+12bls^2h$ ⊖。进一步地，将 $h=nd$ 代入，可知模型结构里多头注意力数目和每个头内隐层维度大小均会给算力需求带来显著影响，算力需求与多头注意力数目和头内隐层维度均为二次函数关系。

值得注意的是，多头注意力部分（即表 9.5 中的第二部分和第三部分）是五个部分中运算密度最低的部分，并且在实际计算时其运算密度与多头注意力数目无关，同时也与批量大小无关。这是因为多头注意力实际上可以看作每个头内的注意力独立计算，并且随着批量大小增加，运算量与访存量均同步增加。因此可以推断：多头注意力的计算偏向于 IO 密集型，可能有访存瓶颈进而使运算器闲置，导致实际执行效率不高。此外在模型结构固定时，模型中注意力机制部分的算力需求与序列长度 s 为二次函数关系，增加序列长度会显著增加算力需求。因此多头注意力的运算可能成为长文本场景下大模型训练计算的瓶颈。

表 9.5　一个解码器块在正向传播时的浮点运算量

解码器块计算分解	计算结果的张量形状	运算量	运算密度
IW^{Q}，IW^{K}，IW^{V}	均为 (b,s,h)	$3\times 2bsh^2$	高，$1\bigg/\left(\dfrac{1}{h}+\dfrac{1}{2bs}\right)$
$Q\times K^{\top}$	(b,n,s,s)	$2bs^2h$	中等偏低，$1\bigg/\left(\dfrac{1}{s}+\dfrac{1}{2d}\right)$
注意力权重矩阵 $\times V$	(b,n,s,d)	$2bs^2h$	中等偏低，$1\bigg/\left(\dfrac{1}{s}+\dfrac{1}{2d}\right)$
线性层	(b,s,h)	$2bsh^2$	高，$1\bigg/\left(\dfrac{1}{h}+\dfrac{1}{2bs}\right)$
全连接前馈网络	(b,s,h)	$8bsh^2+8bsh^2$	非常高，$1\bigg/\left(\dfrac{5}{8h}+\dfrac{1}{2bs}\right)$
小计	—	$24bsh^2+4bs^2h$	—

表 9.6　BLOOM-176B 模型训练一个批量的运算量

阶段	运算量
正向传播	$24blsh^2+4bls^2h$
反向传播	$48blsh^2+8bls^2h$
合计	$72blsh^2+12bls^2h$（即 $72blsn^2d^2+12bls^2nd$）

对于推理任务而言，受具体的任务和模型生成序列的长度影响，其计算过程具备一定的动态性。当序列实际长度 s 较小，并且批量大小 b 较小时，计算访存比将整体偏低，模型最终的执行效率将偏低，这时可以通过相关优化手段提升推理性能。关于大模型推理时的计算分析留作习题，此处不展开说明。

⊖ 已忽略最前和最后的嵌入层的计算量，以及梯度更新所需的浮点计算量。

9.2.3.3　存储分析

接下来我们将分析模型计算的存储需求，在模型训练时主要数据包括模型权重张量、优化器状态、权重梯度张量、激活值张量和激活值梯度张量。前三者占用存储空间的大小主要受模型参数量（以 N 表示）和计算精度影响，在使用 AdamW 优化器和 FP32 的计算精度时，占用空间如表 9.7 所示。

表 9.7　大模型训练时的存储空间需求（已忽略神经元数据的需求）

张量	存储空间（字节）	BLOOM-176B 模型训练需求
模型权重	$N \times 4$	705 GB
优化器状态	$N \times 12$	2115 GB
权重梯度	$N \times 4$	705 GB
小计	$N \times 20$	3525 GB

在 BLOOM-176B 模型的训练过程中，与权重有关的张量数据就至少需要 3525 GB 的存储空间，其中最多的是优化器状态，包括优化器模型权重、优化器动量和优化器方差，小计 2115 GB，然后模型权重和梯度数据各占 705 GB。其中占据空间最多的优化器状态在正向传播和反向传播时不需要使用，仅在梯度更新时使用，并且在数据并行时在全局范围内拥有多个同步更新的副本，这为后面优化训练时的权重存储空间提供了条件。

除了权重数据以外，激活值张量的存储空间也不可忽略，其占用的存储空间甚至会超过模型权重和优化器状态的存储空间[367]。实际上反向传播时的激活值梯度在使用后即可释放，但是正向传播时生成的激活值，反向传播计算权重梯度时才会依序再次使用，因此多个层的激活值张量将会累积保存在片外存储中，使存储容量成为瓶颈。单个激活值张量占用的存储空间主要受模型执行时微批量大小影响，模型训练时的并行策略会影响需要同时保存的激活值张量数目，这为后面优化神经元数据的存储空间提供了条件。

对于推理任务而言，由于没有反向传播和梯度更新的过程，所以无须存储优化器状态数据和梯度数据，推理任务相比于训练任务，整体上对存储空间的需求较低，但是仅模型权重带来的存储空间的绝对数量仍然很高。BLOOM-176B 模型在 32 位、16 位、8 位和 4 位的数据位宽下，模型权重数据需要的片外存储空间分别是 705 GB、352 GB、176 GB 和 88 GB。

9.2.3.4　通信分析

最后我们将分析模型的通信需求，主要分析混合并行时因数据并行带来的通信，如表 9.8 所示。数据并行时，从整体上看每个模型副本之间均需要同步模型权重梯度数据，具体由每一个数据并行组内的智能处理器之间执行局部模型梯度的多对多归约操作。数据并行带来的通信量主要与模型参数量有关，多对多归约时需要传输的数据是计算出的梯度和全局平均后的梯度，而权重梯度的数据量等于模型的参数量，所以通信量可以简化为 2 倍的模型权重数据。BLOOM-176B 模型含有千亿级别参数量，这些参数需要在节点间进行同步，导致巨大的通信负担。在 BLOOM-176B 模型训练中，在 Jean Zay 超级计算机上使用 6 个计算节点容纳一个完整的模型，同时以 32 位单精度浮点数据类型表示的权重数据需要 705 GB 的存储空间，那么数据并行梯度数据同步的时间理论上可以在 4.7 秒之内完成。如果每个节点使用 50 Gbit/s 网络进行通信，梯度同步至少也需要 37.6 秒（ $2 \times 705 \times 8/(6 \times 50) = 37.6$ ）才能完成，因此为集群配置高速互联网络是非常有必要的。

表 9.8　混合并行带来的通信内容与通信量

并行策略	通信内容	通信方式	总通信量
数据并行	权重梯度	多对多归约	高
张量并行	算子分区的中间结果	多对多归约	非常高
流水线并行	激活值和激活值梯度	点对点	中

当使用张量并行时，模型并行组内的智能处理器需要将算子分区后的中间结果进行多对多归约，总通信量非常高，具体计算过程留作习题。此外当使用流水线并行时，正向传播时需要传输激活值数据，反向传播时需要传输激活值梯度数据，通信量中等。

除了通信数据量大以外，大模型训练的通信还具有两个特点：（1）通信次数多，无论数据并行、张量并行、流水线并行，均会产生必要的数据通信和同步。（2）通信分布不均匀，由于模型的前向和反向传播时的算子依赖关系，某些层可能需要等待其他层完成后才能通信，导致通信在时间上不均匀。

9.3　大模型系统软件

随着模型规模的不断扩大，传统的深度学习系统软件已经难以满足大模型的特殊需求。大模型系统软件的出现是为了解决这些模型在训练和推理过程中遇到的独特挑战，如模型并行化、存储管理、通信优化等。与传统的深度学习系统软件相比，大模型系统软件更加注重资源利用的高效性、分布式计算的优化，以及模型的可扩展性。此外，大模型系统软件还需要考虑如何在有限的硬件资源上实现超大规模模型的有效训练，如通过模型裁剪、混合精度训练等技术。因此，随着大模型的飞速发展，针对大模型的系统软件是近些年来在学术界和工业界最活跃的研究领域之一，各类行之有效的软件优化方法被提出。然而，这些知识非常琐碎且又在快速更新，我们无法在教材中穷举所有的系统软件工作。在本小节中，我们针对训练和推理两种不同的场景，介绍这些工作背后的原理。

针对训练场景，我们分别从计算、存储和通信三个角度，介绍大模型系统软件是如何更快更好地支持大模型训练。此外，我们额外阐述了大模型训练时的稳定性优化问题。针对推理场景，我们仅从计算和存储角度，介绍在单机单卡环境下加快大模型的推理速度和部署参数量更加庞大的大模型的方法。这一小节的内容供感兴趣的读者了解大模型系统软件在学术界和工业界最前沿的研究动态和技术方案，希望帮助读者快速建立对该研究领域的宏观认知。

9.3.1 训练场景

随着 GPT-4 等大模型的发展，训练这些模型面临三大核心瓶颈：计算墙、存储墙和通信墙，已经超出了传统智能计算系统中软件基础设施的能力。其中，"计算墙"指处理庞大参数和大数据集所需计算量的增长速度超过工艺发展的速度；"存储墙"指的是模型参数、激活值和其他状态占用的存储迅速增长，远远超过单一硬件甚至分布式集群的存储容量和访存带宽能力；而"通信墙"指多计算设备进行分布式训练时的通信量增长速度超过通信带宽增长速度。因此，为了有效地训练如 GPT-4 这样的大模型，解决这三大瓶颈问题变得至关重要。接下来，我们将分别介绍在大模型的系统软件中，针对"计算墙""存储墙"和"通信墙"的典型计算、存储、通信优化技术。此外，针对大模型在长时间训练过程中的故障问题，我们还额外介绍了大模型训练的稳定性优化。在常见的专为大模型设计的训练框架之中（如 DeepSpeed[304]、Megatron-LM[302]、FSDP[301]），都集成了上述各项优化，方便用户的使用。

9.3.1.1 计算相关优化

大模型训练需要极高的算力，算力需求同时正比于模型参数量和训练数据集的规模[366]。例如，训练一次 BLOOM 就需要消耗超过 100 万 GPU 小时，等同于一张英伟达 A100 显卡运行 123 年的计算量。因此，针对大模型训练进行计算优化非常重要。除了通过混合并行的方法尽量使用更多的计算卡参与大模型训练之外，还有一些针对大模型的计算优化方法被提出，如专用数据类型[368-369] 和稀疏化[156,304] 等。

张量的数据类型直接决定了深度学习算法的精度和其在智能硬件上的处理速度。除了传统的单精度浮点数据类型（FP32）和半精度浮点数据类型（FP16）之外，各类智能硬件还设计了专用数据类型，在基于混合精度训练⊖的大模型训练过程中广泛使用。例如，谷歌提出了 BF16 数据类型，英伟达在 BF16 的基础上提出了 TF32（TensorFloat-32）数据类型。在英伟达 A100 GPU 上，TF32 数据类型的运算性能达到了 FP32 数据类型的 8 倍，而 BF16 数据类型的运算性能更是 FP32 数据类型的 16 倍，极大地加速了大模型的训练过程。此外，由于这些数据类型仅牺牲了一定的数据精度，但保留了较大的动态范围，在对精度有一定容忍度的大模型训练过程中，不会影响其收敛行为。

稀疏注意力机制（sparse attention）则是 DeepSpeed 框架中为大模型训练引入的优化方法。注意力机制是大模型中最常见的基本算子，它能够有效捕获输入序列中词元之间的

⊖ 大模型的混合精度训练方法请参见 3.5.5 节。

关系，是大模型的规模得以灵活扩张的基础。在典型的大模型中，GPT-4 的最大输入序列长度可以达到惊人的 32K。然而，这种超长序列的注意力机制的计算量，随着序列长度 s 成平方关系增长，即为 $\mathcal{O}(s^2)$，因此注意力机制的运算成为大模型训练的瓶颈。为了解决这一问题，DeepSpeed 设计了稀疏注意力的方法，可以通过基于块的稀疏运算，将原始注意力机制的计算需求降低几个数量级。具体来说，稀疏注意力机制在原本全局注意力的基础上，额外引入了局部注意力和随机注意力的概念，如图 9.8 所示。它首先计算相邻词元之间的局部注意力，然后再以局部注意力的结果去计算全局注意力。稀疏注意力机制可以将计算量从原本的 $\mathcal{O}(s^2)$ 减少到 $\mathcal{O}(ws)$，其中 $1 \leqslant w \leqslant s$，取决于注意力机制的结构。此外，该方法不仅显著减少了注意力机制的运算量，还缓解了注意力机制的内存瓶颈。最终，通过稀疏注意力机制优化，DeepSpeed 可以用 6 倍的加速比执行 10 倍长的输入序列，优化效果显著。

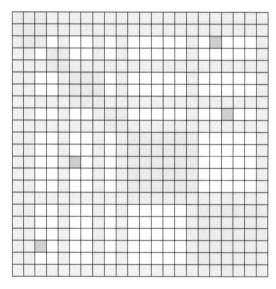

图 9.8　DeepSpeed 中的稀疏注意力机制，其中黄色、绿色和橙色分别表示全局注意力、局部注意力和随机注意力

9.3.1.2　存储相关优化

在介绍针对大模型训练的存储优化之前，我们先回顾下在大模型训练时需要保存的数据，主要可分为以下四类：模型参数、优化器状态、激活值和梯度。模型参数主要由大模型训练得到的权重数据组成。优化器状态是反向传播过程中优化器中的数据。激活值是大模型正向传播得到的每层的输入与输出张量，也称为中间结果。梯度是在大模型训练时反向传播过程中产生的数据。面向大模型训练的存储优化不仅要考虑存储空间受限的问题（即上述庞大的数据量如何分配到有限的存储空间上），还需要考虑访存带宽受限的问题（即

如何更快地完成数据的存取从而不影响大模型训练整体的性能）。接下来，我们分别介绍 ZeRO 系列存储优化、重计算优化和注意力机制融合优化。其中，前两项是针对存储空间受限问题的优化，后一项是针对访存带宽受限问题的优化。

1. ZeRO 系列存储优化

在大模型的训练过程中，其模型参数的数量庞大，难以存放在单个 GPU 或者主机端内存之中。为了解决这一挑战，微软的研究团队在 DeepSpeed 框架之中，提出了 ZeRO 系列存储优化策略，分别是 ZeRO、ZeRO-Offload 和 ZeRO-Infinity。

ZeRO（零冗余优化器）是一种针对大模型训练中数据并行的存储优化技术。在传统的数据并行方法中，每个计算设备都会保存模型权重、梯度和优化器状态的完整副本，导致大量的存储冗余。ZeRO 的核心思想是将这些数据分块并分散到各个设备，确保每个设备只保存一部分。实际使用时可以采取分级优化的方式，首先拆分占据空间最多的优化器状态，接着可以选择叠加梯度存储优化，以及进一步叠加模型权重存储优化。这样，它能够大幅减少每个设备的存储空间使用量，从而使得更大的模型和批量大小成为可能。ZeRO 优化了数据并行带来的存储冗余，同时组合使用张量并行和流水线并行的方法，能够在一个分布式集群中高效地训练大模型。

在此基础上，研究人员进一步考虑在单个智能处理器环境下训练大模型的可行性，提出了 ZeRO-Offload[370]。它为了解决单个 DLP 存储容量不足的问题，使用更加廉价且容量更大的主机端内存来缓解 DLP 片外存储不足的压力，将大模型训练中部分的模型参数和状态卸载（offload）到主机端上进行存储和计算。由于这样的卸载会额外引入 DLP 和 CPU 之间的通信和 CPU 上的计算，需要考虑寻找最优的卸载策略，能够在新引入的通信量不成为瓶颈、不让 CPU 参与过多计算的基础上，最小化 DLP 片外存储的占用。最终，通过 ZeRO-Offload，可以在单张 32 GB GPU 上训练参数量超过 13B 的大模型，且不会牺牲计算效率。

进一步地，ZeRO-Infinity[371] 技术在 ZeRO-Offload 的基础上，从另一个角度为超大规模的大模型训练提供了方法。它不仅涉及 DLP 片外存储与主机端内存之间的交互，更将部分数据，特别是激活值，迁移到了高速的存储介质（如 NVMe SSD 等）上。这种多层次的存储管理策略为大模型的训练提供了充分的灵活性，将存储层次从 DLP 片外存储扩展至了多种不同类型的存储介质上，从而能够支持万亿级别甚至 100 万亿级别的大模型的训练。

2. 重计算优化

在大模型的训练过程中，由于反向传播的需要，正向传播时所有层的激活值都需要保存在 DLP 片外存储中，导致内存的峰值使用过高。重计算优化（recomputation）指的是在正向传播时不保存所有层的激活值，而仅保留部分层的计算结果作为检查点（checkpoint），然后在反向传播时再根据检查点重新计算所需的激活值。重计算优化的核心是用计算换存储，即增加反向传播时的计算量，减少大模型训练时的存储量。这可以在受限的硬件资源下，在计算效率跟存储使用之间做取舍，从而更好地支持大模型的训练。

在进行重计算优化时，选择舍弃哪些正向传播的激活值，保留哪些激活值作为检查点，对重计算优化的效果至关重要。传统的重计算方法将神经网络按基本块进行划分（例如一个 Transformer 层），在正向传播时，仅保留该基本块的初始输入激活值作为检查点，而舍弃基本块内部的激活值。在反向传播时根据基本块与保存的检查点重新计算所有的激活值用于梯度计算。在基于 Transformer 架构的大模型中，这样的方法会额外增加 30%~40% 的计算量。为解决这一问题，Megatron[372] 设计了选择性重计算（selective activation recomputation）方法，通过对 Transformer 层内部计算量和存储量的量化分析，选择性地将中间层的激活值保留或舍弃，最终能够在引入可忽略不计的计算量的前提下，将激活值的存储使用减少为原来的 1/5，具体的分析过程请见参考文献 [367]。

3. 注意力机制融合优化

注意力机制是大模型中 Transformer 的核心运算，它可以表示为关于 Q、K 和 V 的 $\text{softmax}(QK^\top)V$ 运算。在上一节中介绍过，这一部分的计算访存比较低，并且运算量和序列长度 s 的平方成正比，其计算过程中连续两次矩阵乘法的中间结果张量（形状为 (b, n, s, s)）的大小也与 s^2 成正比，因此较长的上下文长度会引发较大的访存量，进而影响整体训练的性能。如果能将这两次的矩阵乘法进行融合，则能将对于片外存储器的访问转换成对于片上存储器的访问，而后者具有更高的带宽，从而可以提高总体的运算性能。FlashAttention[373] 的工作就基于这样的思想对注意力模块的融合方法进行了探究，其提出的算法可以对带有 softmax 的矩阵乘法进行分块和融合，从而避免了 $\mathcal{O}(s^2)$ 的片外访存。算法 9.1 简单介绍了该算法，其中 Q、K 和 V 被分块进行运算，下标 i 和 j 分别表示分块的编号，O 为结果张量。softmax 函数可以表示成 $\dfrac{P(x)}{l(x)}$，其中 $P(x) = [e^{x_1 - m(x)}, \cdots, e^{x_n - m(x)}]$ 表示指数部分，$m(x)$ 表示 x 的最大值，$l(x) = \sum P(x)_i$ 为指数部分的和。由于在 softmax 的维度（序列维度）进行了分块，分块计算时块内的最大值不等于整个序列维度的最大值，因此需要对 m 和 l 都进行动态更新，然后对之前的计算结果进行修正。通过 FlashAttention 优化能够获得最高 3 倍的性能提升，效果显著。

9.3.1.3　通信相关优化

大模型训练涉及大量的参数交换和更新，特别是在分布式训练环境中。例如，训练 GPT-4 可能涉及数十亿甚至数万亿的参数，这些参数在多个计算节点之间同步时会产生巨大的通信开销。因此，针对大模型训练的通信优化显得尤为重要。通信优化针对此问题，旨在减少数据传输量、提高通信效率和减少通信与计算的竞争。相关优化技术如 3D 并行参数调优[374]、梯度压缩[375] 和通信拓扑优化[376] 等，已被广泛研究和应用，有效地缓解了大模型分布式训练中的通信瓶颈，进而使实现更大规模的模型训练和更高的训练速度成为可能。

算法 9.1　　Attention 融合算法

1: **for** $j \leftarrow 1$ to M **do**

2:　　将 $\boldsymbol{K}_j$ 和 $\boldsymbol{V}_j$ 从片外存储空间拷贝到片上存储空间

3:　　**for** $i \leftarrow 1$ to N **do**

4:　　　　将 $\boldsymbol{Q}_i$，$\boldsymbol{O}_i$，l_i 和 m_i 从片外存储空间拷贝到片上存储空间

5:　　　　计算 $\boldsymbol{S}_{ij} = \boldsymbol{Q}_i \boldsymbol{K}_j^\top$

6:　　　　计算 $m_{ij} = \text{rowmax}(\boldsymbol{S}_{ij})$，$\boldsymbol{P}_{ij} = e^{\boldsymbol{S}_{ij} - m_{ij}}$，$l_{ij} = \text{rowsum}(\boldsymbol{P}_{ij})$

7:　　　　更新 $m_i^{\text{new}} = \max(m_i, m_{ij})$，$l_i^{\text{new}} = e^{m_i - m_i^{\text{new}}} l_i + e^{m_{ij} - m_i^{\text{new}}} l_{ij}$

8:　　　　将 $\boldsymbol{O}_i \leftarrow \text{diag}(l_i^{\text{new}})^{-1}(\text{diag}(l_i) e^{m_i - m_i^{\text{new}}} \boldsymbol{O}_i + e^{m_{ij} - m_i^{\text{new}}} \boldsymbol{P}_{ij} \boldsymbol{V}_j)$ 拷贝到片外存储空间

9:　　　　将 $l_i \leftarrow l_i^{\text{new}}$ 和 $m_i \leftarrow m_i^{\text{new}}$ 拷贝到片外存储空间

10:　　**end for**

11: **end for**

我们以 DeepSpeed 中专为大模型训练引入的 1-bit Adam 算法优化为例，介绍大模型训练的通信优化方法。Adam 是深度学习中常用的优化器，但在大模型训练需要的分布式环境中，传统的 Adam 算法需要传输 32 位的浮点数，导致通信开销巨大。为了解决这一问题，DeepSpeed 推出了 1-bit Adam 算法。该算法将浮点数压缩为 1 位，大大减少了通信所需的带宽。具体来说，1-bit Adam 在每个训练步骤中首先计算出梯度的均值和方差，然后使用这些统计数据将梯度量化为 1 位，从而将原始的 32 位梯度值压缩为 1 位，减少了通信的数据量。此外，1-bit Adam 还采用了累积误差修正机制，确保量化过程中的误差不会累积。最终，通过 1-bit Adam 算法优化，DeepSpeed 可以在保持模型精度的同时，将通信量减少为原来的 1/5，并获得最高 3.3 倍的训练性能提升。

9.3.1.4　稳定性优化

在训练大模型时，模型训练不仅需要更多的硬件资源投入，也将耗费更长的运行时间。这都会导致任务故障发生得越来越频繁，严重影响了整体训练效率。例如，BLOOM 模型使用 384 个智能处理器训练 105 天，其中每周会遇到 1~2 个硬件故障，还多次出现导致 5~10 小时停机的严重问题。在这种背景下，为了减少故障对大模型训练的影响，大模型训练的稳定性优化成为大模型系统软件中一个重要的议题。

在深度学习领域，检查点恢复技术作为回滚机制已被广泛采纳。这种技术的核心在于定期将模型的状态备份到稳定的非易失性存储中。一旦遭遇任务故障或失败，系统可以利用之前存储的检查点数据回滚至某一特定时刻的状态，从而确保其连续和稳定的运行。值得注意的是，对于大模型计算系统，随着系统复杂度的增加，尤其在长时间、高负载的运行条件下，硬件故障的概率也会显著提高。因此，检查点恢复技术显得尤为重要，它为提高大模型训练的稳定性提供了一种有效的策略。此外，训练过程需要定期评估模型在验证

集上的性能，定期保存的检查点可以让程序员在不同的训练阶段进行模型评估，选择在验证集性能最好的模型进行部署或进一步研究。常见的策略是每隔固定的训练迭代次数就保存一次检查点，这样可以确保在训练过程中遇到任何问题时，都可以从近期的检查点恢复，而不会丢失太多的进展。如在 BLOOM 模型的训练中，研究人员每 3 小时（100 次迭代）保存一个检查点，这样可以将每周因为故障引起的平均损失控制到约 1.5 小时的训练成果上。

检查点恢复技术的实现可分为两个层级：系统级和应用程序级。从系统级的角度看，该技术涉及对整个程序状态的完备捕获，这意味着需要为保存状态分配更多的数据存储空间，但是用户不需要修改程序代码。应用程序级检查点恢复方法更为灵活，允许用户有选择性地、细粒度地去控制保存数据，这也意味着，用户需要在代码中明确定义并标识哪些部分应被包含在检查点中，并确定最佳的控制点，同时需要主动设置检查点生成以及恢复重启方式，这也带来了额外的编程复杂度和工作量。在各种深度学习框架中，应用程序级检查点技术已经得到了广泛的支持和采纳，应用级别的检查点恢复策略已经成为主流。

检查点保存操作会引入额外的资源开销，因此如何优化检查点保存过程以提升模型的整体训练效率成为一个研究热点。在保存检查点的过程中，模型参数不能发生更新，训练的计算会暂停，这意味着如果能加速此过程，就有可能加快模型的训练速度。Check-N-Run[377]、CheckFreq[378] 等工作通过差分检查点（differential checkpointing）、量化、压缩等方法减少检查点文件的大小，优化检查点数据的存储效率；Gemini[379]、GPM[380] 等工作通过将检查点放入更高速的存储层次（主机端内存、NVMe 固态硬盘等）中，提高数据写入的速度，减少存储检查点的时间，从而减少训练中断的时间；Gemini[379] 等工作通过优化调度的方式，减少数据传输与系统内其他消息传递产生的冲突，从而提高整体系统的吞吐量。

9.3.2 推理场景

大模型的规模和复杂性均呈现逐渐增长的趋势，这为我们带来了更为优越的性能，但同时也造成模型推理速度的减缓和模型部署成本的提高。然而，对于大模型用户而言，大家想用尽量少的代价（更少的计算资源，如仅仅使用一张计算卡）来完成模型的高效部署（更好的性能）。因此，大模型推理优化在实际应用中的重要性不容忽视。本小节从计算和存储两个角度，分别介绍大模型推理相关的优化技术，这些技术被广泛应用于常见的大模型专用推理框架中（如 FasterTransformer[381] 和 TensorRT-LLM[382]）。值得一提的是，由于大模型推理往往在单个计算节点内完成，此处较少涉及通信相关的优化。

9.3.2.1 计算相关优化

相比于卷积神经网络，大模型的推理具有显著的动态性。该动态性体现在模型生成序列的长度和具体的任务相关，高度不可预测。针对这一特点，本节介绍三种相关的优化，包括通过动态任务切换的批处理优化方法、缓存过去的生成结果以避免重复计算的键值缓存优化方法，以及使用低成本模型动态替代的猜测采样优化方法。这些优化方法能显著提高大模型推理的吞吐性能。

1. 批处理优化

以 Transformer 为核心的大模型主要由矩阵乘法以及批量矩阵乘法算子构成，在批量大小 (batchsize) 较低时，该类型的算子表现为访存瓶颈，导致硬件的计算利用率不高。为了提高利用率，一种简单的方式是提高批量大小。图 9.9 展示了两种常见的批处理优化方法。其中图 9.9a 静态地将多个任务进行批处理，该方法静态地设计一个最长的序列长度，若有任务提前结束（即输出"END"），则其需要等待同一个批量中所有任务都完成后才能结束，因此会由于负载不均衡导致整体的吞吐量较低。图 9.9b 是一种连续批处理（continuous batching）方法，该方法动态地对任务进行批处理。当一个任务提前结束时，其会动态地选择一个新的任务进行处理，其中选择策略对于最终的吞吐率有很大的影响。一种常见的选择策略是先到先服务策略（First Come First Served, FCFS），该策略按照任务到达的顺序进行调度。

T1	T2	T3	T4	T5	T6	T7	T8
S1	S1	S1	END				
S2	S2	S2	S2	S2	END		
S3	S3	S3	S3	S3	S3	S3	END
S4	S4	S4	S4	END			

T1	T2	T3	T4	T5	T6	T7	T8
S1	S1	S1	END	S5	S5	S5	S5
S2	S2	S2	S2	S2	END	S6	S6
S3	S3	S3	S3	S3	S3	S3	END
S4	S4	S4	S4	END	S7	S7	S7

a）多个任务直接批处理　　　　　　　b）连续批处理方法

图 9.9　大模型批处理优化

2. 键值缓存优化

键值缓存（KV cache）优化指在处理一个序列时，通过缓存过去的生成结果以避免重复计算的方法，从而减少大模型推理的计算量。如图 9.10 所示，模型在推理时需要进行多轮的计算和采样以生成完整的序列。例如在第四轮中，之前已经计算过"智能计"三个字的特征，之后又采样出"算"字，需要在本轮采样中计算"智能计算"四个字的特征。在第三轮的计算中，关于"智能计"三个字的键（Key）和值（Value）已经计算过一遍，因此第四轮无须进行重复计算。键值缓存机制将这些计算过的特征进行缓存，在下一轮计算前和新采样出的字的特征（"算"字）进行拼接，然后进行注意力模块的计算。由于采样时并不关心之前的查询（Q 值），因此键值缓存无须对查询数据进行缓存。这样的缓存策略可以降低推理时实际运算的序列长度，从而降低运算量，然而却需要以更大的存储占用为代价。假设模型的层数是 n_{layer}，隐藏层维度是 d_{model}，数据类型为 FP16，则每个词元的键值缓存需要额外占用 2 (键缓存和值缓存) ×2 (FP16 数据类型占 2 字节) $\times s \times h \times l$ 的存储空间。以 BLOOM-176B 模型为例，每个词元需要约 4 MB 的键值缓存空间。在典型长文本任务场景下，假设序列长度达到 8192，则一共需要 32 GB 的存储空间，存储空间开销不可忽略。

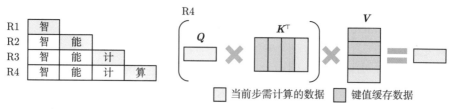

图 9.10　大模型推理时的重复运算

3. 猜测采样优化

猜测采样（speculative sampling）的基本思想是利用推理成本低的模型预测，以替代推理成本高的模型的部分结果。大模型采用串行采样模式，对机器的利用率低，导致性能较差。不同于串行的采样，如果使用大模型对一个给定的序列并行地进行得分的计算，虽然总的计算量不变，但是最终的运行性能往往更优。因此，该方法使用低成本模型进行多步的采样，然后使用高成本的模型对采样结果进行验证，如果验证不通过，则重新采样。具体地，该方法的步骤如下：

（1）使用低成本模型连续串行采样 k 次，并输出每个采样结果 x 的采样概率 $q(x)$。

（2）使用高成本模型对采样结果进行一次评估，并计算每个采样结果 x 的采样概率 $p(x)$。

（3）依次遍历每个采样结果以 $\dfrac{p(x)}{q(x)}$ 概率接受。若拒绝，则重新采样，并返回步骤（1）。

（4）如果这次投机采样的结果均被接受，则返回步骤（1）对后续的词元开始下一次投机采样。

通过这种接受拒绝采样方式（acceptance-rejection sampling），对于任意的一个分布 q，这样采样获得的文本序列符合高成本模型的输出分布。当然，并不是说低成本模型就可以随便选择，如果低成本模型表现不佳，那么就会频繁地返回步骤（1），从而导致推理性能相比于直接使用高成本模型采样的方法下降。一种较为可行的方式是采用该模型低位宽量化后的版本作为低成本模型，量化后的模型一般代价更低，且精度差别不大。这一类方法由于使用多个模型进行预测，且不能频繁加载模型（大模型权重加载开销很高），需要同时在存储里加载多个模型，因此会导致额外的存储开销。

9.3.2.2　存储相关优化

大模型的推理对存储需求极高，从而限制了其部署的场景。本节介绍两种大模型特有的存储相关优化，包括键值缓存分页优化以及存在异常值场景下的量化优化。这些优化方法降低了模型部署对于存储的需求，同时也可以用来提升多任务场景下大模型服务的吞吐。

1. 键值缓存分页优化

由于前述的键值缓存优化中，其序列长度是任务相关，高度可变且不可预测的。系统在分配相关存储空间时，由于碎片化和过度保守的分配策略（为所有任务提前分配最大额的空间），可能导致 $60\% \sim 80\%$ 的存储浪费。这样的存储浪费导致模型推理时批处理数目较低，从而限制了整体的吞吐量。针对键值缓存的分页优化借鉴了操作系统中的分页思想，通过分页的方法提高系统对存储的利用率。图 9.11a 对应无优化的键值缓存分配策略，其中约有 29% 的空间由于碎片化和这种保守策略而被浪费。在图 9.11b 中，该方法将每个序列的键值缓存划分为块，每个块包含固定数目词元（token）的键（key）和值（value），采用非连续的存储分配方案，其中块内数据连续，则可以将空间浪费率降低至 5.5%，从而可以在相同存储空间内进行更大批处理数目的推理。

我	爱	语	文					
我	爱	数	理	化				
我	爱	智	能	计	算	系	统	

a）无优化情况

块1	块2	块3	块4	块5	块6	块7	块8	块9
我	语	我	数	化	我	智	计	系
爱	文	爱	理		爱	能	算	统

b）分页优化

图 9.11　键值缓存存储空间分配

2. 量化优化

在 3.5 节中，我们已经介绍过针对神经网络的量化方法。量化通过使用低位宽数据代替原本的高位宽数据，能够显著减少神经网络推理所需的计算和存储资源。相比于卷积神经网络的量化，大模型量化的难度更高。大模型的量化难度主要体现在激活值的量化上，研究表明，激活值张量在通道维度（channel）上存在少量（约 0.1% 左右）的异常值。这些值取值大小远大于其他通道，如果使用一个缩放系数对整个张量进行量化，则会导致取值较小的通道（绝大部分）有严重的精度损失，导致整体精度较差。例如，在一个参数量为 6.7B 的大语言模型中，就会存在大约 150 000 个异常值，并且造成超过 20% 的精度损失[217]。

这里介绍三种解决思路，包括仅权重量化、混合精度分解以及量化难度转移。首先是仅权重量化，顾名思义，其只对权重进行量化。这类方法可以将权重量化到更低位宽，极大程度降低模型大小，甚至可以使大模型在个人笔记本上运行。该方法在实际运算时，在线地将量化的权重转换成和激活值相同的精度，从而利用现有的算子库进行运算加速。相比于不进行量化，该方法由于存在权重精度转换，引入了额外的计算开销，在推理速度上没有提升。该方法被用于 GLM 等模型中，这类模型激活值中异常值占比更高，不适合对激活值量化。然后是混合精度分解，其思路是对激活值张量中难以量化的部分保留高位宽，对容易量化的部分采取低位宽，该方法能在 8 比特位宽下做到精度近乎无损。在实现中，由于张量不同通道的量化难度不同，所以该方法将激活值按照难易程度进行分块，并对权重进行相应的分块，于是原来的矩阵乘法转变为分块矩阵乘法。然而因为该方法缺少高效的算子支持，所以其性能相比量化前没有显著的提升。最后是量化难度转移方法，其将激活值的量化难度适度地转移到权重上。该方法将激活值张量按通道乘以一个缩放系数并让权重张量乘以相应系数的倒数，这样在确保运算结果不变的同时按通道调整了激活值张量的取值范围，降低其量化难度。该方法能用 8 比特近乎无损地进行模型量化，并可以较为有效地利用 8 比特位宽运算单元和算子实现，实现较好的加速比。

9.4　大模型基础硬件

随着大模型规模的持续增长，单个智能处理器的计算和存储资源已不足以满足模型训练的需求。在这种情况下，大模型训练必须依赖于大量智能处理器的协同计算，这对于系统的设计和运行都提出了新的要求。本节将从单机多卡配置的大模型计算节点着手，介绍计算节点内部的拓扑结构和处理器间的互联方式；然后通过增加更多的计算节点，构建包含多机多卡的大模型计算集群，并讨论影响集群横向拓展效率的几个关键因素，包括系统结构、网络拓扑和网络传输。

9.4.1　大模型计算节点

大模型计算节点内包含不同类型的处理器，带来的一大挑战就是互联，因此需要对不同的协议和方案的组件进行整合，构建一个完整的异构计算系统。在本节中，我们将讨论典型大模型计算节点的内部拓扑结构、智能处理器的互联和计算节点的未来发展，它们对于设计一个高效的纵向扩展系统具有重要影响。

9.4.1.1　计算节点的拓扑结构

如图 9.12 所示，单个大模型计算节点主要包括若干 CPU 构成的控制单元、主机端存储单元（图中未画出）和若干 DLP 板卡构成的计算单元，DLP 作为加速卡通过 PCIe 链路和主机端 CPU 进行数据交互。通常情况下，CPU 与 DLP 板卡会通过 PCIe 链路交换机（也称为 PCIe 交换芯片，PCIe Switch）间接连接，一是因为处理器的 PCIe 通道资源有限，这样可以节省资源去连接其他资源（例如以太网卡、磁盘阵列卡、NVMe 硬盘等）；二是因为通过 PCIe Switch 直接连接的 DLP 板卡之间可以直接通信，而不需要经过处理器转发。值得注意的是，与 CPU 直接相连的网络接口卡（Network Interface Card，NIC）通常是接入业务网，承载服务器日常的 IP 通信任务，与 PCIe Switch 相连的网络接口卡通常接入高速互联网络，满足计算任务的高带宽和低延迟通信需求。

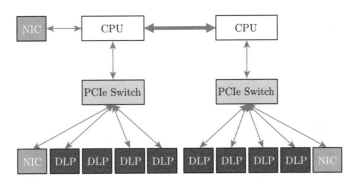

图 9.12　以深度学习处理器为计算核心的大模型计算节点

在以深度学习应用为主的负载下，主机端 CPU 与设备端 DLP 需要进行大量数据交互，由于 PCIe 的灵活性，主机端与设备端的互联拓扑可以协同设计以满足负载应用的需求。如图 9.13 所示，第一种拓扑为平衡型，DLP 板卡平均分配到了每个 CPU，同一个 PCIe Switch 下的 DLP 板卡可以实现点对点的直接通信[⊖]，连接至不同 PCIe Switch 的 DLP 板卡需要通过处理器间的互联总线才能通信[⊖]；第二种拓扑是通用型，DLP 板卡分为两组连接至不同的 PCIe Switch，但是同时连接至了同一颗 CPU，同一个 PCIe Switch 下的 DLP 板卡仍然可以实现点对点直接通信，连接至不同 PCIe Switch 的 DLP 板卡需要通过处理器内部转发才能通信，不涉及处理器间的互联总线；第三种拓扑是级联型，DLP 板卡分为两组连接至不同的 PCIe Switch，PCIe Switch 之间采用级联的形式，所有 DLP 之间均可实现点对点直接通信，不需要通过处理器转发；第四种拓扑是直连型，DLP 板卡直接连接到处理器，所有 DLP 之间均需要通过处理器内部转发才能通信。

不同拓扑结构主要影响的是：（1）处理器与 DLP 板卡之间的总通信带宽；（2）DLP 板卡之间互相通信的带宽；（3）DLP 板卡之间互相通信的延迟。这些差异会影响具体计算业务的实际性能，因此根据应用场景需求选择适合的拓扑结构，有助于提高应用的计算处理能力，从而实现计算资源的优化配置。服务器厂商预先制造不同拓扑的服务器主板，智能处理器供应商制造行业标准的 PCIe 拓展卡（例如全高全长双槽位形态的寒武纪 MLU370-X8 和英伟达 A100 PCIe GPU），可以减少智能处理器适配以及整体解决方案落地所需的时间和精力。

9.4.1.2　智能处理器的互联

上述几种拓扑结构下，单台服务器内的 DLP 之间通信均通过 PCIe 链路传输，然而从 2010 年发布 PCIe 3.0 版本至 2022 年发布 PCIe 6.0，其链路带宽仅为 12 年前的 8 倍。

⊖　如果没有点对点通信，来自 DLP 的数据将首先复制到主机端固定的共享内存，然后再复制到目标 DLP 的片外存储空间，数据在到达目的地之前需要被复制两次。

⊖　此时仍然支持点对点通信，无须复制至内存，不过因为需要经过处理器转发以及经过互联链路，所以延迟相比同一个 PCIe Switch 下会略高一些。

目前广泛使用的 PCIe 4.0 协议在 16 通道（PCIe 4.0 x16）下仅提供 32 GB/s 的单向带宽，两个 DLP 之间双向带宽仅为 64 GB/s，已无法满足大模型训练时张量并行带来的通信需求。为了解决这个问题，可以通过 DLP-Link 高速互联技术提高通信效率，DLP-Link 高速互联相较于 PCIe，使用了更大的传输位宽，并且因为应用场景更明确，摆脱了 PCIe 协议其他的限制，目前可以实现相较于 PCIe 4.0 x16 十倍以上的传输带宽。因此，将智能芯片通过 DLP-Link 高速互联构建多芯片互联网络，系统中的 DLP 之间就能绕过传统的 PCIe 链路，实现高带宽和低延迟的点对点通信，让配置多个 DLP 的异构计算系统实现高速的数据传输和共享。

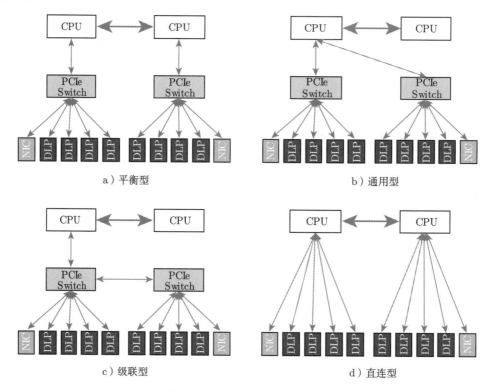

图 9.13   服务器的不同拓扑对比

多芯片互联网络的拓扑结构有很多种（相关介绍详见 7.3.1 节），常见的包括环状、2D 环面、超立方、胖树等结构。实际上，互联网络可以是少数几个 DLP 之间的局部连接，也可以是系统内 DLP 间的全局连接。因此单台服务器内可以包括多个芯片互联网络，例如在单台配置 8 个 DLP 的服务器内，可以设计 4 个小环（DLP 之间两两互联）、2 个中环（4 个 DLP 构成一个中环）或 1 个大环。如图 9.14a 所示，4 卡 DLP 桥接器实现了同一个 PCIe Switch 下的 DLP 的环状连接，环上相邻的 DLP 可以直接通信，环上不相邻的 DLP 之间可以通过其他 DLP 转发实现通信或者使用 PCIe 链路通信。为了实现更灵活的

DLP 访问，理想的情况是实现 DLP 之间的全连接，但是朴素的方案（将通信端口或者信道进行均匀拆分后直连）会导致 DLP 两两之间通信带宽的下降，因此可以考虑通过连接DLP 至交换机的形式，将多个 DLP 通过交换机互相连接，实现 DLP 之间的最大速率连接，如图 9.14b 所示，任意两个 DLP 之间均可通过 DLP 交换机转发实现全速通信，只有DLP 与 CPU、DLP 与网络接口卡的通信仍然需要通过 PCIe 链路实现。

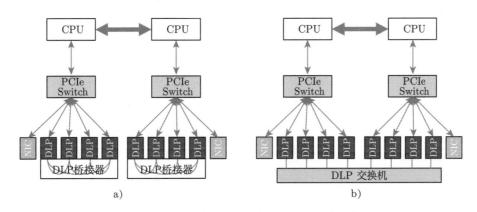

图 9.14　进一步发展的节点内 DLP 互联形式

具体到实际计算节点上，行业标准的 PCIe 拓展卡外形尺寸，无法满足上述提到的各种智能处理器互联需求，因此各类非标准 PCIe 拓展卡的新形态加速器（例如英伟达的 SXM形态）不断被推出，但这反而增加了智能处理器与系统适配的成本。为了解决这一问题，开放计算项目（Open Compute Project，OCP）下的开放加速器基础设施（Open Accelerator Infrastructure，OAI）子项目组提出了一种通用加速器基础设施的方案。该方案推出了更加开放的 OCP 加速器模块（OCP Accelerator Module，OAM），使其与解决方案无关，并被定义为可被不同加速器供应商采用的通用外形，有助于在服务器上实现更优的智能处理器的互联。

9.4.1.3　计算节点的发展

对于单一计算节点来说，研究者和工程师们正致力于不断地挖掘和探索如何融合更先进的处理器、强化存储能力和优化通信技术。对于异构计算的节点，这主要表现在对主机端与设备端的性能的不断优化，以及强化两者之间数据通信与交互能力。

从主机端来看，英特尔的至强可拓展系列和 AMD 的霄龙系列处理器都在持续地刷新其性能纪录。它们不仅持续地增加处理器的核心和线程数，更加入了先进的硬件指令集，例如 AVX-512 和 AMX 指令集，以极大地提高数据处理能力。此外，内存通道从早期的 4 通道已经扩展到 8 通道，甚至朝 12 通道的方向迈进。这种发展不仅增强了存储容量，同时也提高了存储带宽。因此，计算节点现在能够支撑更大的网络模型并高效预处理大量数据。

而在设备端，随着半导体芯片制造工艺和封装技术的不断进步，新一代的智能处理器能够集成更多的晶体管，从而提供更为强大的计算能力。特别值得注意的是，高带宽内存（High Bandwidth Memory, HBM）的应用，以及为芯片配置更大的一级缓存和二级缓存，都有效地缓解了访存瓶颈，提升了硬件计算单元的实际利用率，从而大幅提高了大模型的处理速度。

通信技术也并未停滞。例如，CXL（Compute Express Link）技术的问世，为处理器与加速器之间的通信建立了一个更高效、低延迟的桥梁，其性能相较于传统的 PCIe 链路有了质的飞跃。而基于 400Gbit/s 或更高带宽的先进网络技术，则为服务器间建立了一个大容量、低时延的通信网络，这对于支持大规模的分布式计算具有重要意义。

9.4.2　大模型计算集群

虽然有许多不同的策略可以提高单台节点的处理能力，但是将尽可能多的计算设备集中在尽可能小的体积内会面临故障点增加、散热复杂、成本高等问题。因此面对日益增长的算力需求，最好的办法是将计算扩展到多个节点，利用越来越多的加速器，这意味要构建一个包含多个计算节点的横向扩展系统，形成多机多卡计算集群。横向扩展的一个主要挑战是，并非所有的算法都适合分布式计算模型，但事实上，大模型的计算非常适合使用分布式的计算模型，并且通过合理的拆分方式，在计算集群上仍然保持了很高的执行效率。在本节中，我们将基于上一小节介绍过的智能计算节点构建的大模型计算集群，讨论计算集群的系统结构、网络拓扑和网络传输，它们对于设计一个高效的横向扩展系统具有重要影响。

9.4.2.1　计算集群的系统结构

如图 9.15 所示，多机多卡集群配置大量的计算节点，配置若干登录管理节点进行集群管理工作，同时为了确保节点之间对数据的统一访问以及高速通信，集群还应该配置统一的网络数据存储（Network Attached Storage，NAS）和多套互联通信网络。

多机多卡集群的核心是智能计算节点，每个智能计算节点包含常规通用处理器以及多块智能处理器。特别地，为应对大模型计算对通信带宽的需求，不同于传统高性能计算（High Performance Computing，HPC）集群通常为每个计算节点配备一张网络接口卡的配置，智能计算集群为每个智能处理器配置单独的一张网络接口卡，从而提供更大的通信带宽和更高的吞吐量。

统一的网络存储可以确保数据的快速共享访问，提高数据处理效率，简化数据一致性和完整性的维护，增强系统的可用性和容错能力，同时减轻管理和维护的负担，提高系统的扩展性。对于单一智能计算节点而言，一般使用其本地数据存储，但是大模型的并行计算需要同时由多个计算节点处理，统一的存储系统允许所有节点共享数据访问，这意味着任何节点都能访问文件系统中的数据，而不必进行复杂的数据同步或者数据复制操作。此外，存储系统还必须具备优越的扩展能力，以适应持续增长的数据存储需求，并通过冗余的系统设计确保没有单点故障，从而避免由于存储问题造成的大模型训练中断。

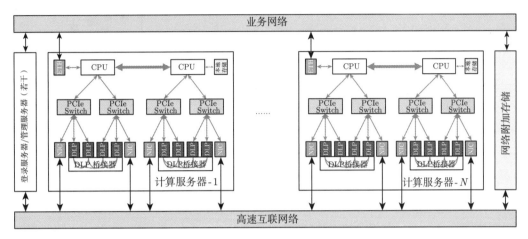

图 9.15　以大量智能计算节点为核心构成的多机多卡集群

高速互联网络是集群网络的核心，这一网络设计着重于满足计算任务的高带宽和低延迟需求。InfiniBand（IB）、Omni-Path Architecture（OPA）和 RDMA over Converged Ethernet（RoCE）等先进的高性能互联技术都在此范畴内被广泛应用。除了高速互联网络外，业务网络一般采用以太网技术，承载日常的 IP 通信任务，用户对集群的访问以及文件传输、管理服务器与计算服务器间的通信和集群的基本维护，均使用该网络。除此以外，随着数据量的增长和存储需求的多样化，部分集群开始配置专用的存储网络，减少网络存储的数据传输对计算任务和业务的干扰。

9.4.2.2　计算集群的网络拓扑

在多机多卡集群中，计算节点之间的网络拓扑变得尤为关键。网络拓扑的横向扩展能力确保了系统能够有效增加更多的计算节点，并且在处理大量并行工作负载时能够维持高效性能，从而支持更大规模的计算和数据处理需求。为了实现这一目标，研究者和工程师设计了各种网络拓扑，以优化通信路径、增加带宽并减少延迟。这些拓扑结构的选择和设计，直接决定了系统的通信效率、容错性和扩展性。接下来介绍三种常见的网络拓扑结构（见图 9.16）：胖树（fat-tree）、蜻蜓拓扑（dragonfly）和三维环状拓扑（3D torus）。

- 胖树拓扑是一种树形结构，其拥有均衡的带宽，每一层的带宽都是上下对等的，以避免树的上层（靠近根部）成为瓶颈。此外还具备一定的容错性，如果某些链接或交换机失效，数据仍可以通过其他路径传输。随着节点数量的增加，胖树拓扑的复杂性也增加，导致更多的硬件成本和管理难度。

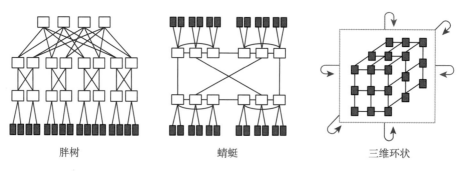

图 9.16   网络拓扑对比

- 蜻蜓拓扑是一种分层的网络拓扑，其拥有高效的路由选择，只需要少量的跳跃，即可将数据从一个子网传输到另一个子网。同时具备很强的拓展性，可以通过添加更多的子网络来轻松扩展蜻蜓拓扑。但同时其路由策略和拥塞控制都相对复杂。
- 三维环状拓扑是一种立体的网格拓扑，其中的节点在三个维度上都进行了规则排列，并与其邻居相连。结构简单明了，相邻的节点在物理上也相互靠近，在某些计算工作负载中是有优势的。对于长距离的通信，可能需要多个跳跃，这可能会导致带宽瓶颈。

此外，我们还应该对横向扩展系统中的本地带宽和全局带宽进行区分。本地带宽指的是物理上相邻智能处理器的通信带宽，而全局带宽则用于提供整个系统的跨节点连接。对于大模型训练而言，张量模型并行带来的通信开销最大，因此应该将张量模型并行的范围控制在服务器本地，然后使用流水线并行来跨服务器扩展更大的网络模型。

9.4.2.3   计算集群的网络传输

在多机多卡集群中，高速互联网络的传输效率也十分关键。在传统数据中心中，网络传输通常基于以太网和 TCP/IP 协议，并且 Linux 等操作系统将内存划分为用户空间和内核空间，因此无论对于数据发送方还是接收方，均需要进行多次内存拷贝，并经过一系列的网络协议栈处理。多层协议处理需要消耗大量的 CPU 资源，在进行高速网络通信时会消耗更多，导致用于计算任务的 CPU 资源减少，此外用户态与内核态的上下文切换也会对应用的性能带来一些负面影响。为了解决这个问题，远程直接内存访问（Remote Direct Memory Access，RDMA）技术被广泛应用，它可以将数据直接从一台计算机的内存传输到另外一台计算机的内存中。相较于 TCP/IP，RDMA 零拷贝（zero copy）减少用户空间和内核空间来回复制数据的开销，内核旁路（kernel bypass）减少了软件调用的开销（见图 9.17），这些都不需要双方操作系统内核参与，因此 RDMA 具有高吞吐、低延迟和低 CPU 开销的特点。

对于智能计算系统而言，智能处理器之间需要采用支持 RDMA 或类似技术的传输方式，因为跨节点的分布式计算过程中，数据需要从一个智能处理器传输到另一个智能处理器，高吞吐、低延迟和低 CPU 开销的通信方式有助于实现高效的数据通信。如果直接使用 RDMA 技术，发送方 DLP 中的数据需要先拷贝至所在服务器节点的主机端内存，再使用 RDMA 发送至接收方所在服务器节点的主机端内存，再拷贝至 DLP 中的存储，DLP 上的数据经过了 CPU 的处理和多次拷贝，这种额外的数据传输是需要避免的。

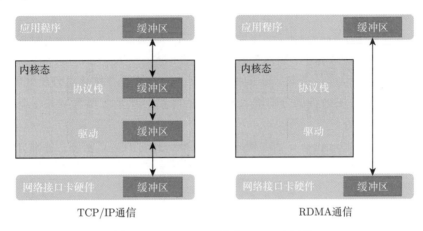

图 9.17 TCP/IP 通信与 RDMA 通信

因此，DLP 可以直接与 RDMA 网络接口卡直接进行通信，无须通过 CPU 或主机端内存参与数据转发，进而降低数据传输延迟，加快数据交换速度，并减轻 CPU 负载。另外，由于部分 DLP 与 RDMA 网络接口卡位于同一 PCIe Switch，只有一条链路连接到 CPU，这部分 DLP 与接口卡实际上共享了一条至 CPU 的链路。当它们都向 CPU 发送数据时，实际可用带宽会降低，DLP 无法满速收发数据，导致通信效率降低，通过 DLP 与 RDMA 网络接口卡直接通信可以避免这个问题。

9.5 本章小结

本章从智能计算系统软硬件栈的角度，介绍了如何构建高效的面向大模型的计算系统。首先分析了大模型的算法，指出大模型对软硬件系统的需求；随后以 BLOOM-176B 模型作为驱动范例，介绍了大模型训练的执行过程并进行了简单的分析；紧接着聚焦大模型相关软件优化；随后介绍运行大模型的基础硬件，并讨论了大模型计算节点和计算集群。

习题

9.1 调研 GPT 模型和 BERT 模型，简述下一词预测（Next Token Prediction, NTP）任务和下一句预测（Next Sentence Prediction, NSP）任务的区别，并分析这两个模型各

自的优缺点。进一步调研自回归语言模型和自编码语言模型，阐述两种语言模型各自的优缺点。

9.2 计算 BLOOM-176B 模型的参数数量，写出表达式并代入实际值计算。可以使用词汇表大小（$V = 250680$）以及表 9.3 中的符号。注：两个嵌入层的权重是共享的，参数矩阵互为转置。

9.3 本章评估单个解码器块在正向传播时的浮点运算量（见表 9.5）时，忽略了哪些运算？分析并指出各部分运算的输入和权重的张量形状。

9.4 执行大模型推理任务时，正向传播可以使用键值缓存优化，分析此时 BLOOM-176B 模型的单个解码块内各部分的输入和权重的张量形状（忽略模型并行造成的影响），并计算此时的运算密度。

9.5 接上题，将 $b = 1$、$s = 256$ 代入计算，得到此时的运算密度，各部分的计算是计算密集型还是访存密集型？将 $b = 16$、$s = 256$ 代入计算并对比，分析并简述使用批处理时模型吞吐提高的原因。

9.6 表 9.5 的分析未考虑张量并行。如果实际执行时采取张量并行的策略，将单个解码器块的计算分配至 t 个智能处理器完成，各部分运算的输入、权重和输出的张量形状如何变化，此时的运算密度是多少？（不妨假设张量并行度 t 恰好整除多头注意力数目 n）张量并行度增大时，各部分的运算密度如何变化？此外，因张量并行带来的需要多对多归约通信的张量有哪些，形状分别是什么？

9.7 接上题，矩阵乘法 $\boldsymbol{Z} = \boldsymbol{Y}\boldsymbol{B}$ 可以使用张量并行的策略计算。已知 $\boldsymbol{Y}$ 矩阵和 $\boldsymbol{B}$ 矩阵的形状分别为 (2, 2048, 14336) 和 (14336, 14336)，并对 $\boldsymbol{B}$ 矩阵按照行切分（相关介绍见 5.5.3 节），张量并行度 $t = 8$，矩阵运算时的数据类型均为 BF16，则完成 $\boldsymbol{Z}_1 = \boldsymbol{Y}_1\boldsymbol{B}_1$ 计算所需的操作数和 IO 数是多少？假设单个智能处理器的 BF16 算力为 300 TFLOPS，片外访存带宽为 2000 GB/s，DLP-Link 通信带宽为 600 GB/s（双向带宽，发送和接收带宽均为 300 GB/s），试计算此时：（1）不考虑访存带宽情况下完成计算的最短时间？（2）不考虑计算情况下完成 IO 的最短时间？（3）完成后续多对多归约通信的最短时间（通信可以简化为 2 倍数据，并忽略加法计算的时间）？

9.8 接上题，（1）如果 DLP-Link 带宽被限制在 400 GB/s，完成多对多归约的最短时间是多少？（2）如果不使用 DLP-Link 进行通信，使用速率更低的 PCIe 协议（双向带宽 64 GB/s）通信，不考虑因 PCIe 拓扑带来的链路瓶颈，完成多对多归约的最短时间是多少？（3）进一步地，如果使用 100Gbit/s（单向带宽）以太网进行通信，完成多对多归约的最短时间是多少？思考并简述为什么限制 DLP 的通信带宽会影响大模型训练的实际性能，以及为什么大模型训练在张量并行时需配置节点内 DLP 的高速互联以及避免跨计算节点使用张量并行。

9.9 结合习题 9.6 和习题 9.8，思考张量并行度是不是越高越好？并阐述张量并行的优缺点，以及设置张量并行度时需要参考哪些计算节点拓扑信息。

9.10　大模型训练时，如果只使用流水线并行的策略，将批量（F_0）拆为更细化的微批量（F_{00}、F_{01} 等），能否节省存储空间（模型权重、优化器状态、神经元数据），为什么？进一步地，为了减少多级流水时空泡，微批量的数目通常不低于流水线的阶段数目，考虑一个极端的情况，BLOOM-176B 模型训练使用 72 级流水运行，且不使用模型并行，试分析此时存储空间需求。思考流水线并行度是不是越高越好，是否可以在大模型训练时只使用流水线并行和数据并行？

*9.11　在大模型训练时，一次全局批量完成正向传播、反向传播和梯度更新的过程中，分析因混合并行带来的通信量（参考表 9.8）并用参数表示。可以使用 w 代表实际通信时的数据位宽，其他参数与表 9.3 和表 9.4 保持一致。

*9.12　调研近几年关于 Transformer 的硬件加速器论文。

参 考 文 献

[1]   ROSENBLUETH A, WIENER N, BIGELOW J. Behavior, purpose and teleology[J]. Philosophy of Science, 1943, 10(1): 18-24.

[2]   WIENER N. Cybernetics[M]. Cambridge: Technology Press, 1948.

[3]   ASHBY W. Design for a brain[M]. New York: Wiley, 1952.

[4]   SHANNON C E, MCCARTHY J. Automata studies[M]. Princeton: Princeton University Press, 1956.

[5]   BELLMAN R. A markovian decision process[J]. Journal of mathematics and mechanics, 1957, 679-684.

[6]   HUTH M, RYAN M. Logic in Computer Science: Modelling and Reasoning about Systems[M]. 2nd ed. Cambridge: Cambridge University Press, 2004.

[7]   MCCULLOCH W S, PITTS W. A logical calculus of the ideas immanent in nervous activity[J]. The Bulletin of Mathematical Biology, 1943, 5(4): 115-133.

[8]   HEBB D O. The organization of behavior: a neuropsychological theory[M]. New York: Wiley, 1949.

[9]   KLINE R. Cybernetics, automata studies, and the dartmouth conference on artificial intelligence[J]. IEEE Annals of the History of Computing, 2011, 33(4): 5-16.

[10]   MCCARTHY J, MINSKY M L, ROCHESTER N, et al. A proposal for the dartmouth summer research project on artificial intelligence[EB/OL]. 1955. http://www-formal.stanford.edu/jmc/history/dartmouth/dartmouth.html.

[11]   ROSENBLATT F. The Perceptron, a perceiving and recognizing automaton[R]. Report 85-460-1. Cornell Aeronautical Laboratory, 1957.

[12]   ROSENBLATT F. The perceptron: a probabilistic model for information storage and organization in the brain[J]. Psychological Review, 1958, 65(6): 386-408.

[13]   RUSSELL S, NORVIG P. Artificial Intelligence: a modern approach[M]. 3rd ed. New York: Pearson, 2010.

[14]   RUMELHART D, HINTON G, WILLIAMS R. Learning representations by back propagating errors[J]. Nature, 1986, 323: 533-536.

[15]   HINTON G E, SALAKHUTDINOV R R. Reducing the dimensionality of data with neural networks[J]. Science, 2006, 313(5786): 504-507.

[16]   KRIZHEVSKY A, SUTSKEVER I, HINTON G E. ImageNet classification with deep convolutional neural networks[C]. Advances in Neural Information Processing Systems (NeurIPS), 2012, 1097-1105.

[17]   LE Q V. Building high-level features using large scale unsupervised learning[C]. Proceedings

of the IEEE International Conference on Acoustics, Speech and Signal Processing (ICASSP). IEEE, 2013: 8595-8598.

[18] SHEAD S. Here's how much computing power Google DeepMind needed to beat Lee Sedol at Go[EB/OL]. 2016. https://www.businessinsider.com/heres-how-much-computing-power-google-deepmind-needed-to-beat-lee-sedol-2016-3?IR = T&r = UK.

[19] CHEN T, DU Z, SUN N, et al. DianNao: A small-footprint high-throughput accelerator for ubiquitous machine-learning[C]. Proceedings of the 19th International Conference on Architectural Support for Programming Languages and Operating systems (ASPLOS), ACM, 2014: 269-284.

[20] CHEN Y, LUO T, LIU S, et al. DaDianNao: A machinelearning supercomputer[C]. Proceedings of the 47th Annual IEEE/ACM International Symposium on Microarchitecture (MICRO), IEEE Computer Society, 2014: 609-622.

[21] LIU D, CHEN T, LIU S, et al. PuDianNao: A polyvalent machine learning accelerator[C]. ACM Proceedings of the Twentieth International Conference on Architectural Support for Programming Languages and Operating Systems (ASPLOS). 2015: 369-381.

[22] DU Z, FASTHUBER R, CHEN T, et al. ShiDianNao: Shifting vision processing closer to the sensor[C]. Proceedings of the ACM/IEEE 42nd Annual International Symposium on Computer Architecture (ISCA). 2015: 92-104.

[23] LIU S, DU Z, TAO J, et al. Cambricon: An instruction set architecture for neural networks[C]. Proceedings of the ACM/IEEE 43rd Annual International Symposium on Computer Architecture (ISCA). 2016: 393-405.

[24] ZHANG S, DU Z, ZHANG L, et al. Cambricon-X: An accelerator for sparse neural networks[C]. Proceedings of the 49th Annual IEEE/ACM International Symposium on Microarchitecture (MICRO). 2016: 1-12.

[25] JOUPPI N P, YOUNG C, PATIL N, et al. In-datacenter performance analysis of a tensor processing unit[C]. Proceedings of the ACM/IEEE 44th Annual International Symposium on Computer Architecture (ISCA). 2017: 1-12.

[26] LU W, YAN G, LI J, et al. FlexFlow: A flexible dataflow accelerator architecture for convolutional neural networks[C]. Proceedings of the 23rd IEEE Symposium on High Performance Computer Architecture (HPCA). 2017: 553-564.

[27] LI Z, DING C, WANG S, et al. E-RNN: Design optimization for efficient recurrent neural networks in FPGAs[C]. IEEE International Symposium on High Performance Computer Architecture (HPCA). 2019: 69-80.

[28] ZHAO Y, DU Z, GUO Q, et al. Cambricon-F: Machine learning computers with fractal von neumann architecture[C]. Proceedings of the 46th International Symposium on Computer Architecture (ISCA). 2019: 788-801.

[29] IMANI M, GUPTA S, KIM Y, et al. FloatPIM: In-memory acceleration of deep neural network training with high precision[C]. Proceedings of the 46th International Symposium on Computer Architecture (ISCA). 2019: 802-815.

[30] MITCHELL T. Machine Learning[M]. New York: McGraw Hill, 1997.

[31] ALPAYDIN E. Introduction to machine learning[M]. 3rd ed. Cambridge: MIT press, 2004.

[32] 周志华. 机器学习 [M]. 北京: 清华大学出版社, 2016.

[33] HORNIK K. Approximation capabilities of multilayer feedforward networks[J]. Neural Networks, 1991, 4(2): 251-257.

[34] BROWN T, MANN B, RYDER N, et al. Language models are few-shot learners[C]. Advances in Neural Information Processing Systems (NeurIPS). 2020: 1877-1901.

[35] REN X, ZHOU P, MENG X, et al. PanGu-Σ: Towards trillion parameter language model with sparse heterogeneous computing[J]. arXiv preprint arXiv:2303.10845, 2023.

[36] ZEILER M D, FERGUS R. Visualizing and understanding convolutional networks[C]. Proceedings of the European Conference on Computer Vision (ECCV). Springer, 2014: 818-833.

[37] MINSKY M, PAPERT S A. Perceptrons: An introduction to computational geometry[M]. MIT press, 1969.

[38] LECUN Y, BOTTOU L, BENGIO Y, et al. Gradient-based learning applied to document recognition[C]. Proceedings of the IEEE, 1998, 86(11): 2278-2324.

[39] HINTON G E, OSINDERO S, TEH Y W. A fast learning algorithm for deep belief nets[J]. Neural Computation, 2006, 18(7): 1527-1554.

[40] SIMONYAN K, ZISSERMAN A. Very deep convolutional networks for large-scale image recognition[C]. Proceedings of the International Conference on Learning Representations (ICLR). 2015.

[41] SZEGEDY C, LIU W, JIA Y, et al. Going deeper with convolutions[C]. Proceedings of the IEEE Conference on Computer Vision and Pattern Recognition (CVPR). 2015: 1-9.

[42] HE K, ZHANG X, REN S, et al. Deep residual learning for image recognition[C]. Proceedings of the IEEE Conference on Computer Vision and Pattern Recognition (CVPR). 2016: 770-778.

[43] HOCHREITER S, SCHMIDHUBER J. Long short-term memory[J]. Neural Computation, 1997, 9(8): 1735-1780.

[44] CHO K, VAN M B, GULCEHRE C, et al. Learning phrase representations using RNN encoder-decoder for statistical machine translation[J]. arXiv preprint arXiv:1406.1078, 2014.

[45] VASWANI A, SHAZEER N, PARMAR N, et al. Attention is all you need[C]. Advances in Neural Information Processing Systems (NeurIPS). 2017.

[46] OpenAI. GPT-4 technical report[J]. arXiv preprint arXiv:2303.08774, 2023.

[47] NAIR V, HINTON G. Rectified linear units improve restricted boltzmann machines vinod nair[C]. Proceedings of the International Conference on Machine Learning (ICML). 2010: 807-814.

[48] MAAS A L, HANNUN A Y, NG A Y. Rectifier nonlinearities improve neural network acoustic models[C]. Proceedings of the International Conference on Machine Learning (ICML). 2013: 1-6.

[49] HE K, ZHANG X, REN S, et al. Delving deep into rectifiers: Surpassing human-level performance on imagenet classification[C]. Proceedings of the IEEE International Conference on Computer Vision (ICCV). 2015.

[50] XU B, WANG N, CHEN T, et al. Empirical evaluation of rectified activations in convolutional

network[J]. arXiv preprint arXiv:1505.00853v2, 2015: 1-5.

[51] CLEVERT D-A, UNTERTHINER T, HOCHREITER S. Fast and accurate deep network learning by exponential linear units (ELUs)[J]. arXiv preprint arXiv:1511.07289, 2015.

[52] HINTON G E, SRIVASTAVA N, KRIZHEVSKY A, et al. Improving neural networks by preventing co-adaptation of feature detectors[J]. arXiv preprint arXiv:1207.0580, 2012.

[53] GOODFELLOW I, BENGIO Y, COURVILLE A. Deep Learning[M]. Cambridge: MIT Press, 2016.

[54] SPRINGENBERG J T, DOSOVITSKIY A, BROX T, et al. Striving for simplicity: The all convolutional net[J]. arXiv preprint arXiv:1412.6806, 2014.

[55] FUKUSHIMA K. Neocognitron: A self-organizing neural network model for a mechanism of pattern recognition unaffected by shift in position[J]. Biological Cybernetics, 1980, 36(4): 193-202.

[56] RUSSAKOVSKY O, DENG J, SU H, et al. ImageNet large scale visual recognition challenge[J]. Proceedings of the International Journal of Computer Vision (IJCV), 2014, 115: 211-252.

[57] HU J, SHEN L, SUN G. Squeeze-and-excitation networks[C]. Proceedings of the IEEE Conference on Computer Vision and Pattern Recognition (CVPR), 2017: 7132-7141.

[58] IOFFE S, SZEGEDY C. Batch normalization: Accelerating deep network training by reducing internal covariate shift[J]. arXiv preprint arXiv:1502.03167, 2015.

[59] SZEGEDY C, VANHOUCKE V, IOFFE S, et al. Rethinking the inception architecture for computer vision[C]. Proceedings of the IEEE Conference on Computer Vision and Pattern Recognition (CVPR). 2016: 2818-2826.

[60] SZEGEDY C, IOFFE S, VANHOUCKE V, et al. Inception-v4, inception-resnet and the impact of residual connections on learning[C]. Proceedings of the Thirty-First AAAI Conference on Artificial Intelligence (AAAI). 2017: 4278-4284.

[61] HUANG G, LIU Z, WEINBERGER K Q. Densely connected convolutional networks[C]. Proceedings of the IEEE Conference on Computer Vision and Pattern Recognition (CVPR). 2016: 2261-2269.

[62] XIE S, GIRSHICK R, DOLLÁR P, et al. Aggregated residual transformations for deep neural networks[C]. Proceedings of the IEEE Conference on Computer Vision and Pattern Recognition (CVPR). 2017: 1492-1500.

[63] HOWARD A G, ZHU M, CHEN B, et al. MobileNets: Efficient convolutional neural networks for mobile vision applications[J]. arXiv preprint arXiv:1704.04861, 2017.

[64] SANDLER M, HOWARD A G, ZHU M, et al. MobileNetV2: Inverted residuals and linear bottlenecks[C]. Proceedings of the IEEE Conference on Computer Vision and Pattern Recognition (CVPR). 2018: 4510-4520.

[65] HOWARD A G, SANDLER M, CHU G, et al. Searching for MobileNetV3[C]. Proceedings of the International Conference on Computer Vision (ICCV). 2019: 1314-1324.

[66] ZHANG X, ZHOU X, LIN M, et al. ShuffleNet: An extremely efficient convolutional neural network for mobile devices[C]. Proceedings of the Conference on Computer Vision and Pattern

Recognition (CVPR). 2017: 6848-6856.

[67] MA N, ZHANG X, ZHENG H, et al. ShuffleNet V2: Practical guidelines for efficient cnn archi-tecture design[J]. arXiv preprint arXiv:1807.11164, 2018.

[68] TAN M, LE Q V. EfficientNet: Rethinking model scaling for convolutional neural networks[J]. arXiv preprint arXiv:1905.11946, 2019.

[69] LIU Z, MAO H, WU C, et al. A ConvNet for the 2020s[C]. Proceedings of the IEEE/CVF Conference on Computer Vision and Pattern Recognition (CVPR). 2022: 11966-11976.

[70] EVERINGHAM M, ESLAMI S M A, VAN G L, et al. The pascal visual object classes challenge: A retrospective[J]. International Journal of Computer Vision, 2015, 111: 98-136.

[71] CHEN X, FANG H, LIN T-Y, et al. Microsoft COCO captions: Data collection and evaluation server[J]. arXiv preprint arXiv:1504.00325, 2015.

[72] EVERINGHAM M, WINN J. The pascal visual object classes challenge 2012 (VOC2012) development kit[EB/OL]. 2012, http://cvlab.postech.ac.kr/~mooyeol/pascal_voc_2012/devkit_doc.pdf.

[73] GIRSHICK R, DONAHUE J, DARRELL T, et al. Rich feature hierarchies for accurate object detection and semantic segmentation[C]. Proceedings of the IEEE Conference on Computer Vision and Pattern Recognition (CVPR). 2014: 580-587.

[74] GIRSHICK R. Fast R-CNN. Proceedings of the IEEE International Conference on Computer Vision (ICCV). 2015: 1440-1448.

[75] REN S, HE K, GIRSHICK R, et al. Faster R-CNN: Towards real-time object detection with region proposal networks[C]. Advances in Neural Information Processing Systems (NeurIPS). 2015: 91-99.

[76] UIJLINGS J R, VAN DE SANDE K E, GEVERS T, et al. Selective search for object recog-nition[J]. Proceedings of the International Journal of Computer Vision (IJCV). 2013, 104(2): 154-171.

[77] BODLA N, SINGH B, CHELLAPPA R, et al. Soft-NMS–improving object detection with one line of code[C]. Proceedings of the IEEE International Conference on Computer Vision (ICCV). 2017: 5561-5569.

[78] LI Z, PENG C, YU G, et al. Light-Head R-CNN: In defense of two-stage object detector[J]. arXiv preprint arXiv:1711.07264, 2017.

[79] LIN T Y, DOLLÁR P, GIRSHICK R B, et al. Feature pyramid networks for object detection[C]. Proceedings of the IEEE Conference on Computer Vision and Pattern Recognition (CVPR). 2016: 936-944.

[80] HE K, GKIOXARI G, DOLLÁR P, et al. Mask R-CNN[C]. Proceedings of the IEEE Interna-tional Conference on Computer Vision (ICCV). 2017: 2980-2988.

[81] REDMON J, DIVVALA S, GIRSHICK R, et al. You only look once: Unified, real-time object detection[C]. Proceedings of the IEEE Conference on Computer Vision and Pattern Recognition (CVPR). 2016: 779-788.

[82] REDMON J, FARHADI A. YOLO9000: better, faster, stronger[C]. Proceedings of the IEEE

Conference on Computer Vision and Pattern Recognition (CVPR). 2017: 7263-7271.

[83] REDMON J, FARHADI A. YOLOv3: An incremental improvement[J]. arXiv preprint arXiv:1804.02767, 2018.

[84] BOCHKOVSKIY A, WANG C-Y, LIAO H-Y M. YOLOv4: Optimal speed and accuracy of object detection[J]. arXiv preprint arXiv:2004.10934, 2020.

[85] JOCHER G. You only look once version 5[EB/OL]. 2020, https://github.com/ultralytics/yolov5.

[86] WANG C-Y, BOCHKOVSKIY A, LIAO H-Y M. Scaled-YOLOv4: Scaling cross stage partial network[C]. Proceedings of the IEEE/CVF Conference on Computer Vision and Pattern Recognition (CVPR). 2020: 13024-13033.

[87] WANG C-Y, YEH I-H, LIAO H. You only learn one representation: Unified network for multiple tasks[J]. Proceedings of the Journal of Information Science And Engineering. 2021, 39: 691-709.

[88] GE Z, LIU S, WANG F, et al. YOLOX: Exceeding yolo series in 2021[J]. arXiv preprint arXiv:2107.08430, 2021.

[89] LI C, LI L, JIANG H, et al. YOLOv6: A single-stage object detection framework for industrial applications[J]. arXiv preprint arXiv:2209.02976, 2022.

[90] WANG C-Y, BOCHKOVSKIY A, LIAO H-Y M. YOLOv7: Trainable bag-of-freebies sets new state-of-the-art for real-time object detectors[J]. arXiv preprint arXiv:2207.02696, 2022.

[91] You only look once version 8[EB/OL]. 2023, https://github.com/ultralytics/ultralytics.

[92] TERVEN J R, CÓRDOVA-ESPARZA D-M. A comprehensive review of yolo: From yolov1 and beyond[J]. arXiv preprint arXiv:2304.00501, 2023.

[93] LIU W, ANGUELOV D, ERHAN D, et al. SSD: Single shot multibox detector[C]. European Conference on Computer Vision (ECCV). 2016: 21-37.

[94] JEONG J, PARK H, KWAK N. Enhancement of SSD by concatenating feature maps for object detection[C]. Proceedings of the British Machine Vision Conference (BMVC), 2017.

[95] FU C-Y, LIU W, RANGA A, et al. DSSD : Deconvolutional single shot detector[J]. arXiv preprint arXiv:1701.06659, 2017.

[96] SHEN Z, LIU Z, LI J, et al. DSOD: Learning deeply supervised object detectors from scratch[C]. Proceedings of the IEEE International Conference on Computer Vision (ICCV). 2017: 1937-1945.

[97] LI Z, ZHOU F. FSSD: Feature fusion single shot multibox detector[J]. arXiv preprint arXiv:1712.00960, 2017.

[98] GOODFELLOW I, POUGET-ABADIE J, MIRZA M, et al. Generative adversarial nets[C]. Advances in Neural Information Processing Systems (NeurIPS). 2014: 2672-2680.

[99] HO J, JAIN A, ABBEEL P. Denoising diffusion probabilistic models[C]. Advances in Neural Information Processing Systems (NeurIPS). 2020: 6840-6851.

[100] ARJOVSKY M, BOTTOU L. Towards principled methods for training generative adversarial networks[J]. arXiv: Machine Learning, 2017: 1-17.

[101] ARJOVSKY M, CHINTALA S, BOTTOU L. Wasserstein GAN[J]. arXiv preprint arXiv:1701.07875, 2017.

[102] HINDUPUR A. The GAN zoo[EB/OL]. 2019, https://github.com/hindupuravinash/the-gan-zoo.

[103] RADFORD A, METZ L, CHINTALA S. Unsupervised representation learning with deep convolutional generative adversarial networks[J]. arXiv preprint arXiv:1511.06434, 2015.

[104] WANG M, LI H, LI F. Generative adversarial network based on resnet for conditional image restoration[J]. arXiv preprint arXiv:1707.04881, 2017.

[105] LEDIG C, THEIS L, HUSZÁR F, et al. Photo-realistic single image super-resolution using a generative adversarial network[C]. Proceedings of the IEEE Conference on Computer Vision and Pattern Recognition (CVPR). 2017: 4681-4690.

[106] KARRAS T, LAINE S, AILA T. A style-based generator architecture for generative adversarial networks[C]. Proceedings of the IEEE/CVF Conference on Computer Vision and Pattern Recognition (CVPR). 2019: 4401-4410.

[107] BROCK A, DONAHUE J, SIMONYAN K. Large scale GAN training for high fidelity natural image synthesis[C]. Proceedings of the International Conference on Learning Representations (ICLR). 2018.

[108] JIANG Y, CHANG S, WANG Z. TransGAN: Two pure transformers can make one strong GAN, and that can scale up[C]. Advances in Neural Information Processing Systems (NeurIPS). 2021, 34: 14745-14758.

[109] LEE K, CHANG H, JIANG L, et al. ViTGAN: Training GANs with Vision Transformers[C]. Proceedings of the International Conference on Learning Representations (ICLR), 2021.

[110] MIRZA M, OSINDERO S. Conditional generative adversarial nets[J]. arXiv preprint arXiv:1411.1784, 2014.

[111] CHEN X, DUAN Y, HOUTHOOFT R, et al. InfoGAN: Interpretable representation learning by information maximizing generative adversarial nets[C]. Advances in Neural Information Processing Systems (NeurIPS). 2016: 2172-2180.

[112] KARRAS T, AILA T, LAINE S, et al. Progressive growing of gans for improved quality, stability, and variation[C]. International Conference on Learning Representations (ICLR), 2018.

[113] ZHU J-Y, PARK T, ISOLA P, et al. Unpaired image-to-image translation using cycle-consistent adversarial networks[C]. Proceedings of the IEEE International Conference on Computer Vision (ICCV). 2017: 2223-2232.

[114] KIM T, CHA M, KIM H, et al. Learning to discover cross-domain relations with generative adversarial networks[C]. Proceedings of the 34th International Conference on Machine Learning (ICML). 2017: 1857-1865.

[115] PAN X, TEWARI A, LEIMKÜHLER T, et al. Drag your GAN: Interactive point-based manipulation on the generative image manifold[J]. arXiv preprint arXiv:2305.10973, 2023.

[116] ISOLA P, ZHU J-Y, ZHOU T, et al. Image-to-image translation with conditional adversarial networks[C]. Proceedings of the IEEE Conference on Computer Vision and Pattern Recognition (CVPR). 2017: 1125-1134.

[117] CHOI Y, CHOI M-J, KIM M S, et al. StarGAN: Unified generative adversarial networks for

multi-domain image-to-image translation[C]. Proceedings of the IEEE/CVF Conference on Computer Vision and Pattern Recognition (CVPR). 2017: 8789-8797.

[118] GANIN Y, USTINOVA E, AJAKAN H, et al. Domain-adversarial training of neural networks[J]. The Journal of Machine Learning Research, 2016: 17(1): 1096-2030.

[119] SOHL-DICKSTEIN J, WEISS E, MAHESWARANATHAN N, et al. Deep unsupervised learning using nonequilibrium thermodynamics[C]. Proceedings of the 32nd International Conference on Machine Learning (ICML). 2015: 2256-2265.

[120] KREIS K, GAO R, VAHDAT A. Denoising diffusion-based generative modeling: Foundations and applications[EB/OL]. 2022, https://cvpr2022-tutorial-diffusion-models.github.io.

[121] RONNEBERGER O, FISCHER P, BROX T. U-Net: Convolutional networks for biomedical image segmentation[C]. Proceedings of the International Conference on Medical Image Computing and Computer-Assisted Intervention (MICCAI). 2015: 234-241.

[122] SONG J, MENG C, ERMON S. Denoising diffusion implicit models[C]. Proceedings of the International Conference on Learning Representations (ICLR). 2020.

[123] LIU L, REN Y, LIN Z, et al. Pseudo numerical methods for diffusion models on manifolds[C]. Proceedings of the International Conference on Learning Representations (ICLR). 2021.

[124] ROMBACH R, BLATTMANN A, LORENZ D, et al. High-resolution image synthesis with latent diffusion models[C]. Proceedings of the IEEE/CVF Conference on Computer Vision and Pattern Recognition (CVPR). 2022: 10684-10695.

[125] VAHDAT A, KREIS K, KAUTZ J. Score-based generative modeling in latent space[C]. Advances in Neural Information Processing Systems. 2021, 34: 11287-11302.

[126] DHARIWAL P, NICHOL A. Diffusion models beat GANs on image synthesis[C]. Advances in Neural Information Processing Systems (NeurIPS). 2021, 34: 8780-8794.

[127] NICHOL A Q, DHARIWAL P, RAMESH A, et al. Glide: Towards photorealistic image generation and editing with text-guided diffusion models[C]. Proceedings of the International Conference on Machine Learning (ICML). 2022: 16784-16804.

[128] HO J, SALIMANS T, GRITSENKO A, et al. Video diffusion models[C]. Advances in Neural Information Processing Systems (NeurIPS). 2022, 35: 8633-8646.

[129] Stable Diffusion[EB/OL]. 2022. https://github.com/CompVis/stable-diffusion.

[130] ZHANG L, AGRAWALA M. Adding conditional control to text-to-image diffusion models[J]. arXiv preprint arXiv:2302.05543, 2023.

[131] SAHARIA C, CHAN W, SAXENA S, et al. Photorealistic text-to-image diffusion models with deep language understanding[C]. Advances in Neural Information Processing Systems (NeurIPS). 2022: 36479-36494.

[132] RAMESH A, DHARIWAL P, NICHOL A, et al. Hierarchical text-conditional image generation with clip latents[J]. arXiv preprint arXiv:2204.06125, 2022.

[133] SAHARIA C, HO J, CHAN W, et al. Image super-resolution via iterative refinement[J]. IEEE Transactions on Pattern Analysis and Machine Intelligence, 2022, 45(4): 4713-4726.

[134] SAHARIA C, CHAN W, CHANG H, et al. Palette: Image-to-image diffusion models[C]. ACM

SIGGRAPH Conference Proceedings. 2022: 1-10.

[135] BARANCHUK D, RUBACHEV I, VOYNOV A, et al. Label-efficient semantic segmentation with diffusion models[C]. Proceedings of the International Conference on Learning Representations (ICLR), 2021.

[136] MENG C, HE Y, SONG Y, et al. Sdedit: Guided image synthesis and editing with stochastic differential equations[J]. arXiv preprint arXiv:2108.01073, 2021.

[137] ZHANG Y, HUANG N, TANG F, et al. Inversion-based style transfer with diffusion models[C]. Proceedings of the IEEE/CVF Conference on Computer Vision and Pattern Recognition (CVPR). 2023：10146-10156.

[138] HU E J, WALLIS P, ALLEN-ZHU Z, et al. LoRA: Low-rank adaptation of large language models[C]. Proceedings of the International Conference on Learning Representations (ICLR). 2021.

[139] RADFORD A, KIM J W, HALLACY C, et al. Learning transferable visual models from natural language supervision[C]. Proceedings of the International Conference on Machine Learning (ICML). 2021: 8748-8763.

[140] CHOI M, KIM T, KIM J. Awesome recurrent neural networks[EB/OL]. 2019. https://github.com/kjw0612/awesome-rnn.

[141] GRAVES A, WAYNE G, DANIHELKA I. Neural turing machines[J]. arXiv preprint arXiv:1410.5401v2, 2014.

[142] GRAVES A, WAYNE G, REYNOLDS M, et al. Hybrid computing using a neural network with dynamic external memory[J]. Nature, 2016, 538(7626): 471-476.

[143] KARPATHY A. The unreasonable effectiveness of recurrent neural networks[EB/OL]. 2015. http://karpathy.github.io/2015/05/21/rnn-effectiveness/.

[144] WERBOS P J, et al. Backpropagation through time: what it does and how to do it[C]. Proceedings of the IEEE. 1990, 78(10): 1550-1560.

[145] PASCANU R, MIKOLOV T, BENGIO Y. On the difficulty of training recurrent neural networks[C]. Proceedings of the International Conference on Machine Learning (ICML). 2013: 1310-1318.

[146] GERS F A, SCHMIDHUBER J. Recurrent nets that time and count[C]. Proceedings of the IEEE-INNS-ENNS International Joint Conference on Neural Networks (IJCNN). 2000: 189-194.

[147] GREFF K, SRIVASTAVA R K, KOUTNÍK J, et al. LSTM: A search space odyssey[J]. IEEE Transactions on Neural Networks and Learning Systems, 2016, 28(10): 2222-2232.

[148] SUTSKEVER I, VINYALS O, LE Q V. Sequence to sequence learning with neural networks[C]. Advances in Neural Information Processing Systems (NeurIPS). 2014.

[149] BAHDANAU D, CHO K, BENGIO Y. Neural machine translation by jointly learning to align and translate[C]. Proceedings of the International Conference on Learning Representations (ICLR). 2014.

[150] DEVLIN J, CHANG M W, LEE K, et al. BERT: Pre-training of deep bidirectional transformers

for language understanding[J]. arXiv preprint arXiv:1810.04805, 2018.

[151] RADFORD A, NARASIMHAN K, SALIMANS T, et al. Improving language understanding by generative pre-training[EB/OL]. 2018. https://openai.com/research/language-unsupervised.

[152] OpenAI. ChatGPT[EB/OL]. 2022. https://openai.com/blog/chatgpt.

[153] BA J L, KIROS J R, HINTON G E. Layer normalization[J]. arXiv preprint arXiv:1607.06450, 2016.

[154] CHEN M, TWOREK J, JUN H, et al. Evaluating large language models trained on code[J]. arXiv preprint arXiv:2107.03374, 2021.

[155] OUYANG L, WU J, JIANG X, et al. Training language models to follow instructions with human feedback[C]. Advances in Neural Information Processing Systems (NeurIPS), 2022.

[156] CHILD R, GRAY S, RADFORD A, et al. Generating long sequences with sparse transformers[J]. arXiv preprint arXiv:1904.10509, 2019.

[157] SCHULMAN J, WOLSKI F, DHARIWAL P, et al. Proximal policy optimization algorithms[J]. arXiv preprint arXiv:1707.06347, 2017.

[158] BUBECK S, CHANDRASEKARAN V, ELDAN R, et al. Sparks of artificial general intelligence: Early experiments with GPT-4[J]. arXiv preprint arXiv:2303.12712, 2023.

[159] DOSOVITSKIY A, BEYER L, KOLESNIKOV A, et al. An image is worth 16x16 words: Transformers for image recognition at scale[J]. arXiv preprint arXiv:2010.11929, 2020.

[160] CARION N, MASSA F, SYNNAEVE G, et al. End-to-end object detection with transformers[C]. Proceedings of the European Conference on Computer Vision (ECCV). 2020: 213-229.

[161] LIU Z, LIN Y, CAO Y, et al. Swin transformer: Hierarchical vision transformer using shifted windows[C]. Proceedings of the IEEE International Conference on Computer Vision (ICCV). 2021: 9992-10002.

[162] LI J, LI D, XIONG C, et al. BLIP: Bootstrapping language-image pre-training for unified vision-language understanding and generation[C]. Proceedings of the International Conference on Machine Learning (ICML). 2022: 12888-12900.

[163] LI J, LI D, SAVARESE S, et al. BLIP-2: Bootstrapping language-image pre-training with frozen image encoders and large language models[J]. arXiv preprint arXiv:2301.12597, 2023.

[164] LIN T, WANG Y, LIU X, et al. A survey of transformers[J]. AI Open, 2021, 3: 111-132.

[165] ZHU X, SU W, LU L, et al. Deformable DETR: Deformable transformers for end-to-end object detection[J]. arXiv preprint arXiv:2010.04159, 2020.

[166] YAO Z, AI J, LI B, et al. Efficient DETR: improving end-to-end object detector with dense prior[J]. arXiv preprint arXiv:2104.01318, 2021.

[167] WANG T, YUAN L, CHEN Y, et al. PnP-DETR: Towards efficient visual analysis with transformers[C]. Proceedings of the IEEE/CVF International Conference on Computer Vision (ICCV). 2021: 4661-4670.

[168] ROH B, SHIN J, SHIN W, et al. Sparse DETR: Efficient end-to-end object detection with learnable sparsity[J]. arXiv preprint arXiv:2111.14330, 2021.

[169] LIU Z, NING J, CAO Y, et al. Video swin transformer[C]. Proceedings of the IEEE/CVF

Conference on Computer Vision and Pattern Recognition (CVPR). 2021: 3192-3201.

[170] LIU Z, HU H, LIN Y, et al. Swin transformer v2: Scaling up capacity and resolution[C]. Proceedings of the IEEE/CVF Conference on Computer Vision and Pattern Recognition (CVPR). 2021: 11999-12009.

[171] XIE Z, ZHANG Z, CAO Y, et al. SimMIM: a simple framework for masked image modeling[C]. Proceedings of the IEEE/CVF Conference on Computer Vision and Pattern Recognition (CVPR). 2021: 9643-9653.

[172] XU H, GHOSH G, HUANG P-Y, et al. "VideoCLIP: Contrastive pre-training for zero-shot video-text understanding[C]. Proceedings of the Conference on Empirical Methods in Natural Language Processing (EMNLP). 2021: 6787-6800.

[173] WEI T, CHEN D, ZHOU W, et al. HairCLIP: Design your hair by text and reference image[C]. Proceedings of the IEEE/CVF Conference on Computer Vision and Pattern Recognition (CVPR). 2022: 18072-18081.

[174] PATASHNIK O, WU Z, SHECHTMAN E, et al. StyleCLIP: Text-driven manipulation of stylegan imagery[C]. Proceedings of the IEEE/CVF International Conference on Computer Vision (ICCV). 2021: 2085-2094.

[175] ALAYRAC J-B, DONAHUE J, LUC P, et al. Flamingo: a visual language model for few-shot learning[C]. Advances in Neural Information Processing Systems (NeurIPS). 2022.

[176] ZHU D, CHEN J, SHEN X, et al. MiniGPT-4: Enhancing vision-language understanding with advanced large language models[J]. arXiv preprint arXiv:2304.10592, 2023.

[177] LIU H, LI C, WU Q, et al. Visual instruction tuning[J]. arXiv preprint arXiv:2304.08485, 2023.

[178] WENG L. LLM powered autonomous agents[EB/OL]. 2022. https://lilianweng.github.io/posts/2023-06-23-agent/.

[179] WEI J, WANG X, SCHUURMANS D, et al. Chain of thought prompting elicits reasoning in large language models[C]. Advances in Neural Information Processing Systems (NeurIPS). 2022.

[180] YAO S, YU D, ZHAO J, et al. Tree of thoughts: Deliberate problem solving with large language models[J]. arXiv preprint arXiv:2305.10601, 2023.

[181] LIU B, JIANG Y, ZHANG X, et al. LLM+P: Empowering large language models with optimal planning proficiency[J]. arXiv preprint arXiv:2304.11477, 2023.

[182] YAO S, ZHAO J, YU D, et al. ReAct: Synergizing reasoning and acting in language models[C]. Proceedings of the International Conference on Learning Representations (ICLR). 2022.

[183] SHINN N, CASSANO F, LABASH B, et al. Reflexion: Language agents with verbal reinforcement learning[J]. arXiv preprint arXiv:2303.11366, 2023.

[184] LIU H, SFERRAZZA C, ABBEEL P. Chain of hindsight aligns language models with feedback[J]. arXiv preprint arXiv:2302.02676, 2023.

[185] CARLSON N, BUSKIST W, MARTIN G. Psychology: The Science of Behaviour[M]. Pearson Education, Allyn and Bacon, 2000.

[186] BADDELEY A D, THOMSON N, BUCHANAN M. Word length and the structure of short-term memory[J]. Journal of verbal learning and verbal behavior, 1975, 14(6): 575-589.

[187] ATKINSON R C, SHIFFRIN R M. Human memory: A proposed system and its control processes[J]. Psychology of learning and motivation, 1968, 2, 89-195.

[188] KARPAS E D, ABEND O, BELINKOV Y, et al. MRKL systems: A modular, neuro-symbolic architecture that combines large language models, external knowledge sources and discrete reasoning[J]. arXiv preprint arXiv:2205.00445, 2022.

[189] PARISI A, ZHAO Y, FIEDEL N. TALM: Tool augmented language models[J]. arXiv preprint arXiv:2205.12255, 2022.

[190] SCHICK T, DWIVEDI-YU J, DESSÌ R, et al. Toolformer: Language models can teach themselves to use tools[J]. arXiv preprint arXiv:2302.04761, 2023.

[191] SHEN Y, SONG K, TAN X, et al. HuggingGPT: Solving ai tasks with chatgpt and its friends in hugging face[J]. arXiv preprint arXiv:2303.17580, 2023.

[192] BRAN A M, COX S, WHITE A D, et al. ChemCrow: Augmenting large-language models with chemistry tools[J]. arXiv preprint arXiv:2304.05376, 2023.

[193] RAFFEL C, SHAZEER N, ROBERTS A, et al. Exploring the limits of transfer learning with a unified text-to-text transformer[J]. The Journal of Machine Learning Research, 2020, 21(1): 5485-5551.

[194] CHOWDHERY A, NARANG S, DEVLIN J, et al. PaLM: Scaling language modeling with pathways[J]. arXiv preprint arXiv:2204.02311, 2022.

[195] TOUVRON H, LAVRIL T, IZACARD G, et al. LLaMA: Open and efficient foundation language models[J]. arXiv preprint arXiv:2302.13971, 2023.

[196] TOUVRON H, MARTIN L, STONE K, et al. Llama 2: Open foundation and fine-tuned chat models[J]. arXiv preprint arXiv:2307.09288, 2023.

[197] DU Z, QIAN Y, LIU X, et al. GLM: General language model pretraining with autoregressive blank infilling[J]. arXiv preprint arXiv:2103.10360, 2021.

[198] ZHAO W X, ZHOU K, LI J, et al. A survey of large language models[J]. arXiv preprint arXiv:2303.18223, 2023.

[199] YIN S, FU C, ZHAO S, et al. A survey on multimodal large language models[J]. arXiv preprint arXiv:2306.13549, 2023.

[200] GLOROT X, BENGIO Y. Understanding the difficulty of training deep feedforward neural networks[C]. JMLR Workshop and Conference Proceedings, 2010.

[201] DUCHI J, HAZAN E, SINGER Y. Adaptive subgradient methods for online learning and stochastic optimization[J]. Journal of Machine Learning Research, 2011, 12(7): 2121-2159.

[202] TIELEMAN T, HINTON G, et al. Lecture 6.5-rmsprop: Divide the gradient by a running average of its recent magnitude[J]. COURSERA: Neural networks for machine learning, 2012, 4(2): 26-31.

[203] KINGMA D P, BA J. Adam: A method for stochastic optimization[J]. arXiv preprint arXiv:1412.6980, 2014.

[204] STRUBELL E, GANESH A, MCCALLUM A. Energy and policy considerations for deep learning in NLP[C]. Proceedings of the 57th Annual Meeting of the Association for Computational

Linguistics (ACL). 2019: 3645-3650.

[205] WILSON L. Average household electricity consumption[EB/OL]. 2023. https://shrinkthatfoot-print.com/average-household-electricity-consumption/.

[206] NARAYANAN D, SHOEYBI M, CASPER J, et al. Efficient large-scale language model training on GPU clusters using Megatron-LM[C]. Proceedings of the International Conference for High Performance Computing, Networking, Storage and Analysis. 2021: 1-15.

[207] DU N, HUANG Y, DAI A M, et al. GLaM: Efficient scaling of language models with mixture-of-experts[C]. Proceedings of the International Conference on Machine Learning (ICML). 2022: 5547-5569.

[208] GHOLAMI A, KIM S, DONG Z, et al. A survey of quantization methods for efficient neural network inference[J]. arXiv preprint arXiv:2103.13630, 2021.

[209] WU H, JUDD P, ZHANG X, et al. Integer quantization for deep learning inference: Principles and empirical evaluation[J]. arXiv preprint arXiv:2004.09602, 2020.

[210] LEE E H, MIYASHITA D, CHAI E, et al. LogNet: Energy-efficient neural networks using logarithmic computation[C]. IEEE International Conference on Acoustics, Speech and Signal Processing (ICASSP). 2017: 5900-5904.

[211] WANG N, CHOI J, BRAND D, et al. Training deep neural networks with 8-bit floating point numbers[C]. Advances in Neural Information Processing Systems (NeurIPS). 2018: 1-10.

[212] SHEN S, DONG Z, YE J, et al. Q-BERT: Hessian based ultra low precision quantization of BERT[C]. Proceedings of the AAAI Conference on Artificial Intelligence. 2020: 8815-8821.

[213] CAI Z, VASCONCELOS N. Rethinking differentiable search for mixed-precision neural networks[C]. IEEE/CVF Conference on Computer Vision and Pattern Recognition (CVPR). 2020: 2346-2355.

[214] MICIKEVICIUS P, NARANG S, ALBEN J, et al. Mixed precision training[C]. 6th International Conference on Learning Representations (ICLR). 2018.

[215] TEICH P. Tearing apart Google's TPU 3.0 AI coprocessor[EB/OL]. 2018. https://www.nextplatform.com/2018/05/10/tearing-apart-googles-tpu-3-0-ai-coprocessor/.

[216] SCAO T L, FAN A, AKIKI C, et al. BLOOM: A 176B-parameter open-access multilingual language model[J]. arXiv preprint arXiv:2211.05100, 2022.

[217] DETTMERS T, LEWIS M, BELKADA Y, et al. LLM. int8 (): 8-bit matrix multiplication for transformers at scale[J]. arXiv preprint arXiv:2208.07339, 2022.

[218] A gentle introduction to 8-bit matrix multiplication for transformers at scale using hugging face transformers, accelerate and bitsandbytes[EB/OL]. 2022. https://huggingface.co/blog/hf-bitsandbytes-integration.

[219] FRANTAR E, ASHKBOOS S, HOEFLER T, et al. GPTQ: Accurate post-training quantization for generative pre-trained transformers[J]. arXiv preprint arXiv:2210.17323, 2022.

[220] XIAO G, LIN J, SEZNEC M, et al. SmoothQuant: Accurate and efficient post-training quantization for large language models[C]. Proceedings of the International Conference on Machine Learning (ICML). 2023: 38087-38099.

[221] GATYS L A, ECKER A S, BETHGE M. Image style transfer using convolutional neural networks[C]. Proceedings of the IEEE conference on Computer Vision and Pattern Recognition (CVPR). 2016: 2414-2423.

[222] JOHNSON J, ALAHI A, LI F F. Perceptual losses for real-time style transfer and super-resolution[C]. European Conference on Computer Vision (ECCV), Springer, 2016: 694-711.

[223] DUMOULIN V, SHLENS J, KUDLUR M. A learned representation for artistic style[C]. Proceedings of the International Conference on Learning Representations (ICLR). 2016.

[224] CHEN D, YUAN L, LIAO J, et al. StyleBank: An explicit representation for neural image style transfer[C]. Proceedings of the IEEE Conference on Computer Vision and Pattern Recognition (CVPR). 2017: 2770-2779.

[225] HUANG X, BELONGIE S J. Arbitrary style transfer in real-time with adaptive instance normalization[C]. Proceedings of the IEEE International Conference on Computer Vision (ICCV). 2017: 1510-1519.

[226] HUANG X, LIU M-Y, BELONGIE S J, et al. Multimodal unsupervised image-to-image translation[C]. Proceedings of the European Conference on Computer Vision (ECCV). 2018.

[227] KWON G, YE J-C. CLIPstyler: Image style transfer with a single text condition[C]. Proceedings of the IEEE/CVF Conference on Computer Vision and Pattern Recognition (CVPR). 2021: 18041-18050.

[228] FRANS K, SOROS L B, WITKOWSKI O. CLIPDraw: Exploring text-to-drawing synthesis through language-image encoders[C]. Advances in Neural Information Processing Systems (NeurIPS). 2022.

[229] Fast-neural-style[EB/OL]. 2017. https://github.com/jcjohnson/fast-neural-style.

[230] JIA Y, SHELHAMER E, DONAHUE J, et al. Caffe: Convolutional architecture for fast feature embedding[C]. Proceedings of the 22nd ACM International Conference on Multimedia. 2014: 675-678.

[231] ABADI M, AGARWAL A, BARHAM P, et al. TensorFlow: Large-scale machine learning on heterogeneous distributed systems[J]. arXiv preprint arXiv:1603.04467v2, 2016.

[232] ABADI M, BARHAM P, CHEN J, et al. Tensorflow: A system for large-scale machine learning[C]. Proceedings of the 12th USENIX Symposium on Operating Systems Design and Implementation (OSDI). 2016: 265-283.

[233] PASZKE A, GROSS S, MASSA F, et al. Pytorch: An imperative style, high-performance deep learning library[J]. arXiv preprint arXiv:1912.01703v1, 2019.

[234] CHEN T, LI M, LI Y, et al. MXNet: A flexible and efficient machine learning library for heterogeneous distributed systems[J]. arXiv preprint arXiv:1512.01274, 2015.

[235] Paddlepaddle[EB/OL]. 2019. https://github.com/PaddlePaddle.

[236] TEAM T T D, AL-RFOU R, ALAIN G, et al. Theano: A python framework for fast computation of mathematical expressions[J]. arXiv preprint arXiv:1605.02688, 2016.

[237] Keras 官网 [EB/OL]. https://keras.io/.

[238] CNTK 官方仓库 [EB/OL]. https://github.com/microsoft/CNTK.

[239]　ONNX 官方仓库 [EB/OL]. https://github.com/onnx/onnx.

[240]　JZX 官方仓库 [EB/OL]. https://github.com/google/jax.

[241]　COLLOBERT R, BENGIO S, MARITHOZ J. Torch: A modular machine learning software library[EB/OL]. 2002. https://www.torch.ch.

[242]　caffe2 官网 [EB/OL]. https://caffe2.ai/.

[243]　HE H. The state of machine learning frameworks in 2019[EB/OL]. 2019. https://thegradient.pub.

[244]　智源社区 2021 ai 大调查情况报告 [EB/OL]. 2022. https://www.ncsti.gov.cn/kjdt/ztbd/xydrgzn/lbt_848/202202/P020220211397476380618.pdf.

[245]　PyTorch 官网 [EB/OL]. https://pytorch.org/.

[246]　PyTorch 官方 github[EB/OL]. https://github.com/pytorch/.

[247]　NumPy 官网 [EB/OL]. https://numpy.org/.

[248]　NumPy 快速入门 [EB/OL]. https://numpy.net/user/quickstart.html.

[249]　NumPy 提供的数学函数 [EB/OL]. https://www.numpy.org.cn/reference/routines/math.html.

[250]　CuPy 官方仓库 [EB/OL]. https://github.com/cupy/cupy.

[251]　Numba 官网 [EB/OL]. http://numba.pydata.org/.

[252]　PyCUDA 官网 [EB/OL]. https://pypi.org/project/pycuda/.

[253]　Bfloat16 – hardware numerics definition (white paper)[EB/OL]. 2018. https://software.intel.com/sites/default/files/managed/40/8b/bf16-hardware-numerics-definition-white-paper.pdf.

[254]　数据格式介绍 [EB/OL]. https://oneapi-src.github.io/oneDNN/v0/understanding_memory_formats.html.

[255]　原位操作局限性 [EB/OL]. https://pytorch.org/docs/master/notes/autograd.html.

[256]　操作的广播 [EB/OL]. https://pytorch.org/docs/stable/notes/broadcasting.html#broadcasting-semantics.

[257]　Caffe2 官方仓库 [EB/OL]. https://github.com/facebookarchive/caffe2.

[258]　PIL 库介绍 [EB/OL]. https://pillow.readthedocs.io/en/stable/.

[259]　OpenCV 官网 [EB/OL]. https://opencv.org/.

[260]　matplotlib 官网 [EB/OL]. https://matplotlib.org/stable/api/pyplot_summary.html.

[261]　torch.nn.Module 官方介绍 [EB/OL]. https://pytorch.org/docs/stable/generated/torch.nn.Module.html#torch.nn.Module.

[262]　模块类参数介绍 [EB/OL]. https://pytorch.org/docs/1.13/notes/modules.html.

[263]　torch.nn 中提供的计算功能 [EB/OL]. https://pytorch.org/docs/1.13/nn.html.

[264]　torch.nn.functional 介绍 [EB/OL]. https://pytorch.org/docs/stable/nn.functional.html.

[265]　torch.nn.Sequential 介绍 [EB/OL]. https://pytorch.org/docs/1.13/generated/torch.nn.Sequential.html#torch.nn.Sequential.

[266]　torchvision.models 介绍 [EB/OL]. https://pytorch.org/vision/stable/models.html.

[267]　pdb 使用介绍 [EB/OL]. https://docs.python.org/3/library/pdb.html.

[268]　torchsummary 使用介绍 [EB/OL]. https://github.com/sksq96/pytorch-summary.

[269]　TensorBoard 介绍 [EB/OL]. https://www.tensorflow.org/tensorboard/.

[270] LECUN Y. Optimal brain damage[C]. Advances in Neural Information Processing Systems, 1990, 2(279): 598-605.

[271] HAN S, POOL J, TRAN J, et al. Learning both weights and connections for efficient neural networks[C]. Advances in Neural Information Processing Systems. 2015: 28.

[272] 动态量化 [EB/OL]. https://pytorch.org/tutorials/recipes/recipes/dynamic_quantization.html.

[273] 内建数据集 [EB/OL]. https://pytorch.org/vision/stable/datasets.html.

[274] Introduction to PyTorch. 2021. https://www.youtube.com/watch?v=IC0_FRiX-sw.

[275] HAN Y, HUANG G, SONG S, et al. Dynamic neural networks: A survey[J]. arXiv preprint arXiv:2102.04906, 2021.

[276] Implementation of control flow in TensorFlow. 2017. http://download.tensorflow.org/paper/white_paper_tf_control_flow_implementation_2017_11_1.pdf.

[277] ARVIND, CULLER D E. Dataflow architectures[J]. Annual Review of Computer Science, 1986, 1: 225-253.

[278] BAYDIN A G, PEARLMUTTER B A, RADUL A A, et al. Automatic differentiation in machine learning: a survey[J]. Journal of Machine Learning Research, 2018, 18(153): 1-43.

[279] Pytorch internals[EB/OL]. 2019. http://blog.ezyang.com/2019/05/pytorch-internals/.

[280] Let's talk about the PyTorch dispatcher[EB/OL]. 2020. http://blog.ezyang.com/2020/09/lets-talk-about-the-pytorch-dispatcher/.

[281] CHEN T, MOREAU T, JIANG Z, et al. TVM: An automated end-to-end optimizing compiler for deep learning[C]. Proceedings of the 13th USENIXSymposium on Operating Systems Design and Implementation (OSDI). 2018: 578-594.

[282] VASILACHE N, ZINENKO O, THEODORIDIS T, et al. Tensor comprehensions: Framework-agnostic high-performance machine learning abstractions[J]. arXiv preprint arXiv:1802.04730, 2018.

[283] SABNE A. XLA : Compiling machine learning for peak performance[J]. arXiv preprint arXiv:2301.13062, 2020.

[284] LATTNER C, AMINI M, BONDHUGULA U, et al. MLIR: Scaling compiler infrastructure for domain specific computation[C]. Proceedings of the 2021 IEEE/ACM International Symposium on Code Generation and Optimization (CGO). 2021: 2-14.

[285] RAGAN-KELLEY J, BARNES C, ADAMS A, et al. Halide: A language and compiler for optimizing parallelism, locality, and recomputation in image processing pipelines[C]. Proceedings of the 34th ACM SIGPLAN Conference on Programming Language Design and Implementation (PLDI). 2013: 519-530.

[286] Introduction to Relay IR[EB/OL]. 2023. https://tvm.apache.org/docs/arch/relay_intro.html.

[287] NVIDIA deep learning TensorRT documentation[EB/OL]. 2023. https://docs.nvidia.com/deeplearning/tensorrt/.

[288] JIA Z, PADON O, THOMAS J, et al. TASO: Optimizing deep learning computation with automatic generation of graph substitutions[C]. Proceedings of the 27th ACM Symposium on Operating Systems Principles (SOSP). 2019: 47-62.

[289] WANG H, ZHAI J, GAO M, et al. PET: Optimizing tensor programs with partially equivalent transformations and automated corrections[C]. Proceedings of the 15th USENIX Symposium on Operating Systems Design and Implementation (OSDI). 2021: 37-54.

[290] ZHENG L, WANG H, ZHAI J, et al. EINNET: Optimizing tensor programs with derivation-based transformations[C]. Proceedings of 17th USENIX Symposium on Operating Systems Design and Implementation (OSDI). 2023: 739-755.

[291] ZHENG Z, YANG X, ZHAO P, et al. AStitch: Enabling a new multi-dimensional optimization space for memory-intensive ML training and inference on modern SIMT architectures[C]. Proceedings of the 27th ACM International Conference on Architectural Support for Programming Languages and Operating Systems (ASPLOS). 2022: 359-373.

[292] ZHENG L, JIA C, SUN M, et al. Ansor: Generating high-performance tensor programs for deep learning[C]. Proceedings of the 14th USENIX Symposium on Operating Systems Design and Implementation (OSDI). 2020: 863-879.

[293] OpenXLA: A community-driven, open source ML compiler ecosystem, using the best of XLA & MLIR[EB/OL]. 2022. https://github.com/openxla.

[294] Multi-level intermediate representation overview[EB/OL]. 2020. https://mlir.llvm.org/.

[295] IREE: Intermediate representation execution environment[EB/OL]. 2021. https://github.com/openxla/iree.

[296] PyTorch 2.x: Faster, more pythonic and as dynamic as ever[EB/OL]. 2023. https://pytorch.org/get-started/pytorch-2.0/.

[297] What's in my AI?[EB/OL]. 2023. https://lifearchitect.ai/whats-in-my-ai/.

[298] LI M, ZHOU L, YANG Z, et al. Parameter server for distributed machine learning. Proceedings of the big learning nips workshop, volume 6, 2, 2013.

[299] 寒武纪基础软件平台 [EB/OL]. 2023. https://www.cambricon.com/index.php?m=content&c=index&a=lists&catid=71.

[300] GONZALEZ J E. AI-systems distributed training[EB/OL]. 2019. https://ucbrise.github.io/cs294-ai-sys-fa19/assets/lectures/lec06/06_distributed_training.pdf.

[301] ZHAO Y, VARMA R, HUANG C-C, et al. Introducing PyTorch fully sharded data parallel (FSDP) API[EB/OL]. 2022. https://pytorch.org/blog/introducing-pytorch-fully-sharded-data-parallel-api/.

[302] SHOEYBI M, PATWARY M, PURI R, et al. Megatron-LM: Training multi-billion parameter language models using model parallelism[J]. arXiv preprint arXiv:1909.08053, 2019.

[303] HUANG Y, CHENG Y, BAPNA A, et al. GPipe: Efficient training of giant neural networks using pipeline parallelism[C]. Advances in Neural Information Processing Systems (NeurIPS). 2019: 103-112.

[304] RAJBHANDARI S, LI C, YAO Z, et al. DeepSpeed-MoE: Advancing mixture-of-experts inference and training to power next-generation ai scale[C]. Proceedings of the 39th International Conference on Machine Learning (ICML). 2022: 18332-18346.

[305] SINGH T, RANGARAJAN S, JOHN D, et al. 2.1 Zen 2: The AMD 7nm energy-efficient high-

performance x86-64 microprocessor core[C]. IEEE International Solid- State Circuits Conference (ISSCC). 2020: 42-44.

[306]   ZUSE K. The Computer —My Life[M]. Springer, 1993.

[307]   VON N J. First draft of a report on the EDVAC (1945)[J]. IEEE Annals of the History of Computing, 1993, 15(4): 27-75.

[308]   JIMÉNEZ D A, LIN C. Dynamic branch prediction with perceptrons[C]. Proceedings HPCA Seventh International Symposium on High-Performance Computer Architecture. 2001: 197-206.

[309]   FRIGO M, LEISERSON C E, PROKOP H, et al. Cache-oblivious algorithms[C]. 40th Annual Symposium on Foundations of Computer Science (FOCS). 1999: 285-297.

[310]   STRASSEN V, et al. Gaussian elimination is not optimal[J]. Numerische mathematik, 1969, 13(4): 354-356.

[311]   SCHNECK P B. The cdc star-100[C]. Supercomputer Architecture. 1987: 99-117.

[312]   HOCKNEY R, JESSHOPE C. Parallel Computers 2: Architecture, Programming and Algorithms, volume 2[M]. CRC Press, 1988.

[313]   LINDHOLM E, NICKOLLS J, OBERMAN S, et al. NVIDIA Tesla: A unified graphics and computing architecture[J]. IEEE Micro, 2008, 28(2): 39-55.

[314]   NVIDIA CUDA[EB/OL]. 2019. https://developer.nvidia.com/cuda-zone.

[315]   HOLLER M, TAM S, CASTRO H, et al. An electrically trainable artificial neural network (ETANN) with 10240 floating gate synapses[C]. International Joint Conference on Neural Networks (IJCNN). 1989: 191-196.

[316]   HAMMERSTROM D. A VLSI architecture for high-performance, low-cost, on-chip learning[C]. International Joint Conference on Neural Networks (IJCNN). 1990: 537-544.

[317]   VIREDAZ M A, IENNE P. MANTRA I: A systolic neuro-computer[C]. International Conference on Neural Networks (IJCNN). 1993: 3054-3057.

[318]   王守觉, 鲁华祥, 陈向东, 等. 人工神经网络硬件化途径与神经计算机研究 [J]. 深圳大学学报（理工版）, 1997, 14(1): 8-13.

[319]   LARSON C. China's AI imperative[J]. Science, 2018, 359(6376): 628-630.

[320]   JOUPPI N, KURIAN G, LI S, et al. TPU v4: An optically reconfigurable supercomputer for machine learning with hardware support for embeddings[C]. Proceedings of the 50th Annual International Symposium on Computer Architecture. 2023: 1-14.

[321]   JOUPPI N P, YOON D H, KURIAN G, et al. A domain-specific supercomputer for training deep neural networks[J]. Communications of the ACM, 2020, 63(7): 67-78.

[322]   赵永威. 分形计算系统 [D]. 北京: 中国科学院大学, 2020.

[323]   LIAO H, TU J, XIA J, et al. DaVinci: A scalable architecture for neural network computing[C]. Hot Chips Symposium. 2019: 1-44.

[324]   KUNG H T, LEISERSON C E. Systolic arrays (for VLSI)[C]. Sparse Matrix Proceedings 1978. 1979, 1: 256-282.

[325]   WAKSMAN A. A permutation network[J]. Journal of the ACM (JACM), 1968: 15(1): 159-163.

[326]   LAM M, SETHI R, ULLMAN J D, et al. Compilers: principles, techniques, and tools[M].

Pearson Education, 2006.

[327] ISHII A, FOLEY D. NVSwitch and DGX-2 —NVIDIA's NVLink-Switching chip and scale-up GPU-compute server[C]. IEEE Hot Chips 30 Symposium (HCS). 2018.

[328] COPPERSMITH D, WINOGRAD S. Matrix multiplication via arithmetic progressions[C]. Proceedings of the nineteenth annual ACM symposium on Theory of computing (STOC). 1987: 1-6.

[329] KO J H, MUDASSAR B, NA T, et al. Design of an energy-efficient accelerator for training of convolutional neural networks using frequency-domain computation[C]. Proceedings of the 54th Annual Design Automation Conference(DAC). 2017: 1-6.

[330] LAVIN A, GRAY S. Fast algorithms for convolutional neural networks[C]. Proceedings of the IEEE Conference on Computer Vision and Pattern Recognition (CVPR). 2016: 4013-4021.

[331] HUANG D, ZHANG X, ZHANG R, et al. DWM: A decomposable winograd method for convolution acceleration[C]. Proceedings of the AAAI Conference on Artificial Intelligence (AAAI). 2020: 4174-4181.

[332] ALWANI M, CHEN H, FERDMAN M, et al. Fused-layer CNN accelerators[C]. Proceedings of the 49th Annual IEEE/ACM International Symposium on Microarchitecture (MICRO). 2016: 1-12.

[333] ZHOU X, DU Z, GUO Q, et al. Cambricon-S: Addressing irregularity in sparse neural networks through a cooperative software/hardware approach[C]. Proceedings of the 51st Annual IEEE/ACM International Symposium on Microarchitecture (MICRO). 2018: 15-28.

[334] JUDD P, ALBERICIO J, HETHERINGTON T, et al. Stripes: Bit-serial deep neural network computing[C]. Proceedings of the 49th annual IEEE/ACM International Symposium on Microarchitecture (MICRO). 2016: 1-12.

[335] ALBERICIO J, DELMÁS A, JUDD P, et al. Bit-pragmatic deep neural network computing[C]. Proceedings of the 50th Annual IEEE/ACM International Symposium on Microarchitecture (MICRO). 2017: 382-394.

[336] HOROWITZ M. 1.1 computing's energy problem (and what we can do about it)[C]. 2014. IEEE International Solid-State Circuits Conference Digest of Technical Papers (ISSCC). 2014: 10-14.

[337] ZHAO Y, LIU C, DU Z, et al. Cambricon-Q: A hybrid architecture for efficient training[C]. Proceedings of the ACM/IEEE 48th Annual International Symposium on Computer Architecture (ISCA). 2021: 706-719.

[338] ZHANG X, ZOU J, HE K, et al. Accelerating very deep convolutional networks for classification and detection[J]. Proceedings of the IEEE Transactions on Pattern Analysis and Machine Intelligence(PAMI), 2015, 38(10): 1943-1955.

[339] RAKHUBA M, OSELEDETS I, LEMPITSKY V, et al. Speeding-up convolutional neural networks using fine-tuned cp-decomposition[J]. Computer Science, 2014.

[340] KIM Y D, PARK E, YOO S, et al. Compression of deep convolutional neural networks for fast and low power mobile applications[J]. arXiv preprint arXiv:1511.06530, 2015.

[341] SAINATH T N, KINGSBURY B, SINDHWANI V, et al. Low-rank matrix factorization for deep neural network training with high-dimensional output targets[C]. Proceedings of the IEEE

International Conference on Acoustics, Speech and Signal Processing (ICASSP). 2013: 6655-6659.

[342] MAHMOUD M, SIU K, MOSHOVOS A. Diffy: A déjà vu-free differential deep neural network accelerator[C]. Proceedings of the 51st Annual IEEE/ACM International Symposium on Microarchitecture (MICRO), 2018: 134-147.

[343] HAYES J P. Introduction to stochastic computing and its challenges[C]. Proceedings of the 52nd Annual Design Automation Conference(DAC). 2015: 1-3.

[344] DONG Q, JELOKA S, SALIGANE M, et al. A 0.3 V VDDmin 4+ 2T SRAM for searching and in-memory computing using 55nm DDC technology[C]. Symposium on VLSI Circuits. 2017: C160-C161.

[345] CHIH Y-D, LEE P-H, FUJIWARA H, et al. 16.4 An 89TOPS/W and 16.3 TOPS/mm 2 all-digital SRAM-based full-precision compute-in memory macro in 22nm for machine-learning edge applications[C]. 2021 IEEE International Solid-State Circuits Conference (ISSCC). 2021: 252-254.

[346] LI S, NIU D, MALLADI K T, et al. DRISA: A DRAM-based reconfigurable in-situ accelerator[C]. Proceedings of the 50th Annual IEEE/ACM International Symposium on Microarchitecture(MICRO). 2017: 288-301.

[347] YAO P, WU H, GAO B, et al. Fully hardware-implemented memristor convolutional neural network[J]. Nature, 2020, 577(7792): 641-646.

[348] PEI J, DENG L, SONG S, et al. Towards artificial general intelligence with hybrid Tianjic chip architecture[J]. Nature, 2019, 572(7767): 106-111.

[349] ZHANG Y, QU P, JI Y, et al. A system hierarchy for brain-inspired computing[J]. Nature, 2020, 586(7829): 378-384.

[350] HENNESSY J L, PATTERSON D A. A new golden age for computer architecture[J]. Communications of the ACM, 2019, 62(2): 48-60.

[351] Kaldi ASR[EB/OL]. 2011. https://kaldi-asr.org.

[352] FREMONT D J, DREOSSI T, GHOSH S, et al. Scenic: A language for scenario specification and scene generation[C]. Proceedings of the 40th ACM SIGPLAN Conference on Programming Language Design and Implementation (PLDI). 2019: 63-78.

[353] SCHARDL T B. Performance Engineering of Multicore Software: Developing a Science of Fast Code for the Post-Moore Era[D]. Massachusetts Institute of Technology. Department of Electrical Engineering and Computer Science, 2016.

[354] TANG T, LI S, XIE Y, et al. MLPAT: A power, area, timing modeling framework for machine learning accelerators[C]. Proceedings of the First International Workshop on Domain Specific System Architecture (DOSSA). 2018.

[355] Introduction to the DWARF debugging format[EB/OL]. 2007. http://dwarfstd.org/ doc/Debugging%20using%20DWARF.pdf.

[356] GDB: The GNU project debugger[EB/OL]. 2019. http://www.gnu.org/software/gdb/documentation/.

[357] OpenBLAS: An optimized BLAS library[EB/OL]. 2019. http://www.openblas.net/.

[358] Intel math kernel library[EB/OL]. 2019. https://software.intel.com/en-us/mkl.

[359] NVIDIA CUDA deep neural network library (cuDNN)[EB/OL]. 2019. https://developer. nvidia.com/cudnn.

[360] CNNL: Cambricon neuware network library[EB/OL]. 2023. https://developer.cambricon.com/.

[361] LI X L, LIANG P. Prefix-tuning: Optimizing continuous prompts for generation[C]. Proceedings of the 59th Annual Meeting of the Association for Computational Linguistics and the 11th International Joint Conference on Natural Language Processing, ACL/IJCNLP. 2021: 4582-4597.

[362] HU Z, LAN Y, WANG L, et al. Llm-adapters: An adapter family for parameter-efficient fine-tuning of large language models[J]. arXiv preprint arXiv:2304.01933, 2023.

[363] RADFORD A, WU J, CHILD R, et al. Language models are unsupervised multitask learners[J]. OpenAI blog, 2019, 1(8): 1-24.

[364] RAE J W, BORGEAUD S, CAI T, et al. Scaling language models: Methods, analysis & insights from training Gopher[J]. arXiv preprint arXiv:2112.11446, 2021.

[365] ZHANG S, ROLLER S, GOYAL N, et al. OPT: Open pre-trained Transformer language models[J]. arXiv preprint arXiv:2205.01068, 2022.

[366] HOFFMANN J, BORGEAUD S, MENSCH A, et al. Training compute-optimal large language models[C]. Advances in Neural Information Processing Systems (NeurIPS). 2022: 30016-30030.

[367] KORTHIKANTI V, CASPER J, LYM S, et al. Reducing activation recomputation in large transformer models[J]. arXiv:2205.05198, 2023.

[368] BFloat16: The secret to high performance on Cloud TPUs[EB/OL]. 2019. https://cloud.google. com/blog/products/ai-machine-learning/bfloat16-the-secret-to-high-performance-on-cloud-tpus.

[369] Accelerating AI Training with NVIDIA TF32 Tensor Cores[EB/OL]. 2021. https://developer. nvidia.com/blog/accelerating-ai-training-with-tf32-tensor-cores/.

[370] REN J, RAJBHANDARI S, AMINABADI R Y, et al. ZeRO-Offload: Democratizing billion-scale model training[C]. USENIX Annual Technical Conference (ATC). 2021: 551-564.

[371] RAJBHANDARI S, RUWASE O, RASLEY J, et al. ZeRO-infinity: Breaking the GPU memory wall for extreme scale deep learning[C]. Proceedings of the International Conference for High Performance Computing, Networking, Storage and Analysis (SC), 2021: 1-14.

[372] Megatron-LM 官方 github[EB/OL]. https://github.com/NVIDIA/Megatron-LM.

[373] DAO T, FU D, ERMON S, et al. Flashattention: Fast and memory-efficient exact attention with io-awareness[C]. Advances in Neural Information Processing Systems (NeurIPS). 2022: 16344-16359.

[374] DeepSpeed: Extreme-scale model training for everyone[EB/OL]. 2020. https://www.microsoft. com/en-us/research/blog/deepspeed-extreme-scale-model-training-for-everyone/.

[375] TANG H, GAN S, AWAN A A, et al. 1-bit Adam: Communication efficient large-scale training with Adam's convergence speed[C]. Proceedings of the International Conference on Machine

Learning (ICML). 2021: 10118-10129.

[376] WANG W, KHAZRAEE M, ZHONG Z, et al. TopoOpt: Co-optimizing network topology and parallelization strategy for distributed training jobs[C]. 20th USENIX Symposium on Networked Systems Design and Implementation (NSDI). 2023: 739-767.

[377] EISENMAN A, MATAM K K, INGRAM S, et al. Check-N-Run: A checkpointing system for training deep learning recommendation models[C]. 19th USENIX Symposium on Networked Systems Design and Implementation (NSDI). 2022: 929-943.

[378] MOHAN J, PHANISHAYEE A, CHIDAMBARAM V. CheckFreq: Frequent, fine-grained DNN checkpointing[C]. 19th USENIX Conference on File and Storage Technologies (FAST). 2021: 203-216.

[379] WANG Z, JIA Z, ZHENG S, et al. Gemini: Fast failure recovery in distributed training with in-memory checkpoints[C]. Proceedings of the 29th Symposium on Operating Systems Principles (SOSP). 2023: 364-381.

[380] PANDEY S, KAMATH A K, BASU A. GPM: leveraging persistent memory from a GPU[C]. Proceedings of the 27th ACM International Conference on Architectural Support for Programming Languages and Operating Systems (ASPLOS). 2002: 142-156.

[381] FasterTransformer[EB/OL]. 2021. https://github.com/NVIDIA/FasterTransformer.

[382] TensorRT-LLM[EB/OL]. 2023. https://github.com/NVIDIA/TensorRT-LLM.

后　记

我是中国科学院计算技术研究所的一名青年科研人员，主要从事人工智能和计算机系统结构两个方向的交叉研究。一般来说，中科院的研究员主要任务是做科研，并没有教学的强制性义务。但是近两年来，我把几乎所有的业余时间都用在教学和编写教材上。之所以这样做，主要原因是我观察到人工智能的科研中有一个不平衡的趋势：越是人工智能上层（应用层、算法层），我国研究者对世界做出的贡献越多；越是底层（系统软件层、芯片层），我国研究者的贡献越少。目前，我国的人工智能应用发展如火如荼，走在世界前列；我国的人工智能算法研究者为数众多，在相关的顶级会议和重要比赛中的表现非常突出。然而当我们仔细审视这些应用和算法时，却发现它们都是建立在国际同行所开发的系统软件（如谷歌的 TensorFlow）和芯片（如英伟达的 GPU）之上。如果放任这样的不平衡，智能计算软硬件系统能力的缺失最终一定会拖上层应用和算法发展的后腿。

我国智能计算系统能力的缺失原因，可谓众说纷纭。我个人感觉，人才教育可能是最根本的原因之一（这或许是因为我出生在一个教师家庭，成年后又先后受陈国良、胡伟武、徐志伟等教学名师言传身教的影响）。对于智能计算系统来说，无论是科学研究还是产业发展，都需要大量高水平人才。而人才必然来自教育。没有肥沃的土壤，就长不出参天大树。几年前，我国没有任何高校开设智能计算系统相关的课程。不给学生任何智能计算系统的教育，指望他们毕业以后在工作中自己摸索成长为这方面的大师，显然是不现实的。因此，我们应当从人才教育方面入手，主动作为，这样才有可能改变现状。

近年来，全国上百个高校开始设立人工智能专业，这正是我们改变现状的好时机。我和很多高校的计算机学院或者人工智能学院院长交流过，大家都很认同我的观点，觉得确实有必要强化智能计算系统能力的培养。但是在实际课程体系建设中，很多高校还是采用了"纯算法＋应用"的教学思路。事实上，各个高校都不乏有识之士，在课程设计中绕开"系统"课程往往是受制于三大客观困难：一是国内还没有太多智能计算系统课程可供参考，二是国内缺乏智能计算系统课程的师资，三是国际上也缺乏智能计算系统课程的教材。

由于自己的研究背景，我对人工智能的算法和系统都有一些粗浅的涉猎。有时我就会想，虽然自己不在高校工作，但是否也能为解决智能计算系统课程、师资、教材上的困难做一点微薄的贡献？我是否可以身体力行地培养一些具备系统思维的人工智能专业学生呢？

因此，2018 年年中，我鼓起勇气，下定决心，向中国科学院大学申请开设一门名为"智能计算系统"的课程，希望能培养学生对智能计算完整软硬件技术栈（包括基础智能算法、智能计算编程框架、智能计算编程语言、智能芯片体系结构等）融会贯通的理解。让我非常欣慰的是，这门课程当时从一片空白中新生出来，虽缺乏打磨，有很多不足之处，但还是受到了学生的欢迎。有很多选不上课的同学跟着旁听了整个学期。让我尤其感动的是，有兄弟研究所的学生自发地从中关村跑到怀柔来听课，上一次课来回车程就要三个小时，回到中关村已经是深夜。这也许能说明，"智能计算系统"这门课对学生来说有一定吸引力，大家学完了能得到真正的收获。

受到学生的鼓舞，我们逐步把智能计算系统课程的 PPT、讲义、录像、代码、云平台和开发板开放给各个高校的老师。基于这些课程教学资料，国科大、北大、北航、天大、中科大、南开、北理工、华科等高校独立开设或联合开设智能计算系统课程。这样，参考课程的问题就初步得到了解决。

进一步，我们在教育部高等学校教学指导委员会的帮助下，开设了智能计算系统的导教班。西工大的周兴社教授非常热情地承办了 2019 年 8 月的第一次导教班。全国 40 多个高校、60 多位老师参加了这次导教班。未来，我们还将持续开设类似的导教班，力争培养几百名能教好智能计算系统的老师。这样，师资的问题就有了解决的可能性。

在具体教学和课程研讨过程中，学生和老师都提出，希望有一本配套的教材来支撑智能计算系统课程。因此，我们实验室（中科院计算所智能处理器研究中心）的多位同事一起把讲课过程中的录音整理成文字，也就是读者手头的这本《智能计算系统》教材。据我们所知，在国际上，这也是最早的专门讲授当代机器学习计算系统的教材之一。这样，教材的问题也初步得到了解决。

回顾过去这两年，一方面感觉在繁重的科研之余，挤出时间来教课、写教材，殊为不易。最紧张的时候，自己要到国科大、北大、北航等几个学校去轮流教课，压力很大。很多次都是从机场、火车站出来直奔教室，所幸没有因迟到耽误同学们的时间。另一方面，能和同事们一起把课程开起来、教材写出来，又确实感觉收获满满。如果把我们人类自己也看成一个智能计算系统，这样的系统使用周期很短，还要并发处理多项任务，且频繁受到外部中断，能做好一件事、做成一件事殊为不易。唯愿在短暂的剩余使用周期里，超频工作，争取为我国人工智能行业再多培养出一些具有系统思维的人才。

陈云霁

2019 年 11 月 1 日

中国科学院建院 70 周年

于北京中关村

推荐阅读

智能计算系统实验教程

作者：李玲 郭崎 陈云霁 等 书号：978-7-111-68844-0 定价：79.00元

第2版全新升级中

◎ 由浅入深，手把手教你智能计算系统全栈开发

◎ 理论教材配套实验，智能计算系统知识树帮你打通任督二脉

◎ 实验游戏化，《太空开发者》带你边玩边学、轻松上手

　　本书结合智能计算系统的软硬件技术栈设计了基于通用CPU平台和深度学习处理器平台的分阶段实验和综合实验，并采用一套自动智能评分系统对实验结果进行即时批改。每个实验抽象出多个知识点，这些知识点构建了一棵智能计算系统知识树。通过遍历知识树的过程，学生可以更好地掌握各个知识点之间的有机联系，获得对整个技术栈的体系性理解。